ad Anna e Carlo

Collana di Informatica

Paolo Serafini

Ricerca Operativa

Springer

Paolo Serafini
Dipartimento di Matematica
e Informatica
Università degli Studi di Udine

Springer-Verlag fa parte di Springer Science+Business Media

springer.com

ISBN 978-88-470-0845-8 ISBN 978-88-470-0846-5 (eBook)

Progetto grafico della copertina: Simona Colombo, Milano
Stampa: Grafiche Porpora, Segrate, Milano

Springer-Verlag Italia s.r.l., Via Decembrio, 28 - 20137 Milano

Prefazione

Questo volume ha origine dalle lezioni svolte per gli studenti di Informatica dell'Università di Udine dal 1996 ad oggi. Negli anni precedenti avevo svolto gli argomenti della Ricerca Operativa con un'attenzione rivolta soprattutto agli aspetti matematici ed algoritmici. Possedere un forte bagaglio matematico ed informatico è un'ovvia condizione necessaria per sviluppare nuove metodologie e in questo senso l'insegnamento era pensato come se dovesse formare dei futuri ricercatori. Tuttavia, al di là del riconosciuto valore formativo, il corso, che non poteva per motivi di tempo giungere fino alle applicazioni, lasciava insoddisfatti gli studenti, che non riuscivano a vedere l'utilizzo finale delle tecniche apprese.

Per questa ragione nel 1996, anche a seguito del riordinamento del corso di laurea in Informatica, ho provato a rovesciare l'approccio: partire dai problemi reali, ricavarne dei modelli matematici e risolvere questi modelli. Per operare in questo modo all'interno della durata limitata di un corso universitario, era necessario sacrificare la parte relativa allo sviluppo degli algoritmi risolutori, la cui pronta disponibilità veniva così data per scontata. Gli algoritmi erano quindi visti quasi esclusivamente come uno strumento da utilizzare piuttosto che come qualcosa da sviluppare o modificare.

Del resto l'esistenza, più che cinquantennale, del modello della programmazione lineare e della sua filiazione, la programmazione lineare intera, ha fatto sorgere molti pacchetti risolutori, facilmente reperibili e soprattutto molto più affidabili di un algoritmo fatto in casa. A questo punto l'attenzione di chi deve affrontare un problema reale ricade più sulla sua traduzione in un modello che non sulla risoluzione del modello.

Questa diversa impostazione del corso ha avuto più successo dell'altra, tanto che diverse volte gli studenti mi hanno proposto svariati modelli di programmazione lineare per risolvere tutta una serie di problemi, anche del tutto nuovi per me.

L'obiettivo di fondo di questo volume, basato su questa esperienza di insegnamento, è di far conoscere, sia agli studenti, ma anche al più vasto pubblico di chi opera nei settori produttivi, dei servizi o dell'amministrazione, l'esistenza di uno strumento risolutore di grandissima efficacia, cioè la programmazione lineare, e di far vedere come questo strumento possa essere utilizzato in un numero elevato di contesti, anche diversi fra loro.

In un mondo in cui l'organizzazione efficiente di un qualsiasi settore è diventata un obbligo ineludibile, è ovviamente importante avere delle metodologie che aiutino a prendere delle decisioni valide in ambienti di grande complessità. La Ricerca Operativa è sorta con questo scopo e in molti casi riesce a dare delle risposte soddisfacenti. Purtroppo non è molto diffusa la consapevolezza di questa opportunità e perciò spero, grazie ad un approccio alla materia di tipo modellistico e all'utilizzo di alcuni esempi reali, di riuscire ad aumentare tale consapevolezza.

Naturalmente non ho smesso di credere che una conoscenza adeguata della teoria sia quanto mai utile per modellare, con cognizione di causa e sperabilmente con successo, un problema reale. È per questo motivo che le parti teoriche non sono state del tutto bandite. Alcune sono rimaste, come appendici, a far capire che c'è una teoria sottostante che regge il tutto. In ogni caso il lettore può rimandarne la lettura al momento in cui sentisse il desiderio di farlo.

Privilegiando l'aspetto modellistico ho cercato di introdurre subito il lettore in 'medias res', illustrando abbastanza in dettaglio alcuni problemi reali e facendo vedere le varie fasi della costruzione di un modello. Questi modelli iniziali motivano l'introduzione delle tecniche più in uso della Ricerca Operativa, che trovano il loro posto in capitoli di tipo generale dedicati alla programmazione lineare, a quella intera e ai grafi. Ho voluto inserire fin dall'inizio un capitolo sugli ottimi di Pareto. Normalmente questo aspetto viene relegato in secondo piano, se non addirittura omesso. Credo invece sia importante formare subito una mentalità per cui un problema da modellare si presenta inevitabilmente con molti obiettivi, la cui eventuale aggregazione richiede scelte consapevoli.

Le più importanti tematiche della Ricerca Operativa sono state raggruppate in alcune classi di modelli, in cui uno stesso tipo di problema si presenta con varianti anche significative. Mi è sembrato che a grandi linee le classi principali fossero quelle riguardanti i modelli di percorsi, di allocazione e di schedulazione. Esistono naturalmente molte altre classi ma, per motivi di spazio, solo alcune di queste sono state incluse. Per quel che riguarda i modelli di pianificazione, questi sono stati inclusi parzialmente e solo nel loro aspetto stocastico. Infatti la programmazione lineare interviene perfino in questi casi come modello risolutore. Inoltre, essendo molti ed importanti i modelli di Ricerca Operativa dedicati ai problemi stocastici, mi sembrava giusto darne una panoramica, anche se parziale.

Alcune parti del libro privilegiano dei problemi particolari, scelti pensando di poter suscitare nel lettore un interesse maggiore. Infatti parlando a lezione di modelli per i tornei sportivi ho notato un innalzamento del livello di attenzione e questo mi ha incoraggiato a trattare tali argomenti. Anche le problematiche connesse con i meccanismi elettorali possono essere di grande interesse. Infine ho dedicato uno spazio relativamente abbondante ad un problema di cammino minimo, inserito però in un contesto poco tradizionale di valutazione d'impatto ambientale.

Ho aggiunto inoltre un capitolo sulle tecniche a generazione di colonne o righe. Normalmente la generazione di colonne viene vista come una tecnica molto sofisticata da lasciare agli esperti. Credo che il motivo di questo atteggiamento sia dovuto al fatto che viene presentata come una variante complessa del metodo del simplesso. In realtà mi sono accorto che si può insegnare la generazione di colonne senza sapere cosa sia il metodo del simplesso, facendo semplicemente riferimento alle proprietà della dualità. Per questo motivo ritengo che la generazione di colonne sia uno strumento che anche i non ricercatori possano utilmente usare.

Il testo è corredato da diversi esempi e qualche esercizio, inserito nel testo o esplicitato come tale. A mio giudizio l'esercizio più utile in Ricerca Operativa consiste nello scrivere e risolvere un modello e questo non è quel tipo d'esercizio che si può inserire in un testo o assegnare come compito d'esame. Durante il corso faccio vedere agli studenti dei modelli semplici e poi chiedo loro di esercitarsi 'giocandoci' sopra, variandoli nei dati, nella struttura e poi traendone spunto per qualcosa di nuovo. Per questo motivo avevo pensato in un primo momento di inserire nel testo anche tutti i codici dei modelli di programmazione lineare usati per illustrare e risolvere i vari problemi. Ma poi, valutando il grande numero di pagine che ciò avrebbe comportato, certamente di poco interessante lettura, ho pensato che era preferibile trasferire su internet tutto quello che potesse essere visto come materiale di riferimento. Il vantaggio di internet è che tale parte può essere continuamente aggiornata.

Un problema particolare che ho dovuto affrontare è stato quello di come comportarmi di fronte a molti termini citati comunemente nel parlato con la dizione inglese, pur avendo in realtà una traduzione italiana. La mia idea è stata quella di usare il più possibile il termine italiano anche in presenza di vocaboli senza precisa traduzione. Ad esempio 'routing' ha come parola italiana dello stesso etimo il termine 'rotta', che ho quindi usato, affiancando però anche il termine 'percorso' che mi sembra più affine nel significato, dato che in Italiano le rotte sono soprattutto aeree o marittime. Un termine che curiosamente non ha un corrispondente italiano (e certamente il fatto meriterebbe un'analisi socio-linguistica) è 'scheduling', che ho ricalcato molto semplicemente con 'schedulazione'. Una 'clique' di un grafo si dice in Italiano 'cricca'. Forse suona buffo, ma ho preferito usare il termine italiano. In alcuni casi non ho potuto fare a meno di usare i termini inglesi in quanto sono diventati ormai talmente identificativi di un problema o di una tecnica da non poter non essere adottati dalla lingua italiana. Mi riferisco ad esempio ai problemi 'flow-shop', 'job-shop', 'open-shop', 'branch-and-bound'. In molti casi me la sono cavata (o così almeno mi sembra) adottando l'acronimo inglese. Ma c'è anche una questione di pura lingua italiana a cui tengo in particolare e che si può trovare nella nota a pie' di pagina 68.

Come sempre, portare a compimento un libro, è una grande fatica che coinvolge anche i familiari. L'idea di scrivere un testo di Ricerca Operativa dopo quello di Ottimizzazione mi era venuta quasi subito, ma non diedi seguito a quell'idea a causa dell'impegno che ne sarebbe derivato, anche se nel frattempo avevo cominciato a preparare delle dispense, nell'ottica di farle diventare un giorno un libro vero e proprio. In seguito, l'affettuosa insistenza di mia moglie per farmi portare a termine ciò che avevo in mente, mi ha convinto a compiere il passo. Così gli ultimi mesi (quasi un anno) sono stati dedicati in gran parte alla stesura del testo, che, devo riconoscere, è stata più faticosa del previsto, anche perché, non chiaramente visibile al lettore, c'è un grande lavoro di scrittura e verifica di programmi. Ho sempre voluto far seguire alle affermazioni anche le prove computazionali, riproducibili dal lettore grazie ai codici disponibili in rete.

È quasi impossibile evitare del tutto refusi tipografici ed errori veri e propri in un testo di questa lunghezza, nonostante tutta l'attenzione posta nella correzione. Me ne scuso in anticipo con i lettori confidando nella loro pazienza.

Il testo è stato integralmente composto da me utilizzando le mio macros personali di plain TEX all'interno dell'ambiente LATEX fornito dalla casa editrice e usando TeXShop 2.18 come applicativo. Anche le figure sono state tutte composte personalmente utilizzando vari applicativi, quali Canvas[8], Microspot MacDraft 5.5 (versione Mac OS X) e *Mathematica*® 5.1. Tutte le elaborazioni sono state eseguite con programmi scritti personalmente utilizzando LINGO 11.0 (versione industrial) all'interno del sistema operativo Windows XP Professional (a sua volta gestito dall'emulatore VMware Fusion 1.1.3), Microsoft Excel for Mac 2001, e *Mathematica*® 5.1. Il tutto è stato svolto in ambiente Mac OS X 5.5.

Pieris (GO), dicembre 2008 *Paolo Serafini*

Indice

1

Introduzione

La Ricerca Operativa (RO), secondo la definizione data dall'INFORMS (INstitute For Operations Research and the Management Sciences) "ha lo scopo di fornire basi razionali al processo decisionale cercando di comprendere e strutturare situazioni complesse e di utilizzare questa comprensione per prevedere il comportamento dei sistemi e migliorarne le prestazioni. Gran parte di questo lavoro utilizza tecniche analitiche e numeriche per sviluppare e manipolare modelli matematici e informatici per sistemi organizzativi composti da persone, macchine e procedure...".

In breve, sempre secondo l'INFORMS [118], la Ricerca Operativa è la "disciplina in cui si applicano metodi analitici avanzati per aiutare a prendere decisioni migliori".

Nella definizione si parla di 'sistemi' e di 'situazioni' complesse in modo generico. Infatti sono varie le tipologie di sistemi e situazioni che possono essere oggetto di studio nella RO: gestione del personale (turnazioni ospedaliere, assegnazione degli equipaggi ai voli di una compagnia aerea), trasporti e logistica (assegnazione di carichi e rotte ai veicoli di una compagnia di trasporti, costruzione di un orario ferroviario), produzione industriale (definizione dei tempi di esecuzione delle operazioni, gestione del magazzino), amministrazione pubblica (valutazione delle prestazioni di scuole, ospedali, pianificazione delle risorse idriche), telecomunicazioni (progetto di una rete, assegnazione delle frequenze ad un sistema di telefonia cellulare).

L'elenco degli esempi potrebbe continuare a lungo. Una rassegna significativa di casi reali può essere reperita al sito [118]. A titolo esemplificativo e come motivazione per introdurre gradualmente alcune tecniche modellistiche ed algoritmiche della RO, nel prossimo capitolo verranno presentati in dettaglio sei diversi problemi.

I sistemi studiati in RO hanno in comune la possibilità di essere modellati in modo matematico a partire da una descrizione il più possibile quantitativa. Inoltre l'indagine non è limitata all'analisi descrittiva e predittiva del sistema, come ad esempio nei modelli matematici di fenomeni naturali. Nei modelli della RO è presente anche la possibilità di intervenire sul comportamento del sistema con una scelta opportuna di alcuni parametri. Questa scelta corrisponde ad una decisione e siccome sono normalmente disponibili varie decisioni alternative, si cerca di scegliere quella più soddisfacente ai fini delle prestazioni del sistema.

In RO si vuole anche pervenire alla soluzione, cioè alla decisione più soddisfacente, per via algoritmica, in modo da poter poi applicare lo stesso algoritmo sia ad uno stesso sistema in tempi successivi, ma anche ad un insieme di sistemi, che differiscono fra loro solo per i dati quantitativi ma non per la struttura.

Essenziale è anche che l'algoritmo prescelto abbia tempi ragionevoli di calcolo. A questo fine è doveroso analizzare la complessità computazionale dell'algoritmo progettato o del problema stesso. È normale classificare i problemi in 'facili' e 'difficili'. In questo contesto i due termini hanno un significato leggermente diverso da quello del linguaggio corrente. 'Difficile' non significa che non si sa come trovare la soluzione a meno di molto impegno mentale e qualche ispirazione fortunata. Infatti sono noti algoritmi risolutivi per tutti i problemi difficili. Piuttosto la 'difficoltà' consiste nella crescita esponenziale del tempo richiesto dall'algoritmo per ottenere una soluzione al crescere dei dati, rendendo spesso impraticabile l'algoritmo stesso. La teoria della complessità computazionale fornisce un indispensabile strumento concettuale per affrontare questa analisi.

Sono pertanto richiesti diversi tipi di competenze. Bisogna essere in grado di analizzare una situazione reale, sapendo discriminare gli aspetti essenziali da quelli marginali. Bisogna saper tradurre la descrizione del problema reale in un modello matematico, sapendo bilanciare l'adeguatezza alla realtà del modello con la sua maneggevolezza risolutiva. Bisogna essere in grado di tradurre il modello matematico in un algoritmo, che tipicamente si troverà immerso in un sistema informativo più ampio. Bisogna infine essere in grado di valutare la soluzione ottenuta rispetto alle caratteristiche del problema reale. Quasi sempre bisogna dare al decisore sufficiente controllo sul processo decisionale in modo che questo sia convincente, flessibile e robusto.

Due sono i momenti cruciali: l'elaborazione del modello matematico e la progettazione dell'algoritmo risolutivo. Alcune situazioni reali particolarmente semplici sono già state studiate e i rispettivi modelli costituiscono paradigmi la cui risoluzione è stata oggetto di analisi approfondite. In questi casi è consigliabile seguire l'esperienza consolidata. Tuttavia la maggior parte dei problemi reali non si lascia inquadrare facilmente in casistiche precostituite e presenta sempre qualche elemento di novità. Compito del Ricercatore Operativo in questi casi è di saper amalgamare procedure note con procedure nuove progettate per l'occasione. A questo scopo solo l'esperienza può essere una guida efficace. Certamente è fondamentale saper padroneggiare i modelli più semplici e noti e lo scopo di un corso di RO è normalmente quello di fornire questa competenza di base.

Preliminarmente è utile descrivere in generale le caratteristiche comuni dei modelli che si vogliono costruire e quali passi si devono seguire per pervenire al modello:

– bisogna individuare tutte le grandezze presenti nel problema e di queste bisogna identificare quelle i cui valori sono fuori dal controllo diretto del decisore (e che vengono chiamate *dati*), e quelle invece i cui valori sono sotto il controllo diretto del decisore (*grandezze decisionali*). Queste ultime vanno suddivise in grandezze il cui valore può essere fissato direttamente e soggettivamente dal decisore (*parametri decisionali*) oppure determinato in base al modello (*variabili decisionali*).

– i dati, i parametri e le variabili decisionali non sono mai grandezze indipendenti, ma sono sempre legate da vincoli che dipendono dalla struttura stessa del problema (*vincoli strutturali*). Bisogna quindi identificare con precisione questi vincoli.

– decisioni alternative e compatibili con i vincoli non sono quasi mai equivalenti per un decisore. Bisogna quindi esplicitare le relazioni di preferenza fra le decisioni e da queste bisogna individuare uno o più *obiettivi* che il decisore desidera perseguire, sotto forma di funzioni delle grandezze del problema da minimizzare oppure massimizzare. In questa fase possono essere identificate nuove grandezze da considerare.

– per raggiungere certi obiettivi è spesso utile introdurre ulteriori vincoli che non sono strutturali, non dipendendo dalla natura stessa del problema ma dall'intenzione del decisore di indirizzare la decisione in una determinata direzione. Tali vincoli non devono essere necessariamente rispettati in ogni circostanza. Vanno perciò indicati come *vincoli flessibili.*

– una volta trovata una soluzione (cioè i valori delle variabili decisionali) è indispensabile analizzarla alla luce del problema reale. Se la validazione non è positiva il modello deve essere rivisto e l'intera procedura quindi viene ripetuta.

– bisogna sempre tener presente che il concetto di soluzione 'ottima' è più legato al modello che alla realtà e perciò può non trovare un corrispondente nel mondo reale ([66]). Detto brutalmente, non esistono decisioni ottime nel mondo reale, ma solo decisioni più o meno buone a seconda del criterio con cui vengono valutate.

Tutto il processo delineato è volto ad aggiornare l'intuizione del decisore portando alla luce il più possibile gli aspetti razionali del processo decisionale. Tuttavia in questo schema vi sono ampi margini d'incertezza, di approssimazione e di flessibilità. Una prima causa di approssimazione è dovuta al fatto che i dati di un problema sono noti esattamente solo in rari casi e quindi dobbiamo essere consapevoli dell'effetto di questa imprecisione sulla decisione finale. Infatti un modello viene costruito per delle decisioni da prendere *in futuro* ed è inevitabile quindi che alcune grandezze non possano essere note esattamente in anticipo. In molti casi si può solo ipotizzare la distribuzione di probabilità dei dati e quindi la decisione finale sarà necessariamente affetta da incertezza. Inoltre bisogna sempre tener conto che ogni dato è noto con un'imprecisione intrinseca alla sua misura stessa.

L'approssimazione può anche essere dovuta alla costruzione stessa del modello. Introdurre tutti i vincoli possibili non è mai conveniente per diversi motivi: siccome vi sono categorie di modelli matematici per i quali sono noti e disponibili dei metodi risolutivi, è opportuno costruire il modello cercando di farlo rientrare in una delle categorie note. Se alcuni vincoli sono inesprimibili all'interno del particolare tipo di modello scelto e inoltre risultano all'analisi meno rilevanti di altri, è più conveniente non considerarli. Quindi è inevitabile che il modello sia approssimato rispetto alla realtà che si vuole descrivere. Tuttavia è anche vero che la presenza di un elevato numero di vincoli e di variabili rende un modello troppo sensibile ad aspetti marginali e quindi meno robusto rispetto a variazioni dei dati.

Altri margini d'incertezza sono dovuti alla presenza nei problemi reali di aspetti difficilmente formalizzabili in modo quantitativo. Spesso si tratta di questioni di grande rilevanza nel processo decisionale, come ad esempio scelte organizzative, in particolare per ciò che riguarda le risorse umane. Questi aspetti non formalizzabili non devono essere ignorati e nemmeno sottovalutati. Altrimenti si corre il rischio di ottenere una soluzione ottima per il modello ma lontana dai bisogni reali.

Per tenerne conto si può agire in vari modi. Si può innanzitutto decidere a priori in merito a questi aspetti e poi sviluppare il modello di conseguenza. Alternativamente si possono costruire modelli per scenari alternativi. Volendo invece inserirli nel modello, si può pensare di riformularli in modo quantitativo con dei 'trucchi' che non hanno un immediato riscontro nella realtà e la cui efficacia va verificata sperimentalmente.

Prima di illustrare gli aspetti della modellizzazione elencati qui sopra con dei modelli di media complessità, come si farà nel prossimo capitolo, può essere interessante mostrare due esempi molto semplici, tuttavia interessanti per far vedere come scelte differenti di modellizzazione conducano a soluzioni diverse.

Esempio 1.1.

Siano assegnati n numeri $a_1 \leq a_2 \leq \ldots \leq a_n$ (ad esempio dei voti). Vogliamo trovare un unico numero x che li rappresenti il più fedelmente possibile. Si tratta di una richiesta che viene formulata tutte le volte in cui si vuole riassumere in un unico numero l'informazione proveniente da un insieme di dati. Questo avviene più spesso di quanto non si creda.

Come si vede l'obiettivo ('il più fedelmente possibile') è espresso in modo impreciso, ma questo è proprio ciò che accade nella maggior parte dei problemi reali. Se i numeri fossero tutti uguali, $a_i = a$ per ogni i, l'obiettivo sarebbe soddisfatto ponendo $x := a$. Ma se, come ci si aspetta, i numeri sono diversi, necessariamente x deve essere diverso da qualche a_i. Quindi, più distante x è da a_i tanto meno x rappresenta a_i. Possiamo pertanto pensare di minimizzare la distanza di x da a_i. Tuttavia, essendo presenti n valori, abbiamo a disposizione diversi modi di valutare la distanza. Ad esempio potremmo cercare quel valore x che minimizza l'espressione $\sum_i |x - a_i|$, quindi semplicemente sommando le distanze di ogni numero da x. Potremmo però anche ritenere che la distanza dal numero vada pesata in modo più che proporzionale e quindi minimizziamo l'espressione $\sum_i (x - a_i)^2$. Possiamo anche adottare il punto di vista che la distanza massima conta più di tutto e quindi scegliere di minimizzare l'espressione $\max_i |x - a_i|$.

Tutti e tre i punti di vista sono leciti. Si noti che se i numeri sono uguali danno tutti la stessa soluzione $x = a$. Però se i numeri sono diversi forniscono risposte diverse al problema. Nel primo caso x è la mediana (se n è dispari $x = a_{(n+1)/2}$, se n è pari qualsiasi x tale che $a_{n/2} \leq x \leq a_{n/2+1}$ è soluzione). Nel secondo caso la soluzione è data dalla ben nota media aritmetica $x = \sum_i a_i/n$. Nel terzo caso la soluzione è data da $x = (a_1 + a_n)/2$. Il primo e il terzo caso rappresentano due modi antitetici di affrontare il problema. Nel terzo caso contano solo i valori estremi, mentre nel primo i valori estremi potrebbero assumere qualsiasi valore (al di qua e al di là della mediana) senza modificare la soluzione!

Si osservi che per scegliere quale approccio adottare bisogna esplicitare meglio il significato che vogliamo assegnare al fatto di 'rappresentare' i numeri dati. In alcuni casi il numero più rappresentativo potrebbe essere addirittura quello più grande (o quello più piccolo). Questo è il caso ad esempio dei record sportivi, dove è il miglior risultato ottenuto a 'rappresentare' meglio un atleta.

Esempio 1.2.

Un classico problema riguarda la strategia migliore per accettare un'offerta fra un certo numero di offerte. Le regole del problema sono che le offerte vengono presentate in successione e che un'offerta scartata non è più disponibile. L'obiettivo generico è che si vorrebbe accettare l'offerta migliore, ma per elaborare un modello matematico che dia risposte fondate, bisogna specificare meglio le grandezze del problema. Per semplificare le cose supponiamo che le offerte siano rappresentate da numeri. Cosa conosciamo delle offerte? Ne conosciamo il numero? Sappiamo a priori che stanno tutte entro un noto intervallo di valori? Ne conosciamo anche la distribuzione di probabilità? Vogliamo massimizzare il valore atteso dell'offerta? Oppure vogliamo massimizzare la probabilità di accettare l'offerta migliore?

Finché non si specificano esattamente questi aspetti del problema, non è possibile fornire risposte quantitative. Se ad esempio si sapesse in anticipo che le offerte sono numeri compresi fra 1 e 100, un'offerta che valesse 99 ha un'altissima probabilità di essere la migliore (a meno che le offerte non siano in numero astronomico) e quindi andrebbe accettata. Se viceversa non si sapesse nulla sul valore delle offerte, il valore 99 potrebbe essere molto alto o molto basso con la stessa probabilità e non ci sarebbe motivo né per accettare l'offerta né per rifiutarla.

La questione è più sottile di quella dell'esempio precedente e sono infatti richiesti strumenti matematici più raffinati per trovare strategie ottime. Gli strumenti matematici verranno presentati nel Cap. 25 e il problema verrà risolto, con diverse ipotesi, nell'Esercizio 25.3 e negli Esempi 25.4 e 25.5. Ora ci limitiamo ad un caso semplice per far vedere che le risposte possono essere diverse a seconda delle ipotesi che si fanno. Supponiamo di sapere in anticipo che ci sono due offerte i cui valori, diversi fra loro, possono essere 1, 8, 9 o 10. Allora le offerte arriveranno in uno dei 12 possibili modi:

$$(1,8)\ (1,9)\ (1,10)\ (8,1)\ (8,9)\ (8,10)\ (9,1)\ (9,8)\ (9,10)\ (10,1)\ (10,8)\ (10,9)$$

Consideriamo equiprobabili tutti i 12 modi. Questo è anche equivalente ad una constatazione di ignoranza sulla probabilità delle offerte.

Una strategia consiste semplicemente nel dare delle condizioni per l'accettazione della prima offerta. Se questa viene rifiutata, la seconda deve essere accettata. Vogliamo valutare la strategia secondo la quale la prima offerta viene accettata se non vale 1. Allora il valore atteso è

$$\frac{1}{12}(8+9+10+8+8+8+9+9+9+10+10+10) = 9$$

mentre la probabilità di scegliere l'offerta migliore (fra le due presentate) è

$$\frac{1}{12}(1+1+1+1+0+0+1+1+0+1+1+1) = \frac{3}{4}$$

Ora consideriamo la strategia di accettare la prima offerta solo se è 9 o 10. Il valore atteso è

$$\frac{1}{12}(8+9+10+1+9+10+9+9+9+10+10+10) = \frac{26}{3} < 9$$

e la probabilità di scegliere l'offerta migliore è

$$\frac{1}{12}(1+1+1+1+0+1+1+1+0+1+1+1) = \frac{5}{6} > \frac{3}{4}$$

Quindi la prima strategia è migliore della seconda se siamo interessati al valore atteso e invece la seconda è migliore della prima se siamo interessati alla probabilità di ottenere il massimo. Come si vede, va esplicitato con precisione l'obiettivo che si ha in mente, perché le risposte possono essere diverse. ∎

2

Esempi di modelli

In questo capitolo vengono presentati alcuni problemi e se ne costruiscono dei modelli preliminari. In questo modo vengono esemplificati i concetti generali esposti nel capitolo precedente. Questa analisi permette anche di introdurre dei particolari modelli matematici di uso comune in Ricerca Operativa, che verranno poi trattati e approfonditi successivamente. La risoluzione dei modelli degli esempi e il loro raffinamento verranno effettuati in capitoli successivi.

2.1 Problema della dieta

Il problema della dieta si può enunciare in termini molto generici come: "cosa mangiare in modo salutare cercando di soddisfare il proprio gusto e tenendo sotto controllo la spesa"? Il problema espresso in questi termini è ovviamente troppo vago. Però è un utile punto di partenza per la costruzione del modello secondo le linee precedentemente indicate.

Il problema di 'cosa mangiare' si esprime in termini di alimenti (pane, carne, insalata, ecc.). Bisogna allora specificare quali alimenti si vogliono considerare. La scelta va fatta dal decisore e tale elenco deve essere considerato come un parametro decisionale, dato che viene fissato in modo soggettivo e può anche essere cambiato se dovesse risultare necessario. Decisi quali sono gli alimenti è certamente indispensabile conoscere le quantità di alimenti da utilizzare. Queste grandezze costituiscono la parte essenziale della decisione. Potrebbero essere considerate parametri decisionali se l'aspetto 'gusto' (degli alimenti) fosse l'unico presente nel problema. Infatti c'è un'immediata correlazione fra questo obiettivo e la decisione di quali e quanti alimenti utilizzare. Del resto così si fa normalmente con una valutazione rapida ed approssimata del costo globale e senza entrare nel merito del valore dietetico, dando per scontato che più o meno non sarà fuori norma.

Però, se si vuole valutare il problema in modo dettagliato con un preciso controllo della spesa e nel rispetto delle norme dietetiche (fattore che diventerebbe predominante nel caso di diete particolari in caso di malattia) le quantità di alimenti sono grandezze da calcolare e quindi si tratta di variabili decisionali.

Per valutare l'obiettivo spesa bisogna considerare i costi degli alimenti. Si tratta naturalmente di valori esterni e quindi di dati. Quando si introducono dei dati in un modello bisogna fin dal primo momento sapere se questi sono poi effettivamente disponibili. Non bisogna mai dare per scontato che sia facile trovare i dati ipotizzati. In molti problemi reali possono non esistere statistiche da cui trarre i dati desiderati e bisogna quindi ricorrere ad altri modelli con dati di tipo diverso.

Anche quando i dati siano disponibili bisogna tenere presente che possono subire variazioni nel tempo (se il modello deve essere utilizzato in varie occasioni) e che, in molti casi, sono in realtà stime di grandezze non misurabili direttamente e quindi potrebbero essere diversi numericamente se ricavati da fonti diverse. È perciò indispensabile che il modello sia robusto, ovvero che, nel fornire la decisione finale, non produca soluzioni radicalmente diverse a fronte di variazioni numeriche all'interno dell'intervallo di incertezza dei dati. Nell'esempio in questione il costo degli alimenti è un dato facilmente reperibile, ma si tenga conto che è anche un dato variabile nel tempo.

L'aspetto 'gusto' è di pertinenza del decisore e costituisce un aspetto decisamente soggettivo e, in questo esempio, di natura qualitativa più che quantitativa. Tuttavia è possibile modellarlo in modo quantitativo introducendo degli opportuni parametri decisionali. Se questi parametri o il metodo stesso di modellazione dovessero rivelarsi inefficaci, allora si dovrà rivedere questo aspetto del modello.

L'aspetto 'salutare' è legato ai nutrienti (proteine, glucidi, lipidi, vitamine, calorie, ecc.) e ai vincoli forniti dalla dietetica, che tipicamente fissano delle quantità minime e massime di nutrienti al giorno. Le quantità minime e massime sono dati, mentre le quantità effettive sono variabili decisionali da determinare tramite il modello. Si noti che questo tipo di vincoli traduce un obiettivo in una semplice ammissibilità. L'obiettivo è di avere una dieta il più possibile sana, però è praticamente impossibile definire una funzione obiettivo che leghi univocamente i valori dei nutrienti ad un indicatore di salute, anche perché gli effetti dei nutrienti sono diversi da individuo ad individuo. Quindi è più verosimile indicare degli intervalli all'interno dei quali si ha la garanzia di un effetto positivo. Tuttavia, nel momento in cui il modello viene valutato matematicamente, ciò che cade al di fuori dei vincoli, anche se di poco, non è ammissibile e viene scartato. Può invece essere opportuno anche assumere come valide soluzioni di poco non ammissibili. Si tratta quindi di vincoli da considerare flessibili.

Come le quantità di alimenti, anche le quantità di nutrienti non possono essere fissate direttamente dal decisore e vanno invece calcolate dal modello. Si tratta quindi di variabili decisionali.

Un primo vincolo naturale che devono rispettare le variabili decisionali è dato dal fatto che non possono assumere valori negativi. Questo è ovviamente un vincolo strutturale. Inoltre alimenti e nutrienti non possono assumere valori arbitrari ed indipendenti l'uno dall'altro. Il legame esistente fra alimenti e nutrienti è un vincolo strutturale i cui valori numerici sono dati esterni. Questo è un tipo di dati di non immediato reperimento. Un confronto fra tabelle analoghe prodotte da analisi diverse rivela la non elevata affidabilità di questi valori, anche perché gli alimenti non sono mai uguali a se stessi e quindi bisogna tenere a mente che nel momento in cui si utilizzano realmente i risultati del modello, gli alimenti veri a disposizione del decisore sono certamente diversi dagli alimenti che sono serviti per produrre le tabelle. Quindi è indispensabile (in questo caso come in ogni altro caso) analizzare l'effetto di piccole variazioni dei dati sulla soluzione, operare cioè una cosiddetta *analisi di sensibilità*.

Questa prima analisi del problema è già sufficiente per formulare un modello che riesca a descrivere abbastanza bene il problema che il decisore ha in mente. Bisogna però anticipare che il modello iniziale di un qualsiasi problema non sarà quasi mai soddisfacente. La soluzione fornita da un modello ne evidenzia normalmente i limiti e suggerisce eventuali modifiche in termini sia di nuove grandezze da considerare, nuovi vincoli da introdurre e obiettivi definiti più accuratamente. Normalmente i modelli che devono essere sviluppati sono più d'uno, sempre più adeguati al problema reale e normalmente anche sempre più complessi matematicamente. Tuttavia è bene che il primo modello sia sufficientemente semplice in modo che si capisca senza troppo dispendio di analisi se l'impostazione del problema è promettente o vada invece integralmente rivista.

2.2 Dieta: primo modello

Si indichi con J l'insieme degli alimenti e sia x_j, $j \in J$, la quantità di alimento j da calcolare. Si indichi con I l'insieme dei nutrienti e sia y_i, $i \in I$, la quantità di nutriente i da calcolare. Il legame fra alimenti e nutrienti è di tipo lineare. Sia a_{ij} la quantità di nutriente i presente in una unità di alimento j. Allora deve valere la relazione (vincolo strutturale)

$$\sum_{j \in J} a_{ij}\, x_j = y_i \qquad i \in I \tag{2.1}$$

Un ulteriore vincolo strutturale è dato dalla non negatività delle variabili

$$x_j \geq 0 \qquad j \in J, \qquad\qquad y_i \geq 0 \qquad i \in I \tag{2.2}$$

Tuttavia il vincolo di non negatività per le variabili y può essere omesso, perché implicito nelle limitazioni inferiori imposte ai nutrienti. Siano l_i e u_i le limitazioni, rispettivamente inferiore e superiore, per il nutriente i. Deve valere (vincolo flessibile):

$$l_i \leq y_i \leq u_i \qquad i \in I \tag{2.3}$$

Le soluzioni ammissibili sono quindi quelle che soddisfano l'insieme di vincoli:

$$\begin{aligned} &\sum_{j \in J} a_{ij}\, x_j = y_i && i \in I \\ &l_i \leq y_i \leq u_i && i \in I \\ &x_j \geq 0 && j \in J \end{aligned} \tag{2.4}$$

Si è già detto che l'obiettivo riferito alla salute è stato trasformato in un vincolo flessibile. Rimangono da considerare gli altri due. Non vi sono particolari problemi per formulare l'obiettivo spesa. Se il costo per unità (cioè il prezzo) dell'alimento j è c_j, allora il costo della decisione è $\sum_{j \in J} c_j\, x_j$. Tuttavia l'espressione è corretta fintantoché il fornitore non pratichi sconti su acquisti elevati. In questo caso non sarebbe difficile formulare una funzione di costo che rispecchi la crescita meno che lineare dovuta agli sconti. Però è bene sapere che la presenza di una funzione obiettivo di tipo concavo da minimizzare complica la risoluzione del modello in modo determinante. Si tornerà su questo punto in Sez. 7.5.

Per l'obiettivo gusto si può pensare di 'copiare' la funzione usata per la spesa. Anziché usare dei prezzi si usano dei parametri che esprimono le preferenze del decisore. Si indichi con p_j la preferenza dell'alimento j espressa in una scala numerica soggettiva e si rappresenti il valore dell'obiettivo gusto secondo l'espressione $\sum_{j \in J} p_j\, x_j$, naturalmente da massimizzare. Prima di procedere è tuttavia opportuno riflettere sul suo significato. Rispetto ad un singolo alimento l'espressione dice che, raddoppiando la quantità, la soddisfazione, in termini di gusto, è doppia, triplicandolo è tripla, eccetera. Questo è invece molto lontano dalla realtà. Molto probabilmente raddoppiando la quantità la soddisfazione aumenterà di poco e triplicandola non aumenterà ulteriormente. Verosimilmente è più opportuna una funzione concava che tenda rapidamente ad un valore costante. A differenza del costo (nel caso di sconti) questa funzione concava va massimizzata, anziché minimizzata, e questo fatto complica solo leggermente il modello. Anche questo punto verrà discusso in Sez. 7.5.

Conviene adottare un approccio abbastanza semplice, almeno in una prima fase. Si decida che ogni alimento non può essere utilizzato oltre una certa soglia e che fino a quella soglia la preferenza di gusto aumenta linearmente. Questo modo di procedere introduce nel problema degli aspetti non presenti originariamente e il decisore deve essere consapevole di questo fatto. I valori di soglia, da chiedere direttamente al decisore, sono parametri decisionali. Si indichi con d_j il massimo ammissibile per l'alimento j.

Ovviamente si vorrebbero scegliere alimenti e nutrienti in modo da ottenere sia il minimo costo, con obiettivo quindi

$$\min \sum_{j \in J} c_j\, x_j \tag{2.5}$$

che la massima preferenza di gusto, ovvero

$$\max \quad \sum_{j \in J} p_j \, x_j \tag{2.6}$$

Tuttavia molto difficilmente esistono soluzioni che allo stesso tempo minimizzino la spesa e massimizzino la preferenza. Questa situazione è del tutto generale. In ogni problema reale sono presenti più obiettivi in contrasto fra loro, nel senso che le decisioni che migliorano un obiettivo ne fanno peggiorare altri. Nel Cap. 3 si vedrà in modo più approfondito come trattare situazioni in cui sono presenti più obiettivi. È utile però anticipare alcune considerazioni e metodologie. Si può ad esempio mantenere l'obiettivo (2.5) e trasformare (2.6) nel vincolo flessibile

$$\sum_{j \in J} p_j \, x_j \geq P$$

dove P è un parametro decisionale, eventualmente sostituibile con altri valori per ottenere soluzioni più soddisfacenti. Alternativamente si può mantenere l'obiettivo (2.6) e trasformare invece (2.5) nel vincolo flessibile

$$\sum_{j \in J} c_j \, x_j \leq C$$

con C parametro decisionale che riflette direttamente il controllo sulla spesa. Siccome quest'ultimo vincolo ha un significato evidente, conviene adottare il secondo approccio. Pertanto il problema da risolvere è:

$$\begin{aligned}
\max \quad & \sum_{j \in J} p_j \, x_j & & \\
& \sum_{j \in J} c_j \, x_j \leq C & & \\
& \sum_{j \in J} a_{ij} \, x_j = y_i & & i \in I \\
& l_i \leq y_i \leq u_i & & i \in I \\
& 0 \leq x_j \leq d_j & & j \in J
\end{aligned} \tag{2.7}$$

Il modello (2.7) è costituito da una funzione obiettivo lineare e da vincoli rappresentati da equazioni e/o disequazioni di tipo lineare. Problemi con queste caratteristiche costituiscono la classe di problemi denominata *Programmazione lineare* (PL). Molti problemi reali trovano naturalmente una modellizzazione all'interno di questa classe. Per questo motivo la PL è stata oggetto di un approfondito studio che ha dato luogo ad un solido impianto teorico e ad alcuni algoritmi risolutivi particolarmente efficaci e validati da un'esperienza vastissima. Il problema della dieta fu uno dei primi problemi affrontati in PL, già dal fondatore stesso della PL, G. Dantzig. Si veda [50].

Prima di risolvere il modello (2.7) è opportuno descrivere le proprietà più importanti della PL. Questo verrà fatto nel Cap. 4. Poi sarà possibile risolvere (2.7) (vedi Sez. 5.3).

2.3 Problema della pianificazione di attività

Questo tipo di problema si presenta quando un processo produttivo consiste in varie attività e queste devono essere coordinate. Si tratta quindi di un problema frequente in molti scenari produttivi anche diversi fra loro.

Un esempio può essere costituito dalla costruzione di un edificio. Per formulare il modello si devono preliminarmente elencare tutte le attività, ad esempio la posa in opera del cantiere, lo scavo delle fondazioni, i getti di cemento delle fondazioni fino ad arrivare alle finiture esterne, alle pulizie e allo sgombero del cantiere. Poi si devono individuare le grandezze connesse con le attività. Una prima grandezza di cui tener conto è la durata di un'attività. Inoltre un'attività è caratterizzata dall'uso di risorse, quali la manodopera e i macchinari. Astrattamente anche il tempo può essere considerato una risorsa di cui l'attività ha bisogno per essere realizzata. Tuttavia è conveniente considerare separatamente il tempo dalle risorse 'materiali'.

Solo in rari casi la durata di un'attività è una grandezza invariante. Vari fattori possono influenzare l'effettiva durata. Nel caso della costruzione di un edificio le condizioni meteorologiche possono ad esempio far variare in modo considerevole la durata. Inoltre il decisore può modificare la durata dedicando più o meno risorse a specifiche attività.

Volendo iniziare da un modello semplice, conviene considerare la durata di un'attività come una grandezza invariante e quindi come un dato. Il valore di tale dato può essere stimato dal decisore in base all'esperienza passata. Stabilito che la durata è fissa, e quindi neppure modificabile dal decisore dedicando più o meno risorse, i costi connessi con l'uso delle risorse diventano immodificabili anch'essi e quindi è inutile tenerne conto ai fini decisionali.

Altre grandezze di tipo temporale sono gli istanti di inizio e di fine di ogni attività. Essendo (per il momento) la durata costante è sufficiente considerare una sola delle due grandezze. Si tratta di quantità che vogliamo far calcolare al modello e quindi si tratta di variabili decisionali.

Queste variabili decisionali sono vincolate fra loro dai cosiddetti *vincoli di precedenza* fra le attività. È evidente che alcune attività non possono essere iniziate prima della fine di altre e questo vincolo riguarda direttamente gli istanti di inizio e fine.

Un vincolo molto importante riguarda le risorse impiegate che sono, ovviamente, sempre presenti in quantità limitata. Quindi se vengono richieste troppe risorse contemporaneamente, l'esecuzione di tali attività non è possibile. Questo vincolo, per quanto importante, è tuttavia più complicato da formalizzare e conviene, in una prima fase, trascurarlo, come se la quantità di risorse a disposizione fosse sufficientemente elevata. Si parla in questi casi di modelli a *risorsa infinita*.

Avendo semplificato in questo modo il problema, il decisore può solo decidere gli istanti di tempo di inizio attività all'interno dei vincoli di precedenza. L'unico obiettivo che può essere preso in esame è la durata globale del processo produttivo che dovrà essere resa minima.

2.4 Pianificazione di attività: primo modello

Siano n le attività in esame. Si indichi con p_j la durata dell'attività j-ma e sia s_j il suo istante d'inizio. Conviene aggiungere due attività fittizie, una, che possiamo indicare come attività 0, che precede ogni altra attività ed un'altra, indicata come attività $*$, che le segue tutte. Queste due attività hanno durata nulla e servono unicamente a definire gli istanti di inizio e fine del processo produttivo. Conviene anche fissare $s_0 = 0$, cioè porre uguale a zero l'istante d'inizio del processo produttivo, in modo che il valore s_* rappresenti la durata del processo. Sia N l'insieme $\{0, 1, \ldots, n, *\}$ di tutte le attività.

Sia E l'insieme delle coppie ordinate (i, j) di attività (incluse le fittizie) per cui esiste un vincolo di precedenza, cioè l'attività j non può iniziare prima della fine dell'attività i (ma è ammesso che i due istanti coincidano). Il vincolo di precedenza può essere formalizzato come

$$s_i + p_i \leq s_j \qquad (i, j) \in E \tag{2.8}$$

L'obiettivo è la minimizzazione del tempo di completamento di tutte le attività e quindi si ha semplicemente

$$\min s_* \tag{2.9}$$

L'obiettivo (2.9) e i vincoli strutturali (2.8) (più il vincolo $s_0 = 0$) definiscono un particolare problema di PL, che può essere quindi risolto facendo ricorso ad un qualsiasi algoritmo di PL.

Tuttavia in questa semplice formulazione il problema può essere modellato alternativamente e più efficacemente facendo ricorso ad un grafo. Nel Cap. 6 verranno descritte quelle proprietà dei grafi più importanti per la Ricerca Operativa. Qui ci limitiamo ad anticipare che un grafo è una struttura che evidenzia l'esistenza di una relazione binaria fra gli elementi di un insieme. Il grafo consiste di nodi (o vertici) e di archi (o spigoli), che sono coppie di nodi. Se la coppia non è ordinata, il grafo si dice non orientato, mentre se la coppia è ordinata il grafo si dice orientato. Gli elementi dell'insieme vengono fatti corrispondere ai nodi e le coppie di elementi per i quali esiste una relazione binaria agli archi.

Quindi, identificando ogni attività con un nodo e ogni relazione di precedenza con un arco orientato, il problema viene modellato con un grafo orientato. Data la natura dei vincoli di precedenza non possono essere presenti cicli orientati nel grafo e quindi il grafo è aciclico. Ad ogni arco (i, j) del grafo viene naturalmente associato il valore p_i e ad ogni cammino dal nodo 0 al nodo $*$ si può associare la sua lunghezza data dalla somma dei valori p_i sul cammino.

Per ogni cammino da 0 a $*$ le attività del cammino sono una sequenza di attività che devono essere eseguite una dopo l'altra. Quindi la somma delle loro durate è un tempo che deve comunque passare prime che le attività siano finite. Siccome questo è vero per ogni cammino, deve essere vero anche per il cammino più lungo. Quindi il minimo tempo di completamento non può essere inferiore alla lunghezza del cammino massimo che va dal nodo 0 al nodo $*$.

Si può dimostrare (vedi Sez. 9.2) che in realtà il minimo tempo di completamento è proprio uguale alla lunghezza del cammino massimo. Inoltre, per un grafo aciclico, un cammino massimo si calcola molto velocemente con un algoritmo di Programmazione dinamica, come si vedrà nel Cap. 9.

2.5 Pianificazione di attività: secondo modello

Proviamo a rilassare l'ipotesi che le durate delle attività siano invarianti. In particolare le attività sono contraddistinte da una durata nominale p_i e da una durata minima $\bar{p}_i$. La durata dell'attività può assumere qualsiasi valore all'interno dell'intervallo $[\bar{p}_i, p_i]$, però una riduzione temporale rispetto a p_i ha un costo. Per modellare questo costo conviene inizialmente assumere la semplice ipotesi che il costo sia lineare rispetto alla riduzione. Quindi supponiamo che per ogni unità di tempo di riduzione rispetto a p_i si incorra in un costo d_i. Per le attività fittizie si ha ovviamente $p_0 = \bar{p}_0 = p_* = \bar{p}_* = 0$.

Essendo la durata variabile bisogna introdurre come variabili decisionali anche gli istanti di fine attività, indicati con t_i. Conviene anche esplicitare la riduzione della durata rispetto alla durata nominale, indicandola con x_i. Questa scelta introduce i vincoli strutturali

$$t_i = s_i + p_i - x_i, \qquad 0 \le x_i \le p_i - \bar{p}_i \qquad i \in N \tag{2.10}$$

mentre i vincoli di precedenza diventano

$$t_i \le s_j \qquad (i, j) \in E \tag{2.11}$$

Inoltre come nel caso precedente si pone il vincolo $s_0 = 0$. Per ogni scelta di variabili decisionali s_i, t_i e x_i ammissibili per i vincoli, il valore t_* rappresenta la durata del processo produttivo mentre il valore $\sum_i d_i\, x_i$ rappresenta il costo della riduzione delle durate dai valori nominali.

Si possono pertanto identificare due obiettivi: si vuole minimizzare la durata del processo e allo stesso tempo si vogliono minimizzare i costi. È chiaro che il processo produttivo è caratterizzato da molti tipi di costi. Però nel modello finora sviluppato gli unici costi che possono essere variati da una decisione sulle durate delle attività sono i costi dovuti alla riduzione della durata e quindi solo questi vanno considerati come obiettivo.

In problemi di questo tipo può essere presente il vincolo temporale che il lavoro deve essere ultimato entro una data fissata (ad esempio uno stadio deve essere pronto per l'inizio di un evento sportivo). Se T è il valore della data fissata si aggiunge il vincolo (flessibile) $t_* \le T$ e si minimizza $\sum_i d_i\, x_i$. In altri casi può essere più rilevante un vincolo di bilancio per cui si pone il vincolo (flessibile) $\sum_i d_i\, x_i \le B$ e si minimizza t_*. In entrambi i casi si tratta di un problema di PL, facilmente risolubile con gli algoritmi di PL. Questo modello verrà risolto nella Sez. 5.5.

Considerare anche il vincolo di risorsa finita rende il problema molto più difficile (nel senso indicato nell'introduzione). Varie tecniche, anche molto raffinate, sono state elaborate per superare questa difficoltà. Di queste si parlerà nei Cap. 20 e 21. Per il momento si può citare un metodo semplice di ottenere una soluzione approssimata. Tale metodo è normalmente utilizzato in molti pacchetti commerciali di pianificazione delle attività. Se un insieme di attività utilizzano una stessa risorsa e devono farlo in tempi diversi è normale che un'attività debba aspettare prima di avere la risorsa a disposizione ed essere eseguita. Possiamo pensare di 'allungare' la durata dell'attività aggiungendo anche il tempo di attesa. Così facendo sparisce il vincolo sulla risorsa finita e si possono applicare le tecniche precedenti. Tale durata virtuale prende il nome di *lead time*. La valutazione del lead time si basa sull'esperienza produttiva e il dato è attendibile se il processo produttivo è ampiamente ripetitivo.

2.6 Problema della turnazione del personale

Un problema che si presenta in molte situazioni riguarda il modo in cui assegnare il personale che deve svolgere un servizio a fronte di una domanda variabile. Il caso più frequente riguarda il personale dei trasporti, ad esempio autisti di linee urbane, conduttori di treni, hostess e piloti di aerei. Un altro caso frequente riguarda la sorveglianza e l'assistenza, ad esempio personale medico e paramedico in ospedali, operatori telefonici, portinerie.

Il caso dei trasporti è più complicato per la presenza di vincoli spaziali. Per il momento ci limitiamo al più semplice caso di un servizio di sorveglianza.

Il dato più importante del problema riguarda il livello di servizio richiesto. Per livello di servizio intendiamo in questo esempio semplicemente il numero di addetti alla sorveglianza. Normalmente il livello richiesto è variabile nel tempo e ovviamente non è noto a priori. Quindi va stimato in base all'esperienza passata. Conviene anche assumere che la variabilità abbia un andamento periodico di tipo giornaliero e anche settimanale (se ad esempio il servizio deve essere effettuato anche nei fine settimana). Un'ulteriore necessaria semplificazione consiste nel dividere la giornata in fasce orarie in cui il livello di servizio è in buona approssimazione costante.

Gli addetti alla sorveglianza lavorano normalmente secondo turni. Un turno viene specificato indicando gli istanti d'inizio e di fine del lavoro, con eventualmente una pausa intermedia. Per trattare un esempio semplice supponiamo che non ci sia lavoro nel fine settimana per cui la periodicità è solo giornaliera e quindi, essendo tutti i giorni uguali, basta considerare un unico giorno, come rappresentativo di tutti.

Quali siano i turni ammissibili è spesso un dato non modificabile del problema. Qualche volta si può pensare di aggiungere ai turni storicamente esistenti altri turni, compatibili con vincoli di sicurezza e di disciplina del lavoro, al fine di ottenere una maggiore efficienza nella soluzione finale. Fissati quindi i turni ammissibili si nota come anche i turni dividano la giornata in fasce orarie, che risultano quindi 'coperte' dai vari turni. Conviene ottenere una nuova suddivisione più fina in fasce orarie che possa tenere conto sia delle fasce determinate dal livello del servizio che di quelle determinate dai turni.

A questo punto la decisione da prendere riguarda il numero di persone da assegnare ad ogni turno. Il vincolo strutturale di questa variabile decisionale è che deve assumere valori interi non negativi.

Il problema si presenta naturalmente con due obiettivi contrastanti. Da una lato si vuole minimizzare il costo del personale e dall'altro si vuole garantire un buon servizio. Un modo semplice di modellare i due obiettivi è quello di trasformare il secondo in un vincolo. Ad esempio possiamo imporre che il numero di addetti per ogni fascia oraria non sia inferiore al livello di servizio richiesto per quella fascia oraria.

Per quel che riguarda il primo obiettivo bisogna valutare se il costo si esprime semplicemente come numero di addetti necessari a garantire il servizio oppure come numero globale di ore richieste agli addetti. I due modi di valutare il costo sono strettamente correlati e diventano identici nel caso in cui ogni addetto ha la stessa quantità di ore lavorative. Tuttavia, con turni di durata variabile, è normale che le ore lavorative in una singola giornata variino da persona a persona.

Una volta stabilito quante persone devono essere assegnate nei turni scelti, bisogna assegnare i turni alle persone. Solo raramente si può assegnare ogni giorno lo stesso turno alla stessa persona. Normalmente intervengono altri fattori, quali l'esigenza di giorni di riposo, la rotazione rispetto a turni più o meno gravosi, il bilanciamento delle ore lavorative se i turni non sono tutti uguali, che impongono di assegnare giorno per giorno i turni a persone possibilmente diverse con un orizzonte temporale anche abbastanza lungo (è giusto infatti che si sappia con largo anticipo quali saranno i proprio obblighi lavorativi). Questo secondo problema prende il nome di *rostering*. Rinviamo ad una successiva fase la modellizzazione di questo problema.

2.7 Turnazione: primo modello

Con questa analisi possiamo allora formulare un primo modello. Si indichi con I l'insieme delle fasce orarie giornaliere e con b_i il livello di servizio richiesto per la fascia i. Si indichi con J l'insieme dei possibili turni e con x_j il numero di addetti da assegnare al turno j. Sia inoltre

$$a_{ij} = \begin{cases} 1 & \text{se il turno } j \text{ copre la fascia } i \\ 0 & \text{altrimenti} \end{cases}$$

Possiamo allora formulare il seguente modello di PL

$$
\begin{aligned}
\min \quad & \sum_{j \in J} x_j \\
& \sum_{j \in J} a_{ij}\, x_j \geq b_i \qquad i \in I \\
& x \geq 0, \ \text{intero}
\end{aligned}
\tag{2.12}
$$

Rispetto ai modelli precedenti compare anche la richiesta di interezza per le variabili. Va subito detto che si tratta di un vincolo che rende normalmente molto più difficile la risoluzione, anche se sono disponibili tecniche molto efficaci. Tutti i pacchetti di PL permettono l'introduzione del vincolo di interezza, ma l'utilizzatore del pacchetto va anche avvertito che, se non opportunamente modellato, un problema può non essere risolubile in tempi accettabili. E questo è tanto più vero quanto più grande è la dimensione del modello.

Per fortuna il modello (2.12) tende a produrre abbastanza rapidamente la soluzione ottima per i motivi che verranno spiegati nel Cap. 18. Può esser utile rappresentare esplicitamente la matrice a_{ij}. Se ad esempio i turni sono tutti uguali (a parte l'istante d'inizio) e consistono di due ore lavorative seguite da un'ora di pausa e da altre due ore lavorative e la giornata lavorativa va dalle otto del mattino alle otto di sera con fasce orarie di esattamente un'ora, la matrice è la seguente:

$$
\begin{pmatrix}
1&0&0&0&0&0&0&0\\
1&1&0&0&0&0&0&0\\
0&1&1&0&0&0&0&0\\
1&0&1&1&0&0&0&0\\
1&1&0&1&1&0&0&0\\
0&1&1&0&1&1&0&0\\
0&0&1&1&0&1&1&0\\
0&0&0&1&1&0&1&1\\
0&0&0&0&1&1&0&1\\
0&0&0&0&0&1&1&0\\
0&0&0&0&0&0&1&1\\
0&0&0&0&0&0&0&1
\end{pmatrix}
\qquad
\begin{pmatrix}
8-9\\ 9-10\\ 10-11\\ 11-12\\ 12-13\\ 13-14\\ 14-15\\ 15-16\\ 16-17\\ 17-18\\ 18-19\\ 19-20
\end{pmatrix}
$$

Come secondo esempio si consideri un servizio di sorveglianza con fasce orarie e livelli di servizio (fra parentesi): 7:00-8:00 (2), 8:00-9:30 (4), 9:30-12:30 (4), 12:30-14:00 (3), 14:00-16:00 (3), 16:00-18:00 (3), 18:00-20:00 (2), 20:00-21:00 (2). La scelta delle fasce orarie e dei livelli di servizio sono quelle determinate dal gestore del servizio e corrispondono alla situazione esistente. Anche la scelta dei possibili turni è storica. L'esempio corrisponde al caso della sorveglianza dell'edificio dei Rizzi dell'Università di Udine negli anni '90. La matrice a_{ij}, da cui si deducono i turni, è

$$
\begin{pmatrix}
1&0&0&0&0&0&0&0&0\\
1&1&1&0&0&0&0&0&1\\
1&1&1&1&0&0&0&1&1\\
1&1&1&1&1&0&0&1&0\\
0&0&1&1&1&1&1&1&0\\
0&0&0&1&1&1&1&0&1\\
0&0&0&0&1&1&1&0&0\\
0&0&0&0&0&1&0&0&0
\end{pmatrix}
\qquad
\begin{pmatrix}
\text{7:00–8:00} & (2)\\
\text{8:00–9:30} & (4)\\
\text{9:30–12:30} & (4)\\
\text{12:30–14:00} & (3)\\
\text{14:00–16:00} & (3)\\
\text{16:00–18:00} & (3)\\
\text{18:00–20:00} & (2)\\
\text{20:00–21:00} & (2)
\end{pmatrix}
$$

Si noti che i turni hanno durate diverse (da 6 ore a 8 ore e mezzo) e quindi bisogna successivamente affrontare anche il problema del bilanciamento delle ore di lavoro. Un'osservazione utile è che non necessariamente la soluzione di (2.12) è unica. Pertanto, considerato che oltre al minimo numero di turni interessa anche il minimo numero di ore lavorative, si può pensare di minimizzare le ore fra le soluzioni che minimizzano il numero di turni. Obiettivi che vengono affrontati in modo gerarchico, come in questo caso, prendono il nome di *lessicografici* (si veda la Sez. 3.5).

Vi sono due modi per risolvere il problema (2.12) in modo lessicografico. Si può pensare di risolvere (2.12) e poi, ottenuta la soluzione ottima $\hat{x}_j$ con valore ottimo $\hat{v} = \sum_j \hat{x}_j$, risolvere

$$\begin{aligned} \min \quad & \sum_{j \in J} c_j \, x_j \\ & \sum_{j \in J} a_{ij} \, x_j \geq b_i \qquad i \in I \\ & \sum_{j \in J} x_j \quad = \hat{v} \\ & x \geq 0, \quad \text{intero} \end{aligned} \tag{2.13}$$

dove c_j è il numero di ore del turno j. Un altro modo di affrontare il problema consiste nella risoluzione di (2.12) con un diverso obiettivo, in cui vengono fusi assieme i due obiettivi di minimizzare i turni e minimizzare le ore:

$$\begin{aligned} \min \quad & \sum_{j \in J} (K + c_j) \, x_j \\ & \sum_{j \in J} a_{ij} \, x_j \geq b_i \qquad i \in I \\ & x \geq 0, \quad \text{intero} \end{aligned} \tag{2.14}$$

Il modello (2.14) è equivalente a (2.12) se K è sufficientemente elevato. Il 'trucco' per cui i due problemi sono equivalenti è l'interezza di x: il termine $K \sum_j x_j$ è un multiplo di K e quindi basta che $\sum_j c_j \, x_j < K$ affinché il minimo di (2.14) si trovi solo per $\sum_{j \in J} x_j = \hat{v}$.

Dei due metodi è preferibile il secondo e non solo perché si deve risolvere solo un problema anziché due, ma anche perché l'aggiunta del vincolo $\sum_{j \in J} x_j = \hat{v}$ altera la struttura della matrice a_{ij} e, come si vedrà più avanti, questo è un fattore importante per rendere più veloce la risoluzione del problema di programmazione lineare intera.

2.8 Problema dell'orario: orario scolastico

La costruzione di un orario è un problema che si incontra in moltissime situazioni. Consideriamo in questa sezione il caso di una scuola media italiana, che presenta caratteristiche quasi invarianti su tutto il territorio nazionale. Nella sezione successiva presenteremo il caso di un orario universitario, che ha delle caratteristiche molto diverse da quelle di una scuola. Inoltre gli orari universitari presentano, almeno in Italia, delle peculiarità proprie per ogni facoltà universitaria e quindi è molto difficile creare un modello unico valido per ogni situazione, a differenza del caso di una scuola media.

Come è tradizione l'orario è periodico su base settimanale. I dati principali del problema sono costituiti dalle classi (numero di sezioni per ogni anno), dagli insegnanti e dalle materie. Il numero di ore per materia e per classe è prefissato ed è un vincolo rigido. Anche gli assegnamenti insegnante-classe sono un dato non modificabile nel momento in cui si costruisce l'orario. Inoltre per come è strutturata la scuola italiana, le aule sono strettamente abbinate alle classi e quindi la risorsa 'aule', che in altri ambiti (ad esempio orari universitari) aggiunge difficoltà al problema, qui non interviene, se non per alcune aule molto particolari da condividere fra tutte le classi, come la palestra, o i laboratori.

Se il problema si esaurisse qui, ci sarebbe poco da calcolare. Basterebbe distribuire in qualsiasi modo le ore delle varie materie durante la settimana (necessariamente la somma delle ore delle materie è uguale alle ore settimanali della classe), magari prefissando le ore nelle aule comuni in modo da evitare sovrapposizioni.

Ma le cose sono naturalmente più complicate. Vi sono docenti che insegnano in più classi e quindi bisogna ovviamente evitare che un insegnante si trovi nella stessa ora in classi diverse. Inoltre ogni insegnante ha diritto ad un giorno di riposo. Quale sia questo giorno non è fissato a priori, anche se ogni insegnante esprime delle preferenze in merito. Il giorno di riposo viene normalmente fissato proprio durante la costruzione dell'orario ed è quindi una variabile decisionale.

A tutti questi aspetti che costituiscono vincoli rigidi del problema, si aggiungono vari obiettivi, che possono talvolta assumere il ruolo di vincoli flessibili. Ad esempio non è normalmente gradito ad un insegnante un orario che alterni ore di lezione ad ore di attesa. Certe materie, come matematica o italiano, che richiedono una maggiore attenzione da parte degli studenti, non dovrebbero essere collocate nelle ore estreme della giornata.

Inoltre bisogna evitare di insegnare più di due o tre ore di una stessa materia nello stesso giorno. Se poi l'orario ne prevede due, è meglio che queste siano consecutive. Con questi requisiti iniziali possiamo costruire un primo modello.

2.9 Orario scolastico: primo modello

Sia C l'insieme delle classi, G l'insieme dei giorni, H l'insieme delle ore (su tutta la settimana) e H_g l'insieme delle ore del giorno g. Sia M_c l'insieme delle materie della classe c. Pensiamo come diverse due materie di classi diverse (anche se si chiamano nello stesso modo e sono insegnate dallo stesso docente). Sia h_m il numero di ore settimanali della materia m. Sia P l'insieme dei professori, P_c l'insieme dei professori che insegnano nella classe c, C_p l'insieme delle classi dove insegna il professore p, M_p l'insieme di materie insegnate dal professore p e p_m il professore che insegna la materia m. Indichiamo con

$$x_{mh} = \begin{cases} 1 & \text{se la materia } m \in M_c \text{ viene insegnata nell'ora } h \in H \\ 0 & \text{altrimenti} \end{cases}$$

Le variabili decisionali sono quindi delle variabili binarie. Come si avrà ampio modo di vedere in seguito, le variabili binarie compaiono nella maggior parte dei modelli. Il motivo è abbastanza evidente. Una variabile binaria modella esattamente l'esistenza o meno di una certa proprietà. Si tratta poi di poter esprimere i vincoli a cui la variabile deve sottostare in modo da avere diseguaglianze o eguaglianze lineari e quindi far rientrare il modello nell'ambito della programmazione lineare intera. Questo è effettivamente ottenibile in molti casi, come si vedrà nei modelli esposti in questo testo.

Un primo vincolo impone che in ogni ora vi sia esattamente una materia per ogni classe. Quindi si fissano una classe ed un'ora e di tutte le materie se ne deve scegliere una. Il vincolo di scegliere un elemento all'interno di un insieme si traduce con la somma della variabili binarie uguale ad uno:

$$\sum_{m \in M_c} x_{mh} = 1 \qquad h \in H,\ c \in C \tag{2.15}$$

Il vincolo sul numero di ore per materia può essere imposto da

$$\sum_{h \in H} x_{mh} = h_m \qquad m \in M_c,\ c \in C \tag{2.16}$$

Come si vede, fissata una materia (e quindi anche la classe), si sommano le x_{mh} su tutte le ore della settimana e tale somma deve essere uguale al numero di ore della materia. In modo simile si esprime il vincolo che in una stessa giornata non vi possano essere più di un certo numero di ore (che qui per semplicità fissiamo a 2)

$$\sum_{h \in H_g} x_{mh} \leq 2 \qquad g \in G,\ m \in M_c,\ c \in C \tag{2.17}$$

Il vincolo sui professori che insegnano in più classi si può imporre come

$$\sum_{m \in M_p} x_{mh} \leq 1 \qquad h \in H,\ p \in P : |C_p| \geq 2 \tag{2.18}$$

Quindi, limitatamente ai professori che insegnano in almeno due classi ($|C_p| \geq 2$), per ogni ora h si impone che la somma delle x_{mh} di pertinenza del professore non sia più di uno.

Sia $\hat{M}$ l'insieme delle materie speciali che richiedono l'uso di risorse comuni (palestre, laboratori). In modo del tutto simile al vincolo di non sovrapposizione sulle ore dei professori si impone:

$$\sum_{m \in \hat{M}} x_{mh} \leq 1 \qquad h \in H \tag{2.19}$$

Si tratta ora di modellare il giorno libero. Dobbiamo introdurre un'altra variabile binaria

$$y_{gp} = \begin{cases} 0 & \text{se il professore } p \text{ è libero nel giorno } g \\ 1 & \text{altrimenti} \end{cases}$$

che viene vincolata da

$$\sum_{g \in G} y_{gp} = |G| - 1 = 5 \qquad p \in P \tag{2.20}$$

per indicare che bisogna scegliere esattamente un giorno libero. Il legame fra le variabili x e y può essere formulato imponendo

$$\sum_{m \in M_p} x_{mh} \leq y_{gp} \qquad p \in P,\ h \in H_g,\ g \in G \tag{2.21}$$

Quindi se il giorno g è libero, $y_{gp} = 0$ e anche tutte le x_{mh} corrispondenti devono essere uguali a zero. Se invece $y_{gp} = 1$ il vincolo (2.21) diventa uguale al vincolo (2.18), anzi lo include perché è esteso a tutti i professori.

Non si è finora detto di quale funzione obiettivo scegliere. Nella descrizione del problema si è accennato a vari aspetti che sarebbe auspicabile poter soddisfare. Uno degli aspetti cruciali nella costruzione di un orario è quello di non formulare troppi vincoli, tali da rendere non ammissibile il problema. Se ciò dovesse verificarsi, è ovvio che bisogna rilassare qualche vincolo a cominciare dai meno importanti.

Conviene quindi modellare il problema con vari obiettivi di importanza decrescente (si veda la Sez. 3.5). I vincoli (2.15) e (2.21) (che abbiamo osservato includere il vincolo (2.18)) non possono essere violati in alcun modo, e quindi vengono mantenuti come scritti. Il vincolo sul numero di ore è anch'esso rigido, ma potrebbe essere fisicamente (anche se non legalmente) violato, per cui introduciamo delle variabili artificiali $z_m^1 \geq 0$, una per ogni vincolo, in modo che (2.16) diventa

$$\sum_{h \in H} x_{mh} + z_m^1 = h_m \qquad m \in M_c,\ c \in C$$

Il vincolo sul giorno libero per ogni docente potrebbe essere praticamente violato, ma legalmente una sua violazione creerebbe molti problemi. Lo riteniamo meno importante del precedente vincolo ma più di quelli che seguiranno. La violazione del vincolo viene realizzata introducendo una variabile artificiale $z_p^2 \geq 0$ (il numero 2 è un indice e non un esponente) e modificando il vincolo (2.20) in

$$\sum_{g \in G} y_{gp} - z_p^2 = |G| - 1 = 5 \qquad p \in P$$

Anche il vincolo sul massimo numero di ore giornaliero per una certa materia è importante, ma certamente può esser violato molto più facilmente dei vincoli precedenti. Quindi introduciamo delle variabili artificiali $z_{mg}^3 \geq 0$ e il vincolo (2.17) diventa

$$\sum_{h \in H_g} x_{mh} - z_{mg}^3 \leq 2 \qquad g \in G, \; m \in M_c, \; c \in C$$

Infine consideriamo come obiettivo reale la possibilità di soddisfare le richieste sul giorno libero espresse dai docenti. A tal fine possiamo pensare di impostare il problema chiedendo ai docenti una prima e una seconda scelta per il giorno libero. Faremo in modo che le prime scelte siano esaudite il più possibile, altrimenti si esaudiranno le seconde scelte, se possibile. A questo fine definiamo dei coefficienti a_{gp} che poniamo uguale a 6 se g è la prima scelta di p, 1 se è la seconda scelta, e 0 altrimenti. In conclusione la funzione obiettivo è

$$\min \quad (10000 \cdot \sum_m z_m^1 + 1000 \cdot \sum_p z_p^2 + 100 \cdot \sum_{mg} z_{mg}^3 - \sum_{gp} a_{gp} (1 - y_{gp}))$$

Questa funzione obiettivo forza a zero innanzitutto le variabili z_m^1, poi le z_p^2 e infine le z_{mg}^3. A questo punto il problema è ammissibile per i vincoli originari e si può cercare di migliorare l'obiettivo soddisfacendo le giornate libere richieste. Per come è stato costruita la funzione obiettivo, un valore ottimo positivo corrisponde ad inammissibilità. Se ciò dovesse succedere, un esame delle variabili artificiali positive può rivelare la causa dell'inammissibilità. Viceversa un valore nullo o negativo denota un problema ammissibile. Il modello verrà risolto nella Sez. 8.3.

2.10 Problema dell'orario: orario universitario

Come detto precedentemente gli orari universitari presentano delle caratteristiche molto variabili da facoltà a facoltà. Quello che viene qui presentato è il caso della Facoltà di Scienze dell'Università di Udine, per la quale sono stati elaborati negli anni due modelli.

L'orario deve avere una periodicità settimanale. Le grandezze che compaiono nel modello sono i corsi, i docenti, le aule (aule normali e laboratori) e le ore. Per 'ora' si intende l'unità temporale con cui viene elaborato l'orario. Tradizionalmente quest'ora astratta ha la durata di un'ora 'vera', più o meno.

Ma non necessariamente deve essere così. Una delle scelte fatte inizialmente per semplificare la costruzione dell'orario nella facoltà udinese, è stata proprio quella di decidere per unità temporali di due ore consecutive. In quel che segue con il termine 'ora' si intende proprio l'unità temporale di due ore (con due ore di materia allocate).

I corsi devono essere assegnati sia alle aule che alle ore. Un ovvio vincolo rigido è dato dall'impossibilità che una stessa aula venga assegnata nella stessa ora a due corsi diversi, e che un docente, impegnato in due corsi, insegni simultaneamente in due classi diverse. Questi vincoli non possono essere violati per motivi di impossibilità fisica. Un altro vincolo rigido riguarda il numero di ore assegnato a ciascun corso che è fissato e per motivi didattici non può essere modificato.

Un ulteriore vincolo rigido, teoricamente violabile ma praticamente non violabile, è dato dalla non sovrapposizione di corsi seguiti dallo stesso gruppo di studenti. Se per gruppo di studenti si intende quelli appartenenti allo stesso anno di corso, si tratta di un vincolo molto forte. Tuttavia, quando vi sono corsi facoltativi e si può prevedere che certi gruppi di corsi facoltativi saranno scelti da uno stesso gruppo di studenti, allora sarebbe preferibile non avere sovrapposizioni. Questo vincolo viene trattato come flessibile, altrimenti è molto probabile che non esista soluzione ammissibile.

Un vincolo, teoricamente flessibile, ma valutato come rigido normalmente, riguarda il fatto che ogni corso non può avere più di due ore al giorno.

Infine ci sono le preferenze dei docenti. Queste sono trattate a livello di obiettivo. Normalmente le preferenze espresse dai docenti hanno una vasta gamma di formulazioni diverse, spesso di difficile modellizzazione. Le più semplici riguardano la preferenza per certe fasce orarie e certi giorni. Queste vengono trattate assegnando dei pesi opportuni alle ore e ai giorni. Altre sono del tipo 'sempre lezione di mattina oppure sempre lezione di pomeriggio', oppure 'lezione in tre giorni consecutivi, non importa quali'. Queste presentavano dei problemi nel primo tipo di modello. Il secondo modello invece le tratta con facilità.

Una preferenza generale didattica è che i corsi siano impartiti il più possibile in due ore consecutive (qui ore reali). Se si hanno unità temporali di singole ore (reali) è molto difficile costruire dei modelli che tendenzialmente raggruppino le ore a due a due. È per questo motivo che si è scelto nella Facoltà di Scienze di Udine (ma anche nella Facoltà di Ingegneria, dove si adottano modelli diversi) di imporre le due ore consecutive. Fra gli altri vantaggi c'è anche quello di un dimezzamento delle dimensioni del problema.

2.11 Orario universitario: modelli

Una prima semplificazione si basa sul fatto che ci sono aule uguali, ed è in larga misura indifferente se un corso è assegnato ad una o ad un'altra di queste aule. Quindi conviene suddividere le aule in tipi di aule con l'idea che aule dello stesso tipo sono intercambiabili. La conseguenza di questa semplificazione è che il modello che vogliamo elaborare non produrrà immediatamente un orario completo, ma si limiterà ad assegnare un corso ad una certa ora e ad un tipo di aula. Siccome l'orario finale deve prescrivere esattamente quale aula deve essere impiegata, bisognerà elaborare un successivo modello che distribuirà i corsi assegnati ad uno stesso tipo di aula e in una stessa ora fra le varie aule equivalenti. Sia K l'insieme dei tipi di aule e sia n_k il numero di aule disponibili per il tipo $k \in K$.

Indichiamo con C l'insieme dei corsi. Idealmente un corso è adatto per un tipo di aula. Tuttavia può risultare necessario assegnare un corso ad un tipo diverso di aula, ad esempio una più grande, cosa possibile anche se non preferibile. Indichiamo con $K(c)$ l'insieme dei tipi ammissibili per il corso $c \in C$ e viceversa con $C(k)$ l'insieme dei corsi assegnabili al tipo k di aula.

La settimana è divisa in un insieme H di intervalli temporali, che chiamiamo 'ore' anche se la loro durata non corrisponde necessariamente ad un'ora (come detto, nel nostro caso sono due ore). Sia G l'insieme dei giorni della settimana e sia H_g il numero di ore del giorno g. Sia $d(c)$ il numero di ore prescritto per il corso c.

Certi gruppi di corsi non possono essere insegnati nella stessa ora. Sia Q l'insieme dei gruppi di incompatibilità e sia C_q l'insieme dei corsi del gruppo $q \in Q$. Fra questi gruppi ci sono anche le coppie (eventualmente triple) di corsi impartiti dal medesimo docente, i corsi di uno stesso anno e inoltre corsi facoltativi tendenzialmente seguiti dagli stessi studenti. Indichiamo anche con $Q(c) := \{q : c \in C_q\}$, cioè l'insieme dei vari gruppi di incompatibilità cui un corso può appartenere.

Il primo modello che è stato elaborato negli anni '90 era basato sulla stessa idea di fondo del problema dell'orario scolastico: avere variabili binarie x_{chk} che associassero il corso c con l'ora h e il tipo k di aula. Si possono evidenziare i seguenti vincoli

$$\sum_{c \in C(k)} x_{chk} \leq n_k \qquad h \in H,\ k \in K$$

Questo vincolo impone che, per ogni ora e per ogni tipo di aula il numero di lezioni, compatibili con il tipo di aula, non superi il numero di aule disponibili di quel tipo.

$$\sum_{h \in H} \sum_{k \in K(c)} x_{chk} = d(c) \qquad c \in C$$

Questo vincolo impone le ore previste per ogni corso. Tuttavia bisogna aggiungere il vincolo sul massimo numero ore al giorno per ogni corso, quindi

$$\sum_{h \in H_g} \sum_{k \in K(c)} x_{chk} \leq 1 \qquad c \in C,\ g \in G$$

Infine bisogna imporre il vincolo sui gruppi di incompatibilità

$$\sum_{c \in C_q} \sum_{k \in K} x_{chk} \leq 1 \qquad q \in Q$$

Questo modello presentava anche dei vincoli complicati per tener conto dei tre giorni consecutivi di lezione (e richiesti). Tuttavia il modello aveva dei difetti, pur avendo fatto il suo dovere per diversi anni. Avendo tre indici, il numero di variabili può diventare troppo grande e quindi rallentare di parecchio l'esecuzione. Soprattutto però il fatto che l'insieme delle ore non riflettesse la struttura d'ordine con cui le ore si presentano nella realtà, creava problemi non appena c'era bisogno di tener conto di tale ordine.

Si è quindi elaborato un nuovo modello in cui, corso per corso, si identificano tanti orari alternativi [188]. Per 'orario' si intende qui proprio l'indicazione specifica, per ogni corso, delle ore e del tipo d'aula in cui le ore del corso devono essere insegnate. Naturalmente bisogna poi fare in modo che gli orari scelti per i diversi corsi siano compatibili per i vincoli.

Indichiamo allora con $P(c)$ l'insieme dei possibili orari per il corso c. Sorge immediatamente la domanda di come si possa materialmente trattare un tale insieme, dato che il numero di tutti i possibili orari per un singolo corso è esponenziale. Per il momento trattiamo il problema come se fosse possibile avere a disposizione un tale insieme. Vedremo più avanti nel Cap. 11 come la cosa sia possibile a livello computazionale. Per non usare la parola 'orario' che ha anche un significato più generico e quindi può presentare ambiguità, usiamo la parola 'schema' per indicare un possibile orario per un singolo corso.

Per imporre dei vincoli sugli schemi conviene definire la seguente matrice che contiene l'informazione su come sono fatti gli schemi

$$a_{(kh)(jc)} = \begin{cases} 1 & \text{se il corso } c \text{ è assegnato all'ora } h \\ & \text{in un'aula del tipo } k \text{ per lo schema } j \in P(c), \\ 0 & \text{altrimenti} \end{cases}$$

$$a'_{(h)(jc)} = \begin{cases} 1 & \text{se il corso } c \text{ è assegnato all'ora } h \\ & \text{per lo schema } j \in P(c), \\ 0 & \text{altrimenti} \end{cases}$$

Si noti che $a'_{(h)(jc)} = 0$ se e solo se $a_{(kh)(jc)} = 0$ per ogni $k \in K$ e che

$$\sum_{h \in H} a'_{(h)(jc)} = \sum_{h \in H} \sum_{k \in K(c)} a_{(kh)(jc)} = d(c) \qquad j \in P(c),\ c \in C$$

Le variabili di decisione sono

$$x_{jc} = \begin{cases} 1 & \text{se lo schema } j \in P(c) \text{ è impiegato per il corso } c \\ 0 & \text{altrimenti} \end{cases} \tag{2.22}$$

I vincoli sono allora

$$\sum_{c \in C} \sum_{j \in P(c)} a_{(kh)(jc)}\, x_{jc} \leq n_k \qquad k \in K,\ h \in H \tag{2.23}$$

che impone l'uso simultaneo di non più di n_k aule del tipo k. Inoltre

$$\sum_{c \in C_q} \sum_{j \in P(c)} a'_{(h)(jc)} \, x_{jc} \leq 1 \qquad h \in H, \; q \in Q \tag{2.24}$$

che impone la non sovrapposizione di corsi all'interno dello stesso gruppo q. Inoltre

$$\sum_{j \in P(c)} x_{jc} = 1 \qquad c \in C \tag{2.25}$$

che impone l'uso di esattamente uno schema per ogni corso. L'obiettivo è la massimizzazione delle preferenze

$$\sum_{c \in C} \sum_{j \in P(c)} r_{jc} \, x_{jc} \tag{2.26}$$

dove r_{jc} è la preferenza del docente che insegna il corso c per avere l'orario del corso secondo lo schema j. I valori r_{jc} possono anche essere espressi come

$$r_{jc} = \sum_{h \in H} \sum_{k \in K(c)} a_{(kh)(jc)} \, s_{khc}$$

e s_{khc} è la preferenza del docente per insegnare il corso c nell'ora h e in un'aula del tipo k.

Quindi si è impostato un modello di programmazione lineare 0-1, con l'obiettivo (2.26) e i vincoli (2.22), (2.23), (2.24) and (2.25). Vedremo più avanti in Sez. 11.6 come affrontare la risoluzione di questo modello e la relazione che c'è fra i due modelli illustrati.

2.12 Problema della consegna di merci

Una ditta esegue consegne di merci a diversi supermercati di una determinata area geografica, ad esempio una provincia o una regione. A questo scopo possiede un insieme di furgoni di varie capacità. Il modo di operare della ditta consiste nel ricevere le merci dai produttori in un unico deposito. Ogni mattina i furgoni vengono caricati con le quantità di merce richieste dai supermercati, eseguono le consegne e rientrano a fine giornata al deposito. Si vuole trovare, giorno per giorno, un assegnamento delle merci ai furgoni, e quindi anche dei supermercati da visitare, e anche un insieme di rotte che renda possibile la consegna delle merci richieste con la minima spesa.

Analizziamo più in dettaglio il problema cominciando ad esaminare le varie grandezze. Le richieste dei supermercati sono ovviamente dei dati. Oltre alle quantità richieste può essere specificata una data di consegna. In questa fase supponiamo che le richieste vadano evase genericamente 'al più presto'. Questo comporta l'introduzione di parametri decisionali variabili dinamicamente da giorno a giorno che definiscono la priorità di una richiesta. In generale la priorità potrebbe essere semplicemente data dai giorni trascorsi dall'ordine senza che la consegna sia stata effettuata, però altre considerazioni si potrebbero sovrapporre.

Il numero dei furgoni e le loro capacità vanno considerati dati. Si potrebbe pensare che il numero di furgoni non è necessariamente fissato e si possono sempre acquistare nuovi furgoni di capacità opportuna (come anche venderli). Tuttavia il modello che si vuole costruire deve servire per delle decisioni operative a breve termine. Tipicamente fra l'arrivo della richiesta di un supermercato e la consegna passano pochi giorni. Invece la decisione di acquistare un nuovo furgone, data la spesa coinvolta e il lungo tempo in cui il furgone dovrà essere usato, è una decisione strategica a lungo termine. Quindi, per gli scopi del modello, il numero dei furgoni è un dato da considerare invariabile.

La quantità di merce da caricare su un determinato furgone è invece una variabile decisionale che dovrà essere calcolata dal modello. Vi è un chiaro vincolo fra la quantità di merce da caricare e la capacità di ogni furgone. È opportuno spendere qualche parola su cosa si intenda per 'capacità' di un furgone. Oltre al volume massimo trasportabile, normalmente un furgone ha anche un peso massimo trasportabile. Il fatto di dover considerare contemporaneamente due grandezze complica il problema, a meno che la merce sia omogenea (stesso rapporto peso/volume) nel qual caso le due grandezze si riducono ad una. Ma anche in questo caso è molto difficile esprimere in modo formalizzato il vincolo di capacità. In linea teorica si può sempre affermare che per ogni insieme di merci, queste possono essere caricate su un furgone oppure no. Però saper determinare quale dei due casi avviene è estremamente difficile. Se la merce è costituita da scatole di dimensioni molto diverse, alcuni metodi di impaccamento potrebbero risultare più efficienti di altri. Tuttavia trovare un impaccamento tridimensionale ottimo è un problema molto ostico. Siccome questo problema non si presenta da solo ma all'interno di un problema più ampio, si corre il rischio di sviluppare un modello assolutamente intrattabile. Quindi è necessario semplificare il vincolo di capacità.

Supponiamo che la merce sia leggera, ovvero che il rapporto peso/volume di ogni imballaggio sia minore del rapporto delle capacità di peso e di volume. Quindi è solo la capacità di volume ad essere interessata. Dobbiamo inoltre tener conto del fatto che normalmente non si riesce a impaccare (a meno di imballaggi tutti uguali e abbastanza piccoli) una quantità di volume pari al volume del furgone. Dall'esperienza passata è possibile stimare che il volume caricato non supera mai una certa percentuale della capacità di volume. Questa percentuale è un dato, che va appunto stimato dalle statistiche.

Anche così semplificato il problema del caricamento massimo rimane difficile. Si tratta di un tipo di problemi di impaccamento che verranno descritti ed analizzati nel Cap. 17.

Tuttavia il problema del caricamento non si esaurisce nel trovare un modo massimo di caricare i furgoni. Tutto quanto viene caricato su un furgone deve poi essere consegnato e se le località di consegna sono molte e distanti fra loro è probabile che il furgone non riesca a completare le consegne nella giornata. Bisogna allora valutare anche i percorsi.

Il modo più naturale di modellare problemi legati a percorsi è di usare un grafo dove i nodi rappresentano le località e gli archi i collegamenti fra le località. A seconda del problema, agli archi possono essere associate varie quantità quali le distanze, i tempi di percorrenza, i costi di percorrenza, le capacità di trasporto. Nell'esempio le grandezze più rilevanti sono quelle di tempo e di distanza. Possiamo ragionevolmente pensare che i costi siano direttamente correlati alle distanze e ai tempi e quindi si può pensare di minimizzare i costi indirettamente, minimizzando i tempi o le distanze.

Si immagini che il problema sia ridotto a quello di un singolo furgone che deve visitare tutte le località nel più breve tempo possibile. Si tratta quindi di scegliere un opportuno ordine di visita. Anche questo problema è difficile. Si tratta di un celebre problema noto come *problema del commesso viaggiatore* (*TSP, Travelling Salesman Problem*), ampiamento studiato e per il quale, nonostante la difficoltà, sono disponibili dei validi metodi risolutivi. Questo prolema verrà studiato nel Cap. 16.

Il problema che stiamo studiando ha quindi al suo interno, come sottoproblemi, due problemi noti come difficili. È quindi evidente che il problema stesso è molto difficile e quindi dovremo accontentarci di soluzioni 'buone' ma non necessariamente ottime. Il problema può esser modellato in vari modi alternativi. Di solito riuscire a modellare un problema separandone i diversi aspetti strutturali porta a maggior flessibilità ed efficienza nell'uso del modello. Il modello che viene descritto presenta appunto queste caratteristiche.

2.13 Consegna delle merci: modello

Si indichi con I l'insieme dei supermercati e con r_i la richiesta di merci del supermercato i. Dalla discussione precedente r_i è un dato volumetrico che deve venire calcolato dalle richieste effettive, che invece sono espresse ad esempio come numero di scatole di certi prodotti. Si indichi con K l'insieme di tipi diversi di furgoni e con d_k il numero di furgoni di tipo k e con c_k la loro capacità. Inoltre sono disponibili i tempi di percorrenza (inclusivi dei tempi di scarico) fra ogni coppia di supermercati e i costi corrispondenti in termini di costi di gasolio più eventualmente costi di ammortamento dei veicoli. È evidente che i tempi di percorrenza sono dati abbastanza incerti, con una discreta variabilità a seconda delle condizioni del traffico. Un modello dettagliato dovrebbe tener conto dei tempi di percorrenza a seconda del momento della giornata in cui la strada viene percorsa. Questo però aumenta la complessità del modello, per cui in una fase iniziale supponiamo che i tempi di percorrenza siano invarianti.

Il modello che viene costruito cerca di separare il problema della creazione delle rotte dal vincolo di consegna in ogni supermercato. Si immagini di avere già disponibile un elenco di possibili insiemi di supermercati visitabili da un furgone di capacità fissata nella stessa giornata. Questo significa che la quantità di merce da consegnare ai supermercati dell'insieme è compatibile con il vincolo di capacità del furgone e che i supermercati sono localizzati in modo che il tempo richiesto per lo scarico e per gli spostamenti non supera la giornata.

Ovviamente l'elenco può essere molto lungo. Tralasciamo per il momento questo aspetto, nonché il modo come l'elenco possa essere prodotto. Ogni sottoinsieme dell'elenco sia associato alla coppia di indici (j, k), nel senso che il sottoinsieme è il j-mo nell'elenco associato ai furgoni di tipo k. Siccome i furgoni differiscono solo per la capacità, possiamo dividerli in tipi diversi a seconda della capacità.

Possiamo associare al sottoinsieme di indice (j, k) una variabile decisionale x_{jk} che assume il valore 1 se il sottoinsieme viene assegnato ad un furgone di tipo k e il valore 0 altrimenti. Inoltre associamo al sottoinsieme (jk) un vettore a^i_{jk}, dove i è l'indice associato ai vari nodi (supermercati). Il vettore è un semplice vettore d'incidenza dove $a^i_{jk} = 1$ se il sottoinsieme (j, k) contiene il nodo i e 0 altrimenti.

A questo punto il vincolo che ogni nodo debba essere visitato da un furgone può essere facilmente imposto da

$$\sum_{jk} a^i_{jk}\, x_{jk} = 1 \qquad i \in I \tag{2.27}$$

Per comprendere la natura del vincolo, si noti che $x_{jk} \in \{0, 1\}$ e che $a^i_{jk} \in \{0, 1\}$. Quindi esattamente un termine della sommatoria è uguale a 1 e tutti gli altri sono uguali a 0. Inoltre per l'indice (jk) il cui termine è uguale a 1, deve essere sia $a^i_{jk} = 1$ sia $x_{jk} = 1$, quanto a dire che si deve selezionare un sottoinsieme contenente il nodo i. Si noti che ogni soluzione ammissibile di (2.27) corrisponde ad una partizione dell'insieme dei nodi. Per questo motivo vincoli del tipo (2.27) vengono detti *vincoli di partizione*.

Il vincolo (2.27) non è tuttavia sufficiente a definire una soluzione ammissibile in quanto bisogna anche tener conto del numero di furgoni di tipo k disponibile. Se d_k è il numero di furgoni di tipo k, bisogna anche imporre che

$$\sum_{j} x_{jk} \le d_k \qquad k \in K \tag{2.28}$$

A questo punto possiamo associare ad ogni sottoinsieme di indice (jk) un costo c_{jk}, dato ad esempio dalla lunghezza del percorso, che assumiamo direttamente correlato con il costo. Si noti che il calcolo del costo non è per niente immediato in quanto comporta la risoluzione di un TSP.

Ammesso quindi di avere a disposizione l'elenco dei sottoinsiemi con i relativi costi il problema può essere formulato con il seguente modello di programmazione lineare 0-1.

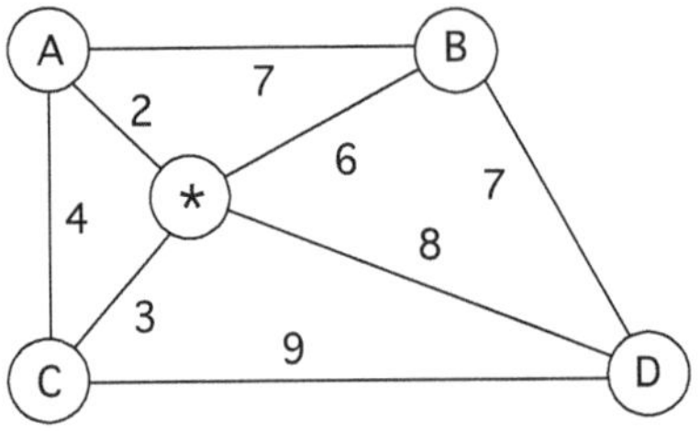

Grafo delle località

	A	B	C	D
*	2	6	3	8
	A	7	4	10
		B	9	7
			C	9

Tabella delle distanze

Figura 2.1.

$$
\begin{aligned}
\min \quad & \sum_{jk} c_{jk}\, x_{jk} & & \\
& \sum_{jk} a^i_{jk}\, x_{jk} = 1 & & i \in I \\
& \sum_{j} x_{jk} \le d_k & & k \in K \\
& x_{jk} \in \{0, 1\} & &
\end{aligned}
\tag{2.29}
$$

Si noti che in (2.29) non sono esplicitamente presenti le seguenti grandezze del problema: capacità c_k dei furgoni, quantità r_i da consegnare e tempi di percorrenza. Questi dati sono invece implicitamente presenti nella matrice che definisce (2.29). Quindi entrano necessariamente in gioco per generare l'elenco dei sottoinsiemi.

Per il momento il modello viene illustrato con un ipotetico problema con 4 nodi A, B, C e D (si vedano in Fig. 2.1 i quattro nodi con il deposito indicato come $*$ e le distanze e la tabella delle distanze minime fra i nodi) e 2 furgoni, il primo di capacità sufficiente a visitare al più 3 nodi e il secondo al più 2 nodi. Si può notare che la tabella non contiene dati ma grandezze derivate dai dati. Infatti sono inizialmente note solo le distanze fra i nodi. Da queste si può derivare abbastanza facilmente, come si vedrà nel Cap. 9, la tabella delle distanze minime fra tutte le coppie di nodi. Bisogna solo porre attenzione al fatto che i tempi della tabella comprendono anche i tempi di scarico e quindi il modo di derivarli dai tempi fra nodo e nodo richiede degli elementari accorgimenti.

Un possibile elenco di nodi per il primo furgone è (tralasciando sottoinsiemi di un singolo nodo per il furgone a maggiore capacità)

$$\{AB\,,\, AC\,,\, AD\,,\, BC\,,\, BD\,,\, CD\,,\, ABC\,,\, ABD\,,\, ACD\,,\, BCD\} \tag{2.30}$$

e per il secondo

$$\{A\,,\, B\,,\, C\,,\, D\,,\, AB\,,\, AC\,,\, AD\,,\, BC\,,\, BD\,,\, CD\} \tag{2.31}$$

La matrice a^i_{jk} risulta allora essere, elencando prima i sottoinsiemi (2.30) (con indici (j,k) di colonna eguali a $(1,1)$, $(2,1)$, $(3,1), \ldots, (10,1)$) e poi (2.31) (con indici $(1,2)$, $(2,2)$, $(3,2), \ldots, (10,2)$).

$$\begin{pmatrix} 1&1&1&0&0&0&1&1&1&0&1&0&0&0&1&1&1&0&0&0 \\ 1&0&0&1&1&0&1&1&0&1&0&1&0&0&1&0&0&1&1&0 \\ 0&1&0&1&0&1&1&0&1&1&0&0&1&0&0&1&0&1&0&1 \\ 0&0&1&0&1&1&0&1&1&1&0&0&0&1&0&0&1&0&1&1 \end{pmatrix} \tag{2.32}$$

mentre il vincolo (2.28) è definito dalla matrice

$$\begin{pmatrix} 1&1&1&1&1&1&1&1&1&1&0&0&0&0&0&0&0&0&0&0 \\ 0&0&0&0&0&0&0&0&0&0&1&1&1&1&1&1&1&1&1&1 \end{pmatrix}$$

e il vettore c di costi da

$$\begin{pmatrix} 15 & 9 & 20 & 18 & 21 & 20 & 20 & 24 & 23 & 25 & 4 & 12 & 6 & 16 & 15 & 9 & 20 & 18 & 21 & 20 \end{pmatrix}$$

Una soluzione ammissibile di (2.29) corrisponde pertanto ad una scelta di colonne di (2.32) tale che: esattamente una colonna delle prime 10 ed una delle seconde 10 vengono scelte; l'insieme della prima colonna deve essere complementare a quello della seconda.

Ad esempio la soluzione $x_{1,1} = x_{10,2} = 1$ (e tutte le altre variabili uguali a 0) è ammissibile (corrisponde alla prima e all'ultima colonna di (2.32)) e di costo 35, come anche ad esempio $x_{8,1} = x_{3,2} = 1$ (8-va e 13-ma colonna) di costo 30. Mentre la soluzione $x_{8,1} = x_{6,2} = 1$ non è ammissibile perché il nodo C è visitato 2 volte e la soluzione $x_{1,1} = x_{6,1} = 1$ non è ammissibile perché il primo furgone è impiegato due volte.

La soluzione ottima è quella data dalle colonne 10 e 11 di costo 29, che corrisponde a inviare il furgone grande su B, C e D e il furgone piccolo solo su A.

La soluzione di (2.29) può essere trovata in generale con un algoritmo di programmazione lineare 0-1. Tuttavia una parte importante del problema deve essere ancora affrontata. Come si ottengono le colonne della matrice (2.32)? E inoltre: come si può pensare di generare un numero di colonne che verosimilmente cresce in modo esponenziale con le dimensioni del problema?

Per fortuna la teoria della programmazione lineare riesce a rispondere in modo adeguato a queste domande. Si vedrà più avanti nel Cap. 11 che non è necessario generare tutte le colonne di (2.32). In linea teorica basterebbero quelle corrispondenti alla scelta ottima. Ma ovviamente non si conosce l'ottimo in anticipo. Tuttavia esistono dei metodi che permettono di generarne soltanto un numero limitato, incluse ovviamente quelle corrispondenti all'ottimo (si veda la Sez. 19.4).

Necessariamente, visto che il problema (2.32) si limita a considerare il vincolo di consegna in ogni supermercato, la generazione delle colonne dovrà considerare il problema della capacità dei furgoni (e quindi affrontare dei problemi di impaccamento) e quello di trovare il percorso più conveniente per un fissato insieme di destinazioni (e quindi affrontare dei problemi di TSP). Rinviamo questa trattazione ad un capitolo successivo, quando saranno acquisite le necessarie tecniche matematiche.

2.14 Problema del portafoglio

Si abbia un capitale da investire in vari titoli. Come suddividere il capitale nei vari titoli nel modo migliore? Se si potesse conoscere il futuro, la risposta sarebbe semplice: investire tutto il capitale nel titolo che avrà il guadagno più elevato. Purtroppo, non conoscendo il futuro, ci si deve affidare ad un approccio probabilistico. A questo scopo bisogna conoscere l'andamento storico di ogni titolo. Da questo si può dedurre il valore atteso del guadagno di ogni titolo e quindi si può pensare di basare la decisione sui guadagni attesi anziché sui guadagni veri (ignoti). Questo approccio non cattura però un aspetto importante del problema: il rischio che il futuro sia diverso dalle attese. Tipicamente i titoli con i maggiori guadagni sono proprio quelli a più alto rischio. Bisogna allora modellare formalmente il rischio.

Il rischio è associato con la fluttuazione del guadagno attorno al valore medio: più alta la fluttuazione, più alto il rischio. A dire il vero sono solo le fluttuazioni verso il basso a non essere gradite. Quindi, se la densità di probabilità non è simmetrica rispetto al valor medio, bisognerebbe discriminare fra fluttuazioni verso il basso e verso l'alto. Effettivamente è possibile modellare il problema tenendo conto delle fluttuazioni verso il basso, ad esempio esprimendo esplicitamente la probabilità con cui un titolo avrà un rendimento inferiore ad una quantità fissata. Tuttavia questo approccio presenta notevoli difficoltà analitiche di modellazione se le variabili non sono gaussiane. È più semplice fare riferimento alla fluttuazione senza discriminare fra alto e basso e questo si può fare con la varianza.

Il ragionamento è allora il seguente. Si indichi con I l'insieme dei titoli. Il guadagno del titolo i è una variabile casuale che si può sempre esprimere come una somma del valore atteso del titolo, t_i, e di una variabile casuale di valor medio nullo r_i. Quindi, indicando con x_i il capitale da investire nel titolo, il guadagno è $(t_i + r_i)\,x_i$. Complessivamente il guadagno è dato dalla variabile casuale

$$\sum_{i \in I} (t_i + r_i)\, x_i$$

ovvero dal valore atteso $\sum_{i \in I} t_i\, x_i$ più la variabile casuale a valore medio nullo $\sum_{i \in I} r_i\, x_i$. La varianza

$$E[(\sum_{i \in I} r_i\, x_i)^2]$$

di questa variabile casuale può rappresentare una valida misura del rischio. Passando ad una notazione matriciale ($\sum_{i \in I} r_i\, x_i = r^\top x = x^\top r$). Possiamo scrivere

$$E[(r^\top x)^2] = E[x^\top r\, r^\top x] = x^\top E[r\, r^\top]\, x = x^\top Q\, x$$

dove $E[r\, r^\top] =: Q$ è la matrice di covarianza . Quindi si tratta contemporaneamente di massimizzare la funzione lineare

$$t^\top x \tag{2.33}$$

e di minimizzare la funzione quadratica

$$x^\top Q\, x \tag{2.34}$$

con i vincoli

$$\sum_i x_i \leq C$$
$$x_i \geq 0$$

dove C è il capitale disponibile. Soluzioni ammissibili che siano contemporaneamente massimi di (2.33) e minimi di (2.34) normalmente non esistono. Bisogna pertanto ridefinire il concetto di ottimalità.

Anticipando quanto verrà approfondito nel Cap. 3, si può intanto dire che si cercano soluzioni che non possano essere peggiori di altre soluzioni sia per l'obiettivo (2.33) che per l'obiettivo (2.34). È naturale non essere interessati ad una soluzione se ne esiste un'altra a più alto rendimento e a minor rischio. Una volta eliminate queste soluzioni quelle che rimangono costituiscono un insieme di soluzioni da non scartare. Per ogni coppia di queste soluzioni, se una presenta un rendimento più alto dell'altra, presenta anche un rischio maggiore. Tale insieme può essere descritto, per ogni valore di K, dagli ottimi del problema

$$\begin{aligned} \min \quad & x^\top Q\, x \\ & \mathbf{1}^\top x \leq C \\ & t^\top x \geq K \\ & x \geq 0 \end{aligned} \tag{2.35}$$

dove $\mathbf{1}$ è il vettore di tutti 1 e $\mathbf{1}^\top x$ è un modo alternativo di scrivere $\sum_j x_j$. A differenza dei casi precedenti, il modello (2.35) non è lineare. Tuttavia, data la struttura molto particolare (vincoli lineari e funzione obiettivo quadratica positiva definita) sono state sviluppate tecniche particolarmente efficaci di risoluzione [156]. La risoluzione di (2.35) viene esposta nel Cap. 26 a pag. 507.

Due soluzioni estreme di (2.35) sono immediatamente disponibili. Se $K = 0$ (ci si accontenta di un guadagno nullo) allora l'ottimo è zero: non si investe nulla. All'estremo opposto, il massimo valore di K per cui esiste una soluzione ammissibile in (2.35) è $C \max_j t_j = C\, t_k$. Per questo valore $x_k = C$ e $x_j = 0$ per $j \neq k$, cioè massimo guadagno ma anche massimo rischio.

3

Ottimalità con molti obiettivi

Dagli esempi del capitolo precedente si è visto come in ogni problema reale una decisione venga normalmente valutata in base a vari criteri, quasi sempre antitetici, nel senso che decisioni buone per un criterio non lo sono spesso per un altro.

Siccome bisogna tuttavia pervenire ad una decisione, cioè alla scelta di una sola fra le molte alternative possibili, è utile disporre di una metodologia che guidi il decisore verso la scelta di un'alternativa che il decisore stesso percepisca come la 'migliore'. Dando ovviamente per scontato che le preferenze del decisore siano coerenti con i criteri enunciati per il problema in esame, si pone il problema se poi il decisore sia guidato da un meta-criterio, aggregazione di tutti gli altri criteri, nell'esprimere le sue preferenze fra alternative diverse e alla fine nell'individuare la soluzione migliore.

L'esistenza di un tale criterio aggregato nella mente del decisore è una questione controversa. Anche ammettendone l'esistenza, rimane il problema di poterlo esplicitare in modo quantitativo. È preferibile, a giudizio di chi scrive, tenere separate la prima fase di calcolo di una decisione, che enuclea soluzioni razionalmente equivalenti in base ai criteri del problema e senza aggregarli, dalla seconda, che, estraendo informazione dal decisore, guida verso la soluzione preferita dal decisore.

Le due fasi non devono necessariamente avvenire in sequenza, possono anche coesistere, ma è bene che sia chiaro quali elementi del problema sono oggettivi e di pertinenza dell'analista e quali invece sono soggettivi e di pertinenza del decisore.

A questo quadro può aggiungersi la complicazione dovuta al fatto che alcuni criteri possono essere difficilmente formalizzabili (come il gusto nel problema della dieta, o il livello di servizio nell'esempio della turnazione) e quindi è necessario poter esplicitare quantitativamente le preferenze del decisore nei casi in cui le preferenze non si esprimano necessariamente secondo una scala numerica.

Nella sezione successiva il problema dell'esplicitazione delle preferenze del decisore viene brevemente formulato in termini generali, prescindendo dall'individuazione di obiettivi formalizzati. Una trattazione esaustiva di questo tema esula dagli scopi di questo testo, per cui vengono esposti solo alcuni concetti di base. Successivamente si darà per scontato che gli obiettivi del decisore si possano formulare come funzioni matematiche delle varie alternative. Per un approfondimento di questi temi si suggeriscono [151, 189, 226].

3.1 Preferenze

Per esplicitare le preferenze di un decisore conviene effettuare un confronto diretto fra tutte le alternative possibili. Questo è ovviamente possibile se il numero di alternative è limitato. In molti problemi invece il numero di alternative è molto grande se non addirittura infinito. Si immagini allora di avere scelto un numero limitato di alternative 'campione' rappresentative di tutte quante.

Al decisore si chiede di confrontare tutte le coppie di alternative. Per ogni coppia il risultato del confronto può essere uno dei quattro casi: 'preferisco l'alternativa A alla B' oppure 'preferisco B ad A', oppure 'sono indifferente fra A e B' oppure ancora 'non sono in grado di confrontare A e B'.

Potrebbe sembrare che i due ultimi casi siano equivalenti. Invece l'indifferenza è diversa dall'incomparabilità. Il termine 'indifferenza' sta ad indicare la totale intercambiabilità di una decisione con un'altra. Quindi indifferenza fra A e B significa che A può essere sostituita con B e viceversa e il decisore trova equivalenti le due opzioni. Analogamente, se dovesse anche essere indifferente fra B e C, potrebbe sostituire B con C e viceversa. Tale intercambiabilità porta a dire che anche C potrebbe sostituire A e viceversa. Quindi vi è indifferenza anche fra A e C, quanto a dire che l'indifferenza è una relazione transitiva.

L'incomparabilità non è invece una relazione transitiva. Si può sempre immaginare una situazione in cui due alternative A e B sono inconfrontabili perché A è molto migliore di B per un criterio ma B è molto migliore di A per un altro criterio. Ad esempio A potrebbe essere una decisione che comporta costi elevati ma anche un'ottima qualità e B invece potrebbe essere una scelta molto economica ma anche di bassa qualità. Analogamente potrebbe avvenire fra A e C. Questo non implica che anche B e C siano inconfrontabili. Potrebbe avvenire che B sia preferito a C perché un po' più economico di C e di qualità leggermente migliore di C.

Quindi per ogni coppia ordinata di decisioni (A, B) la relazione che si stabilisce fra le due decisioni assume un valore fra i seguenti quattro

$$\prec \quad \succ \quad \sim \quad ?$$

dove

$$
\begin{array}{lll}
A \prec B & \Longrightarrow & A \text{ è preferito a } B \\
A \succ B & \Longrightarrow & B \text{ è preferito a } A \\
A \sim B & \Longrightarrow & A \text{ e } B \text{ sono indifferenti} \\
A \; ? \; B & \Longrightarrow & A \text{ e } B \text{ sono incomparabili}
\end{array}
$$

In generale possiamo allora definire per ogni insieme X di decisioni ammissibili una struttura di preferenze tale che per ogni coppia ordinata di decisioni $x \in X$ e $y \in X$, si abbia xRy con $R \in \{\prec, \succ, \sim, ?\}$. Si costruisca un grafo orientato i cui nodi sono le classi di equivalenza delle decisioni indifferenti fra loro e i cui archi rappresentano la relazione di preferenza $\prec$. Allora, affinché la relazione abbia un senso come struttura coerente di preferenze di un decisore 'razionale' si pretende che il grafo sia aciclico.

Non sempre, in casi reali, un decisore, richiesto di esprimere le sue preferenze a coppie, si dimostra coerente. È comunque chiaro che se ciò avviene è solo perché il decisore non ha ancora esplicitato in modo chiaro le sue preferenze. D'ora in poi assumiamo che le preferenze siano coerenti. In queste condizioni, se avviene $x \prec y$, la soluzione y va scartata. Questa considerazione porta alla seguente definizione.

Definizione 3.1. *Si dicono* non dominate*, oppure* efficienti*, oppure* ottimi di Pareto*, le decisioni x tali che non esiste una decisione y preferita a x.* ∎

Il nome di ottimi di Pareto deriva dall'economista italiano Vilfredo Pareto che per primo li introdusse nelle sue analisi di economia politica [173, 174].

La coerenza implica l'esistenza di almeno una decisione non dominata (se X è un insieme finito). Il problema in realtà è che vi sono normalmente molte decisioni non dominate e bisogna stabilire dei criteri più raffinati per preferire una decisione su tutte (alla fine bisogna scegliere una e una sola decisione). Si noti anche come la presenza di coppie di decisioni incomparabili fa aumentare il numero di decisioni non dominate. Se non ci fossero coppie incomparabili le decisioni non dominate sarebbero tutte indifferenti fra loro e quindi il problema della scelta finale non sussisterebbe.

Si potrebbe sostenere che l'incomparabilità sia in realtà una condizione temporanea dovuta alla difficoltà di percezione del decisore di tutti i dati inerenti le varie decisioni e che l'incomparabilità alla fine debba tradursi in una delle altre tre relazioni. Il vantaggio di avere soltanto le relazioni $\{\prec, \succ, \sim\}$ non risiede solo nel fatto che si restringe l'insieme delle soluzioni non dominate, ma anche nella possibilità di postulare l'esistenza di una singola funzione obiettivo $f : X \to \mathbb{R}$ tale che

$$x \prec y \iff f(x) < f(y) \qquad \text{e} \qquad x \sim y \iff f(x) = f(y) \tag{3.1}$$

Se X è finito e se le preferenze sono coerenti e non vi sono alternative incomparabili, una tale funzione esiste sempre ed è facilmente costruibile. Quando X è infinito (ad esempio un sottoinsieme di $\mathbb{R}^n$) si deve anche richiedere alla funzione f di essere continua (funzioni discontinue si prestano male all'analisi) e una tale funzione obiettivo può non esistere. Un teorema afferma che se gli insiemi $A(x) := \{y : y \prec x,$ oppure $y \sim x\}$ sono chiusi per ogni x allora una funzione continua f che soddisfi (3.1) esiste. Il problema di identificarla a partire dalle preferenze del decisore è tuttavia alquanto complesso.

In ogni caso è preferibile affrontare il problema senza escludere a priori l'incomparabilità fra le soluzioni, e in questo caso una funzione obiettivo singola non può esistere in quanto (3.1) non ammette l'incomparabilità. Però ci si può accontentare di meno, ovvero di

$$x \prec y \implies f(x) < f(y) \qquad \text{e} \qquad x \sim y \implies f(x) = f(y) \tag{3.2}$$

e di trovare un insieme di funzioni f che soddisfi (3.2). A questo scopo bisogna identificare dei criteri per i quali la preferenza fra le soluzioni, se limitata solo ad un particolare criterio, non dà luogo ad incomparabilità e si presenta invece come un ordine totale. A questo punto, criterio per criterio, si può identificare una funzione obiettivo $f_i : X \to \mathbb{R}$ che soddisfa (3.1) per le preferenze ristrette al criterio i-mo e (3.2) in generale.

Si noti come sia rilevante soltanto la relazione d'ordine espressa da (3.1) e non già il valore numerico di $f(x)$. Anche per questo motivo è bene operare con estrema cautela quando si devono aggregare fra loro funzioni obiettivo riferite a diversi criteri.

Una volta identificate le funzioni obiettivo queste definiscono in modo automatico una struttura di preferenza (nel modo che vedremo nella prossima sezione). Se questa coincide con la struttura di preferenza iniziale allora la scelta dei criteri è stata coerente con le preferenze del decisore.

Nell'identificazione dei criteri è bene essere parsimoniosi. Non serve infatti un criterio che riproduca esattamente le preferenze di un altro criterio. Inoltre l'uso di molti criteri porta a relazioni di preferenza con molte soluzioni non dominate. Quindi bisogna capire se l'informazione aggiuntiva dovuta all'introduzione di un nuovo criterio non renda più difficile la successiva determinazione della soluzione finale all'interno di un accresciuto insieme di soluzioni non dominate.

Nelle prossime sezioni supporremo di avere già modellato il problema in modo da avere disponibili un certo numero di funzioni obiettivo derivate dall'individuazione di criteri diversi sull'insieme delle soluzioni ammissibili. Problemi modellati in questo modo prendono il nome di *problemi multi-obiettivo*.

Vogliamo ancora notare come questo quadro teorico sia applicabile anche in quei casi in cui si tratti di valutare, non già decisioni alternative, ma entità diverse, ad esempio università, ospedali, studenti o ricercatori universitari. La valutazione viene normalmente effettuata enunciando vari criteri e assegnando valori numerici per ogni criterio e ogni entità.

Tuttavia non si può fare a meno di notare come purtroppo sia prassi molto diffusa l'abitudine di aggregare in modo arbitrario i vari criteri producendo una 'classifica', la cui 'oggettività' non viene minimamente messa in dubbio, proprio per il modo numerico con cui viene costruita. In realtà, prescindendo dalla maggiore o minore adeguatezza dei singoli criteri, è proprio l'aggregazione dei criteri l'aspetto non oggettivo della valutazione. Produrre una classifica forse risponde ad un bisogno psicologico umano di produrre una gerarchia totale, ma rende un cattivo servizio alla valutazione stessa, che prima di tutto deve essere un atto di comprensione dei fenomeni.

3.2 Problemi multi-obiettivo

Sia X l'insieme delle decisioni ammissibili. Si supponga che su X siano definiti m diversi obiettivi che assumono la forma di m funzioni obiettivo $f_i(x) : X \to \mathbb{R}$ da minimizzare. Queste funzioni definiscono la seguente struttura di preferenze:

$$
\begin{array}{lcl}
x \prec y & \iff & f_i(x) \leq f_i(y),\ i \in [m],\ \text{e } f(x) \neq f(y) \\
x \succ y & \iff & f_i(x) \geq f_i(y),\ i \in [m],\ \text{e } f(x) \neq f(y) \\
x \sim y & \iff & f(x) = f(y) \\
x \ ?\ y & \iff & \text{altrimenti}
\end{array}
$$

Qui, come si farà anche in seguito, si è usata la notazione $[m] := \{1, \ldots, m\}$.

In accordo con la Definizione 3.1, diremo che una decisione x *domina* una decisione y se $f_i(x) \leq f_i(y)$ per ogni i ed inoltre esiste un obiettivo k tale che $f_k(x) < f_k(y)$. Se esistesse un'unica decisione non dominata x^*, allora si avrebbe

$$f_i(x^*) \leq f_i(x) \qquad i \in [m],\ x \in X \tag{3.3}$$

e una tale decisione sarebbe ovviamente la migliore possibile sotto ogni aspetto e non ci sarebbe altro da dire. Supponiamo quindi che esista più di una decisione non dominata.

La Definizione 3.1, che enuclea le soluzioni non dominate, corrisponde ad un criterio di razionalità secondo il quale vanno certamente scartate decisioni dominate. Se gli obiettivi $f_i, \ldots, f_m$ sono effettivamente tutti gli obiettivi (o quanto meno quelli più significativi) e riflettono le preferenze di un singolo decisore, allora è naturale assumere che 'x viene razionalmente preferito a y' se x domina y. Non si pensi tuttavia che, qualora gli obiettivi si riferiscano a più decisori, sia universalmente accettabile il rifiuto della decisione y a causa della dominanza da parte di x. Un decisore la cui 'sua' funzione obiettivo fosse indifferente fra x e y potrebbe non gradire un miglioramento da parte di tutti gli altri decisori e non preferire quindi automaticamente x a y. Nel seguito tuttavia non ci occuperemo di questo secondo aspetto e penseremo sempre che il decisore sia unico e le funzioni obiettivo esprimano le sue preferenze.

In quest'ottica le uniche decisioni che possono essere prese in considerazione sono gli ottimi di Pareto. Questi vengono di solito rappresentati geometricamente nello spazio immagine delle funzioni obiettivo. Si immagini di

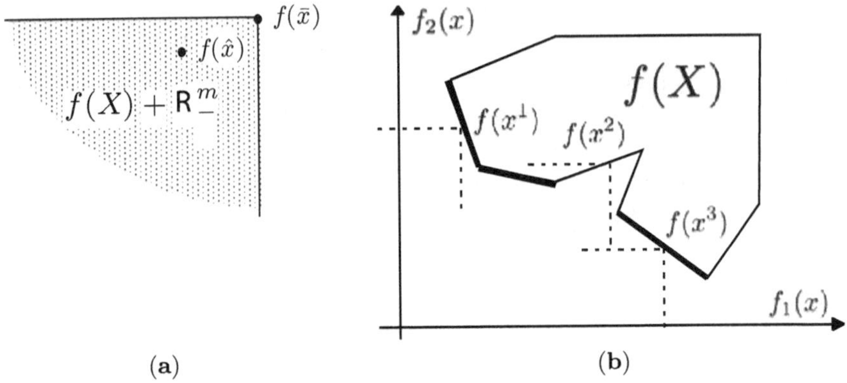

Figura 3.1.

costruire i punti $(f_1(x), \ldots, f_m(x)) \in \mathbb{R}^m$ per ogni decisione $x \in X$ e di considerare l'unione di tutti questi punti, che indichiamo sinteticamente con $f(X)$. Tutti i possibili valori delle funzioni obiettivo corrispondono quindi agli elementi dell'insieme immagine $f(X)$.

Data una decisione $\bar{x}$, si consideri la sua immagine $f(\bar{x})$ e si 'appenda' al punto $f(\bar{x})$ l'ortante negativo $\mathbb{R}^m_-$ in modo da definire l'insieme $f(\bar{x}) + \mathbb{R}^m_-$ (Fig. 3.1(a)). Se esistono decisioni $\hat{x}$ tali che $f(\hat{x}) \in f(\bar{x}) + \mathbb{R}^m_-$ e $f(\hat{x}) \neq f(\bar{x})$, $\hat{x}$ domina $\bar{x}$ per definizione. Quindi le immagini in $f(X)$ degli ottimi di Pareto sono quei punti $f(\hat{x})$ tali che

$$(f(\hat{x}) + \mathbb{R}^m_-) \cap f(X) = f(\hat{x})$$

Si veda in Fig. 3.1(b) un ipotetico insieme $f(X)$. I punti $f(x^1)$ e $f(x^3)$ sono immagini di ottimi di Pareto, mentre $f(x^2)$ non lo è. Gli ottimi di Pareto (o meglio le immagini degli ottimi, ma d'ora in poi ometteremo per semplicità la distinzione) sono i punti sulla frontiera di $f(X)$ evidenziati con tratto grosso.

Esempio 3.2.

Si immagini di dover costruire delle centrali elettriche per soddisfare il bisogno energetico di una regione. Sono stati individuati 5 siti e le possibili centrali per ogni sito. Le potenze ottenibili dalle centrali e i costi di costruzione sono stati rispettivamente stimati come $P = (50, 35, 30, 25, 60)$ (MW) e $C = (20, 16, 13, 6, 12)$ (M€)).

Si tratta di valutare in quali siti costruire le centrali. La potenza ottenibile sarà la somma delle potenze delle centrali costruite e altrettanto vale per il costo. Si vuole inizialmente valutare quali decisioni sono efficienti. Poi la scelta andrà fatta fra le soluzioni efficienti in base alla richiesta di potenza stimata e i fondi a disposizione.

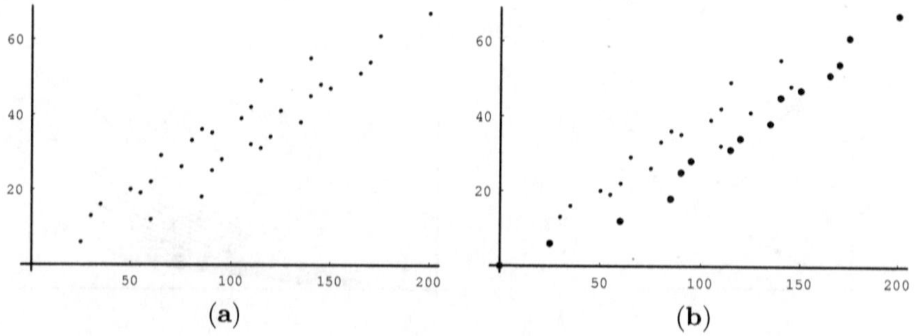

Figura 3.2.

Possiamo rappresentare il problema come

$$X = \{0,1\}^5, \qquad f_1(x) = \sum_{i=1}^{5} P_i\, x_i, \qquad f_2(x) = \sum_{i=1}^{5} C_i\, x_i$$

dove la funzione f_1 deve essere massimizzata, mentre f_2 deve essere minimizzata.

Con i dati del problema le immagini delle 32 alternative sono raffigurate in Fig. 3.2(a) (in ascissa la potenza e in ordinata il costo), mentre in Fig. 3.2(b) sono evidenziati i 15 ottimi di Pareto (si noti che la funzione f_1 deve essere massimizzata). Quindi la scelta del decisore dovrà cadere fra queste 15 soluzioni a seconda della valutazione costi-benefici che si vuole fare. Gli ottimi di Pareto sono:

$$\begin{aligned}
&\{0,0,0,0,0\}, \{0,0,0,1,0\}, \{0,0,0,0,1\}, \{0,0,0,1,1\}, \{0,0,1,0,1\},\\
&\{0,1,0,0,1\}, \{0,0,1,1,1\}, \{0,1,0,1,1\}, \{1,0,0,1,1\}, \{1,0,1,0,1\},\\
&\{0,1,1,1,1\}, \{1,0,1,1,1\}, \{1,1,0,1,1\}, \{1,1,1,0,1\}, \{1,1,1,1,1\},
\end{aligned}$$

con i rispettivi valori di funzione obiettivo

$$\begin{aligned}
&\{0,0\}, \{25,6\}, \{60,12\}, \{85,18\}, \{90,25\},\\
&\{95,28\}, \{115,31\}, \{120,34\}, \{135,38\}, \{140,45\},\\
&\{150,47\}, \{165,51\}, \{170,54\}, \{175,61\}, \{200,67\}.
\end{aligned}$$

Se ad esempio si dovesse aver bisogno di una potenza fra i 120 e i 150 MW, si potrebbero valutare le quattro opzioni $\{120,34\}$, $\{135,38\}$, $\{140,45\}$, $\{150,47\}$. ∎

Esempio 3.3.

Si riconsideri il problema del portafoglio (Sez. 2.14) con $f_1(x) = t^\top x$ da massimizzare e $f_2(x) = x^\top Q\, x$ da minimizzare. I dati del problema siano

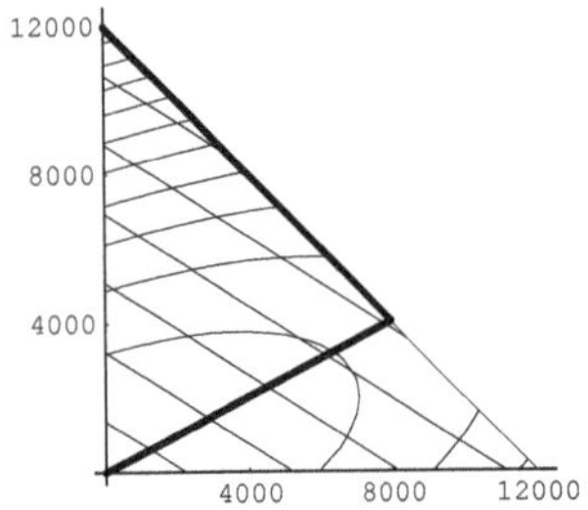

(a)

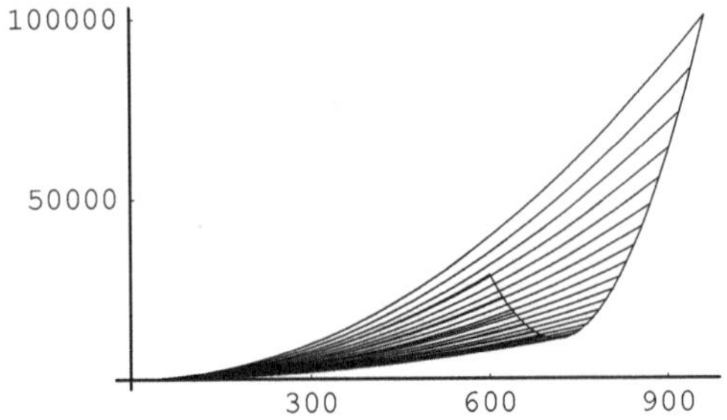

(b)

Figura 3.3.

$$C = 12000\,€, \quad t_1 = 5 \cdot 10^{-2}, \quad t_2 = 8 \cdot 10^{-2}, \quad Q = \begin{pmatrix} 2 & -2 \\ -2 & 7 \end{pmatrix} \cdot 10^{-4}$$

L'insieme ammissibile è rappresentato in Fig. 3.3(a), dove le linee di livello $f_1(x) = K$ sono rette e le linee di livello $f_2(x) = K$ sono ellissi (Q è positiva semidefinita) i cui assi sono dati dagli autovettori di Q. In Fig. 3.3(b) (in ascissa il valor medio e in ordinata la varianza) è raffigurato il codominio $f(X)$ disegnando esplicitamente l'immagine della frontiera di X e l'immagine dei raggi $(x, m\,x)$ per alcuni valori di m. Gli ottimi di Pareto costituiscono la linea spezzata evidenziata in tratto grosso in Fig. 3.3(a) e le loro immagini costituiscono la frontiera 'sud-est' di $f(X)$ (Fig. 3.3(b)). ∎

Gli ottimi di Pareto possono essere molto numerosi, addirittura infiniti in problemi continui, e quindi si presenta il problema di come scegliere una particolare decisione all'interno degli ottimi di Pareto.

All'analista che studia, modella e risolve il problema, deve essere chiaro che la scelta della decisione finale non può che essere responsabilità del decisore, sul quale ricadranno le conseguenze della decisione. Mentre restringere la scelta fra le soluzioni non dominate è un atto oggettivo che può essere demandato all'analista, la scelta della decisione finale è un atto soggettivo di pertinenza del decisore.

A questo scopo sono stati suggeriti vari metodi per generare ottimi di Pareto interagendo con il decisore. Ne presentiamo quelli più significativi.

3.3 Combinazione lineare

Il problema viene ridotto ad un'unica funzione obiettivo tramite un'aggregazione come combinazione lineare con coefficienti positivi:

$$F(x) := \sum_i \alpha_i\, f_i(x), \qquad \text{con} \quad \alpha_i > 0 \tag{3.4}$$

e si risolve

$$\min \{F(x) : x \in X\} \tag{3.5}$$

Aggregare criteri diversi secondo un'unica funzione obiettivo come in (3.4) pone i seguenti problemi: dati valori $\alpha_i > 0$, si ottiene un ottimo di Pareto risolvendo (3.5)? dato un ottimo di Pareto $\hat{x}$, esistono valori $\alpha_i > 0$ per cui $\hat{x}$ è ottimo in (3.5)? che relazione c'è fra i coefficienti α_i e gli ottimi di Pareto?

Esaminiamo prima l'ultima questione. Per quanto detto precedentemente, ridurre il problema ad una singola funzione obiettivo, rende confrontabili tutte le alternative, con una struttura di preferenze che diventa un ordine totale.

La scelta dei coefficienti α_i è quindi cruciale per raggiungere la decisione finale. Per questo motivo la scelta dei coefficienti spetta al decisore. Tuttavia il decisore, per poter scegliere i coefficienti, deve avere una percezione chiara di come questa scelta influenzi gli ottimi.

Si consideri una particolare soluzione $\bar{x}$, per la quale si ottengono valori di funzione obiettivo $\bar{f}_i := f_i(\bar{x})$. Si fissino due criteri h e k e un valore $\Delta_h > 0$, abbastanza piccolo. Al decisore viene allora chiesto per quale valore di $\Delta_k > 0$ è indifferente fra $\bar{x}$ ed un'ipotetica alternativa che desse valori $\hat{f}_i = \bar{f}_i$ per $i \neq h, k$ e $\hat{f}_h = \bar{f}_h - \Delta_h$ e $\hat{f}_k = \bar{f}_k + \Delta_k$.

È ragionevole pensare che un tale valore $\Delta_k > 0$ esista. Infatti per $\Delta_k = 0$ l'alternativa ipotetica domina $\bar{x}$ mentre aumentando Δ_k dobbiamo aspettarci che la situazione si rovesci.

Per l'indifferenza delle due alternative si deve avere

$$\sum_i \alpha_i \bar{f}_i = \sum_i \alpha_i \hat{f}_i \quad \Longrightarrow \quad 0 = \alpha_k \Delta_k - \alpha_h \Delta_h \quad \Longrightarrow \quad \frac{\alpha_h}{\alpha_k} = \frac{\Delta_k}{\Delta_h} \tag{3.6}$$

Se il criterio k rappresenta un costo monetario, Δ_k rappresenta quanto il decisore è disposto a spendere per ottenere un miglioramento Δ_h per il criterio h. L'espressione (3.6) lega i coefficienti della combinazione lineare a questa valutazione comparativa fra i due criteri.

Variando h su tutti i criteri si può esprimere α_h in funzione di α_k. Siccome i coefficienti sono definiti a meno di una costante moltiplicativa positiva (moltiplicarli tutti per una stessa costante positiva non altera il problema (3.5)) si può porre $\alpha_k = 1$ e quindi $\alpha_h = \Delta_k/\Delta_h$. Questo corrisponde a 'monetizzare' i criteri e il valore $F(x)$ che si ottiene rappresenta un costo virtuale.

Ovviamente tanto più grande è il coefficiente α_h, tanto più l'obiettivo h viene privilegiato nella scelta della decisione. Non ha senso ammettere in (3.4) coefficienti nulli, perché ciò sarebbe equivalente a non considerare gli obiettivi corrispondenti.

Lo schema delineato di determinare i coefficienti è però alquanto 'ingenuo' e presuppone implicitamente la linearità delle funzioni obiettivo. In altri termini, i valori Δ_h possono dipendere dai livelli $\bar{f}_h$ di obiettivo considerati. Se il criterio h è già soddisfatto ad un elevato livello, il decisore potrebbe essere poco disposto a spendere per migliorarlo ulteriormente, mentre potrebbe assumere un atteggiamento opposto per un livello insodddisfacente.

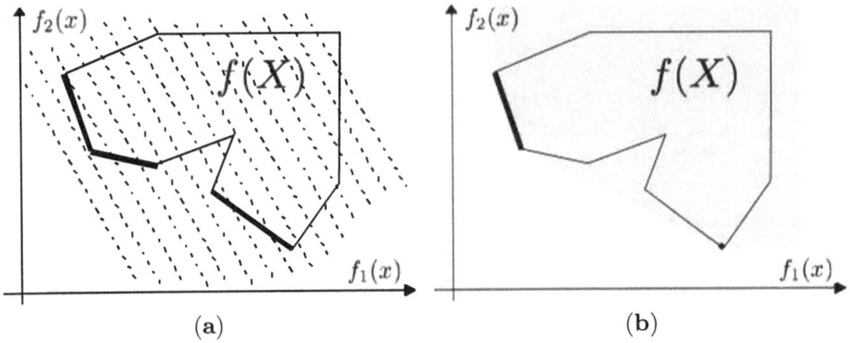

Figura 3.4.

L'interazione con il decisore presuppone quindi normalmente che si risolva diverse volte il problema (3.5), 'provando' diversi valori di α_i fino a trovare una soluzione che il decisore trova soddisfacente.

L'aspetto positivo dell'aggregazione è che $\min\{F(x) : x \in X\}$ dà luogo ad un ottimo di Pareto. Infatti, se y è una soluzione dominata da x, si ha dalla definizione di dominanza

$$\alpha_i\, f_i(x) \leq \alpha_i\, f_i(y) \quad i \in [m] \quad \text{e} \quad \alpha_k\, f_k(x) < \alpha_k\, f_k(y)$$

Sommando si ottiene

$$\sum_i \alpha_i\, f_i(x) < \sum_i \alpha_i\, f_i(y)$$

e quindi nessuna soluzione dominata può essere ottimo di (3.5).

Riguardo alla questione se ogni ottimo di Pareto può essere ottenibile da un'opportuna scelta dei coefficienti α_i, purtroppo la risposta non è positiva in generale.

Notiamo che risolvere (3.5) è equivalente a minimizzare il funzionale lineare $\sum_i \alpha_i\, y_i$ per $y \in f(X)$ (si veda la Fig. 3.4(a)). È noto che i minimi di un funzionale lineare su un insieme Y appartengono (oltre che ad Y) alla frontiera dell'inviluppo convesso di Y. Quindi quegli ottimi di Pareto che non stanno sulla frontiera dell'inviluppo convesso non possono essere generati da (3.5).

Più esattamente, dato che solo coefficienti α_i non negativi sono ammessi, risolvere (3.5) genera soltanto ottimi che stanno sulla frontiera dell'inviluppo convesso di $f(X)+\mathbb{R}^m_+$. Si vedano in Fig. 3.4(b) l'inviluppo convesso di $f(X)+\mathbb{R}^m_+$ e gli ottimi di Pareto generabili con il metodo.

Esempio 3.2 (continuazione)

L'insieme ammissibile è $X = \{0,1\}^5$ e le funzioni obiettivo sono

$$f_1(x) = 50\,x_1 + 35\,x_2 + 30\,x_3 + 25\,x_4 + 60\,x_5$$
$$f_2(x) = 20\,x_1 + 16\,x_2 + 13\,x_3 + \ \ 6\,x_4 + 12\,x_5$$

Siccome f_1 deve essere massimizzata, in (3.4) si deve considerare $-f_1$. Inoltre, siccome sono presenti solo due obiettivi, i coefficienti α_1 e α_2 possono venire sostituiti da α e $1-\alpha$. Allora (3.5) diventa

$$\min_{x \in \{0,1\}^5} -\alpha\,(50\,x_1 + 35\,x_2 + 30\,x_3 + 25\,x_4 + 60\,x_5) + \\ (1-\alpha)\,(20\,x_1 + 16\,x_2 + 13\,x_3 + 6\,x_4 + 12\,x_5) =$$

$$\min_{x \in \{0,1\}^5} (20 - 70\,\alpha)\,x_1 + (16 - 51\,\alpha)\,x_2 + (13 - 43\,\alpha)\,x_3 + \\ (6 - 31\,\alpha)\,x_4 + (12 - 72\,\alpha)\,x_5 =$$

$$\min_{x_1 \in \{0,1\}} (20 - 70\,\alpha)\,x_1 + \min_{x_2 \in \{0,1\}} (16 - 51\,\alpha)\,x_2 + \min_{x_1 3 \in \{0,1\}} (13 - 43\,\alpha)\,x_3 + \\ \min_{x_4 \in \{0,1\}} (6 - 31\,\alpha)\,x_4 + \min_{x_5 \in \{0,1\}} (12 - 72\,\alpha)\,x_5$$

I minimi sono 0 oppure 1 a seconda del segno del coefficiente della variabile. Pertanto si ha, per $0 \le \alpha \le 1$ (i valori indicati corrispondono ai valori di α per cui i coefficienti si annullano):

	x	$\{f_1(x), f_2(x)\}$
$0 \le \alpha < 1/6$	$\{0,0,0,0,0\}$	$\{0,0\}$
$1/6 < \alpha \le 6/31$	$\{0,0,0,0,1\}$	$\{60,12\}$
$6/31 < \alpha \le 2/7$	$\{0,0,0,1,1\}$	$\{85,18\}$
$2/7 < \alpha \le 13/43$	$\{1,0,0,1,1\}$	$\{135,38\}$
$13/43 < \alpha \le 16/51$	$\{1,0,1,1,1\}$	$\{165,51\}$
$16/51 < \alpha \le 1$	$\{1,1,1,1,1\}$	$\{200,67\}$

Si sono ottenuti 6 ottimi di Pareto (si veda anche la Fig. 3.5). Sappiamo però che gli ottimi di Pareto sono 15, quindi 9 ottimi non possono venire generati dalla combinazione convessa. In particolare solo una delle quattro soluzioni precedentemente evidenziate è compresa fra le sei soluzioni generate!

Si noti come si sono svolti i calcoli: la combinazione convessa degli obiettivi lineari ha generato un unico obiettivo lineare con coefficienti delle variabili dati da un'espressione affine in α (cioè del tipo $a + \alpha\, b$). Essendo in questo caso l'insieme ammissibile separabile nelle variabili, il minimo si spezza nella somma di minimi, uno per ogni variabile.

Questi minimi si calcolano in modo immediato: la variabile assume il valore 0 o 1, a seconda se il coefficiente $a + \alpha\, b$ è positivo o negativo (se è nullo può assumere indifferentemente uno dei due valori). Quindi bisogna calcolare quei valori critici α_j per i quali il coefficiente di x_j si annulla. Si considerano solo i valori di α_j compresi fra 0 e 1 e si ordinano in modo crescente, ad esempio $\alpha_1, \ldots, \alpha_p$.

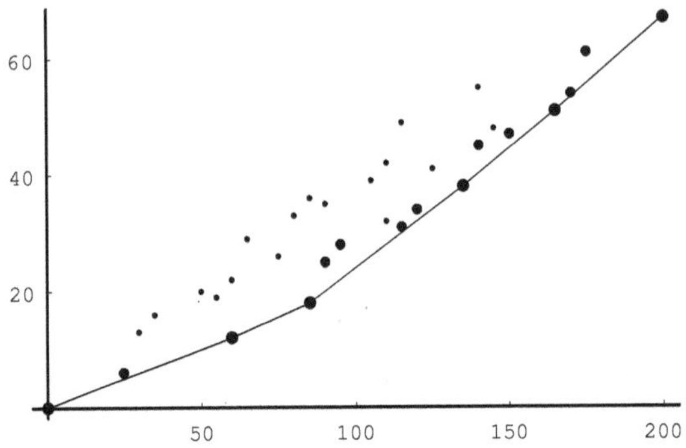

Figura 3.5.

Per $\alpha_k < \alpha < \alpha_{k+1}$ l'ottimo è unico. Per $\alpha := \alpha_k$ l'ottimo non è unico, però, nell'ipotesi non restrittiva di valori α_j distinti, i due ottimi sono esattamente quelli che si ottengono per $\alpha_k < \alpha < \alpha_{k+1}$ e $\alpha_{k-1} < \alpha < \alpha_k$.

Quindi in questo modo non si possono generare più di $n+1$ ottimi. La conclusione è che, mentre gli ottimi potrebbero essere in numero esponenziale, gli ottimi calcolabili con (3.5) potrebbero essere molti di meno. ∎

Esempio 3.3 (continuazione)

La combinazione convessa degli obiettivi porta al seguente problema

$$\begin{aligned} \min \quad & \alpha\, x^\top Q\, x - (1-\alpha)\, t^\top x \\ & x_1 + x_2 \leq C, \qquad x_1 \geq 0, \quad x_2 \geq 0 \end{aligned} \tag{3.7}$$

Si tratta di un problema di programmazione quadratica per il quale esistono algoritmi efficienti, dato che la funzione da minimizzare è convessa e i vincoli sono lineari. In questo caso, data la semplicità del problema, si può anche accennare ad una risoluzione per via geometrica. Le linee di livello $\alpha\, x^\top Q\, x - (1-\alpha)\, t^\top x = K$ della funzione obiettivo sono ellissi concentriche con centro

$$\frac{1-\alpha}{2\,\alpha} Q^{-1} t = \frac{1-\alpha}{2\,\alpha} \begin{pmatrix} 510 \\ 260 \end{pmatrix} \tag{3.8}$$

Il centro è il minimo valore assoluto che può assumere la funzione obiettivo. Quindi se il centro è ammissibile si tratta del minimo del problema (3.7). Questo avviene per i valori α che rendono ammissibili i vincoli, ovvero

$$\frac{1-\alpha}{2\,\alpha} \mathbf{1}^\top Q^{-1} t \leq C \quad \Longrightarrow \quad \alpha \geq \frac{\mathbf{1}^\top Q^{-1} t}{\mathbf{1}^\top Q^{-1} t + 2\,C} = \frac{77}{2477} =: \hat{\alpha}$$

Sia

$$\hat{x} := \frac{1-\hat{\alpha}}{2\,\hat{\alpha}} Q^{-1} t = \frac{C}{\mathbf{1}^\top Q^{-1} t} Q^{-1} t = \begin{pmatrix} 7948.05 \\ 4051.95 \end{pmatrix}$$

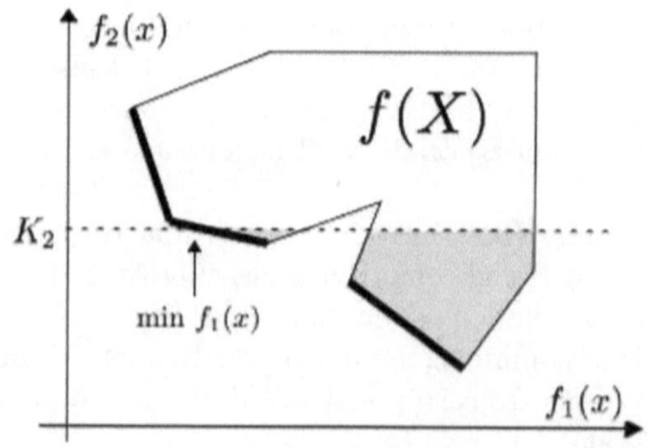

Figura 3.6.

Se il centro cade fuori dall'insieme ammissibile il punto che minimizza (3.7) è il punto della frontiera in cui la retta $x_1 + x_2 = C$ è tangente ad un'ellisse della famiglia, e questo avviene per i punti ottenibili come combinazione convessa di $\hat{x}$ e $(0, 12000)$.

In questo esempio, variando α, si generano tutti gli ottimi di Pareto, nessuno escluso. Questo è possibile perché $f(X) + \mathbb{R}^m_+$ è convesso e quindi la sua frontiera coincide con la frontiera del suo inviluppo convesso. ∎

3.4 Obiettivi vincolati

In questo metodo, delle m funzioni obiettivo, una sola viene mantenuta come obiettivo e le altre $m-1$ vengono trasformate in vincoli, fissando dei valori di soglia $K_2, \ldots, K_m$ al di sopra dei quali (se le funzioni devono essere minimizzate) non si ammettono soluzioni:

$$\begin{aligned} \min \quad & f_1(x) \\ & f_2(x) \leq K_2 \\ & f_3(x) \leq K_3 \\ & \cdots\cdots\cdots \\ & f_m(x) \leq K_m \\ & x \in X \end{aligned} \tag{3.9}$$

Si veda in Fig. 3.6 una raffigurazione del metodo. L'area in grigio corrisponde ai valori ammessi dai vincoli.

Anche in questo caso ci poniamo le domande: dati valori $K_i > 0$, si ottiene un ottimo di Pareto risolvendo (3.9)? dato un ottimo di Pareto $\hat{x}$, esistono valori $K_i > 0$ per cui $\hat{x}$ è ottimo in (3.9)? che relazione c'è fra i valori K_i e gli ottimi di Pareto?

La situazione rispetto alla terza domanda è molto semplice in questo caso. I valori K_i rappresentano valori di obiettivo che il decisore vuole comunque garantiti. Quindi fissare K_i ha un immediato riscontro sulla soluzione finale e non viene richiesto uno speciale 'addestramento' del decisore rispetto ai parametri del problema.

Anche se il modello (3.9) introduce un ordine totale fra le alternative, non c'è mescolamento fra gli obiettivi e ciascuno mantiene la sua identità. Obiettivi non monetari non vengono mai monetarizzati.

A differenza della combinazione lineare degli obiettivi, la risposta alla seconda domanda è in questo caso positiva. Infatti, se $\hat{x}$ è un ottimo di Pareto, basta scegliere K tale che

$$K_i := f_i(\hat{x}) \qquad i = 2, \ldots, m$$

Allora, se esistesse una soluzione $\bar{x}$ ammissibile in (3.9) e tale che $f_1(\bar{x}) < f_1(\hat{x})$, si avrebbe che $\bar{x}$ domina $\hat{x}$ contrariamente all'ipotesi di Pareto ottimalità di $\hat{x}$. Quindi nessun ottimo di Pareto viene perso variando i parametri K_i, indipendentemente dalla convessità o non convessità di $f(X)$.

La risposta alla prima domanda invece non è del tutto positiva. La soluzione di (3.9) è certamente non dominata se è l'unico ottimo di (3.9). Purtroppo l'unicità di un ottimo non è una proprietà che si possa sempre verificare facilmente. Potrebbe accadere che risolvendo (3.9) si ottiene un ottimo $\hat{x}$, mentre, a nostra insaputa, esiste un altro ottimo $\bar{x}$, tale che

$$f_1(\hat{x}) = f_1(\bar{x}), \qquad f_2(\bar{x}) < f_2(\hat{x}) \leq K_2$$

L'ottimo $\hat{x}$ è dominato. Questa circostanza può effettivamente presentarsi in problemi discreti. Tuttavia proprio in questi casi si può aggirare la difficoltà abbastanza semplicemente. Basta risolvere nuovamente (3.9) ridefinendo $K_2 := f_2(\hat{x}) - 1$ (se ad esempio sappiamo che f_2 può assumere solo valori interi). In questo modo si esclude dal nuovo calcolo $\hat{x}$, mentre $\bar{x}$ è ammissibile e dovrebbe essere generata risolvendo (3.9) (a meno che non sia a sua volta dominata). A questo punto, confrontando le due soluzioni, $\hat{x}$ viene eliminata perché dominata.

L'approccio (3.9) si dimostra più efficace della combinazione convessa degli obiettivi perché riesce a generare tutti gli ottimi di Pareto. Ci sono però delle controindicazioni di natura algoritmica che possono rendere la combinazione convessa preferibile.

Vi sono casi particolarmente significativi in cui l'insieme X ha una struttura particolare tale da permettere algoritmi risolutivi efficienti in presenza di un solo obiettivo. L'aggregazione degli obiettivi in un unico obiettivo mantiene queste caratteristiche di efficienza algoritmica. Viceversa l'aggiunta di vincoli, come in (3.9), alterando la struttura di X impedisce l'applicazione degli algoritmi noti e spesso trasforma il problema da facile in difficile. Quindi quello che si guadagna in quantità di informazione si paga in efficienza computazionale.

Esempio 3.2 (continuazione)

Bisogna risolvere, applicando (3.9) e scegliendo di trasformare in vincolo l'obiettivo sul costo,

$$\begin{aligned} \max \quad & 50\,x_1 + 35\,x_2 + 30\,x_3 + 25\,x_4 + 60\,x_5 \\ & 20\,x_1 + 15\,x_2 + 13\,x_3 + \ \ 6\,x_4 + 12\,x_5 \leq K \\ & x \in \{0,1\}^5 \end{aligned} \tag{3.10}$$

Si vedrà più avanti che (3.10) è un caso particolare di un problema **NP**-completo noto come *problema dello zaino*. Si noti la differenza in complessità computazionale fra questo problema e quello ottenuto combinando linearmente gli obiettivi. Comunque, variando K, si ottengono tutti gli ottimi di Pareto. ∎

Esempio 3.3 (continuazione)

In questo caso conviene trasformare in vincolo l'obiettivo sul guadagno, in modo da avere vincoli tutti lineari. Quindi si deve risolvere

$$\begin{aligned} \min \quad & x^\top Q\, x \\ & t^\top x \geq K \\ & x_1 + x_2 \leq C, \\ & x_1 \geq 0, \quad x_2 \geq 0 \end{aligned} \tag{3.11}$$

per vari valori di K (si veda il Cap. 26, pag. 507). ∎

3.5 Ottimi lessicografici

Vi sono casi in cui gli obiettivi hanno priorità diversa e si può pensare di migliorare un obiettivo solo se quelli a priorità più alta sono già stati soddisfatti al meglio. Formalmente un ordine lessicografico fra elementi di $\mathbb{R}^m$ viene definito dalla seguente relazione di preferenza $\prec$:

$$x \prec y \quad \iff \quad \exists\, k \in [m] : \quad x_i = y_i, \quad i \in [k-1], \quad x_k < y_k$$

L'ordine lessicografico è un ordine totale. Dati due elementi $x \neq y$ in $\mathbb{R}^m$, $x \prec y$ oppure $y \prec x$. Non vi sono altre alternative.

Allora, se gli obiettivi vengono definiti in ordine di priorità $f_1, f_2, \ldots, f_m$, si può definire l'ottimo lessicografico come quella decisione x^* tale che il vettore $(f_1(x^*), \ldots, f_m(x^*))$ è minimo secondo l'ordine lessicografico. Modellare un problema introducendo un ordine lessicografico ha il vantaggio di eliminare i problemi connessi con la scelta soggettiva di un particolare ottimo di Pareto (di fatto la soggettività della scelta si ritrova nelle priorità assegnate agli obiettivi). Si noti che un ottimo lessicografico è un ottimo di Pareto, anche se di natura particolare (quali sono gli ottimi lessicografici nei precedenti esempi? hanno senso come decisioni?).

Il calcolo dell'ottimo lessicografico richiede però la risoluzione in cascata di m problemi di minimo. Sia $\hat{x}^k$ l'ottimo del k-mo problema di minimo. Allora il $k+1$-mo problema è definito da

$$\begin{aligned} \min \quad & f_{k+1}(x) \\ & f_i(x) = f_i(\hat{x}^k) \qquad i \in [k] \\ & x \in X \end{aligned}$$

Un metodo più sbrigativo consiste nella risoluzione di un unico problema di minimo ottenuto come combinazione lineare degli obiettivi con pesi $\alpha_1 \gg \alpha_2 \gg \ldots \gg \alpha_m$. In generale non si ottiene l'ottimo lessicografico in questo modo ma lo si approssima soltanto. Però se il problema è di natura discreta e i pesi sono sufficientemente diversi fra loro si ottiene proprio l'ottimo lessicografico.

Ci limitiamo a dimostrare questo fatto per due obiettivi. Se l'insieme X è finito, anche l'insieme $\{f_1(x) : x \in X\}$ è finito. Sia $\hat{f}_1 := \min_{x \in X} f_1(x)$ il valore comune a tutti gli ottimi dell'obiettivo a più alta priorità. Il minimo di tutte le soluzioni non ottime è $\bar{f}_1 := \min\{f_1(x) : x \in X, f_1(x) > \hat{f}_1\} > \hat{f}_1$. Sia inoltre $\Delta := \max_{x \in X} f_2(x) - \min_{x \in X} f_2(x)$ la massima escursione che può assumere il secondo obiettivo. Se si prende $\alpha > \Delta/(\bar{f}_1 - \hat{f}_1)$, il minimo $\tilde{x}$ di $\alpha f_1(x) + f_2(x)$ non può che essere uno dei minimi di $f_1(x)$, in quanto nessun valore di $f_2(x)$ può compensare il 'salto' $\alpha(\bar{f}_1 - \hat{f}_1)$.

In qualche applicazione gli obiettivi sono tutti dello stesso tipo e sono, a priori, della stessa importanza. In questi casi l'interesse può ricadere in una decisione che minimizzi il peggiore degli obiettivi, ovvero

$$\min_{x \in X} \max \{f_1(x), \ldots, f_m(x)\}$$

che si traduce nel seguente problema

$$\begin{aligned} \hat{v} = \min \quad & v \\ & f_i(x) \le v \qquad i \in [m] \\ & x \in X \end{aligned} \tag{3.12}$$

Risolvendo (3.12) si ottiene un ottimo $\hat{x}$ che ripartisce gli obiettivi in non attivi, quelli per i quali $f_i(\hat{x}) < \hat{v}$, e attivi, per i quali $f_i(\hat{x}) = \hat{v}$. Fra gli obiettivi attivi vi sono alcuni che non possono essere ulteriormente migliorati (a meno di far aumentare un altro obiettivo attivo oltre il valore $\hat{v}$, ma questo è ovviamente contrario ai nostri scopi) e altri che possono essere migliorati, senza naturalmente far crescere gli obiettivi attivi ma facendo eventualmente crescere gli obiettivi non attivi. Chiamiamo *vincolanti* gli obiettivi che non possono essere migliorati.

In generale non si ha alcuna garanzia che l'ottimo $\hat{x}$ di (3.12) non sia dominato da un'altra soluzione $\bar{x}$ con $\max_i \{f_i(\hat{x})\} = \max_i \{f_i(\bar{x})\}$ ma $f_i(\bar{x}) \leq f_i(\hat{x})$, per ogni i, o quantomeno che non si possa ulteriormente migliorare il peggiore fra gli obiettivi non vincolanti. Dobbiamo allora considerare un secondo problema in cui gli obiettivi vincolanti sono semplicemente vincolati al valore $\hat{v}$ e gli altri sono minimizzati come in (3.12). Dalla soluzione che si ottiene in questo modo, che renderà vincolante a sua volta almeno un ulteriore obiettivo (con valore minore di $\hat{v}$), si procede ricorsivamente fino a rendere vincolanti tutti gli obiettivi.

La soluzione finale che si ottiene in questo modo è certamente non dominata. Ottimi di questo genere prendono il nome di *ottimi lessicografici non ordinati*. Formalmente gli ottimi lessicografici non ordinati sono definiti nel seguente modo: dato un elemento $x \in \mathbb{R}^m$ sia $\theta(x)$ il vettore ottenuto permutando le componenti di x in modo che le componenti di $\theta(x)$ siano in ordine non crescente (se vi sono componenti uguali possono essere ordinate in modo arbitrario). Allora dati due elementi x e y in $\mathbb{R}^m$, x è preferito a y se $\theta(x) \prec \theta(y)$ (in senso lessicografico) e x è ottimo lessicografico non ordinato nell'insieme X se non esiste $y \in X$ preferito a x.

Non è del tutto elementare identificare gli obiettivi vincolanti in (3.12). Nel caso della Programmazione lineare si deve ricorrere ad un'analisi di sensibilità effettuata con i metodi esposti nel Cap. 4. Altrimenti bisogna 'provare' i vari obiettivi attivi risolvendo a turno per ogni obiettivo k attivo

$$\begin{aligned} \min \quad & f_k(x) \\ & f_i(x) \leq \hat{v} \qquad i \neq k \\ & x \in X \end{aligned} \tag{3.13}$$

Gli obiettivi per i quali il valore ottimo di (3.13) è uguale a $\hat{v}$ costituiscono gli obiettivi vincolanti.

Esempio 3.4.

Si considerino i due vettori

$$a = (6, 3, 9, 7, 5), \qquad b = (4, 9, 6, 4, 7)$$

Allora ordiniamo in modo non crescente i vettori:

$$\theta(a) = (9, 7, 6, 5, 3), \qquad \theta(b) = (9, 7, 6, 4, 4)$$

da cui $\theta(b) \prec \theta(a)$ in senso lessicografico. Quindi $b \prec a$ in senso lessicografico non ordinato. Si noti che il fatto che l'ultima componente di $\theta(a)$ è minore dell'ultima componente di $\theta(b)$ è irrilevante, dato che vale la diseguaglianza stretta fra le penultime componenti. ∎

Esempio 3.5.

Siano disponibili quattro macchine per eseguire quattro lavori diversi. Ogni macchina può eseguire uno qualsiasi dei quattro lavori, però con tempi diversi. I tempi di esecuzione sono riportati nella seguente tabella (le righe si riferiscono alle macchine e le colonne ai lavori):

4	1	3	6
5	4	3	3
5	3	3	5
6	4	2	4

Bisogna assegnare le macchine ai lavori in modo da finire tutti i lavori al più presto. Ad esempio assegnando la macchina 1 al lavoro 1, la macchina 2 al lavoro 2, la macchina 3 al lavoro 3 e infine la macchina 4 al lavoro 4, si hanno i tre tempi di esecuzione $(4,4,3,4)$ il cui massimo 4 indica il tempo di completamento globale. Certamente il tempo di completamento globale non può essere abbassato (considerando solo le caselle con i valori 1, 2 e 3 non c'è modo di assegnare tutte le macchine a tutti i lavori), però, una volta assodato che la macchina 1 non può finire prima del tempo 4, è possibile anticipare la fine dei lavori sulle altre macchine? Come si vede, se si assegnano le macchine come $2 \to 4$, $3 \to 2$, $4 \to 3$, si ottengono i tempi di completamento (per le macchine) $(4,3,3,2)$, valori migliori (in senso lessicografico non ordinato) di $(4,4,3,4)$. Inoltre la prima soluzione è dominata dalla seconda. Si noti ancora che la soluzione che minimizza la somma dei tempi di completamento (con assegnamenti $1 \to 2$, $2 \to 4$, $3 \to 1$, $4 \to 3$) prevede un tempo massimo di 5 e quindi non è ottima lessicografica, ma è invece ottima di Pareto (perché?)

∎

3.6 Minima distanza da punti ideali

L'approccio che ha portato alla definizione di ottimi lessicografici non ordinati può essere esteso anche al caso di obiettivi non necessariamente omogenei pensando di definire dei valori ideali o utopistici di funzione obiettivo $\hat{f}_i$ e considerando, per ogni obiettivo, la distanza dell'obiettivo reale dal valore ideale, cioè $f_i(x) - \hat{f}_i$. A questo punto si risolve

$$\min_{x \in X} \max \left\{ w_1 \left(f_1(x) - \hat{f}_1\right), w_2 \left(f_2(x) - \hat{f}_2\right), \ldots, w_m \left(f_m(x) - \hat{f}_m\right) \right\} \qquad (3.14)$$

dove i pesi w_i vanno definiti dal decisore. L'espressione in (3.14) è un particolare tipo di norma che viene detta *norma di Čebishev*, per cui questo approccio viene anche definito con questo nome. Si vedano nelle Fig. 3.7(a–b) come la scelta di $\hat{f}$ e dei pesi w possa portare a soluzioni diverse.

In letteratura sono state proposti moltissimi metodi dello stesso tipo solo variando il tipo di distanza dal valore ideale. Speso inoltre il punto ideale viene scelto come quel punto definito *utopistico* le cui coordinate sono i minimi rispetto ai singoli criteri separatamente, cioè

$$\hat{f} = \left\{ \min_{x \in X} f_i(x) : i \in [m] \right\}$$

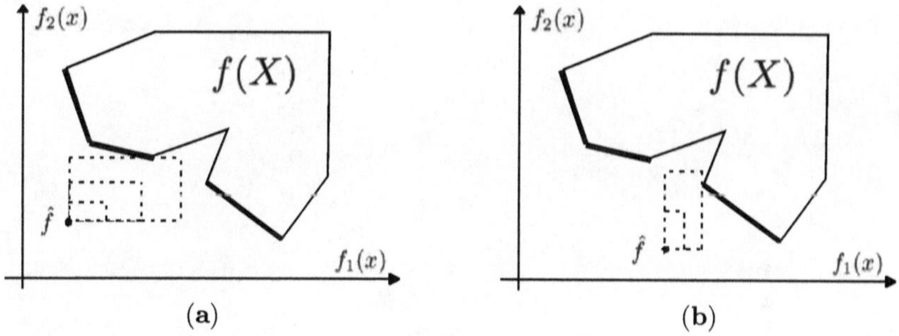

Figura 3.7.

Esercizio 3.6.

Che relazione c'è fra il metodo di Čebishev e quello degli obiettivi vincolati? Le soluzioni che si ottengono con questo metodo sono ottimi di Pareto? Ogni ottimo di Pareto può essere soluzione di questo metodo per un'opportuna scelta dei parametri $\hat{f}$ e w? ∎

4

Programmazione lineare Proprietà generali

Si definiscono come problemi di Programmazione lineare (PL) tutti quei problemi di ottimizzazione in cui la funzione obiettivo è lineare e i vincoli sono tutti espressi da disequazioni lineari ed anche, eventualmente, equazioni lineari. Per poter parlare di PL devono essere sempre presenti delle disequazioni mentre le equazioni possono mancare. Il motivo è dovuto al fatto che un problema con solo equazioni lineari ha una struttura molto particolare: la funzione obiettivo valutata sulle soluzioni ammissibili è illimitata oppure costante. È chiaro quindi che un modello lineare di un problema reale presenta sempre disequazioni (ad esempio il vincolo di non negatività delle variabili).

4.1 Soluzioni ammissibili

I vincoli determinano la struttura dell'insieme ammissibile. Quando i vincoli sono disequazioni lineari la struttura è molto particolare e viene sfruttata dagli algoritmi risolutivi. Per rendersi conto di questa particolarità conviene analizzare un problema con solo due variabili x_1 e x_2, che permette una rappresentazione grafica. Un vincolo del tipo

$$a_1\,x_1 + a_2\,x_2 = b \tag{4.1}$$

rappresenta, come è noto, una retta R che divide il piano in due semipiani. Un vincolo del tipo

$$a_1\,x_1 + a_2\,x_2 \le b \tag{4.2}$$

rappresenta uno dei due semipiani, mentre il vincolo opposto $a_1\,x_1 + a_2\,x_2 \ge b$ rappresenta l'altro semipiano. Si noti che la frontiera dell'insieme ammissibile è data dalla retta R. Su tali punti, per i quali la disequazione viene soddisfatta come equazione, si dice che la disequazione è *attiva*. Ogni altro punto, che soddisfa (4.2) come diseguaglianza stretta (disequazione non attiva), non può che essere un punto interno.

Quando sono presenti più vincoli si intende che l'insieme ammissibile è costituito da quelle soluzioni che soddisfano contemporaneamente tutti i vincoli. Se ad esempio fossero presenti le seguenti disequazioni

$$\begin{aligned} x_1 + 2\,x_2 &\le 2 \\ x_1 + x_2 &\ge 1 \\ x_1 - x_2 &\le 1 \end{aligned} \tag{4.3}$$

l'insieme ammissibile è l'intersezione dei tre semipiani determinati dalle tre disequazioni (si veda la Fig. 4.1(a) dove la retta R_2 è $x_1 + x_2 = 1$ e la retta R_3 è $x_1 - x_2 = 1$) L'insieme ammissibile è dato dall'intersezione dei tre semipiani definiti dalle rispettive disequazioni ed è, nell'esempio, il triangolo in Fig. 4.1(a). Non necessariamente l'insieme ammissibile è limitato. Se il primo vincolo fosse $2\,x_1 - x_2 \ge 0$ allora l'insieme sarebbe come in Fig. 4.1(b). La frontiera è più complessa che nel caso di una singola disequazione. Comprende sia segmenti, detti *spigoli* dove è attiva solo una disequazione, che punti, detti *vertici* dove sono attive due disequazioni. Si noti che i vertici hanno la particolarità di non essere contenuti all'interno di nessun segmento interamente ammissibile.

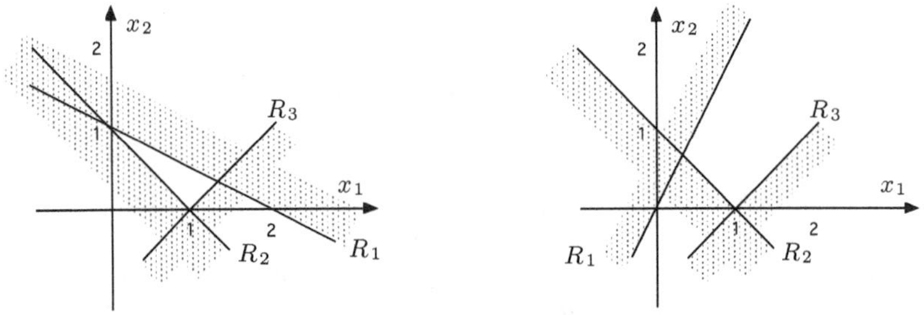

(**a**) Insieme limitato (**b**) Insieme illimitato

Figura 4.1.

Per calcolare i vertici, bisogna ovviamente calcolare i punti d'intersezione delle rette a due a due. In questo semplice esempio avviene che i tre punti calcolati risolvendo i tre sistemi lineari

$$\begin{aligned} x_1 + 2\,x_2 &= 2 \\ x_1 + x_2 &= 1 \end{aligned} \qquad \begin{aligned} x_1 + 2\,x_2 &= 2 \\ x_1 - x_2 &= 1 \end{aligned} \qquad \begin{aligned} x_1 + x_2 &= 1 \\ x_1 - x_2 &= 1 \end{aligned}$$

(e cioè rispettivamente i punti $(0, 1)$, $(4/3, 1/3)$, $(1, 0)$) siano ammissibili anche rispetto alla disequazione che non interviene nel sistema lineare che determina il punto stesso. Questa circostanza però è del tutto particolare. Se ad esempio la retta R_1 fosse quella indicata in Fig. 4.1(b) e quindi (4.3) fosse

$$
\begin{aligned}
-2x_1 + x_2 &\le 0 \\
x_1 + x_2 &\ge 1 \\
x_1 - x_2 &\le 1
\end{aligned}
\tag{4.4}
$$

si vede che il punto $(-1,-2)$ intersezione della retta R_1 con R_3 è inammissibile rispetto alla rimanente disequazione.

Come si vede dall'esempio, l'insieme ammissibile in due dimensioni è un poligono (non necessariamente limitato). In generale, date m disequazioni in n variabili l'insieme ammissibile è un *poliedro*. Se $n \le m$ (che è il caso tipico), ogni insieme di n disequazioni attive linearmente indipendenti determina un punto. Se inoltre questo punto è ammissibile anche rispetto alle altre $m-n$ disequazioni, costituisce un vertice del poliedro. Come già detto, un vertice ha l'importante proprietà che non può essere espresso come combinazione convessa stretta di altri punti ammissibili. Questa proprietà (dimostrata in Appendice) permette di caratterizzare e identificare i vertici di un poliedro.

Punti ammissibili determinati da $n-1$ disequazioni attive formano gli spigoli mentre punti ammissibili determinati da un'unica disequazione attiva formano le *faccette* (in due dimensioni spigoli e faccette coincidono). Punti ammissibili per i quali nessuna disequazione è attiva sono detti *punti interni*. Affinché esistano punti interni nessun vincolo può essere un'equazione, necessariamente sempre attiva, ma neppure possono esistere disequazioni sempre attive per tutti i punti ammissibili. In questo caso i vincoli possono essere riformulati con equazioni al posto di tali disequazioni.

Se una disequazione non è mai attiva per nessun punto ammissibile, allora è ovviamente ridondante e può esser rimossa dai vincoli senza alterare l'insieme ammissibile. In un modello ben formulato nessuna disequazione dovrebbe essere ridondante.

Può succedere che in un vertice siano attive più di n disequazioni (non ridondanti). Tali vertici vengono detti *degeneri*. Si veda in Fig. 4.2 un esempio di vertice degenere. Questa circostanza potrebbe sembrare rara in quanto la probabilità che $n+1$ piani casuali passino per uno stesso punto è zero. Invece vi sono molti problemi, la cui struttura stessa fa sì che ogni vertice sia altamente degenere. Questo fatto ha purtroppo dei pesanti effetti computazionali per i motivi che verranno esposti più avanti.

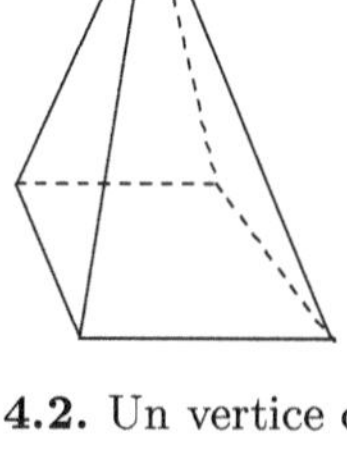

Figura 4.2. Un vertice degenere

4.2 Ottimi

Definite le proprietà delle soluzioni ammissibili si consideri ora la funzione obiettivo. Se questa è lineare (come per definizione nella PL), ad esempio $\sum_j c_j x_j = c x$, i punti di equazione $c x = K$ costituiscono un piano sul quale la funzione obiettivo è costante con valore K. Punti con valore K' della funzione obiettivo determinano il piano $c x = K'$, parallelo al precedente. È abbastanza intuitivo che se il piano $c x = K$ interseca il poliedro ma non un vertice, allora esiste un altro piano $c x = K'$ che interseca il poliedro con valore $K' < K$ (nonostante la proprietà sia intuitiva, la dimostrazione di questo fatto, che richiede anche l'ipotesi di esistenza di vertici, non è per niente semplice e viene omessa). Quindi i punti del poliedro sulla retta $c x = K$ non sono ottimi. Si deduce che, se vi sono ottimi, almeno un vertice è ottimo. Questa proprietà spiega perché sia così importante caratterizzare e calcolare i vertici del poliedro ammissibile nei problemi di PL.

Si noti che non si è detto che solo i vertici possono essere ottimi. Se ad esempio la retta $c x = K$ è parallela ad una faccetta può avvenire che tutta la faccetta sia costituita da ottimi. Si pensi al caso estremo in cui $c = 0$ e ogni soluzione è ottima. Ma in ogni caso fra gli ottimi c'è sempre un vertice e quindi 'basta' limitarsi a considerare i vertici per cercare l'ottimo.

Si è messo fra virgolette la parola 'basta', perché non si ritenga erroneamente che l'ottimo si possa trovare tramite scansione dei vertici. L'insieme ammissibile di

$$0 \le x_i \le 1 \qquad i \in [n]$$

è l'ipercubo unitario con 2^n vertici. Si noti che il numero di disequazioni necessarie a descrivere il cubo è invece molto limitato, cioè $2\,n$. Quindi il numero dei vertici può crescere esponenzialmente rispetto ai dati del problema. Se $n = 100$ (caso di un problema di dimensione medio-piccola) allora $2^{100} \approx 10^{30}$ e, anche se fosse possibile calcolare un vertice in un nanosecondo, sarebbero richiesti 10^{21} secondi per scandirli tutti, cioè non meno di 10^{13} anni, un tempo superiore all'età dell'universo.

Quindi bisogna eseguire un'esplorazione dei vertici mirata all'obiettivo da raggiungere, e questo è ciò che effettua il celebre metodo del simplesso.

4.3 Metodo del simplesso

Il metodo del simplesso, inventato da Dantzig nel 1947 [49], è uno degli algoritmi risolutivi della PL. Fino al 1979 è stato l'unico metodo risolutivo noto. È importante notare che il metodo del simplesso non è un algoritmo polinomiale. Tuttavia la complessità computazionale di caso medio è polinomiale e questo spiega il grande successo pratico del metodo del simplesso. Il primo algoritmo polinomiale per la PL (dimostrando quindi l'appartenenza della PL alla classe **P**) è stato l'algoritmo dell'ellissoide, dovuto a Khacyan [127]. Tuttavia tale algoritmo, pur essendo polinomiale ed avendo dei risvolti teorici molto importanti (a questo riguardo si veda ad esempio [100]), presenta grandi problemi implementativi e non è stato mai usato in pratica. Nel 1984 fu proposto da Karmarkar [124] un nuovo algoritmo polinomiale che si dimostrò anche praticamente efficiente. Da tale algoritmo sono stati generati molti algoritmi analoghi, detti ai punti interni, perché generano una successione di punti che tende all'ottimo, tutta all'interno del poliedro. Fra questi metodi si segnalano in modo particolare i metodi detti primali-duali, particolarmente efficienti. Un accenno al loro funzionamento si trova a pag. 505. Per una trattazione abbastanza completa di questi metodi si veda [225].

I moderni pacchetti commerciali di PL usano entrambi i metodi cercando di sfruttare i rispettivi vantaggi. L'esposizione dei metodi ai punti interni richiederebbe uno spazio eccessivo per questo testo, per cui ci si limita solamente ad una trattazione sintetica del metodo del simplesso.

Il metodo del simplesso esplora i vertici cercando di migliorare ad ogni passo la funzione obiettivo. Questo non garantisce all'algoritmo di sfuggire ad un'eventuale esplorazione di un numero esponenziale di vertici. Però la probabilità che ciò avvenga è trascurabile.

Dovendo esplorare i vertici, bisogna trovare un metodo per rappresentarli computazionalmente. Siccome un vertice è determinato dall'intersezione di n piani, si tratta di specificare quali sono i piani, ovvero quali disequazioni sono attive. In altre parole un vertice può venire rappresentato dall'insieme degli indici delle n disequazioni attive. Tale insieme prende il nome di *base* (a dire il vero nel metodo del simplesso classico la base è l'insieme complementare, ma per questa breve esposizione la cosa è irrilevante). Quindi sembrerebbe che il passaggio da un vertice ad uno migliore possa essere riprodotto dal passaggio da una base ad una migliore.

Purtroppo le cose sono un po' più complicate. Se un vertice è degenere, si trova nell'intersezione di più di n piani, e quindi sono disponibili diversi insiemi di n indici, cioè diverse basi, che rappresentano lo stesso vertice. La conseguenza di questo fatto è che il passaggio da una base all'altra può avvenire fra basi che rappresentano lo stesso vertice. Quindi in realtà il metodo progredisce solo apparentemente e invece staziona per diverse iterazioni sul medesimo vertice.

C'è quindi il concreto rischio che la sequenza di basi cicli indefinitamente (mentre se si abbandona un vertice passando ad uno migliore, non si può mai ritornare ad un vertice già esplorato). Stranamente gli esempi di ciclaggio sono stati costruiti a tavolino e in pratica tale fenomeno non si è mai verificato. Ovviamente sono state elaborate delle tecniche che impediscono il ciclaggio, a scapito però di un certo aggravio computazionale.

Resta il fatto che la degenerazione provoca normalmente un sensibile rallentamento del calcolo. Non tragga in inganno l'esempio in Fig. 4.2 e la nostra immaginazione geometrica confinata nelle tre dimensioni. Il numero di basi diverse per lo stesso vertice può essere esponenzialmente elevato. Nel problema dell'assegnamento pesato formulato su un grafo bipartito completo con

$2n$ nodi (Cap. 13) ogni vertice può essere rappresentato da $2^{n-1}\, n^{n-2}$ basi diverse!

Il passaggio fra un vertice ed un altro avviene fra due vertici adiacenti, ovvero connessi da uno spigolo. Se non c'è degenerazione le due basi corrispondenti differiscono solo per un indice. Quindi $n-1$ disequazioni rimangono attive (quelle che determinano lo spigolo), mentre una disequazione attiva della prima base diventa non attiva (si abbandona il vertice seguendo lo spigolo) e una disequazione non attiva diventa attiva (si è raggiunto l'altro vertice).

Il metodo del simplesso permette naturalmente anche di determinare quale disequazione eliminare dalla base per migliorare la funzione obiettivo e quale disequazione entrerà in base. Potrebbe avvenire che lo spigolo in questione sia illimitato e questo fatto segnala la presenza di un'istanza illimitata.

Ad ogni iterazione del metodo è disponibile, oltre alla soluzione, anche la soluzione duale (vedi sezione successiva), che permette di verificare l'ottimalità della soluzione trovata.

Infine bisogna inizializzare il metodo, ovvero trovare una base iniziale da cui far partire l'iterazione. Una scelta arbitraria della base non produce in generale una soluzione ammissibile. Inoltre potrebbe avvenire che i vincoli siano tali da non ammettere nessuna soluzione ammissibile. Entrambi i problemi vengono risolti facendo ricorso ad un cosiddetto *problema artificiale.*

Si definisce normalmente come problema artificiale un problema derivato da quello in esame con l'obiettivo però di determinare una soluzione ammissibile o di determinare che non ne esiste nessuna. A questo scopo ogni vincolo viene reso flessibile tramite l'aggiunta di una variabile artificiale (una per ogni vincolo)

$$\sum_j a_{ij}\, x_j \gtreqless b_i \qquad \Longrightarrow \qquad \sum_j a_{ij}\, x_j + z_i \gtreqless b_i, \quad z_i \geq 0 \qquad i \in [m]$$

e si definisce un nuovo obiettivo che cerca di portare a zero le variabili artificiali

$$\min \sum_i z_i$$

Se nella soluzione ottima del problema artificiale le variabili artificiali valgono zero, allora il problema è ammissibile e se ne conosce una soluzione, altrimenti non è ammissibile e la computazione termina segnalando il fatto.

Un normale utilizzatore della PL non deve comunque preoccuparsi di queste questioni. Sono tutte già risolte nel software che si sta impiegando. Tuttavia non è infrequente che si modelli un problema con troppi vincoli. Se i vari obiettivi presenti nel modello vengono tradotti in vincoli, e il livello di soddisfazione degli obiettivi è stato posto troppo in alto, allora si otterrà probabilmente una risposta di 'problema non ammissibile'.

Però un problema reale *deve* essere risolto e quindi è necessario rilassare alcuni vincoli. Tanto vale allora rilassare i vincoli fin dall'inizio introducendo delle variabili, del tutto simili alle variabili artificiali, e pesate in modo opportuno in modo da creare una gerarchia fra i vincoli, che riflette la gerarchia fra gli obiettivi che i vincoli rappresentano. Operando in questo modo, qualora delle variabili artificiali siano positive, si ha anche un'indicazione di quale obiettivo risulti critico per ottenere una soluzione soddisfacente.

4.4 Problema duale – motivazione economica

Uno degli aspetti fondamentali della PL è l'esistenza di un secondo problema strettamente collegato al problema dato. Questo problema viene chiamato *problema duale*. I due problemi sono, per così dire, le due facce di una stessa medaglia. Non si può fare a meno di risolvere un problema senza risolvere anche l'altro e l'informazione fornita dalla soluzione di un problema complementa quella dell'altro.

Il problema duale può essere introdotto per via puramente matematica, facendo riferimento alle semplici regole formali con cui viene derivato. Tuttavia si ritiene più interessante introdurlo motivandolo economicamente.

Si immagini allora la seguente situazione: una ditta produce due tipi di oggetti i cui prezzi di mercato sono 120 €/pezzo e 180 €/pezzo. Per produrre un oggetto del primo tipo sono richiesti 15 minuti di una macchina, 35 minuti di un'altra macchina e 60 minuti di lavoro-uomo. Per il secondo oggetto sono invece richiesti 55 minuti della prima macchina, 45 minuti della seconda e 100 minuti di lavoro-uomo. La giornata lavorativa è di 8 ore e sono disponibili 2 operai. Si vuole determinare quanti oggetti produrre al giorno per massimizzare il profitto all'interno dei vincoli di risorsa disponibile. Il problema da risolvere è pertanto:

$$
\begin{aligned}
\max\ & 120\,x_1 + 180\,x_2 \\
& 15\,x_1 + \ \ 55\,x_2 \le 480 \\
& 35\,x_1 + \ \ 45\,x_2 \le 480 \\
& 60\,x_1 + 100\,x_2 \le 960 \\
& x_1 \ge 0,\ x_2 \ge 0
\end{aligned}
\tag{4.5}
$$

Si può verificare per esercizio che l'ottimo vale $\hat{x}_1 = 6$, $\hat{x}_2 = 6$ con profitto ottimo pari a 1800 €/giorno. Si noti che in ottimalità bastano 7 ore al giorno della prima macchina per produrre i pezzi richiesti. In altre parole la prima macchina rimane inattiva per un'ora al giorno.

Si supponga ora che il produttore decida di esternalizzare i processi produttivi prendendo in affitto le risorse necessarie, anziché produrre in casa con le risorse disponibili (pratica nota con il nome di *outsourcing*). Prima di avviare le trattative vuole valutare quali prezzi di affitto offrire ai committenti esterni. Siano allora y_1, y_2 e y_3 i prezzi in euro al minuto delle tre risorse. L'obiettivo è naturalmente quello di ridurre le spese d'affitto ovvero:

$$\min \quad 480\,y_1 + 480\,y_2 + 960\,y_3$$

I prezzi devono naturalmente essere accettabili. Infatti prezzi troppo bassi fanno fallire le trattative. Chi affitta le risorse deve trovare conveniente lavorare per altri, anziché in proprio. Per valutare la convenienza si consideri che ogni oggetto del primo tipo, richiedendo 15 minuti di lavorazione sulla prima macchina che costa y_1 €/minuto, acquisisce un valore pari a $15\,y_1$ dalla lavorazione sulla prima macchina. Poi il passaggio sulla seconda macchina aggiunge il valore $35\,y_2$ e l'apporto degli operai aggiunge l'ulteriore valore $60\,y_3$. Il valore dell'oggetto indotto dai prezzi sulle risorse è quindi $15\,y_1 + 35\,y_2 + 60\,y_3$ e questo valore non deve essere inferiore al profitto di 120 € affinché chi affitta le risorse trovi conveniente farlo. Analogamente si ragiona per il secondo oggetto. Allora complessivamente il problema da risolvere è

$$\begin{aligned} \min\; & 480\,y_1 + 480\,y_2 + 960\,y_3 \\ & 15\,y_1 + \;\;35\,y_2 + \;\;60\,y_3 \geq 120 \\ & 55\,y_1 + \;\;45\,y_2 + 100\,y_3 \geq 180 \\ & y_1 \geq 0,\; y_2 \geq 0\; y_3 \geq 0 \end{aligned} \tag{4.6}$$

Gli ottimi di (4.6) sono

$$\hat{y}_1 = 0, \qquad \hat{y}_2 = 1.5, \qquad \hat{y}_3 = 1.125$$

Si tratta di valori espressi in €/minuto, che diventano, espressi in €/ora, $\hat{y}_1 = 0$, $\hat{y}_2 = 90$, $\hat{y}_3 = 67.50$. Si noti come il profitto massimo di 1800 €/giorno è uguale al minimo costo d'affitto $480{\cdot}0+480{\cdot}1.5+960{\cdot}1.125 = 1800$. Inoltre, in ogni caso il costo d'affitto non può essere inferiore al profitto. Questa proprietà si ricava immediatamente dalle varie relazioni scritte. Infatti da (4.6) si ha

$$120\,x_1 + 180\,x_2 \leq (15\,y_1 + 35\,y_2 + 60\,y_3)\,x_1 + (55\,y_1 + 45\,y_2 + 100\,y_3)\,x_2$$

mentre da (4.5) si ha

$$\begin{aligned} & 480\,y_1 + 480\,y_2 + 960\,y_3 \geq \\ & \qquad (15\,x_1 + 55\,x_2)\,y_1 + (35\,x_1 + 45\,x_2)\,y_2 + (60\,x_1 + 100\,x_2)\,y_3 \end{aligned}$$

e, confrontando le due relazioni, si vede che, per ogni produzione x ammissibile e ogni prezzo y ammissibile,

$$120\,x_1 + 180\,x_2 \leq 480\,y_1 + 480\,y_2 + 960\,y_3$$

L'uguaglianza che si ottiene per i valori $\hat{x}$ e $\hat{y}$ costituisce di per sé una prova di ottimalità dal punto di vista matematico e, dal punto di vista economico, rappresenta una condizione d'equilibrio fra domanda e offerta.

Consideriamo un altro esempio in cui però si minimizzano costi, anziché massimizzare profitti. Si devono produrre oggetti di due tipi in quantità note: 3400 oggetti del primo tipo e 1800 del secondo. A questo fine sono disponibili due macchine. La prima è in grado di produrre 50 oggetti all'ora del primo tipo e 30 del secondo tipo. La seconda macchina produce 80 oggetti all'ora del primo tipo e 40 del secondo. Il costo orario della prima macchina è di 50 € e quello della seconda di 70 €. Si vuole determinare quante ore di lavoro devono essere assegnate alle macchine per minimizzare i costi rispettando la domanda esterna.

Se si indica con x_1 il numero di ore della prima macchina e con x_2 quelle della seconda, si tratta di risolvere il problema

$$\begin{aligned} \min\ & 50\,x_1 + 70\,x_2 \\ & 50\,x_1 + 80\,x_2 \geq 3400 \\ & 30\,x_1 + 40\,x_2 \geq 1800 \\ & x_1 \geq 0,\ x_2 \geq 0 \end{aligned} \tag{4.7}$$

Si può verificare che l'ottimo è $\hat{x} = \{20, 30\}$ con costo 3100 €.

Ora si consideri il problema di definire un prezzo per le merci in vendita. Siano y_1 e y_2 i prezzi dei due oggetti. Certamente i prezzi saranno scelti in modo da massimizzare la quantità

$$3400\,y_1 + 1800\,y_2$$

che rappresenta il ricavo. Però è evidente che dei prezzi troppo elevati non possono essere accettati, rendendo quindi nullo il ricavo. Affinché i prezzi siano considerati 'giusti' da un compratore, si ragioni come se questi avesse la possibilità di produrre per proprio conto gli oggetti con il medesimo processo produttivo. Ai prezzi y_1 e y_2 il valore orario prodotto dalla prima macchina è

$$50\,y_1 + 30\,y_2$$

cioè il numero di pezzi/ora (50) di tipo 1 moltiplicato per il relativo prezzo più il numero di pezzi/ora (30) di tipo 2 moltiplicato per il relativo prezzo. In modo simile il valore orario prodotto dalla seconda macchina è

$$80\,y_1 + 40\,y_2$$

Questi due valori non devono superare il costo orario delle rispettive macchine, altrimenti, a questi prezzi, sarebbe più vantaggioso per il compratore produrre in proprio gli oggetti. Quindi bisogna risolvere il problema

$$\begin{aligned} \max\ & 3400\,y_1 + 1800\,y_2 \\ & 50\,y_1 + \quad 30\,y_2 \leq 50 \\ & 80\,y_1 + \quad 40\,y_2 \leq 70 \\ & y_1 \geq 0,\ y_2 \geq 0 \end{aligned} \tag{4.8}$$

La soluzione ottima di (4.8) è $\hat{y} = \{0.25\,, 1.25\}$ con valore ottimo $3400 \cdot 0.25 + 1800 \cdot 1.25 = 3100$. Il massimo ricavo possibile è pertanto uguale al minimo costo possibile. Se ci si aspettava un valore di ricavo superiore ai costi, bisogna invece notare come la cosa non sia possibile. Operando come nell'esempio precedente, si ottiene da (4.8)

$$(50\,y_1 + 30\,y_2)\,x_1 + (80\,y_1 + 40\,y_2)\,x_2 \leq 50\,x_1 + 70\,x_2 \tag{4.9}$$

Il generico termine $a_{ij}\,x_j\,y_i$ che compare a sinistra di (4.9) ha il significato di un valore complessivo realizzato dalla macchina j con oggetti di tipo i al prezzo y_i e per un numero di ore lavorate x_j. La diseguaglianza espressa da (4.9), che cioè il valore prodotto non può superare i costi, è l'ovvia conseguenza dell'ipotesi di accettabilità dei prezzi.

In modo analogo si ottiene da (4.7)

$$(50\,x_1 + 80\,x_2)\,y_1 + (30\,x_1 + 40\,x_2)\,y_2 \geq 3400\,y_1 + 1800\,y_2 \tag{4.10}$$

La diseguaglianza in (4.10) ha il semplice significato che il valore di quello che si vende non può superare il valore di ciò che si produce. Mettendo assieme (4.9) e (4.10) si ottiene

$$3400\,y_1 + 1800\,y_2 \leq 50\,x_1 + 70\,x_2 \tag{4.11}$$

e cioè che il ricavo non può mai superare i costi. Questo risultato può sembrare paradossale dato che implica l'impossibilità di profitto. Tuttavia si noti che il modello di 'competitività' alla base della definizione dei prezzi presuppone la linearità dei processi produttivi, mentre in realtà esistono dei costi fissi che non rendono conveniente produrre in proprio anche in presenza di prezzi ammissibili per i vincoli in (4.8).

Le soluzioni ottime trovate soddisfano la relazione (4.11) come eguaglianza. Anche in questo caso rappresentano una condizione d'equilibrio fra domanda e offerta.

I problemi (4.6) e (4.8) prendono il nome di *problema duale* rispettivamente dei problemi (4.5) e (4.7). Le soluzioni ottime del problema duale prendono anche il nome di *prezzi ombra*.

4.5 Problemi primale e duale

Dal punto di vista puramente formale, si può notare che il problema duale viene costruito a partire dal problema originale, che a questo punto viene chiamato *problema primale*, semplicemente trasponendo la matrice dei coefficienti dei vincoli e scambiando fra loro i coefficienti dell'obiettivo con quelli dei termini destri delle disequazioni. Inoltre quando in uno dei due problemi l'obiettivo è un massimo, nell'altro problema l'obiettivo è un minimo.

Fra le tante formulazioni in cui può presentarsi un problema di PL vengono dette *canoniche* quelle formulazioni in cui tutte le variabili sono non negative e non sono presenti equazioni e inoltre le disequazioni sono del tipo $\leq$ se l'obiettivo è un massimo mentre sono del tipo $\geq$ se l'obiettivo è un minimo. Quindi (4.6), (4.8), (4.5) e (4.7) sono formulazioni canoniche.

Si noti che il duale del duale è il primale e quindi fra i due problemi c'è una perfetta relazione di simmetria.

Una coppia di problemi primale-duale in forma canonica si presenta quindi come

$$\begin{array}{llll} \min \sum_{j=1}^{n} c_j\, x_j & & \max \sum_{i=1}^{m} y_i\, b_i & \\ \sum_{j=1}^{n} A_{ij}\, x_j \geq b_i & i \in I & \sum_{i=1}^{m} y_i\, A_{ij} \leq c_j & j \in J \\ x_j \geq 0 & j \in J & y_i \geq 0 & i \in I \end{array} \qquad (4.12)$$

(dove $I = \{1, \ldots, m\}$ e $J = \{1, \ldots, n\}$) oppure in sintetica notazione matriciale

$$\begin{array}{ll} \min\ c\,x & \max\ y\,b \\ A\,x \geq b & y\,A \leq c \\ x \geq 0 & y \geq 0 \end{array}$$

dove c e y sono vettori riga, mentre b e x sono vettori colonna. L'eguaglianza dei valori ottimi riscontrata nei due esempi, cosiddetto principio di *dualità forte*, è un fatto generale dimostrato in Appendice.

Si può estendere facilmente la definizione di problema duale anche al caso di vincoli di eguaglianza o di variabili libere (cioè senza il vincolo di non negatività). Infatti un problema definito da

$$\begin{array}{l} \min\ c\,x \\ A\,x = b \\ x \geq 0 \end{array} \qquad (4.13)$$

può essere riscritto come

$$\begin{array}{lrl} \min & c\,x & \\ & A\,x \geq & b \\ & -A\,x \geq & -b \\ & x \geq 0 & \end{array}$$

A questo punto il problema è nella forma (4.12) e il suo duale è

$$\begin{array}{lcl} \max\ y^+\,b - y^-\,b & & \max\ (y^+ - y^-)\,b \\ y^+\,A - y^-\,A \leq c & \Longrightarrow & (y^+ - y^-)\,A \leq c \\ y^+ \geq 0,\ y^- \geq 0 & & y^+ \geq 0,\ y^- \geq 0 \end{array} \qquad (4.14)$$

Ora si noti che in (4.14) le variabili duali compaiono sempre, sia nei vincoli che nell'obiettivo, come differenza $(y_i^+ - y_i^-)$. Quindi data una soluzione ammissibile (y_i^+, y_i^-), le soluzioni del tipo $(y_i^+ + K, y_i^- + K)$, con $K \geq -\min\{y_i^+, y_i^-\}$, sono tutte equivalenti fra loro sia nel valore della funzione obiettivo sia nel valore dei vincoli.

Conviene allora definire come problema duale di (4.13) direttamente il seguente problema, dove la variabile y è legata a (y_i^+, y_i^-) da $y := y^+ - y^-$, ovviamente svincolata nel segno,

$$\begin{aligned} \max\; & y\,b \\ & y\,A \le c \end{aligned} \tag{4.15}$$

Anche per la coppia (4.13)-(4.15) vale ovviamente l'eguaglianza dei valori ottimi, purché i problemi siano ammissibili.

In generale, se sono presenti sia disequazioni che equazioni, per costruire il duale è utile preliminarmente convertire tutte le disequazioni nella forma $\le$ se l'obiettivo è un massimo oppure nella forma $\ge$ se l'obiettivo è un minimo, semplicemente moltiplicando per -1 la disequazione. Poi si costruisce il duale trasponendo la matrice e scambiando i coefficienti dei vincoli e dell'obiettivo. Le variabili duali sono in corrispondenza biunivoca con i vincoli di equazione e/o disequazione primali, mentre le variabili primali sono in corrispondenza biunivoca con i vincoli di equazione e/o disequazione duali. Inoltre le disequazioni sono associate a variabili non negative e le equazioni a variabili libere.

Esempio 4.1.

Sia dato il problema :

$$\begin{aligned} \min\quad & 2\,x_1 - 5\,x_2 + x_3 \\ & -x_1 + 4\,x_2 - 2\,x_3 \ge 1 \\ & 2\,x_1 + x_2 \le 5 \\ & x_2 + x_3 = 8 \\ & x_1 \ge 0 \qquad x_3 \ge 0 \end{aligned}$$

Preliminarmente si moltiplichi la seconda disequazione per -1 per trasformare il problema in forma canonica:

$$\begin{aligned} \min\quad & 2\,x_1 - 5\,x_2 + x_3 \\ & -x_1 + 4\,x_2 - 2\,x_3 \ge 1 \\ & -2\,x_1 - x_2 \ge -5 \\ & x_2 + x_3 = 8 \\ & x_1 \ge 0 \qquad x_3 \ge 0 \end{aligned}$$

A questo punto si costruisce il duale

$$\begin{aligned} \max\quad & y_1 - 5\,y_2 + 8\,y_3 \\ & -y_1 - 2\,y_2 \le 2 \\ & 4\,y_1 - y_2 + y_3 = -5 \\ & -2\,y_1 + y_3 \le 1 \\ & y_1 \ge 0 \quad y_2 \ge 0 \end{aligned}$$

∎

4.6 Dualità e sensibilità

Sfruttando la dualità forte è possibile caratterizzare ulteriormente le variabili duali. Si supponga di variare i valori b in $b + \Delta b$. Quindi abbiamo la seguente coppia primale-duale

$$\begin{array}{ll} \min\ c\,x & \max\ y\,(b + \Delta b) \\ A\,x \geq b + \Delta b & y\,A \leq c \\ x \geq 0 & y \geq 0 \end{array} \tag{4.16}$$

Siano (x^1, y^1) e (x^2, y^2) i valori ottimi di (4.12) e (4.16) rispettivamente. Per la dualità forte si ha $c\,x^1 = y^1\,b$ e $c\,x^2 = y^2\,(b + \Delta b)$. Siamo ora interessati a valutare l'effetto della variazione Δb sulla variazione di valore ottimo $c\,x^2 - c\,x^1$. Si noti che l'insieme ammissibile duale non viene modificato da Δb.

Si supponga che l'ottimo duale y^1 sia unico. Questo significa che piccole variazioni Δb non alterano l'ottimalità di y^1. Quindi se Δb è sufficientemente piccolo si ha $y^1 = y^2$, da cui

$$c\,x^2 - c\,x^1 = y^2\,(b + \Delta b) - y^1\,b = y^1\,(b + \Delta b) - y^1\,b = y^1\,\Delta b$$

Quindi, indicando con $f(b)$ il valore ottimo di (4.16) in funzione di b si ha (ponendo $\Delta b_j := 0$ per ogni $j \neq i$ e facendo tendere Δb_i a 0)

$$y_i = \frac{\partial f(b)}{\partial b_i}$$

ovvero *la variabile duale ottima misura la variazione del valore ottimo rispetto alla variazione del vincolo.*

Questa interpretazione della variabile duale ne rafforza il significato di prezzo se l'obiettivo è di natura monetaria. Con riferimento all'esempio (4.5), si vede che la variabile duale misura l'aumento di profitto rispetto ad una variazione nella disponibilità delle risorse e quindi ne valuta il prezzo rispetto alla loro capacità di produrre profitto.

Analogamente, con riferimento all'esempio (4.7), la variabile duale misura l'aumento di costo di fronte ad un aumento della domanda esterna, e quindi il prezzo che viene determinato dalla variabile duale è il prezzo dovuto al maggior costo del processo produttivo.

In entrambi i casi si tratta quindi di prezzi determinati intrinsecamente al processo produttivo, piuttosto che all'equilibrio fra domanda e offerta.

Il fatto importante che si deve notare è che, almeno nei limiti di un modello di produzione altamente semplificato e nelle ipotesi di flessibilità sottolineate precedentemente, il prezzo di un bene o di una risorsa determinato intrinsecamente dal processo produttivo è uguale a quello determinato dall'equilibrio fra domanda e offerta.

Se invece gli ottimi duali in (4.12) sono più d'uno, si può solo affermare che in caso di aumento di b_i il valore ottimo può peggiorare più di quanto indicato da y_i e in caso di diminuzione di b_i il valore ottimo può migliorare meno di quanto indicato da y_i (si veda la dimostrazione in Appendice). In altre parole la variabile duale ottima dà un'indicazione ottimistica della variazione del valore ottimo. Quindi la non unicità dell'ottimo duale si presenta come un caso critico che porta ad una diminuzione dell'informazione efficace che proviene dalla variabile duale.

È naturale a questo punto chiedersi se c'è un modo di sapere se l'ottimo duale, ma anche l'ottimo primale, calcolato da un algoritmo è unico oppure no. Si può rispondere a questa domanda sfruttando una importante relazione, detta di *complementarità.*

4.7 Complementarità

La complementarità[1] è una relazione che lega le soluzioni ottime primali e duali. In particolare lega una variabile ottima primale con il corrispondente vincolo duale e una variabile ottima duale con il corrispondente vincolo primale. In ottimalità (e solo in ottimalità) deve avvenire che una variabile ottima è nulla oppure il vincolo corrispondente è attivo (oppure ancora sono vere entrambe le affermazioni) e questo deve essere vero per tutte le coppie variabile-vincolo. Questa proprietà viene appunto detta di complementarità.

Se la complementarità è soddisfatta per tutte le coppie variabile-vincolo, questo fatto costituisce una prova di ottimalità sia per le variabili primali che per quelle duali. Se la complementarità non è soddisfatta, anche per solo una coppia variabile-vincolo, allora il fatto costituisce una prova di non ottimalità per la coppia di problemi primale-duale. Può però avvenire che, ad esempio, la variabile primale sia ottima e la duale non lo sia, e in questo caso la complementarità non è soddisfatta.

Da quanto detto, risolvere un problema di PL, significa normalmente risolvere contemporaneamente sia il primale che il duale.

Spesso la complementarità viene enunciata solo rispetto a variabili. A questo scopo si riscrive (4.12) introducendo delle variabili, cosiddette *di scarto* (*slack*), definite da

$$s_i := \sum_{j=1}^{n} A_{ij}\, x_j - b_i, \quad i \in [m], \qquad t_j := c_j - \sum_{i=1}^{m} y_i\, A_{ij}, \quad j \in [n] \quad (4.17)$$

[1] Sia consentita una digressione lessicale. Si sente e si legge spesso il termine 'complementarietà'. È un termine non corretto. Nell'edizione 2009 del vocabolario Zingarelli viene riportato come 'da evitare'. In altri vocabolari non viene nemmeno riportato. Il sostantivo deriva dall'aggettivo 'complementare'. Tutti gli aggettivi terminanti in 'are' o 'ale' si trasformano in sostantivi terminanti in 'arità' o 'alità', eg 'singolare', 'regolare', 'disciplinare', 'speciale', 'normale'. Quelli terminanti in 'ario' portano al suffisso 'arietà', eg 'vario', 'unitario'. C'è un termine che sembra un'eccezione: 'solidarietà', che deriva da un obsoleto 'solidario', sostituito però nell'uso comune da 'solidale'. Forse è la forte influenza di questo termine a generare l'uso di 'complementarietà', che, ancora per il momento, è errato.

per cui (4.12) può essere riscritto come

$$\begin{array}{lcl} \min\, c\,x & & \max\, y\,b \\ A\,x - s = b & \Longleftrightarrow & y\,A + t = c \\ x \geq 0,\; s \geq 0 & & y \geq 0,\; t \geq 0 \end{array}$$

portando tutti i vincoli di non negatività sulle variabili. Allora la proprietà di complementarità può essere enunciata nel seguente modo: una soluzione $(\hat{x}, \hat{s}, \hat{y}, \hat{t})$ è ottima se e solo se è ammissibile e vale

$$\hat{t}_j\,\hat{x}_j = 0, \quad j \in [n], \qquad \hat{y}_i\,\hat{s}_i = 0, \quad i \in [m] \tag{4.18}$$

Si noti che l'ottimalità può essere espressa tramite le $m + n$ equazioni lineari (4.17) e le $m + n$ equazioni non lineari (4.18), più il vincolo di non negatività. I metodi ai punti interni per la soluzione di un problema di PL risolvono l'insieme di $2\,(m+n)$ equazioni in $2\,(m+n)$ variabili con il metodo di Newton. Sono richiesti degli accorgimenti per assicurare la non negatività di tutte le variabili. A questo scopo si trasformano le equazioni (4.18) in

$$\hat{t}_j\,\hat{x}_j = \tau, \quad j \in [n], \qquad \hat{y}_i\,\hat{s}_i = \tau, \quad i \in [m]$$

per un valore di $\tau > 0$ sufficientemente elevato, in modo da ottenere soluzioni positive. Poi si decresce τ fino a portarlo a zero. Le soluzioni ottenute generano una traiettoria, in funzione di τ, che tende agli ottimi. Su questo metodo si ritornerà brevemente a pag. 505. Per un approfondimento si veda [225].

La dimostrazione della complementarità si trova in Appendice. Si noti che un altro modo di enunciare la complementarità è il seguente: se in ottimalità $x_j > 0$ allora $t_j = 0$ (cioè il corrispondente vincolo deve essere attivo), se $t_j > 0$ (cioè un vincolo non è attivo) allora $x_j = 0$ (cioè la corrispondente variabile deve essere nulla), analogamente se $y_i > 0$ allora $s_i = 0$ e se $s_i > 0$ allora $y_i = 0$.

La degenerazione è strettamente collegata con la complementarità. Infatti si può dimostrare che la degenerazione corrisponde ad avere sia $x_j = 0$ che $t_j = 0$ per qualche indice j (oppure $y_i = 0$ e $s_i = 0$ per qualche indice i). Inoltre la degenerazione in un problema (primale o duale) si riflette nella non unicità dell'ottimo (duale o primale). Quindi se la complementarità è soddisfatta in modo regolare le soluzioni ottime sono uniche.

Le variabili di scarto dei vincoli duali t prendono comunemente il nome di *costi ridotti*. Il termine deriva dal fatto che ogni t_j definito come $c_j - \sum_{i=1}^m y_i\,A_{ij}$ è dato dal costo c_j ridotto della quantità $\sum_{i=1}^m y_i\,A_{ij}$. Se ci chiediamo quanto costa aumentare di ε il valore di una variabile ottima $\hat{x}_j = 0$, la risposta *non* è $c_j\,\varepsilon$, come potrebbe sembrare a prima vista. Infatti una variazione della variabile x_j non lascia inalterate le altre variabili, che variano in modo da mantenere l'ottimalità. Non è difficile vedere (si lascia questa prova come facile esercizio sulla dualità e la complementarità imponendo il vincolo aggiuntivo $x_j \geq \varepsilon$) che il costo aumenta esattamente di $\hat{t}_j\,\varepsilon$.

Esempio 4.2.

Per illustrare le relazioni di complementarità si riconsideri l'Esempio 4.1:

$$\begin{array}{lrcl}\min & 2\,x_1 - 5\,x_2 + \ x_3 & & \\ & -\,x_1 + 4\,x_2 - 2\,x_3 & \geq & 1 \\ & -\,2\,x_1 - \ x_2 \qquad & \geq & -\,5 \\ & x_2 + \ x_3 & = & 8 \\ & x_1 \geq 0 \qquad x_3 \geq 0 & & \end{array}$$

con duale

$$\begin{array}{lrcl}\max & y_1 - 5\,y_2 + 8\,y_3 & & \\ & -\,y_1 - 2\,y_2 \qquad & \leq & 2 \\ & 4\,y_1 - \ y_2 + \ y_3 & = & -\,5 \\ & -\,2\,y_1 \qquad + \ y_3 & \leq & 1 \\ & y_1 \geq 0 \quad y_2 \geq 0 & & \end{array}$$

Il primale può essere risolto per via grafica, sfruttando l'equazione $x_2 + x_3 = 8$ e il fatto che la variabile x_2 è libera. Infatti, operando la sostituzione $x_2 = 8 - x_3$ e non dovendo preoccuparci del segno di x_2, il primale diventa:

$$\begin{array}{lrcl}\min & 2\,x_1 - 5\,(8 - x_3) + \ x_3 & & \\ & -\,x_1 + 4\,(8 - x_3) - 2\,x_3 & \geq & 1 \\ & -\,2\,x_1 - \ (8 - x_3) \qquad & \geq & -\,5 \\ & x_1 \geq 0 \quad x_3 \geq 0 & & \end{array} \implies \begin{array}{lrcl}\min & 2\,x_1 + 6\,x_3 & & \\ & x_1 + 6\,x_3 & \leq & 31 \\ & -\,2\,x_1 + \ x_3 & \geq & 3 \\ & x_1 \geq 0 \quad x_3 \geq 0 & & \end{array}$$

Si noti che modificare di una costante additiva la funzione obiettivo non altera il problema. L'insieme ammissibile primale è il triangolo in Fig. 4.3.

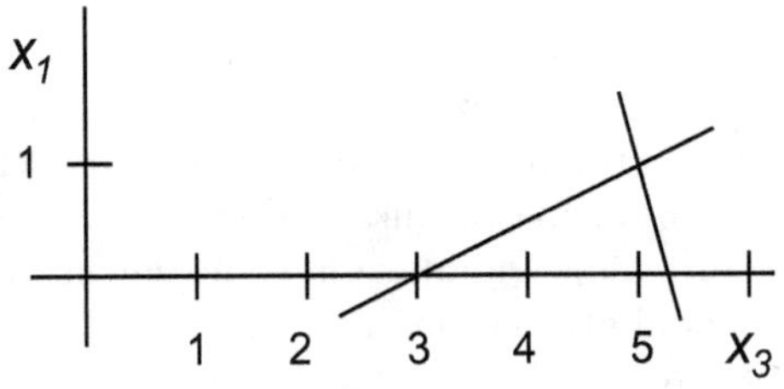

Figura 4.3.

Considerati i coefficienti della funzione obiettivo, il vertice ottimo è $\hat{x}_1 = 0$, $\hat{x}_3 = 3$, da cui $\hat{x}_2 = 8 - 3 = 5$. Anche il problema duale potrebbe essere risolto in modo analogo. Tuttavia possiamo più agevolmente sfruttare le relazioni di complementarità. L'informazione che abbiamo finora è che $\hat{x}_3 > 0$, che implica $-2\,y_1 + y_3 = 1$ (vincolo corrispondente). La variabile x_1 è già nulla e quindi non ricaviamo informazione utile sul vincolo corrispondente. Analogamente x_2 è svincolata e il vincolo corrispondente deve sempre valere come equazione, e quindi non ricaviamo informazione aggiuntiva. Dobbiamo adesso esaminare i vincoli primali. Il vincolo $x_1 + 6\,x_3 \leq 31$, ovvero $-x_1 + 4\,x_2 - 2\,x_3 \geq 1$ non è attivo in $\hat{x}$, quindi la variabile corrispondente $\hat{y}_1$ deve essere nulla. Il vincolo $-2\,x_1 - x_2 \geq -5$ è invece attivo e non dà quindi informazione utile su $\hat{y}_2$. Il vincolo $x_2 + x_3 = 84$ deve essere sempre attivo e quindi non dà informazione utile su $\hat{y}_3$.

Abbiamo comunque stabilito un numero sufficiente di relazioni per calcolare l'ottimo duale. Infatti da

$$-2\,y_1 + y_3 = 1, \quad y_1 = 0, \quad 4\,y_1 - y_2 + y_3 = -5$$

possiamo calcolare $\hat{y}_1 = 0$, $\hat{y}_3 = 1$, $\hat{y}_2 = 6$. Dobbiamo ancora verificare se questa soluzione è ammissibile: la non negatività di y_1 e y_2 è rispettata e si può verificare che le disequazioni duali sono anche rispettate. Quindi si tratta dell'ottimo duale. Indirettamente abbiamo anche la conferma che il calcolo dell'ottimo primale è stato corretto.

Può essere utile vedere all'opera le relazioni di complementarità in punti non ottimi. Supponiamo allora di avere individuato, sbagliando, l'ottimo primale nel vertice $\hat{x}_1 = 1$, $\hat{x}_3 = 5$. Entrambe le variabili sono maggiori di zero quindi i vincoli corrispondenti devono essere attivi. Quindi le variabili duali ottime andrebbero calcolate da

$$-y_1 - 2\,y_2 = 2, \quad -2\,y_1 + y_3 = 1, \quad 4\,y_1 - y_2 + y_3 = -5$$

Risolvendo si ottiene

$$y_1 = -\frac{14}{13}, \quad y_2 = -\frac{6}{13}, \quad y_3 = -\frac{15}{13}$$

e, come si vede, y_1 e y_2 sono negative e non ammissibili. La complementarità non è soddisfatta e quindi il punto non può essere ottimo. Per esercizio si risolva il duale in modo analogo a come è stato risolto il primale e poi si risolva il primale sfruttando la complementarità. ∎

Esercizio 4.3.

In questo esercizio si formula un modello di produzione in cui compaiono sia profitti che costi. A questo scopo sia z un vettore che indica i livelli delle varie attività di cui consiste la produzione. Ogni attività dà luogo a prodotti da vendere e richiede risorse da comprare. Sia y il vettore dei prodotti e x il vettore delle risorse. Supponiamo che il legame fra le attività e i prodotti e le risorse sia di tipo lineare, ovvero:

$$y = A\,z, \qquad x = B\,z.$$

Quindi sia prodotti che risorse vengono determinati da somme pesate di attività. Più specificatamente, il livello unitario dell'attività j dà luogo al vettore A^j di prodotti (con A^j colonna j-ma di A) e richiede il vettore B^j di risorse.

I prodotti sono venduti ai prezzi di mercato p e le risorse sono comprate ai prezzi di mercato c. Inoltre sia prodotti che risorse sono limitati superiormente da vettori b e d rispettivamente. Il significato di queste limitazioni è che non conviene produrre più di b perché c'è il rischio di non riuscire a vendere e non conviene richiedere più di d risorse perché c'è il rischio di non riuscire a reperirle. Il problema può essere modellato come:

$$\begin{aligned} \max \quad & p\,y - c\,x \\ & y \qquad\quad - A\,z = 0 \\ & \quad - \; x + B\,z = 0 \\ & y \qquad\qquad\quad \le b \\ & \qquad x \qquad\quad \le d \\ & y \ge 0, x \ge 0, z \ge 0 \end{aligned}$$

Si verifichi che il duale è

$$\begin{aligned} \min \quad & v\,b + w\,d \\ & u^y \qquad\quad + v \qquad \ge p \\ & \qquad u^x \qquad - w \quad \le c \\ & -u^y A + u^x B \qquad \ge 0 \\ & v \ge 0, w \ge 0 \end{aligned}$$

e si verifichi anche che, in base alla complementarità, si deve avere

$$0 < x_i < d_i \implies u_i^x = c_i, \qquad 0 < y_i < b_i \implies u_i^y = p_i$$

$$0 < x_i = d_i \implies u_i^x = c_i + w_i \ge c_i, \qquad 0 = x_i < d_i \implies u_i^x \le c_i$$

$$0 < y_i = b_i \implies u_i^y = p_i - v_i \le p_i, \qquad 0 = y_i < b_i \implies u_i^y \ge p_i$$

$$z_j > 0 \implies u^y A^j = u^x B^j$$

Si discutano le relazioni fra i prezzi di mercato p_i e i prezzi ombra u_i^y dei prodotti e le relazioni fra i prezzi di mercato c_i e i prezzi ombra u_i^x delle risorse nelle varie ipotesi.

Alternativamente si sostituiscano i vincoli $y \le b$ e $x \le d$ con un vincolo sui livelli di attività $z \le f$. Se il precedente vincolo era esogeno, perché riguardava una limitazione esterna dovuta al mercato, il nuovo vincolo è invece endogeno, perché riflette limitazioni del processo produttivo stesso (ad es. ore lavorative, macchine disponibili). Ora le variabili duali sono u^x, u^y (come prima) e u^z relativa ai vincoli $z \le f$. Anche in questo caso di discutano le varie relazioni fra i prezzi ombra e i dati del problema. ∎

4.8 Appendice

Caratterizzazione dei vertici di un poliedro

Sia $\hat{x}$ un vertice del poliedro in $\mathbb{R}^n$ definito da $A\,x \geq b$. Si dividano le diseguaglianze in attive e non attive nel punto $\hat{x}$:

$$A_0\,\hat{x} = b_0$$
$$A_1\,\hat{x} > b_1$$

Siano z e y due punti del poliedro e sia $\hat{x} = \alpha\,z + (1-\alpha)\,y$ con $0 < \alpha < 1$. Allora $A_0\,z \geq b_0$ e $A_0\,y \geq b_0$ per l'ammissibilità. Quindi

$$b_0 = A_0\,\hat{x} = A_0\,(\alpha\,z + (1-\alpha)\,y) = \alpha\,A_0\,z + (1-\alpha)\,A_0\,y \geq \alpha\,b_0 + (1-\alpha)\,b_0 = b_0$$

da cui

$$A_0\,z = b_0, \qquad A_0\,y = b_0$$

Siccome in A_0 ci sono almeno n diseguaglianze attive linearmente indipendenti, si deduce che z e y non possono essere diversi da $\hat{x}$.

Dimostrazione della dualità forte

Per dimostrare la proprietà di dualità forte nella PL, bisogna dimostrare due teoremi preliminari. Il primo è un teorema di separazione. Si usa dire che un piano separa due insiemi se i due insiemi si trovano uno da una parte e uno dall'altra del piano. Il concetto di separazione è molto importante sia teoricamente che praticamente. Per quel che riguarda le applicazioni pratiche si rinvia alla Sez. 23.3. Dal punto di vista teorico vi sono molti risultati che si possono derivare dall'esistenza di un piano separatore. In questa sede sfruttiamo la possibilità di separare un insieme convesso da un punto non appartenente all'insieme.

Lemma 4.4. *(Teorema di Separazione) Sia $K \subset \mathbb{R}^n$ convesso chiuso, $d \notin K$, allora esiste $a \in \mathbb{R}^n$ tale che $a\,d > \sup_{x \in K} a\,x$.*

Dimostrazione: In base al teorema di Weierstrass esiste $x_0 \in K$ di distanza minima da d ovvero $\|x_0 - d\| \leq \|x - d\|$, $\forall x \in K$. In base all'ipotesi $\|x_0 - d\| > 0$. Sia $x \in K$. Per la convessità di K, $\alpha\,x + (1-\alpha)\,x_0 \in K$, con $0 < \alpha \leq 1$, e quindi $\|\alpha\,x + (1-\alpha)\,x_0 - d\|^2 = \|x_0 - d + \alpha\,(x - x_0)\|^2 \geq \|x_0 - d\|^2$ per la minimalità di $\|x_0 - d\|$, ovvero

$$(x_0 - d + \alpha\,(x - x_0))\,(x_0 - d + \alpha\,(x - x_0)) \geq (x_0 - d)\,(x_0 - d)$$
$$\|x_0 - d\|^2 + \alpha^2\,\|x - x_0\|^2 + 2\alpha\,(x_0 - d)\,(x - x_0) \geq \|x_0 - d\|^2$$

da cui dividendo per $\alpha > 0$ si ottiene

$$\alpha\,\|x - x_0\|^2 + 2\,(x_0 - d)\,((x - d) - (x_0 - d)) \geq 0$$
$$\|x_0 - d\|^2 - (x_0 - d)\,(x - d) \leq \frac{\alpha}{2}\,\|x - x_0\|^2 \qquad \forall\, 0 < \alpha < 1$$

e siccome α è arbitrario si ha $\|x_0 - d\|^2 - (x_0 - d)\,(x - d) \leq 0$ cioè $(x_0 - d)\,(x - d) \geq \|x_0 - d\|^2 > 0$, $x \in K$. Si ponga $a := -(x_0 - d)$. Si ha quindi

$$a\,x \leq a\,d - \|x_0 - d\|^2, \quad x \in K$$

ovvero la tesi. ∎

Il secondo teorema, dimostrato a partire dal precedente, è il celebre lemma di Farkas [70], che può essere considerato il progenitore della PL. In questo lemma vengono definiti due insiemi in modo tale che un insieme è vuoto se e solo se l'altro non è vuoto.

Lemma 4.5. *(Lemma di Farkas) Siano* $d \in \mathbb{R}^n$ *e* D *matrice* $m \times n$*. Si considerino le due seguenti affermazioni:*
– $A := \{z \in \mathbb{R}^n : d\,z > 0,\ D\,z \leq 0,\ z \geq 0\} = \emptyset$
– $B := \{w \in \mathbb{R}^m : d \leq w\,D,\ w \geq 0\} = \emptyset$
Una qualsiasi delle due affermazioni è vera se e solo se l'altra è falsa.

Dimostrazione: Dimostriamo dapprima che A e B non possono essere entrambi ammissibili. Esistano $z \in A$ e $w \in B$. Allora da $D\,z \leq 0$ e $w \geq 0$ si ha $w\,D\,z \leq 0$ e da $z \geq 0$ e $d \leq w\,D$ si ha $d\,z \leq w\,D\,z$. Dalle due diseguaglianze si ha $d\,z \leq 0$ che contraddice $d\,z > 0$ nella definizione di A.
Si assuma ora che B sia vuoto. Si definisca il seguente cono in $\mathbb{R}^n$:

$$K := \bigcup_{w \geq 0} \{y : y \leq w\,D\}$$

K può anche essere definito come $K = C - \mathbb{R}^n_+$ dove C è il cono $\bigcup_{w \geq 0} \{y : y = w\,D\}$. L'insieme B è allora vuoto se e soltanto se $d \notin K$. Se $d \notin K$, essendo K convesso e chiuso, il teorema di Separazione garantisce l'esistenza di un piano che separa strettamente d da K, ovvero esiste $a \in \mathbb{R}^n$ tale che

$$d\,a > y\,a, \qquad y \in K. \tag{4.19}$$

Siccome K è un cono, $y\,a \leq 0$, per ogni $y \in K$. Infatti se fosse $\bar{y}\,a > 0$ per un certo $\bar{y} \in K$, dato che $\alpha\,\bar{y} \in K$ per qualsiasi $\alpha \geq 0$, esisterebbe un valore α per cui $d\,a < \alpha\,\bar{y}\,a$ contrariamente a (4.19). Inoltre $0 \in K$, da cui

$$d\,a > 0, \qquad y\,a \leq 0, \quad y \in K.$$

Si noti che $D^i \in K$, per ogni i, con D^i riga i-ma di D (basta prendere $w = e_i$ nella definizione di K, con e_i il vettore di componenti tutte nulle tranne la i-ma di valore 1). Quindi $y\,a \leq 0$, per ogni $y \in K$, implica $D\,a \leq 0$. Inoltre per ogni $y \in K$ anche $y - \alpha\,e_i \in K$, con $\alpha \geq 0$ arbitrario, e questo implica $a \geq 0$. Si è quindi trovato un vettore a tale che

$$d\,a > 0, \qquad D\,a \leq 0, \qquad a \geq 0,$$

ovvero $a \in A$ e quindi A non può essere vuoto. ∎

Possiamo ora applicare il lemma di Farkas alla PL. Prima però dimostriamo il seguente semplice risultato, in cui si afferma che la funzione obiettivo del problema duale è sempre limitata superiormente dalla funzione obiettivo del problema primale.

Lemma 4.6. *Siano* x *e* y *ammissibili in (4.12). Allora* $c\,x \geq y\,b$*.*

Dimostrazione: Da $y \geq 0$ e $A\,x - b \geq 0$ si ha $y\,(A\,x - b) \geq 0$, cioè $y\,A\,x \geq y\,b$. Analogamente da $x \geq 0$ e $y\,A - c \leq 0$ si ha $(y\,A - c)\,x \leq 0$, cioè $y\,A\,x \leq c\,x$. Dalle due diseguaglianze si ottiene la tesi. ∎

Con il seguente teorema si dimostra che in ottimalità $c\,x = y\,b$. Per poter applicare il lemma di Farkas bisogna riscrivere il problema di PL in una forma equivalente, adatta al lemma.

Teorema 4.7. *Esistano soluzioni ammissibili sia nel primale che nel duale in (4.12). Allora esistono gli ottimi in entrambi i problemi e i valori ottimi coincidono.*

Dimostrazione: Il lemma 4.6 e l'ipotesi di esistenza di soluzioni ammissibili implicano che i problemi primale e duale non possono essere illimitati. Si riscrivano i vincoli (4.12) come

$$\begin{pmatrix} 0 & A^\top & -c^\top \\ -A & 0 & b \end{pmatrix} \begin{pmatrix} x \\ y^\top \\ 1 \end{pmatrix} \leq 0, \quad (x, y) \geq 0 \tag{4.20}$$

Si consideri l'insieme ammissibile definito da

$$\begin{pmatrix} 0 & A^\top & -c^\top \\ -A & 0 & b \end{pmatrix} \begin{pmatrix} x \\ y^\top \\ t \end{pmatrix} \leq 0, \quad (x, y, t) \geq 0 \tag{4.21}$$

Vogliamo dimostrare che per ogni soluzione $\bar{z} := (\bar{x}, \bar{y}, \bar{t})$ ammissibile in (4.21) si ha $\bar{y}\,b \leq c\,\bar{x}$. Si considerino i due casi $\bar{t} = 0$ e $\bar{t} > 0$. Se $\bar{t} = 0$ allora (4.21) implica $A\,\bar{x} \geq 0$ e $\bar{y}\,A \leq 0$. Siano $\hat{x}$ e $\hat{y}$ soluzioni ammissibili in (4.20) (la cui esistenza si assume per ipotesi). Allora le soluzioni $\hat{x} + \alpha\,\bar{x}$ e $\hat{y} + \alpha\,\bar{y}$ sono ammissibili in (4.20) per ogni $\alpha \geq 0$. Dal fatto che non esistono soluzioni illimitate deve essere $c\,\bar{x} \geq 0$ e $\bar{y}\,b \leq 0$, quindi $\bar{y}\,b \leq c\,\bar{x}$. Se $\bar{t} > 0$ allora $(\bar{x}/\bar{t}, \bar{y}/\bar{t})$ è ammissibile in (4.20) e quindi, applicando il lemma 4.6 si ha $(c\,\bar{x}/\bar{t} \geq \bar{y}\,b/\bar{t})$ cioè $\bar{y}\,b \leq c\,\bar{x}$.

Allora il seguente insieme è vuoto.

$$\begin{pmatrix} -c & b^\top & 0 \end{pmatrix} \begin{pmatrix} x \\ y^\top \\ t \end{pmatrix} > 0, \quad \begin{pmatrix} 0 & A^\top & -c^\top \\ -A & 0 & b \end{pmatrix} \begin{pmatrix} x \\ y^\top \\ t \end{pmatrix} \leq 0, \quad (x, y, t) \geq 0 \tag{4.22}$$

In base al lemma di Farkas non è vuoto l'insieme

$$\begin{pmatrix} -c & b^\top & 0 \end{pmatrix} \leq \begin{pmatrix} \xi^\top & \eta \end{pmatrix} \begin{pmatrix} 0 & A^\top & -c^\top \\ -A & 0 & b \end{pmatrix}, \qquad w := (\xi, \eta) \geq 0$$

ovvero

$$A\,\xi \geq b, \quad \xi \geq 0, \qquad \eta\,A \leq c, \quad \eta \geq 0, \qquad \eta\,b \geq c\,\xi$$

Da cui ξ e η sono soluzioni ammissibili primale e duale rispettivamente. Inoltre la condizione $\eta\,b \geq c\,\xi$ unita alla condizione $\eta\,b \leq c\,\xi$ (dal lemma 4.6) implica $\eta\,b = c\,\xi$ e quindi l'ottimalità di ξ e η. ∎

Teorema 4.8. *(Complementarità)*

$$(\hat{x}, \hat{s}, \hat{y}, \hat{t}) \;\; \textit{ottimo} \quad \Longleftrightarrow \quad \begin{array}{l} (\hat{x}, \hat{s}, \hat{y}, \hat{t}) \;\; \textit{ammissibile} \\ \hat{t}_j\,\hat{x}_j = 0 \quad \forall j \\ \hat{y}_i\,\hat{s}_i = 0 \quad \forall i \end{array}$$

Dimostrazione: ($\Longleftarrow$) $\hat{t}_j\,\hat{x}_j$, $\forall j$, implica $\hat{t}\,\hat{x} = 0$ cioè $(c - \hat{y}\,A)\,\hat{x} = 0$, $c\,\hat{x} = \hat{y}\,A\,\hat{x}$. Analogamente $\hat{y}_i\,\hat{s}_i$, $\forall i$, implica $\hat{y}\,\hat{s} = 0$, cioè $\hat{y}\,(A\,\hat{x} - b) = 0$, $\hat{y}\,A\,\hat{x} = \hat{y}\,b$. Quindi $c\,\hat{x} = \hat{y}\,b$ da cui l'ottimalità.

($\Longrightarrow$) L'ottimalità implica $c\,\hat{x} = \hat{y}\,b$. Da $A\,\hat{x} - I\,\hat{s} = b$, premoltiplicando per $\hat{y}$ si ha $\hat{y}\,A\,\hat{x} - \hat{y}\,\hat{s} = \hat{y}\,b$. Da $\hat{y}\,A + \hat{t}\,I = c$, postmoltiplicando per $\hat{x}$ si ha $\hat{y}\,A\,\hat{x} + \hat{t}\,\hat{x} = c\,\hat{x}$. Dalle due relazioni si ha $\hat{t}\,\hat{x} + \hat{y}\,\hat{s} = 0$. Trattandosi di vettori non negativi l'eguaglianza è verificata soltanto se ogni singolo termine della sommatoria è nullo, da cui la tesi. ∎

Non unicità delle variabili duali ottime

Consideriamo ora il significato delle variabili ottime duali se queste non sono uniche (pag. 67). In questo caso l'ottimo di (4.16) è incluso fra quelli di (4.12) (per valori di Δb sufficientemente piccoli). Allora il ragionamento può essere ripetuto con riferimento ad un particolare ottimo duale di (4.12). Possiamo pertanto affermare che *esiste una variabile duale ottima che misura la variazione del valore ottimo rispetto a variazioni dei vincoli.* Per capire quale sia questa variabile duale ottima si ragioni prendendo in esame un ottimo duale generico di (4.12). Quindi in questo caso non assumiamo $y^1 = y^2$ e si ha

$$c\,x^2 - c\,x^1 = y^2\,(b + \Delta b) - y^1\,b \geq y^1\,(b + \Delta b) - y^1\,b = y^1\,\Delta b \tag{4.23}$$

(dove la diseguaglianza deriva dall'ottimalità di y^2 in (4.16)) Come nel caso precedente poniamo $\Delta b_j := 0$ per ogni $j \neq i$. Però ora bisogna tener conto del segno di Δb_i a causa della diseguaglianza, per cui, facendo tendere Δb_i a 0 dalla destra ($\Delta b_i > 0$) si ha

$$y_i \leq \frac{\partial f(b)}{\partial b_i}^{+}$$

dove si è indicato con $\partial f(b)^+/\partial b_i$ la derivata destra di $v(b_i)$, mentre, facendo tendere Δb_i a 0 dalla sinistra ($\Delta b_i < 0$) si ha

$$y_i \geq \frac{\partial f(b)}{\partial b_i}^{-}$$

Ovvero la variable duale y_i è compresa fra il valore di derivata sinistra di $f(b_i)$ e quello di derivata destra. Si noti che $f(b)$ è una funzione monotona non decrescente. Quindi la situazione si può illustrare come in Fig. 4.4.

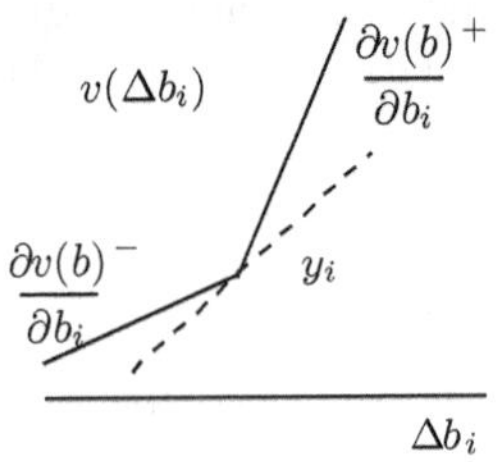

Figura 4.4.

Si noti che il ragionamento è stato applicato ad un problema primale da minimizzare. Se l'obiettivo fosse stato un massimo, allora la funzione $v(b)$ sarebbe concava anziché convessa e sarebbe comunque vero che il miglioramento può essere inferiore a quanto indicato dalla variabile duale, e il peggioramento invece superiore.

Possiamo ancora dire che, siccome le precedenti disequazioni sono soddisfatte come equazioni per almeno una variabile duale ottima (diversa nei due casi) abbiamo

$$\frac{\partial v(b)}{\partial b_i} \Delta b_i = \max \{ y_i \, \Delta b_i : y_i \text{ ottimo duale} \}$$

Questa relazione si può estendere a tutte le variabili duali (ragionando direttamente da (4.23))

$$\lim_{\alpha \downarrow 0} \frac{v(b + \alpha \, \Delta b) - v(b)}{\alpha} = \max \left\{ \sum_i y_i \, \Delta b_i : y \text{ ottimo duale} \right\}$$

Il termine di sinistra è la derivata direzionale di $v(b)$ in direzione Δb. È opportuno tuttavia notare che non sono normalmente disponibili tutti gli ottimi duali, perché gli algoritmi risolutivi di un problema di PL forniscono solo una soluzione ottima.

5

Programmazione lineare Risoluzione di modelli

Sono disponibili molti programmi per risolvere problemi di PL. Alcuni sono commerciali ed altri liberi. Alcuni sono concepiti puramente per risolvere problemi di PL ed altri permettono di risolvere la PL all'interno di programmi generali. Un elenco del software disponibile per la PL aggiornato al 2007 si può reperire al sito [81].

I dati necessari ad identificare un'istanza di PL sono costituiti dalla matrice dei vincoli e dai vettori dei costi e dei termini noti, più alcuni indicatori sul tipo di vincolo ($\leq$, $=$ oppure $\geq$).

Per la natura tabellare dei dati e delle relative operazioni è abbastanza naturale che i fogli elettronici siano anche predisposti a risolvere problemi di PL. Ad esempio Excel è in grado di farlo, purché si sia installato il 'Solver' (che normalmente richiede una installazione ad hoc). I dati da passare ad un foglio elettronico sono in forma di matrice esplicita. Inoltre, usando le varie funzioni, si possono impostare in modo implicito anche vincoli complessi. I fogli elettronici presentano dei limiti naturali nel numero di vincoli e variabili che possono gestire e nella velocità di calcolo, troppo bassa già per problemi di piccola-media grandezza (poche centinaia di variabili e vincoli) e soprattutto per problemi di PL intera.

Inserire i dati direttamente come matrice può essere abbastanza scomodo, specie se la matrice è sparsa (come avviene normalmente, soprattutto quando la matrice è molto grande) ed obbedisce ad una struttura particolare. Per questo motivo sono stati sviluppati programmi che permettono di fornire i dati in forma molto strutturata e poi generano la matrice da passare all'algoritmo risolutore in modo trasparente per l'utente.

Uno di questi programmi è LINGO, disponibile in versioni di potenza crescente. Nella versione 'industrial', che è servita a risolvere la maggior pare dei modelli presenti in questo testo, si possono affrontare problemi di media grandezza, più esattamente fino a 16.000 vincoli, 32.000 variabili e 3.200 variabili intere. Nella versione 'extended' i limiti sono quelli della macchina stessa. La velocità di calcolo di Lingo è abbastanza elevata e per i problemi di PL fornisce la soluzione praticamente in tempo reale. Anticipando argomenti del Cap. 7, facciamo presente che, anche se una velocità di calcolo elevata è benvenuta nella risoluzione di problemi di PL intera, tuttavia può avere un impatto pressoché nullo se il modello è inadeguato.

Uno dei risolutori più potenti è CPLEX, un insieme di librerie scritte in C che gestiscono vari aspetti della risoluzione di un problema di PL. Le librerie vanno chiamate all'interno di programmi in C scritti dall'utente, che, nell'ipotesi minimale, si limitano a scrivere la matrice dei dati. Simile a CPLEX, ma meno potente e con il grande vantaggio di essere disponibile gratuitamente, è il software `glpk`, sviluppato all'interno del mondo `gnu`.

Quando si affrontano problemi reali di una certa complessità è naturale progettare vari moduli di calcolo interagenti fra loro e basati su idee algoritmiche anche molto diverse.

L'ultima versione di Lingo permette anche di costruire dei programmi dichiarativi che al loro interno chiamano vari modelli di PL (o PL intera) all'interno di un comune ambiente di dati e variabili. Ovviamente è possibile fornire la soluzione (primale o duale) di un modello agli altri. Si tratta di un ambiente di sviluppo e calcolo molto efficace, con l'unica limitazione che ognuno dei sottoproblemi deve essere risolto come PL. A dire il vero, dato che l'ambiente è un vero programma dichiarativo, con i consueti controlli del flusso e con le consuete strutture dati, è anche possibile costruirsi algoritmi ad hoc all'interno del programma. La cosa però presenta problemi dato che non è possibile una vera programmazione strutturata.

Se si vuole avere la massima libertà e flessibilità, è indispensabile fare ricorso a risolutori quali CPLEX o `glpk`, che possono essere chiamati più volte all'interno di complessi programmi scritti dall'utente. Tuttavia, siccome la scrittura del relativo codice richiede un grande investimento di tempo, può essere opportuno sviluppare dei prototipi con strumenti di più rapido impiego come Lingo (o simili) e passare poi a CPLEX quando il progetto di tutta la metodologia risolutiva si sia dimostrata sufficientemente affidabile.

In questa sede utilizzeremo Excel e Lingo per illustrare i vari modelli. Inizialmente diamo una breve descrizione di come impostare i calcoli per un piccolo modello. Una volta imparati i primi rudimenti, il lettore è certamente in grado di sviluppare da solo modelli più complicati, per cui in questo testo non si ritornerà più su descrizioni dettagliate e tecniche dell'utilizzo di Excel o di Lingo. In ogni caso i programmi sono disponibili in rete al sito [202].

5.1 Risoluzione di un problema di PL con Excel

Facciamo vedere come risolvere con Excel il problema descritto a pag. 61. Riportiamo i dati con i nomi delle grandezze a cui si riferiscono, ad esempio nel modo indicato in Fig. 5.1.

Le celle B2 e C2 conterranno i numeri di pezzi, che saranno calcolati dal programma. Tuttavia possiamo sempre impostare dei valori iniziali, ad esempio possiamo impostare i valori 10 per il numero di pezzi dell'oggetto 1 e 5

	A	B	C	D	E
1		oggetto 1	oggetto 2		
2	numero pezzi			profitto	
3	prezzi	120	180		
4					
5				ore richieste	ore disponibili
6	ore-macchina 1	15	55		960
7	ore-macchina 2	35	45		960
8	ore-uomo	60	100		1920

Figura 5.1.

per l'oggetto 2. Noti questi valori possiamo far calcolare ad Excel il profitto indicando nella cella D3 la formula

=SUMPRODUCT(B$2:C$2,B3:C3)

che automaticamente esegue il prodotto scalare del vettore dei numeri dei pezzi per il vettore dei prezzi (l'indirizzo della riga 2 deve essere assoluto dato che ora copieremo la formula per le ore richieste in base al numero di pezzi assegnato). Copiando direttamente la cella D3 sulle celle D6:D8, il foglio si presenta come in Fig. 5.2.

	A	B	C	D	E
1		oggetto 1	oggetto 2		
2	numero pezzi	10	5	profitto	
3	prezzi	120	180	2100	
4					
5				ore richieste	ore disponibili
6	ore-macchina 1	15	55	425	960
7	ore-macchina 2	35	45	575	960
8	ore-uomo	60	100	1100	1920

Figura 5.2.

Si tratta ora di far intervenire il Solver, che si trova nel Menù dei Tools. Compare una finestra con la quale si dichiara quale è il valore da massimizzare (o minimizzare), quali sono le variabili e quali sono i vincoli, nonché alcune opzioni dell'ottimizzatore:

- obiettivo: la cella che contiene il valore della funzione obiettivo è nel nostro esempio la cella D3. Quindi bisogna indicare (direttamente 'cliccando' sul foglio) l'indirizzo $D$3 nella finestra 'Set Target Cell' cliccando poi 'max' o 'min' a seconda del caso ('max' nel nostro caso);
- variabili: ci si posiziona nella finestra 'By changing cells' e si selezionano le due celle dei numeri di pezzi. Nella finestra compare l'indirizzo (multiplo) $B$2:$C$2. Si possono anche operare selezioni multiple se ad esempio le variabili non sono necessariamente posizionate nel foglio come vettori o matrici.
- vincoli: si clicca su 'Add' e compare una tripla finestra di dialogo in cui i valori di sinistra sono vincolati rispetto a quelli di destra. Nel nostro caso dobbiamo fare in modo che le ore richieste in base ai numeri dei pezzi siano

non superiori alle ore disponibili. Quindi nella finestra di sinistra selezionamo il vettore di ore richieste, in quella centrale selezionamo l'operatore che ci interessa (nel nostro caso $\leq$) e in quella di destra selezionamo il vettore di ore disponibili. Cliccando 'done' il vincolo è inserito (direttamente per tutte le righe). Resterebbe da inserire il vincolo di non negatività, ma di questo si tiene conto in altro modo;
- opzioni di calcolo: cliccando su 'Options' compare una finestra in cui bisogna selezionare 'Assume Linear Model' e 'Assume Non-Negative'. Poi si clicca 'OK'.

A questo punto ricompare la finestra del Solver. Basta cliccare su 'Solve' e Excel inizia il calcolo, che in questo caso è immediato. I valori dei numeri dei pezzi nella tabella vengono modificati e compaiono i valori ottimi. Excel chiede se si vogliono dei rapporti. Dei tre rapporti il più interessante è quello di sensibilità (Sensitivity Report) che fornisce le variabili duali e le relazioni di complementarità.

Notiamo come non sia necessario indicare una soluzione iniziale necessariamente ammissibile (ad esempo la soluzione nulla sarebbe la scelta naturale). Il sistema risolve il problema indipendentemente dalla soluzione iniziale indicata.

5.2 Risoluzione di un problema di PL con LINGO

Risolviamo lo stesso problema con LINGO. Ogni modello scritto in LINGO consta di tre parti. Nella prima (racchiusa fra i comandi SETS: e ENDSETS) si descrive la struttura del problema. Nella seconda (racchiusa fra i comandi DATA: e ENDDATA) si inseriscono i dati, basandosi sulla struttura appena definita. Nella terza si scrivono i vincoli e l'obiettivo.

L'esempio considera oggetti e risorse. Quindi strutturiamo il problema definendo il tipo di dati oggetti e il tipo di dati risorse, ad esempio nel seguente modo

SETS: ogg/1..2/; ris/1..3/; ENDSETS

Con il precedente comando si specifica che vi sono grandezze associate agli oggetti e che gli oggetti sono 2, e che vi sono grandezze associate alle risorse e che le risorse sono 3. I termini 'ogg' e 'ris' sono una scelta dell'utente. La quantità di grandezze associata ad un tipo viene indicata dall'espressione /1..n/.

Questo non è l'unico modo di introdurre i tipi. Può spesso essere utile dare un nome ad ogni elemento del tipo. Ad esempio la prima e la seconda risorsa sono ore-macchine mentre la terza sono ore-uomo. In questo caso conviene ridefinire il precedente comando come

SETS: ogg/1..2/; ris/macch1 macch2 man/; ENDSETS

Dopo aver introdotto i tipi di grandezze è bene definire quali grandezze entrano in gioco nel problema. Nel nostro caso vi sono prezzi e quantità di oggetti (associati agli oggetti) e quantità di risorse (associate alle risorse). Chiamando 'p' il prezzo, 'x' le quantità di oggetti e 'b' le quantità di risorse, le grandezze vengono inserite nel seguente modo

```
SETS: ogg/1..2/:p,x; ris/macch1 macch2 man/:b; ENDSETS
```

Bisogna ancora definire la matrice. Notiamo che la matrice è una struttura composta definita a partire dalle strutture oggetti e risorse. Diamo il nome 'mat' al tipo matrice e chiamiamo 'a' la grandezza associata al tipo matrice. Il comando viene allora riscritto come

```
SETS: ogg/1..2/:p x; ris/macch1 macch2 man/:b; mat(ris,ogg):a;
ENDSETS
```

A questo punto bisogna inserire i dati. Automaticamente il programma capirà che le grandezze non definite come dati sono variabili e passerà a formulare il modello. Si noti che i dati di una matrice vengono inseriti per righe.

```
DATA: p=120 180; b=480 480 960; a=15 55 35 45 60 100; ENDDATA
```

Nelle ultime versioni di Lingo è stata data la possibilità di considerare come dati anche alcuni valori definiti nella sezione SETS. Questo modo di impostare il modello è raccomandabile rispetto al precedente, perché permette di esplicitare e usare nel modello alcuni dati pertinenti alla grandezza dei dati, cosa che nelle vecchie versioni non era possibile (a meno di replicare nei dati i valori minando però la robustezza del modello rispetto a variazioni di dati). Quindi si può impostare il modello nel seguente modo alternativo (e preferibile) dove si è aggiunta la grandezza 'numogg' (numero degli oggetti):

```
SETS: ogg:p x; ris:b; mat(ris,ogg):a; ENDSETS
DATA: numogg=2; ogg=1..numogg; ris=macch1 macch2 man;
p=120 180; b=480 480 960;
a=15 55 35 45 60 100; ENDDATA
```

Nella parte finale, dove si devono indicare i vincoli e il modello, la sommatoria viene realizzata attraverso il comando @SUM, mentre la ripetizione di un vincolo si effettua con il comando @FOR. Nell'esempio si ha

```
@FOR(ris(i):@SUM(ogg(j): a(i,j) * x(j) ) < b(i) );
```

in cui si vede esplicitato il tipo su cui si effettua la somma o l'iterazione. Le variabili 'i' e 'j' sono variabili mute e possono essere sostituite da una qualsiasi altra variabile (purché non già presente nel modello). Il segno $<$ significa convenzionalmente $\leq$ (nei problemi reali l'insieme delle soluzioni ammissibili è chiuso; infatti se una successione di punti è ammissibile, si considera che lo sia anche il punto limite; quindi diseguaglianze strette non intervengono mai come vincolo).

Il vincolo di non negatività viene assunto implicitamente. Quindi se alcune variabili non avessero questo vincolo, il fatto deve essere esplicitato con il comando @FREE(nomevar). È bene prestare attenzione a questa circostanza perché spesso ci sono delle variabili svincolate e ci si può dimenticare di usare il comando @FREE. Non facendolo, la soluzione che viene calcolata non è ovviamente la soluzione cercata.

È quasi sempre conveniente dare un nome anche ai vincoli, per individuare facilmente le variabili duali. Questo viene realizzato nel modo seguente (dove la parola 'vinc' è una scelta dell'utente)

```
@FOR(ris(i): [vinc] @SUM(ogg(j): a(i,j) * x(j) ) < b(i) );
```

L'obiettivo viene espresso come (dove il termine 'MAX' è del programma):

```
MAX= @SUM(ogg(j): p(j)* x(j) ) ;
```

Quindi globalmente il problema viene modellato come:

```
SETS:
        ogg: p, x;
        ris: b;
        mat(ris,ogg): a;
ENDSETS
DATA:
        numogg=2;
        ogg=1..numogg;
        ris=macch1 macch2 man;
        p= 120 180;
        b=480 480 960;
        a=15 55
           35 45
           60 100;
ENDDATA
max= @SUM(ogg(j): p(j)* x(j) ) ;
@FOR(ris(i): [vinc] @SUM(ogg(j): a(i,j) * x(j) ) < b(i) );
```

Prima di eseguire conviene scegliere fra le opzioni quella che prevede un output 'terso' anziché 'verboso'. Dato il comando SOLVE, il programma costruisce il modello di PL (segnalando eventuali errori di sintassi) e poi esegue le iterazioni del metodo del simplesso. Alla fine produce una finestra di stato ('Status windows') in cui si ha la seguente informazione

```
Global optimal solution found.
Objective value:            1800.000
Infeasibilities:            0.000000
Total solver iterations:           2
```

dove per 'iterations' si intendono le iterazioni del metodo del simplesso, ovvero quanti cambiamenti di base sono stati necessari per arrivare alla soluzione. A richiesta vengono fornite le tabelle delle soluzioni. Chiedendo i valori delle variabili x compare la seguente tabella

Variable	Value	Reduced Cost
X(1)	6.0000	.0000000
X(2)	6.0000	.0000000

dove, nella terza colonna sotto il termine 'reduced cost' (si veda a pag. 69) viene riportato il valore della variabile ausiliaria del problema duale. Le condizioni di complementarità impongono che in ottimalità almeno una delle due quantità, o una variabile primale oppure la sua corrispondente variabile ausiliaria nel problema duale, debba essere nulla. Quindi in ogni riga almeno uno dei due valori deve essere nullo. Se sono nulli entrambi significa che siamo in presenza di degenerazione.

Chiedendo invece i valori delle variabili duali relativamente ai vincoli 'vinc', viene prodotta la tabella

Row	Slack or Surplus	Dual Price
VINC(MACCH1)	60.0000	.0000000
VINC(MACCH2)	.0000000	1.500000
VINC(MAN)	.0000000	1.125000

Il valore riportato sotto la colonna 'slack' è il valore della variabile ausiliaria primale. Quindi un valore nullo indica che il vincolo è attivo e viceversa se il valore è positivo. Sotto la colonna 'dual price' è riportato il valore della variabile duale corrispondente al vincolo primale, ovvero il prezzo ombra della risorsa relativa al vincolo. Anche in questo caso la relazione di complementarità impone che almeno uno dei due valori sia nullo.

5.3 Dieta: risoluzione del primo modello

Per il problema della dieta descritto nella sezione 2.1 sono stati scelti i seguenti 38 alimenti: pasta, riso, pane, fagioli, piselli, aglio, carote, cipolle, lattuga, melanzane, patate, pomodori, spinaci, succo d'arancia, banane, mele, bistecca di manzo, bistecca di maiale, petto di pollo, fettina di vitello, prosciutto crudo, prosciutto cotto, calamari, cefali, cozze, sgombri, tonno, latte, formaggio grana, formaggio latteria, mozzarella, uova, burro, olio d'oliva, cioccolato fondente, gelato, birra, vino.

Sono stati poi scelti i seguenti 15 nutrienti: calorie, proteine, lipidi, glicidi, sodio (Na), potassio (K), magnesio (Mg), ferro (Fe), calcio (Ca), fosforo (P), vitamina B1, vitamina B2, vitamina B3, vitamina A, vitamina C.

I dati numerici sono reperibili in rete, nei due modelli Excel e Lingo al sito [202]. I costi sono valori reali dell'inverno 2006. Le preferenze sono espresse in una scala arbitraria da 0 a 10 ed esprimono le preferenze di chi scrive. La soluzione che si ottiene massimizzando la preferenza e ponendo un vincolo di 5 € sulla spesa è la seguente (i valori degli alimenti sono in hg, i valori dei nutrienti nelle rispettive unità di misura):

```
Global optimal solution found.
Objective value:              192.5977
Infeasibilities:              0.000000
Total solver iterations:            19
```

X(PASTA)	1.50	X(RISO)	0.35	X(FAGIOL)	1.00
X(PISELL)	1.00	X(CAROTE)	1.00	X(CIPOLL)	1.00
X(LATTUG)	3.00	X(MELANZ)	2.00	X(PATATE)	2.00
X(POMODO)	2.00	X(SPINAC)	1.00	X(ARANSU)	3.00
X(BANANE)	2.00	X(MELE)	3.00	X(SGOMBRO)	0.78
X(LATTE)	1.00	X(LATTER)	0.13	X(OLIOOL)	0.46
X(BIRRA)	2.00	X(VINO)	2.00		

Y(PRO)	78.46	Y(LIP)	70.00	Y(GLIC)	369.4
Y(NA)	386.6	Y(K)	6559	Y(MG)	317.4
Y(FE)	18.04	Y(CA)	800.0	Y(P)	1216.5
Y(VITB1)	1.91	Y(VITB2)	2.18	Y(VITB3)	23.47
Y(VITA)	2981.966	Y(VITC)	381.0000		
Y(CAL)	2500.000				

La soluzione ottenuta non è del tutto inaccettabile (si tolga ad esempio la limitazione superiore sugli alimenti e si veda cosa succede). Tuttavia presenta delle difficoltà pratiche. I valori degli alimenti sono a volte molto strani (ad esempio i 13 grammi di formaggio latteria) e in ogni caso non riflettono il fatto che gli alimenti non si mangiano mai crudi o sconditi. Bisogna forse distribuire i 46 grammi d'olio d'oliva fra la lattuga, le melanzane e lo sgombro?

Bisogna tener conto che realisticamente gli alimenti vengono mangiati secondo ricette che li mescolano in vari modi e introdurre esplicitamente questo nuovo legame.

5.4 Dieta: secondo modello

Come un alimento è un mix di sostanze nutritive, così un piatto è un mix (ricetta) di alimenti. Realisticamente sono disponibili varie opzioni per ogni piatto, dato che le ricette non sono usualmente rigide. Tuttavia, sempre nello spirito di iniziare dal caso più semplice consideriamo che un piatto corrisponda ad una ricetta rigida. In alcuni casi (ad esempio la frutta, il formaggio, le bevande) non possiamo propriamente parlare di piatti, tuttavia possiamo sempre immaginare che, ad esempio, un singolo frutto sia un 'piatto di frutta'.

La presenza dei piatti sposta l'obiettivo delle preferenze sui piatti piuttosto che sugli alimenti. Analogamente le limitazioni superiori sugli alimenti si spostano sui piatti e possiamo ragionevolmente pensare di limitare ad uno il valore massimo giornaliero per ogni piatto, e quindi si tratta di variabili che possono assumere solo i valori 0 o 1. I costi rimangono invece ancorati agli alimenti.

L'introduzione dei piatti rende necessario considerare valori interi. Non è molto realistico (anche se possibile) avere una soluzione che richieda un valore frazionario per un piatto. Il fatto di pretendere valori interi per le variabili in un modello di PL ne cambia radicalmente le modalità di soluzione e aumenta in modo considerevole (a volte inaccettabile) i tempi di esecuzione. Nel prossimo capitolo si vedrà come risolvere un problema di PL intera. Per ora ci limitiamo a modellare il problema della dieta con variabili intere.

Sia K l'insieme dei piatti e siano $z_k \in \{0,1\}$, $k \in K$, i numeri di piatti da calcolare. Sia r_{jk} la quantità di alimento j presente nel piatto k (la matrice r_{jk} è di fatto una matrice di ricette). Allora deve valere la relazione (vincolo strutturale)

$$\sum_{k \in K} r_{jk}\, z_k = x_j \qquad j \in J \tag{5.1}$$

Siano p_k, $k \in K$, le preferenze sui piatti espresse in una scala numerica soggettiva. Abbiamo allora

$$\begin{aligned}
\max \quad & \sum_{k \in K} p_k\, z_k & \\
& \sum_{j \in J} c_j\, x_j \le C & \\
& \sum_{j \in J} a_{ij}\, x_j = y_i & i \in I \\
& \sum_{k \in K} r_{jk}\, z_k = x_j & j \in J \\
& l_i \le y_i \le u_i & i \in I \\
& x_j \ge 0 & j \in J \\
& z_k \in \{0,1\} & k \in K
\end{aligned} \tag{5.2}$$

Questo problema verrà risolto nella Sez. 8.1.

5.5 Pianificazione di attività: risoluzione del secondo modello

In questa sezione risolviamo il modello descritto in Sez. 2.5. Il modello più semplice di Sez. 2.4, per la cui risoluzione si può applicare un algoritmo ad hoc, verrà trattato più avanti, in Sez. 9.2.

Facciamo riferimento ad un'ipotetica costruzione di una casa per la quale sono state identificate le attività elencate in Tabella 5.1 con i rispettivi tempi di esecuzione nominali p e minimi $\bar{p}$ (espressi in giorni), i relativi costi unitari di riduzione d (in €) e le operazioni che devono precedere quella indicata (precedenze implicate da altre precedenze non vengono indicate). In Tabella 5.2 sono invece riportate le soluzioni di costo minimo e quelle di tempo minimo. In particolare s^0 e c^0 sono i tempi di inizio e fine attività impiegando durate nominali (e quindi a costo zero), mentre s^1 e c^1 sono i tempi di inizio e fine attività riducendo al massimo il tempo di completamento. Vengono anche indicate le riduzioni delle durate delle attività x^1 con i costi $d\,x^1$ per ogni attività. La soluzione di costo minimo prevede un tempo di completamento di 60 giorni e quella di tempo minimo di 40 giorni a fronte di un costo aggiuntivo di € 6780.

attività	p	$\bar{p}$	d	precedenza
1 - posa cantiere	2	2	–	
2 - fondazioni	5	3	400	1
3 - struttura portante e solai	20	20	–	2
4 - muri	5	3	250	3
5 - tetto	7	5	300	3
6 - intonaci interni	4	2	350	4, 5, 10, 12, 14
7 - intonaci esterni	4	2	350	4, 5
8 - pittura interna	5	2	180	6, 16
9 - pittura esterna	4	2	200	7
10 - tracce impianto elettrico	4	2	150	4
11 - impianto elettrico	5	2	240	8
12 - telai serramenti	1	1	–	4
13 - serramenti	3	1	350	8
14 - tracce impianto idraulico	3	1	170	4
15 - sanitari	2	1	230	8, 14
16 - piastrelle	7	3	250	6
17 - pavimenti in legno	5	2	330	13
18 - consegna	0	0	–	11, 17

Tabella 5.1. Dati

Gli ottimi di Pareto per i due obiettivi di tempo e costo minimo sono evidenziati in Fig. 5.3. Si tratta di una linea costituita da segmenti. Ogni segmento corrisponde a ottimi ottenuti variando il vincolo sul tempo finale e tutti relativi alla stessa base. Per questi valori la variabile duale del vincolo sul tempo è esattamente la pendenza del segmento e fornisce direttamente il costo di un'ulteriore riduzione di un giorno. Si noti che la funzione che definisce il costo minimo in funzione della durata è necessariamente convessa e quindi una riduzione temporale è tanto più costosa quanto minore è il tempo finale.

attività	s^0	c^0	s^1	c^1	x^1	dx^1
1	0	2	0	2	–	–
2	2	7	2	5	2	800
3	7	27	5	25	–	–
4	27	32	25	28	2	500
5	27	34	25	30	2	600
6	36	40	30	32	2	700
7	34	38	30	34	0	0
8	47	52	35	37	3	540
9	38	42	34	38	0	0
10	32	36	28	30	2	300
11	52	57	37	40	2	480
12	32	33	28	29	–	–
13	52	55	37	38	2	700
14	32	35	28	30	1	170
15	52	54	37	39	0	0
16	40	47	32	35	4	1000
17	55	60	38	40	3	990
18	60	60	40	40	–	–

Tabella 5.2. Soluzioni

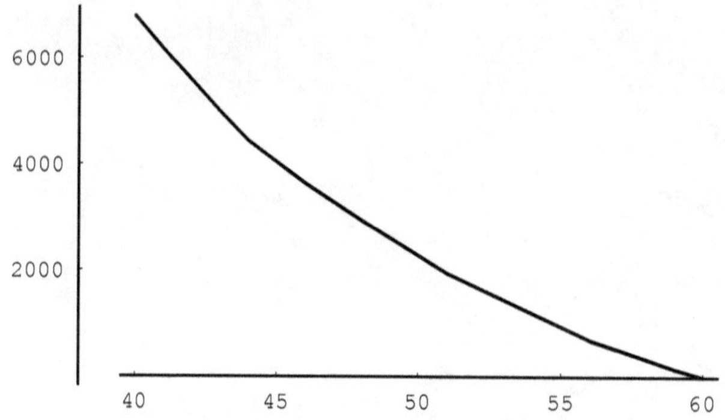

Figura 5.3. Ottimi di Pareto

6

Grafi e modelli particolari su grafi

In questo capitolo vengono presi in esame alcuni problemi definiti su grafi che intervengono frequentemente in problemi di ottimizzazione. Alcuni problemi definiti su grafi orientati, quali ad esempio il cammino minimo o il massimo flusso, verranno presi in esame in modo dettagliato in capitoli successivi.

Un grafo, rappresentando l'esistenza o la non esistenza di una relazione binaria su un insieme, è un modello concettuale che si può applicare in un numero elevato di casi, anche molto diversi fra loro. Tanto per fare qualche esempio si possono modellare come grafi: reti stradali, reti elettriche, incontri sportivi, facebook di internet.

Si assume che le definizioni di uso più frequente siano note al lettore. In ogni caso, per quanto possibile, in questa sede si richiameranno brevemente le definizioni dei concetti usati. Molti sono i testi dedicati alla teoria dei grafi a cui si rimanda per approfondimenti. Ci limitiamo a citarne alcuni, quali [22, 28, 54, 56, 95, 98, 103, 105, 120, 167, 223].

6.1 Grafi non orientati

Un grafo viene normalmente rappresentato come $G = (N, E)$ dove si rende esplicito il fatto che un grafo è definito da due insiemi, quello dei *nodi* N, e quello degli *archi* E, definito come una famiglia di coppie (non ordinate) di nodi. È molto comune indicare con n il numero dei nodi e con m il numero degli archi, come verrà fatto in questa sede a meno di casi particolari, debitamente segnalati. I nodi vengono anche detti *vertici* e gli archi *spigoli*. Questa seconda terminologia deriva ovviamente dalla struttura di vertici e spigoli di un poliedro. La scelta, di uso molto frequente, del simbolo E per l'insieme degli archi deriva dalla parola inglese *edges*. Per denotare un arco conviene usare sia una notazione generica $e \in E$, che una più specifica (i, j), con $i, j \in N$, dove si evidenziano i nodi costituenti l'arco.

Uno dei motivi di fascino dei grafi è costituito dal fatto che i grafi vengono visualizzati con disegni in cui i nodi sono punti del piano e gli archi sono linee che connettono i punti corrispondenti. La possibilità di 'vedere' un grafo rende spesso immediatamente evidenti alcune proprietà di un grafo. Se il grafo ha origine da un problema reale con una chiara struttura geografica (come una rete stradale) è abbastanza automatico, ma non necessariamente semplice, rappresentare il grafo con un disegno. Se invece il grafo nasce da una struttura astratta, trovare una visualizzazione 'espressiva' non è per niente facile e costituisce di per sé un interessante problema. Si vedano ad esempio [33, 55, 217]. In particolare in [217] si visualizzano grafi molto grandi e la visualizzazione stessa fornisce informazione sulla struttura del grafo. Tuttavia anche quando il grafo rappresenta una rete geografica, trovare la sua rappresentazione che fornisca nel modo più rapido tutta l'informazione necessaria può non essere facile. Ad esempio, lo schema familiare a molti, della metropolitana londinese, è stato elaborato in molti anni a partire dal 1889, con un grafo che praticamente ricalcava la disposizione geografica delle linee, fino al 1933, con un grafo più astratto e molto simile a quello attuale, a cui si è pervenuti attraverso ulteriori aggiustamenti (si veda [26] e anche [215, 216]).

Se esiste l'arco (i, j), i nodi i e j vengono detti *adiacenti*, mentre il nodo i (e anche il nodo j) e l'arco (i, j) vengono detti *incidenti*. Anche due archi con un nodo in comune vengono detti incidenti. Si definisce come *grado* di un nodo il numero degli archi incidenti nel nodo. Grafi con lo stesso grado in ogni nodo vengono detti *regolari*, oppure *k-regolari* con k il grado di ogni nodo. Può essere k-regolare un grafo con n nodi se n e k sono dispari?

Due grafi sono uguali se ovviamente gli insiemi dei nodi e degli archi coincidono. Questa definizione di uguaglianza tiene espressamente conto di quali sono gli elementi dei due grafi per i quali esiste l'arco, o anche, come si usa dire, di come sono etichettati i nodi. Spesso però si è interessati alla struttura astratta del grafo, anche perché tutte le proprietà che si possono formulare su un grafo dipendono dalla struttura astratta e non da quali sono gli elementi particolari che costituiscono i nodi.

Se siamo interessati a capire se due grafi hanno la stessa struttura astratta, pur non essendo uguali (nel senso indicato sopra), dobbiamo usare il concetto di *isomorfismo*. Due grafi $G_1 = (N_1, E_1)$ e $G_2 = (N_2, E_2)$ si dicono isomorfi se esiste una corrispondenza biiettiva $\pi : N_1 \to N_2$ tale che $(i, j) \in E_1$ se e solo se $(\pi(i), \pi(j)) \in E_2$.

Se $N_1 = N_2 = N$ la corrispondenza biiettiva è una permutazione su N. Può avvenire che $\pi(E) = E$ (cioè l'elenco degli archi è il medesimo anche dopo avere rietichettato tutti i nodi), nel qual caso π viene detta *automorfismo*. Se definiamo equivalenti due nodi i e j tali che $\pi(i) = j$ e π è un automorfismo, le classi di equivalenza vengono dette *orbite*. Ovviamente tutti i nodi della stessa orbita devono avere lo stesso grado.

È opportuno segnalare subito che, almeno alle conoscenze attuali, non è facile stabilire se due grafi sono isomorfi. È ancora un problema aperto se la verifica di isomorfismo sia un problema polinomiale oppure **NP**-completo. Altrettanto si può dire per il problema di identificare tutte le orbite di un grafo.

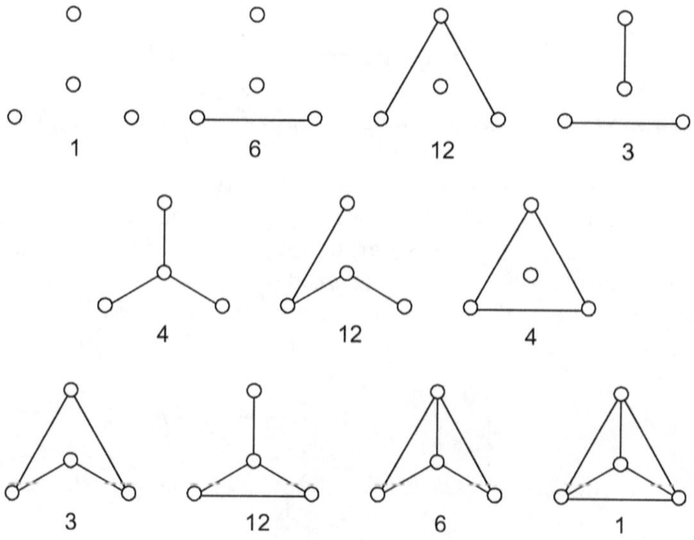

Figura 6.1.

Esempio 6.1.

Anche se l'argomento non è centrale nei problemi di ottimizzazione, può essere istruttivo far vedere con un esempio il significato degli isomorfismi e degli automorfismi. Comunque è proprio sfruttando il concetto di automorfismo che in [33] si disegnano grafi utilizzando tecniche di programmazione lineare intera. Rimandiamo alla referenza per un approfondimento di queste tecniche.

Consideriamo tutti i grafi di 4 nodi. Ovviamente i grafi, anche con un numero finito n di nodi, sono infiniti, perché i nodi possono essere qualsiasi insieme di cardinalità n. Tuttavia è opportuno prescindere dalla natura dell'insieme dei nodi e ad esempio considerare l'insieme $[n]$ rappresentativo di tutti gli insiemi di cardinalità n.

Le coppie che si possono creare con n nodi sono $n\,(n-1)/2$ e quindi con 4 nodi le coppie sono 6. Ogni coppia può essere o non essere presente in un grafo e quindi il numero totale di grafi con 4 nodi è $2^6 = 64$. Questo risultato tiene conto di come i nodi sono etichettati e quindi si usa il termine di grafi etichettati. Se dimentichiamo le etichette e guardiamo solo la struttura del grafo, il numero di grafi non etichettati diversi cala a 11. Questi grafi sono disegnati in Fig. 6.1.

C'è un unico grafo senza archi (sia etichettato che non). Anche permutando i nodi si ottiene sempre lo stesso grafo. Il numero totale di automorfismi è $4! = 24$ e i nodi costituiscono un'unica orbita. I numeri sotto i grafi in Fig. 6.1 identificano il numero di grafi isomorfi al grafo disegnato.

In generale il numero di grafi diversi (etichettati) con m archi è $\binom{n\,(n-1)/2}{m}$. Con un unico arco ci sono quindi 6 grafi etichettati diversi. Questi grafi sono isomorfi. Si noti che le permutazioni sono 24, ma danno luogo solo a 6 grafi diversi. Allora per ognuno di questi grafi ci sono $24/6 = 4$ automorfismi. Infatti se si permutano i nodi adiacenti (un'orbita) o i due nodi non adiacenti (un'altra orbita), in totale con 4 permutazioni, si ottiene sempre lo stesso grafo.

Con due archi ci sono $\binom{6}{2} = 15$ grafi etichettati diversi, ma i grafi non etichettati diversi sono solo 2. Per il primo grafo ci sono 12 grafi isomorfi (con 2 automorfismi e 3 orbite per ogni grafo, quali sono?) e per il secondo ce ne sono 3 (con 8 automorfismi e un'unica orbita per ogni grafo, quali sono?). Si noti che, se ci sono k grafi non etichettati diversi con m archi e per ognuno di questi il numero di grafi etichettati diversi è h_i, dobbiamo avere

$$\binom{n\,(n-1)/2}{m} = h_1 + h_2 + \ldots + h_k$$

e ogni h_i deve dividere $n!$. Quindi in questo caso il numero 15 deve potersi scrivere come somma di due numeri che dividono 24. L'unica possibilità è proprio $15 = 12 + 3$.

Il lettore può completare questa analisi con i rimanenti grafi. Si noti che gli stessi risultati devono valere per i grafi complementari (si veda più avanti per la definizione di grafo complementare). L'elenco dei grafi complementari è lo stesso elenco partendo dalla fine. Può avvenire che grafo e grafo complementare siano isomorfi. Il grafo centrale dell'elenco ha questa poprietà. Affinché un grafo sia isomorfo al suo complementare il numero di archi deve essere $n\,(n-1)/4$ e quindi solo grafi con $n = 4\,k$ oppure $n = 4\,k + 1$ possono avere questa proprietà. Per esercizio si trovino i grafi con questa proprietà per $n = 5$ (sono più di uno). ∎

Qual è il più piccolo grafo con almeno 2 nodi il cui unico automorfismo è la permutazione identica? In altre parole si vuole che ogni permutazione (diversa dall'identica) generi un grafo (etichettato) diverso. Gli automorfismi e le orbite sono ovviamente legati alla nozione di simmetria. Il fatto di poter scambiare nodi fra loro e di ottenere lo stesso grafo, implica della simmetria. Maggiore il numero di automorfismi, tanto maggiore è la simmetria che il grafo possiede. Guardando la Fig. 6.1 si può vedere che i grafi con un piccolo numero di grafi isomorfi, e quindi con un elevato numero di automorfismi, hanno una maggiore simmetria. Il più piccolo grafo il cui unico automorfismo è la permutazione identica è quello in Fig. 6.2.

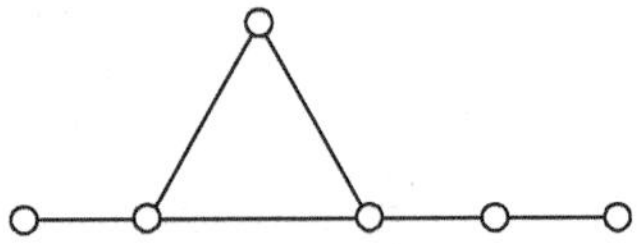

Figura 6.2.

Alcuni grafi hanno una struttura molto particolare e hanno quindi ricevuto designazioni proprie. Un grafo che abbia come archi tutte le possibili coppie non ordinate di nodi viene detto *completo* e viene indicato con K_n. Tutti i grafi completi di n nodi sono isomorfi fra loro. Si vedano in Fig. 6.3 i grafi $K_1, \ldots, K_5$.

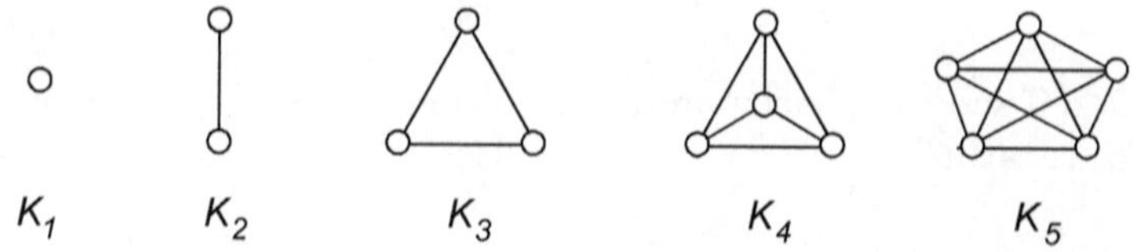

Figura 6.3.

Un grafo i cui nodi si possano ripartire in due sottoinsiemi N_1 e N_2 tali che $(i, j) \in E$ solo se $i \in N_1$ e $j \in N_2$ (o viceversa) viene detto *bipartito*. Per evidenziare la bipartizione di un grafo si usa la notazione $(N_1, N_2; E)$. Un grafo bipartito viene detto completo se per ogni $i \in N_1$ e ogni $j \in N_2$ esiste l'arco (i, j) (quindi un grafo bipartito completo non è completo nel senso generale) e viene indicato con $K_{|N_1|,|N_2|}$. Più in generale un grafo in cui i nodi possano essere ripartiti in sottoinsiemi $N_1, \ldots, N_k$ tali che $(i, j) \in E$ solo se $i \in N_h$ e $j \in N_{h+1}$, per qualche h, viene detto *k-partito* (oppure *a livelli*). Un grafo k-partito è anche $(k-1)$-partito e quindi è anche bipartito. Si vedano in Fig. 6.4 due grafi bipartiti. Il secondo è addirittura 7-partito (quali sono i livelli?)

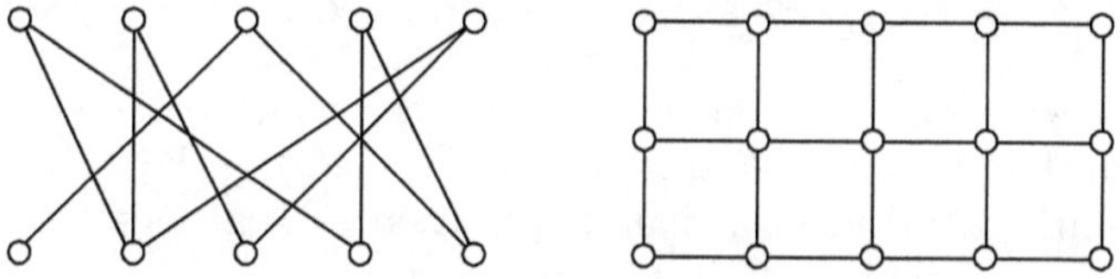

Figura 6.4.

Una *stella* è un grafo in cui un nodo, detto centro, è adiacente a tutti gli altri e questi sono adiacenti solo al centro. Una stella con $n+1$ nodi viene normalmente indicata con S_n. Una stella è un grafo bipartito (e anche tripartito in molti modi alternativi, quanti?). Se i nodi esterni di una stella vengono resi adiacenti l'uno all'altro in sequenza circolare si ottiene una *ruota*, indicata come W_n (con n numero di nodi esterni, anche se si trova in letteratura il simbolo W_{n+1} per la ruota con $n+1$ nodi). Si vedano in Fig. 6.5 una stella e una ruota.

Dato un grafo si possono ottenere altri grafi tramite varie costruzioni. Il grafo $\overline{G} = (N, \overline{E})$ ottenuto dal grafo $G = (N, E)$ tramite la relazione $(i, j) \in \overline{E} \iff (i, j) \notin E$ viene detto *grafo complementare* di E. Si vedano in Fig. 6.6

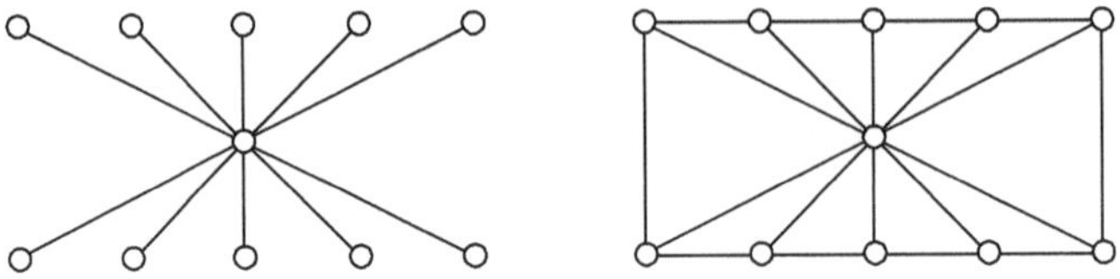

Figura 6.5.

una grafo e il suo complementare (il complementare è di tipo particolare, di che grafo si tratta?)

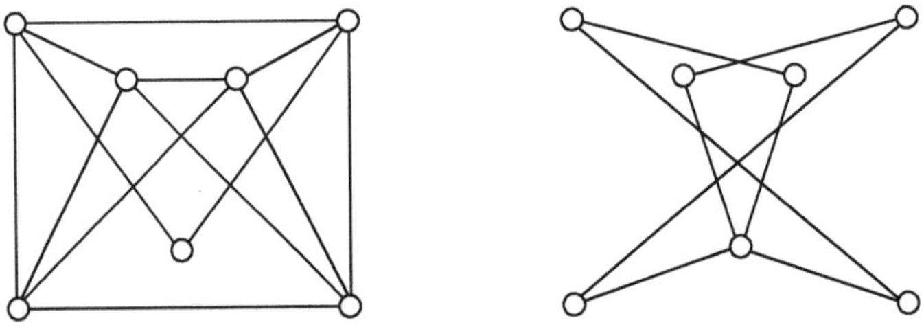

Figura 6.6.

Data una partizione $N_1, \ldots, N_k$ dei nodi di un grafo G, il grafo G' ottenuto identificando il sottoinsieme N_i con il nodo i di G', detto anche *pseudonodo*, e definendo il seguente insieme di archi per G'

$$E' := \{(i,j) : \exists h \in N_i,\ k \in N_j,\ (h,k) \in E \text{ con } i \neq j\}$$

viene detto grafo *contratto*, oppure ottenuto per *contrazione* della partizione (si usano anche i termini *collassato* e *collassamento*). In Fig. 6.7 a sinistra è raffigurato un grafo evidenziandone la partizione, disegnando i nodi in modi diversi. A destra è raffigurato il grafo collassato.

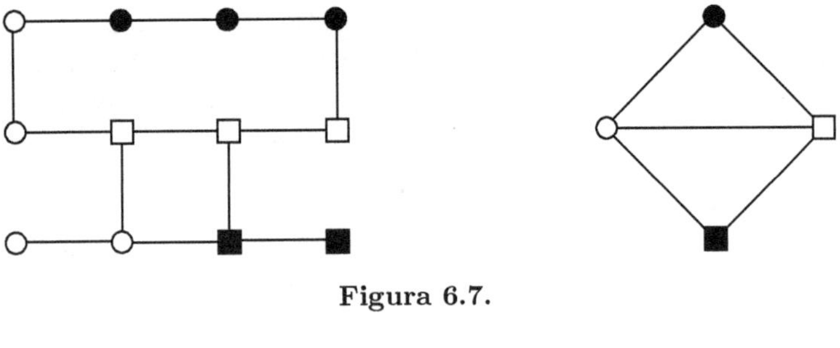

Figura 6.7.

Il grafo $G' = (N', E')$ è un *sottografo* di $G = (N, E)$ se $N' \subset N$ e $E' \subset E$. Si noti che N' e E' non possono essere sottoinsiemi qualsiasi. Siccome G'

deve essere a sua volta un grafo, è richiesto che tutti gli archi in E' abbiano estremi in N'. Il grafo $G' = (N, E')$ è un *grafo parziale* o, alternativamente, un *sottografo di supporto* di $G = (N, E)$ se $E' \subset E$. Dato $N' \subset N$ il sottografo $G' = (N', E(N'))$ *indotto* da N' è il sottografo di $G = (N, E)$ che contiene tutti gli archi di G con entrambi gli estremi in N', insieme indicato come $E(N')$. Un sottoinsieme K di nodi tale che $(K, E(K))$ è completo prende il nome di *cricca* (*clique*).

Si vedano in Fig. 6.8(a) un grafo e un suo sottografo (casualmente bipartito), in Fig. 6.8(b) un grafo e il sottografo indotto dai nodi indicati in nero e in Fig. 6.8(c) un grafo di supporto ed una cricca.

Dato un grafo $G(N, E)$ il *grafo di linea* $L(G)$ è il grafo i cui nodi sono in corrispondenza con gli archi di G e c'è un arco fra due nodi se gli archi corrispondenti di G sono incidenti. Quindi ogni nodo di G dà luogo ad una cricca in $L(G)$. Si vedano in Fig. 6.8(d) un grafo e il suo grafo di linea. Il grafo di linea di un grafo k-regolare è un grafo $(2\,(k-1))$-regolare. Quindi un circuito è isomorfo al suo grafo di linea, ed è l'unico tipo di grafi per cui questo succeda. Se il grado del nodo i del grafo G è d_i, allora il numero di archi di $L(G)$ è $\sum_i (d_i^2 - d_i)/2$. Non tutti i grafi sono grafi linea di un altro grafo. Affinché ciò sia vero devono esistere nel grafo delle cricche tali che ogni arco sia coperto da una cricca e ogni nodo appartenga al massimo a due cricche. Ovviamente grafi di linea di grafi isomorfi sono isomorfi. Succede però anche il fatto curioso che esistono due grafi non isomorfi che producono due grafi di linea isomorfi. Questi due grafi sono il grafo completo K_3 e la stella S_3 il cui grafo di linea è ancora K_3. Tuttavia, a parte questo unico caso, due grafi di linea isomorfi derivano da grafi isomorfi (Teorema di Whitney [224]).

Un *cammino* in un grafo è un concetto abbastanza intuitivo. Si tratta di stabilire un nodo di partenza detto *sorgente*, identificare un arco incidente nel nodo di partenza e selezionare l'altro nodo dell'arco. Poi si procede ricorsivamente fino ad arrivare in un nodo prefissato di arrivo detto *destinazione*. Se sorgente e destinazione coincidono il cammino viene detto *circuito*.

Anche se nella definizione di cammino sono coinvolti sia nodi che archi, è più conveniente, ai fini dei problemi riguardanti i cammini che dovremo risolvere, considerare un cammino come un insieme solo di archi. Si tratta di una scelta che può risultare incoerente. Ad esempio un cammino senza archi non è propriamente un insieme vuoto, perché si tratta in realtà di un cammino (ed anche un circuito) costituito dal solo nodo di partenza. Tuttavia, quest'ambiguità non crea problemi se chi modella un problema ne è consapevole.

Se non intervengono valori numerici associati agli archi, la *lunghezza* di un cammino è il numero di archi del cammino. Un cammino è pari o dispari se la sua lunghezza è pari o dispari. Se gli archi di un cammino sono tutti diversi, il cammino viene detto *non molteplice*. Se anche i nodi del cammino sono tutti diversi il cammino viene detto *elementare* o *semplice*. Simili definizioni valgono anche per i circuiti. Si noti che un circuito semplice deve avere almeno tre archi.

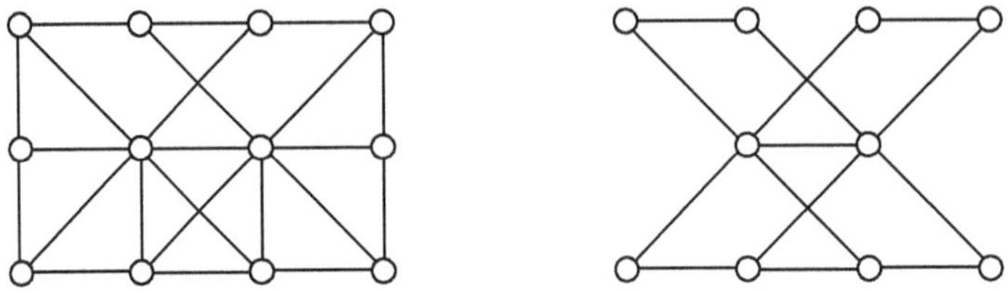

(**a**) Grafo e sottografo

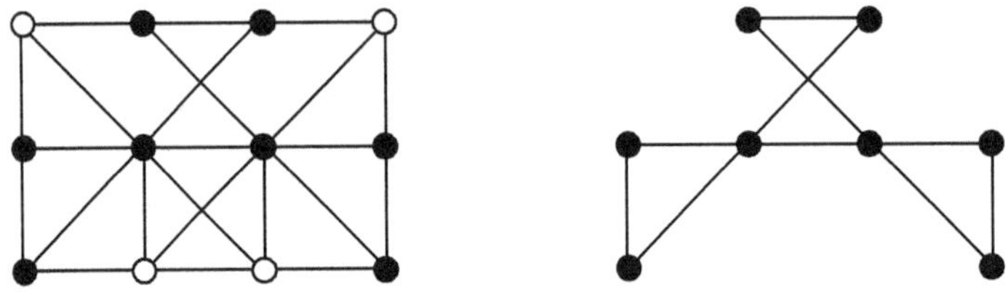

(**b**) Grafo e sottografo indotto

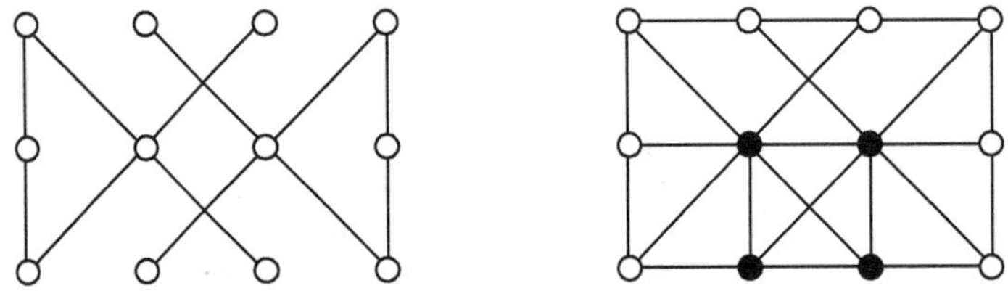

(**c**) Grafo di supporto e cricca

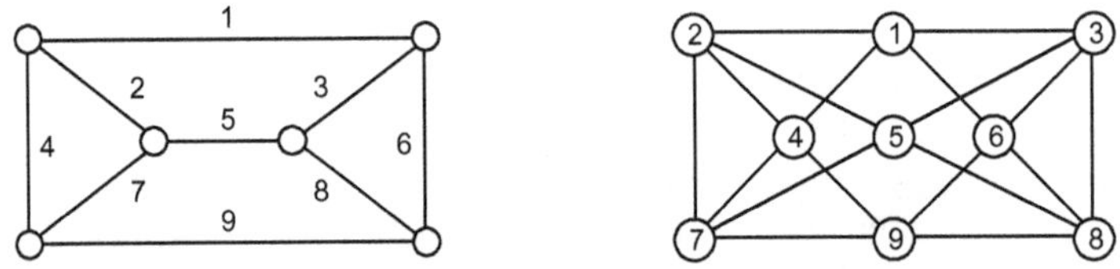

(**d**) Grafo G e grafo di linea $L(G)$

Figura 6.8.

Due tipi di circuiti meritano una definizione particolare: se un circuito semplice contiene tutti i nodi del grafo viene detto *hamiltoniano*, se un circuito contiene tutti gli archi esattamente una volta viene detto *euleriano*. Data la loro importanza, questi circuiti verranno trattati a fondo nei Cap. 15 (circuiti euleriani) e 16 (circuiti hamiltoniani). Gli stessi concetti si applicano anche ai cammini, che sono hamiltoniani se contengono tutti i nodi esattamente una volta e euleriani se contengono tutti gli archi esattamente una volta.

Un'importante caratterizzazione dei grafi bipartiti è data dal fatto che un grafo è bipartito se e solo se tutti i suoi circuiti sono pari (facile dimostrazione lasciata come esercizio).

Se i nodi di un circuito non sono adiacenti fra loro con altri archi, diversi da quelli del circuito, e il circuito ha almeno 4 archi, allora un tale circuito viene detto *buca* (*hole*), che sarà pari o dispari a seconda del numero di archi. Buche dispari rivestono un ruolo importante in molti problemi di ottimizzazione combinatoria, per i motivi che varranno esposti nella Sez. 6.6. In Fig. 6.9 si vede un grafo con una buca dispari (di 9 archi).

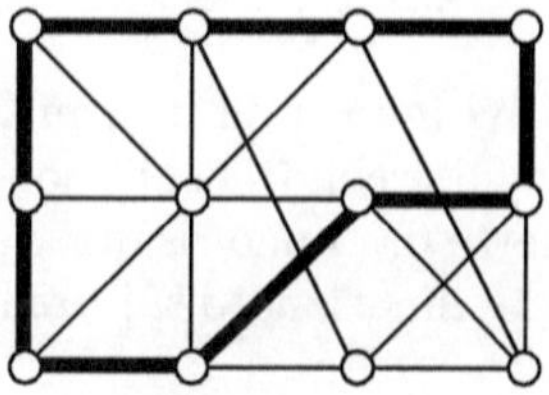

Figura 6.9.

Il concetto di cammino corrisponde alla possibilità di poter raggiungere un nodo a partire da un altro nodo. Se in un grafo è possibile raggiungere ogni nodo da ogni altro nodo si dice che il grafo è *connesso*. Un grafo in cui $E = \emptyset$ viene detto *totalmente sconnesso*. Se un grafo non è connesso i sottoinsiemi di nodi connessi fra loro inducono dei sottografi detti *componenti connesse*.

Di fondamentale importanza sono quei grafi che sono connessi usando il minor numero di archi. Un tale grafo è necessariamente senza circuiti e viene detto *albero*. Se si rimuove l'ipotesi di connessione e si mantiene quella di non esistenza di circuiti allora il grafo viene detto *foresta*. Quindi una foresta è un grafo le cui componenti connesse sono alberi. Si può dimostrare che che per un albero vale la relazione $m = n - 1$, mentre per una foresta vale $m = n - k$ con k il numero di componenti connesse.

Un albero è inoltre contraddistinto dalle seguenti importanti proprietà: per ogni coppia di nodi esiste un unico cammino; l'eliminazione di un qualsiasi arco disconnette il grafo; l'aggiunta di un qualsiasi arco crea un circuito.

Se un sottografo di supporto è una foresta o un albero, viene detto *foresta di supporto* oppure *albero di supporto* (*spanning tree*). Gli archi di G appartenenti ad un albero di supporto vengono detti *rami*, mentre quelli non appartenenti vengono detti *corde*. In Fig. 6.10 sono raffigurati un albero di supporto e una foresta di supporto del grafo di Fig. 6.8(a).

Il concetto simmetrico a quello di cammino ed altrettanto importante per l'ottimizzazione è il concetto di *taglio* di un grafo. Dato un sottoinsieme proprio $S \subset N$ il taglio indotto da S è il sottoinsieme di archi

$$\delta(S) := \{(i,j) \in E : i \in S\,,\ j \notin S \text{ o viceversa}\}$$

La rimozione di questo insieme di archi rende sconnesso il grafo (a meno che non lo fosse già inizialmente), da cui il nome di taglio. In Fig. 6.11 si vede un

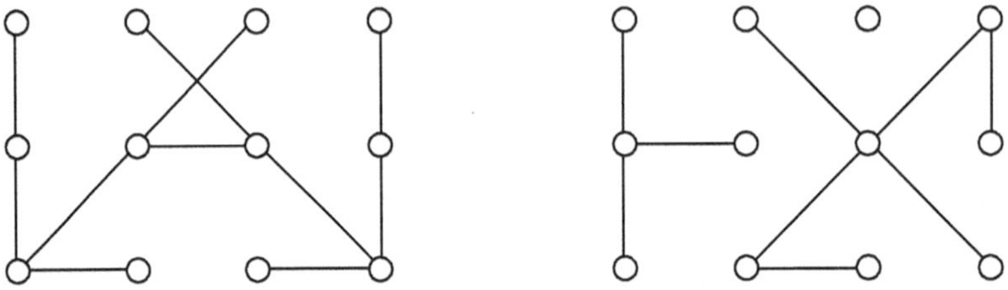

Figura 6.10.

grafo con due tagli alternativi indotti da insiemi diversi di nodi. Gli insiemi S sono evidenziati in nero e gli archi del taglio sono tratteggiati. Nel secondo caso si vede che il grafo indotto da S può risultare sconnesso, rimossi gli archi del taglio. Per quali grafi la rimozione degli archi del taglio rende il grafo totalmente sconnesso?

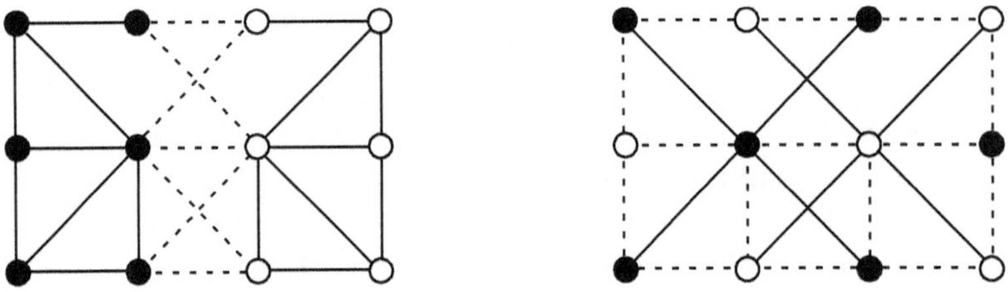

Figura 6.11.

Si è detto all'inizio che normalmente i grafi vengono disegnati nel piano, associando i nodi a punti del piano e connettendo i nodi con linee a rappresentare gli archi. Anche se il disegno di un grafo è qualcosa di non intrinseco al grafo stesso, tuttavia vi sono alcune proprietà del grafo che si riflettono sulla rappresentazione del grafo. La domanda più importante che si può fare riguardo ad un grafo è se è possibile disegnarlo in modo che le linee dei suoi archi non si intersechino (ovviamente al di fuori dei nodi). Se la cosa è possibile il grafo viene detto *planare*. Si può dimostrare (teorema di Fáry [71]) che se gli archi, disegnati come linee qualsiasi di un grafo non si intersecano, allora esiste una rappresentazione planare in cui gli archi sono segmenti che non si intersecano. Il celebre teorema di Kuratowski [136] afferma che un grafo è planare se e solo se non contiene un sottografo che non sia una sottodivisione di K_5 oppure di $K_{3,3}$. Per *sottodivisione* si intende un grafo ottenuto da un altro grafo inserendo nodi in un arco, ovvero sostituendo un arco (i, j) con due archi (i, k), (k, j) ed eventualmente ripetendo questa operazione.

In un grafo planare il numero di archi è limitato. Vale la formula $|E| \leq 3|N| - 6$. Se, in particolare non ci sono circuiti di lunghezza 3 (ad esempio nei grafi bipartiti), vale la formula più restrittiva $|E| \leq 2|N| - 4$. Queste due formule possono costituire una rapida verifica di non planarità, se non soddisfatte. Determinare in generale se un grafo è planare si può eseguire in tempo lineare [29, 82].

Si noti che, in base alla prima formula, in un grafo planare si ha $|E| \in O(|N|)$, mentre in generale $|E| \in O(|N|^2)$. Questo fatto permette di accelerare notevolmente alcuni algoritmi se applicati a grafi planari (ad esempio, come si vedrà in seguito, nel problema del cammino minimo).

Naturalmente si può pensare di disegnare un grafo su una superficie diversa dal piano euclideo, ad esempio una sfera, ma non è difficile vedere che le due cose sono equivalenti. Viceversa non lo sono se si disegna su un toro. Ad esempio sia K_5 che $K_{3,3}$ si possono disegnare su un toro senza intersezioni di archi (un toro può essere assimilato ad un foglio di carta in cui si identificano i due bordi verticali e anche i due bordi orizzontali, quindi ogni linea che 'esce' verso destra 'rientra' da sinistra e similmente fra alto e basso).

6.2 Grafi orientati

Un grafo orientato differisce da un grafo non orientato per il fatto che un arco è definito da una coppia ordinata di nodi diversi. Per questo motivo possono essere presenti sia l'arco (i, j) che l'arco (j, i) e si tratta di archi diversi. Una tale coppia di archi viene detta *antiparallela.* Nei grafi orientati è qualche volta utile poter disporre di più di una coppia (i, j) per gli stessi nodi (archi *paralleli*). In questi casi è preferibile avere un insieme astratto E di archi ed una funzione $E \to N \times N$ che associa ad ogni arco e una coppia ordinata (i, j) di nodi distinti.

Un grafo orientato viene visualizzato come un grafo non orientato aggiungendo una freccia per indicare l'orientazione dell'arco.

I concetti di adiacenza di nodi e di incidenza nodi–archi sono indotti dal grafo (non orientato) associato. Il concetto di isomorfismo tra grafi viene naturalmente esteso tenendo conto anche dell'orientazione. Oltre al grado, definito come nel grafo associato, servono anche le definizioni di *grado esterno*, come il numero di archi uscenti da un nodo, e *grado interno* come il numero di archi entranti nel nodo. Ovviamente il grado è la somma di grado interno e grado esterno.

Un grafo orientato *completo* ha come archi tutte le possibili coppie orientate di nodi. Quindi sia (i, j) che (j, i) appartengono ad E.

Un cammino ed un circuito vengono spesso definiti senza tener conto dell'orientazione degli archi. Ci sono problemi in cui un cammino può percorrere gli archi indipendentemente dalla loro orientazione rispetto al cammino. In altri problemi invece il cammino può percorrere gli archi solo secondo l'orientazione. Questa differenza va ovviamente evidenziata nel momento in cui si costruisce il modello del problema. Nel secondo caso si usa il termine di *cammino orientato*, mentre per un circuito si usa il termine *ciclo.* Cammini e circuiti vengono definiti semplici o elementari come per i grafi non orientati.

Un grafo orientato senza cicli viene detto *aciclico*. Un grafo aciclico e senza archi multipli può esser visto come la rappresentazione di un ordine parziale su N. La *chiusura transitiva* di un grafo aciclico $G = (N, E)$ è il grafo su N il cui insieme d'archi è il più piccolo insieme E^c tale che $E \subset E^c$ e $(i,j) \in E^c$, $(j,k) \in E^c$ implica $(i,k) \in E^c$. La *riduzione transitiva* di un grafo aciclico è il grafo su N il cui insieme d'archi è il più grande insieme E^r tale che $E^r \subset E$ e $(i,j) \in E^r$, $(j,k) \in E^r$ implica $(i,k) \notin E^r$. In Fig. 6.12 è raffigurato un grafo aciclico con la sua riduzione transitiva e la chiusura transitiva.

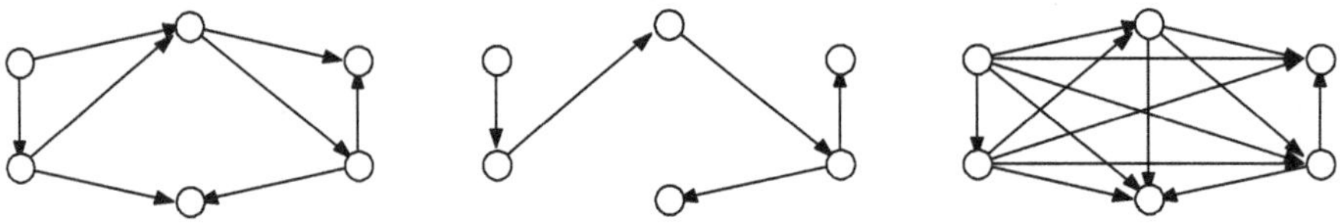

Figura 6.12.

Due nodi fra i quali esista un cammino vengono detti connessi e il grafo viene detto connesso se fra tutte le coppie di nodi esistono cammini. Quindi la proprietà di connessione è ereditata dal grafo associato. Nei grafi orientati c'è un ulteriore concetto. Due nodi fra i quali esista un ciclo vengono detti *fortemente connessi* e il grafo si dice fortemente connesso se tutte le coppie di nodi sono fortemente connesse. Definendo ogni nodo fortemente connesso con se stesso, anche la proprietà di connessione forte è una relazione di equivalenza che induce una partizione dei nodi del grafo in componenti fortemente connesse. Il grafo ottenuto per contrazione delle componenti fortemente connesse è aciclico.

Il concetto di taglio si particolarizza in un grafo orientato tenendo conto dell'orientazione. La notazione $\delta(S)$ si riferisce in ogni caso all'insieme di archi con esattamente un estremo in S, senza tener conto della loro orientazione, mentre si usano le notazioni

$$\delta^+(S) := \{(i,j) : i \in S,\ j \notin S\}, \qquad \delta^-(S) := \{(i,j) : i \notin S,\ j \in S\}$$

per distinguere gli archi che vanno da S al suo complementare e quelli contrari. Ovviamente $\delta(S) = \delta^+(S) \cup \delta^-(S)$.

6.3 Coperture e impaccamenti di nodi

La maggior parte dei problemi combinatori può essere definita come la ricerca di una sottofamiglia di sottoinsiemi con particolari caratteristiche, a partire da una famiglia assegnata di sottoinsiemi. Di solito viene preliminarmente definito un insieme fondamentale E e su tale insieme si costruisce la famiglia $\mathcal{F}$ di sottoinsiemi di E. Infine si cerca un'opportuna sottofamiglia $\mathcal{X} \subset \mathcal{F}$.

In questa sezione l'insieme E è proprio l'insieme E degli archi di un grafo e la famiglia $\mathcal{F}$ è individuata dai nodi del grafo. Può forse stupire che un nodo sia visto come un sottoinsieme di archi. In realtà possiamo sempre associare ad ogni nodo l'insieme degli archi incidenti nel nodo e in questo modo si realizza una corrispondenza fra sottoinsiemi di nodi e sottofamiglie di insiemi di archi. Per questo motivo ci riferiremo direttamente ai nodi anziché ai sottoinsiemi della famiglia.

Due particolari tipi di sottoinsiemi di nodi sono di grande interesse. Se l'arco rappresenta una incompatibilità fra due nodi, l'interesse ricade su nodi che non siano adiacenti fra loro. Si definisce *insieme stabile*, o anche *insieme indipendente*, o anche *impaccamento di nodi*, un qualsiasi sottoinsieme di nodi che non siano a due a due adiacenti.

Normalmente interessa selezionare il massimo numero di nodi stabili. Può avvenire che siano definiti dei pesi w_i sui nodi, nel qual caso l'interesse può ricadere su un insieme stabile di massimo peso. Entrambi i problemi sono **NP**-difficili. Il massimo numero di nodi stabili di un grafo è un importante parametro del grafo e viene chiamato *numero di stabilità*, denotato come $\alpha(G)$. Per quanto appena detto, il calcolo del numero di stabilità è in generale difficile.

Il secondo tipo di sottoinsiemi interviene quando due nodi hanno in comune una certa proprietà ed è sufficiente che uno solo dei due 'rappresenti' la proprietà. In questo caso per ogni arco bisogna scegliere almeno uno dei due nodi dell'arco. Si definisce *copertura di nodi* un insieme di nodi tale che ogni arco del grafo è incidente in almeno un nodo dell'insieme.

In questo caso l'interesse risiede nel trovare una copertura con il minimo numero di nodi. Se sono definiti dei pesi w_i sui nodi, allora si può cercare la copertura di minimo peso.

Un legame molto forte fra i due problemi è dato dalla seguente proprietà: l'insieme di nodi complementare di un insieme stabile è una copertura di nodi e viceversa. La facile dimostrazione di questo fatto viene lasciata come esercizio. L'implicazione immediata di questa proprietà è che risolvere un problema di insieme stabile (pesato o di cardinalità) risolve contemporaneamente anche un problema di copertura nodi, che quindi è altrettanto difficile. La minima copertura di nodi vale quindi $n - \alpha(G)$.

Per alcuni grafi il numero di stabilità è noto. Si vede facilmente che $\alpha(K_n) = 1$ e $\alpha(K_{p,q}) = \max\{p, q\}$. Per un circuito C pari si ha $\alpha(C) = |C|/2$, mentre per un circuito C dispari si ha $\alpha(C) = (|C| - 1)/2$. Si deduce che la minima copertura di nodi per K_n vale $n - 1$ e per $K_{p,q}$ vale $\min\{p, q\}$. Questo non è vero per un grafo bipartito generico. Anche se i nodi di uno dei due insiemi che definiscono un grafo bipartito è sia un insieme stabile che una copertura, non è detto che il più grande dei due insiemi sia anche il massimo insieme stabile. Come controesempio si consideri il seguente grafo bipartito dove il massimo insieme stabile è dato dai nodi in nero, che non stanno dalla stessa parte del grafo bipartito.

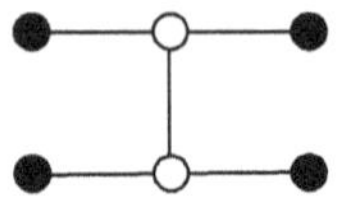

Il problema del massimo insieme stabile e della minima copertura di nodi possono essere modellati con la PL intera. Assegnando ad ogni nodo una variabile $x_i \in \{0,1\}$ a denotare se il nodo viene scelto ($x_i = 1$) oppure no ($x_i = 0$), i vincoli che definiscono un insieme stabile sono:

$$x_i + x_j \leq 1 \qquad (i,j) \in E$$

e quelli che definiscono una copertura sono

$$x_i + x_j \geq 1 \qquad (i,j) \in E$$

L'obiettivo è $\sum_i x_i$ per un problema di cardinalità e $\sum_i w_i\, x_i$ per un problema pesato, entrambi da massimizzare per insiemi stabili e da minimizzare per coperture. Si vedrà più avanti come raffinare questi modelli, che, in questa formulazione iniziale, pur essendo esatti, non sono molto efficienti.

Un insieme stabile viene detto anche impaccamento pensando che i sottoinsiemi di archi (corrispondenti ai nodi dell'insieme stabile) non devono avere elementi in comune. Quindi è come se non si sovrapponessero, da cui il termine di 'impaccamento'. D'altro lato una copertura è una famiglia di sottoinsiemi che contiene tutti gli elementi dell'insieme fondamentale. Si può anche richiedere che la famiglia sia contemporaneamente una copertura ed un impaccamento. Si parla in questo caso di *partizione*, proprio perché gli insiemi della famiglia costituiscono una partizione dell'insieme fondamentale.

Nel caso particolare di famiglie date da insiemi stabili e coperture di nodi, un insieme di nodi che sia contemporaneamente un insieme stabile e una copertura può esistere se e solo se il grafo è bipartito, come è facile vedere. Quindi si tratta di un problema facile, dato che è facile riconoscere un grafo bipartito.

6.4 Coperture e impaccamenti di archi

I concetti della precedente sezione vengono ora scambiati fra loro. L'insieme fondamentale è l'insieme dei nodi e gli archi costituiscono i sottoinsiemi di nodi, ovvero le coppie dei nodi che definiscono l'arco. Si noti come tutti i sottoinsiemi della famiglia abbiano due elementi. Questa peculiarità sta alla base del fatto che i problemi che vengono ora definiti sono facili.

Un impaccamento in questo caso è un insieme di archi che non abbiano nodi in comune, ovvero che non siano incidenti fra loro. Un tale insieme di archi prende il nome di *accoppiamento* (*matching*). Anche in questo caso si possono definire le versioni di massima cardinalità e massimo peso (con pesi definiti sugli archi). Questi problemi verranno diffusamente esposti nel Cap.13.

Una copertura di archi viene definita come un insieme di archi in cui siano contenuti tutti i nodi. Ovviamente interessa trovare una copertura minima. Non è difficile dimostrare che una copertura di cardinalità minima si ottiene da un accoppiamento di cardinalità massima aggiungendo tanti archi quanti sono i nodi non coperti dall'accoppiamento massimo, purché beninteso non esistano nodi isolati, nel qual caso non esistono coperture.

Una partizione corrisponde ad un accoppiamento che contiene tutti i nodi, che viene detto *perfetto.*

La cardinalità M del massimo accoppiamento è legata alla cardinalità ν della minima copertura di nodi dalla diseguaglianza $M \leq \nu$. Per dimostrare questo fatto si noti che, dato un qualsiasi accoppiamento, gli archi dell'accoppiamento, non avendo nodi in comune, devono essere coperti tutti da nodi diversi. Quindi per ogni arco accoppiato ci deve essere almeno un nodo di una copertura. Questo è vero per ogni accoppiamento e ogni copertura e quindi è vero anche per il massimo accoppiamento e la minima copertura.

Per qualche grafo la diseguaglianza è soddisfatta come uguaglianza. Ad esempio ciò succede per i grafi bipartiti. Di questo si riparlerà nel Cap.13.

6.5 Colorazioni e cricche

Un problema rilevante in un grafo è quello di identificare le cricche. Le cricche più interessanti sono quelle di cardinalità massima. Trovarle però non è facile. La difficoltà è la stessa del problema del massimo insieme stabile. Infatti un insieme di nodi è stabile se e solo se lo stesso insieme è una cricca nel grafo complementare, come è facile dimostrare. La cardinalità della massima cricca è un altro parametro importante del grafo. Prende il nome di *numero di cricca* (*clique number*) e viene denotato come $\omega(G)$. Se indichiamo con $\overline{G}$ il grafo complementare di G, si ha, per quanto detto, $\omega(\overline{G}) = \alpha(G)$.

Anche identificare cricche massimali è importante. Una cricca viene definita *massimale* se, aggiungendo un qualsiasi altro nodo alla cricca, il nuovo insieme non è più una cricca. Identificare una cricca massimale qualsiasi è quindi facile perché basta aggiungere un nodo alla volta finché questo non è più possibile. Tuttavia l'interesse ricade spesso nell'identificare tutte le cricche massimali, e questo è ovviamente difficile, dato che in questo modo siamo in grado anche di identificare la cricca massima.

Il concetto di insieme stabile può essere esteso pensando di decomporre l'insieme dei nodi del grafo in tanti insiemi stabili. Una tale partizione prende il nome di *colorazione* del grafo. Questo nome si deve all'idea di colorare i nodi di un grafo con la regola che nodi adiacenti non siano colorati con lo stesso colore. Quindi nodi con lo stesso colore devono costituire un insieme stabile. Si tratta di un concetto molto importante per le applicazioni. Se un insieme stabile rappresenta una incompatibilità dovuta, ad esempio, all'uso di una risorsa comune, una colorazione del grafo identifica il numero di risorse necessarie.

Naturalmente interessa trovare il minimo numero di colori con cui si può colorare il grafo. Anche questo è un parametro importante che caratterizza un grafo. Prende il nome di *numero cromatico* e viene denotato come $\chi(G)$. Come per gli altri parametri il calcolo del numero cromatico è **NP**-difficile. Per alcuni grafi il numero cromatico è facilmente calcolabile. Ad esempio $\chi(K_n) = n$, $\chi(K_{p,q}) = 2$. In particolare $\chi(G) = 2$ se e solo se G è bipartito.

Un grafo planare ha numero cromatico al più 4. Questa proprietà congetturata nel 1852 da F. Guthrie, fu oggetto di molte dimostrazioni errate finché nel 1977 fu provata da Appel, Hagen e Koch [11] trovando una colorazione, per via esaustiva al calcolatore, per 1936 grafi, rappresentativi di ogni possibile grafo. La dimostrazione suscitò molto rumore e reazioni negative per il fatto che si basava sulla correttezza di programmi e della loro esecuzione e meno sul semplice ragionamento.

Il numero di cricca e il numero cromatico sono legati dalla relazione $\omega(G) \leq \chi(G)$. La diseguaglianza è ovviamente vera perché la presenza di una cricca obbliga ad usare almeno tanti colori quanti sono i nodi della cricca. Però potrebbero servire più colori in generale. Se ad esempio il grafo è un circuito C di 5 nodi, si ha $\omega(C) = 2$, ma $\chi(C) = 3$.

Abbiamo visto che il numero di stabilità e il numero di cricca rappresentano lo stesso concetto applicato nel grafo complementare. Ci chiediamo allora cosa diventi una colorazione nel grafo complementare. La decomposizione dei nodi in insiemi indipendenti si trasforma nel grafo complementare in una decomposizione in cricche. Ogni grafo può essere decomposto in cricche. Nel modo più banale ogni nodo può formare cricca a sé, ma anche un accoppiamento (o meglio i nodi di un accoppiamento) più i nodi non coperti dall'accoppiamento costituiscono una semplice decomposizione in cricche. Ovviamente interessa trovare una decomposizione con il minor numero di cricche. Tale numero prende il nome di *numero di partizione in cricche* e si indica con $\theta(G)$. Quindi $\theta(G) = \chi(\overline{G})$.

Anche per $\theta(G)$ vale una diseguaglianza importante, cioè $\alpha(G) \leq \theta(G)$ (derivabile fra l'altro da $\omega(\overline{G}) \leq \chi(\overline{G})$, $\theta(G) = \chi(\overline{G})$ e $\omega(\overline{G}) = \alpha(G)$).

Il fatto che dei minimi (numero cromatico o numero di partizione di cricche) abbiano una limitazione inferiore in valori massimi (numero di cricca o numero di stabilità) è importante dal punto di vista computazionale. Se per una classe di grafi fosse $\alpha(G) = \theta(G)$ e $\omega(G) = \chi(G)$, questo fatto avrebbe un'importante conseguenza. In base alla teoria della complessità computazionale, le eguaglianze implicherebbero per ognuno dei quattro problemi l'appartenenza sia alla classe dei problemi **NP**-completi che alla classe dei problemi complementari **coNP**-completi. Seguendo le congetture attuali sarebbe improbabile che i problemi, ristretti a questa classe siano **NP**-difficili. La classe di grafi per cui valgono le eguaglianze scritte costituisce la classe dei grafi perfetti.

6.6 Grafi perfetti

Un grafo G si dice *perfetto* se $\omega(G') = \chi(G')$ per ogni sottografo indotto G'. Un celebre teorema afferma l'equivalenza dell'eguaglianza $\omega(G') = \chi(G')$ con $\alpha(G') = \theta(G')$.

Teorema 6.2. (Teorema del grafo perfetto, Lovász [149]) *Un grafo G è perfetto se e solo se $\alpha(G') = \theta(G')$ per ogni sottografo indotto G'. Alternativamente, un grafo è perfetto se e solo se il suo grafo complementare è perfetto.* ∎

Per i grafi perfetti si riescono a calcolare in tempo polinomiale i numeri di stabilità, di cricca, di decomposizione in cricche e il numero cromatico. Naturalmente è importante essere in grado di riconoscere se un grafo è perfetto e sapere quali classi di grafi godono di questa proprietà.

Tutti i grafi di quattro o meno nodi sono perfetti. Questo è facile da dimostrare, ad esempio in modo esaustivo, visto che i grafi di tre nodi sono solo quattro e quelli di quattro nodi sono quelli di Fig. 6.1. Il più piccolo grafo non perfetto è un circuito di cinque nodi, quindi una buca dispari. Ne discende che i grafi perfetti non hanno buche dispari. Se chiamiamo *antibuca* (*antihole*) il grafo complementare di una buca (si tratta di un grafo completo meno gli archi di un circuito), si deduce, dal teorema del grafo perfetto, che i grafi perfetti non hanno nemmeno antibuche dispari.

Un recente teorema, che chiude in senso positivo una congettura formulata diversi anni fa [21], afferma il fatto notevole che vale anche l'implicazione inversa, ovvero che l'assenza di buche o antibuche dispari è sufficiente a garantire che un grafo è perfetto.

Teorema 6.3. (Teorema forte del grafo perfetto [43]) *Un grafo è perfetto se e solo se non contiene né buche dispari, né antibuche dispari.* ∎

Questo teorema permette di identificare se un grafo è perfetto grazie ad un recente risultato [42] che permette di determinare in tempo polinomiale l'esistenza di una buca dispari oppure di una antibuca dispari. Curiosamente non si sa (ancora) determinare in tempo polinomiale l'esistenza di una buca dispari (quindi se l'algoritmo citato trova una antibuca dispari, non siamo in grado di sapere se c'è anche una buca dispari). Inoltre, a sottolineare quanto sottile sia il problema, è **NP**-completo determinare se esiste una buca dispari contenente un nodo fissato [25].

Per certe classi di grafi il teorema permette di dimostrare abbastanza facilmente che sono perfetti. Per i grafi che verranno ora citati, il fatto che fossero perfetti si sapeva anche prima del Teorema forte del grafo perfetto, tramite dimostrazioni ad hoc.

Ad esempio i grafi bipartiti sono perfetti, dato che hanno solo circuiti pari. Comunque questa notizia non ci sorprende, perché già sappiamo che i

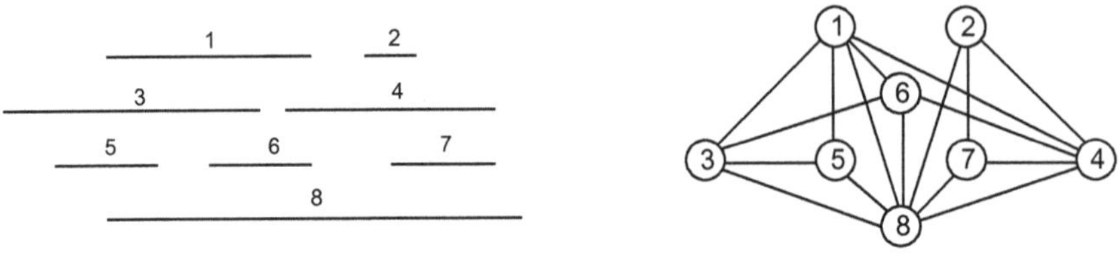

(**a**) Intervalli e grafo corrispondente

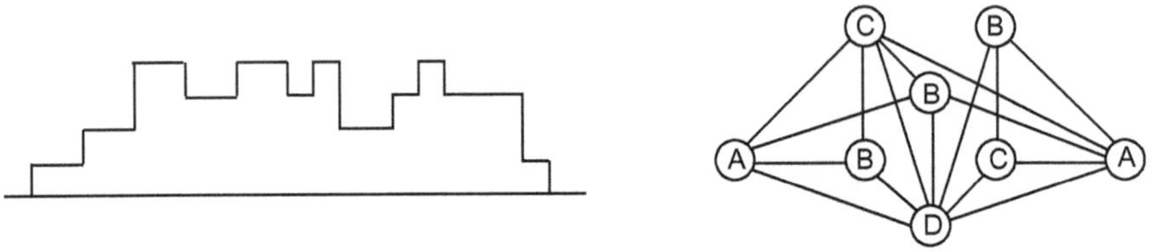

(**b**) Funzione $f(x)$ e corrispondente colorazione

Figura 6.13.

grafi bipartiti sono talmente speciali che il fatto di essere anche perfetti non aggiunge molto al loro status. Adesso presentiamo due classi di grafi perfetti che intervengono frequentemente nelle applicazioni: i grafi d'intervallo e i grafi di conflitto.

I *grafi d'intervallo* vengono definiti a partire da un insieme di intervalli della retta reale. Ad ogni intervallo viene associato un nodo del grafo e fra due nodi esiste l'arco se e solo se i due intervalli hanno punti in comune. In molte applicazioni se gli intervalli hanno esattamente un punto in comune (se ad esempio l'estremo destro di un intervallo è anche l'estremo sinistro di un altro intervallo) non si considera questo fatto come una 'consistente' sovrapposizione d'intervalli. Se è questo che si vuole, basta ridefinire gli intervalli prendendoli aperti. Si vedano in Fig. 6.13(a) un insieme di otto intervalli e il corrispondente grafo.

Il grafo così costruito eredita la struttura d'ordine della retta reale ed è proprio questo fatto a rendere questi grafi così particolari. Siano $I_1, \ldots, I_n$ gli intervalli. Per dimostrare che il grafo è perfetto basta dimostrare che i nodi di ogni circuito sono anche una cricca e quindi non possono esistere buche (né dispari, né pari). Inoltre, se esistesse un'antibuca, dovrebbe esistere anche un circuito sugli stessi nodi e quindi non possono esistere neppure antibuche. Indichiamo con $\{i_1, i_2, \ldots, i_k\}$ i nodi del circuito e con $\{I_1, I_2, \ldots, I_k\}$ i rispettivi intervalli con $I_i = [a_i, b_i]$. Per definizione di grafo d'intervallo si ha

$$I_i \cap I_{i+1} \neq \emptyset, \quad i = 1, \ldots, k-1, \qquad I_1 \cap I_k \neq \emptyset$$

La condizione $I_i \cap I_j \neq \emptyset$, è equivalente a $\max\{a_i\,,\, a_j\} \leq \min\{b_i\,,\, b_j\}$. Da

$$\max\{a_i\,,\, a_{i+1}\} \leq \min\{b_i\,,\, b_{i+1}\}\,, \quad i = 1, \ldots, k-1,$$

$$\max\{a_1, a_k\} \leq \min\{b_1, b_k\}$$

si ricava

$$\max\{a_i : i = 1, \ldots, k\} \leq \min\{b_i : i = 1, \ldots, k\}$$

ovvero $I_i \cap I_j \neq \emptyset$ per ogni $i, j = 1, \ldots, k$.

Definiamo ora la funzione $f(x) := |\{i : x \geq a_i\}| - |\{i : x > b_i\}|$, che 'conta' gli indici per cui sia $x \geq a_i$ che $x \leq b_i$ (in Fig. 6.13(b) a sinistra la funzione per gli intervalli di Fig. 6.13(a)). Per ogni x è quindi definita una cricca e per ogni cricca esiste un x che la definisce. Il valore della massima cricca è pertanto dato da $\chi = \max f(x)$.

Per colorare il grafo basta ordinare i valori a_i e b_i e scandirli dal minimo al massimo. In un passo generico dell'algoritmo i colori 'impegnati' sono marcati e quelli disponibili sono quindi non marcati. Inzialmente nessun colore è marcato. Se il generico numero da scandire è a_i allora ci sono $\chi - f(a_i - \varepsilon)$ colori disponibili e si può usare uno di questi per colorare il nodo i. Quindi tale colore viene marcato. Se il generico numero da scandire è b_i allora il colore con cui era stato colorato il nodo i diventa nuovamente disponibile e tale colore viene smarcato. Si veda in in Fig. 6.13(b) il grafo colorato secondo questa tecnica (i colori sono rappresentati dalle lettere A, B, C e D). Quindi $\omega(G) = \chi(G)$ e tale relazione vale anche per ogni sottografo indotto.

Si può ancora notare che i massimi locali di $f(x)$ forniscono le cricche massimali. Nell'esempio ce ne sono quattro, che sono anche massime in questo caso.

Anche il calcolo di $\theta(G) = \alpha(G)$ può essere effettuato in modo analogo: si considera il primo massimo locale di $f(x)$. Per quanto detto il massimo dà luogo ad una cricca. Il massimo locale è determinato dall'estremo destro di un intervallo. Si memorizzano il nodo corrispondente a questo intervallo e la cricca del massimo locale. A questo punto si eliminano gli intervalli della cricca e si ripete la procedura sui rimanenti intervalli.

Le cricche che si ottengono costituiscono una decomposizione in cricche del grafo (non è necessario che siano massimali). Inoltre ogni nodo scelto corrisponde ad un intervallo che non ha intersezione con gli intervalli che rimangono dopo l'eliminazione. Quindi i nodi scelti costituiscono un insieme stabile. Siccome abbiano un numero di nodi stabili pari al numero di cricche della decomposizione si tratta sia di $\theta(G)$ che di $\alpha(G)$.

Esaminiamo ora il grafo complementare di un grafo d'intervallo. Diciamo che l'intervallo $I_i \prec I_j$, cioè I_i precede I_j se $b_i < a_j$. Possono avvenire solo tre casi $I_i \prec I_j$, $I_j \prec I_i$ oppure $I_i \cap I_j \neq \emptyset$. Quindi nel grafo complementare fra due nodi c'è un arco se e solo se $I_i \prec I_j$, $I_j \prec I_i$ ovvero fra i due intervalli esiste una relazione d'ordine. Si tratta quindi di un caso particolare di grafi di comparabilità.

Un *grafo di comparabilità* viene definito a partire da un insieme su cui è definito un ordine parziale $\prec$. Ogni nodo è un elemento dell'insieme e fra due nodi i e j c'è un arco se solo se esiste una relazione d'ordine fra i due elementi, ovvero se $i \prec j$ oppure $j \prec i$. Si consideri un circuito dispari con più di tre archi e fissiamo un'orientazione arbitraria sul circuito e diciamo che due nodi adiacenti i e j sul circuito sono orientati come il circuito se l'orientazione del circuito va da i a j e $i \prec j$. Siccome il circuito è dispari ci devono essere almeno due archi consecutivi nel circuito (i, j) e (j, k) orientati come il circuito. Quindi, in base alla transitività della relazione d'ordine anche fra i e k esiste la relazione d'ordine. Quindi il circuito ammette un arco che connette due nodi e non può essere una buca dispari. Si deduce che un grafo di comparabilità è un grafo perfetto.

Questo fatto dimostra in modo alternativo che un grafo d'intervallo è perfetto, dato che il complementare di un grafo d'intervallo è un grafo di comparabilità.

Consideriamo ora dei particolari grafi, detti *grafi di conflitto di linea* (*line conflict graph* [140]) definiti a partire dagli archi di un grafo bipartito. Inoltre il grafo bipartito possiede una struttura d'ordine, ovvero i nodi di N_1 sono numerati (e ordinati) da 1 a $|N_1|$ e altrettanto i nodi di N_2. Ogni arco del grafo bipartito corrisponde ad un nodo del grafo di conflitto. Detto in modo informale, se gli archi del grafo bipartito si incrociano allora fra i rispettivi nodi del grafo di conflitto c'è un arco. Detto in modo formale, dati due archi (i, j) e (h, k) del grafo bipartito, fra i nodi corrispondenti esiste un arco se e solo se $i \leq h$ e $j \geq k$ oppure $i \geq h$ e $j \leq k$. Il grafo complementare di questo grafo è un grafo di comparabilità, come si vede facilmente, e quindi un grafo di conflitto di linea è perfetto.

Questo tipo di grafo interviene ad esempio quando si vuole un accoppiamento in un grafo bipartito che soddisfi anche la condizione di mantenere l'ordine fra i nodi accoppiati. Questa proprietà interviene in problemi di allineamento in biologia computazionale (si veda [140]). Un insieme stabile nel grafo di conflitto è un accoppiamento di archi che non si incrociano nel grafo bipartito. Quindi la ricerca di un tale accoppiamento diventa la ricerca di un insieme stabile nel grafo di conflitto, calcolo che è polinomiale in quanto il grafo è perfetto. In Fig. 6.14 sono raffigurati un grafo bipartito il suo grafo di conflitto.

La ricerca di una cricca massima in un grafo di conflitto di linea si esegue in modo particolarmente rapido grazie al seguente grafo orientato: i nodi siano etichettati $\{(i, j) : i \in N_1,\ j \in N_2\}$, ovvero ogni nodo è un arco del grafo bipartito completo $K_{|N_1|,|N_2|}$; gli archi orientati sono $(i, j) \to (i + 1, j)$ per $i = 1, \ldots, N_1 - 1$ e $(i, j + 1) \to (i, j)$ per $j = 1, \ldots, N_2 - 1$. Si tratta quindi di un grafo a griglia come in Fig. 6.15. Inoltre i nodi a cui corrisponde un arco del grafo bipartito hanno peso 1 e tutti gli altri nodi hanno peso 0. In Figura i nodi di peso 1 sono in nero.

Ora si consideri un qualsiasi cammino orientato dal nodo $(N_1, 1)$ al nodo $(1, N_2)$ (nodi quadrati in figura). I nodi di peso 1 del cammino sono una cricca del grafo di conflitto di linea (esercizio per il lettore). A questo punto basta trovare il cammino di peso massimo, cioè il cammino con il maggiore numero di nodi neri e questo identifica la cricca massima.

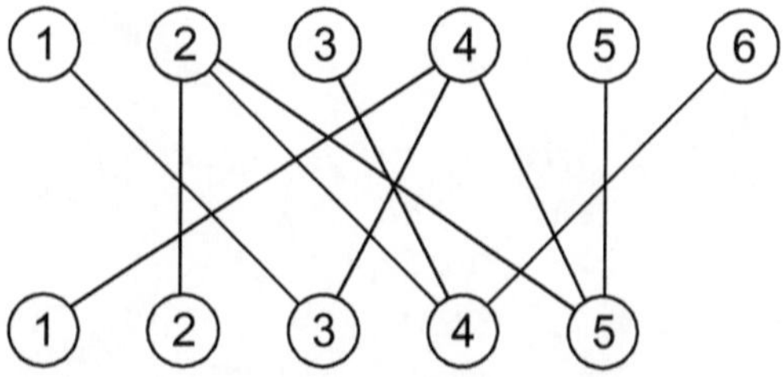

Grafo bipartito

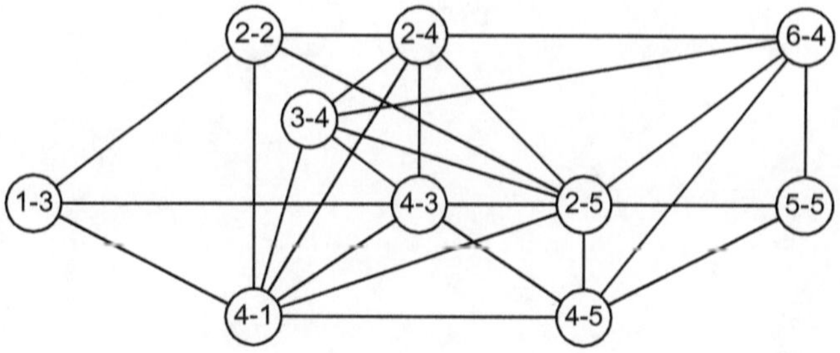

Grafo di conflitto

Figura 6.14.

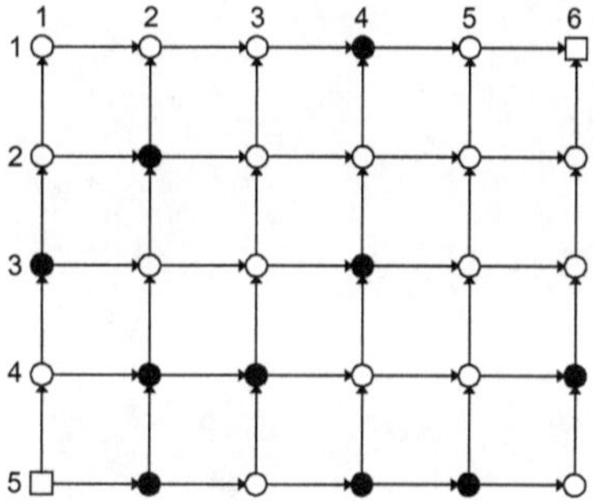

Figura 6.15.

7

Programmazione lineare intera
Metodi risolutivi

7.1 Premessa

Per trovare una soluzione ottima all'interno di un insieme di soluzioni ammissibili, un algoritmo deve contenere una strategia di ricerca delle soluzioni e un metodo di verifica che una particolare soluzione trovata sia proprio quella cercata. Ad esempio nel metodo del simplesso la strategia di ricerca è di tipo locale, cioè data una soluzione se ne genera un'altra 'vicina' a questa. Nel caso del simplesso si intendono come vicine due basi che differiscono per un solo indice (una base corrisponde ai vincoli attivi che definiscono il vertice). La scelta della base vicina viene fatta in modo da migliorare l'obiettivo. Il metodo di verifica è basato sulla proprietà di dualità della PL: ad ogni iterazione è disponibile anche una variabile duale il cui valore è, per costruzione, uguale a quello della variabile primale. Se tale variabile duale è ammissibile, è provata l'ottimalità della soluzione.

Si noti un fatto molto importante. L'esistenza di una coppia di variabili primale-duale ammissibili e con identico valore di funzione obiettivo costituisce una 'prova', un 'certificato' di ottimalità. Nel momento in cui tale certificato è disponibile si è in grado di essere certi dell'ottimalità *indipendentemente da quali calcoli abbiano condotto al certificato.* Si noti anche che tale certificato si basa sull'idea che una limitazione inferiore al valore ottimo e una limitazione superiore coincidono.

Questo quadro computazionalmente favorevole della PL non si presenta purtroppo in tutti i problemi. Le due componenti dell'algoritmo, la ricerca e la verifica, sono necessariamente presenti, ma può avvenire che la prova dell'ottimalità richieda una lunga ed elaborata computazione. Può avvenire cioè che non sia disponibile un semplice meccanismo di verifica come nel caso della PL.

Secondo la teoria della complessità computazionale, i problemi 'data una soluzione x, si tratta dell'ottimo?' e 'data una soluzione x, esiste una soluzione migliore?' sono uno complementare dell'altro (se per un problema la risposta è 'sì', per l'altro è 'no'). Un certificato per il secondo problema può essere definito proprio da una soluzione migliore y, e normalmente il calcolo per verificare che y è migliore di x è polinomiale. Questo è quanto dire che il secondo problema appartiene alla classe **NP** e quindi il primo problema sta nella classe **coNP** (classe dei problemi complementari a quelli in **NP**). La domanda che ci si pone è se il primo problema appartenga anche alla classe **NP**, perché questo garantirebbe l'esistenza di una prova di ottimalità polinomiale. Si è appena visto che la PL, grazie alla dualità, si trova in questa condizione.

Purtroppo vi sono molti problemi di grande interesse che sono **NP**-completi e la teoria a tutt'oggi non è in grado di dire se i problemi **NP**-completi siano risolubili polinomialmente e se i problemi complementari dei problemi **NP**-completi siano anche in **NP**. La congettura ampiamente condivisa per entrambe le questioni è negativa, ragion per cui ci si deve attendere che la ricerca dell'ottimo richieda tempi lunghi e che, pur avendo trovato l'ottimo, non si sia in grado di riconoscerlo come tale, se non dopo una laboriosa prova di ottimalità.

La Programmazione lineare intera (PLI) appartiene alla classe dei problemi **NP**-completi. Modelli di PLI, soprattutto quando l'interezza è limitata ai valori 0 o 1 (PL01), intervengono dovunque data l'elevata flessibilità modellistica delle variabili 0-1. Purtroppo, quando il problema da risolvere è abbastanza grande, il prezzo che si deve pagare è un lungo tempo di calcolo se si vuole la soluzione esatta, oppure una soluzione approssimata se si vuole un calcolo rapido.

Gli ingredienti che si usano per risolvere problemi di PLI sono essenzialmente i seguenti: 1) trovare limitazioni inferiori all'ottimo che siano il più possibile vicine all'ottimo (quando si deve minimizzare, altrimenti si cercano limitazioni superiori), 2) trovare limitazioni superiori all'ottimo, tipicamente soluzioni ammissibili, e anche in questo caso il più possibile vicine all'ottimo, se non necessariamente l'ottimo stesso alla fine della computazione (se si deve massimizzare si cercano ovviamente limitazioni inferiori).

Se le due limitazioni coincidono, questo fatto costituisce una prova d'ottimalità per la soluzione che dà la limitazione superiore; se però questo non avviene, allora si ricorre a: 3) suddividere l'insieme ammissibile in modo da operare con problemi più piccoli ed avere per questi problemi limitazioni inferiori e superiori più vicine fra loro. Questa tecnica prende il nome di *branch-and-bound*, dove 'branch' si riferisce a 3) e 'bound' a 1).

È opportuno mettere subito in guardia contro immancabili delusioni cui può andare incontro chi costruisce per la prima volta modelli di PLI. Un modello può dare risultati soddisfacenti per dei piccoli modelli di prova e quindi far credere che si è in grado di risolvere il problema per il quale il modello viene costruito. Tuttavia, nel momento in cui il modello viene usato con un numero di dati più elevato, come è tipico dei problemi reali, si può scoprire con notevole disappunto che i tempi di calcolo aumentano a dismisura.

Che fare in questi casi? Cercare di rendere computazionalmente più efficaci i punti 1) e 2) può in diversi casi ridurre i tempi di calcolo entro termini accettabili. Se questo non dovesse essere possibile, allora si vede se la migliore soluzione finora trovata dista dalla peggiore limitazione inferiore di una quantità percentualmente accettabile per gli scopi del problema. Allora è consigliabile fermare il calcolo e accontentarsi di questa soluzione. Ma se nemmeno questo dovesse verificarsi, non resta che abbandonare il metodo e trovarne un altro, esatto o, più verosimilmente, euristico.

7.2 Limitazioni inferiori

Per trovare limitazioni inferiori esistono metodi standard, e sono quelli che si trovano nei software commerciali. È spesso utile però individuare altre limitazioni che derivano dalla struttura particolare del problema. Questo non è facile in generale. In alcuni casi è possibile adottare le tecniche cosiddette Lagrangiane, di cui si farà cenno nel Cap. 26.

Per problemi di PLI la limitazione inferiore che si usa comunemente consiste nel rilassare il vincolo d'interezza sulle variabili. Allargando l'insieme ammissibile l'ottimo rilassato avrà un valore non superiore (e quasi sicuramente inferiore) all'ottimo intero. La domanda che ci si deve porre sempre in questi casi è se lo scarto fra la limitazione inferiore e il valore ottimo intero sia abbastanza piccolo, cioè nell'ordine di pochi punti percentuali. Se non lo è, bisogna cercare di migliorarlo, altrimenti il tempo di calcolo potrebbe risultare proibitivo.

Spesso modelli logicamente corretti presentano, una volta rilassato il vincolo d'interezza, delle limitazioni inferiori talmente scadenti da pregiudicare del tutto la risoluzione. È essenziale quindi che chi modella un problema sappia formulare un modello, non solo logicamente corretto, ma anche adeguato alla computazione.

Esempio 7.1.

Consideriamo il problema della minima copertura definito in Sez. 6.3. Si è già visto come modellare il problema con il seguente problema di PL01

$$\begin{aligned} v = \min \quad & \sum_{i \in N} x_i \\ & x_i + x_j \geq 1 \qquad (i,j) \in E \\ & x_i \in \{0,1\} \qquad i \in N \end{aligned} \tag{7.1}$$

Si noti che, siccome il problema della minima copertura è **NP**-difficile, modellare il problema con la PL01 è corretto in quanto non porta ad un problema di difficoltà superiore. Il rilassamento d'interezza è il problema di PL

$$\begin{aligned} v' = \min \quad & \sum_{i \in N} x_i \\ & x_i + x_j \geq 1 \qquad (i,j) \in E \\ & x_i \geq 0 \qquad i \in N \end{aligned} \tag{7.2}$$

Si noti che, a rigore, il rilassamento di $x_i \in \{0,1\}$ è $0 \leq x_i \leq 1$. Tuttavia, dato che l'obiettivo minimizza i valori x_i e il vincolo è soddisfatto quando $x_i = 1$, valori superiori a 1 non sono ottimi e quindi sono implicitamente esclusi.

Ci dobbiamo ora porre la seguente domanda: quanto peggiore è il valore ottimo di (7.2) rispetto a (7.1)? Consideriamo il caso di G grafo completo. Si noti che il valore $x_i = 1/2$ per ogni nodo è ammissibile in (7.2) e dà luogo ad un valore di obiettivo uguale a $n/2$. Vogliamo far vedere che $v' = n/2$, cioè si tratta dell'ottimo (abbiamo supposto il grafo completo, in generale non è vero che $v' = n/2$, si prenda ad esempio un grafo a stella). Il problema duale di (7.2) è

$$\begin{aligned} v' = \max \quad & \sum_{e \in E} y_e \\ & \sum_{e \in \delta(i)} y_e \leq 1 \qquad & i \in N \\ & y_e \geq 0 \qquad & e \in E \end{aligned}$$

dove $\delta(i)$ è l'insieme degli archi incidenti nel nodo i (si veda a pag. 99 la definizione di taglio). Siccome il grafo è completo esiste un circuito hamiltoniano (si veda a pag. 97). Se si assegna il valore $y_e = 1/2$ agli archi del circuito si vede che tale soluzione è ammissibile e il suo valore è $n/2$. Quindi si ha

$$n/2 \leq v' \leq n/2$$

dove le due diseguaglianze sono dovute al fatto che si tratta di soluzioni ammissibili. Evidentemente deve essere $v' = n/2$. Il valore ottimo v di (7.1) per un grafo completo è invece $(n-1)$. Come si vede il rilassamento d'interezza produce una limitazione inferiore che è quasi la metà del valore ottimo!

In questo caso, sapendo a priori che il grafo è completo, potremmo aggiungere il vincolo

$$\sum_{i \in N} x_i \geq n - 1$$

e avremmo l'uguaglianza fra ottimo e suo rilassamento. In generale però operare in questo modo non è elementare. Dato un grafo qualsiasi dovremmo poter riconoscere al suo interno delle cricche massimali K e per ognuna di loro aggiungere un vincolo del tipo

$$\sum_{i \in K} x_i \geq |K| - 1$$

Questo migliora di molto la limitazione inferiore. Però identificare le cricche massimali è a sua volta un problema **NP**-difficile e quindi va fatto in modo euristico.

Ad esempio sia dato il grafo in Fig. 7.1 e si risolva (7.2). Si ottiene $x_i = 0.5$ per ogni nodo con valore ottimo $v = 3$. Se si aggiunge il vincolo $x_1+x_2+x_3 \geq 2$ si ottiene $x_1 = 0$, $x_2 = x_3 = 1$, $x_4 = x_5 = x_6 = 0.5$ con valore $v = 3.5$. Questa limitazione inferiore può essere portata a $\lceil 3.5 \rceil = 4$, siccome la soluzione del

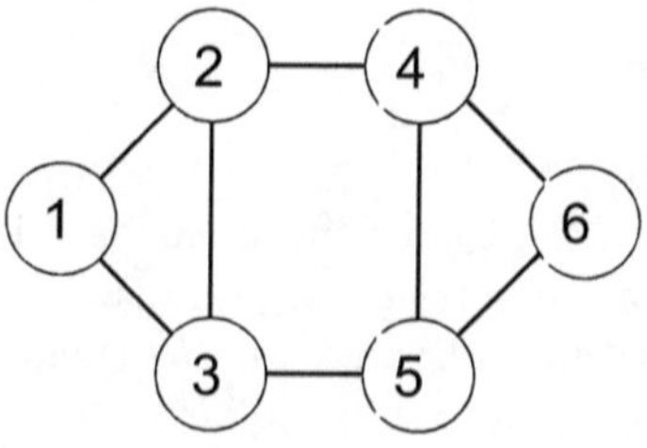

Figura 7.1.

problema di minima copertura deve essere intera. Questo fatto prova che la copertura costituita dai nodi $\{2,3,4,5\}$ è ottima. Possiamo anche aggiungere l'ulteriore vincolo $x_4 + x_5 + x_6 \geq 2$. Si ottiene una soluzione intera e quindi ottima.

Si può dimostrare il fatto notevole che (7.1) e (7.2) sono equivalenti (nel senso che i vertici ottimi di (7.2) sono interi) se il grafo è bipartito. ∎

Esempio 7.2.

Si supponga che tre variabili x_1, x_2, x_3 rappresentino variabili logiche e che la relazione a cui devono sottostare è la seguente

$$x_1 \vee x_2 \Longrightarrow \neg x_3 \tag{7.3}$$

Se le variabili assumono i valori 0 o 1 (0=falso e 1=vero), i valori ammissibili di (7.3) sono:

$$\begin{aligned} x_1 &= 0, \quad x_2 = 0, \quad x_3 = 0, \\ x_1 &= 0, \quad x_2 = 0, \quad x_3 = 1, \\ x_1 &= 0, \quad x_2 = 1, \quad x_3 = 0, \\ x_1 &= 1, \quad x_2 = 0, \quad x_3 = 0, \\ x_1 &= 1, \quad x_2 = 1, \quad x_3 = 0, \end{aligned}$$

Questo insieme può essere rappresentato ad esempio nel seguente modo

$$\left\{(x_1, x_2, x_3) \in \{0,1\}^3 : x_1 + x_2 \leq 2\,(1 - x_3)\right\}$$

oppure in quest'altro modo

$$\left\{(x_1, x_2, x_3) \in \{0,1\}^3 : x_1 \leq 1 - x_3; \quad x_2 \leq 1 - x_3\right\}$$

È indifferente usare l'uno o l'altro modo? Nel momento in cui si rilassa il vincolo d'interezza, bisogna porsi la domanda se i due insiemi sono uguali con il vincolo rilassato. Sia

$$A := \{(x_1, x_2, x_3) \in [0,1]^3 : x_1 + x_2 \le 2\,(1 - x_3)\}$$

$$B := \{(x_1, x_2, x_3) \in [0,1]^3 : x_1 \le 1 - x_3; \quad x_2 \le 1 - x_3\}$$

Come si vede dalla Fig. 7.2, A contiene B ed ha due vertici con coordinate frazionarie che B non ha. Quindi minimizzare su A può produrre dei minimi inferiori a quelli ottenuti minimizzando su B. Anche se per rappresentare B c'è bisogno di un maggior numero di vincoli è meglio usare B perché si ottiene una migliore limitazione inferiore.

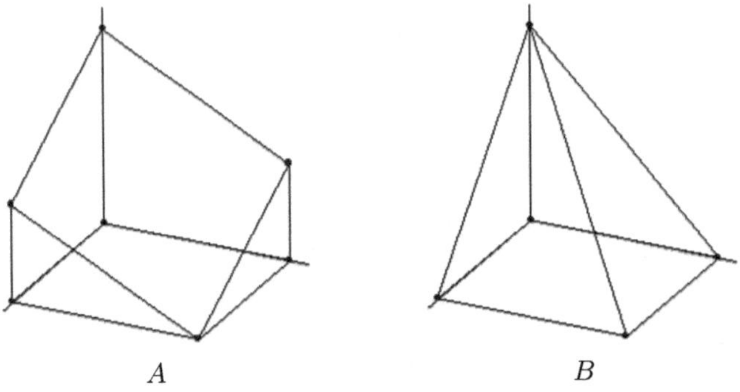

Figura 7.2.

∎

7.3 Limitazioni superiori

Come già detto, le limitazioni superiori corrispondono quasi sempre alla migliore soluzione ammissibile finora trovata, che viene anche detta *incombente* . Non vi sono metodi standard per generare soluzioni ammissibili a parte quello generalmente impiegato nei risolutori di PLI che consiste nel ricavare le soluzioni quando il rilassamento d'interezza fornisce proprio una soluzione intera. Naturalmente si tratta di un metodo che si può applicare a qualsiasi problema ed è per questo motivo che viene impiegato nei risolutori.

Tuttavia, di fronte ad un problema particolare, è prassi altamente consigliata quella di trovare algoritmi che generino in modo veloce un elevato numero di soluzioni buone. Ovviamente viene richiesta un'analisi approfondita del problema nonché una adeguata sperimentazione computazionale. Questi metodi, proprio perché devono essere veloci, sono tipicamente euristici e possono usare con vantaggio anche metodi casuali.

Ad esempio, considerando il problema della copertura di nodi e supponendo di dover risolvere un problema di minima copertura pesata, possiamo pensare ad un euristica che proceda nel seguente modo: si scelga il nodo che ha minimo rapporto peso/grado e lo si inserisca nella copertura; poi si rimuova dal grafo il nodo e tutti gli archi incidenti nel nodo e si proceda ricorsivamente sul grafo così ottenuto. Il razionale di questa procedura è che il rapporto peso/grado di un nodo dà un'idea di quanto costi coprire ciascun arco incidente in quel nodo, come se il peso del nodo fosse ripartito fra gli archi che vengono coperti dalla scelta di quel nodo. Quindi è bene usare nodi che diano luogo al minimo costo per gli archi. Siccome però ci sono normalmente archi coperti da due nodi, creando quindi uno 'spreco' nell'uso dei nodi, non c'è in generale garanzia di ottimalità.

7.4 Suddivisione

Quando non si è in grado di provare l'ottimalità di un problema facendo uso delle limitazioni superiore e inferiore si suddivide l'insieme delle soluzioni, risolvendo problemi via via più piccoli, finché questi non sono risolti (con una soluzione intera) oppure si prova che non serve risolverli perché non contengono l'ottimo globale.

È chiaro che la suddivisione continuata dell'insieme può portare ad un numero esponenziale di sottoproblemi da esaminare, però un uso efficace delle limitazioni inferiori permette di ridurre il numero dei sottoproblemi e quindi il tempo di computazione entro limiti accettabili.

Per illustrare la caratteristiche principali della suddivisione si consideri un problema di PL01. L'insieme delle soluzioni può essere rappresentato con un albero binario, detto *albero di ricerca* o anche *albero delle soluzioni*, in cui ad ogni nodo si suddivide una particolare variabile nei suoi due valori 0 e 1. L'albero non è necessariamente completo perché le scelte di alcune variabili potrebbero essere inammissibili indipendentemente dal valore delle altre variabili (ad esempio un vincolo $x_1 + x_2 \leq 1$ fa sì che le scelte $x_1 := 1$ e $x_2 := 1$ rendano la soluzione inammissibile e quindi non serve espandere il sottoalbero relativo).

Tuttavia, anche riducendo l'albero alle sole scelte ammissibili, il numero di nodi rimane troppo elevato per un'enumerazione esplicita. La chiave per poter esplorare l'albero delle soluzioni in modo implicito consiste proprio nel poter provare che in un sottoalbero non ci sono soluzioni migliori dell'incombente, rendendo inutile quindi l'esplorazione del sottoalbero i cui nodi vengono allora soltanto implicitamente enumerati. La prova che nel sottoalbero non ci sono soluzioni migliori si può avere se si dispone di una limitazione inferiore all'ottimo nel sottoalbero che non è migliore dell'incombente.

Questa idea semplice ma efficace può ridurre l'esplorazione dell'albero ad un numero accettabile di nodi. Affinché il metodo sia veramente efficace è però essenziale che le limitazioni inferiori siano il più alte possibile e che si possa disporre il più presto possibile di buoni incombenti.

Può comunque succedere che il tempo di calcolo sia troppo elevato. In questi casi, confrontando la più bassa limitazione inferiore disponibile e l'incombente, si conosce l'intervallo entro il quale si trova il valore ottimo. Se tale intervallo è percentualmente piccolo ("piccolo" secondo la percezione soggettiva del decisore) il calcolo può essere interrotto e viene accettato come soluzione l'incombente (che potrebbe comunque essere l'ottimo, non ancora 'certificato' come tale).

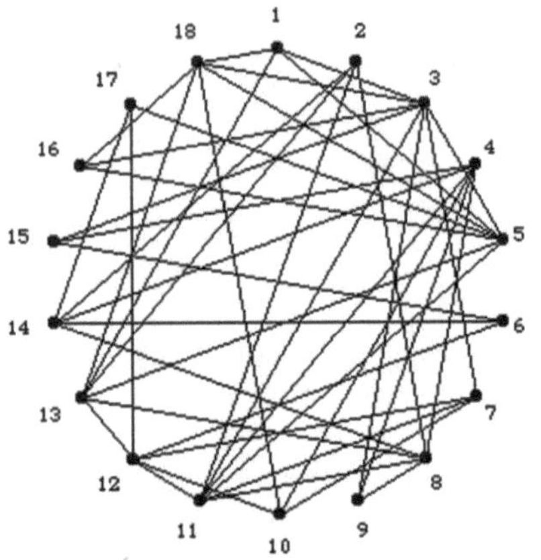

Figura 7.3.

Esempio 7.3.

Si debba ad esempio risolvere un problema di minima copertura pesata di nodi per il grafo in Fig. 7.3 con costi sui nodi

$$c = (5 \quad 3 \quad 2 \quad 4 \quad 7 \quad 6 \quad 12 \quad 10 \quad 3 \quad 5 \quad 3 \quad 4 \quad 2 \quad 11 \quad 7 \quad 9 \quad 10 \quad 15)$$

Come nel caso precedente in cui si cercava la copertura di minima cardinalità, il problema viene modellato con la PL01. Quindi dobbiamo risolvere

$$\begin{aligned} v = \min \quad & \sum_{i \in N} c_i\, x_i \\ & x_i + x_j \geq 1 \qquad (i,j) \in E \\ & x_i \in \{0,1\} \qquad i \in N \end{aligned} \tag{7.4}$$

usando, per generare limitazioni inferiori, il rilassamento d'interezza

$$\begin{aligned} v' = \min \quad & \sum_{i \in N} c_i\, x_i \\ & x_i + x_j \geq 1 \qquad (i,j) \in E \\ & x_i \geq 0 \qquad i \in N \end{aligned} \tag{7.5}$$

Risolvendo (7.5) si ottiene $\bar{x}_i = 0.5$, per ogni i, con valore ottimo $\bar{v} = 59$. Scegliendo x_2 come variabile su cui effettuare la suddivisione, si ottiene, ponendo $x_2 := 0$, la soluzione intera $\{1, 3, 5, 8, 9, 10, 11, 12, 13, 14, 15, 16\}$ di valore $v = 68$. Questa soluzione costituisce il primo incombente. Quello che si sa fino a questo momento è che l'ottimo si trova nell'intervallo $[59, 68]$. Siccome la soluzione ottenuta è intera non c'è bisogno di suddividere ulteriormente e si può considerare l'alternativa $x_2 := 1$. Si ottiene una soluzione frazionaria di valore $v = 60.5$ al quale corrisponde una limitazione inferiore di 61. Quindi l'intervallo di scarto si è ridotto a $[61, 68]$. Suddividendo su x_9 e ponendo $x_9 := 0$ si ottiene una soluzione frazionaria di valore 66 (si faccia riferimento all'albero di ricerca rappresentato nella sua forma finale in Fig. 7.4). Siccome $66 < 68$ dobbiamo suddividere, ad esempio su x_5. Ponendo $x_5 := 0$ si ottiene una soluzione intera di valore 78 che viene quindi scartata. Si pone allora $x_5 := 1$ ottenendo una soluzione frazionaria di valore 69.5, peggiore dell'incombente e quindi non è necessario suddividere ulteriormente. Si risale l'albero di ricerca e si può porre $x_9 := 1$ ottenendo una soluzione frazionaria di valore 62 (questo restringe l'intervallo di scarto a $[62, 68]$). Bisogna suddividere ad esempio su x_3. Ponendo $x_3 := 0$ si ottiene una soluzione intera di valore 85 e perciò scartata. Ponendo invece $x_3 := 1$ si ottiene una soluzione frazionaria di valore 63 (questo restringe l'intervallo di scarto a $[63, 68]$). Bisogna sudividere ad esempio su x_6. Ponendo $x_6 := 0$ si ottiene la soluzione intera $\{1, 2, 3, 4, 5, 9, 10, 11, 12, 13, 14, 15, 16\}$ di valore 65. Si tratta di un nuovo incombente e quindi l'intervallo di scarto è ridotto a $[63, 65]$. Resta da calcolare ponendo $x_6 := 1$. Si ottiene la soluzione $\{1, 2, 3, 4, 5, 6, 9, 10, 11, 12, 13, 14, 16\}$ di valore 64, necessariamente ottima (l'intervallo di scarto si è ridotto a $[64, 64]$). L'albero di ricerca è rappresentato in Fig. 7.4. Si noti che lo scarto fra il valore ottimo intero e quello rilassato nel nodo radice vale $(64 - 59)/64 \approx 0.078$.

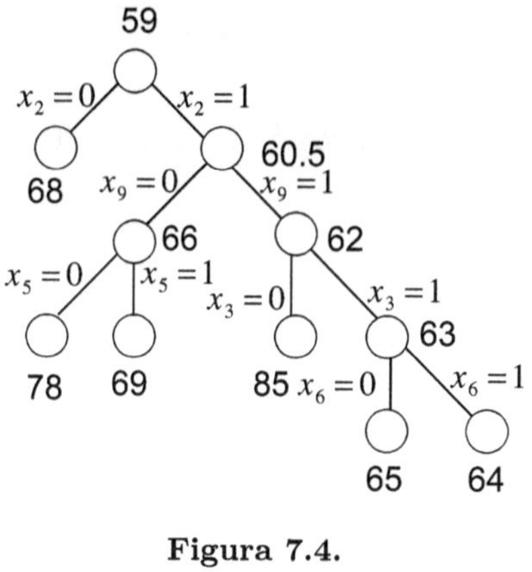

Figura 7.4.

Per illustrare l'utilità di rafforzare le limitazioni inferiori con opportune diseguaglianze aggiuntive si aggiungano a (7.5) le diseguaglianze:

$$x_1 + x_3 + x_5 \geq 2, \qquad x_5 + x_{16} + x_{18} \geq 2, \qquad x_1 + x_3 + x_{18} \geq 2 \tag{7.6}$$

Si ottiene una soluzione frazionaria di valore 63.5, con una limitazione inferiore quindi di 64. Si noti il netto miglioramento rispetto al valore 59 ottenuto precedentemente. Se si suddivide ponendo $x_2 := 0$ e $x_2 := 1$ si ottengono in entrambi i casi soluzioni intere di valore rispettivamente 68 e 64. L'aggiunta delle diseguaglianze (7.6) ha ridotto l'albero di ricerca a soli tre nodi!

Ora si aggiunga la possibilità di generare una soluzione ammissibile tramite un'euristica, ad esempio quella illustrata precedentemente. In caso di rapporti uguali, l'algoritmo sceglie il nodo di indice minore. Viene scelto come primo nodo il nodo 3 di rapporto 2/7. Tolto il nodo e gli archi relativi si ottiene la seguente successione di nodi

$$(3 \quad 13 \quad 11 \quad 4 \quad 12 \quad 2 \quad 5 \quad 10 \quad 6 \quad 9 \quad 1 \quad 14 \quad 16)$$

di costo 64. L'euristica ha quindi prodotto l'ottimo in questo caso. Se si fosse esplorato l'albero branch-and-bound nel primo caso, avendo a disposizione fin dall'inizio questa soluzione, due nodi in Fig. 7.4 (quali?) non sarebbero stati generati. Se, oltre alla soluzione generata dall'euristica, si fossero aggiunte le diseguaglianze (7.6), sarebbe bastato risolvere il rilassamento al nodo radice, in quanto il valore 63.5 garantisce che il valore 64 ottenuto dall'euristica deve essere ottimo. ∎

Spesso vi sono elementi di simmetria in un problema che producono molte soluzioni equivalenti. Per eliminare le soluzioni equivalenti, che causerebbero un'inutile ricerca sull'albero, bisogna modellare il problema in modo da escludere il più possibile tali soluzioni.

Esempio 7.4.

Come esempio si consideri il problema di calcolare il numero cromatico di un grafo. Come già sottolineato il calcolo del numero cromatico è **NP**-difficile in generale, per cui il problema può essere affrontato con la PL01. Si definiscano le seguenti variabili

$$x_{ci} := \begin{cases} 1 & \text{se il colore } c \text{ viene assegnato al nodo } i \\ 0 & \text{altrimenti} \end{cases}$$

$$y_c := \begin{cases} 1 & \text{se viene usato il colore } c \\ 0 & \text{altrimenti} \end{cases}$$

Allora una colorazione può essere modellata dai seguenti vincoli

$$\sum_c x_{ci} = 1 \quad \text{per ogni nodo } i$$

per imporre che ogni nodo riceva un colore,

$$x_{ci} + x_{cj} \le y_c \qquad \text{per ogni arco } (i,j) \text{ e per ogni colore } c$$

per impedire che lo stesso colore sia assegnato a due nodi adiacenti, se adoperato. Quindi il problema del calcolo del numero cromatico può essere modellato come

$$\begin{aligned} \min \quad & \sum_c y_c \\ & \sum_c x_{ci} = 1 && \text{per ogni nodo } i \\ & x_{ci} + x_{cj} \le y_c && \text{per ogni arco } (i,j) \text{ e per ogni colore } c \\ & x_{ci} \in \{0,1\}\,,\ y_c \in \{0,1\} \end{aligned}$$

Si noti che per ogni soluzione che richieda m colori vi sono $m!$ soluzioni equivalenti ottenute semplicemente permutando i colori fra loro. Inoltre, siccome il numero di variabili y deve essere necessariamente predefinito ad un valore più alto del numero cromatico (un valore sicuro è pari al numero di nodi), avviene che nella soluzione diversi colori non vengono usati. Questo crea un'ulteriore generazione di soluzioni equivalenti. Un modo per eliminare (almeno in parte) questo fatto consiste nel preassegnare ai nodi di un arco qualsiasi i colori 1 e 2. Poi l'assegnamento del colore al nodo 3 viene limitato ai colori 1, 2 e 3. Infatti o il colore è il medesimo dei nodi 1 o 2 oppure è un colore diverso, nel qual caso lo si può imporre a 3. Analogamente l'assegnamento del colore al nodo 4 viene limitato ai colori 1, 2, 3 e 4. Quindi il vincolo di assegnamento viene trasformato in

$$\sum_{c=1}^{i} x_{ci} = 1 \quad \text{per ogni nodo } i \ge 3 \tag{7.7}$$

Per il secondo problema si può imporre che si usino i colori di indice più basso aggiungendo i vincoli:

$$y_c \ge y_{c+1} \qquad c := 1, \ldots, n-1 \tag{7.8}$$

così, se un colore non viene usato, non vengono usati nemmeno i successivi. I vincoli (7.7) e (7.8) non impediscono però tutte le permutazioni dei colori. Un modo più forte di spezzare le simmetrie consiste nel creare un ordine totale fra le soluzioni ed imporre che siano eliminate soluzioni dominate, secondo l'ordine, da altre equivalenti (si veda [121]). Per il problema della colorazione si veda una soluzione come una matrice 0-1 con righe corrispondenti ai nodi e colonne corrispondenti ai colori. Le colonne sono ordinate lessicograficamente, con il criterio che il valore 1 precede il valore 0. Quindi le seguenti due matrici, che rappresentano la medesima colorazione, sono rispettivamente ammissibile e non ammissibile

$$\begin{pmatrix} 1 & 0 & 0 & 0 & 0 & 0 \\ 0 & 1 & 0 & 0 & 0 & 0 \\ 1 & 0 & 0 & 0 & 0 & 0 \\ 0 & 0 & 1 & 0 & 0 & 0 \\ 0 & 1 & 0 & 0 & 0 & 0 \end{pmatrix} \qquad \begin{pmatrix} 1 & 0 & 0 & 0 & 0 & 0 \\ 0 & 0 & 1 & 0 & 0 & 0 \\ 1 & 0 & 0 & 0 & 0 & 0 \\ 0 & 1 & 0 & 0 & 0 & 0 \\ 0 & 0 & 1 & 0 & 0 & 0 \end{pmatrix}$$

Queste matrici sono di tipo particolare perché hanno esattamente un 1 in ogni riga. Il concetto di ordine lessicografico però si può applicare ad ogni matrice 0-1. In questo caso, con le colonne ordinate, se il primo 1 della colonna c si trova nella riga h, nessuna colonna successiva può avere degli 1 nelle righe $i \leq h$. Questa condizione si può esprimere algebricamente come

$$\sum_{i \leq h} x_{ci} \geq \sum_{k \geq c} x_{kh} \tag{7.9}$$

Infatti, se nella colonna c ci sono solo zeri fino alla riga h (inclusa), il termine di sinistra vale zero e forza il termine di destra ad essere zero, cioè tutti gli elementi della riga h dalla colonna c in poi devono essere nulli. Se invece nella colonna c c'è almeno un 1, il vincolo diventa ridondante perché comunque $\sum_{k \geq c} x_{kh}$ non può valere più di 1.

Tuttavia, mentre i vincoli (7.7) e (7.8) non costituiscono un appesantimento del modello, i vincoli (7.9) sono molto numerosi e possono invece rallentare la computazione più di quanto dovrebbero accelerarla. Quindi bisogna valutare con cura cosa fare esattamente. ∎

Come detto, il metodo delineato prende il nome di branch-and-bound ad indicare il ruolo delle suddivisioni e delle limitazioni. Se intervengono anche diseguaglianze a rafforzare le limitazioni inferiori si usa anche il termine di *branch-and-cut*, dove il termine 'cut' indica il fatto che le diseguaglianze 'tagliano' fuori dall'insieme ammissibile alcune soluzioni frazionarie indesiderate (come nel caso della copertura di nodi la soluzione $x_i = x_j = x_k = 1/2$ nella cricca $\{(i,j), (i,k), (j,k)\}$).

Il metodo branch-and-bound procede quindi generando un certo numero di sottoproblemi ad ogni suddivisione (la suddivisione può generarne più di due, anche se, con variabili 0-1 generare due sottoproblemi è il caso più comune). Questi problemi vengono inseriti in una lista d'attesa dalla quale vengono prelevati per la risoluzione. Risolvere un sottoproblema significa più esattamente calcolare una limitazione inferiore all'ottimo del sottoproblema (generalmente risolvendo il rilassamento d'interezza), e, se possibile, usare questo calcolo per generare una soluzione ammissibile e per avere un'indicazione su come suddividere ulteriormente il sottoproblema se necessario.

La lista d'attesa viene inizializzata con unico sottoproblema il problema stesso. L'algoritmo termina quando la lista è vuota.

La scelta di quale problema prelevare dalla lista d'attesa può essere fatta dipendere da vari criteri. Ad esempio si può decidere di operare con criterio *last-in-first-out* portando ad una ricerca in profondità dell'albero (come si è fatto negli esempi precedenti). Il vantaggio di questo criterio è che il numero di sottoproblemi generato rimane limitato (ad esempio per un albero binario non può mai superare la profondità dell'albero) e che si trova rapidamente un incombente iniziale (ma non è detto che sia buono). Un altro criterio consiste nell'esplorazione in larghezza dell'albero secondo il metodo *first-in-first-out*, ma questo non è generalmente raccomandato perché si producono molti sottoproblemi. Alternativamente si può scegliere il sottoproblema con la peggiore limitazione inferiore. Le motivazioni sono due: si tende a migliorare più rapidamente la peggiore limitazione inferiore riducendo così lo scarto e si aumenta la probabilità di trovare rapidamente l'ottimo, nell'ipotesi che vi sia una certa correlazione fra valore ottimo e sua limitazione. Con questo criterio però non si pone un limite a priori sul numero di sottoproblemi presenti nella lista d'attesa.

L'informazione relativa ad un sottoproblema potrebbe essere limitata ai vincoli particolari del sottoproblema (ad esempio quali variabili sono fissate a 0 oppure ad 1 in problemi con variabili 0-1). Così facendo l'informazione per ogni sottoproblema è molto ridotta e la lista d'attesa potrebbe contenere molti sottoproblemi. Tuttavia, per accelerare il calcolo, tenuto conto che si aggiunge solo un vincolo ad un problema già risolto (stiamo pensando alla PLI risolta con rilassamento di PL) non conviene risolvere da zero un sottoproblema ma è più vantaggioso partire dalla soluzione ottima (che diventa non ammissibile non appena si aggiunge il vincolo di suddivisione) e con un'opportuna variante del metodo del simplesso ottenere il nuovo ottimo con poche iterazioni. Questo è possibile però se si dispone dell'inversa della matrice di base, che va quindi memorizzata per ogni sottoproblema. Questo accresce enormemente le esigenze di memoria del metodo branch-and-bound e spiega perché il metodo possa bloccarsi per sfondamento della memoria disponibile.

7.5 Particolari formulazioni di PLI

Non sempre le funzioni da usare come obiettivo o vincolo sono lineari. Quando non lo sono si possono approssimare con funzioni lineari a tratti e in questo modo si riesce a modellare un problema all'interno delle tecniche lineari. Tuttavia si tratta di una procedura che in qualche caso ha effetti computazionali molto pesanti.

Si può provare che, in generale, minimizzare una funzione concava (o analogamente massimizzare una funzione convessa) è **NP**-difficile. Per lo stesso motivo la presenza di vincoli $g(x) \leq 0$ con g funzione concava (o $g(x) \geq 0$ con g funzione convessa) rende un problema **NP**-difficile.

Viceversa minimizzare una funzione convessa (o analogamente massimizzare una funzione concava) è, in generale, relativamente facile (naturalmente non tutte le funzioni si comportano allo stesso modo e vi sono comunque casi ostici). Anche per ciò che riguarda i vincoli, se questi si esprimono come

$$f(x) = \begin{cases} 20\,x & \text{se } 0 \le x \le 3 \\ f(3) + 10\,(x-3) & \text{se } 3 \le x \le 5 \\ f(5) + 4\,(x-5) & \text{se } 5 \le x \le 9 \\ f(9) + x - 9 & \text{se } x \ge 9 \end{cases}$$

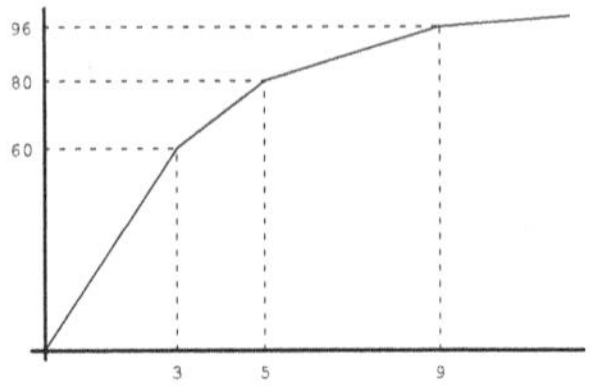

Figura 7.5.

$g(x) \le 0$ con g funzione convessa (o $g(x) \ge 0$ con g funzione concava) il problema non è intrattabile.

Esaminiamo dapprima il caso 'facile'. Sia data una funzione obiettivo da massimizzare concava e lineare a tratti, come ad esempio in Fig. 7.5. Si può modellare $f(x)$ come problema di PL spezzando x nella somma di tante variabili quanti sono i tratti di linearità, cioè nell'esempio

$$x = x_1 + x_2 + x_3 + x_4,$$

vincolando ogni variabile alla lunghezza del tratto di linearità,

$$0 \le x_1 \le 3, \qquad 0 \le x_2 \le 5 - 3 = 2, \qquad 0 \le x_3 \le 9 - 5 = 4, \qquad 0 \le x_4,$$

e massimizzando la funzione

$$20\,x_1 + 10\,x_2 + 4\,x_3 + x_4.$$

Siccome x può essere spezzata in modo arbitrario nelle x_i, il modo più conveniente, data la massimizzazione, è di assegnare tutto il valore possibile a x_1, che ha il coefficiente più grande, fino a saturare la limitazione superiore per x_1, poi assegnare il rimanente a x_2 e così di seguito. In questo modo il valore della funzione obiettivo è esattamente uguale a $f(x)$. Un ragionamento analogo si può fare per la minimizzazione di una funzione convessa lineare a tratti.

Si noti che questo metodo non funzionerebbe se la stessa funzione fosse da minimizzare, in quanto, minimizzando, si assegnerebbe prima tutto il valore possibile a x_4 e siccome nell'esempio x_4 non ha limitazioni superiori, si avrebbe $x = x_4$, e conseguentemente $f(x) \neq x_4 = x$.

Consideriamo ora il caso di un vincolo $g(x) \ge K$ con g concava. Supponiamo che

$$g(x) = \begin{cases} c_1\,x & \text{se } 0 \le x \le a \\ c_1\,a + c_2\,(x-a) & \text{se } a \le x \end{cases}$$

Essendo la funzione concava $c_2 < c_1$. Vogliamo dimostrare che il vincolo $g(x) \ge K$ è equivalente ai vincoli

$$x = x_1 + x_2, \qquad c_1\,x_1 + c_2\,x_2 \ge K, \qquad 0 \le x_1 \le a \qquad x_2 \ge 0 \tag{7.10}$$

Sia x ammissibile per (7.10). Se $0 \leq x \leq a$ abbiamo

$$c_1\, x \geq c_1\, x + (c_2 - c_1)\, x_2 = c_1\, (x_1 + x_2) + (c_2 - c_1)\, x_2 = c_1\, x_1 + c_2\, x_2 \geq K$$

e quindi $g(x) \geq K$. Se $x \geq a$ abbiamo

$$c_1\, a + c_2\, (x - a) = c_1\, x_1 + c_2\, x_2 + (c_2 - c_1)\, (x_1 - a) \geq c_1\, x_1 + c_2\, x_2 \geq K$$

e quindi nuovamente $g(x) \geq K$. Sia ora x ammissibile per $g(x) \geq K$. Se $0 \leq x \leq a$ si scelga $x_1 = x$ e $x_2 = 0$ e si vede che (x, x_1, x_2) è ammissibile in (7.10). Se $x \geq a$ si scelga $x_1 = a$ e $x_2 = x - a$ e si verifica nuovamente l'ammissibilità in (7.10).

Il lettore può per esercizio verificare che se g è concava, gli insiemi $g(x) \leq K$ e (7.10) con la diseguaglianza cambiata in $\leq$, non sono equivalenti.

Si può ancora modellare la massimizzazione di una funzione lineare a tratti qualsiasi all'interno della PL, ma usando variabili intere, e quindi con tutte le complicazioni che ne derivano.

Ad esempio si supponga di avere approssimato la funzione obiettivo $f(x)$ con una funzione lineare a tratti, come in Fig. 7.6

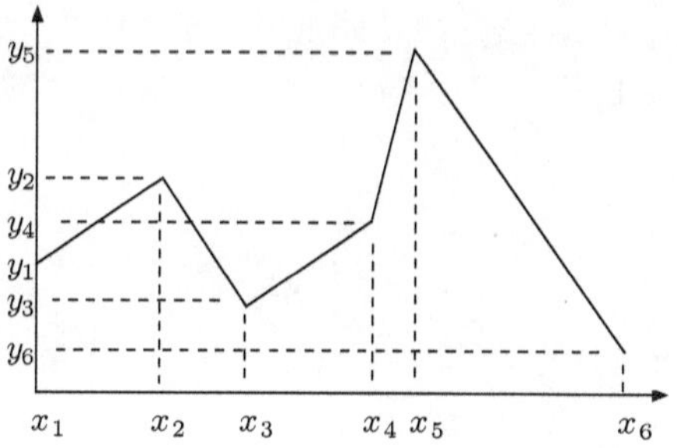

Figura 7.6.

I punti (x_i, y_i) sono i cosiddetti punti di rottura della funzione lineare a tratti. All'interno di ogni tratto di linearità la coppia di coordinate $(x, f(x))$ si ottiene come combinazione convessa delle coppie di punti (x_i, y_i) e (x_{i+1}, y_{i+1}), overo

$$x = \alpha_i\, x_i + (1 - \alpha_i)\, x_{i+1}, \qquad f(x) = \alpha_i\, y_i + (1 - \alpha_i)\, y_{i+1}$$

con $0 \leq \alpha_i \leq 1$. Il problema è di identificare esattamente a quale tratto di linearità un generico x appartiene. A questo scopo si immagini che $(x, f(x))$ si ottenga come combinazione convessa di tutti i punti (x_i, y_i) (e non già solo di due), ovvero

$$x = \sum_i \alpha_i\, x_i, \qquad y = \sum_i \alpha_i\, y_i, \qquad \sum_i \alpha_i = 1, \qquad \alpha_i \geq 0$$

con la clausola però che solo valori adiacenti abbiano coefficienti non nulli (e quindi la combinazione convessa ridiventa di fatto solo di due punti). Per esprimere questa condizione conviene usare un vincolo di assegnamento che identifica l'intervallo in cui si attua la combinazione convessa. Quindi sia

$$z_i := \begin{cases} 1 & \text{se } x_i \leq x \leq x_{i+1} \\ 0 & \text{altrimenti} \end{cases} \qquad i := 1, \ldots, n-1$$

da cui $\sum_{i=1}^{n-1} z_i = 1$ e inoltre dobbiamo imporre $\alpha_1 > 0 \implies z_1 = 1$, $\alpha_n > 0 \implies z_{n-1} = 1$ e, per $i := 2, \ldots, n-1$, $\alpha_i > 0 \implies z_i = 1 \vee z_{i-1} = 1$, condizione che si realizza con

$$\alpha_1 \leq z_1 \qquad \alpha_n \leq z_{n-1} \qquad \alpha_i \leq z_i + z_{i-1} \qquad i := 2, \ldots, n-1$$

A questo punto, la funzione $f(x)$ può essere sostituita da $\sum_{i=1}^{n} \alpha_i \, y_i$ aggiungendo ai vincoli del problema i seguenti vincoli

$$\begin{aligned}
&\sum_{i=1}^{n} \alpha_i \, x_i = x, \qquad \sum_{i=1}^{n-1} z_i = 1, \qquad \sum_{i=1}^{n-1} \alpha_i = 1 \\
&0 \leq \alpha_1 \leq z_1, \qquad 0 \leq \alpha_n \leq z_{n-1}, \\
&0 \leq \alpha_i \leq z_i + z_{i-1} \quad i := 2, \ldots, n-1 \\
&z \in \{0, 1\}^{n-1}
\end{aligned}$$

8

Programmazione lineare intera Risoluzione di modelli

8.1 Dieta: risoluzione del secondo modello

Si può ora risolvere il secondo modello della dieta esposto nella Sez. 5.4. Si possono considerare gli obiettivi del costo e della preferenza, anche se c'è una certa arbitrarietà nei valori numerici rappresentanti le preferenze.

Inizialmente minimizziamo soltanto il costo, senza vincoli sulla preferenza. Tuttavia i vincoli imposti nel modello di Sez. 5.4 sono troppo restrittivi e non esiste nessuna soluzione ammissibile. Si deve necessariamente rilassare qualche vincolo. Decidiamo ad esempio di ammettere per certi piatti anche il valore 2 (e per il pane il valore 3), in particolare per i seguenti piatti (la scelta è arbitraria e riflette i gusti personali): pasta al pomodoro, pasta al ragù, carote in insalata, lattuga, melanzane ai ferri, patate in insalata, patate la burro, patate al forno, purè, pomodori in insalata, banana, mela, bistecca di manzo, arrosto di manzo, bistecca di maiale, arrosto di maiale, bistecca di pollo, arrosto di pollo, bistecca di vitello, prosciuto crudo e cotto, cefali ai ferri, sgombro ai ferri, tonno in scatola, grana, latteria, mozzarella, uovo sodo, cioccolata, gelato, birra, vino. Si indichino con $\bar{z}_k$ le limitazioni superiori ai piatti.

Avendo aumentato la limitazione superiore delle variabili z_k, dobbiamo riprendere in esame le considerazioni espresse a pag. 10. Siccome non assegneremo la stessa preferenza di un primo piatto anche al secondo, dobbiamo introdurre una funzione concava. La cosa più semplice è esprimere una funzione concava lineare a tratti. Siccome questa funzione deve essere massimizzata ci ritroviamo nelle condizioni favorevoli espresse nella Sez. 7.5 e si può seguire l'approccio indicato. A rigore non si potrebbe parlare di funzioni concave su un dominio discreto, ma possiamo sempre pensare che l'interezza delle variabili della funzione viene imposta successivamente. Quindi il modello per trattare le funzioni concave lineari a tratti rimane valido e poi alle variabili si impone l'interezza.

Nel modello della dieta vengono dunque introdotte le seguenti due variabili per ogni piatto:

$$z_k^1 \in \{0,1\}\,, \qquad z_k^2 \in \{0,1\}\,, \qquad z_k = z_k^1 + z_k^2$$

e le preferenze vengono espresse sulle nuove variabili. In particolare si è scelto che le variabili z^2 abbiano un coefficiente di preferenza pari a un decimo delle variabili z^1.

Adesso è possibile ottenere una soluzione ammissibile. La soluzione di costo minimo presenta un costo di 3,05 €. Si noti che il valore di preferenza che si ottiene minimizzando il costo è del tutto inattendibile, dato che il valore della funzione concava viene calcolato correttamente solo se si massimizza tale funzione. Noto il costo minimo, si può massimizzare la preferenza e calcolare tutti gli ottimi di Pareto vincolando ogni volta il costo ad un valore leggermente inferiore a quello della precedente iterazione fino ad arrivare al costo minimo. Questo calcolo può essere svolto automaticamente da Lingo usando le sezioni SUBMODEL a CALC. Si veda il modello al sito [202].

Operando in questo modo otteniamo 17 soluzioni di Pareto i cui valori costo-preferenza sono rappresentati in Fig. 8.1. La soluzione di costo 3,97 € e preferenza 720 è data dai seguenti piatti: fagioli in insalata (60 g fagioli, 10 g olio d'oliva, 10 g cipolla), patate al forno, spinaci al burro (50 g spinaci, 30 g burro, 20 g aglio) due banane, due mele, sgombro ai ferri, tonno in scatola (due volte), un bicchiere di latte, un etto di latteria, un uovo sodo, due bicchieri di birra, due etti di pane.

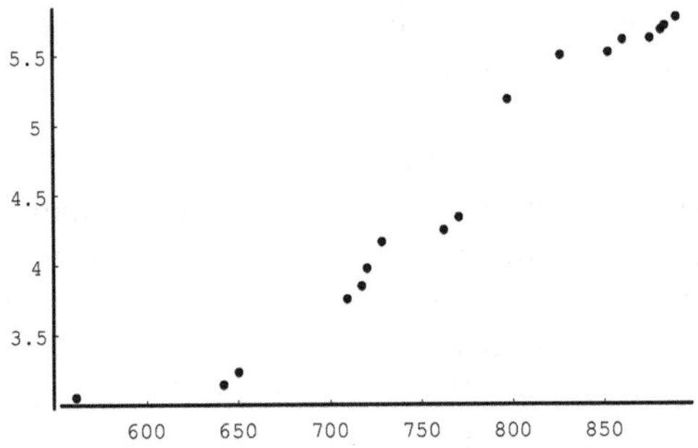

Figura 8.1.

8.2 Dieta: terzo modello e sua risoluzione

Per migliorare il modello si può pensare di rendere flessibili le ricette, dato che in realtà i valori di una ricetta possono variare entro intervalli anche ampi senza alterare la nostra percezione del gusto di un piatto. Quindi si possono definire dei valori r_{jk}^- e r_{jk}^+ e vincolare i valori r_{jk} come

$$r_{jk}^- \leq r_{jk} \leq r_{jk}^+$$

Operando in questo modo però il modello si complica. Siccome i valori quantitativi r_{jk} che definiscono ogni ricetta non sono più dati ma diventano variabili decisionali da determinare, la relazione

$$\sum_{k \in K} r_{jk}\, z_k = x_j \qquad j \in J$$

diventa non lineare a causa dei prodotti $r_{jk}\, z_k$ di variabili decisionali. Fortunatamente si può ancora risolvere il problema con la PL ricorrendo ad un modello che richieda due fasi di risoluzione. Nella prima fase si trova z_k e nella seconda, fissati i valori z_k, si trovano i valori r_{jk}.

Si noti che non tutti gli alimenti sono presenti in un dato piatto. Quindi, per ogni j fissato, alcuni dei valori r_{jk} sono a priori nulli. Si indichi con $\mathcal{R}$ l'insieme delle coppie di indici (j, k) per cui l'alimento j viene usato nel piatto k. Quindi se $(j, k) \notin \mathcal{R}$ si ha $r_{jk} = 0$ e non si tratta di una variabile da determinare.

Nella prima fase si tiene conto solo dei valori estremi di ogni ricetta e si impone che gli alimenti da utilizzare impieghino ricette all'interno di questi valori. Nella seconda fase, fissati i valori fra gli estremi, si trova quali valori di ricetta sono i più indicati per realizzare i valori di alimenti trovati. La giustificazione teorica di questo metodo è riportata in Appendice (si veda anche [200]).

Nella prima fase si risolve

$$\begin{aligned}
\max \quad & \sum_{k \in K} p_k\, z_k^1 + p_k\, z_k^2/10 \\
& \sum_{j \in J} c_j\, x_j \le C, \\
& \sum_{j \in J} a_{ij}\, x_j = y_i, \qquad l_i \le y_i \le u_i, \qquad && i \in I \qquad (8.1) \\
& \sum_{k \in K} r_{jk}^-\, z_k \le x_j, \qquad \sum_{k \in K} r_{jk}^+\, z_k \ge x_j, \qquad x_j \ge 0, \qquad && j \in J \\
& z_k = z_k^1 + z_k^2,\ z_k^1 \in \{0, 1\},\ 0 \le z_k \le \bar{z}_k,\ z_k \text{ intero}, \qquad && k \in K
\end{aligned}$$

Siano $\hat{x}_j$ e $\hat{z}_k$ soluzioni di (8.1). Allora si tratta i calcolare i valori da usare per le ricette cioè i valori effettivi r_{jk}. Basterebbe una qualsiasi soluzione ammissibile di

$$\sum_{k \in K} r_{jk}\, \hat{z}_k = \hat{x}_j \qquad j \in J, \qquad\qquad r_{jk}^- \le r_{jk} \le r_{jk}^+ \qquad j \in J,\ k \in K \qquad (8.2)$$

Tuttavia è meglio, indicando anche come parametri decisionali i valori di riferimento $\bar{r}_{jk}$ per ogni ricetta, trovare i valori r_{jk} con scostamento minore dai valori di riferimento. Indicando con

$$w_{jk}^+ := \max\{r_{jk} - \bar{r}_{jk}\ ;\ 0\}, \qquad w_{jk}^- := \max\{\bar{r}_{jk} - r_{jk}\ ;\ 0\}$$

un possibile modello è

$$
\begin{aligned}
\min \quad & \sum_{k \in K} \sum_{j \in J} w_{jk}^- + w_{jk}^+ \\
& \sum_{k \in K} r_{jk}\,\hat{z}_k = \hat{x}_j, && && j \in J \\
& r_{jk}^- \leq r_{jk} \leq r_{jk}^+, && w_{jk}^- \geq 0, \quad w_{jk}^+ \geq 0, && j \in J,\ k \in K \\
& w_{jk}^- \geq \bar{r}_{jk} - r_{jk}, && w_{jk}^+ \geq r_{jk} - \bar{r}_{jk}, && j \in J,\ k \in K
\end{aligned}
\tag{8.3}
$$

Risolvendo (8.1) e (8.3) si può notare come la soluzione sia tendenzialmente posizionata sui valori minimi delle ricette (questi valori non sono stati qui riportati). Riflettendo si vede che non si tratta di una casualità ma di una conseguenza del modello. Infatti, essendo le preferenze riferite alla presenza di un piatto e non alla sua maggiore o minore abbondanza di componenti, a differenza del costo che prende in considerazione le quantità effettivamente utilizzate, il modello troverà più convenienti le soluzioni con ricette 'povere'. A questo riguardo, bisogna considerare il valore di preferenza più come un'indicazione qualitativa che come un dato quantitativo ben definito.

Per ovviare all'inconveniente di avere ricette povere, si possono seguire varie strade alternative, ad esempio: 1) alzare i valori minimi r_{jk}^-; 2) introdurre nell'obiettivo di (8.1) un termine che vari le preferenze anche in dipendenza dalla deviazione dalla ricetta standard; 3) risolvere (8.2) con un metodo diverso dalla programmazione lineare, ad esempio con il metodo dei minimi quadrati, che penalizzi maggiormente la deviazione dai valori standard.

Decidendo di usare il secondo metodo, sia $\bar{r}_{jk}$ il valore di riferimento (ad esempio si può definire $\bar{r}_{jk} = (r_{jk}^- + r_{jk}^+)/2$). Si aggiungono a (8.1) i vincoli

$$
\sum_{jk} \bar{r}_{jk}\, z(k) = \bar{x}_j; \qquad w_j^+ \geq x_j - \bar{x}_j; \qquad w_j^- \geq \bar{x}_j - x_j
$$

e si penalizza il termine $w := \sum_j w_j^- + w_j^+$ o inserendolo nella funzione obiettivo oppure limitandolo superiormente. Si veda il modello al sito [202].

I risultati sono riportati in Fig. 8.2. La generazione dei 246 ottimi di Pareto ha richiesto 250 secondi. Come si può vedere le soluzioni che si ottengono sono molto più soddisfacenti. Il numero di ottimi di Pareto è aumentato e questi dominano di gran lunga le soluzioni del precedente modello. Anche se i valori di preferenza non hanno un preciso significato quantitativo, tuttavia si può osservare come l'aumentata flessibilità permetta di ottenere diete di costo molto più basso (e che ovviamente continuano a soddisfare i vincoli nutrizionali).

Riportiamo la soluzione ottenuta con il vincolo di costo minore o uguale a 3 € (tutti i valori sono espressi in grammi): pasta al pomodoro: 70 pasta, 40 pomodoro (niente olio d'oliva e niente aglio); fagioli in insalata: 65 fagioli, 10 olio d'oliva (niente cipolla); piselli al burro: 60 piselli, 10 burro (niente

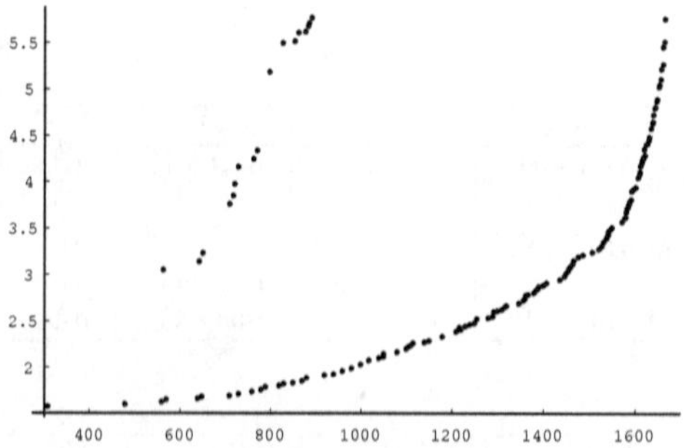

Figura 8.2.

prosciutto cotto); carote in insalata: 50 carote, 10 olio d'oliva; lattuga: 50 lattuga, 10 olio d'oliva; patate al forno (2 volte): 111 patate; purè di patate: 125 patate, 10 burro, 130 latte; spinaci in insalata: 75 spinaci, 10 olio d'oliva; banana: 40; mela: 40; sgombro ai ferri: 50 sgombro, 10 aglio; tonno in scatola: 30 tonno; latte: 132; formaggio latteria: 20; mozzarella: 20; uovo sodo: uovo 48; cioccolata: 20; gelato: 20; birra: 20; vino 20; pane: 50.

Si potrebbe rivedere il modello per avere una definizione più precisa di preferenza. Tuttavia, non continuiamo a raffinare il modello, sia perché ormai il lettore è in grado di operare da solo per modellare il problema secondo le proprie esigenze, e anche perché, tutto sommato, siccome il concetto stesso di preferenza sfugge ad una precisa definizione quantitativa, le soluzioni trovate possono essere considerate soddisfacenti.

8.3 Orario scolastico: risoluzione del primo modello

Consideriamo il modello esposto nella Sez. 2.9 e lo applichiamo ad un piccolo caso di una scuola media con solo due sezioni (A e B) per i tre anni. Per ogni anno le materie prevedono le seguenti ore: 6 italiano, 4 storia e geografia, 6 matematica e scienze, 3 inglese, 2 tedesco, 2 educazione tecnica, 2 educazione artistica, 2 educazione musicale, 2 educazione fisica, 1 religione. In totale sono 30 ore da distribuire in 6 giorni di 5 ore ciascuno. Vi sono quattro docenti per italiano, storia e geografia, indicati come A, B, C, D; due docenti per matematica e scienze, indicati come E e F, un docente rispettivamente d'inglese G, tedesco H, educazione tecnica I, educazione artistica J, educazione musicale K, educazione fisica M, religione N.

Il docente A insegna italiano, storia e geografia in III A e solo italiano in I A. Il docente B insegna italiano, storia e geografia in III B e solo storia e geografia in I A. Il docente C insegna italiano, storia e geografia in II A e solo italiano in I B. Il docente D insegna italiano, storia e geografia in II B e solo storia e geografia in I B. Il docente E insegna nelle sezioni A, mentre il docente F insegna nelle sezioni B. Gli altri docenti insegnano invece in tutte le classi.

I A

	LUN	MAR	MER	GIO	VEN	SAB
I	mts - E	ted - H	ita - A	mts - E	art - J	edf - M
II	mts - E	tec - I	stg - B	edf - M	art - J	rel - N
III	mus - K	ita - A	stg - B	ita - A	ita - A	ted - H
IV	stg - B	tec - I	mus - K	ing - G	ita - A	ita - A
V	stg - B	mts - E	mts - E	ing - G	mts - E	ing - G

I B

	LUN	MAR	MER	GIO	VEN	SAB
I	ita - C	mts - F	ing - G	mts - F	mts - F	stg - D
II	tec - I	ita - C	ita - C	tec - I	ita - C	mts - F
III	ing - G	stg - D	ing - G	stg - D	ita - C	mus - K
IV	ted - H	mts - F	rel - N	mts - F	edf - M	stg - D
V	ita - C	ted - H	mus - K	art - J	edf - M	art - J

II A

	LUN	MAR	MER	GIO	VEN	SAB
I	ted - H	ita - C	rel - N	edf - M	tec - I	ing - G
II	ted - H	mts - E	mts - E	mts - E	mts - E	ing - G
III	stg - C	mts - E	tec - I	edf - M	mts - E	art - J
IV	ita - C	ita - C	ita - C	stg - C	stg - C	mus - K
V	art - J	stg - C	ita - C	ita - C	ing - G	mus - K

II B

	LUN	MAR	MER	GIO	VEN	SAB
I	stg - D	rel - N	ita - D	stg - D	mus - K	art - J
II	stg - D	ita - D	edf - M	art - J	mus - K	ted - H
III	tec - I	mts - F	ita - D	mts - F	tec - I	mts - F
IV	ing - G	ita - D	ing - G	ted - H	ing - G	mts - F
V	ita - D	mts - F	edf - M	ita - D	mts - F	stg - D

III A

	LUN	MAR	MER	GIO	VEN	SAB
I	art - J	mts - E	mts - E	ita - A	mts - E	rel - N
II	ing - G	ita - A	stg - A	ing - G	ita - A	mus - K
III	mts - E	ted - H	mts - E	mus - K	edf - M	ing - G
IV	art - J	ita - A	ted - H	stg - A	mts - E	edf - M
V	tec - I	stg - A	stg - A	ita - A	tec - I	ita - A

III B

	LUN	MAR	MER	GIO	VEN	SAB
I	ita - B	stg - B	stg - B	tec - I	ing - G	ted - H
II	mus - K	mts - F	ted - H	ita - B	mts - F	edf - M
III	ita - B	ita - B	rel - N	ita - B	art - J	edf - M
IV	tec - I	art - J	ita - B	stg - B	mts - F	ing - G
V	ing - G	stg - B	mts - F	mts - F	mus - K	mts - F

Tabella 8.1. Orario scuola media: prima soluzione

	LUN	MAR	MER	GIO	VEN	SAB
I	BCDEHJ	BCEFHN	ABDEGN	ADEFMI	EFGIKJ	DGHJMN
II	DEGHIK	ACDEFI	ABCEHM	BEGIJM	ACEFJK	FGHKMN
III	BCEGKI	ABDEFH	BDEGIN	ABDFKM	ACEIJM	FGHJKM
IV	CBGHIJ	ACDFIJ	BCGHKN	ABCFHG	ACEFGM	ADFGKM
V	BCDGIJ	ABCEFH	ACEFKM	ACDFGJ	EFGIKM	ADFGJK

Tabella 8.2. Orario scuola media: prima soluzione

Per quel che riguarda i giorni liberi supponiamo che ogni docente abbia dato le seguenti indicazioni di prima e seconda scelta: A lun ven; B sab lun; C sab ven; D ven mer; E sab ven; F lun sab; G mar mer; H ven sab; I sab gio; J mer lun; K mar ven; M lun mar; N gio mer.

Con questi dati si è scritto un modello in Lingo (disponibile al sito [202]) che è stato risolto in 8 secondi (13089 iterazioni del metodo del simplesso con soluzione intera al nodo radice dell'albero branch-and-bound) producendo l'orario esposto nella Tabella 8.1, dove 'mts' indica la materia matematica e scienze, 'stg' storia e geografia (le altre sono ovvie). Si noti che le preferenze sul giorno libero sono state tutte soddisfatte. Lo stesso orario, evidenziando solo le ore dei professori si trova in Tabella 8.2.

Anche se è stato risolto un complesso problema combinatorio (non è per niente banale produrre un orario ammissibile), tuttavia la soluzione non è soddisfacente. Sono presenti varie criticità. Esaminando la Tabella 8.2 si vede che spesso i professori hanno delle ore vuote fra una lezione e l'altra. Questo non è generalmente gradito, anche se tali ore, ma non tutte, possono essere impiegate per il ricevimento. In ogni caso è preferibile cercare di effettuare spostamenti per eliminare tali 'buchi' dall'orario. Modellare questa richiesta con la PL01 è possibile ma il modello risultante è troppo pesante. È meglio trovare il modo di modificare la soluzione data attraverso qualche euristica. Rimandiamo questa discussione alla Sez. 12.3.

8.4 Appendice

Giustificazione teorica del procedimento in due fasi del terzo modello della dieta

Sia dato il problema:

$$\begin{aligned} \min \quad & cx \\ & Ax = b \\ & x \in P \subset \mathbb{R}^n \end{aligned}$$

dove P è un poliedro. I valori di A non sono determinati, ma possono assumere un qualsiasi valore entro un intervallo prefissato, cioè $a_{ij}^- \le a_{ij} \le a_{ij}^+$. In altre parole i valori ammissibili di x sono dati dall'unione

$$U := \bigcup_{A^- \leq A \leq A^+} \{x \in P : A\,x = b\}$$

In generale U non è convesso e quindi la minimizzazione di un funzionale lineare su U può essere difficile. Ma, nell'ipotesi che P contenga solo soluzioni non negative, il problema può esser risolto in due fasi, prima

$$\begin{aligned} \min \quad & c\,x \\ & A^-\,x \leq b \\ & A^+\,x \geq b \\ & x \in P \end{aligned} \tag{8.4}$$

e poi (sia $\hat{x}$ la soluzione del primo problema) trovando una matrice A ammissibile per

$$A^- \leq A \leq A^+, \qquad A\,\hat{x} = b \tag{8.5}$$

Sia X l'insieme ammissibile di (8.4). Dimostriamo ora che, nell'ipotesi di non negatività di x, U è uguale a X.

Teorema 8.1. *Sia $P \subset \mathbb{R}^n_+$. Allora $X = U$.*

Dimostrazione: Se $x \in U$, per definizione esiste una matrice A tale che $A\,x = b$ e $A^- \leq A \leq A^+$. Quindi da $A - A^- \geq 0$ e $x \geq 0$ si ha $(A - A^-)\,x \geq 0$, cioè $b \geq A^-\,x$. Analogamente si ragiona per l'altro vincolo e quindi $x \in X$.

Se $x \in X$ si tratta di dimostrare l'esistenza di una matrice A ammissibile per (8.5). Siano A_i^- e A_i^+ le i-me righe delle rispettive matrici. Si consideri il segmento in R^n congiungente i punti A_i^- e A_i^+. Per continuità su tale segmento esiste un punto in cui il funzionale x assume il valore b_i. Sia A_i tale valore. Ovviamente vale $A_i^- \leq A_i \leq A_i^+$. La matrice A si ottiene componendo le righe A_i. ∎

9

Modelli di percorsi Cammini minimi

La scelta del cammino migliore è un problema che si presenta molte volte sia in casi reali sia come sottoproblema di problemi complessi. Nel caso più semplice bisogna individuare semplicemente il cammino di lunghezza minima. Ma spesso sono presenti dei vincoli. Ad esempio se il cammino deve essere percorso da un elevato volume di traffico e il cammino ha una capacità che non può contenere tale traffico, allora bisognerà dirottare il traffico su più cammini in modo da minimizzare le distanze all'interno dei vincoli di capacità. In altri casi ci sono dei vincoli sulle visite da eseguire durante il cammino, ad esempio può essere richiesto di visitare tutti i nodi di un insieme prefissato di nodi oppure tutti gli archi di un insieme di archi prefissato. In casi ancora più complicati tali insiemi non sono definiti a priori ma dipendono dal cammino scelto. Nell'esempio visto in Sez. 2.13 per ogni nodo è definito un valore numerico e la somma di questi valori sui nodi da visitare deve essere limitata. In generale vincoli di spazio, di tempo e di capacità possono interagire in modo molto complesso portando a modelli di difficile risoluzione. In questo capitolo iniziale si esaminerà solo il semplice problema del cammino minimo. In capitoli successivi verranno esaminati gli altri casi.

9.1 Programmazione dinamica e cammini minimi

Conviene considerare inizialmente cammini su grafi orientati. Poi si vedrà come estendere gli stessi risultati a grafi generici, dove un arco può essere percorso in entrambe le direzioni. Normalmente si cerca un cammino minimo fra due nodi prefissati, detti rispettivamente *sorgente* e *destinazione*. Vedremo tuttavia che per risolvere questo problema è necessario calcolare anche le minime distanze fra la sorgente e tutti gli altri nodi, oppure alternativamente, fra tutti i nodi e la destinazione, quindi di fatto sono questi i problemi che si risolvono.

Il problema del cammino minimo è un problema facile se certe ipotesi sono soddisfatte. Ad esempio se le lunghezze degli archi sono positive, come generalmente accade, il problema è polinomiale con algoritmi veloci. Il problema rimane polinomiale, ma un po' più lento, se non vi sono cicli negativi, pur ammettendo che vi siano archi con costo negativo. Se sono presenti cicli negativi allora bisogna essere più precisi su cosa si intende per cammino. In alcuni casi si richiede che il cammino debba essere semplice, cioè senza nodi ripetuti. Se non esistono cicli negativi, i cammini minimi devono necessariamente essere semplici e quindi non serve richiederlo espressamente. Se invece sono presenti cicli negativi e ammettiamo cammini non semplici, è evidente che non può esistere nessun cammino minimo in quanto si ottengono cammini sempre migliori percorrendo un numero arbitrario di volte il ciclo negativo. Infine, nel caso si voglia un cammino semplice e siano presenti cicli negativi, il problema è **NP**-difficile e va risolto con algoritmi diversi da quelli descritti in questo capitolo.

In questa sezione viene data una descrizione abbastanza informale del calcolo di un cammino minimo. Una presentazione formale si trova nell'Appendice. Il punto di partenza nella costruzione di algoritmi è dato dal *Principio di ottimalità* di Bellman, che costituisce il nucleo fondante della *Programmazione dinamica* (PD).

Il Principio di ottimalità afferma che se un cammino è minimo allora anche ogni suo sottocammino è minimo. L'affermazione è talmente ovvia e di buon senso da non far immaginare che si possa tradurre in una relazione ricorsiva di grande potenza, la cosiddetta *equazione di Bellman.*

Si indichi con V_j il costo del cammino minimo (per ora incognito) dalla sorgente s a j. Ogni cammino che passa per j deve arrivarci da uno dei suoi nodi predecessori. Se i è uno di questi nodi, il modo migliore di arrivare a j passando per i è dato, in base al Principio di Ottimalità, da V_i (valore ottimo fino a i) più il costo dell'arco (i, j) che indichiamo con c_{ij}. Siccome si è liberi di scegliere il nodo che precede j, abbiamo (equazione di Bellman)

$$V_j = \min_{(ij) \in E} V_i + c_{ij} \tag{9.1}$$

Questa relazione è vera per ogni j diverso dalla sorgente. Nella sorgente abbiamo $V_s = 0$, dato che il cammino ottimo da s a s è il cammino vuoto (rispetto agli archi). Si potrebbe obiettare che la scelta $V_s = 0$ è immotivata perché potrebbe essere più conveniente partire dalla sorgente e arrivarci con un circuito diverso dal circuito vuoto nel caso i costi degli archi siano negativi. Nell'Appendice si vede che l'esistenza di cicli negativi rende irresolubile l'equazione di Bellman (9.1). Quindi questa può essere risolta solo in assenza di cicli negativi e in questo caso la scelta $V_s = 0$ è motivata.

In modo alternativo si può indicare con V^i il costo del cammino minimo da i alla destinazione t. Ogni cammino che passa per i deve proseguire verso uno dei suoi nodi successori. Ragionando in modo simile si può formulare l'equazione di Bellman per i cammini verso la destinazione:

$$V^i = \min_{(ij) \in E} V^j + c_{ij} \tag{9.2}$$

avendo posto $V^t = 0$ nella destinazione. La formulazione di PD (9.1) viene detta *in avanti*, mentre (9.2) viene detta *all'indietro*.

Il Principio di ottimalità e l'equazione di Bellman sono stati definiti con riferimento ad un problema di cammino minimo, nell'ipotesi implicita che un cammino minimo esista. In modo analogo possono essere ridefiniti per problemi di cammino massimo (con le opportune modifiche), sempre nell'ipotesi che un cammino massimo esista. Se un grafo è aciclico i cammini sono in numero finito e esistono sempre sia cammini minimi che massimi. In un grafo generico invece possono non esistere cammini ottimi (minimi o massimi).

Gli algoritmi per il calcolo del cammino minimo sono progettati per risolvere (9.1) o (9.2) e si differenziano per le ipotesi che si fanno sul grafo.

In un grafo aciclico la risoluzione dell'equazione di Bellman non presenta problemi in quanto i valori di sinistra possono sempre essere calcolati da valori di destra già calcolati. Infatti inizialmente è noto per definizione $V_s = 0$ (nella formulazione in avanti). In un grafo aciclico esiste sempre almeno un nodo senza predecessori (dimostrazione facile). Supporremo, in modo naturale, che il nodo s sia senza predecessori e anche che sia l'unico nodo senza predecessori (altri nodi senza predecessori sono, per definizione, irraggiungibili da s e anche nodi predecessori di s lo sono in un grafo aciclico e pertanto possiamo escludere questi nodi).

Sia inizialmente $S := \{s\}$ l'insieme dei nodi per i quali il valore di V è noto. Consideriamo il grafo $G(S) := (N \setminus S, E(N \setminus S))$ che risulta anch'esso aciclico. I nodi senza predecessori in $G(S)$ (e ne esiste sempre almeno uno) hanno tutti i predecessori in S e quindi il loro valore ottimo è calcolabile esplicitamente dall'equazione di Bellman e diventa noto. Si aggiungano questi nodi ad S e si proceda ricorsivamente finché $S = N$, se vogliamo i cammini minimi da s a tutti i nodi, oppure $t \in S$ se basta il cammino minimo $s \to t$. Si veda in Appendice il dettaglio dell'algoritmo che presenta complessità $O(m)$ $(m = |E|)$.

Se il grafo è generico ed i costi sono non negativi si può ancora risolvere l'equazione di Bellman in modo veloce. Come la proprietà di grafo aciclico garantisce l'esistenza di valori noti di V_j, usabili quindi per risolvere esplicitamente l'equazione di Bellman, così anche la proprietà di costi non negativi garantisce l'esistenza di almeno un valore noto da usare nell'aggiornamento degli altri valori.

Tale garanzia si basa sul seguente ragionamento induttivo: durante l'iterazione sia noto un insieme S di nodi i cui valori V_j, $j \in S$, siano noti e siano definiti dei valori provvisori V_j, $j \notin S$, che rappresentano i costi dei cammini ottimi da s a j *con il vincolo di usare come nodi intermedi soltanto nodi di* S (se tale cammino non esiste $V_j := \infty$). Ora sia k tale che $V_k = \min_{j \notin S} V_j$. V_k è il valore finale ottimo per i cammini $s \to k$. Infatti ogni altro cammino dovrebbe passare per qualche altro nodo non in S ad un costo non migliore a causa della scelta di k e delle distanze non negative. A questo punto si può aggiornare S ponendo $S := S \cup \{k\}$. Per aggiornare i valori provvisori V_j, $j \notin S$, bisogna tener conto della nuova opzione di passare per k. Sfruttando il principio di ottimalità si pone quindi

$$V_j := \min\{V_j \,;\, V_k + c_{kj}\} \qquad (k,j) \in E \tag{9.3}$$

La proprietà è ora verificata per un insieme più grande di nodi e si può iterare quindi finché $S = N$ (oppure $t \in S$). La proprietà è certamente vera inizialmente per $S := \{s\}$ e $V_j := c_{sj}$ se esiste l'arco (s,j) e $V_j := \infty$ altrimenti.

L'algoritmo che implementa il ragionamento induttivo sopra delineato è noto come algoritmo di Dijkstra [57]. Per ciò che riguarda la complessità computazionale l'aggiornamento (9.3) costa globalmente $O(m)$ mentre il calcolo del minimo costa $O(n)$ ad ogni iterazione e va ripetuto n volte. Complessivamente quindi l'algoritmo ha complessità $O(n^2)$. Questo valore non può essere abbassato per grafi densi ($m = \Omega(n^2)$), in quanto la sola lettura dei dati ha costo $O(n^2)$.

Per grafi sparsi (cioè $m = O(n)$) è più conveniente usare una struttura a 'heap' per i valori V_j. In questo modo il calcolo del minimo richiede tempo costante. Tuttavia bisogna aggiornare lo 'heap' sia ad ogni aggiornamento (9.3) che ad ogni rimozione della radice dello 'heap'. Quindi la complessità globale è $O(m \log n)$, uguale a $O(n \log n)$ per grafi sparsi.

Se infine il grafo è generico e i costi sono generici, l'equazione di Bellman viene risolta dall'algoritmo di Bellman-Ford, che itera, usando valori provvisori a partire da $V_s := 0$, $V_i := +\infty$, $i \neq s$, il calcolo

$$V_j := \min\{V_j \,;\, V_i + c_{ij}\} \qquad (ij) \in E \tag{9.4}$$

Se, ad un certo punto i valori V_i non vengono più aggiornati, tali valori soddisfano chiaramente l'equazione di Bellman. Si tratta di capire sotto quali ipotesi l'iterazione (9.4) termina perché si sono raggiunti valori stazionari e se c'è un limite al numero di iterazioni necessarie. Si può dimostrare (vedi Appendice) che l'algoritmo termina in al più n iterazioni se e solo se non sono presenti cicli negativi. Quindi la complessità dell'algoritmo è $O(m\,n)$.

È possibile derivare dall'algoritmo di Bellman-Ford un algoritmo che trova al medesimo tempo i cammini minimi $i \to j$ per *tutte* le coppie di nodi i e j. Un'applicazione ingenua dell'algoritmo Bellman-Ford richiederebbe un tempo $O(n^2\, m)$ (scegliendo come sorgente ad ogni ripetizione dell'algoritmo un nodo diverso). Tuttavia si può notare come molte operazioni verrebbero replicate diverse volte con notevole spreco di tempo. Ad esempio, se il cammino ottimo $s \to j$ passa per k, l'algoritmo calcolerebbe i tre cammini $s \to j$, $s \to k$ e $k \to j$, quando invece solo un cammino deve essere calcolato esplicitamente a causa del principio di ottimalità.

Razionalizzando l'algoritmo di Bellman-Ford nel caso di calcolo dei cammini minimi per tutte le coppie si ottiene l'algoritmo sviluppato indipendentemente da Floyd [78] e Warshall [222]. L'algoritmo esegue tre cicli uno dentro l'altro (il più esterno su k e gli altri due su i e j), all'interno dei quali si esegue

$$V_{ij} := \min\{V_{ij} \,;\, V_{ik} + V_{kj}\}$$

dopo aver inizializzato i valori come $V_{ij} := c_{ij}$ se $(i,j) \in E$ e $V_{ij} := +\infty$ altrimenti. Al termine V_{ij} rappresenta il valore del cammino minimo da i a j (dimostrazione di correttezza in Appendice). L'algoritmo fornisce anche dei valori V_{ii}. È immediato vedere che V_{ii} è la lunghezza del circuito minimo passante per i. Questo significa che, nel momento in cui $V_{ii} < 0$ per almeno un nodo i, allora l'algoritmo può essere interrotto dato che il problema è illimitato. Questa proprietà suggerisce anche un semplice uso dell'algoritmo di Floyd-Warshall per la scoperta di cicli negativi in un grafo.

Si noti che la complessità dell'algoritmo di Floyd-Warshall è $O(n^3)$ e si tratta di un numero esatto di calcoli da fare, non di una limitazione di caso peggiore. Quindi in un grafo con mille nodi il numero di volte in cui l'aggiornamento indicato sopra viene eseguito è un miliardo, valore che richiede un certo tempo anche sui moderni calcolatori. Se il grafo ha molti nodi ed è sparso (cioè il numero di archi è $O(n)$, come accade per i grafi che rappresentano una rete stradale) e, soprattutto, se i costi sono non negativi, è più conveniente usare n volte l'algoritmo di Dijkstra nell'implementazione con complessità $O(m \log n) = O(n \log n)$, perché allora si perviene ad una complessità globale $O(n^2 \log n)$.

Se si deve risolvere un problema su un grafo non orientato con distanze non negative (in un grafo non orientato si può andare sia da i a j che da j a i al medesimo costo c_{ij}) è possibile trasformare il problema in uno definito su un grafo orientato semplicemente sostituendo ogni arco (i,j) con due archi antiparalleli (i,j) e (j,i). Ovviamente questa trasformazione funziona per distanze non negative giacché nessun cammino trova conveniente inserire un ciclo $i \to j \to i$. Quindi al più uno dei due archi (i,j) e (j,i) verrà usato e la soluzione ottenuta per il grafo orientato può essere reinterpretata per il grafo non orientato originario. Quindi è l'algoritmo di Dijkstra ad essere usato per grafi non orientati con costi non negativi.

Nel caso non orientato un circuito ha almeno tre archi distinti. Non è cioè ammesso percorrere avanti e indietro lo stesso arco. Quindi se i costi possono essere negativi ma non vi sono circuiti negativi (nel senso appena indicato) i cammini minimi esistono e sono semplici. Tuttavia il trucco di sostituire ogni arco non orientato con la coppia di archi orientati antiparalleli non funziona, perché si vengono a creare piccoli cicli negativi in corrispondenza di ogni arco negativo e questo fatto rende illimitata in ogni caso l'istanza sul grafo orientato.

Il problema di scoprire cicli elementari negativi in un grafo non orientato può essere invece risolto in modo polinomiale trasformando il grafo e risolvendo un problema di accoppiamento con complessità $O(m\,n \log n)$. Tale tecnica verrà illustrata nella Sez. 13.6.

9.2 Pianificazione di attività: risoluzione del primo modello

Nella Sez. 2.4 si è definito un modello di pianificazione di attività in cui sono presenti solo vincoli di precedenza fra alcune attività. Si è visto che tale modello si traduce in un grafo aciclico, in cui il nodo i rappresenta l'attività i, l'arco (ij) rappresenta il vincolo che l'attività j deve seguire l'attività i e la durata p_i è associata all'arco (ij). Si è anche osservato che il cammino più lungo in tale grafo è una limitazione inferiore al minimo tempo di completamento delle attività.

Inoltre, per come sono definite le lunghezze degli archi, è sufficiente rappresentare la riduzione transitiva del grafo (cioè se sono definite le precedenze $i \to j$, $i \to k$ e $k \to j$, la precedenza $i \to j$, con il vincolo temporale conseguente, è implicata dalle altre due e può non essere rappresentata da un arco).

Indicando con T^* la durata minima possiamo quindi dire che $T^* \geq \sum_{i \in P} p_i$ per ogni cammino $P : s \to t$ e che in particolare

$$T^* \geq \max_{P:s \to t} \sum_{i \in P} p_i = V_t \tag{9.5}$$

Facciamo ora vedere che si ha proprio $T^* = V_t$. Infatti siano V_i le lunghezze dei cammini più lunghi $s \to i$. Dall'equazione di Bellman si ha che

$$V_j \geq V_i + p_i \qquad (i,j) \in E \tag{9.6}$$

e quindi se ogni attività viene iniziata al tempo V_i, la relazione (9.6) significa che le precedenze fra le attività sono soddisfatte e quindi i tempi V_i costituiscono una schedulazione ammissibile delle attività. Allora il tempo V_t è ammissibile, quindi $V_t \geq T^*$ (perché T^* è il tempo minimo), che, insieme con (9.5), dà $T^* = V_t$.

Il calcolo dei tempi V_i viene quindi effettuato con la PD con complessità $O(m)$. I tempi V_i rappresentano i tempi minimi di inizio di ogni attività e vengono anche indicati con il simbolo ES_i (*earliest starting time*). Indichiamo con $EF_i := ES_i + p_i$ il minimo tempo di completamento (*earliest finishing time*).

È chiaro che le attività sul cammino più lungo non possono essere ritardate a meno di non ritardare la fine di tutti i lavori. Per tale motivo il cammino più lungo viene anche indicato come *cammino critico*. Per alcune attività non sul cammino critico è invece possibile ritardarne l'inizio senza pregiudicare la fine dei lavori.

Si esegua il calcolo dei cammini massimi con la formulazione all'indietro a partire dal termine t indietro verso la sorgente. I valori V^i calcolati rappresentano ora la lunghezza del cammino massimo da i a t. Si tratta quindi di un tempo che deve comunque trascorrere dall'inizio dell'attività i. Quindi nessuna attività può essere schedulata ad un istante di tempo maggiore di $(T^* - V^i)$. Dal principio di ottimalità si ha

$$V^i \geq V^j + p_i \qquad (i, j) \in E$$

da cui

$$T^* - V^i + p_i \leq T^* - V^j \qquad (i, j) \in E$$

e quindi gli istanti di tempo $(T^* - V^i)$ costituiscono istanti di inizio attività ammissibili e vengono indicati anche con il simbolo LS_i (*latest starting time*). Inoltre si definisce $LF_i = LS_i + p_i$ (*latest finishing time*). Se un'attività i non è su un cammino più lungo si ha $V_i + V^i < V_t = V^s = T^*$ da cui

$$V_i < T^* - V^i \quad \Longrightarrow \quad ES_i < LS_i$$

La quantità $(LS_i - ES_i)$ prende il nome di *total float* e rappresenta il massimo ritardo che può subire l'attività i senza pregiudicare il tempo finale di completamento. Tuttavia un ritardo del genere, se attuato sull'attività i, può avere conseguenze su altre attività e causarne necessariamente il ritardo. Se vogliamo che il ritardo dell'attività i non ritardi altre attività schedulate ai tempi ES_j dobbiamo notare che solo attività situate sulle foglie dell'albero dei cammini massimi da s non 'spingono' in avanti altre attività. Quindi, per queste attività dobbiamo valutare, fra i successori $j \in \delta^+(i)$ l'attività che inizia per prima e valutare il possibile ritardo su questa, ovvero calcolare

$$\min_{j \in \delta^+(i)} ES_j - EF_i$$

Tale quantità prende il nome di *free float*. Possiamo anche considerare il punto di vista per cui tutte le altre attività sono ormai schedulate al massimo tempo possibile e valutare se questo fatto permette all'attività i di essere schedulata in anticipo rispetto a quanto programmato. Solo attività situate sulle foglie dell'albero dei cammini massimi verso t non sono 'spinte' in avanti da altre attività. Quindi, per queste attività dobbiamo valutare, fra i predecessori $i \in \delta^-(j)$ l'attività che termina per ultima e valutare il possibile anticipo su questa, ovvero calcolare

$$LS_j - \max_{i \in \delta^-(j)} LF_i$$

Tale quantità prende il nome di *safety float*. Possiamo infine valutare qual è il massimo intervallo di tempo possibile indipendentemente da ogni altro evento e calcolare

$$\min_{j \in \delta^+(i)} ES_j - p_i - \max_{k \in \delta^-(i)} LF_k$$

Tale quantità può essere negativa per cui si indica come *independent float* il valore

$$\max \left\{ \min_{j \in \delta^+(i)} ES_j - p_i - \max_{k \in \delta^-(i)} LF_k \; ; \; 0 \right\}$$

attività	ES	LS	TF	FF	SF	IF
1 - posa cantiere	0	0	0	0	0	0
2 - fondazioni	2	2	0	0	0	0
3 - struttura portante e solai	7	7	0	0	0	0
4 - muri	27	27	0	0	0	0
5 - tetto	27	29	2	0	2	0
10 - tracce impianto elettrico	32	32	0	0	0	0
14 - tracce impianto idraulico	32	33	1	1	1	1
12 - telai serramenti	32	35	3	3	3	3
7 - intonaci esterni	34	52	18	0	16	0
6 - intonaci interni	36	36	0	0	0	0
9 - pittura esterna	38	56	18	18	0	0
16 - piastrelle	40	40	0	0	0	0
8 - pittura interna	47	47	0	0	0	0
13 - serramenti	52	52	0	0	0	0
11 - impianto elettrico	52	55	3	3	3	3
15 - sanitari	52	58	6	6	6	6
17 - pavimenti in legno	55	55	0	0	0	0
18 - consegna	60	60	0	0	0	0

Tabella 9.1.

Applicando questa analisi all'esempio descritto in Sez. 5.5 si ottiene la pianificazione riportata in Tabella 9.1.

Questo tipo di analisi prende il nome di PERT-CPM. PERT è l'acronimo di 'Project Evaluation and Review Technique' e fu inizialmente sviluppata negli anni '50 per il progetto relativo ai missili Polaris. CPM è l'acronimo di 'Critical Path Method' sviluppato anch'esso negli anni '50 presso la Dupont e la Remington per problemi di costruzione e manutenzione. Il ben noto conto alla rovescia che si effettua prima di un lancio spaziale serve a definire esattamente quando eseguire le varie attività sulla base di un diagramma PERT.

Esempio 9.1.

Si veda in Fig. 9.1 un esempio di diagramma PERT riferito alla costruzione del nuovo ospedale di Udine (la figura è stata tratta dal sito, non più reperibile, `http://www.ospedaleudine.it/sanitario/progetti/usno/ fasi.htm`).

∎

Non sempre nella valutazione della durata di un progetto si può assumere che le durate siano note con esattezza. È piuttosto vero che in fase di esecuzione varie cause riducano o aumentino le durate previste. Bisognerebbe allora modellare il problema definendo, per le durate, variabili aleatorie con un'opportuna distribuzione.

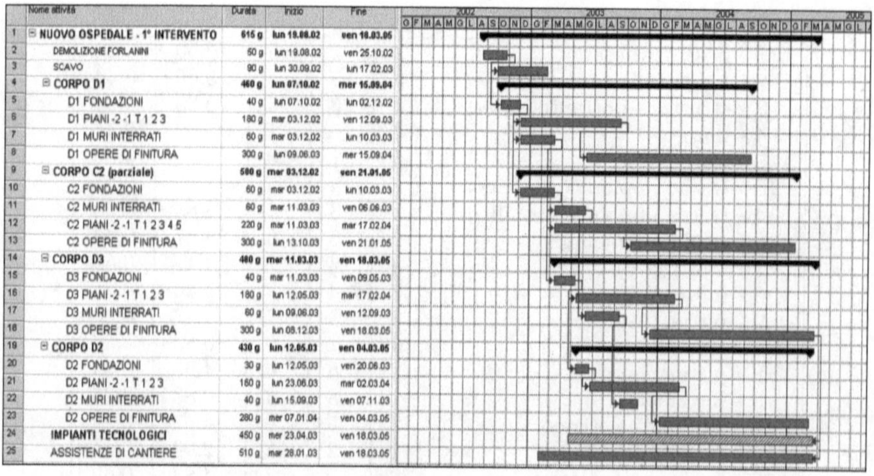

Figura 9.1.

Ai fini pratici si è visto che le durate possono essere modellate con una distribuzione beta approssimata, il cui valore medio m_i e la cui varianza σ_i^2 sono definite da

$$m_i := \frac{a_i + 4\,b_i + c_i}{6}\;; \qquad \sigma_i^2 := \left(\frac{c_i - a_i}{6}\right)^2 \tag{9.7}$$

e dove i valori a_i, b_i, c_i sono definiti, per ogni attività i da

$$a_i = \text{minimo tempo possibile}$$
$$b_i = \text{tempo previsto}$$
$$c_i = \text{massimo tempo possibile}$$

Il modo in cui la variabilità delle singole durate si riflette sulla variabilità del tempo di completamento totale, viene individuato valutando solo le attività del cammino critico. Ciò non è corretto in generale, perché, al variare delle durate, il cammino critico potrebbe cambiare. Siccome il tipo di analisi si complicherebbe in modo eccessivo tenendo conto della variabilità del cammino critico, si preferisce eseguire un'analisi approssimata considerando invariato il cammino critico.

In base al teorema del limite centrale di Gauss una variabile aleatoria ottenuta come somma di variabili aleatorie indipendenti tende ad assomigliare sempre di più, all'aumentare delle singole variabili, ad una variabile aleatoria distribuita in modo normale, cioè secondo la seguente funzione di densità

$$\frac{1}{\sigma\,\sqrt{2\,\pi}}\;e^{-(x-\bar{x})^2/(2\,\sigma^2)}$$

per la quale si ha quindi

attività	a_i	b_i	c_i	m_i	σ_i^2
1 - posa cantiere	2	2	5	2.50	0.25
2 - fondazioni	3	5	7	5.00	0.44
3 - struttura portante e solai	20	20	25	20.83	0.69
4 - muri	3	5	7	5.00	0.44
5 - tetto	5	7	10	7.17	0.69
10 - tracce impianto elettrico	2	4	5	3.83	0.25
14 - tracce impianto idraulico	1	3	4	2.83	0.25
12 - telai serramenti	2	5	6	4.67	0.44
7 - intonaci esterni	2	4	7	4.17	0.69
6 - intonaci interni	2	4	5	3.83	0.25
9 - pittura esterna	2	4	7	4.17	0.69
16 - piastrelle	3	7	10	6.83	1.36
8 - pittura interna	2	5	6	4.67	0.44
13 - serramenti	1	3	4	2.83	0.25
11 - impianto elettrico	2	5	6	4.67	0.44
15 - sanitari	1	2	3	2.00	0.11
17 - pavimenti in legno	2	5	7	4.83	0.69
18 - consegna	0	0	0	0.00	0.00

Tabella 9.2. Dati

$$\Pr\{\bar{x} - t\,\sigma \leq x \leq \bar{x} + t\,\sigma\} = \frac{1}{\sigma\sqrt{2\,\pi}} \int_{-t\,\sigma}^{+t\,\sigma} e^{-y^2/(2\,\sigma^2)}\,dy =$$

$$\frac{2}{\sqrt{\pi}} \int_0^{t/\sqrt{2}} e^{-z^2}\,dz = \mathrm{Erf}(t)$$

dove $\mathrm{Erf}(t)$ è la cosiddetta *funzione d'errore*, il cui argomento è misurato in unità di scarto quadratico medio. Ad esempio si hanno i seguenti valori

$$\mathrm{Erf}(1) = 0.682689; \quad \mathrm{Erf}(1.5) = 0.866386; \quad \mathrm{Erf}(2) = 0.9545;$$

$$\mathrm{Erf}(2.5) = 0.987581; \quad \mathrm{Erf}(3) = 0.9973$$

Quindi la probabilità che $\bar{x} - \sigma \leq x \leq \bar{x} + \sigma$ è circa del 68%, la probabilità che $\bar{x} - 2\,\sigma \leq x \leq \bar{x} + 2\,\sigma$ è circa del 95%, mentre la probabilità di essere fuori dall'intervallo $\bar{x} - 3\,\sigma \leq x \leq \bar{x} + 3\,\sigma$ è meno dell'1% !

La media della somma di variabili aleatorie è uguale alla somma delle medie mentre la varianza della somma di variabili aleatorie *indipendenti* è uguale alla somma delle varianze. Quindi si possono ottenere con buona approssimazione la media e la varianza del tempo di completamento sommando, sul cammino critico i valori m_i e σ_i^2 dati da (9.7).

Esempio 9.2.

Come continuazione del problema della pianificazione si suppongano i dati in Tabella 9.2. Con i nuovi valori di m_i si calcola il cammino massimo che ha un valore di 60.17 con le stesse attività critiche del caso deterministico.

Sommando i valori di σ_i^2 sul cammino critico si ottiene $\sigma_*^2 = 5.08$ e quindi $\sigma_* = 2.25$. Quindi con probabilità 68% i lavori saranno completati fra il giorno 57 e il giorno 63 e con probabilità più del 95% fra il giorno 55 e il giorno 65.

Si tenga comunque presente che si assume l'indipendenza delle variabili aleatorie. Se ad esempio la maggior durata delle operazioni è dovuta al maltempo, le durate sono correlate fra loro e la stima di probabilità precedentemente calcolata non è più valida e risulta ottimistica rispetto ad una stima corretta. ∎

9.3 Programmazione dinamica e programmazione lineare

Il problema del cammino minimo $s \to t$ può essere risolto anche dal seguente modello di PL. Si veda in Appendice la dimostrazione.

$$\begin{aligned} \max \quad & V^s \\ & V^i \leq V^j + c_{ij} \qquad (i,j) \in E \\ & V^t = 0 \end{aligned} \tag{9.8}$$

Il problema può essere riscritto come

$$\begin{aligned} \max \quad & V^s - V^t \\ & V^i \leq V^j + c_{ij} \qquad (i,j) \in E \end{aligned} \tag{9.9}$$

dove le variabili sono le stesse che in (9.8) a meno di una costante additiva arbitraria. Il duale di (9.9) è il seguente problema nelle variabili x_{ij}, $(ij) \in E$:

$$\begin{aligned} \min \quad & \sum_{(ij)\in E} c_{ij}\, x_{ij} \\ & \sum_{j\in\delta^+(i)} x_{ij} - \sum_{j\in\delta^-(i)} x_{ji} = \begin{cases} 1 & \text{se } i = s \\ -1 & \text{se } i = t \\ 0 & \text{altrimenti} \end{cases} \qquad i \in N \\ & x_{ij} \geq 0 \end{aligned} \tag{9.10}$$

Possiamo interpretare ogni variabile x_{ij} come un flusso che percorre l'arco (ij). Allora i vincoli in (9.10) esprimono il fatto che, sui nodi diversi da s e t, il flusso 'entrante' nel nodo è uguale al flusso 'uscente', mentre nel nodo s il flusso uscente supera di uno il flusso entrante e nel nodo t il flusso entrante supera di uno il flusso uscente. Se il flusso entrante è uguale al flusso uscente si usa dire che nel nodo c'è *conservazione del flusso*.

Fra i valori ammissibili di x in (9.10), che in generale sono numeri reali, vi sono anche delle interessanti soluzioni di valore 0 oppure 1, che possono essere interpretate come un vettore d'incidenza di un particolare sottoinsieme di archi. Ad esempio sottoinsiemi corrispondenti a cammini da s a t sono soluzioni ammissibili di (9.10). In Appendice viene dimostrata l'importante proprietà che ogni vertice di (9.10) è il vettore d'incidenza di un cammino da s a t.

Quindi ogni soluzione di vertice è un cammino e il valore della funzione obiettivo $\sum_{(ij)\in E} c_{ij}\, x_{ij}$ calcolato su un vertice è la lunghezza del cammino corrispondente, da cui si vede che il problema (9.10) calcola i cammini minimi da s a t.

Si noti ancora che il cammino corrispondente ad un vertice è un cammino semplice (cioè senza ripetizione di nodi e quindi senza avere al proprio interno dei cicli). Non si creda però che il problema (9.10) calcoli i cammini minimi per ogni valore dei costi degli archi. Il poliedro definito da (9.10) è illimitato. Infatti per ogni soluzione ammissibile x, sono ammissibili anche le soluzioni $x + \alpha\, e(C)$, con $e(C)$ vettore d'incidenza di un qualsiasi ciclo C, per qualsiasi $\alpha \geq 0$. Quindi, se il ciclo C ha un costo negativo, il problema (9.10) è illimitato. Del resto questo fatto non deve sorprendere perché il problema primale (9.9) è non ammissibile se esistono cicli negativi.

Il vantaggio di un modello di PL non consiste nella possibilità di trovare cammini minimi in questo modo anziché con i precedenti algoritmi, certamente computazionalmente più efficienti, ma nel fatto che la flessibilità della PL permette di aggiungere altri vincoli, per i quali invece i precedenti algoritmi diventano inutilizzabili. Nella Sez. 9.5 si vedrà un esempio.

Il problema dei cammini minimi da ogni nodo alla destinazione si può anche modellare con la PL. Basta pensare di inviare $(n-1)$ unità di flusso alla destinazione, ciascuna in partenza da un nodo diverso, per cui si ha

$$
\begin{aligned}
\min \quad & \sum_{(ij)\in E} c_{ij}\, x_{ij} \\
& \sum_{j\in\delta^+(i)} x_{ij} - \sum_{j\in\delta^-(i)} x_{ji} = \begin{cases} -n+1 & \text{se } i = t \\ 1 & \text{altrimenti} \end{cases} \qquad i \in N \\
& x_{ij} \geq 0
\end{aligned}
\tag{9.11}
$$

In questo caso le soluzioni non saranno in generale 0-1 ma intere non negative. I valori non negativi definiscono un albero di supporto del grafo. Analogamente il problema dei cammini minimi dalla sorgente ad ogni nodo diventa:

$$
\begin{aligned}
\min \quad & \sum_{(ij)\in E} c_{ij}\, x_{ij} \\
& \sum_{j\in\delta^+(i)} x_{ij} - \sum_{j\in\delta^-(i)} x_{ji} = \begin{cases} n-1 & \text{se } i = s \\ -1 & \text{altrimenti} \end{cases} \qquad i \in N \\
& x_{ij} \geq 0
\end{aligned}
\tag{9.12}
$$

Il problema duale di (9.11) è

$$
\begin{aligned}
\max \quad & \sum_i (V^i - V^t) \\
& V^i - V^j \leq c_{ij} \qquad (i,j) \in E
\end{aligned}
\tag{9.13}
$$

(per esercizio si calcoli il duale di (9.12) e si analizzi la relazione fra le variabili duali e i valori V_i dei cammini ottimi $s \to i$)

Dalla formulazione (9.13) si vede che il calcolo di una soluzione ammissibile per l'insieme di vincoli

$$V^i - V^j \leq c_{ij} \qquad (i,j) \in E$$

cosiddetto *Problema della tensione ammissibile*, si effettua calcolando i cammini minimi verso t se esiste un nodo t per il quale esistono cammini orientati da ogni altro nodo. Se questa condizione non è verificata si può comunque risolvere il problema tramite n applicazioni dell'algoritmo di Dijkstra secondo la procedura descritta in Appendice.

9.4 Problema dei K cammini migliori

Spesso bisogna conoscere non solo il cammino migliore ma l'elenco dei primi K cammini minimi. Questo si può effettuare in modo efficiente usando gli algoritmi di PD variando leggermente il meccanismo di aggiornamento dei valori ottimi nei nodi. Il caso di grafo aciclico è più semplice e iniziamo da questo.

Come nel caso normale si associa ad ogni nodo il valore provvisorio di cammino minimo, adesso bisogna associare una tabella con i valori provvisori dei primi K cammini minimi. Inoltre bisogna associare ad ogni nodo una tabella di puntatori all'indietro per la ricostruzione dei cammini. Tuttavia, per ricostruire un cammino, non è più sufficiente sapere da quale nodo arriva il cammino, bisogna anche sapere da quale cammino della tabella proviene il cammino.

Quindi ad ogni nodo i è associata una tabella con K righe e 3 colonne. Le K righe corrispondono ai migliori (nell'ordine) K cammini al nodo finora trovati. La prima colonna contiene i valori V_i^k dei K cammini da s a i; la seconda contiene i puntatori p_i^k ai nodi predecessori per ogni cammino e la terza contiene il numero di riga r_i^k della tabella del nodo predecessore a cui si riferisce il cammino.

Quando un nodo i ha valori definitivi per la sua tabella, le tabelle dei suoi nodi successori j vengono aggiornate attraverso un'operazione di fusione delle due tabelle $V_i^h + c_{ij}$ e V_j^k, $h, k \in [K]$ (quindi di $2K$ cammini vengono mantenuti solo i migliori K). Se il valore $V_i^h + c_{ij}$ occupa il posto q-mo dopo la fusione si aggiorna $p_j^q := i$ e $r_j^q := h$. Se invece il posto q-mo è occupato dal valore V_j^k si aggiorna $p_j^q := p_j^k$ e $r_j^q := r_j^k$. Le tabelle vengono inizializzate con $V_j^k := +\infty$ se si minimizza oppure $V_j^k := -\infty$ se si massimizza, tranne $V_s^1 := 0$ (ma $V_s^k = \pm\infty$ per $k > 1$). La complessità di questo algoritmo per un grafo aciclico con m archi è $O(m\,K)$.

Esempio 9.3.

Siano da calcolare i 4 cammini più lunghi dal nodo 1 al nodo 5 nel grafo orientato aciclico con archi e lunghezze dati dalla seguente tabella:

$i \setminus j$	2	3	4	5
1	3	5	5	8
2		4	1	6
3			1	3
4				2

Vengono inizializzate le tabelle come

1			2			3			4			5		
0			∞			∞			∞			∞		
∞			∞			∞			∞			∞		
∞			∞			∞			∞			∞		
∞			∞			∞			∞			∞		

La prima tabella è definitiva e aggiorna le altre tabelle:

1			2			3			4			5		
0			3	1	1	5	1	1	5	1	1	8	1	1
∞			∞			∞			∞			∞		
∞			∞			∞			∞			∞		
∞			∞			∞			∞			∞		

La seconda tabella è definitiva e aggiorna le tabelle 3, 4 e 5:

1			2			3			4			5		
0			3	1	1	5	1	1	4	2	1	8	1	1
∞			∞			7	2	1	5	1	1	9	2	1
∞			∞			∞			∞			∞		
∞			∞			∞			∞			∞		

La terza tabella è definitiva e aggiorna le tabelle 4 e 5:

1			2			3			4			5		
0			3	1	1	5	1	1	4	2	1	8	1	1
∞			∞			7	2	1	5	1	1	8	3	1
∞			∞			∞			6	3	1	9	2	1
∞			∞			∞			8	3	2	10	3	2

Infine la quarta tabella aggiorna la tabella 5:

1			2			3			4			5		
0			3	1	1	5	1	1	4	2	1	6	4	1
∞			∞			7	2	1	5	1	1	7	4	2
∞			∞			∞			6	3	1	8	1	1
∞			∞			∞			8	3	2	8	3	1

Per ricostruire i cammini si usano le tabelle. Ad esempio per ottenere il quarto cammino minimo di costo 8, si vede dalla tabella 5 che il nodo predecessore è il nodo 3 e il cammino si trova nella prima riga della tabella 3. Dalla tabella 3 ricaviamo la sorgente come nodo predecessore. Pertanto il cammino è $1 \to 3 \to 5$. I quattro cammini sono $1 \to 2 \to 4 \to 5$, $1 \to 4 \to 5$, $1 \to 5$ e $1 \to 3 \to 5$. Si noti che c'è ancora un cammino di costo 8 ma che non viene fornito dall'algoritmo. Come un algoritmo che cerca il minimo fornisce solo uno dei minimi se ce n'è più d'uno, così questo algoritmo fornisce solo i primi K tralasciandone altri, uguali come valore all'ultimo dei K. ∎

Se il grafo è generico si può pensare di adattare l'algoritmo di Bellman-Ford. Sorge però un problema. Quando si confrontano i valori dei cammini nell'algoritmo di Bellman-Ford, può avvenire sia che i valori siano riferiti allo stesso cammino e necessariamente uguali, sia che i due valori siano uguali ma riferiti a cammini diversi. Tuttavia, finché interessa un unico cammino e i due valori sono uguali non importa sapere di quale caso si tratti. Però, se bisogna produrre più di un cammino, bisogna sapere se i due valori uguali si riferiscono allo stesso cammino oppure a due cammini diversi con uguale valore. Nel primo caso si deve ignorare uno dei due valori e nel secondo bisogna considerare entrambi. Quindi, se si sta considerando l'arco (i, j) e V_i^h è il valore corrente del h-mo cammino minimo da s a i, bisogna confrontare i valori $V_i^h + c_{ij}$ con V_j^k, $h, k \in [K]$. Se esistono h e k tali che $V_i^h + c_{ij} = V_j^k$, bisogna verificare se i due cammini sono uguali ricostruendo i cammini usando i puntatori.

9.5 Cammino minimo e di minimo impatto ambientale

In questa sezione studiamo il caso di dover trasportare della merce pericolosa da una città s ad una città t. Oltre all'obiettivo di minimizzare il percorso dobbiamo tener conto del danno ambientale in caso d'incidente. Il primo problema da affrontare è quindi quello di definire un conveniente modello quantitativo che rappresenti l'impatto ambientale. Siccome un incidente non è un evento certo si deve tener conto nel modello della probabilità d'incidente nelle varie tratte delle rete stradale. Dobbiamo quindi supporre di disporre di valori p_{ij} corrispondenti alle probabilità d'incidente sugli archi (ij). Per completare il modello bisogna anche tener conto del fatto che un incidente può avere conseguenze molto diverse a seconda della zona in cui avviene. Dobbiamo pertanto pensare di poter disporre di valori che indicano il danno d_{ij} che si causa sull'arco (ij) in caso d'incidente. Non è semplice in generale valutare i valori d_{ij}. Oltre al costo economico dovuto all'incidente bisogna quantificare il danno ambientale. In questa sede non ci occupiamo di questo problema e quindi pensiamo di avere già a disposizione i valori d_{ij}.

Diverse opzioni sono possibili per valutare il possibile impatto ambientale di un cammino.

1) Ragioniamo come se l'incidente sia certo e quindi non teniamo conto delle probabilità, ma solo del danno. Se il danno avviene, normalmente è solo un

tratto di strada interessato. Si assume il caso peggiore e quindi ogni cammino viene valutato in base al suo arco di massimo danno. Allora si minimizza

$$\max_{e \in P} d_e$$

2) Alternativamente si valutano tutti i danni ugualmente gravi e si vuole minimizzare la probabilità di un incidente. La probabilità che non avvenga un incidente su un cammino P è data da $\prod_e (1 - p_e)$. Per modellare questo obiettivo secondo una somma, lo si trasforma nel logaritmo ottenendo la minimizzazione di (si noti che i valori sono non negativi)

$$\sum_{e \in P} - \log(1 - p_e)$$

È però interessante modellare in modo diverso questo problema, perché questo permetterà un'interpretazione molto utile della variabili duali. Sia V^i la massima probabilità di arrivare alla destinazione partendo dal nodo i. Certamente $V^t = 1$. Applicando la PD possiamo stabilire la seguente relazione ricorsiva

$$V^i = \max_{(ij) \in E} (1 - p_{ij})\, V^j$$

che potrebbe ad esempio essere risolta con gli algoritmi già visti, ma riadattati a questa formulazione (utile esercizio di comprensione degli algoritmi) oppure con la PL:

$$\begin{aligned} \min \quad & V^s \\ & V^i \geq (1 - p_{ij})\, V^j \qquad (i,j) \in E \\ & V^t = 1 \end{aligned} \tag{9.14}$$

il cui duale è

$$\begin{aligned} \max \quad & y \\ & \sum_{j \in \delta^+(k)} x_{kj} - \sum_{i \in \delta^-(k)} (1 - p_{ik})\, x_{ik} = \begin{cases} 1 & \text{se } k = s \\ 0 & \text{se } k \neq s,\ k \neq t \\ -y & \text{se } k = t \end{cases} \\ & x_{ij} \geq 0 \end{aligned} \tag{9.15}$$

La variabile y deve necessariamente rappresentare la probabilità di raggiungere la destinazione a partire dalla sorgente. Le variabili x_{ij} possono allora rappresentare la probabilità di iniziare l'attraversamento dell'arco (i,j). Infatti il vincolo nel nodo sorgente afferma che la partenza con probabilità 1 dal nodo sorgente si spezza nelle probabilità x_{sj} degli archi uscenti da s (possiamo supporre che per gli archi entranti sia $x_{is} = 0$). In ogni altro nodo la probabilità di arrivarci è data dalla probabilità di iniziare l'attraversamento dell'arco volte la probabilità di non avere l'incidente, sommata su tutti gli archi entranti. Questa stessa probabilità va ripartita fra gli archi in uscita se il nodo non è la destinazione, altrimenti rappresenta proprio la probabilità di raggiungere la destinazione. Si può dimostrare, sfruttando le relazioni di complementarità, che le variabili ottime strettamente positive di (9.15) corrispondono ad un cammino.

3) Infine consideriamo sia le probabilità che i danni e quindi valutiamo il costo atteso. A questo fine si tenga presente che, una volta avvenuto l'incidente, il cammino viene interrotto e quindi non vi sono conseguenze ulteriori nella parte rimanente di cammino. La probabilità che l'incidente avvenga nel primo arco del cammino è p_1. Con probabilità $(1 - p_1)$ si prosegue sul secondo arco e la probabilità che l'incidente avvenga sul secondo arco è pertanto $(1 - p_1)\, p_2$. In modo analogo la probabilità che l'incidente avvenga sul terzo arco è $(1 - p_1)\,(1 - p_2)\, p_3$. Moltiplicando le probabilità d'incidente per i danni rispettivi si ottiene il danno atteso. Indichiamo pertanto con V^s il danno atteso a partire dal nodo s (verso la destinazione t)

$$V^s := p_1\, d_1 + (1 - p_1)\, p_2\, d_2 + (1 - p_1)\,(1 - p_2)\, p_3\, d_3 + \ldots$$

L'espressione sembra alquanto complessa, tuttavia può efficacemente essere espressa in forma ricorsiva

$$\begin{aligned} V^s &= p_1\, d_1 + (1 - p_1)\,(p_2\, d_2 + (1 - p_2)\, p_3\, d_3 + (1 - p_2)\,(1 - p_3)\, p_4\, d_4 + \ldots) = \\ &\quad p_1\, d_1 + (1 - p_1)\, V^i \end{aligned}$$

con i il nodo successore di s lungo il cammino P. Siccome $V^t = 0$, si vede che il costo atteso di ogni cammino si può calcolare ricorsivamente (analogamente a (9.2)) come

$$V^t = 0, \qquad V^i = p_{ij}\, d_{ij} + (1 - p_{ij})\, V^j \qquad (i, j) \in P \tag{9.16}$$

Questa espressione suggerisce la seguente equazione di Bellman

$$\hat{V}^t = 0, \qquad \hat{V}^i = \min_{j:(i,j)\in E} p_{ij}\, d_{ij} + (1 - p_{ij})\, \hat{V}^j \tag{9.17}$$

L'equazione (9.17) può essere risolta sia con l'algoritmo di Bellman-Ford sia con la PL. Per quel che riguarda l'algoritmo di Bellman-Ford, la dimostrazione di convergenza dell'algoritmo richiede di essere modificata e un'analisi del comportamento dell'algoritmo porta al risultato che possono non esistere soluzioni, perché vi sono cicli in cui il danno atteso può essere costantemente migliorato percorrendo un numero arbitrario di volte il ciclo. La differenza rispetto al caso normale di distanza minima è che il miglioramento non è illimitato ma tende ad un valore finito. Come si deve interpretare questo risultato? Se per raggiungere la destinazione bisogna passare attraverso una zona ad altissimo rischio, ad esempio un campo minato, è più conveniente rimanere al di qua della zona e ciclare per l'eternità su un ciclo a basso rischio!

Per un'analisi dettagliata del fenomeno si rinvia a [201]. Ci limitiamo ad affermare che per avere un tale comportamento anomalo i valori di probabilità devono essere abbastanza elevati, certamente molto di più di quanto sia ammesso per il problema in esame.

Anche (9.17) può essere modellata con la PL

$$
\begin{aligned}
\max \quad & V^s \\
& V^i - (1 - p_{ij})\, V^j \leq p_{ij}\, d_{ij} \qquad (i,j) \in E \\
& V^t = 0
\end{aligned}
\tag{9.18}
$$

il cui duale è

$$
\begin{aligned}
\min \quad & \sum_{ij} p_{ij}\, d_{ij}\, x_{ij} \\
& \sum_{j \in \delta^+(k)} x_{kj} - \sum_{i \in \delta^-(k)} (1 - p_{ik})\, x_{ik} = \begin{cases} 1 & \text{se } k = s \\ 0 & \text{se } k \neq s,\ k \neq t \\ -y & \text{se } k = t \end{cases} \\
& x_{ij} \geq 0
\end{aligned}
\tag{9.19}
$$

Le variabili y e x_{ij} rappresentano le stesse probabilità di (9.15). In questo caso l'obiettivo è diverso ed è appunto l'espressione del danno atteso.

Affrontiamo ora il problema di generare i cammini ottimi di Pareto nei tre casi per i due obiettivi di minima distanza e minimo impatto ambientale. Per quel che riguarda la distanza siano c_{ij} le lunghezze degli archi.

Il modo più semplice di affrontare l'obiettivo 1) consiste nel risolvere (ad esempio con l'algoritmo di Dijkstra) il problema di cammino minimo, calcolare $K := \max_{e \in P} d_e$ (dove P è il cammino ottimo) e rimuovere dal grafo tutti gli archi di danno $d_e \geq K$, risolvere nuovamente il cammino minimo sul nuovo grafo e procedere finché la sorgente non è più connessa alla destinazione. In questo modo si generano tutti gli ottimi di Pareto.

Per quel che riguarda gli obiettivi 2) e 3), possiamo affrontare il problema sia direttamente con la PD oppure con la PL. Per un approccio basato sulla PD notiamo che nell'algoritmo di Bellman-Ford i valori ottimi non definitivi vengono aggiornati secondo l'espressione (formulazione all'indietro) $V^i := \min\{V^i\,;\, c_{ij} + V^j\}$. In altre parole il precedente valore viene confrontato con il nuovo e dei due si tiene il migliore.

La stessa idea può essere adottata pensando che, anziché due singoli valori ottimi (o presunti tali) si confrontano due insiemi di Pareto ottimi, l'uno associato al nodo i e che rappresenta gli ottimi provvisori di Pareto dal nodo i a t e l'altro che rappresenta un insieme di soluzioni alternative costruite a partire da ogni ottimo (provvisorio) di Pareto nel nodo j aggiungendo l'arco (i,j). Il confronto fra i due insiemi di soluzioni consiste nell'eliminazione delle soluzioni dominate dall'insieme unione. Va tenuto presente che nei due insiemi che si confrontano ci sono soluzioni in comune. Per eliminare una delle due si può o memorizzare anche la descrizione del cammino e confrontare se le due soluzioni danno effettivamente luogo allo stesso cammino, oppure considerare dominata una soluzione che abbia gli stessi valori di funzione obiettivo di un'altra e quindi la soluzione ripetuta viene automaticamente eliminata. Questo tipo di definizione genera delle inconsistenze sia se le due soluzioni sono effettivamente la stessa soluzione ripetuta oppure due soluzioni diverse ma con uguali valori di funzione obiettivo. Infatti si giungerebbe alla conclusione che tali soluzioni sono entrambe dominate (ciascuna dalla sua 'gemella'). Però algoritmicamente funziona perché rende dominate solo le soluzioni generate successivamente. Si potrebbe obiettare che così si perdono soluzioni alternative con medesimi valori di funzione obiettivo. Tuttavia questo atteggiamento è coerente con quanto si opera con un singolo obiettivo in cui fra diverse soluzioni con lo stesso valore di obiettivo se ne produce solo una.

Un altro aspetto differente dal caso normale riguarda la ricostruzione dei cammini alla fine dell'algoritmo. Come nel problema dei K cammini migliori, non bastano dei semplici puntatori a dei nodi bisogna anche indicare a quale dei cammini dell'insieme del nodo si punta. Quindi l'informazione nel nodo i consiste in una tabella in cui nella riga k viene memorizzata l'informazione relativa all'k-mo cammino ottimo di Pareto del nodo i, e cioè: $V_1^i(k)$ e $V_2^i(k)$ valori dei due obiettivi, $p^i(k)$ puntatore al nodo successivo ad i, $r^i(k)$ riga nella tabella di $p^i(k)$ dell'ottimo k. Si noti ancora che è conveniente mantenere ordinata la tabella per valori crescenti di $V_1^i(k)$. Automaticamente i valori $V_2^i(k)$ risultano ordinati per valori decrescenti. Infatti se fosse

$$V_1^i(k) < V_1^i(k+1), \quad V_2^i(k) \leq V_2^i(k+1)$$

la soluzione $(k+1)$ sarebbe dominata. Il confronto fra due tabelle (la prima del nodo i, la seconda 'proveniente' dal nodo j) si opera semplicemente con scansione lineare fondendo in modo ordinato gli elementi delle prime colonne e scartando l'elemento quando il valore nella seconda colonna risulta in ordine 'errato'. L'algoritmo viene inizializzato con valori vuoti tranne il nodo t in cui si hanno gli unici valori (inalterati durante tutta l'iterazione a meno di cicli negativi): $V_1^t(1) = 0$, $V_2^t(1) = 0$, $p^t(1) = t$, $r^t(1) = 1$.

La differenza rispetto al problema dei K cammini minimi consiste anche nel fatto che la lunghezza delle tabelle non è nota a priori in quanto non si sa quanti possano essere gli ottimi di Pareto.

Usando invece il modello di PL si trasforma uno dei due obiettivi in vincolo e si varia K. Per l'obiettivo 2) il modello di PL basato sul calcolo della probabilità come somma dei logaritmi delle probabilità è

$$\begin{aligned} \min \quad & \sum_{(ij)\in E} c_{ij}\, x_{ij} \\ & \sum_{j\in\delta^+(i)} x_{ij} - \sum_{j\in\delta^-(i)} x_{ji} = \begin{cases} 1 & \text{se } i = s \\ -1 & \text{se } i = t \\ 0 & \text{altrimenti} \end{cases} \qquad i \in N \\ & \sum_{(ij)\in E} -\log(1-p_{ij})\, x_{ij} \leq K \\ & x_{ij} \in \{0,1\} \end{aligned} \tag{9.20}$$

Si noti che in (9.20) a differenza che in (9.10) l'interezza della soluzione va imposta. Il problema (9.20) è **NP**-difficile.

Per quel che riguarda l'obiettivo 3) oppure l'obiettivo 2) modellato come (9.15), il diverso significato delle variabili x in (9.15) e (9.19) porta ad un modello di PL che, pur non rappresentando più esattamente dei cammini, può tuttavia risultare utile in base alla seguente considerazione. Se il trasporto di materiale deve essere ripetuto più volte, forse è più interessante trovare un insieme di cammini alternativi da usare a turno secondo regole opportune anziché percorrere sempre il medesimo cammino. L'opinione pubblica potrebbe ritenere meno rischioso operare in questo modo.

Nei modelli (9.15) e (9.19) le variabili x_{ij} rappresentano probabilità. Quindi, se c_{ij} è la lunghezza dell'arco (ij), la quantità $\sum_{(ij)\in E} c_{ij}\, x_{ij}$ è la lunghezza attesa del cammino. Possiamo prendere in considerazione lunghezze attese invece di vere lunghezze? Da un lato ci aspettiamo, ottimisticamente, di finire ogni viaggio senza incidenti e quindi siamo inclini a considerare lunghezze vere. Ma dall'altro lato valutiamo il rischio proprio prendendo in esame la possibilità di non terminare il viaggio e quindi sembra coerente considerare anche lunghezze attese. Bisogna comunque valutare che in presenza di una situazione ad alto rischio, minimizzare il cammino atteso potrebbe portare al paradossale risultato di 'cercare' l'incidente in modo da avere un viaggio interrotto e quindi breve. Bisogna quindi analizzare la soluzione finale con cautela.

Allora, dato un cammino P, il suo danno atteso $d(P)$ è calcolato da (9.16) e la sua lunghezza attesa è calcolata in modo analogo come

$$c(P) := c_1 + (1 - p_1)\, c_2 + (1 - p_1)\,(1 - p_2)\, c_3 + \ldots = c_1 + (1 - p_1)\, c(P \backslash e_1)$$

per cui possiamo scrivere una equazione ricorsiva di PD anche per il calcolo del minimo cammino atteso:

$$V^t = 0, \qquad V^i = \min_{(ij)\in E} c_{ij} + (1 - p_{ij})\, V^j \tag{9.21}$$

Gli ottimi di Pareto rispetto ai due obiettivi di danno atteso minimo e cammino atteso minimo si possono trovare con il metodo delineato precedentemente e cioè con l'algoritmo di Bellman-Ford adattato agli ottimi di Pareto e che faccia uso della ricorsione (9.17) per l'obiettivo danno atteso e (9.21) per l'obiettivo cammino atteso. Sia Γ l'inviluppo convesso in $\mathbb{R}^2$ degli ottimi di Pareto.

Usando invece la PL, siccome gli ottimi di Pareto si trovano anche calcolando $\min\{d(P) : c(P) \leq C\}$ variando C, saremmo tentati di aggiungere a (9.19) il vincolo $\sum_{(ij)\in E} c_{ij}\, x_{ij} \leq C$ per generare l'insieme degli ottimi di Pareto. Deve essere tuttavia chiaro che esplorare l'insieme di Pareto in questo modo è differente da minimizzare $d(P)$ con il vincolo $c(P) \leq C$. Il modello di PL

$$
\begin{aligned}
\min \quad & \sum_{ij} p_{ij}\, d_{ij}\, x_{ij} \\
& \sum_{j \in \delta^+(k)} x_{kj} - \sum_{i \in \delta^-(k)} (1 - p_{ik})\, x_{ik} = \begin{cases} 1 & \text{se } k = s \\ 0 & \text{se } k \neq s,\ k \neq t \\ -y & \text{se } k = t \end{cases} \\
& \sum_{ij} c_{ij}\, x_{ij} \leq C \\
& x_{ij} \geq 0
\end{aligned} \tag{9.22}
$$

calcola solo gli ottimi di Pareto sulla frontiera di Γ e le loro combinazioni convesse. Tuttavia, possiamo sfruttare questo 'svantaggio' e assegnare il seguente significato decisionale alle soluzioni ottenute da (9.22) come combinazioni convesse di cammini (che non sono necessariamente disgiunti negli archi): i cammini sono decisi casualmente selezionando ad ogni nodo i l'arco uscente con probabilità proporzionale a x_{ij}.

Soluzioni di questo tipo, cosiddette 'miste', possono dominare ottimi di Pareto 'puri'. Si consideri il semplice esempio con i quattro nodi $(s, 1, 2, t)$ ed archi $(s, 1)$, $(1, t)$, $(s, 2)$, $(2, t)$, (s, t). Ci sono tre cammini da s a t, $P^1 = s \to 1 \to t$, $P^2 = s \to 2 \to t$ e $P^3 = s \to t$. I dati sono

	c	d	p
$(s,1)$	20	10	0.1
$(1,t)$	20	10	0.1
$(s,2)$	10	20	0.1
$(2,t)$	10	20	0.1
(s,t)	30	30	0.1

da cui calcoliamo direttamente $c(P^1) = 38$, $d(P^1) = 1.9$, $c(P^2) = 19$, $d(P^2) = 3.8$, $c(P^3) = 30$, $d(P^3) = 3$. Tutti e tre i cammini sono ottimi di Pareto e $(c(P^3), d(P^3))$ è all'interno di Γ. Se risolviamo (9.22) ponendo $C := 28.5$ si trova la soluzione

$$
x_{s1} = 0.5, \quad x_{1t} = 0.45, \quad x_{s2} = 0.5, \quad x_{2t} = 0.45, \quad x_{st} = 0, \quad y = 0.81
$$

con danno atteso 2.85 e lunghezza attesa ovviamente 28.5. Questa soluzione domina P^3. Sebbene non corrisponda ad un cammino può essere implementata alternando fra P^1 e P^2 ad ogni viaggio. Alla stessa conclusione si perverrebbe se si considerasse la lunghezza vera anziché la lunghezza attesa. Si lasciano i calcoli relativi come utile esercizio.

La possibilità di avere esplicito il valore y permette di controllare anche la probabilità di raggiungere la destinazione, e quindi tener conto anche dell'obiettivo 2). Ad esempio potremmo aggiungere a (9.22) il vincolo $y \geq q$. Se si opera in questo modo per il precedente esempio ponendo $y \geq 0.85$ si ottiene (valori arrotondati)

$$
x_{s1} = 0.24,\ x_{1t} = 0.22,\ x_{s2} = 0.31,\ x_{2t} = 0.28,\ x_{st} = 0.45,\ y = 0.85 \tag{9.23}
$$

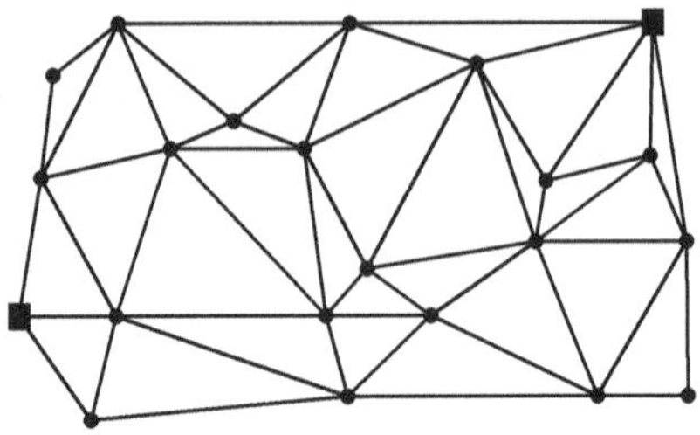

Figura 9.2.

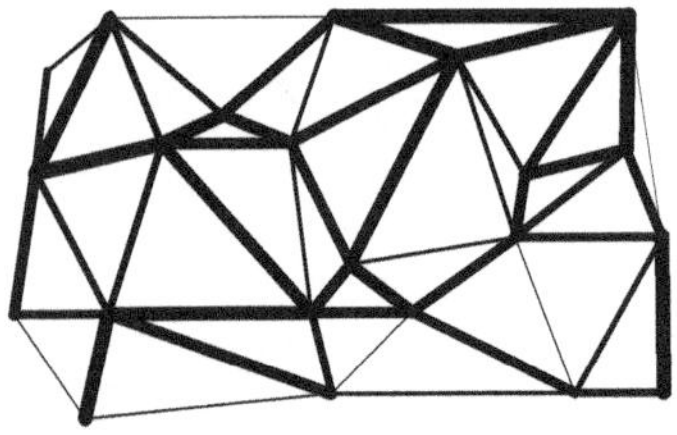

(**a**) Costi d'impatto ambientale

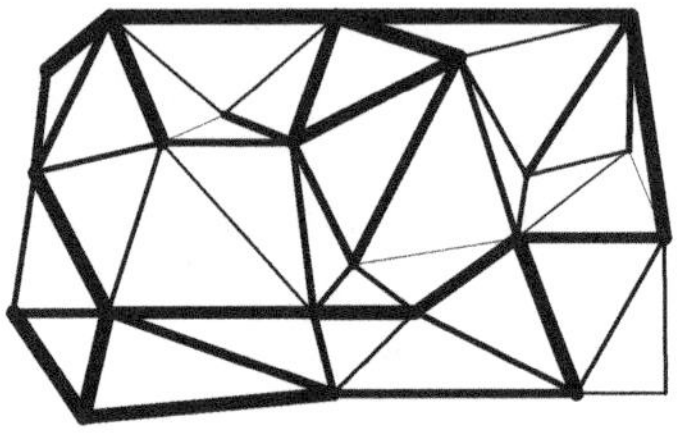

(**b**) Probabilità d'incidente

Figura 9.3.

con danno atteso 2.98 e distanza attesa 28.5. In questo caso i cammini P_1, P_2 e P_3 sono selezionati con probabilità 0.24, 0.31, 0.45 rispettivamente.

Applichiamo la precedente analisi all'istanza in Fig. 9.2 (generata a caso) con sorgente e destinazione evidenziati con il quadrato (sorgente a sinistra). Le distanze sono proporzionali alle lunghezze degli archi. Le probabilità d'incidente e i costi d'impatto ambientale nei vari archi non vengono qui riportati numericamente, ma vengono sommariamente indicati nelle Fig. 9.3(a) (costi) e 9.3(b) (probabilità) dove la grossezza dell'arco è proporzionale al valore.

Il calcolo dei Pareto ottimi per ognuno dei tre modelli d'impatto ambientale porta ai tre diagrammi in Fig. 9.4(a,c,e). L'unico cammino comune ai tre modelli è quello di minima distanza. Quindi sono stati selezionati nove cammini fra i Pareto ottimi dei tre modelli. Queste soluzioni sono riportate in Fig. 9.4(b,d,f).

Ogni soluzione risulta ottima di Pareto secondo almeno un modello, ma anche dominata in un altro modello. Scegliamo pertanto quelle soluzioni che sembrano più robuste, ovvero che, anche se dominate per qualche modello, lo sono di poco. Questa analisi porta ad evidenziare le soluzioni 2, 3, 7 e 9. La politica più conveniente consiste nello scegliere casualmente con probabilità uniforme fra queste quattro soluzioni, oppure, in caso di ripetuti trasporti, alternare i viaggi. In questo modo si ottiene un valore medio che è riportato nelle Fig. 9.4(b,d,f) come un punto più piccolo degli altri. I quattro cammini sono riportati in Fig. 9.5(a–d).

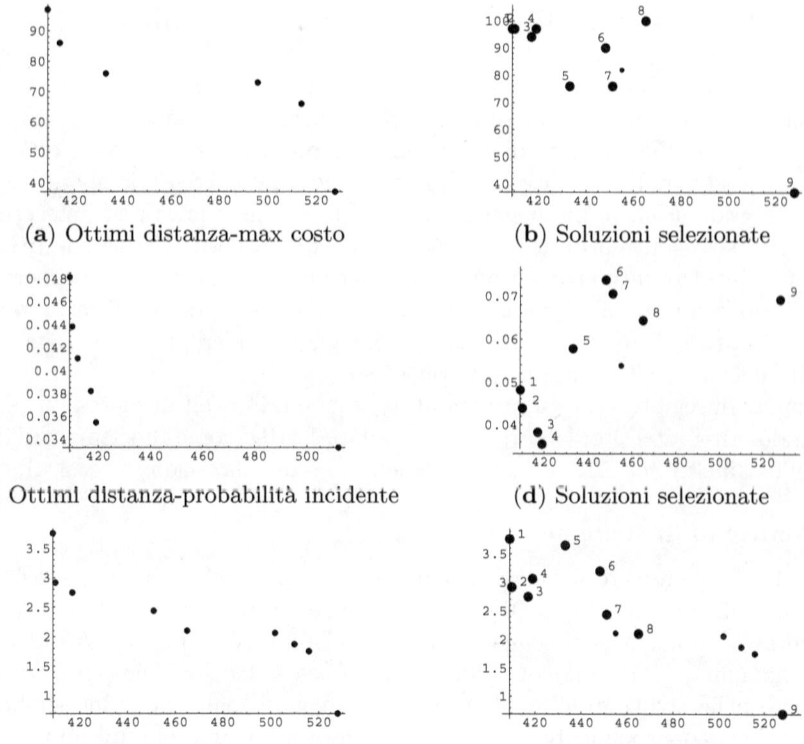

(**a**) Ottimi distanza-max costo

(**b**) Soluzioni selezionate

(**c**) Ottimi distanza-probabilità incidente

(**d**) Soluzioni selezionate

(**e**) Ottimi distanza-costi attesi

(**f**) Soluzioni selezionate

Figura 9.4. Ottimi di Pareto e soluzioni selezionate

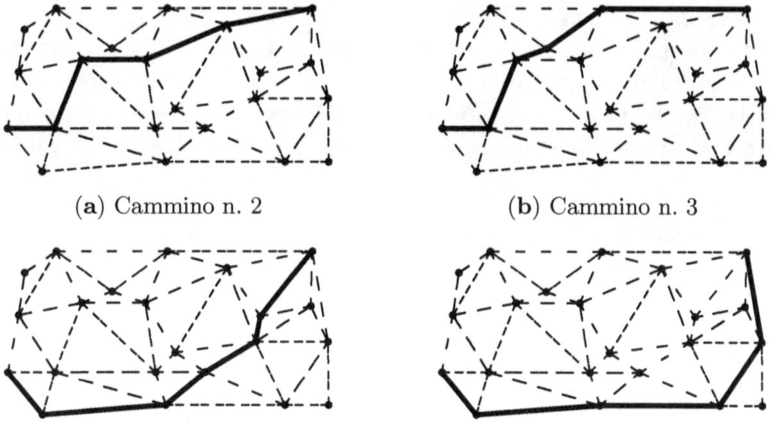

(**a**) Cammino n. 2

(**b**) Cammino n. 3

(**c**) Cammino n. 7

(**d**) Cammino n. 9

Figura 9.5. Cammini selezionati

9.6 Altri esempi di programmazione dinamica

In generale la PD si dimostra un potente modello algoritmico quando la soluzione ottima di un insieme di dati si può esprimere in modo compatto sfruttando la soluzione ottima di un insieme più piccolo di dati, ovvero quando si riesce a scrivere l'equazione di Bellman, anche se non necessariamente espressa su un grafo aciclico. La maggior parte dei problemi si presta ad un'espressione ricorsiva dei valori ottimi, ma solo in pochi di questi la relazione ricorsiva non coinvolge un numero proibitivo di calcoli. Se si riesce ad esprimere una ricorsione compatta, allora la PD è uno strumento di grande efficacia, per cui vale la pena, di fronte ad un nuovo problema, spendere un po' di tempo per capire se la PD è applicabile con successo.

Qui di seguito vengono presentati tre esempi. In capitoli successivi verranno descritti altri problemi risolubili tramite la PD, come il celebre problema dello zaino in Sec. 17.1 e alcuni problemi di schedulazione in Sec. 20.3.

Confronto di stringhe

Un frequente problema di biologia molecolare è quello di allineare sequenze diverse di genoma. Una sequenza di genoma è un frammento di DNA, rappresentabile come una stringa con i simboli dell'alfabeto di 4 lettere A (adenina), G (guanina), T (timina), C (citosina). Allineare due stringhe significa introdurre nelle stringhe dei simboli vuoti '-' in modo tale che i due simboli in posizione corrispondente delle due stringhe sono uguali oppure uno dei due (ma non entrambi) è il simbolo vuoto. Naturalmente vi sono molti modi di allineare due stringhe. Se pensiamo che l'allineamento è tanto migliore quanto minori sono i simboli vuoti, il problema è quello di trovare l'allineamento con il minor numero di simboli vuoti.

Per impostare il problema con la PD, definiamo $V(i,j)$ il costo ottimo per allineare le sottostringhe troncate all'i-mo e al j-mo simbolo rispettivamente (inclusi). Allora l'espressione ricorsiva per questi valori si può esprimere a partire da sottostringhe più corte di un simbolo e si ha la seguente equazione ricorsiva:

$$V(i,j) := \min\{1 + V(i,j-1); 1 + V(i-1,j); c_{ij} + V(i-1,j-1)\} \tag{9.24}$$

dove $c_{ij} := 0$ se $t_i = s_j$ e $c_{ij} := +\infty$ altrimenti. La ricorsione è iniziallizata come $V(0,j) := j$ e $V(i,0) := i$.

Il problema si può rappresentare anche come un grafo a griglia con archi diagonali in corrispondenza di simboli uguali. Ogni cammino dal nodo in alto a sinistra a quello in basso a destra si può 'leggere' come un allineamento fra le due stringhe: percorrere un arco diagonale significa allineare due simboli uguali, mentre percorrere un arco verticale o orizzontale significa inserire un simbolo vuoto in una delle due stringhe. Quindi si deve trovare il cammino che collega i due vertici opposti del grafo con il minimo numero di archi verticali e orizzontali.

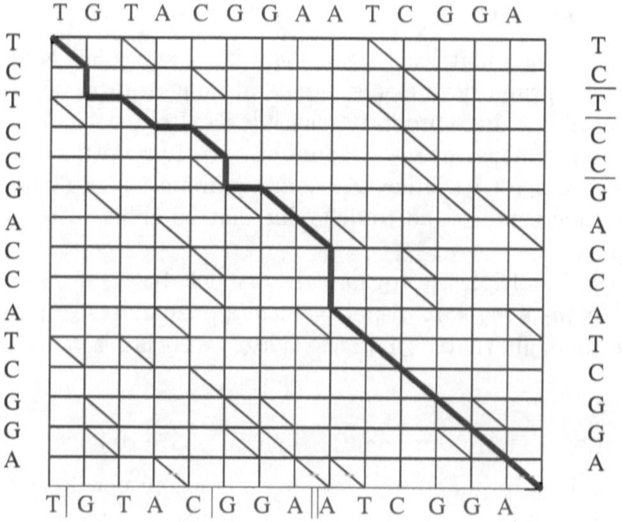

Figura 9.6.

Allora si può modellare il problema dell'allineamento come un problema di cammino minimo su un grafo aciclico dove gli archi diagonali hanno costo 0 e gli archi orizzontali e verticali hanno costo 1. L'equazione ricorsiva (9.24) è esattamente l'equazione di Bellman per questo problema di cammino minimo.

Ad esempio siano date le due stringhe t =TGTACGGAATCGGA e s =TCTCCGACCATCGGA. Il cammino indicato in Fig. 9.6 corrisponde all'allineamento

T - G T A C - G G A - - A T C G G A
T C - T - C C - G A C C A T C G G A

La complessità di questo algoritmo è data dal prodotto delle lunghezze delle due stringhe, ed è quindi molto veloce. La sua idea di base è estensibile anche al problema di allineare un numero maggiore di stringhe, previa definizione precisa del costo di inserimento dei simboli vuoti. È però chiaro che il tempo di calcolo cresce esponenzialmente con il numero di stringhe e quindi il metodo non sarebbe più praticabile già con quattro stringhe se queste contenessero mille simboli.

Un modo per ovviare a tale aumento di calcoli può consistere in una drastica riduzione del grafo a griglia, prendendo in esame solo archi 'vicini"' alla diagonale, cioè valutando in (9.24) solo indici per cui $|i-j| \leq K$, con K prefissato Tuttavia anche così, la complessità per n stringhe diventa $O(K^n)$, certamente problematica per elevati valori di n (K non può essere scelto troppo piccolo altrimenti si hanno poche garanzie di ottenere una 'buona' soluzione).

Prodotto di matrici

Il prodotto di una matrice $m_1 \times m_2$ con una matrice $m_2 \times m_3$ (il numero di colonne della prima deve essere uguale al numero di righe della seconda, affinché si possa eseguire il prodotto) richiede il calcolo di $m_1 \cdot m_3$ prodotti scalari di vettori di dimensione m_2. Ognuno di questi prodotti richiede il calcolo di m_2 prodotti e $m_2 - 1$ somme. Possiamo quindi assumere (con una leggera approssimazione) che il prodotto delle due matrici abbia costo proporzionale a $m_1 \cdot m_2 \cdot m_3$.

Se si devono moltiplicare fra loro tre matrici A_1, A_2 e A_3 di dimensione $m_1 \times m_2$, $m_2 \times m_3$ e $m_3 \times m_4$ rispettivamente, possiamo eseguire il calcolo nei due seguenti modi alternativi, dato che la legge associativa vale per il prodotto matriciale:

$$(A_1 \cdot A_2) \cdot A_3, \qquad\qquad A_1 \cdot (A_2 \cdot A_3)$$

Nel primo modo si eseguono $m_1 \cdot m_2 \cdot m_3$ operazioni per il prodotto $A_1 \cdot A_2$ e poi, siccome la matrice risultante $(A_1 \cdot A_2)$ ha m_1 righe e m_3 colonne, si eseguono $m_1 \cdot m_3 \cdot m_4$ operazioni. Nel secondo modo il numero di operazioni è $m_2 \cdot m_3 \cdot m_4 + m_1 \cdot m_2 \cdot m_4$. I due numeri $(m_1 \cdot m_2 \cdot m_3 + m_1 \cdot m_3 \cdot m_4)$ e $(m_2 \cdot m_3 \cdot m_4 + m_1 \cdot m_2 \cdot m_4)$ sono in generale diversi. Naturalmente siamo interessati ad eseguire i calcoli in modo da minimizzare il numero di operazioni. Se le matrici sono tre è facile scegliere il più piccolo dei due numeri. Se le matrici sono in generale n, il problema diventa più complesso.

Le matrici siano $A_1, A_2, \ldots A_n$. La matrice A_i ha m_i righe e m_{i+1} colonne. Definiamo allora come $V(i,j)$ il costo ottimo del prodotto del blocco di matrici dalla i-ma (compresa) alla j-ma (esclusa). Si noti che il prodotto del blocco (i,j)

$$(A_i \cdot A_{i+1} \cdots A_{j-2} \cdot A_{j-1})$$

è una matrice con m_i righe e m_j colonne e che si ottiene come prodotto dei due blocchi

$$(A_i \cdot A_{i+1} \cdots A_{k-2} \cdot A_{k-1}) \cdot (A_k \cdot A_{k+1} \cdots A_{j-2} \cdot A_{j-1})$$

per un opportuno valore di k, cioè quello che rende minima l'espressione

$$V(i,k) + V(k,j) + m_i \cdot m_k \cdot m_j$$

Allora l'equazione ricorsiva è

$$V(i,j) = \min_{i<k<j} V(i,k) + V(k,j) + m_i \cdot m_k \cdot m_j$$

con valori iniziali $V(i,i+1) = 0$. Si noti che in questo caso il problema non si può modellare come un cammino minimo su un grafo. La ricorsione si esegue per blocchi crescenti, ovvero:

$$V(i,i+h) = \min_{i<k<i+h} V(i,k) + V(k,i+h) + m_i \cdot m_k \cdot m_{i+h}$$

per $i := 1, \ldots, n+1-h$ e $h := 2, \ldots, n$. Il valore ottimo finale è $V(1, n+1)$. Inoltre bisogna memorizzare, per ogni blocco (i,j) il valore $k(i,j)$ che dà il modo migliore di spezzarlo nei due blocchi $(i, k(i,j))$ e $(k(i,j), j)$, per poter poi ricostruire l'ordine di esecuzione dei prodotti. Ad esempio siano date le matrici A_i, $i := 1, \ldots, 9$, con i seguenti dati:

$$m = (3 \quad 5 \quad 6 \quad 2 \quad 4 \quad 3 \quad 8 \quad 4 \quad 5 \quad 9)$$

La ricorsione produce i seguenti valori $V(i,j)$

$i \setminus j$	3	4	5	6	7	8	9	10
1	90	90	114	132	204	250	296	410
2	0	60	100	114	212	236	286	416
3	0	0	48	60	168	184	236	374
4	0	0	0	24	72	136	176	266
5	0	0	0	0	96	144	216	396
6	0	0	0	0	0	96	156	291
7	0	0	0	0	0	0	160	468
8	0	0	0	0	0	0	0	180

e i valori $k(i,j)$

$i \setminus j$	3	4	5	6	7	8	9	10
1	2	2	4	4	6	4	4	4
2	0	3	4	4	4	4	4	4
3	0	0	4	4	4	4	4	4
4	0	0	0	5	6	7	8	9
5	0	0	0	0	6	6	6	9
6	0	0	0	0	0	7	8	9
7	0	0	0	0	0	0	8	8
8	0	0	0	0	0	0	0	9

dai quali si deduce il seguente modo ottimo di eseguire i prodotti:

$$((A_1 \cdot (A_2 \cdot A_3)) \cdot (((((A_4 \cdot A_5) \cdot A_6) \cdot A_7) \cdot A_8) \cdot A_9))$$

che comporta un costo di 410. Il prodotto delle matrici seguendo l'ordine diretto, cioè

$$(((((((A_1 \cdot A_2) \cdot A_3) \cdot A_4) \cdot A_5) \cdot A_6) \cdot A_7) \cdot A_8) \cdot A_9$$

ha un costo di 549, mentre seguendo l'ordine inverso si ha un costo di 1377.

Esercizio 9.4.

In quanti modi alternativi si possono moltiplicare n matrici? Trovare un metodo ricorsivo per calcolare questo numero. Esiste anche una formula chiusa che fornisce questo numero (ma non si chiede di dimostrarla), ed è

$$\frac{1}{n} \binom{2n-2}{n-1}$$

La formula può essere usata per verificare il risultato della ricorsione. Questi numeri sono noti come *numeri di Catalan*. ∎

Problema dei K insiemi minimi

Siano assegnati n numeri non negativi $a_1, a_2, \ldots, a_n$. Il valore di un sottoinsieme $J \subset [n]$ è definito come

$$v(J) := \sum_{j \in J} a_j$$

Vogliamo calcolare i primi K sottoinsiemi di valore minimo (incluso quello vuoto che ha valore nullo per definizione). I sottoinsiemi sono distinti ma non necessariamente disgiunti.

Si tratta di un problema di Ottimizzazione combinatoria classificato come **NP**-difficile. Possiamo ridurlo al problema già visto del calcolo dei K cammini migliori. Basta definire un grafo con nodi $s = 0, 1, 2, \ldots, n-1, n = t$ e due archi paralleli $e_i^1 = (i-1, i)$, $e_i^0 = (i-1, i)$, per ogni nodo $i > 0$, di costo rispettivamente a_i e 0. Ogni cammino $s \to t$ corrisponde ad un sottoinsieme di $[n]$: l'elemento i appartiene al sottoinsieme se e solo se il cammino percorre l'arco e_i^1.

Essendo il grafo aciclico, la procedura prima delineata si semplifica. Se si indica con $V(i)$ la tabella dei K cammini migliori fino al nodo i (cioè i K insiemi minimi per l'insieme $[i]$), vale la relazione ricorsiva

$$V(i+1) = \min \{V(i) \; ; \; V(i) + a_{i+1}\}$$

dove $V(i) + a_{i+1}$ indica che si è sommato a_{i+1} ad ogni elemento della lista $V(i)$ e l'operazione di 'min' è in realtà un'operazione di fusione delle due liste indicate estraendo dalle liste i migliori K valori (con ripetizioni dei valori eventualmente). L'algoritmo ha complessità $O(K\,n)$.

È opportuno rilevare come la complessità indicata *non* sia polinomiale, in quanto il numero K fa parte della descrizione del problema e viene codificato con $\log K$ simboli e pertanto K è esponenziale rispetto a $\log K$.

9.7 Appendice

Proprietà generali della Programmazione dinamica

Sia $G = (N, E)$ un grafo orientato ($n = |N|$ e $m = |E|$) e s un nodo prefissato di G. Consideriamo solo cammini orientati che partono da s. Adotteremo la seguente notazione: se P è un cammino generico (con origine in s come ora assumeremo) e j è un nodo di P, indichiamo con P_j la restrizione di P da s a j. Per evidenziare il fatto che un cammino termina nel nodo i possiamo anche notarlo come P_i.

La lunghezza di un cammino P viene definita nella maggior parte dei modelli a partire da lunghezze (equivalentemente dette anche costi o distanze) di archi c_e, $e \in E$, come $V(P) = \sum_{e \in P} c_e$. Possiamo pensare di ridefinire la lunghezza di un cammino in modo ricorsivo come

$$V(P_s) = 0, \qquad V(P_j) = V(P_i) + c_{ij}, \quad (ij) \in P$$

Si noti che la lunghezza $V(P_j)$ dipende, oltre che da c_{ij}, dalla lunghezza $V(P_i)$ e non già dal cammino stesso P_i. L'obiettivo consiste nel trovare per ogni nodo j un cammino $\hat{P}_j$ che minimizza $V(P_j)$ (o massimizza, a seconda del problema) fra tutti i cammini P_i che terminano in i. Fondamentale a questo riguardo è il cosiddetto principio di ottimalità di immediata dimostrazione.

Definizione 9.5. *(Principio di Ottimalità) Se un cammino $\hat{P}$ è ottimo allora, per ogni nodo k su $\hat{P}$, $\hat{P}_k$ è ottimo fra tutti i cammini che terminano in k.*

Dimostrazione: Se $\hat{P}_k$ non è ottimo, esiste un cammino $\tilde{P}_k$ con $V(\tilde{P}_k) < V(\hat{P}_k)$. Il cammino ottenuto componendo $\tilde{P}_k$ con la restrizione di $\hat{P}$ da k a t è un cammino da s a t di lunghezza minore di $\hat{P}$, contraddicendo l'ipotesi. ∎

Il principio di ottimalità porta alla definizione dell'equazione ricorsiva, nota come *equazione di Bellman*, nelle variabili $V_1, \ldots, V_n$, (per problemi di minimo):

$$V_s = 0, \qquad V_j = \min_{(ij) \in E} V_i + c_{ij} \qquad j \in N, j \neq s$$

In base al principio di ottimalità i valori ottimi sono soluzioni dell'equazione di Bellman. Tuttavia vi possono essere soluzioni che non corrispondono a valori ottimi. Ad esempio $c_{s1} = 3$, $c_{s2} = 2$, $c_{s3} = 2$, $c_{12} = 0$, $c_{23} = 0$, $c_{31} = 0$, $c_{24} = 1$, $c_{34} = 1$. Ci sono infinite soluzioni dell'equazione di Bellman, ovvero: $V_s = 0$, $V_1 = V_2 = V_3 = \alpha$, $V_4 = 1+\alpha$, per ogni $\alpha \leq 2$. Solo i valori con $\alpha = 2$ corrispondono a valori di cammini ottimi. Queste soluzioni spurie sono dovute al ciclo $1 \to 2 \to 3 \to 1$ di lunghezza nulla.

Teorema 9.6. *Se tutti i cicli sono strettamente positivi, le soluzioni dell'equazione di Bellman sono i valori dei cammini ottimi.*

Dimostrazione: Sia data una soluzione $\tilde{V}$ dell'equazione di Bellman. Sia $k(j)$ il nodo per il quale si ha il minimo nell'espressione

$$\tilde{V}_j = \min_{i:(ij) \in E} \tilde{V}_i + c_{ij} = \tilde{V}_{k(j)} + c_{k(j)j} \tag{9.25}$$

Se il minimo non è unico si scelga arbitrariamente il nodo fra quelli che rendono minima l'espressione. Si definisca l'insieme di archi

$$\tilde{E} := \{(k(j), j) : j \in N \setminus s\}$$

Affermiamo che $\tilde{E}$ non ha circuiti (prescindendo dall'orientazione). Infatti un circuito in cui gli archi non sono tutti orientati nella medesima direzione ha necessariamente un nodo con due archi entranti. Però $\tilde{E}$ ha, per costruzione, un solo arco entrante su ogni nodo diverso da s e nessuno in s. Quindi se esiste un circuito, questo deve essere un ciclo orientato. Se esistesse un tale ciclo C si avrebbe in base a (9.25)

$$\tilde{V}_h = \tilde{V}_h + \sum_{e \in C} c_e$$

per un nodo generico h del ciclo, da cui si avrebbe un ciclo nullo, caso escluso per ipotesi. Quindi, se consideriamo la successione di nodi j, $k(j)$, $k(k(j))$, ... la successione termina nella sorgente a partire da qualsiasi nodo j e allora l'insieme $\tilde{E}$ è connesso. Avendo $(n-1)$ archi è necessariamente un albero. Quindi per ogni nodo j il cammino da s a j in $\tilde{E}$ è unico e i valori $\tilde{V}_j$ sono le lunghezze di questi cammini. Dimostriamo ora che questi cammini sono ottimi. Sia P un cammino generico. Dimostreremo per induzione che $\tilde{V}_j \leq V(P_j)$ per ogni nodo j del cammino P. La diseguaglianza è vera per il nodo sorgente, infatti $\tilde{V}_s = V(P_s) = 0$. Siano i e j due nodi consecutivi di P e supponiamo vera la diseguaglianza $\tilde{V}_i \leq V(P_i)$. Allora abbiamo

$$\tilde{V}_j \leq \tilde{V}_i + c_{ij} \leq V(P_i) + c_{ij} = V(P_j)$$

dove la prima diseguaglianza deriva dall'equazione di Bellman e la seconda dall'ipotesi induttiva. Quindi da $\tilde{V}_j \leq V(P_j)$ per ogni cammino P che contiene j e per ogni nodo j si deduce l'ottimalità di $\tilde{V}_j$. ∎

Se invece esistono cicli negativi l'equazione di Bellman non ammette soluzioni, come si vede immediatamente da

$$V_j = \min_{i:(ij)\in E} V_i + c_{ij} \quad \Longrightarrow \quad V_j \leq V_i + c_{ij} \quad (ij) \in E$$

e sommando le diseguaglianze lungo un ciclo negativo C si ottiene $0 \leq \sum_{e\in C} c_e$ (i valori V_j si annullano a due a due) che contraddice l'ipotesi di negatività del ciclo.

Quindi riassumendo: se tutti i cicli sono positivi c'è un'esatta equivalenza fra soluzioni dell'equazione di Bellman e valori ottimi. Se esiste almeno un ciclo negativo non vi sono cammini ottimi perché il problema è illimitato e non vi sono soluzioni dell'equazione di Bellman. Nel caso limite in cui non ci sono cicli negativi ma non tutti i cicli sono positivi non vi è equivalenza fra le soluzioni dell'equazione di Bellman e i valori ottimi. Per eliminare le soluzioni spurie si può far uso dei seguenti risultati.

Lemma 9.7. *Sia $\hat{P}$ un cammino minimo con valori $\hat{V}_i := V(\hat{P}_i)$ e sia $\tilde{V}$ una soluzione dell'equazione di Bellman. Allora $\tilde{V}_i \leq \hat{V}_i$ per ogni $i \in \hat{P}$.*

Dimostrazione: Dimostrazione per induzione. Si ha $\tilde{V}_s \leq \hat{V}_s$ (infatti $\tilde{V}_s = \hat{V}_s = 0$). Siano i e j due nodi adiacenti in $\hat{P}$ e si supponga $\tilde{V}_i \leq \hat{V}_i$. Allora

$$\tilde{V}_j = \min_{k:(kj)\in E} \tilde{V}_k + c_{kj} \leq \tilde{V}_i + c_{ij} \leq \hat{V}_i + c_{ij} = \hat{V}_j$$

∎

Equazione di Bellman e Programmazione lineare

L'equazione di Bellman può essere risolta tramite il seguente problema di PL

$$\begin{aligned} \max \quad & \sum_i V_i \\ & V_j \leq V_i + c_{ij} \qquad (i,j) \in E \\ & V_s = 0 \end{aligned} \tag{9.26}$$

Teorema 9.8. *Le soluzioni ottime di (9.26) soddisfano l'equazione di Bellman e corrispondono ai valori minimi.*

Dimostrazione: Sia V_i una soluzione ammissibile in (9.26). Se esiste un nodo j tale che $V_j < V_i + c_{ij}$ per ogni $i : (ij) \in E$, allora deve esistere un'altra soluzione ammissibile V', con $V_i' := V_i$ se $i \neq j$ e $V_j' := \min_{i:(ij)\in E} V_i + c_{ij} > V_j$. Certamente V' è ammissibile, poiché $V_k' = V_k \le V_j + c_{jk} \le V_j' + c_{jk}$. Quindi V non può essere ottimo e necessariamente $\hat{V}_j = \min_{i:(ij)\in E} \hat{V}_i + c_{ij}$ per ogni soluzione ottima. Inoltre ogni soluzione dell'equazione di Bellman è ammissibile in (9.26). Dal Lemma 9.7 discende la tesi. ∎

Il cammino minimo da s a t può anche essere calcolato da

$$\begin{aligned} \max \quad & V_t \\ & V_j \le V_i + c_{ij} \qquad (i,j) \in E \\ & V_s = 0 \end{aligned} \tag{9.27}$$

Dimostrazione: Per ogni cammino $P : s \to t$, i vincoli in (9.27), sommati lungo il cammino P, portano a $V_t \le V(P)$. Quindi $\max V_t \le \min_P V(P)$. Si noti ora che le soluzioni dell'equazione di Bellman soddisfano i vincoli in (9.27) per cui $\max V_t = \min_P V(P)$. ∎

I valori V_j ottimi in (9.27) soddisfano l'equazione di Bellman sul cammino minimo, ma non necessariamente sui nodi non appartenenti ad un cammino minimo. Ad esempio se $c_{s1} = 1$, $c_{s2} = 2$, $c_{1t} = 1$, $c_{2t} = 2$, si ha $V_s = 0$, $V_1 = 1$, $V_t = 2$ (cammino minimo), ma V_2 può assumere qualsiasi valore $0 \le V_2 \le 2$ senza violare i vincoli in (9.27). In particolare i valori $V_2 = 0$ e $V_2 = 2$ corrispondono a due vertici del poliedro di (9.27). Si noti che usando l'obiettivo (9.26) solo $V_2 = 2$ è ottimo.

Il modello che abbiamo finora presentato considera cammini uscenti da un nodo prefissato s. Possiamo però anche pensare ad un modello che consideri cammini entranti in un nodo prefissato t. Anche in questo caso possiamo adottare una notazione analoga alla precedente per cui, se P è un cammino generico (con destinazione in t questa volta) e j è un nodo di P indichiamo con P^j la restrizione da j a t di P. La lunghezza di un cammino P può essere ricorsivamente definita (a partire da t e operando a ritroso) come

$$V(P^t) = 0, \qquad V(P^i) = V(P^j) + c_{ij}, \quad (ij) \in P \tag{9.28}$$

Si noti che, dato un cammino P da s a t, la somma $V(P_i) + V(P^i)$ è invariante per ogni i ed è la lunghezza del cammino. L'equazione di Bellman, nelle variabili $V^1, \ldots, V^n$ (valori di cammini da i a t) diventa ovviamente (per problemi di minimo)

$$V^t = 0, \qquad V^i = \min_{j:(ij)\in E} V^j + c_{ij} \qquad i \in N, i \neq t$$

e porta al seguente problema di PL

$$\begin{aligned} \max \quad & \sum_i V^i \\ & V^i \le V^j + c_{ij} \qquad (i,j) \in E \\ & V^t = 0 \end{aligned} \tag{9.29}$$

oppure

$$\begin{aligned} \max \quad & V^s \\ & V^i \leq V^j + c_{ij} \qquad (i,j) \in E \\ & V^t = 0 \end{aligned} \tag{9.30}$$

Algoritmi di Programmazione dinamica

La dimostrazione di correttezza degli algoritmi di PD per grafi aciclici e dell'algoritmo di Dijkstra è già stata esposta nel testo (anche se in modo informale). Riportiamo nella Tabella 9.3 il dettaglio dei due algoritmi.

La correttezza degli algoritmi di Bellman-Ford e di Floyd-Warshall viene invece dimostrata qui sotto. Il loro dettaglio si trova nella Tabella 9.4.

Teorema 9.9. *L'algoritmo di Bellman-Ford trova i cammini ottimi oppure stabilisce che non ci sono camini ottimi con complessità $O(n\,m)$.*

Dimostrazione: Sia V_j^k il valore di V_j dopo l'iterazione k-ma (V_j^0 è il valore iniziale). Se $V_j^{k+1} < V_j^k$, allora esiste un nodo i tale che $V_j^{k+1} = V_i^k + c_{ij}$. Al passo precedente, in base all'algoritmo, valeva $V_j^k \leq V_i^{k-1} + c_{ij}$ (se $k \geq 1$). Le tre relazioni implicano

$$V_i^k + c_{ij} = V_j^{k+1} < V_j^k \leq V_i^{k-1} + c_{ij}$$

da cui $V_i^k < V_i^{k-1}$, cioè il valore di V nel nodo i è stato aggiornato al passo precedente. Applicando ricorsivamente questo ragionamento esiste una successione di nodi $i_0, i_1, \ldots$ tali che $V_{i_h}^{k-h+1} < V_{i_h}^{k-h}$. Se $k > n$ nella successione c'è almeno un nodo ripetuto, ad esempio $r := i_{p-q} = i_p$, che crea il ciclo C definito dagli archi $e_1 := (i_p, i_{p-1})$, $e_2 := (i_{p-1}, i_{p-2})$,…, $e_q := (i_{p-q+1}, i_{p-q}) = (i_{p-q+1}, i_p)$ per il quale si ha

$$V_r^{k-p+q+1} < V_r^{k-p+q} \leq V_r^{k-p+1} < V_r^{k-p}$$

ed inoltre

$$V_r^{k-p+q+1} = V_r^{k-p+1} + \sum_{e \in C} c_e$$

Confrontando le due espressioni si ha $\sum_{e \in C} c_e < 0$. Quindi, se vi sono aggiornamenti dopo l'n-ma iterazione, esiste un ciclo negativo e quindi non esistono cammini ottimi. Questa affermazione significa anche che se non vi sono cicli negativi, non vi possono essere aggiornamenti dopo l'n-ma iterazione e non sono necessarie più di n iterazioni, da cui la complessità $O(m\,n)$. Se l'algoritmo termina entro n iterazioni i suoi valori soddisfano l'equazione di Bellman. Questo non basta a dire che si tratta dei valori ottimi perché ci potrebbero essere dei cicli nulli. Usando un argomento induttivo supponiamo che ad un'iterazione generica i valori V_j^k soddisfano le diseguaglianze $V_j^k \geq \hat{V}_j$ con $\hat{V}_j$ valori ottimi. Allora abbiamo

$$V_j^{k+1} = \min\left\{V_j^k \,;\, V_i^k + c_{ij}\right\} \geq \min\left\{\hat{V}_j \,;\, \hat{V}_i + c_{ij}\right\} = \hat{V}_j$$

dove abbiamo sfruttato il fatto che i valori ottimi soddisfano l'equazione di Bellman. Quindi l'ipotesi induttiva è vera anche all'iterazione successiva e siccome è vera al passo iniziale è vera sempre. La tesi segue dal Lemma 9.7. I valori $p(i)$ sono puntatori all'indietro necessari per ricostruire il cammino ottimo partendo da t, ponendo $h := t$ e iterando $h := p(h)$ fino a $h = p(h)$. ∎

```
Algoritmo di Programmazione dinamica aciclica
    input(G, c);
        V_s := 0; for all i ≠ s do V_i := ∞; p(s) := s;
        Q := {s}; n_j := |δ⁻(j)|, j ∈ N;
        while Q ≠ ∅ do
        begin
            let i ∈ Q; Q := Q \ {i};
            for all j ∈ δ⁺(i) do
            begin
                n_j := n_j − 1;
                if n_j = 0 then Q := Q ∪ {j};
                if V_j > V_i + c_ij
                then begin
                    V_j := V_i + c_ij;
                    p(j) := i;
                end
            end
        end
    output(V, p).
```

```
Algoritmo di Dijkstra
    input(G, c);
        V_s := 0; for all i ≠ s do V_i := ∞;
        S := {s}; k := s; p(s) = s;
        repeat
            for (kj) ∈ E, j ∉ S do
                if V_j > V_k + c_kj
                then begin
                    V_j := V_k + c_kj;
                    p(j) = k
                end
            k := argmin_{j∉S} V_j;
            S := S ∪ {k};
        until (S = N) ∨ (V_k = ∞)
    output(V,p)
```

Tabella 9.3.

Algoritmo di Bellman-Ford

```
input(G, c)
        V_s := 0; for all i ≠ s do V_i := ∞; p(s) := s;
        for k := 1 to n do
                for (ij) ∈ E do
                        if V_j > V_i + c_ij
                        then begin
                        V_j := V_i + c_ij;
                        p(j) := i;
                        end
output(V, p).
```

Algoritmo di Floyd-Warshall

```
input(c);
        V_ij := c_ij, (i,j) ∈ E; V_ij := +∞, (i,j) ∉ E;
        for k := 1 to n do
                for i := 1 to n do
                        for j := 1 to n do
                                V_ij := min {V_ij ; V_ik + V_kj};
output(V).
```

Tabella 9.4.

Teorema 9.10. *L'algoritmo di Floyd-Warshall trova i cammini ottimi fra tutte le coppie di nodi oppure trova un ciclo di lunghezza negativa (e quindi un'istanza illimitata) in tempo* $O(n^3)$.

Dimostrazione: La complessità computazionale è ovvia. Per ciò che riguarda la correttezza dell'algoritmo conviene usare l'induzione sui valori k del ciclo più esterno dell'algoritmo. L'ipotesi dell'induzione è che al passo k , V_{ij} rappresenta il valore ottimo fra tutti i cammini $i \to j$ *con il vincolo di usare come nodi intermedi solo i nodi in* $[k]$ e V_{ii}) rappresenta il valore ottimo fra tutti i cicli passanti per il nodo i e *con il vincolo di usare come altri nodi solo i nodi in* $[k]$. Si indichi con V_{ij}^k il valore V_{ij} al passo k-esimo.

L'ipotesi è ovviamente vera per $k = 0$. Quindi supponiamo sia vera per $k-1$. Aggiungendo il nodo k ai nodi ammissibili si permette a tutti i cammini $i \to j$ (ed a tutti i cicli per i) di passare per k. Il cammino ottimo $i \to j$ vincolato a passare per k (e in modo simile il ciclo ottimo per i e k) consiste di due sottocammini $i \to k$ e $k \to j$ ($k \to i$ per i cicli). Per il principio di ottimalità questi sottocammini devono essere ottimi fra i sottocammini che usano solo i nodi in $[k-1]$ e i loro valori ottimi sono V_{ik}^{k-1} e V_{kj}^{k-1} (V_{ki}^{k-1} per i cicli). Quindi il valore ottimo V_{ij}^k viene calcolato confrontando la loro somma con V_{ij}^{k-1} (in modo simile si calcola il ciclo ottimo).

∎

Dimostrazione che i vertici di (9.27) corrispondono a cammini

Come già detto, un vertice è una soluzione che non è ottenibile come combinazione convessa di altre due soluzioni ammissibili. Si ricorda che una combinazione convessa di due vettori x^1 e x^2 è un vettore esprimibile come $\alpha\, x^1 + (1-\alpha)\, x^2$ per un qualsiasi $0 \le \alpha \le 1$. In generale una combinazione convessa di k vettori $x^1, \ldots, x^k$ è un vettore $\sum_{i=1}^k \alpha_i\, x^i$ con $\alpha_i \ge 0$ e $\sum_{i=1}^k \alpha_i = 1$. Geometricamente la combinazione convessa di due punti è il segmento congiungente i due punti e la combinazione convessa di k punti è il più piccolo poliedro convesso che li contiene.

Sia x una qualsiasi soluzione ammissibile in (9.27). Operiamo una decomposizione di x in un numero finito di cammini e circuiti. Per rendere il ragionamento più semplice, si immagini di aggiungere un arco (t, s) al grafo con flusso $x_{ts} = 1$. Su questo grafo esteso il flusso rispetta il vincolo di conservazione del flusso in tutti i nodi.

Si consideri ora un arco qualsiasi con flusso strettamente positivo. Sia (i_0, i_1) tale arco e sia ζ_1 il valore del suo flusso. Siccome vi è del flusso positivo entrante in i_1, almeno uno degli archi uscenti da i_1 deve avere un valore di flusso strettamente positivo. Sia (i_1, i_2) tale arco con flusso ζ_2. Proseguendo in modo analogo si deve pervenire ad un nodo $i_p = i_q$, $q < p$, generando un circuito $C = \{(i_q, i_{q+1}), \ldots, (i_{p-1}, i_q))\}$. Sia $\xi_1 := \min_{i=q+1,\ldots,p} \zeta_i$. Trasformiamo la soluzione in

$$x_e := \begin{cases} x_e - \xi_1 & \text{se } e \in C \\ x_e & \text{altrimenti} \end{cases}$$

Si noti che $x \ge 0$ (per la scelta di ξ_1), che $\sum_{j\in\delta^+(i)} x_{ij} - \sum_{j\in\delta^-(i)} x_{ji} = 0$, $i \in N$, (dato che si toglie la medesima quantià ξ_1 sia in entrata che in uscita dai nodi del circuito C) e che il numero di archi con flusso strettamente positivo è diminuito almeno di uno (l'arco in cui il flusso vale proprio ξ_1).

La procedura viene ripetuta fino ad ottenere $x = 0$. Siccome ad ogni iterazione almeno un arco viene portato a flusso nullo il numero di iterazioni non può superare m. Quindi si ottengono al più m circuiti ad ognuno dei quali viene associato il flusso ξ_i corrispondente e la soluzione iniziale x può essere vista come ottenuta dalla sovrapposizione dei flussi dei circuiti. Se ora togliamo l'arco aggiunto, tutti i circuiti che vi passano diventano cammini da s a t con somma di flusso uguale a 1. Siano P_i, $i \in [p]$, i cammini e C_i, $i := p+1, \ldots, q$ $(\le m)$, i circuiti e siano ξ_i i valori di flusso corrispondenti. Siano inoltre $e(P_i)$ e $e(C_i)$ i corrispondenti vettori d'incidenza. Quindi

$$x = \sum_{i=1}^{p} \xi_i\, e(P_i) + \sum_{i=p+1}^{q} \xi_i\, e(C_i)$$

con $\sum_{i=1}^p \xi_i = 1$ per i vincoli sui nodi sorgente e destinazione e $\xi_i > 0$, $i \in [q]$. Si noti che posto $\varepsilon := \min\{\xi_i : i := p+1, \ldots, q\}$, le due soluzioni

$$x^+ := x + \varepsilon \sum_{i=p+1}^{q} e(C_i), \qquad x^+ := x - \varepsilon \sum_{i=p+1}^{q} e(C_i)$$

sono ammissibili e siccome $x = (x^+ + x^-)/2$, x non può essere un vertice. Affinché x sia un vertice non devono essere presenti circuiti nella decomposizione. Sia allora

$$x = \sum_{i=1}^{p} \xi_i\, e(P_i)$$

L'espressione indica che x è combinazione convessa di soluzioni ammissibili (i vettori d'incidenza sono soluzioni ammissibili). Quindi x è vertice solo se nella decomposizione compare un unico cammino e in questo caso $\xi_1 = 1$ (siccome $\sum_{i=1}^{p} \xi_i = 1$ e $p = 1$) e allora $x = e(P_1)$. ∎

Procedura per il problema della tensione ammissibile

Dobbiamo calcolare dei valori ammissibili per

$$V_j - V_i \leq c_{ij} \qquad (i,j) \in E$$

oppure trovare un circuito in cui la somma dei valori c_{ij} è negativa, e quindi non può esistere una soluzione ammissibile.

Se sono dati dei valori V_i per ogni nodo i, si definisca

$$\sigma_{ij} := \min\{0\,;\, c_{ij} + V_i - V_j\}, \quad (i,j) \in E, \qquad \sigma_j := \min_{i:(i,j)\in E} \sigma_{ij}$$

Se $\sigma_{ij} = 0$ diciamo che l'arco è bilanciato e se $\sigma_j = 0$ diciamo che il nodo j è bilanciato (un nodo è bilanciato se tutti gli archi entranti nel nodo sono bilanciati). Se tutti i nodi sono bilanciati allora tutti gli archi sono bilanciati e i valori V_i sono ammissibili.

La procedura assegna inizialmente $V_i := 0$ per ogni nodo. Se tutti i nodi sono bilanciati, ovviamente la procedura termina. Altrimenti sia s un nodo sbilanciato. Si definiscano distanze

$$d_{ij} := \max\{0\,;\, c_{ij} + V_i - V_j\} \quad (i,j) \in E$$

e si calcoli un problema di cammino minimo da s a tutti gli altri nodi. Sia v_i la distanza minima da s a i. Per l'ottimalità si ha:

$$v_j - v_i \leq d_{ij} = \max\{0\,;\, c_{ij} + V_i - V_j\}$$

e quindi se aggiorniamo i valori V_i come $V_i' := V_i + v_i$, si ha

$$V_j' - V_i' = V_j - V_i + v_j - v_i \leq V_j - V_i + \max\{0\,;\, c_{ij} + V_i - V_j\} = \max\{V_j - V_i\,;\, c_{ij}\}$$

Quindi se l'arco è inizialmente bilanciato per i valori V lo è anche per i valori V' e se è sbilanciato la differenza $V_j - V_i$ non è aumentata dopo l'aggiornamento. In particolare per gli archi sbilanciati (i,s) ci chiediamo se è diminuita in modo sufficiente da rendere bilanciato l'arco. Se $v_i \geq -\sigma_{is}$ si ha

$$V_s' - V_i' = V_s - V_i - v_i \leq V_s - V_i + \sigma_{is} = V_s - V_i + \min\{0\,;\, c_{is} + V_i - V_s\} \leq c_{is}$$

e l'arco diventa bilanciato. Se invece $v_i < -\sigma_{ij} = V_s - V_i - c_{is}$ si consideri il circuito formato dal cammino minimo $P : s \to i$ e l'arco (i,s). Sul cammino minimo si ha

$$V_s - V_i - c_{is} > v_i = \sum_{(h,k)\in P} d_{hk} = \sum_{(h,k)\in P} \max\{0\,;\, c_{hk} + V_h - V_k\} \geq$$

$$\sum_{(h,k)\in P} (c_{hk} + V_h - V_k) = V_s - V_i + \sum_{(h,k)\in P} c_{hk}$$

da cui si deduce che la somma dei costi sul circuito è negativa.

Se si identifica un circuito negativo la procedura termina. Altrimenti si cerca di bilanciare un altro nodo sbilanciato usando i valori V_i aggiornati. Complessivamente sono richiesti al più n calcoli di cammino minimo.

10

Modelli di percorsi
Cammini con capacità

Spesso il cammino minimo (o quello meno costoso) può non essere la soluzione di un problema di trasporto quando sono presenti anche dei vincoli di capacità sulle quantità transitabili sugli archi e il cammino minimo non è in grado di convogliare tutto il flusso richiesto. Se, ad esempio, il trasporto riguarda la trasmissione di dati in una rete telematica, ogni arco ha una capacità massima in termini di byte/sec; se invece si tratta di acqua in una rete idraulica, ogni condotto può sopportare un flusso massimo in termini di m^3/sec; oppure ancora se si considera il flusso veicolare in una rete stradale, in ogni tratto di strada possono circolare al massimo un certo numero di veicoli al secondo.

Questi problemi si risolvono in modo naturale con il modello di flusso visto in Sez. 9.3. La matrice che definisce i vincoli di (9.9) e (9.10), detta *matrice d'incidenza nodi-archi*, è molto particolare, essendo definita a partire da un grafo orientato. La matrice gode della proprietà di essere *totalmente unimodulare*. Una matrice è totalmente unimodulare se ogni sua sottomatrice quadrata ha determinante uguale a -1, 0 oppure 1. Questa proprietà implica l'interezza dei vertici del poliedro definito dalla matrice, se i dati del problema sono interi. Nella prossima sezione dimostreremo questa ultima proprietà sfruttando direttamente la struttura di grafo.

Inoltre, proprio perché la matrice è definita a partire da un grafo, esistono algoritmi molto efficienti basati sulla struttura di grafo. Tuttavia, anziché scrivere un algoritmo ad hoc per un particolare problema, è spesso più semplice ed economico usare un risolutore di PL, che, in diversi casi già contiene accorgimenti per sfruttare al meglio le particolarità del grafo.

10.1 Flussi e capacità

Supponiamo allora che in un grafo orientato siano definiti per ogni arco e dei valori di capacità c_e e definiamo il seguente problema di PL

$$\begin{aligned} \min \quad & d\,x \\ & A\,x = b \\ & 0 \le x \le c \end{aligned} \tag{10.1}$$

dove A è la matrice d'incidenza nodi-archi e b è un vettore definito come

$$b_i := \begin{cases} +K & \text{se } i = s \\ -K & \text{se } i = t \\ 0 & \text{altrimenti} \end{cases}$$

Quando nel grafo sono definiti dei flussi si usa più frequentemente il termine *rete* o *rete di flusso* al posto di grafo. Il problema corrisponde pertanto a far viaggiare sulla rete K unità di flusso nel modo meno costoso possibile e rispettando i vincoli di capacità. Trattandosi di un problema di PL, (10.1) può essere facilmente risolto con un qualsiasi algoritmo di PL.

Come nel caso del cammino minimo anche i vertici del poliedro definito da (10.1) corrispondono a soluzioni molto particolari. Si consideri una soluzione ammissibile x qualsiasi e vediamo sotto quali condizioni tale soluzione sia un vertice (si riveda anche la dimostrazione a pagina 171). Definiamo l'insieme di archi $\hat{E} := \{e \in E : 0 < x_e < c_e\}$. Supponiamo che $\hat{E}$ contenga un circuito C. Definiamo con $e(C) \in \mathbb{R}^{|E|}$ il vettore d'incidenza del circuito (le componenti di $e(C)$ sono in corrispondenza uno a uno con gli archi e valgono 0 se l'arco non appartiene al circuito, 1 se appartiene ed è orientato nel senso del circuito e -1 se invece è orientato in senso opposto). Certamente esiste $\varepsilon > 0$ per cui $x + \varepsilon\, e(C)$ e $x - \varepsilon\, e(C)$ sono ammissibili e quindi x non può essere un vertice.

Allora, se x è vertice, $\hat{E}$ non contiene circuiti ed è quindi in generale una foresta. Se $\hat{E}$ non è un albero si aggiungano arbitrariamente archi non in $\hat{E}$ (e per i quali quindi si ha $x_e = 0$ oppure $x_e = c_e$) fino a formare un albero T. Allora se x è vertice esiste un albero T, tale che $x_e = 0$ oppure $x_e = c_e$ per ogni $e \notin T$ e $0 \le x_e \le c_e$ per ogni $e \in T$ (e ovviamente anche $A\,x = b$).

Viceversa, dato un albero T con questa proprietà, la soluzione corrispondente è un vertice. Infatti, essendo il flusso sugli archi non in T al valore estremo dell'intervallo, per questi archi non può esistere $\varepsilon > 0$ tale che $x_e + \varepsilon$ e $x_e - \varepsilon$ siano entrambi ammissibili. Quindi gli unici archi su cui si può variare il flusso sono gli archi in T. Però, non essendo presenti circuiti in T, una qualsiasi variazione di flusso in T provoca la violazione del vincolo di conservazione di flusso nei nodi foglie dell'albero (cioè i nodi di grado 1).

Da questa corrispondenza fra alberi e vertici si deduce un'importante proprietà di una soluzione ottima di flusso:

Teorema 10.1. *Se b e c sono interi, ogni vertice è intero e in particolare i vertici ottimi.*

Dimostrazione: Per gli archi e non appartenenti all'albero corrispondente al vertice, x_e è intero per costruzione. Si prenda un arco dell'albero che abbia come estremo un nodo i di grado 1. Per il vincolo del flusso nel nodo il flusso in questo arco è determinato da somme e/o differenze di b_i con i flussi degli altri archi, non sull'albero, incidenti nel nodo i. Quindi il flusso è intero. A questo punto si procede ricorsivamente. ∎

Si noti che, se il grafo è connesso, la matrice A ha $(n-1)$ righe linearmente indipendenti, anziché n (si sommino le righe e si ottiene una riga nulla). Allora se $\hat{E}$ è un albero, un vertice è determinato dalle $(n-1)$ equazioni del vincolo $Ax = b$ più le $(m-n+1)$ equazioni date dai vincoli di capacità soddisfatti come uguaglianza per gli archi non in $\hat{E}$. Quindi ci sono m piani passanti per un vertice in uno spazio a dimensione m e il vertice è non degenere. Quando invece $\hat{E}$ non è un albero, il numero di equazioni che determinano il vertice è maggiore di m e quindi si tratta di un vertice degenere. In questo caso ogni albero T, ottenuto a partire dallo stesso insieme $\hat{E}$ è una particolare rappresentazione (o base) del medesimo vertice.

Il metodo del simplesso, particolarizzato alle reti di flusso, opera direttamente con alberi di supporto del grafo e li cambia inserendo e togliendo archi dall'albero. Si ottiene generalmente una grande accelerazione dei tempi di calcolo. In molti pacchetti è già inserita la possibilità di passare all'algoritmo specializzato sui grafi. Il seguente esempio dà un'idea di come opera il metodo del simplesso su un grafo.

Oltre al metodo del simplesso vi sono molti altri algoritmi che permettono di risolvere il problema (10.1). Quasi tutti si basano sulle condizioni di complementarità. Data la loro natura alquanto tecnica presentiamo le linee essenziali di uno di questi algoritmi nell'Appendice.

Esempio 10.2.

Si consideri il grafo in Fig. 10.1(a) dove i numeri accanto agli archi rappresentano sia i costi che le capacità (abbiamo supposto per semplicità $c_e = d_e$). Gli archi non sono orientati nel senso che il flusso può percorrere un arco in entrambe le direzioni. Quindi il valore di capacità va inteso in senso assoluto, cioè $-c_e \leq x_e \leq c_e$, e il costo per ogni arco è anche definito in valore assoluto, cioè $d_e\,|x_e|$. Il cammino minimo dal nodo 1 al nodo 9 è indicato in figura. Tuttavia, se si devono trasportare 5 unità di flusso, solo una di queste può essere inviata lungo il cammino minimo. Si consideri allora una soluzione qualsiasi che invia 5 unità di flusso nel rispetto delle capacità. Ad esempio si può scegliere $x_{12} = x_{23} = x_{36} = 2$, $x_{14} = 3$, $x_{45} = x_{56} = 1$, $x_{69} = 3$, $x_{47} = x_{78} = x_{89} = 2$. Gli archi dove $-c_e < x_e < c_e$ sono evidenziati in Fig. 10.1(b). Siccome formano un albero, si tratta di una soluzione di vertice.

Bisogna verificare se sia ottima. L'unico modo per passare ad un vertice adiacente è di aggiungere un arco e toglierne un altro. Aggiungere un arco significa creare un circuito. Sul circuito si può far circolare del flusso aggiuntivo in modo che nell'arco aggiunto il flusso cali. Se variando il flusso in questo modo si produce un miglioramento nel costo allora conviene continuare fino a che la capacità in qualcuno degli archi dell'albero blocca l'aumento di flusso. Questo arco bloccante va rimosso dall'albero e si ha quindi nuovamente una

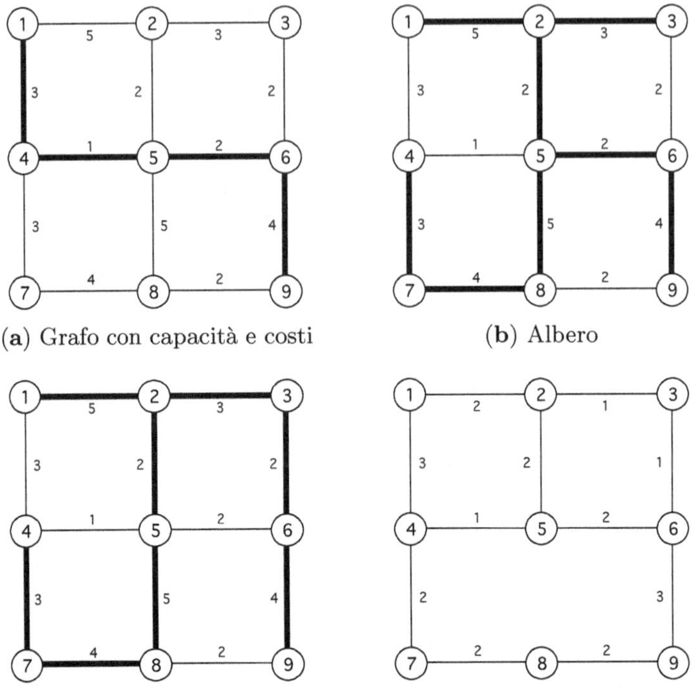

(**a**) Grafo con capacità e costi (**b**) Albero

(**c**) Albero ottimo (**d**) Soluzione

Figura 10.1.

soluzione di vertice. Ad esempio si consideri l'arco 8-9. Aggiungere l'arco 8-9 all'albero genera il circuito 8-5-6-9-8. Togliere un'unità di flusso all'arco 8-9, con un guadagno quindi di 2, comporta aggiungere un'unità di flusso negli archi 8-5, 5-6, 6-9, con costo $5 + 2 + 4$. L'operazione non è conveniente. Si consideri invece l'arco 3-6. Togliere un'unità di flusso all'arco 3-6 comporta togliere un'unità di flusso all'arco 2-3 e aggiungerne una negli archi 2-5, 5-6 con costo totale $-2-3+2+2 = -1$. In questo caso l'operazione è conveniente e quindi conviene cambiare il flusso il più possibile. Tuttavia più di una unità di flusso non può essere fatta circolare perché l'arco 5-6 diventa saturo e viene tolto dall'albero (si veda la Fig. 10.1(c) il nuovo albero). Si può verificare che questa soluzione non è migliorabile ed è pertanto l'ottimo (in Fig. 10.1(d) la soluzione ottima). ∎

Il problema (10.1) può essere generalizzato immediatamente al caso di più sorgenti e più pozzi. Le sorgenti sono caratterizzate dai valori $b_i > 0$ mentre i pozzi hanno $b_i < 0$. Gli altri nodi sono semplicemente nodi di transito con conservazione di flusso. È ovvio, e si deduce anche dalla proprietà che la somma delle righe di A produce una riga nulla, che $\sum_i b_i = 0$ affinché esista una soluzione ammissibile. La proprietà che $\sum_i b_i = 0$ non è tuttavia sufficiente per l'ammissibilità, perché devono anche essere verificati i vincoli di capacità.

È importante sottolineare che se sono presenti più sorgenti e pozzi, il flusso che esce dalle sorgenti è tutto del medesimo tipo e quindi vi è mescolamento fra i flussi degli archi entranti in un nodo e quelli uscenti. Per questo motivo il flusso che arriva in un pozzo può arrivare da una sorgente qualsiasi e a priori non è possibile determinarne l'origine. Quando si modella un problema con una rete di flusso è bene conoscere questo aspetto del modello. Se invece il problema che si vuole risolvere richiede di distinguere i flussi in uscita dalle sorgenti bisogna ricorrere ai modelli multiflusso. Di questi modelli si parlerà in Sez. 11.4.

10.2 Il problema del massimo flusso

Il problema del *massimo flusso* e il problema del cammino minimo costituiscono una coppia di problemi fondamentali nella teoria dei grafi orientati. Ad esempio in Appendice si dimostra che il calcolo del flusso di costo minimo si può effettuare risolvendo ripetutamente il problema del cammino minimo. Un ruolo analogo è svolto dal problema del massimo flusso. Questo problema, definito nella forma attuale da Ford e Fulkerson [79], riveste una grande importanza, non solo di per sé o perché permette di verificare l'ammissibilità come si vedrà nella prossima sezione, ma anche perché interviene come sottoproblema in molti altri problemi.

Un concetto fondamentale nel problema del massimo flusso è costituito dalla *capacità di taglio*. Dato un insieme S di nodi, ci possiamo chiedere qual è il massimo flusso che può passare sul taglio $\delta(S)$, indipendentemente da ogni altra condizione. Se il flusso in ogni arco è limitato da un vincolo di capacità del tipo $0 \le x_{ij} \le c_{ij} = c_e$, allora la massima quantità è data dall'espressione

$$c(S) := \sum_{\substack{i \in S \\ j \notin S}} c_{ij} = \sum_{e \in \delta^+(S)} c_e \tag{10.2}$$

Infatti gli archi in $\delta^+(S)$ devono essere saturi, mentre quelli in $\delta^-(S)$ devono essere vuoti (altrimenti ci sarebbe del flusso di ritorno che diminuirebbe la quantità totale da S a $N \setminus S$). Se invece il flusso in ogni arco è limitato da un vincolo più generale del tipo $c_{ij}^- \le x_{ij} \le c_{ij}^+$ (includendo eventualmente anche valori negativi) allora la massima quantità è data dall'espressione

$$c(S) := \sum_{\substack{i \in S \\ j \notin S}} c_{ij}^+ - \sum_{\substack{i \notin S \\ j \in S}} c_{ij}^- \tag{10.3}$$

Se in particolare $-c_{ij}^- = c_{ij}^+ = c_e$, quando ogni arco può essere attraversato in entrambi i sensi con lo stesso vincolo di capacità, allora

$$c(S) := \sum_{e \in \delta^+(S)} c_e + \sum_{e \in \delta^-(S)} c_e = \sum_{e \in \delta(S)} c_e$$

La quantità $c(S)$ prende il nome di capacità di taglio. Se consideriamo un generico taglio che divide la sorgente dalla destinazione, cioè un taglio indotto da S con $s \in S$ e $t \notin S$, possiamo notare come, dato un qualsiasi flusso ammissibile, la quantità in uscita da s

$$x(s) := \sum_{j:(sj) \in E} x_{sj} - \sum_{i:(is) \in E} x_{is}$$

che deve raggiungere la destinazione, deve necessariamente attraversare il taglio $\delta(S)$ e quindi deve valere

$$x(s) \leq c(S)$$

Tale relazione deve essere vera per ogni flusso ammissibile e ogni taglio che separa la sorgente dalla destinazione. Quindi possiamo scrivere

$$\max_x x(s) \leq \min_S c(S) \tag{10.4}$$

dove il minimo va inteso fra tutti i tagli che separano s da t e il massimo fra tutti i flussi ammissibili per i vincoli di capacità sugli archi e di conservazione del flusso su tutti i nodi tranne s e t. Il teorema fondamentale del problema del massimo flusso è che la relazione precedente vale sempre con il segno di uguaglianza (di fatto si può dimostrare che è una relazione di dualità)

$$\max_x x(s) = \min_S c(S) \tag{10.5}$$

Per dimostrare (10.5) serve il concetto di *cammino aumentante*. Per semplicità di esposizione ci limitiamo a considerare il caso (10.2). Data una soluzione ammissibile x, in un generico arco il flusso può essere aumentato della quantità positiva $c_{ij} - x_{ij}$ se $x_{ij} < c_{ij}$ e può essere diminuito della quantità positiva x_{ij} se appunto $x_{ij} > 0$. Su un cammino P da s a t, non necessariamente costituito da archi orientati come il cammino, il flusso può essere aumentato se per ogni arco orientato con il cammino si ha $x_{ij} < c_{ij}$ e per ogni arco orientato in modo opposto al cammino si ha $x_{ij} > 0$. La massima quantità di flusso che può essere fatta transitare sul cammino P è data da

$$\min \left\{ \min_{(ij) \in P^+} c_{ij} - x_{ij} \; ; \; \min_{(ij) \in P^-} x_{ij} \right\}$$

dove P^+ sono gli archi orientati con il cammino e P^- sono gli archi orientati in modo opposto al cammino.

Dato un flusso, se esiste un cammino aumentante, allora la soluzione corrente può essere aumentata e quindi non può essere massima. Supponiamo allora che non esistano cammini aumentanti. Definiamo come raggiungibili quei nodi i per i quali esiste un cammino aumentante da s ad i. Sia S questo insieme. Se assumiamo l'ipotesi che non esiste un cammino aumentante da s a t allora $t \notin S$. Consideriamo gli archi del taglio $\delta(S)$. Per ogni arco $(i,j) \in \delta^+(S)$ deve essere $x_{ij} = c_{ij}$ altrimenti esisterebbe un cammino aumentante da s a j contro l'ipotesi che $j \notin S$. Analogamente per ogni arco $(i,j) \in \delta^-(S)$ deve essere $x_{ij} = 0$. Quindi la quantità di flusso che attraversa il taglio è esattamente uguale alla capacità di taglio, e valendo la relazione (10.4) il flusso non può che essere quello massimo e il taglio quello di capacità minima e quindi vale (10.5).

Il ragionamento fatto contiene in sé anche un'idea algoritmica per trovare il massimo flusso: si itera generando cammini aumentanti e si termina quando non esistono più cammini aumentanti. Tuttavia, se attuata ingenuamente, quest'idea porta ad un algoritmo solo pseudopolinomiale. Esaminiamo dapprima come effettuare la ricerca di un cammino aumentante.

I nodi vengono ripartiti in tre insiemi: nodi raggiunti e processati S, nodi raggiunti e non ancora processati R, nodi non ancora raggiunti T. Inizialmente $S = \emptyset$, $R = \{s\}$ e $T = N \setminus \{s\}$. Un generico passo d'iterazione consiste nel prendere un nodo k in R valutare gli archi incidenti in k con altro estremo in T e vedere se possono appartenere ad un cammino aumentante. In particolare se l'arco è diretto da k a $j \in T$ deve essere $x_{kj} < c_{kj}$; se invece è diretto da $j \in T$ verso k deve essere $x_{jk} > 0$. Se l'arco può essere aumentante allora il nodo j passa da T a R e viene memorizzato un puntatore da j a k per ricostruire alla fine il cammino. Terminato l'esame degli archi incidenti in k, il nodo k passa da R in S.

La procedura termina non appena $t \in R$ oppure quando $R = \emptyset$. Nel primo caso si è trovato un cammino aumentante che viene determinato usando ricorsivamente i puntatori a partire da t. In questa fase si determina anche la quantità di flusso che può essere inviata sul cammino. Nel secondo si è determinato che non esiste nessun cammino aumentante e quindi si è trovato il massimo flusso e un taglio di minima capacità indotto da S.

La procedura di ricerca di un cammino aumentante prende in esame al più un arco alla volta e quindi la sua complessità è $O(|E|)$. In generale però non ci sono garanzie che il numero globale di iterazioni a partire dalla soluzione nulla sia polinomiale nei dati del problema. Infatti tutto quello che si può dire è che, in presenza di dati di capacità interi, il flusso aumenta almeno di una unità per ogni cammino aumentante, ma questo porta ad un numero di iterazioni pseudopolinomiale.

Si può tuttavia dimostrare che se la ricerca del cammino aumentante viene eseguita in larghezza, cioè i nodi vengono scelti da R secondo la regola first-in-first-out, allora il numero di iterazioni è polinomiale, in particolare $O(n^2\, m)$. Con ricerche di cammini aumentanti non necessariamente ad albero si ottiene una complessità $O(n^3)$. Vi sono infine algoritmi di massimo flusso molto complicati con complessità $O(m\, n \log(n^2/m))$, che per grafi densi ($m = \Theta(n^2)$) è comunque $O(n^3)$ e per grafi sparsi ($m = O(n)$) invece si abbassa a $O(n^2 \log n)$.

Il problema del massimo flusso può anche essere definito su un grafo non orientato intendendo che il flusso può assumere entrambe le direzioni e che in ogni caso il suo valore (assoluto) non può eccedere la capacità data. Il problema può facilmente essere riformulato su un grafo orientato in cui il vincolo di capacità è $-c_{ij} \leq x_{ij} \leq c_{ij}$ oppure sostituendo l'arco non orientato con una coppia di archi orientati antiparalleli, entrambi con vincolo di capacità $0 \leq x_{ij} \leq c_{ij}$.

Se in particolare le capacità sono unitarie il problema del massimo flusso diventa il problema di trovare il massimo numero di cammini disgiunti negli archi che connettono due nodi dati. Il teorema del massimo flusso-minima capacità può pertanto essere riformulato come: il massimo numero di cammini disgiunti negli archi fra due nodi dati è uguale al minimo numero di archi necessario a sconnettere i nodi dati.

Esercizio 10.3.

Come ottenere un analogo risultato con cammini disgiunti anche nei nodi?

∎

Per concludere, formuliamo anche il modello di PL per risolvere un problema di massimo flusso, dato che può essere utile, disponendo di un risolutore di PL, usare questo anziché scrivere un algoritmo ad hoc per risolvere il problema del massimo flusso oppure della minima capacità di taglio. Il problema primale è

$$\begin{aligned} \max \quad & x_0 \\ & A\,x - e_0\,x_0 = 0 \\ & x \leq c^+ \\ & -x \leq -c^- \end{aligned} \tag{10.6}$$

dove e_0 è un vettore colonna con tutti zeri tranne il nodo sorgente e il nodo pozzo che hanno valore 1 e -1 rispettivamente, x_0 è il flusso in uscita dalla sorgente e A è la matrice d'incidenza nodi-archi. Il duale è

$$\begin{aligned} \min \quad & \sum_e c_e^+\,y_e^+ - c_e^-\,y_e^- \\ & z_j - z_i = y_{ij}^+ - y_{ij}^- \qquad (i,j) \in E \\ & z_t - z_s = 1 \\ & y_{ij}^+, y_{ij}^- \geq 0 \end{aligned} \tag{10.7}$$

L'interezza della soluzione del problema duale, più esattamente i valori 0-1 delle variabili, è garantita dalla unimodularità totale della matrice.

10.3 Ammissibilità di un problema di flusso

In questa sezione si vedrà che l'ammissibilità di un problema di flusso con capacità e valori b_i assegnati si risolve con un'applicazione del problema del massimo flusso.

Nell'Esempio 10.2 abbiamo dato per scontato che una soluzione ammissibile esistesse. È però evidente che valori troppo elevati di K non possono essere inviati da s a t. Ad esempio se fosse stato $K = 16$, essendo la somma delle capacità degli archi uscenti da s uguale a 15, non ci sarebbe stata soluzione ammissibile. Ovviamente il massimo valore di K per cui esiste una soluzione ammissibile è esattamente la massima quantità di flusso che si può inviare da s a t.

In modo simile, anche se leggermente più complicato, si può verificare l'ammissibilità per il caso più generale con valori b_i generici. Consideriamo dapprima il caso in cui il flusso nullo in ogni arco sia ammissibile per i vincoli di capacità. Si faccia riferimento alla Fig. 10.2(a) con lo stesso grafo dell'Esempio 10.2. In questo caso sono presenti anche la sorgente 7 e il pozzo 3 con valori b_i indicati vicino ai nodi. Al grafo si aggiungono due nodi s e t. Vengono creati archi orientati da s ad ogni nodo i con $b_i > 0$ e vengono assegnati intervalli di capacità $[0, b_i]$ a questi archi. In modo simile vengono creati archi orientati da ogni i con $b_i < 0$ a t, con intervalli di capacità $[0, -b_i]$. In tutti i nodi (tranne s e t) si impone il vincolo di conservazione del flusso (Fig. 10.2(b))

Adesso si risolve un massimo flusso da s a t. Due sono i casi: gli archi in uscita da s sono tutti saturi (cioè il flusso in tali archi è uguale al massimo valore di capacità b_i) oppure almeno un arco non è saturo. Se avviene il primo caso e si rimuovono gli archi da s, ogni nodo i, con $b_i > 0$, ha un flusso in uscita maggiore di quello in entrata con differenza esattamente b_i, quindi è una sorgente con valore b_i. Similmente avviene per gli archi verso t. Si noti che la saturazione degli archi da s implica la saturazione degli archi verso t siccome $\sum_i b_i = 0$. Si rimuovono gli archi verso t e ogni nodo i, con $b_i < 0$, ha un flusso in entrata maggiore di quello in uscita con differenza esattamente b_i, quindi è un pozzo con valore b_i. Siccome il massimo flusso rispetta i vincoli di capacità, il flusso negli archi è ammissibile.

Se avviene il secondo caso, questo significa che non esiste soluzione ammissibile. Infatti se esistesse, si potrebbe creare una soluzione per il problema del massimo flusso con tutti gli archi da s saturi. Ma questa soluzione avrebbe un valore di flusso maggiore di quella trovata che quindi non potrebbe essere massima. Si veda in Fig. 10.2(c) il massimo flusso che satura gli archi e quindi fornisce una soluzione ammissibile.

Se si rimuove l'ipotesi di flusso nullo ammissibile per i vincoli di capacità, si può sempre partire da una soluzione arbitraria, purché ammissibile per le capacità. Dopodiché si procede come nel caso precedente solo assegnando valori diversi di capacità. Più in dettaglio sia x' il flusso inizialmente assegnato. Si calcola $b' := A x'$ e $b - b'$. Gli archi in uscita da s vanno verso i nodi tali

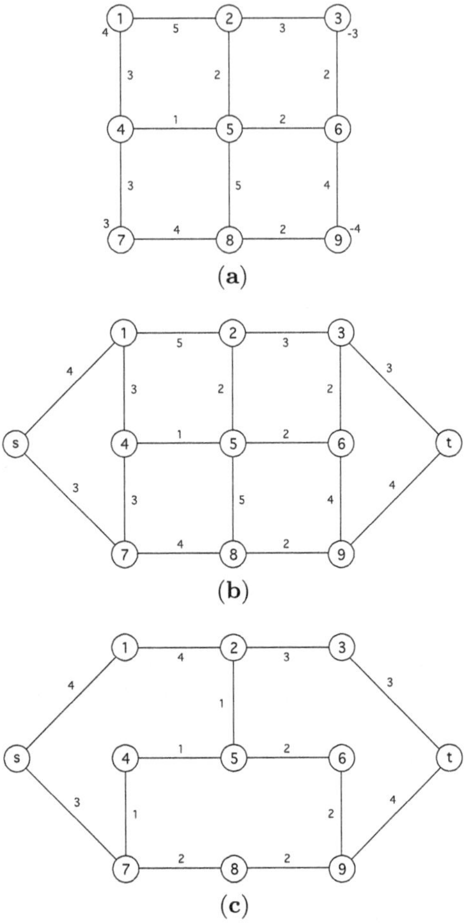

Figura 10.2. Massimo flusso e soluzioni ammissibili

che $b_i - b'_i > 0$ e quelli in entrata in t provengono dai nodi con $b_i - b'_i < 0$. Gli intervalli di capacità che vengono assegnati agli archi aggiunti riflettono questa scelta. Agli archi da s si assegna l'intervallo $[0, b_i - b'_i]$ a quelli verso t l'intervallo $[0, b'_i - b_i]$.

Dato un insieme di nodi S si denoti $b(S) := \sum_{i \in S} b_i$. Questa quantità indica il flusso che deve uscire dall'insieme S e passare nell'insieme complementare. È naturale che, per l'esistenza di un flusso ammissibile, la capacità del taglio $c(S)$ deve essere in grado di contenere il flusso in uscita da S. Il fatto notevole è che questa condizione necessaria, estesa a tutti gli insiemi S, diventa anche sufficiente (vedi dimostrazione in Appendice):

Teorema 10.4. *Un flusso ammissibile esiste in una rete se e solo se* $b(S) \leq c(S)$ *per ogni* $S \subset N$. ∎

10.4 Tagli di capacità minima

Spesso viene richiesto di trovare in un grafo non orientato un taglio di capacità minima. Si noti che il taglio indotto da un insieme S ha la stessa capacità di quello indotto dall'insieme $N \setminus S$ data la simmetria dei valori di capacità su ogni arco in entrambe le direzioni, per un grafo non orientato.

Un caso particolarmente rilevante consiste nel trovare il taglio con il minor numero di archi che sconnette il grafo. Se il grafo rappresenta una rete di comunicazione è importante sapere qual è il minimo numero di archi necessari a sconnettere il grafo. Tanto più piccolo sarà questo numero tanto meno affidabile sarà la rete. Per questo problema, come detto precedentemente, basta porre capacità unitarie su ogni arco.

Un modo per calcolare il taglio di capacità minima consiste nel risolvere ripetutamente un problema di massimo flusso. Si sceglie arbitrariamente un nodo come sorgente s e poi si risolvono $(n-1)$ problemi di massimo flusso assumendo come destinazione a turno uno degli altri nodi e prendendo il minimo dei tagli di minima capacità trovati. Nessun taglio viene trascurato da questa procedura. Infatti assegnato un taglio arbitrario indotto da un insieme S di nodi (si può sempre scegliere S in modo che $s \in S$, data la simmetria esposta sopra) esiste almeno un nodo $k \notin S$. Questo taglio viene considerato quando si risolve il problema del massimo flusso da s a k. La complessità di questo metodo dipende dall'algoritmo di massimo flusso usato. Usando un algoritmo particolarmente veloce si ottiene una complessità $O(m\, n^2 \log(n^2/m))$.

Ovviamente questa stessa idea permette di affrontare il problema anche con la PL risolvendo $(n-1)$ volte il problema (10.7) (con $-c_e^- = c_e^+$) variando il pozzo su tutti i nodi tranne la sorgente.

Esistono comunque anche algoritmi diretti che non usano concetti di flusso. Presentiamo due algoritmi, il secondo dei quali è stocastico e permette di trovare la soluzione solo con probabilità prefissata.

L'idea del primo algoritmo [208] si basa sull'osservazione che, dati due nodi qualsiasi, o il taglio minimo separa i due nodi oppure non li separa. In questo secondo caso i due nodi possono essere fusi in uno fondendo eventualmente archi incidenti in entrambi i nodi e sommandone le capacità, e il taglio minimo del grafo ridotto è uguale a quello del grafo originario. Quindi, se si è in grado di trovare due nodi di cui si conosce il minimo taglio separatore, basta confrontare questo valore con quello del minimo taglio del grafo ridotto. Ricorsivamente nel grafo ridotto si determinano due nodi di cui si conosce il minimo taglio separatore e si prosegue finché il grafo è ridotto a due soli nodi. A questo punto basta confrontare tutti i tagli generati e prendere il migliore.

La parte difficile consiste ovviamente nel determinare due nodi e il minimo taglio che li separa. Naturalmente non è pensabile definire a priori i due nodi, altrimenti dovremmo risolvere un problema di massimo flusso per calcolare il minimo taglio. La procedura per generare due nodi di cui si conosca anche il minimo taglio separatore è abbastanza semplice, anche se la dimostrazione di correttezza non è banale. Questa viene presentata nell'Appendice.

Per descrivere l'algoritmo è necessaria la seguente definizione: dati due insiemi A e B sia

$$c(A : B) := \sum_{\substack{i \in A \\ j \in B}} c_{ij}$$

L'algoritmo procede nel seguente modo: si sceglie arbitrariamente un nodo come nodo iniziale v_1 e si pone $S := \{v_1\}$. Ad esempio sia $v_1 := 1$. Poi si sceglie un nodo v_2 come

$$v_2 := \underset{k \notin S}{\operatorname{argmax}}\ c(S : \{k\})$$

e si aggiorna $S := S \cup \{v_2\}$. La procedura viene ripetuta fino a definire il nodo v_n. A questo punto si calcola la capacità del taglio indotto da v_n, cioè $c(\{v_n\}) =: C_n$.

Terminata questa fase, i nodi v_{n-1} e v_n vengono fusi generando il grafo G'. La procedura viene ripetuta sul grafo G' generando una successione di nodi (possibilmente diversa dalla precedente) $v'_1, \ldots, v'_{n-1}$ e una capacità di taglio $C_{n-1} := c(\{v'_{n-1}\})$.

La procedura viene ripetuta fino ad avere un grafo di due nodi in cui il valore C_2 è la capacità dell'unico arco del grafo e che corrisponde al taglio indotto da $v_1 = 1$ sul grafo originale (per costruzione il nodo 1 non viene mai fuso con altri nodi). Infine si sceglie il minimo fra i valori C_i. Questo individua il taglio di minima capacità. La complessità computazionale di questo algoritmo è $O(m\,n \log n)$.

Esempio 10.5.

Sia dato il grafo in Fig. 10.3(a). La sequenza di nodi nella prima fase è $v_1 = 1$, $v_2 = 4$, $v_3 = 7$, $v_4 = 2$, $v_5 = 5$, $v_6 = 8$, $v_7 = 9$, $v_8 = 6$, $v_9 = 3$. Quindi $C_9 = c(\{3\}) = 11$. Si fondono i nodi 3 e 6 ottenendo il grafo in Fig. 10.3(b). Su questo grafo si ripete la procedura. Le varie fasi dell'algoritmo sono riassunte nella seguente tabella e illustrate nelle Figure 10.3(b–h):

$v_1, v_2, \ldots, v_k$	C_k
$1, 4, 7, 2, 5, 8, 9, 6, 3$	11
$1, 4, 7, 2, 5, 8, 9, \{3, 6\}$	9
$1, 4, 7, 2, 5, 8, \{3, 6, 9\}$	12
$1, 4, 7, 2, 5, \{3, 6, 8, 9\}$	13
$1, 4, 7, \{3, 5, 6, 8, 9\}, 2$	12
$1, 4, 7, \{2, 3, 5, 6, 8, 9\}$	10
$1, 4, \{2, 3, 5, 6, 7, 8, 9\}$	14
$1, \{2, 3, 4, 5, 6, 7, 8, 9\}$	11

da cui si vede che il taglio minimo è $S = \{1, 4, 7, 2, 5, 8, 9\}$ con capacità 9. ∎

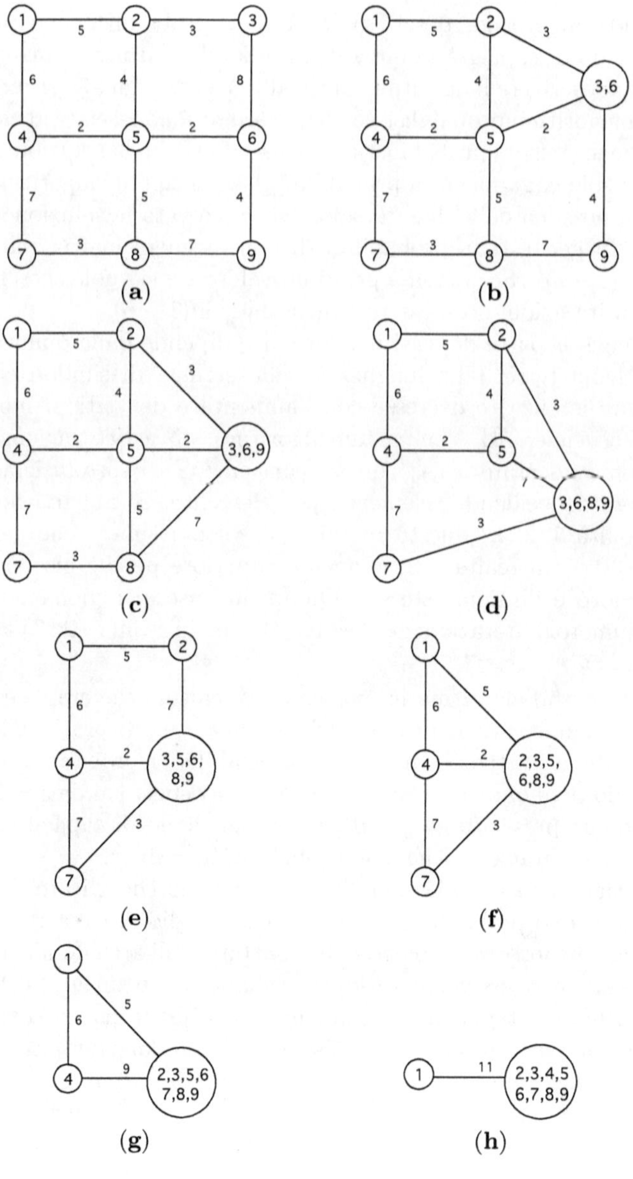

Figura 10.3. Iterazioni dell'algoritmo per il taglio minimo

Il secondo algoritmo, descritto in [123] è probabilistico e permette di trovare il taglio di capacità minima con probabilità arbitrariamente bassa.

Prima di descrivere l'algoritmo è utile dire cosa sia un algoritmo probabilistico. In un algoritmo probabilistico alcune scelte sono lasciate al caso secondo un preciso meccanismo probabilistico. Questo fa sì che la soluzione desiderata sia ottenuta solo con una certa probabilità p. Se si ripete l'algoritmo la probabilità che in nessuna delle due iterazioni si sia trovata la soluzione desiderata è $(1-p)^2$. In generale la probabilità di non ottenere mai la soluzione in k iterazioni è $(1-p)^k$. Se si fissa a priori un valore ε e si vuole che $(1-p)^k \leq \varepsilon$, il numero di iterazioni deve essere almeno $\ln \varepsilon / \ln(1-p)$.

Nella maggior parte dei casi il valore di p dipende dalla quantità dei dati di un problema (cioè dalla lunghezza della stringa di simboli che descrive la particolare istanza) e decresce con l'aumentare dei dati. Il modo come p decresce è cruciale. Ad esempio un algoritmo stocastico ingenuo potrebbe semplicemente generare a caso un sottoinsieme S. Il sottoinsieme potrebbe essere generato decidendo, elemento per elemento, se appartiene o no a S con probabilità $1/2$. In questo modo ogni sottoinsieme viene generato con probabilità 2^{-n} (in realtà è leggermente superiore perché bisogna escludere l'insieme vuoto e l'insieme stesso). Quindi in base al ragionamento appena esposto il numero di iterazioni deve essere almeno $\ln \varepsilon / \ln(1-2^{-n}) \approx 2^n \ln \varepsilon^{-1}$, dato che $(1-2^{-n}) \approx e^{-2^{-n}}$.

In questo caso l'algoritmo ha un tempo di calcolo che cresce esponenzialmente con il numero di nodi del grafo e non è quindi praticabile. Affinché l'algoritmo abbia un tempo di calcolo accettabile, la probabilità deve decrescere in modo polinomiale (e non esponenziale) rispetto ai dati del problema. L'algoritmo che presentiamo per il calcolo del taglio di capacità minima ha appunto queste caratteristiche, con probabilità $p = 2/n^2$.

L'algoritmo si basa sulla semplice osservazione che gli archi di capacità maggiore non sono probabilmente presenti nel taglio di capacità minima. Se tale affermazione fosse vera, basterebbe contrarre tali archi fondendo i relativi nodi e procedere ricorsivamente fino a rimanere con un grafo di due nodi rappresentativo del taglio di capacità minima. Naturalmente l'affermazione precedente non è vera in generale (ad esempio si prendano due cricche di n nodi con archi di capacità 1 e si connettano con un arco di capacità $n-2$) e quindi un algoritmo deterministico che procedesse nel modo prima indicato fallirebbe in molti casi. Tuttavia, se anziché scegliere sistematicamente gli archi di capacità maggiore, li scegliamo casualmente ma con probabilità proporzionale al valore di capacità, potremmo forse trovare il taglio di capacità minima. Se non lo si trova in un'iterazione, si può sperare di trovarlo in una seconda iterazione con una scelta diversa degli archi da contrarre e così di seguito.

L'algoritmo allora consiste dei seguenti passi: un arco $\hat{e} = (u, v)$ viene scelto con probabilità $c_{\hat{e}} / \sum_{e \in E} c_e$, i nodi u e v vengono fusi, $\hat{e}$ viene rimosso e gli archi eventualmente incidenti in u e in v vengono fusi (con somma delle capacità). Se $\hat{e}$ non appartiene al taglio minimo, il nuovo grafo ha il medesimo taglio minimo con lo stesso valore. Infatti ogni taglio del grafo originario che non contiene $\hat{e}$ è presente anche nel grafo contratto, mentre ogni taglio del grafo originario che contiene $\hat{e}$ non esiste nel grafo contratto. Inoltre i tagli corrispondenti hanno le medesime capacità di taglio. La procedura continua finché rimangono solo due nodi che individuano il taglio finale.

In Appendice si dimostra che la probabilità di trovare il taglio di capacità minima è almeno $2/n^2$ e quindi sono richieste almeno $n^2 \ln \varepsilon^{-1}/2$ iterazioni per ottenere il taglio con probabilità $1 - \varepsilon$. La complessità di generare un taglio è $O(m \ln n)$ e quindi, per avere il taglio minimo con probabilità $1 - \varepsilon$, la complessità globale è $O(m\, n^2 \ln n \ln \varepsilon^{-1})$. Si vedano i dettagli in Appendice.

10.5 Il problema del trasporto

Nel problema (10.1) si è considerata l'estensione del problema del trasporto di costo minimo da una sorgente ad una destinazione in presenza di capacità. Un problema opposto consiste nel trasporto di costo minimo senza vincoli di capacità ma con diverse sorgenti e diverse destinazioni. In questo caso la quantità che viene inviata da una sorgente ad una destinazione segue necessariamente il cammino di costo minimo, per cui, indicato con $\hat{d}_{st}$ il costo minimo da s a t, il problema può essere modellato, alternativamente a (10.1) dopo aver rimosso il vincolo di capacità, come un flusso su un grafo bipartito $(S, T; E)$ dove S sono le sorgenti ($b_i > 0$) e T le destinazioni ($b_i < 0$) e si deve risolvere il seguente problema, detto *Problema del trasporto*:

$$
\begin{aligned}
\min \quad & \sum_{s \in S} \sum_{t \in T} \hat{d}_{st} x_{st} & \\
& \sum_{t \in T} x_{st} = b'_s & s \in S \\
& \sum_{s \in S} x_{st} = b'_t & t \in T \\
& x_{st} \geq 0 &
\end{aligned}
\tag{10.8}
$$

dove $b'_s = b_s$ e $b'_t = -b_t$. Anche se (10.8) può essere risolto con un qualsiasi algoritmo di PL, la sua particolare struttura ha permesso lo sviluppo di algoritmi efficienti. Uno di questi viene presentato in Appendice.

Il Problema del trasporto fu definito e studiato da Hitchcock nel 1941 [111], quindi anteriormente alla definizione della programmazione lineare da parte di Dantzig.

Un caso particolare e notevole si ha quando $b'_s = b'_t = 1$. Questo problema prende il nome di *Problema dell'assegnamento* e verrà discusso diffusamente nel Cap. 13.

10.6 Nota storica

Quanto segue è stato portato alla luce da Alexander Schrijver nelle sue approfondite indagini storiche in merito ai problemi di ottimizzazione [197]. Il problema del trasporto di merci a minimo costo su su una rete ferroviaria e anche il problema di massimizzare il trasporto fu studiato in Unione Sovietica in anni anteriori allo sviluppo del problema del massimo flusso da parte di Ford e Fulkerson. Questo risulta da due articoli di A.N. Tolstoj del 1930 e 1939 ([211, 212]). È interessante che Tolstoj trova la soluzione di costo minimo con un metodo ingegnoso anche se non ne dimostra l'ottimalità. I lavori di Tolstoj furono apprezzati e oggetto di ulteriori studi da parte di Kantorovich (premio Nobel per l'Economia nel 1975), che delineò in modo approfondito il problema del trasporto [122]. Tali lavori però, molto apprezzati negli ambienti accademici, furono criticati dal punto di vista politico, perché usavano troppa matematica per dei problemi economici e questo era considerato un approccio 'capitalistico' all'economia.

Kantorovich riscrisse i propri lavori in modo più astratto e così, un po' perché scritti in russo un po' perché scritti in forma quasi criptica, tali studi rimasero ignoti agli ambienti occidentali e in particolare a Hitchcock, Dantzig, Ford e Fulkerson, che sono considerati i fondatori dei modelli di flusso.

L'articolo iniziale di Ford e Fulkerson [79] menziona anche un rapporto confidenziale [104] in riferimento all'importanza del problema del massimo flusso per massimizzare il trasporto su rete ferroviaria. Schrijver ha ottenuto dal Pentagono la richiesta di declassificazione del rapporto, e ha così scoperto che la rete ferroviaria di cui si parla in [104] è proprio quella dell'Unione Sovietica e che il problema a cui gli autori sono interessati non è tanto il massimo flusso, ma il minimo taglio! Infatti nell'articolo si dice espressamente: "Air power is an effective means of interdicting an enemy's rail system, and such usage is a logical and important mission for this Arm".

Nell'articolo è risolto il problema del massimo trasporto da alcune città sovietiche ad alcuni stati dell'Europa Orientale. La Fig. 10.4 è quella che si trova in [104]. I numeri nei riquadri sono le capacità degli archi in migliaia di tonnellate al giorno, mentre gli altri numeri sono i valori di massimo flusso. I valori di capacità sono stati stimati da specialisti in base a dati segreti forniti dalla CIA. È indicato anche il minimo taglio come 'the bottleneck'. Si noti che il problema non si presenta esattamente come un massimo flusso in quanto si hanno diverse sorgenti (indicate come 'origins') e diverse destinazioni (due in Austria, e una rispettivamente in Cecoslovacchia, Germania Orientale e Polonia, nodo 9), ma essenzialmente si tratta di un massimo flusso.

Sfruttiamo quest'esempio per ribadire un concetto importante. Per esser convinti dell'ottimalità della soluzione proposta non serve risolvere nuovamente per conto nostro il problema. Ci basta constatare che il flusso indicato è uguale al minimo taglio (163.000 tonnellate) e che i vincoli sono soddisfatti.

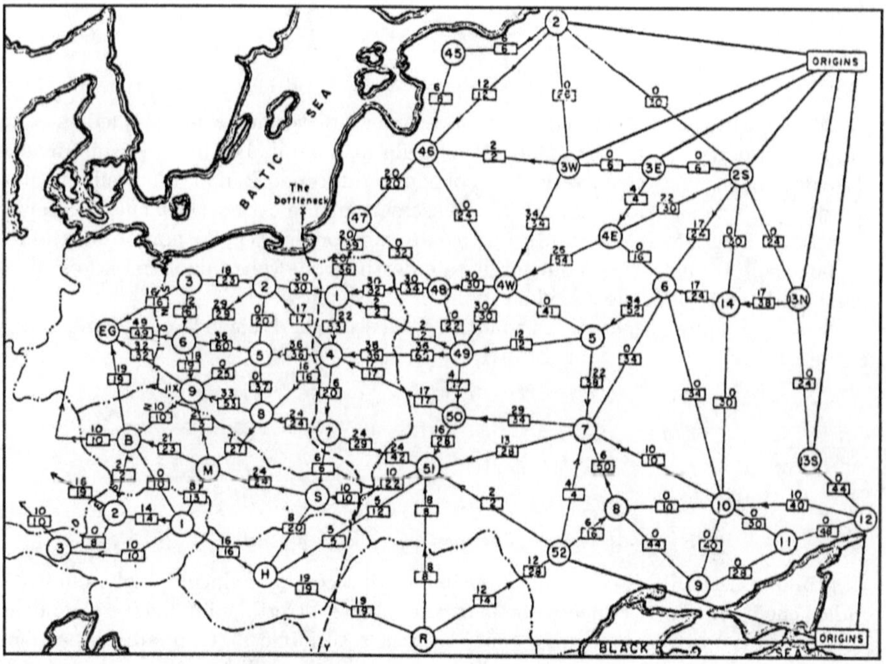

Figura 10.4. Rete ferroviaria sovietica

10.7 Appendice

Metodi primali-duali per reti di flusso

I metodi sono basati sulle relazioni di complementarità. Per enunciarle si scriva il duale di (10.1)

$$\begin{aligned} \max \quad & K\,V_s - K\,V_t - \sum_{ij} W_{ij}\, c_{ij} \\ & V_i - V_j - W_{ij} \le d_{ij} \\ & W_{ij} \ge 0 \end{aligned}$$

Allora, se x, V e W sono ottimi, le condizioni di complementarità impongono che:

$$\begin{array}{lllll} 0 < x_{ij} < c_{ij} & \Longrightarrow & V_i - V_j = d_{ij} & & \\ 0 = x_{ij} < c_{ij} & \Longrightarrow & V_i - V_j \le d_{ij} & & \\ 0 < x_{ij} = c_{ij} & \Longrightarrow & V_i - V_j - W_{ij} = d_{ij} & \Longrightarrow & V_i - V_j \ge d_{ij} \\ W_{ij} > 0 & \Longrightarrow & x_{ij} = c_{ij} > 0 & \Longrightarrow & \\ & & V_i - V_j - W_{ij} = d_{ij} & \Longrightarrow & V_i - V_j > d_{ij} \\ V_i - V_j - W_{ij} < d_{ij} & \Longrightarrow & x_{ij} = 0 < c_{ij} & \Longrightarrow & W_{ij} = 0 \end{array}$$

Pertanto la complementarità su un arco è soddisfatta se

$$\begin{aligned} x_{ij} = 0 \quad &\text{e} \quad V_i - V_j \leq d_{ij} \\ 0 < x_{ij} < c_{ij} \quad &\text{e} \quad V_i - V_j = d_{ij} \\ x_{ij} = c_{ij} \quad &\text{e} \quad V_i - V_j \geq d_{ij} \end{aligned}$$

Presentiamo un algoritmo che, mantenendo sempre verificata la complementarità ma non l'ammissibilità (altrimenti sarebbe già disponibile l'ottimo), esegua diverse iterazioni nelle quali viene variata la soluzione riducendo la non ammissibilità fino ad ottenere una soluzione ammissibile, necessariamente ottima dato che la complementarità è sempre verificata. In particolare supponiamo che la non ammissibilità riguardi solo il vincolo nei nodi sorgente e destinazione (altri algoritmi ad esempio partono da una soluzione che viola i vincoli di capacità).

È utile definire i seguenti insiemi di archi a seconda di come la complementarità è soddisfatta:

$$\begin{aligned} E_{0*} &:= \{(i,j) \in E : x_{ij} = 0, \quad V_i - V_j < d_{ij}\} \\ E_{00} &:= \{(i,j) \in E : x_{ij} = 0, \quad V_i - V_j = d_{ij}\} \\ E_{*0} &:= \{(i,j) \in E : 0 < x_{ij} < c_{ij}, \quad V_i - V_j = d_{ij}\} \\ E_{10} &:= \{(i,j) \in E : x_{ij} = c_{ij}, \quad V_i - V_j = d_{ij}\} \\ E_{1*} &:= \{(i,j) \in E : x_{ij} = c_{ij}, \quad V_i - V_j > d_{ij}\} \end{aligned}$$

(il primo indice si riferisce al vincolo primale e il secondo al vincolo duale, l'indice $*$ indica che il vincolo è verificato con la diseguaglianza stretta, gli indici 0 e 1 indicano che il vincolo è attivo, a destra o a sinistra per la variabile x). Ogni arco appartiene ad uno solo di questi insiemi e da un'iterazione all'altra dell'algoritmo può spostarsi da un insieme ad un altro.

La soluzione iniziale è $V_i = 0$ per ogni nodo, e $x_{ij} = 0$ per ogni arco e quindi la condizione di complementarità è soddisfatta con $E_{0*} = \{(ij) \in E : d_{ij} > 0\}$ e $E_{00} = \{(ij) \in E : d_{ij} = 0\}$. Abbiamo implicitamente supposto $d_{ij} \geq 0$. Tuttavia si può ottenere facilmente una soluzione duale che soddisfi il vincolo $V_i - V_j \leq d_{ij}$ se non esistono cicli negativi (si riveda il problema della tensione ammissibile a pag. 172). Se invece esistono cicli negativi il vincolo $V_i - V_j \leq d_{ij}$ non può essere soddisfatto. Si noti che in questo caso, data la presenza di vincoli di capacità, il problema primale non può essere illimitato e siccome è ammissibile deve essere ammissibile anche il duale. Quindi non esistono soluzioni primali nulle che soddisfano i vincoli di complementarità e bisogna trovarne di altre. Non ci occupiamo qui di questo problema.

Dobbiamo capire come cambiare la soluzione 'riducendo' la non ammissibilità e mantenendo inalterata la condizione di complementarità. Per ridurre la non ammissibilità si può pensare di inviare, in iterazioni successive, quantità di flusso da s a t lungo cammini da calcolare, fino a raggiungere la quantità voluta K. Quindi dobbiamo, sugli archi di un cammino, variare il flusso x_{ij} di una quantità ΔK costante lungo il cammino. Il fatto che ΔK sia costante mantiene valido il vincolo di conservazione del flusso nei nodi. Si noti però che si può cambiare il flusso di una arco solo se l'arco è in $E_{00} \cup E_{*0} \cup E_{10}$. In particolare la variazione ammessa Δx_{ij} di flusso è

$$\begin{aligned} (i,j) \in E_{0*} \cup E_{1*} \quad &\Longrightarrow \quad \Delta x_{ij} = 0 \\ (i,j) \in E_{00} \cup E_{*0} \cup E_{10} \quad &\Longrightarrow \quad -x_{ij} \leq \Delta x_{ij} \leq c_{ij} - x_{ij} \end{aligned} \tag{10.9}$$

Per poter avere tutti gli archi di un cammino in questo insieme dobbiamo necessariamente cambiare le variabili duali. Siano ΔV_i e ΔW_{ij} le variazioni ammissibili duali. Allora

$$\begin{array}{lll}(i,j) \in E_{0*} \cup E_{00} & \Longrightarrow & \Delta V_i - \Delta V_j \leq d_{ij} - V_i + V_j, \quad \Delta W_{ij} = 0 \\ (i,j) \in E_{*0} & \Longrightarrow & \Delta V_i - \Delta V_j = 0, \quad \Delta W_{ij} = 0 \\ (i,j) \in E_{1*} \cup E_{1*} & \Longrightarrow & \Delta V_i - \Delta V_j \geq d_{ij} - V_i + V_j, \quad \Delta W_{ij} = \Delta V_i - \Delta V_j\end{array}$$

La variazione ΔW_{ij} viene dedotta da quelle di V_i e V_j. Riscriviamo

$$\begin{array}{lll}(i,j) \in E_{0*} \cup E_{00} & \Longrightarrow & \Delta V_i - \Delta V_j \leq d_{ij} - V_i + V_j \\ (i,j) \in E_{*0} & \Longrightarrow & \Delta V_i - \Delta V_j \leq 0, \quad \Delta V_j - \Delta V_i \leq 0 \\ (i,j) \in E_{1*} \cup E_{1*} & \Longrightarrow & \Delta V_j - \Delta V_i \leq -d_{ij} + V_i - V_j\end{array}$$

Sia $G'(x)$ il grafo derivato da G lasciando inalterati gli archi in $E_{0*} \cup E_{00}$, invertendo l'orientazione di quelli in $E_{1*} \cup E_{1*}$, e aggiungendo l'arco opposto a quelli di E_{*0}. Sugli archi di G' definiamo

$$\delta_{ij} := \begin{cases} 0 & \text{se } (i,j) \in E_{*0} \text{ o } (j,i) \in E_{*0} \\ d_{ij} - V_i + V_j & \text{se } (i,j) \in E_{0*} \cup E_{00} \\ -d_{ij} + V_i - V_j & \text{se } (j,i) \in E_{1*} \cup E_{1*} \end{cases}$$

Quindi abbiamo

$$\Delta V_i - \Delta V_j \leq \delta_{ij} \tag{10.10}$$

Le diseguaglianze (10.10) sono della stessa forma dei vincoli di un problema di programmazione dinamica per un problema di cammino minimo da ogni nodo a t su $G'(x)$. L'idea è quindi di trattare i valori δ_{ij} come distanze, di risolvere il relativo problema di cammino minimo, in base al quale i valori calcolati ΔV_i rappresentano le distanze minime da i a t e di variare le variabili duali come

$$V_i := V_i + \Delta V_i$$

Si noti ora che sul cammino minimo vale

$$\Delta V_i - \Delta V_j = \delta_{ij}$$

per cui su ogni arco del cammino minimo si ha

$$V_i + \Delta V_i - V_j - \Delta V_j = d_{ij}$$

da cui si vede che, dopo aver aggiornato le variabili duali, gli archi del cammino minimo sono tutti in $E_{*0} \cup E_{00} \cup E_{11}$ e su questi si può quindi variare il flusso. La quantità di flusso da inviare sul cammino è la massima possibile in base a (10.9). A questo punto si risolve un altro problema di cammino minimo (con distanze δ_{ij} necessariamente variate) e si itera finché il flusso in uscita dalla sorgente è K. Il metodo quindi alterna il calcolo di un cammino minimo all'invio di flusso lungo il cammino. La complessità dell'algoritmo delineato è $O(n^2 K)$ dove $O(n^2)$ è la complessità di un problema di cammino minimo (risolto con il metodo di Dijkstra dato che le distanze δ_{ij} sono non negative) e il numero di iterazioni è al più K se assumiamo valori interi di capacità. Infatti almeno una unità di flusso è garantita in ogni iterazione. La complessità $O(n^2 K)$ *non* è polinomiale a causa della presenza di K, che viene codificato in input con un numero di simboli proporzionale a $\log K$. Si può comunque modificare l'algoritmo in modo che la complessità diventi polinomiale con delle tecniche simili a quelle che verranno presentate per il problema del trasporto.

Algoritmo per il problema del trasporto

L'algoritmo che viene descritto si basa sull'algoritmo generale precedentemente esposto. Rispetto al caso generale, mancando i vincoli di capacità, non sono presenti gli archi di tipo E_{10} e E_{1*}. Quindi il grafo $G'(x)$ ha gli archi in $E_{0*} \cup E_{00}$ con l'aggiunta degli archi opposti a quelli di E_{*0}. Sugli archi di $G'(x)$ le lunghezze sono

$$\delta_{ij} := \begin{cases} 0 & \text{se } (i,j) \in E_{*0} \text{ o } (j,i) \in E_{*0} \\ \hat{d}_{ij} - V_i + V_j & \text{se } (i,j) \in E_{0*} \cup E_{00} \end{cases}$$

Siccome il grafo è bipartito, un cammino deve passare alternativamente per un nodo di S ed uno di T. Per gli archi dalle sorgenti verso i pozzi le lunghezze sono pari a $\hat{d}_{ij} - V_i + V_j$ se l'arco non porta flusso e 0 altrimenti. Gli unici archi dai pozzi verso le sorgenti sono archi che portano flusso con lunghezza 0.

Quando si individua un cammino minimo i valori delle variabili duali V_i vengono modificati in modo da poter inviare flusso sugli archi del cammino. Intuitivamente sembrerebbe conveniente inviare la maggior quantità possibile di flusso. Il massimo flusso inviabile sul cammino è limitato solo dagli archi 'di ritorno' $(j,i) \in E_{*0}$ che vengono vuotati dall'invio di flusso. Per questo motivo il flusso massimo è limitato dalla quantità di flusso già presente sugli archi in E_{*0}. In generale è impossibile dire quale sia il flusso in un arco a seguito di diverse iterazioni di immissione di flusso nel grafo. Potrebbe succedere che su un arco sia inviato un flusso pari a M e che in un secondo tempo sia inviato sullo stesso arco, ma in senso contrario, un flusso pari a $M - 1$. A questo punto solo un'unità di flusso è presente sull'arco e solo un'unità di flusso può successivamente essere fatta transitare se l'arco appartiene ad un cammino minimo, ma con orientazione opposta. Può quindi succedere che tutte le successive iterazioni non riescano a far transitare più di un'unità di flusso alla volta (assumendo valori di b_i interi). Quindi il numero di iterazioni, cioè di cammini minimi da calcolare è limitato da $B := \sum_{s \in S} b'_s$. Come spiegato sopra si tratta in un valore pseudopolinomiale di complessità.

Una situazione come quella descritta non può avvenire se il flusso presente in ogni arco è un multiplo intero del flusso che si vuole inviare. Certamente non si vuole inviare solo un'unità di flusso alla volta. Conviene invece inviare quantità pari a $2^k, 2^{k-1}, 2^{k-2}, \ldots, 1$.

In dettaglio si definiscano valori $\bar{b}_i$ per i nodi $i \in S \cup T$. Si definiscano un insieme di sorgenti $\bar{S}(k) := \{s \in S : \bar{b}_s \geq 2^k\}$ ed un insieme di pozzi $\bar{T}(k) := \{t \in T : \bar{b}_t \geq 2^k\}$.

Inizialmente $\bar{b}_i := b'_i$ e k è il più grande valore tale che $\bar{S}(k)$ e $\bar{T}(k)$ sono entrambi non vuoti. Si noti che la proprietà $\bar{b}_i < 2^{k+1}$ vale o per ogni $i \in \bar{S}(k)$ o per ogni $i \in T(k)$ (o per entrambi).

In un generico passo d'iterazione si cerca il cammino minimo verso un nodo specificato $\bar{t} \in \bar{T}(k)$ dal nodo più vicino $\bar{s} \in \bar{S}(k)$. Su questo cammino si immette flusso pari a 2^k, si aggiornano $\bar{b}_{\bar{s}} := \bar{b}_{\bar{s}} - 2^k$ e $\bar{b}_{\bar{t}} := \bar{b}_{\bar{t}} - 2^k$, i valori dei flussi negli archi del cammino minimo e gli insiemi $\bar{S}(k)$ e $\bar{T}(k)$. Se almeno uno dei due insiemi diventa vuoto si ridefinisce $k := k-1$ finché sono entrambi non vuoti. Poi si ripete la ricerca del cammino minimo. L'algoritmo termina quando $\bar{b}_i = 0$ per ogni $i \in S \cup T$.

Il numero di iterazioni che devono essere effettuate con lo stesso valore di k è limitato da $\max \{|\bar{S}(k)|; |\bar{T}(k)|\} < n$. Infatti, valendo la proprietà $\bar{b}_{\bar{s}} < 2^{k+1}$ prima dell'aggiornamento, si ha dopo l'aggiornamento $\bar{b}_{\bar{s}} < 2^k$ e quindi $\bar{S}(k)$ decresce di un'unità. Analogamente si ragiona per $\bar{b}_t$.

Per valutare la complessità computazionale dell'algoritmo notiamo che vi sono globalmente $O(\log B)$ iterazioni e che per ogni iterazione vi sono al più n cammini minimi da calcolare. Quindi il problema del trasporto può essere risolto con complessità computazionale $O(n^3 \log B)$.

Con opportune modifiche si può rendere l'algoritmo fortemente polinomiale [168]. Senza descrivere questa versione dell'algoritmo ci limitiamo a fornire il risultato di complessità computazionale che è $O(n^3 \log n)$

Dimostrazione di correttezza dell'algoritmo deterministico per il taglio minimo

Per dimostrare la correttezza basta dimostrare che $c(\delta(\{v_n\}))$ è il taglio di minima capacità fra tutti i tagli che separano v_{n-1} da v_n. Come detto precedentemente, se il taglio minimo separa v_{n-1} da v_n deve essere quello indotto da $\{v_n\}$, altrimenti ha i nodi v_{n-1} e v_n dalla stessa parte e quindi questi possono essere fusi e il taglio minimo si cercherà nel grafo ridotto per fusione dei nodi.

Definiamo $A_i := \{v_1, \ldots, v_i\}$. Quindi $c(A_{n-1} : \{v_n\}) = c(\delta(\{v_n\}))$. Sia S un qualsiasi insieme tale che $v_{n-1} \in S$ e $v_n \notin S$

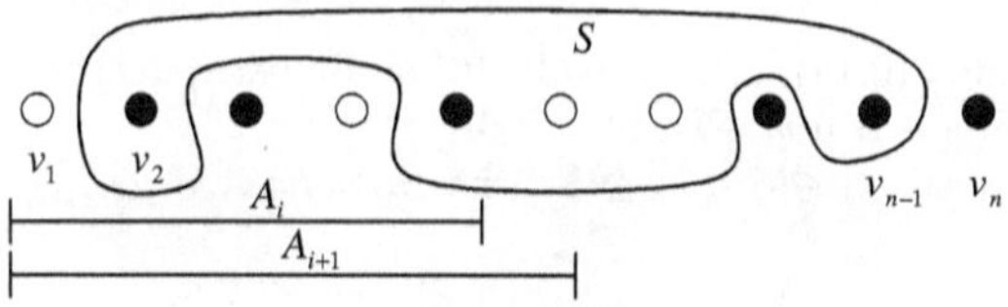

Figura 10.5.

Definiamo critici i nodi v_i tali che $v_i \in S$ e $v_{i-1} \notin S$ oppure $v_i \notin S$ e $v_{i-1} \in S$. In Fig. 10.5 i nodi critici sono in nero. In particolare v_n è critico per ogni S che separa v_{n-1} da v_n. Sia $S_i := A_i \cap S$ e $\bar{S}_i := A_i \setminus S_i$. Quindi S_i e $\bar{S}_i$ sono una partizione di A_i.

Vogliamo dimostrare che se v_i è critico allora

$$c(A_{i-1} : \{v_i\}) \leq c(S_i : \bar{S}_i) \tag{10.11}$$

Siccome v_n è critico, la diseguaglianza (10.11) implica che $\delta(\{v_n\})$ è minimo fra i tagli che separano v_{n-1} da v_n. La dimostrazione di (10.11) verrà fatta per induzione sui nodi critici. Se v_h è il primo nodo critico, consideriamo i due casi $v_h \in S$ e $v_h \notin S$. Se $v_h \in S$ si ha $S_h = \{v_h\}$ e $\bar{S}_h = A_{h-1}$ e quindi (10.11) diventa

$$c(A_{h-1} : \{v_h\}) = c(S_h : \bar{S}_h) \tag{10.12}$$

Se invece $v_h \notin S$, allora $A_{h-1} \subset S$ e $S_h = A_{h-1}$ e $\bar{S}_h = \{v_h\}$ e ritroviamo (10.12).

Ora si supponga vera la relazione (10.11) per il nodo critico v_i. Dobbiamo dimostrare che la relazione è vera per il successivo nodo critico v_j. Allora si ha

$$\begin{aligned} c(A_{j-1} : \{v_j\}) &= c(A_{i-1} : \{v_j\}) + c(A_{j-1} \setminus A_{i-1} : \{v_j\}) \\ &\leq c(A_{i-1} : \{v_i\}) + c(A_{j-1} \setminus A_{i-1} : \{v_j\}) \\ &\leq c(S_i : \bar{S}_i) + c(A_{j-1} \setminus A_{i-1} : \{v_j\}) \\ &\leq c(S_j : \bar{S}_j) \end{aligned} \tag{10.13}$$

dove l'uguaglianza deriva dalla definizione additiva della capacità di taglio, la prima diseguaglianza dalla definizione stessa dei nodi v_i e la seconda diseguaglianza dall'ipotesi induttiva. Per quel che riguarda la terza diseguaglianza si supponga $v_i \in S$ e $v_j \notin S$. Allora $S_{j-1} = S_j$. Siccome v_i e v_j sono due nodi critici successivi si ha

$$A_{j-1} \setminus A_{i-1} = \{v_i, v_{i+1}, \ldots, v_{j-1}\} \subset S$$

da cui

$$A_{j-1} \setminus A_{i-1} = S_{j-1} \setminus S_{i-1} = S_j \setminus S_{i-1}$$

Allora

$$c(S_i : \bar{S}_i) + c(A_{j-1} \setminus A_{i-1} : \{v_j\}) = c(S_i : \bar{S}_i) + c(S_j \setminus S_{i-1} : \{v_j\}) \quad (10.14)$$

Da $\bar{S}_j = \bar{S}_i \cup \{v_j\}$ e dalla definizione di $c(A : B)$ abbiamo

$$c(S_j : \bar{S}_j) = c(S_j : \bar{S}_i \cup \{v_j\}) = c(S_j : \bar{S}_i) + c(S_j : \{v_j\}) \quad (10.15)$$

e siccome $S_j \supset S_i \supset S_{i-1}$, abbiamo

$$c(S_j : \bar{S}_i) \geq c(S_i : \bar{S}_i), \quad c(S_j : \{v_j\}) \geq c(S_j \setminus S_{i-1} : \{v_j\}) \quad (10.16)$$

Quindi, combinando (10.14), (10.15) e (10.16) si dimostra la terza diseguaglianza di (10.13) per il caso $v_i \in S$ e $v_j \notin S$.

Per il caso opposto $v_i \notin S$ e $v_j \in S$ si ha $\bar{S}_j = \bar{S}_{j-1}$ e $A_{j-1} \setminus A_{i-1} \cap S = \emptyset$, da cui

$$A_{j-1} \setminus A_{i-1} = \bar{S}_{j-1} \setminus \bar{S}_{i-1} = \bar{S}_j \setminus \bar{S}_{i-1}$$

Allora

$$c(S_i : \bar{S}_i) + c(A_{j-1} \setminus A_{i-1} : \{v_j\}) = c(S_i : \bar{S}_i) + c(\bar{S}_j \setminus \bar{S}_{i-1} : \{v_j\}) \quad (10.17)$$

Da $S_j = S_i \cup \{v_j\}$, come nel caso precedente, possiamo scrivere

$$c(S_j : \bar{S}_j) = c(S_i \cup \{v_j\} : \bar{S}_j) = c(S_i : \bar{S}_j) + c(\{v_j\} : \bar{S}_j) \quad (10.18)$$

e siccome $\bar{S}_j \supset \bar{S}_i \supset \bar{S}_{i-1}$, si ha

$$c(S_j : \bar{S}_j) \geq c(S_i : \bar{S}_i), \quad c(\bar{S}_j : \{v_j\}) \geq c(\bar{S}_j \setminus \bar{S}_{i-1} : \{v_j\}) \quad (10.19)$$

e combinando (10.17), (10.18) e (10.19) si dimostra la terza diseguaglianza di (10.13) per il caso $v_i \notin S$ e $v_j \in S$.

Per quel che riguarda la complessità computazionale l'algoritmo esegue n iterazioni. All'interno di ogni iterazione bisogna calcolare i valori $c(S : \{k\})$ e valutarne il massimo. Questo si può realizzare con delle strutture ad heap. All'interno di ogni iterazione bisogna quindi al più scandire tutti gli archi e per ogni scansione aggiornare dei valori su uno heap. Questo costa $O(m \log n)$. Le operazioni di fusione dei nodi possono anche essere eseguite riscrivendo il grafo con complessità $O(m)$, che è comunque dominata da $O(m \log n)$ (si possono anche usare strutture Union-Find (vedi pag. 314) senza dover riscrivere ogni volta tutto il grafo, visto che l'aggiornamento riguarda solo due nodi e gli archi incidenti). In totale quindi si ha una complessità $O(m\, n \log n)$. Usando heap di Fibonacci la complessità può essere abbassata a $O(m\, n + n^2 \log n)$.

Calcolo di p per l'algoritmo stocastico per il taglio minimo

Per analizzare l'algoritmo si definisca preliminarmente

$$C^* = \text{capacità del minimo taglio}, \qquad C_\Sigma = \sum_{e \in E} c_e, \quad C_i = \sum_{e \in \delta(i)} c_e$$

Valutiamo ora la probabilità con cui viene generato il taglio di capacità minima. Ovviamente si ha $C_i \geq C^*$ e sommando su tutti i nodi si ottiene $\sum_i C_i \geq n\, C^*$. Siccome $\sum_i C_i = 2\, C_\Sigma$ si ottiene

$$\frac{C^*}{C_\Sigma} \leq \frac{2}{n}$$

Quindi la probabilità di non scegliere un arco del taglio minimo è almeno $1 - 2/n$. Nel grafo successivo con $(n-1)$ nodi la probabilità diventa $1 - 2/(n-1)$. L'ultimo grafo ha 3 nodi e la probabilità è allora $1-2/3$. Quindi la probabilità di non scegliere mai un arco del taglio minimo (e pertanto fornire come soluzione proprio il taglio minimo) è almeno

$$(1-\frac{2}{n})\,(1-\frac{2}{n-1})\,(1-\frac{2}{n-2})\,\ldots\,(1-\frac{2}{5})\,(1-\frac{2}{4})\,(1-\frac{2}{3}) = \frac{2}{n\,(n-1)} \geq \frac{2}{n^2}$$

e la probabilità di non trovare il taglio minimo è al più $1 - 2/n^2$. Dopo k tentativi la probabilità di non trovare mai il taglio minimo è al più

$$(1-\frac{2}{n^2})^k \approx e^{-2k/n^2}$$

Allora

$$e^{-2k/n^2} \leq \varepsilon \quad \Longrightarrow \quad -\frac{2\,k}{n^2} \leq \ln \varepsilon \quad \Longrightarrow \quad k \geq \frac{n^2\, \ln \varepsilon^{-1}}{2}$$

La limitazione trovata alla probabilità di trovare il taglio minimo è stretta. Si consideri un circuito con n archi e capacità M per due archi e $M+1$ per gli altri $n-2$ archi. Allora $C^* = 2\,M$, $C_\Sigma = n\,M + n - 2$ e

$$\frac{C^*}{C_\Sigma} = \frac{2\,M}{n\,M+n-2} \to \frac{2}{n} \quad \text{se} \quad M \to \infty$$

Quindi il rapporto può essere reso arbitrariamente vicino alla limitazione e questo fatto è vero anche per i successivi grafi ottenuti per fusione.

Per valutare la complessità computazionale dell'algoritmo bisogna considerare quanto costa ogni calcolo di un taglio. Anche se la descrizione dell'algoritmo fa uso dell'idea di contrarre il grafo ad ogni scelta di un arco, sarebbe troppo costoso in pratica riscrivere il grafo. Il grafo viene allora mantenuto e ogni fusione di nodi viene realizzata con una struttura Union-Find (vedi pag. 314) con complessità $O(\log n)$.

La scelta casuale di un arco richiede una ricerca binaria fra gli archi ancora da scegliere. Un modo per scegliere un arco consiste nel creare un albero binario (pieno e bilanciato con l'ultima riga piena a 'sinistra', come uno heap) in cui le foglie sono in corrispondenza con gli archi. Ad ogni foglia si associa la capacità dell'arco. Ad ogni altro nodo dell'albero si associa la somma delle capacità delle foglie del sottoalbero relativo al nodo. La scelta viene effettuata partendo dal nodo radice e scegliendo il

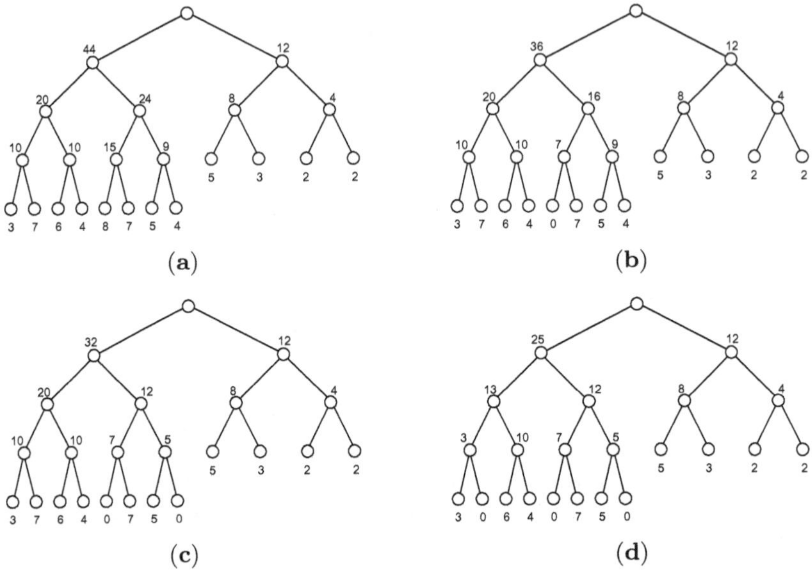

Figura 10.6. Albero per la scelta casuale dell'arco

ramo di sinistra o di destra dell'albero con probabilità proporzionale ai numeri associati ai due figli. Procedendo ricorsivamente si perviene alla foglia. Una volta scelta la foglia bisogna 'togliere' l'arco. A questo scopo basta azzerare il valore di capacità e diminuire del medesimo valore tutti i numeri associati ai nodi intermedi risalendo nell'albero fino alla radice. Questo calcolo ha complessità $O(\log m) = O(\log n)$. Si veda in Fig. 10.6(a) l'albero iniziale per il grafo di Fig. 10.3 (Esempio 10.5) dove gli archi sono ordinati come (1,2),(2,3),(4,5),(5,6),(7,8),(8,9),(1,4),(2,5),(3,6),(4,7),(5,8),(6,9). Nella Fig. 10.6(b) si vede l'albero dopo la scelta dell'arco (3,6). Nelle altre due figure si vede l'albero nelle due successive iterazioni (si faccia riferimento alla Fig. 10.3).

Si noti che si potrebbe anche scegliere un arco non più esistente nel grafo contratto. In questo caso si riconosce che l'arco 'non esiste' più per il fatto che i due nodi appartengono alla stessa componente connessa della struttura Union-Find. Se un arco nel grafo contratto proviene da più archi e quindi la sua capacità sarebbe la somma delle capacità originarie, in ogni caso la scelta casuale di questo pseudoarco è equivalente alla scelta di uno qualsiasi degli archi originali.

Il numero di iterazioni per la ricerca di un taglio è al più pari a $m-1$ (ad esempio due cricche connesse con un solo arco potrebbero richiedere la scelta di tutti gli archi delle due cricche). Quindi un taglio si trova con complessità $O(m \log n)$. Quindi per avere il taglio minimo con probabilità $1-\varepsilon$, la complessità è $O(m\, n^2 \log n \log \varepsilon^{-1})$.

11

Modelli particolari di PL

In problemi di ottimizzazione combinatoria si rivela spesso molto utile poter esprimere la struttura del problema secondo un modello di PL01 in cui sono però presenti un numero esponenzialmente elevato di variabili o di vincoli. In questo modo parte della struttura combinatoria di un problema è descritta dal modello di PL piuttosto che dall'interezza delle variabili 0-1 e questa possibilità rende molto più forte la limitazione inferiore prodotta dal rilassamento d'interezza e con tempi di calcolo quindi più rapidi.

Siccome si ragiona con una matrice dei vincoli con un numero di righe o di colonne esponenziale, va subito detto che una tale matrice non può essere generata, né tanto meno memorizzata, esplicitamente. Proprio perché la definizione della matrice proviene da qualche proprietà combinatoria del problema, i valori della matrice possono essere definiti implicitamente in base alle stesse proprietà.

Si tratta di capire come risolvere un problema di PL in cui solo una parte dei dati viene rappresentata esplicitamente. Non necessariamente questo è possibile, ma se lo è, si ricava normalmente un grande vantaggio computazionale che ripaga della maggior complessità implementativa di questi modelli.

11.1 Matrici a larga scala

Sia A la matrice dei vincoli di un problema di PL. Supponiamo che il numero di colonne sia tanto elevato che la generazione stessa di tutte le colonne di A sia computazionalmente intrattabile. Invece il numero di righe di A è limitato e le operazioni su una matrice quadrata di ordine pari al numero di righe possono essere eseguite agevolmente. La coppia di problemi primale-duale in questione è

$$\begin{array}{llll} \min \; c\,x & & \max \; y\,b & \\ & A\,x \geq b & & y\,A \leq c \\ & x \geq 0 & & y \geq 0 \end{array} \tag{11.1}$$

Siano (x^*, y^*) gli ottimi dei rispettivi problemi. Per verificare l'ottimalità è sufficiente sottoporre (x^*, y^*) ai tre test

$$\begin{array}{ll} 1) & c\,x^* = y^*\,b \quad ? \\ 2) & x^* \text{ ammissibile} \quad ? \\ 3) & y^* \text{ ammissibile} \quad ? \end{array} \tag{11.2}$$

Se e solo se i tre test sono superati c'è la garanzia di ottimalità per (x^*, y^*). Sia $\hat{A}$ una sottomatrice di A, con lo stesso numero di righe di A ma con una frazione delle colonne di A. Sia $\hat{c}$ il sottovettore di c in corrispondenza con $\hat{A}$. Le dimensioni di $\hat{A}$ sono sufficientemente basse da poter risolvere in modo esplicito la coppia di problemi

$$\begin{array}{ll} \min\ \hat{c}\,\hat{x} & \qquad \max\ y\,b \\ \quad \hat{A}\,\hat{x} \geq b & \qquad \quad y\,\hat{A} \leq \hat{c} \\ \quad \hat{x} \geq 0 & \qquad \quad y \geq 0 \end{array} \tag{11.3}$$

Si noti che in (11.3) il vettore $\hat{x}$ ha un numero di componenti pari alle colonne di $\hat{A}$, mentre i vettori y in (11.1) e (11.3) sono di uguale dimensione. Il problema (11.3) prende il nome di *Master Problem.*

Siano $\hat{x}^*$ e $\hat{y}^*$ gli ottimi in (11.3). Estendiamo $\hat{x}^*$ ad una soluzione primale di (11.1) semplicemente assegnando il valore 0 a quelle componenti non presenti in (11.3). Indichiamo con x^* questa soluzione. Ci chiediamo se $(x^*, \hat{y}^*)$ sono ottimi in (11.1). Per saperlo sottoponiamo queste soluzioni ai test (11.2).

Siccome $\hat{x}^*$ e $\hat{y}^*$ sono ottimi in (11.3), si ha $\hat{c}\,\hat{x}^* = \hat{y}^*\,b$. Per come è stata costruita x^*, si ha ovviamente $c\,x^* = \hat{c}\,\hat{x}^*$ e quindi il test 1) è superato. Anche il test 2) è superato facilmente dato che $A\,x^* = \hat{A}\,\hat{x}^*$. Rimane da valutare il test 3).

Nel problema duale di (11.1) il numero di vincoli è esponenziale. Quindi una verifica diretta dell'ammissibilità di $\hat{y}^*$ non può essere fatta. Bisogna capire se è possibile effettuare la verifica sfruttando le proprietà della matrice A. Supponiamo per il momento che esista un algoritmo che per ogni valore y sia in grado di dire se $y\,A \leq c$ è ammissibile e, in caso contrario, di fornire una diseguaglianza violata da y.

Quindi, se $\hat{y}^*$ è ammissibile in (11.1) i calcoli sono conclusi perché si è ottenuto l'ottimo. Se invece $\hat{y}^*$ non è ammissibile, la diseguaglianza violata da $\hat{y}^*$ fornisce, ovvero *genera* come si usa dire, una colonna di A di cui bisogna tener conto e quindi tale colonna viene aggiunta a $\hat{A}$ e gli ottimi di (11.3) vengono ricalcolati. Il metodo prosegue fino a che non si trova un $\hat{y}^*$ ammissibile in (11.1).

La verifica dell'ammissibilità duale viene anche detta procedura di *pricing*, pensando al significato di prezzo delle variabili duali e alla valutazione se un'attività (colonna) debba essere intrapresa (generata) a seconda se il suo costo sia minore o maggiore del costo intrinseco del processo produttivo ai prezzi (variabili duali) calcolati.

Potrebbe sorgere il dubbio che il numero di colonne da generare sia non troppo diverso da quello delle colonne di A, e quindi il metodo richiederebbe comunque un numero esponenziale di computazioni. Per fortuna questo non si verifica. Infatti si noti che un vertice del poliedro del primale di (11.1) deve avere al più m componenti non nulle e quindi il numero di colonne utili ad esprimere l'ottimo primale x^* è pari al numero di righe. Anche se non è vero che tali colonne vengono generate subito e tutte di seguito, normalmente la generazione di colonne 'inutili' è dello stesso ordine di quelle utili e quindi la procedura converge in un numero accettabile di passi verso l'ottimo.

In questo capitolo illustriamo la tecnica di generazione di colonne per problemi di flusso e per il problema dell'orario visto in Sez. 2.11. Altri esempi verranno descritti in Sez. 17.4 per il problema dell'impaccamento in contenitori, in Sez. 18.2 per un problema di turnazione e in Sez. 19.4 per un problema di rotte di veicoli. Si veda inoltre [150] per aspetti di tipo generale.

Vi sono anche molti problemi che vengono formulati con un numero contenuto di variabili ma esponenziale di vincoli. Questo è tipico ad esempio dell'approccio tramite combinatoria poliedrale, in cui il poliedro definito come l'inviluppo convesso delle soluzioni di un problema combinatorio viene descritto dalle diseguaglianze che definiscono le faccette del poliedro. Tali diseguaglianze sono normalmente in numero esponenziale. Vedremo un esempio di queste tecniche nel Cap. 13 per il problema dell'accoppiamento e nel Cap. 16 per il problema del commesso viaggiatore. Ovviamente, siccome primale e duale possono scambiarsi i ruoli, l'approccio risolutivo delineato rimane invariato. Tutta la difficoltà consiste nel verificare l'ammissibilità della variabile, primale in questo caso, rispetto a tutti i vincoli, e di poter generare l'eventuale vincolo violato.

11.2 Branch-and-bound e generazione di colonne

Normalmente nel modello (11.1) è presente l'ulteriore requisito di variabili binarie. È prassi normale risolvere un problema di PL01 con una tecnica branch-and-bound, in cui ad ogni ramo dell'albero di ricerca, una variable viene vincolata a 0 o a 1. Aggiungere questi vincoli ad un problema di PL01 non costituisce mai un problema, anzi, riduce il numero di variabili.

Tuttavia, se le variabili non sono presenti esplicitamente, non è semplice imporre alcuni vincoli di suddivisione. Consideriamo dapprima il vincolo $x_k = 1$ per un particolare indice k. Se il vincolo $x_k \leq 1$ è già implicito nella matrice A (come spesso succede), possiamo pensare di aggiungere il vincolo esplicito $x_k \geq 1$ così il primale di (11.1) diventa

$$\begin{aligned} \min\ & c\,x \\ & A\,x \geq b \\ & x_k \geq 1 \\ & x \geq 0 \end{aligned}$$

Questo comporta l'aggiunta di una variabile w_k nel problema duale i cui vincoli ora sono

$$y\,A^j \leq c_j \qquad j \neq k, \qquad y\,A^k + w_k \leq c_k$$

La questione riguarda la possibilità che per l'ottimo duale $\hat{y}$, per il quale vale necessariamente $\hat{y}\,A^k + \hat{w}_k \leq c_k$, in quanto tale vincolo è presente, valga anche $\hat{y}\,A^k > c_k$. Se così fosse, ci sarebbe la possibilità che un algoritmo che verifichi la violazione del vincolo duale, fornisca proprio l'indice k, come se si dovesse generarlo, quando in realtà è già stato generato. Una situazione del genere renderebbe impossibile al metodo di progredire. Nelle ipotesi di vincolo $x_k \leq 1$ implicitamente presente nella matrice A, questa possibilità è fortunatamente esclusa in quanto, essendo $\hat{w}_k \geq 0$

$$\hat{y}\,A^k \leq \hat{y}\,A^k + w_k \leq c_k$$

Se il vincolo $x_k \leq 1$ non fosse implicitamente presente in A, saremmo costretti a porre il vincolo $x_k = 1$ anziché $x_k \geq 1$, ma allora w_k potrebbe a priori assumere qualsiasi segno e non potremmo dedurre $\hat{y}\,A^k \leq c_k$.

Consideriamo ora il vincolo $x_k = 0$. Se lo imponiamo come $x_k \leq 0$ (dato che $x_k \geq 0$ è già presente), allora (11.1) diventa

$$\begin{aligned} \min\ & c\,x \\ & A\,x \geq b \\ & -x_k \geq 0 \\ & x \geq 0 \end{aligned}$$

e vincoli duali sono

$$y\,A^j \leq c_j \qquad j \neq k, \qquad y\,A^k - w_k \leq c_k$$

In questo caso può avvenire che $\hat{y}\,A^k > c_k$ e il metodo non potrebbe continuare.

In generale quindi si pone il problema se i vincoli di suddivisione siano compatibili con l'algoritmo che verifica l'ammissibilità duale, ovvero l'algoritmo possa tenerne conto, eventualmente con lievi modifiche.

La simmetria esposta prima fra problema primale e duale non si presenta se le variabili primali devono essere intere o binarie. Se il modello richiede un numero esponenziale di vincoli nel problema primale, un algoritmo di verifica dell'ammisibilità dei vincoli e uno schema di suddivisione branch-and-bound non entrano in conflitto.

Quando si risolve un problema primale intero con un numero esponenziale di vincoli per il quale viene quindi richiesto di operare sia con una tecnica branch-and-bound che con una tecnica di generazione di vincoli, si parla di tecnica *branch-and-cut* (come si è già accennato in un precedente capitolo). Il termine 'cut' deriva dall'idea che ogni vincolo aggiunto, corrispondente ad un nuovo piano nello spazio, taglia una parte del poliedro in cui non ci sono soluzioni intere (e quindi non si perdono soluzioni ammissibili) e nemmeno la soluzione frazionaria appena trovata (e quindi il metodo può procedere).

11.3 Massimo flusso rivisitato

Come esempio iniziale delle tecniche esposte in generale, si riconsideri il problema del massimo flusso. È noto che ogni flusso x da s a t si può decomporre in un numero finito di cammini, con flusso x_P costante lungo il cammino P da s a t (per la decomposizione si veda quanto esposto a pag. 171). Immaginiamo di operare al contrario, cioè di partire da variabili x_P di flusso di cammino, la cui composizione fornirà il flusso finale. In questo modo non c'è bisogno di esplicitare i vincoli di conservazione di flusso nei nodi, in quanto sono implicitamente presenti nella definizione stessa di cammino.

Il vincolo di capacità va invece imposto esplicitamente. Consideriamo un problema di massimo flusso con capacità simmetriche. Quindi il flusso può percorrere un arco in entrambe le direzione e conta il valore assoluto del flusso per il vincolo di capacità. Conviene identificare un cammino con l'insieme dei suoi archi, senza specificare il verso di percorrenza.

Con questa impostazione il vincolo di capacità in un arco e si esprime imponendo che la somma dei flussi di cammino x_P, per i cammini che usano l'arco e, sia non superiore alla capacità c_e. Bisogna però riflettere sul fatto che due flussi d'arco uguali ma contrari danno luogo ad un flusso nullo, mentre nel modello che stiamo costruendo due flussi di cammino che percorrano un arco in direzioni opposte si sommano in valore assoluto. Potrebbe quindi sembrare che questo modello non 'vede' soluzioni che invece sono ammissibili.

Però si noti che due cammini che condividono un arco, ma con versi opposti, si possono riscrivere come due cammini senza archi in comune più il circuito dato dall'arco in comune percorso avanti e indietro. Quindi esiste sempre una soluzione esprimibile con cammini, che corrisponde al caso di flusso nullo nell'arco.

Indichiamo allora con $\mathcal{P}$ l'insieme di tutti i cammini da s a t e definiamo la seguente matrice dei vincoli

$$a_{eP} = \begin{cases} 1 & \text{se } e \in P \\ 0 & \text{se } e \notin P \end{cases} \qquad e \in E,\ P \in \mathcal{P}$$

dove le righe sono associate agli archi $e \in E$ e le colonne ai cammini $P \in \mathcal{P}$. Si tratta quindi di una matrice con un numero di colonne in generale esponenziale rispetto a n e m. Usando questa matrice possiamo scrivere il seguente modello di PL per il problema del massimo flusso

$$\begin{aligned} \max \quad & \sum_{P \in \mathcal{P}} x_P \\ & \sum_{P \in \mathcal{P}} a_{eP}\, x_P \le c_e \qquad e \in E \\ & x_P \ge 0 \end{aligned} \tag{11.4}$$

Per risolvere (11.4) dobbiamo adottare il metodo delineato precedentemente. I vincoli duali di (11.4) sono

$$\sum_{e \in E} a_{eP}\, y_e \geq 1 \qquad\qquad P \in \mathcal{P}$$

anche riscrivibili come

$$\sum_{e \in P} y_e \geq 1 \qquad\qquad P \in \mathcal{P} \tag{11.5}$$

I vincoli (11.5) sono soddisfatti se

$$\min_{P \in \mathcal{P}} \sum_{e \in P} y_e \geq 1 \tag{11.6}$$

Siccome $\sum_{e \in P} y_e$ non è nient'altro che la lunghezza del cammino P quando le lunghezze degli archi sono definite da y_e, in (11.6) viene semplicemente richiesto di calcolare un cammino minimo con lunghezze non negative (dato che $y_e \geq 0$) e quindi la verifica di ottimalità con generazione di colonna, cioè di cammino, in caso di violazione del vincolo duale, si può effettuare rapidamente.

Il metodo quindi procede in questo modo: si inizializza prendendo un cammino qualsiasi da s a t e costruendo la prima matrice a_{eP} dei vincoli formata da un'unica colonna, data dal vettore d'incidenza del cammino. Si risolve (11.4) e si ottiene l'ottimo duale y_e. Usando questi valori come lunghezze degli archi si calcola il cammino minimo. Se la lunghezza del cammino minimo è uguale a 1 (maggiore di 1 non può mai essere, perché?) il metodo è terminato e la soluzione corrente è ottima, altrimenti il vettore d'incidenza del cammino trovato viene aggiunto alla matrice e_{eP} e il metodo procede allo stesso modo.

È interessante notare che c'è uno stretto legame con l'algoritmo che calcola il massimo flusso tramite i cammini aumentanti. Ogni cammino che viene generato è un cammino aumentante per il flusso corrente determinato dai cammini presenti. In base alla complementarità se un arco e non è saturo per il flusso corrente allora $y_e = 0$. Quindi se esiste un cammino di archi non saturi tale cammino ha lunghezza zero e può venire generato. Se non esiste un cammino di archi non saturi allora, per quanto già visto, esiste un taglio di archi saturi e questo prova l'ottimalità del flusso. Se un arco è saturo il valore di y_e è eguale a 1. Infatti la variabile duale misura l'aumento del valore ottimo all'aumentare del vincolo e quindi, a meno di molteplicità di tagli minimi, tale aumento è esattamente eguale all'aumento di capacità. Si noti ancora che a questo punto il valore dell'ottimo duale di (11.4) è proprio la capacità di taglio.

Risolvere il problema del massimo flusso in questo modo, considerata l'esistenza di efficienti algoritmi diretti, può sembrare fuori luogo, e in effetti lo è. Tuttavia questo tipo d'impostazione può dimostrarsi efficace in problemi simili.

11.4 Problemi multiflusso

Nei problemi di flusso finora definiti, il flusso rappresenta quantità in movimento in una rete. Queste quantità sono del medesimo tipo e quindi sono intercambiabili. Quanto entra in un nodo esce dallo stesso modo in modo indifferenziato. Vi sono però situazioni in cui non è possibile 'mescolare' flussi diversi. Se abbiamo quantità di tipi diversi, queste devono mantenere la loro identità e non confondersi fra loro. Siccome tutte le quantità condividono le capacità degli archi dobbiamo tenere conto simultaneamente di tutti i flussi dei diversi tipi. Questi tipi di problemi vengono detti a *multiflusso* (*multicommodity flows*).

Consideriamo allora il seguente problema: è data una rete $G = (N, E)$ con capacità c_e e costi d_e per ogni arco $e \in E$. Siano date r coppie di sorgenti destinazioni (s^k, t^k). Per ogni coppia sia dato il flusso b^k che deve essere inviato da s^k a t^k. Si deve trovare un multiflusso ammissibile f_e^k, cioè

$$\begin{aligned}
&\sum_{e\in\delta^+(i)} f_e^k - \sum_{e\in\delta^-(i)} f_e^k = 0 && i \in N \setminus \{s^k, t^k\}, \quad k \in [r] \\
&\sum_{e\in\delta^+(s^k)} f_e^k - \sum_{e\in\delta^-(s^k)} f_e^k = b^k && k \in [r] \\
&\sum_{k\in[r]} |f_e^k| \le c_e && e \in E
\end{aligned} \tag{11.7}$$

e che minimizzi la funzione obiettivo

$$\sum_{k\in[r]} \sum_{e\in E} d_e \, |f_e^k|$$

Nonostante la presenza dei valori assoluti il problema si può facilmente riscrivere come PL. Ciò che è problematico in (11.7) è la dimensione del problema. Il numero di variabili è pari a $|E| \cdot r$ e il numero di vincoli a $|N| \cdot r + |E|$. Se la rete avesse 1.000 nodi con 100 coppie sorgenti destinazione e 3.000 archi, si avrebbero 300.000 variabili e 103.000 vincoli. Soprattutto quest'ultima cifra renderebbe il problema quasi irresolubile sulla maggior parte dei calcolatori. Un approccio con generazione di colonne, invece, per quanto si basi su una formulazione con un numero esponenziale di variabili, risulta computazionalmente più trattabile.

Sia allora $\mathcal{P}^k$ l'insieme dei cammini da s^k a t^k (gli archi su un cammino non sono necessariamente orientati tutti nello stesso verso) e sia $x_P \ge 0$ un valore di flusso costante lungo il cammino P. Sia $d_P := \sum_{e\in P} d_e$ Allora il problema si può impostare come

$$
\begin{aligned}
\min \quad & \sum_k \sum_{P \in \mathcal{P}^k} d_P \, x_P \\
& \sum_k \sum_{P \in \mathcal{P}^k} a_{eP} \, x_P \le c_e \qquad && e \in E \\
& \sum_{P \in \mathcal{P}^k} x_P = b^k && k \in [r] \\
& x_P \ge 0
\end{aligned}
\tag{11.8}
$$

Il duale (tenendo conto di dover cambiare il segno alla diseguaglianza) è

$$
\begin{aligned}
\max \quad & -\sum_e c_e \, y_e + \sum_h b^h \, w_h \\
& -\sum_e a_{eP} \, y_e + w_k \le d_P \qquad && P \in \mathcal{P}^k, \, k \in [r] \\
& y_e \ge 0
\end{aligned}
\tag{11.9}
$$

Il vincolo duale è ammissibile se

$$
d_P + \sum_{e \in P} y_e = \sum_{e \in P} (d_e + y_e) \ge w_k
$$

Si indichi con $L(P, y) = \sum_{e \in P} (d_e + y_e)$ la lunghezza del cammino P quando la lunghezza di ogni arco sia definita come somma del costo d_e e del valore duale y_e. Allora il vincolo duale è ammissibile se e solo se

$$
\min_{P \in \mathcal{P}^k} L(P, y) \ge w_k \qquad k \in [r]
$$

Si tratta quindi di risolvere r problemi di cammino minimo. In questo problema è più complesso inizializzare il metodo. Infatti, se si scelgono a caso r cammini $s^k \to t^k$ sui quali far transitare le quantità di flusso b^k (per rispettare il vincolo $\sum_{P \in \mathcal{P}^k} x_P = b^k$), non è poi garantito che il vincolo di capacità sia rispettato.

Un metodo generale per ottenere una soluzione iniziale ammissibile consiste nel risolvere un problema analogo in cui però la funzione obiettivo è costruita per ottenere una soluzione ammissibile. Si tratta i decidere quali vincoli rilassare e come costruire la funzione obiettivo per ripristinare i vincoli rilassati.

In questo caso si può pensare di iniziare con un insieme vuoto di cammini. In questo modo il vincolo di capacità è certamente rispettato. Però non lo è il vincolo $\sum_{P \in \mathcal{P}^k} x_P = b^k$. Lo si rilassa allora introducendo variabili artificiali $z_k \ge 0$ (una per ogni coppia (s^k, t^k)) e riscrivendo il vincolo come $\sum_{P \in \mathcal{P}^k} x_P + z_k = b^k$, anzi $z_k = b^k$, dato che non sono presenti cammini. Ovviamente l'obiettivo deve ridurre a 0 le variabili artificiali e quindi l'obiettivo può essere

$$
\min \sum_k \sum_{P \in \mathcal{P}^k} d_P \, x_P + K \sum_k z_k
$$

dove K è scelto molto grande in modo da forzare le variabili artificiali a 0. Se risolvendo il problema e per quanto grande si sia preso K (ma è sufficiente $K > n \max_e d_e$) non si ottiene $z_k = 0$ per ogni k, questo significa semplicemente che non c'è soluzione ammissibile. Quindi si risolve in realtà il seguente problema:

$$\begin{aligned}
\min \quad & \sum_k \sum_{P \in \mathcal{P}^k} d_P \; x_P + K \sum_k z_k \\
& \sum_k \sum_{P \in \mathcal{P}^k} a_{eP} \, x_P \qquad \le c_e \qquad e \in E \\
& \sum_{P \in \mathcal{P}^k} x_P + \qquad z_k = b^k \qquad k \in [r] \\
& x_P \ge 0, \quad z_k \ge 0
\end{aligned} \tag{11.10}$$

i cui vincoli duali sono

$$\sum_{e \in P} (d_e + y_e) \ge w_k \qquad P \in \mathcal{P}^k, \qquad w_k \le K \qquad k \in [r]$$

Il vincolo $w_k \le K$ è rispettato in quanto il vincolo è esplicitamente presente nel modello ridotto. Il vincolo $\sum_{e \in P}(d_e + y_e) \ge w_k$ è invece da verificare risolvendo problemi di cammino minimo.

In questo modello sono presenti $|E| + r$ vincoli, un numero di gran lunga inferiore al modello visto precedentemente. Con riferimento alla medesima rete di 1.000 nodi, 100 coppie sorgenti destinazione e 3.000 archi, il numero di vincoli è 3.100, un valore alla portata di un qualsiasi risolutore di media potenza.

Esempio 11.1.

Si prenda in esame la stessa rete dell'Esempio 10.2, che qui riportiamo in Fig. 11.1(a). Si ricorda che per semplicità abbiamo supposto $d_e = c_e$ (numeri accanto agli archi). A pag. 181 lo stesso esempio è stato trattato aggiungendo una sorgente ed un pozzo con flusso del medesimo tipo e quindi mescolabile. Ora invece supponiamo che i flussi non siano mescolabili e quindi le 4 unità di flusso in partenza dal nodo 1 devono arrivare al nodo 9 e le 3 unità di flusso in partenza dal nodo 7 devono arrivare al nodo 3. Possiamo prendere $K = 1000$.

Il modello Lingo che risolve il problema è disponibile al sito [202]. Si è sfruttata la possibilità offerta da Lingo di programmare le varie risoluzioni di LP. Proprio perché Lingo opera con modelli di PL, si è preferito usare la PL anche per trovare i cammini minimi con il modello di flusso esposto in Sez. 9.3.

Il primo Master Problem (MP) da risolvere in cui non è presente la matrice a_{eP} dà come soluzione $y_e = 0$ per ogni e, e $w_1 = w_2 = K = 1000$. Il valore ottimo è 7000. I cammini trovati dall'algoritmo generatore sono $P_1 = 1 - 4 -$

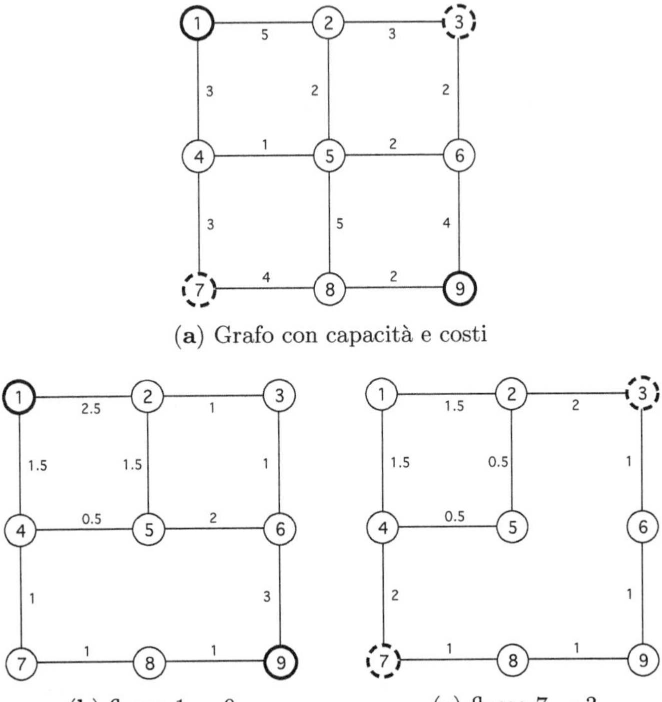

(**a**) Grafo con capacità e costi

(**b**) flusso 1 → 9 (**c**) flusso 7 → 3

Figura 11.1.

$5 - 6 - 9$ e $P_2 = 7 - 4 - 5 - 6 - 3$, ai quali corrispondono le due colonne da inserire (avendo ordinato gli archi come $(1,2)$, $(1,4)$, $(2,3)$, $(2,5)$, $(3,6)$, $(4,5)$, $(4,7)$, $(5,6)$, $(5,8)$, $(6,9)$, $(7,8)$, $(8,9)$)

$$\begin{pmatrix} 0 & 1 & 0 & 0 & 0 & 1 & 0 & 1 & 0 & 1 & 0 & 0 & 1 & 0 \\ 0 & 0 & 0 & 0 & 1 & 1 & 1 & 1 & 0 & 0 & 0 & 0 & 0 & 1 \end{pmatrix}^\top$$

Le prime 12 componenti di ogni colonna si riferiscono ai 12 archi del grafo. Le altre due si riferiscono ai vincoli $\sum_{P \in \mathcal{P}^k} x_P = b^k$. Con queste prime due colonne il MP riesce a far transitare al massimo una unità di flusso (l'arco $(4,5)$ viene usato da entrambi i cammini nella stessa direzione ed ha capacità 1). Siccome il secondo cammino costa di meno, il MP ha ottimi $x_1 = 0$ e $x_2 = 1$, con valore ottimo 6008. Le variabili duali ottime y_e sono tutte nulle tranne $y_{45} = 992$. È chiaro che con questa lunghezza, l'arco $(4,5)$ già utilizzato da due cammini e ormai saturo, non verrà scelto da cammini minimi. In questa iterazione i cammini minimi sono $P_3 = 1-4-7-8-9$ e $P_4 = 7-8-9-6-3$, entrambi di lunghezza 12 e inferiori a $w_1 = w_2 = 1000$. Quindi vengono generate le due colonne corrispondenti.

Il metodo prosegue per altre quattro iterazioni, generando altri sei cammini. Nell'ultima iterazione si raggiunge l'ottimalità e non vengono generati

v	x	y	w_1	w_2	$P : s^1 \to t^1$	$P : s^2 \to t^2$
7000			1000	1000	P_1 : 1-4-5-6-9	P_2 : 7-4-5-6-3
6008	$x_2 = 1$	$y_{45} = 992$	1000	1000	P_3 : 1-4-7-8-9	P_4 : 7-8-9-6-3
4032	$x_2 = 1$ $x_3 = 2$	$y_{45} = 992$ $y_{89} = 988$	1000	1000	P_5 : 1-2-5-6-9	P_6 : 7-8-5-6-3
3045	$x_2 = 1$ $x_3 = 2$ $x_6 = 1$	$y_{45} = 5$ $y_{56} = 987$ $y_{89} = 988$	1000	1000	P_7 : 1-2-3-6-9	P_8 : 7-4-1-2-3
92	$x_3 = 1$ $x_4 = 1$ $x_5 = 2$ $x_7 = 1$ $x_8 = 2$	$y_{14} = 3$ $y_{36} = 4$ $y_{47} = 1$ $y_{56} = 5$ $y_{89} = 2$	18	18	P_9 : 1-2-5-8-9	P_{10} : 7-4-5-2-3
88	$x_1 = 0.5$ $x_3 = 1$ $x_4 = 1$ $x_5 = 1.5$ $x_7 = 1$ $x_8 = 1.5$ $x_{10} = 0.5$	$y_{25} = 1$ $y_{36} = 1$ $y_{45} = 4$ $y_{47} = 1$ $y_{56} = 1$ $y_{89} = 2$	15	15		

Tabella 11.1. Iterazioni

cammini. Tutte le iterazioni sono riportate nella Tabella 11.1, dove la prima colonna riporta il valore ottimo v del MP, la seconda le variabili $x_P > 0$ ottime, la terza le variabili duali ottime $y_e > 0$, la quarta le variabili duali ottime w_1 e w_2, la quinta e la sesta i cammini generati per le rispettive coppie sorgente-destinazione.

Il flusso che si ottiene negli archi dovuto alla somma dei 7 cammini che intervengono nella soluzione ottima è il seguente:

$$\begin{array}{llll} f_{12} = 4, & f_{14} = 3, & f_{23} = 3, & f_{25} = 2, \\ f_{36} = 2, & f_{45} = 1, & f_{47} = 3, & f_{56} = 2, \\ f_{58} = 0, & f_{69} = 4, & f_{78} = 2, & f_{89} = 2 \end{array}$$

e i flussi ottimi per le due coppie sorgente-destinazione sono riportati nelle Figure 11.1(b) e (c) rispettivamente. Date le dimensioni ridotte del problema sono stati generati quasi tutti i cammini (ce ne sono $\binom{4}{2} = 6$ per ogni coppia). Ma non bisogna dimenticare che il numero di cammini fra le coppie sorgente-destinazione cresce in modo esponenziale rispetto a m e n, mentre il numero di cammini generati cresce, come si può constatare empiricamente, in modo computazionalmente trattabile.

Si noti ancora che la soluzione ottima non è intera. Questo può sorprendere dopo aver visto che nei problemi di flusso le soluzioni ottime sono intere quando i dati di un problema sono interi, a causa della particolare struttura della matrice d'incidenza di un grafo orientato. Bisogna però tenere presente che i vincoli di capacità comuni ai diversi flussi distruggono questa struttura favorevole e, per problemi multiflusso, non c'è più la garanzia di interezza. Se ad esempio si volesse risolvere un problema di trovare r cammini disgiunti fra coppie di nodi fissate è bene sapere che si tratta di un problema **NP**-difficile, modellabile con un problema multiflusso, ma in cui bisogna imporre l'interezza. Viceversa, se il cammino in partenza da una sorgente può terminare in una qualsiasi destinazione, allora il problema è assimilabile ad un normale problema di flusso ed è quindi facile (si vedano le considerazioni fatte a pag. 180).

11.5 Modelli compatti

Se la verifica d'ammissibilità della variabile duale $\hat{y}^*$ può essere espressa tramite un problema di PL, è possibile sostituire tutti i vincoli duali con quelli del programma di PL con l'obiettivo opportunamente vincolato. Per rendere la cosa più comprensibile si faccia riferimento al semplice caso del massimo flusso. Il problema generatore di colonne consiste nel risolvere un problema di cammino minimo con lunghezze non negative e verificare se la lunghezza minima sia minore o uguale a 1.

Un problema di cammino minimo può essere risolto con la PL, come già visto in Sez. 9.3. Quindi il problema duale

$$\begin{aligned} \min \quad & \sum_{e} c_e\, y_e \\ & \sum_{e \in P} y_e \geq 1 \qquad P \in \mathcal{P} \\ & y_e \geq 0 \end{aligned} \tag{11.11}$$

può essere equivalentemente espresso come

$$\begin{aligned} \min \quad & \sum_{e} c_e\, y_e \\ & V_t - V_s \geq 1 \\ & V_j - V_i \leq y_e \qquad e \in E \\ & y_e \geq 0 \end{aligned} \tag{11.12}$$

Il vantaggio di usare (11.12) è che i vincoli (11.11), in numero esponenziale, sono stati compattamente riscritti in modo implicito in un numero polinomiale di vincoli come in (11.12). Possiamo addirittura calcolare il duale di (11.12). Si dovrebbe ottenere qualcosa di non distante dal problema originario. Infatti si ottiene

$$\begin{aligned} \max \quad & x_{st} \\ & \sum_{e \in \delta(i)^-} x_e - \sum_{e \in \delta(i)^+} x_e = 0 \\ & 0 \leq x_e \leq c_e \end{aligned}$$

cioè il problema di massimo flusso nella sua formulazione normale. In questo caso quindi non si è ottenuto nulla di nuovo attraverso una formulazione compatta. Se si esamina il problema di multiflusso e si scrive la formulazione compatta del problema (11.9) si ottiene esattamente (11.7).

Avendo detto che (11.8) è più facilmente risolvibile di (11.7), la formulazione compatta è stata del tutto inutile. Questi esempi negativi però non devono far pensare che succeda sempre così. In altri casi, come vedremo in Sez. 17.5, la formulazione compatta fornisce un modo utile e alternativo di risolvere il problema.

11.6 Orario universitario: risoluzione del modello

In Sez. 2.11 era stato introdotto un modello per costruire un orario di facoltà universitaria basato su variabili che rappresentano orari di singoli insegnamenti. Era stato fatto notare che il numero di variabili è esponenzialmente elevato in quanto bisognerebbe potenzialmente considerare tutti i possibili orari per ogni insegnamento.

Facciamo vedere ora come sia possibile applicare le tecniche illustrate in questo capitolo per generare un numero limitato di colonne della matrice. Definiamo allora le variabili duali. Siano w_{kh}, v_{hq}, u_c le variabili duali rispettivamente dei vincoli (2.23), (2.24), (2.25). Allora i vincoli duali sono

$$\sum_{h\in H}\sum_{k\in K} a_{(kh)(jc)}\, w_{kh} + \sum_{h\in H}\sum_{q\in Q(c)} a'_{(h)(jc)}\, v_{hq} + u_c \geq$$
$$\sum_{h\in H}\sum_{k\in K} a_{(kh)(jc)}\, s_{khc} \qquad j\in P(c), \quad c\in C$$

Quindi, per generare lo schema j per il corso c, bisogna minimizzare, rispetto a a e a'

$$\sum_{h\in H}\Big(\sum_{k\in K} a_{(kh)(jc)}\,(w_{kh}-s_{khc}) + \sum_{q\in Q(c)} a'_{(h)(jc)}\, v_{hq}\Big) \tag{11.13}$$

e confrontare il risultato con $-u_c$. Definiamo

$$\hat{w}_{hc} := \min_{k\in K(c)} w_{kh} - s_{khc}, \qquad \hat{v}_{hc} := \sum_{q\in Q(c)} v_{hq}, \qquad t_{hc} := \hat{w}_{hc} + \hat{v}_{hc}$$

Allora minimizzare (11.13) è equivalente a minimizzare, per ogni corso c,

$$\sum_{h\in H} t_{hc}\, a'_{(h)(jc)} \tag{11.14}$$

La minimizzazione di (11.14) può tener conto di vincoli o preferenze di un particolare corso. Qui ci limitiamo ad esporre il semplice caso in cui non è possibile assegnare più di un'ora (nel senso di due ore, come precedentemente spiegato) al giorno ad un corso. In questo caso la minimizzazione di (11.14) si effettua semplicemente scegliendo i d valori minimi di t_{hc} in giorni diversi.

Altri tipi di vincoli possono essere altrettanto facilmente impostati, fra cui quelli che prevedono il corso in giorni consecutivi, non importa quali, oppure il corso sempre di mattina oppure sempre di pomeriggio. In particolare vincoli di tipo disgiuntivo sono facilmente gestibili. Rimandiamo a [188] per un approfondimento dei vari aspetti, incluso quello di come rendere il meccanismo di generazione di colonne compatibile con la suddivisione branch-and-bound.

I risultati computazionali hanno dimostrato una netta superiorità rispetto al primo modello. Si riesce a ottenere una soluzione ottima in meno di un minuto per i corsi della Facoltà di Scienze di Udine (63 corsi, 25 ore, 5 giorni, 5 ore al giorno, 4 tipi di aule e 25 gruppi di corsi non sovrapponibili). Questo risultato si ottiene grazie alla bontà del rilassamento d'interezza.

Rimane il problema di assegnare i corsi alle aule. Si tratta tuttavia di una facile problema di assegnamento di cui abbiamo la garanzia di ammissibilità dal primo problema. La risoluzione avviene secondo le seguenti linee: sia (c, h, k) la tripla, ottenuta come risultato dal precedente problema, per la quale il corso c viene insegnato nell'ora h nell'aula di tipo k. Il problema può essere decomposto in tanti sottoproblemi quante sono le ore. Tuttavia se si vuole che gli studenti di un corso non cambino aula fra un'ora e quella successiva (vincolo non presente nel modello e quindi non è garantito che una soluzione con questo requisito esista; è solo garantito che le aule sono sufficienti) bisognerebbe affrontare il problema a livello globale.

Risolviamo però in modo euristico questa esigenza decomponendo il problema e tenendone conto nei costi. Se R è l'insieme delle aule e $C(h)$ è l'insieme dei corsi assegnati all'ora h, si risolve il problema d'assegnamento

$$
\begin{aligned}
\max \sum_{r \in R} \sum_{c \in C(h)} & \pi_{cr}\, x_{cr} \\
\sum_{r \in R} x_{cr} &= 1 \qquad c \in C(h) \\
\sum_{c \in C(h)} x_{cr} &\leq 1 \qquad r \in R \\
x_{cr} &\in \{0, 1\}
\end{aligned}
$$

dove π_{cr} è la preferenza assegnata per avere il corso c nell'aula r. Le preferenze vengono variate dinamicamente. Quando un corso è assegnato a una certa aula, la preferenza per l'ora successiva di un corso con lo stesso gruppo di studenti viene aumentata in modo da favorire la riassegnazione e viceversa se invece non viene assegnato. Il metodo funziona bene e anche molto rapidamente.

12

Metodi euristici

I problemi reali sono sempre molto complessi e quasi mai è possibile affrontarli e risolverli con un unico algoritmo. Normalmente è necessario costruire un modello complesso in cui vari sottomodelli interagiscono fra loro. Alcuni di questi sottomodelli possono essere di per sé difficili da risolvere.

Quindi se il calcolo deve avvenire in tempi accettabili per poter prendere una decisione, è necessario essere in grado di sviluppare metodi che, rinunciando all'esattezza della soluzione (se questo concetto ha un suo senso), hanno invece il vantaggio di tempi di esecuzione rapidi.

Algoritmi che operano in questo modo vengono detti *algoritmi euristici* o più semplicemente *euristiche.* Le strategie che stano alla base di un'euristica dipendono in gran misura dal problema stesso che si deve risolvere e quindi una loro esposizione formerebbe un lungo elenco di metodi diversi. Tuttavia è possibile inquadrare le euristiche in alcune casistiche in base ad alcuni principi fondamentali che vengono impiegati.

Vi sono euristiche che privilegiano soprattutto la velocità di esecuzione, costruendo la soluzione con una semplice scansione lineare dei dati del problema. Questi algoritmi vengono definiti *greedy*. Normalmente gli algoritmi greedy producono soluzioni di bassa qualità.

Un'altra strategia ampiamente usata, in quanto è applicabile ad ogni problema, consiste nel generare ricorsivamente una serie di soluzioni ottenute una dall'altra attraverso piccoli miglioramenti. Il tipo di miglioramento che si può realizzare dipende ovviamente dalla struttura del problema in esame. La procedura termina quando non sono più possibili miglioramenti. Questo genere di strategia, nella sua forma più semplice, prende il nome di *ricerca locale.* Sono state anche proposte delle forme più elaborate, due delle quali danno buoni risultati, una di tipo deterministico, detta *tabu search*, e che si potrebbe chiamare anche *ricerca con memoria*, e l'altra di tipo stocastico, detta *simulated annealing*, che si basa su un'interessante analogia fisica.

Inoltre sono stati proposti, sempre come metodi di risoluzione basati su analogie con processi naturali, gli *algoritmi genetici*, le *reti neurali* e gli algoritmi *colonie di formiche.*

Si sottolinea ancora come un problema reale venga normalmente risolto da un insieme di molti algoritmi, alcuni esatti ed altri euristici. Il modo come tutti questi algoritmi interagiscono fra di loro, passando i risultati di un modello come dati d'ingresso per un altro, costituisce a sua volta una grande euristica, che va ovviamente validata sul campo. Solo l'esperienza e una buona conoscenza dei pregi e difetti dei vari algoritmi può condurre ad un risultato apprezzabile. In questo testo si cerca solo di far conoscere i mattoni di questa costruzione. Come questi vadano combinati assieme per produrre una buona costruzione si impara con l'esperienza, anche se qualche cenno si trova pure in questo testo.

In questo capitolo ci si limita a fornire le linee essenziali su cui sono basate le euristiche elencate. Applicazioni delle euristiche a vari problemi verranno presentate più avanti quando si tratterà dei problemi.

12.1 Metodi greedy

In linea generale un algoritmo greedy ('ingordo') costruisce una soluzione selezionando i suoi costituenti uno alla volta e senza mai ritornare sulle selezioni già fatte. L'ordine con cui i dati vengono presentati all'algoritmo è basato su un criterio predefinito. Quindi tutta l'ingegnosità di un metodo greedy risiede nel particolare criterio che presiede alla selezione e che deve essere definito in modo coerente con l'obiettivo del problema.

È evidente che una soluzione viene prodotta rapidamente, dato che viene richiesta una scansione lineare dei dati o tutt'al più un loro preliminare ordinamento. La velocità di calcolo si paga però con soluzioni di qualità molto bassa normalmente.

Tuttavia, dati i rapidi tempi di calcolo, non costa molto in termini computazionali nemmeno usare ripetutamente tale metodo, possibilmente con vari criteri alternativi. Di tutte le soluzioni calcolate si sceglie poi ovviamente la migliore.

Sperimentalmente si è notato che quando siano disponibili più criteri di selezione, anziché usare coerentemente sempre lo stesso criterio nella costruzione della soluzione, conviene adottare in modo casuale un criterio diverso ad ogni selezione. Si ottengono mediamente soluzioni migliori.

In alcuni casi notevoli i metodi greedy producono soluzioni esatte. Il caso più celebre è dato dal problema del minimo albero di supporto che verrà descritto in Sez. 16.9. Questo esempio rientra in una tipologia più ampia di problemi, detti matroidali. Per un approfondimento sui matroidi si veda [142, 199].

Un esempio di metodo greedy si è già visto in Sez. 7.3 per il problema della copertura nodi. Altri esempi si vedranno nelle Sezioni 16.7, 17.6, 19.5, 21.2 pag. 389.

12.2 Ricerca locale

In quel che segue si suppone che l'insieme delle soluzioni sia finito. Esiste naturalmente anche un tipo di ricerca locale per problemi definiti da un continuo di soluzioni. Tuttavia in questi casi le tecniche sono radicalmente diverse da quelle per i problemi discreti.

La ricerca locale presuppone che sia definito un sistema di intorni, ovvero che si possa associare ad ogni soluzione x un sottoinsieme di soluzioni $N(x)$. Normalmente $N(x)$ è definito in modo che $x \in N(x)$ e le soluzioni in $N(x)$ siano 'vicine' ad x. A parte questi requisiti, vi è grande arbitrarietà nel tipo di intorni che si possono definire.

La ricerca locale considera una soluzione corrente x, esplora l'intorno $N(x)$ e se esiste una soluzione $y \in N(x)$ migliore di x, allora x viene scartata e y diventa la nuova soluzione corrente. Si procede ricorsivamente finché nessuna soluzione in $N(x)$ è migliore di x. Allora l'algoritmo termina producendo la soluzione x, ottimo locale discreto.

Nella scelta del sistema di intorni bisogna tener presente che piccoli intorni rendono ovviamente più rapida la scansione degli elementi in $N(x)$, però i minimi locali discreti con cui la procedura termina sono peggiori di quelli ottenuti con intorni grandi. Sarà compito di chi progetta l'algoritmo decidere la struttura di intorno più conveniente per il problema.

Non deve essere sottovalutato il fatto che si pretende dall'intorno di contenere soluzioni ammissibili, altrimenti la procedura termina rapidamente. Per molti problemi la generazione di soluzioni ammissibili è di per sé difficile e quindi è lecito dubitare che in questi casi un meccanismo di ricerca locale funzioni bene, a meno che sia progettato con grande cura.

L'algoritmo di ricerca locale delineato cerca, per ogni intorno, la soluzione migliore e quindi è obbligato ad esaminare tutte le soluzioni. Si può adottare la scorciatoia di accettare la prima soluzione generata nella scansione che risulti migliore di quella corrente. Il fatto di rinunciare ad un possibile miglioramento più consistente non significa necessariamente che il risultato finale sia peggiore, anzi spesso avviene proprio il contrario.

È evidente che il minimo locale discreto fornito dalla ricerca locale non è soddisfacente nella maggior parte dei casi. Per migliorare la ricerca locale una strategia immediata consiste nel rieseguire la ricerca a partire da molte soluzioni iniziali alternative. Di tutti i minimi locali che vengono prodotti si sceglie alla fine il migliore.

Una seconda strategia migliorativa prevede l'accettazione temporanea di soluzioni peggiori in una generazione sequenziale di un numero basso e predeterminato di soluzioni adiacenti a partire dalla soluzione corrente (*ricerca locale estesa*). Se la soluzione finale della sequenza è migliore di quella iniziale, allora la soluzione corrente viene aggiornata, altrimenti si continua una nuova ricerca dalla soluzione corrente.

Non è vero invece che convenga sempre iniziare la ricerca da una soluzione buona. Normalmente la ricerca locale non migliora di molto una soluzione già buona. È come se si intrappolasse la ricerca in una conca, determinata dalla soluzione iniziale, dalla quale non si possa facilmente uscire.

Alcuni esempi di ricerca locale verranno forniti in Sez. 16.7 e in Sez. 21.2 a pag. 389. Una rassegna di tecniche di ricerca locale con applicazioni si può trovare in [2].

Può succedere che l'intorno venga definito come l'insieme delle soluzioni ammissibili di un problema combinatorio. In questo caso l'intorno ha una grandissima cardinalità. Se la ricerca della soluzione migliore nell'intorno si può effettuare con un algoritmo, e non per ricerca esaustiva, allora si ha il vantaggio di poter operare con grandi intorni e quindi avere una buona garanzia di migliorare rapidamente e in modo consistente la soluzione. Si parla in questi casi di *intorni a larga scala* (*very large scale neighborhoods VLSN*). Si veda [4] per una esposizione unificatrice dei vari principi che possono intervenire nelle definizioni di intorni. In particolare l'euristica shifting bottleneck per il problema job-shop (Sez. 21.2 a pag. 391) è un esempio di ricerca a larga scala molto efficace. Nella sezione successiva l'idea di intorno a larga scala viene applicata al problema dell'orario scolastico.

12.3 Orario scolastico: miglioramento della soluzione

Ottenuta la soluzione esposta in Sez. 8.3 si era notato come diverse esigenze non erano state soddisfatte. In particolare erano presenti molte ore vuote fra le ore di lezione di un medesimo docente. Anche il requisito di non avere le ore delle materie più impegnative alla fine della mattinata non era stato soddisfatto (a dire il vero non era nemmeno stato inserito nel modello che era volto soprattutto a trovare una soluzione ammissibile e a soddisfare il vincolo del tempo libero nel modo più gradito ai docenti).

L'idea dell'euristica è a questo punto quella di spostare un docente (insieme alla sua materia) da un'ora ad un'altra ora in modo da andare incontro alle due esigenze espresse sopra. Anche se in qualche caso lo spostamento potrebbe avvenire fra classi diverse (ad esempio per i docenti che insegnano in più classi), uno spostamento del genere crea delle complicazioni notevoli, a causa dello sbilanciamento di ore che si genera fra le classi coinvolte. Quindi è conveniente limitarsi a considerare solo spostamenti all'interno della stessa classe.

Per modellare gli spostamenti conviene costruire un grafo orientato i cui nodi sono tutte le ore settimanali di una particolare classe (30 nel nostro esempio), che possiamo identificare con i simboli Lu1, Lu2, Lu3, Lu4, Lu5, Ma1,..., Sa5, Sa6. Se prendiamo in esame il docente B e la classe III B (si rivedano le Tabelle 8.1 e 8.2) si vede che uno spostamento conveniente potrebbe essere da Lu1 a Ma2, in quanto sia l'ora vuota di Lu2 che quella di Ma2 verrebbero eliminate con un unico spostamento.

Tuttavia, affinché uno spostamento possa attuarsi, è necessario che anche un altro docente si sposti. Nell'esempio il docente F che insegna in Ma2 do-

I A

	L	M	M	G	V	S
I	K	I	A	I	J	M
II	B	B	B	M	J	N
III	K	A	B	E	A	A
IV	H	E	E	G	A	A
V	H	E	E	G	E	G

I B

	L	M	M	G	V	S
I	G	F	C	G	F	F
II	H	C	C	I	C	F
III	H	D	G	D	C	K
IV	D	F	N	F	M	J
V	C	D	K	I	M	J

II A

	L	M	M	G	V	S
I	I	C	H	M	C	G
II	E	E	E	E	E	G
III	G	C	H	I	E	J
IV	C	C	M	C	C	K
V	J	C	N	C	C	K

II B

	L	M	M	G	V	S
I	H	D	D	D	K	J
II	I	D	N	D	K	H
III	I	F	M	G	F	F
IV	G	D	G	D	J	F
V	D	F	M	D	F	D

III A

	L	M	M	G	V	S
I	E	A	E	K	A	N
II	G	A	A	G	A	J
III	E	E	E	M	K	G
IV	J	A	H	A	E	M
V	I	A	H	A	I	A

III B

	L	M	M	G	V	S
I	B	B	B	B	G	H
II	K	F	H	B	F	M
III	B	B	N	B	J	M
IV	I	B	K	I	F	G
V	G	B	F	F	J	F

Tabella 12.1. Orario scuola media: soluzione che minimizza le ore vuote

vrebbe spostarsi su qualche altra ora. Questo spostamento crea a sua volta la necessità di un terzo spostamento di un altro docente. Tutti questi spostamenti diventano ammissibili solo nel momento in cui qualcuno va ad occupare l'ora lasciata libera inizialmente, cioè Lu1.

Quindi, se ogni spostamento viene indicato con un arco orientato fra due nodi, dobbiamo cercare dei cicli affinché si possano avere spostamenti ammissibili. Ad ogni arco si può associare un peso che corrisponde al beneficio apportato dallo spostamento. Se siamo solo interessati alle ore vuote, lo spostamento da Lu1 a Ma2, prima descritto, avrebbe peso 2, in quanto elimina due ore vuote. Lo spostamento da Lu1 a Lu2 avrebbe peso 1, perché elimina un'ora vuota. Altri spostamenti potrebbero avere un peso negativo se invece creano ore vuote (e si reputa comunque necessario di introdurli perché globalmente si ottiene un miglioramento).

A questo punto è chiaro che siamo interessati a trovare un ciclo di peso massimo, o quanto meno di costo positivo. Trovare cicli positivi è semplice (ad esempio adattando l'algoritmo di Floyd-Warshall, oppure con delle tecniche di flusso). Trovato un tale ciclo le ore vengono spostate e tutto il calcolo viene rifatto.

L'insieme è quindi dato da tutti i cicli presenti nel grafo e si tratta evidentemente di un intorno la cui dimensione è esponenziale nei dati del problema. Un simile tipo di intorno per un obiettivo abbastanza simile ha dato risultati molto soddisfacenti ([190]).

Applicando questa euristica all'orario della Tabella 8.1 si ottengono 27 circuiti di peso positivo su varie classi. Dopo aver trovato ogni circuito si eseguono gli spostamenti e si ricalcolano i grafi. La procedura è molto veloce e alla fine quando non si identificano più circuiti di peso positivo si interrompe il calcolo. L'euristica potrebbe anche accettare soluzioni peggiori nella speranza di poterle migliorare successivamente. Questa possibilità normalmente permette di trovare soluzioni migliori. Comunque in questo caso ci siamo fermati al minimo locale. La soluzione è mostrata nella Tabella 12.1.

Facciamo notare che gli archi del grafo sono stati costruiti (e pesati) con il solo scopo di diminuire le ore vuote. Non si è tenuto conto, solo per semplicità implementativa, del fatto che per certe materie è meglio evitare due ore nello stesso giorno, che, ad esempio, tre ore di lezione da parte dello stesso docente tenute la prima e la terza in una classe e la seconda in un'altra, non sono un buon orario, anche se il docente non ha ore vuote. Sono tutti requisiti di cui si tiene conto facilmente con opportune scelte/esclusioni di archi e dei relativi pesi.

12.4 Ricerca locale con memoria: tabu search

Il difetto principale della ricerca locale è l'impossibilità di evitare le trappole dovute a dei minimi locali discreti di bassa qualità. Per superare questa difficoltà bisogna quindi anche accettare cambiamenti nella soluzione corrente che peggiorino la soluzione, nella speranza che poi possano condurre verso soluzioni decisamente migliori. In quest'ottica sono state sviluppati due metodi, uno di tipo deterministico e l'altro di tipo stocastico, che si sono dimostrati validi strumenti di calcolo, soprattutto quando le dimensioni dei dati o la complessità della struttura impediscano un approccio 'esatto' nella ricerca di un ottimo.

Se vengono accettati dei cambiamenti della soluzione, ovvero delle 'mosse', che comportano un peggioramento, bisogna certamente evitare che, fra le mosse successive, siano permesse delle mosse che fanno ritornare indietro alla soluzione iniziale. Mosse del genere vanno impedite e quindi il metodo che genera le soluzioni dovrebbe considerarle come dei 'tabù'. Questa considerazione ha dato il nome di *tabu search* alla tecnica che viene ora esposta. Di fatto, dato che si fa uso costante di una opportuna struttura di memoria nella scelta delle mosse successive, potremmo anche dare a questa tecnica il nome di *ricerca locale con memoria*.

Va detto che, come ogni ricerca locale, non è un algoritmo esattamente definito che si può applicare senza bisogno di accorgimenti particolari. Si tratta invece di una serie di principi la cui applicazione ad un particolare problema

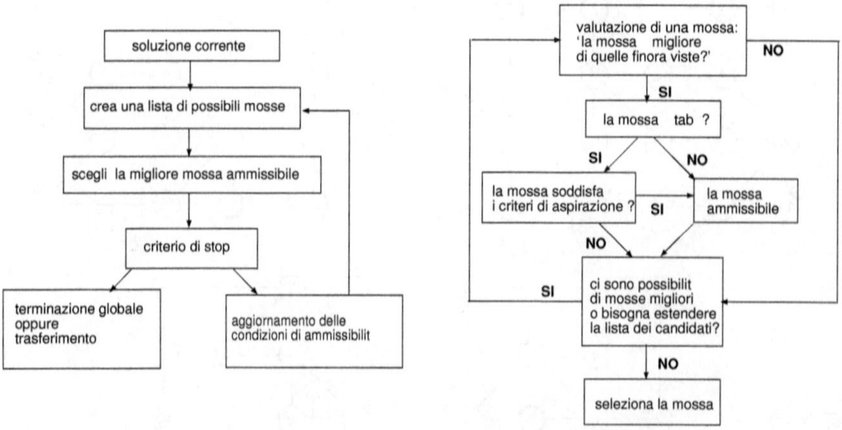

(a) (b)

Figura 12.1.

richiede un'approfondita analisi, che va fatta necessariamente caso per caso. Il successo di una particolare applicazione di questa ricerca locale dipende molto anche da come si sono applicati i principi generali.

Nella Fig. 12.1(a) viene riepilogato lo schema generale della procedura e in Fig. 12.1(b) viene espansa la sottoprocedura relativa alla scelta della mossa. Bisogna distinguere fra struttura di memoria a breve e a lungo termine. Sulla memoria a breve termine si basano le operazioni indicate nelle due figure. La memoria a lungo termine viene usata quando si trova una soluzione che potrebbe essere quella finale, ma si ha ragione di credere di poter ulteriormente migliorarla con una strategia diversa. La memoria a lungo termine interviene appunto in questi casi con lo scopo di diversificare ed intensificare la ricerca.

Una descrizione dettagliata delle applicazioni della tecnica di Tabu search ai vari problemi richiederebbe una trattazione a sé stante. Ci limitiamo a fornire alcuni riferimenti bibliografici. Il fondatore della tecnica è considerato F. Glover [89, 90, 91, 92].

Esempio 12.1.

Come semplice e schematico esempio si consideri il problema del massimo insieme indipendente (si veda il Cap. 5 in [2]). Si supponga di voler trovare un insieme di k nodi indipendenti. L'insieme di tutte le soluzioni è costituito da tutti i sottoinsiemi di k nodi. Per ogni sottoinsieme $X \subset N$ sia $E(X)$ l'insieme degli archi con entrambi gli estremi in X. Possiamo usare come funzione obiettivo $f(X) := |E(X)|$. In questo modo X è un insieme stabile se e solo se $f(X) = 0$. L'intorno di X è dato da tutti quei sottoinsiemi che si possono ottenere con lo scambio di un nodo fra X e $N \setminus X$. Per rendere efficace

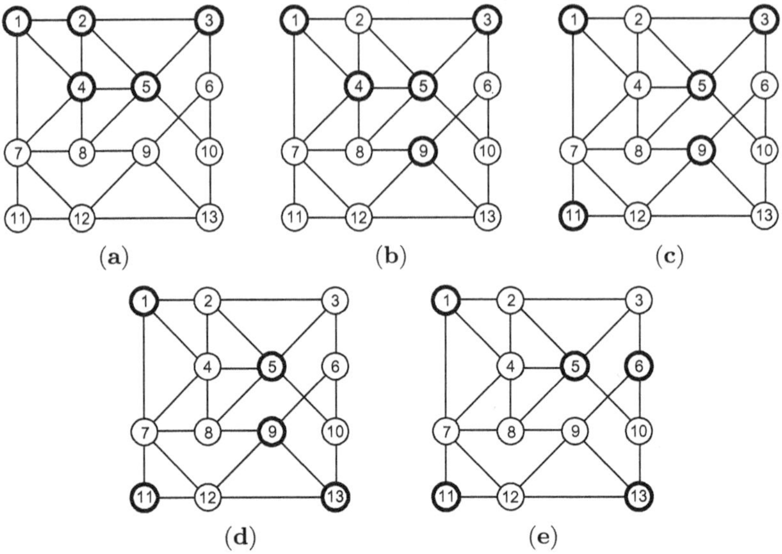

Figura 12.2.

lo scambio sia $\Gamma(X, i)$ l'insieme di nodi di X adiacenti a $i \in N$. Certamente è conveniente scambiare un nodo $i \in X$ con un elevato valore di $|\Gamma(X, i)|$ con un nodo $j \notin X$ con un basso valore di $|\Gamma(X, i)|$. A questo fine è utile avere i nodi di X ordinati per valori $|\Gamma(X, i)|$ decrescenti e quelli non in X per valori crescenti. Non è difficile vedere che mantenere i due elenchi ordinati costa $O(n)$ ad ogni scambio di nodi. Il migliore elemento dell'intorno è quello che si ottiene scambiando i nodi in testa ai due elenchi se i nodi non sono adiacenti, altrimenti bisogna scandire i primi elementi degli elenchi fino a trovare due nodi non adiacenti e confrontare questo risultato con il precedente. Si tratta di un'operazione dal costo quasi costante. Oltre a questi elenchi si mantengono tre elenchi tabù T_1 contenente le ultime soluzioni visitate, T_2 contenente gli ultimi nodi rimossi da X e T_3 contenente gli ultimi nodi inseriti in X. Questi elenchi hanno priorità rispetto alle cardinalità $|\Gamma(X, i)|$.

Applicando il metodo al grafo in Fig. 12.2(a) con $k = 5$ dove l'insieme iniziale è dato dai nodi $\{1, 2, 3, 4, 5\}$, la prima mossa è data dallo scambio fra 2 e 9 con riduzione di $f(X)$ da 7 a 3 (Fig. 12.2(b)), la seconda dallo scambio fra 4 e 11 con riduzione di $f(X)$ da 3 a 1 (Fig. 12.2(c)) e la terza dallo scambio fra 3 e 13 senza riduzione di $f(X)$ (Fig. 12.2(d)). Il quarto scambio dovrebbe far uscire 9 oppure 13, ma 13 è più tabù di 9 essendo stato appena inserito e si rimuove quindi 9, inserendo 6 non presente in liste tabù (Fig. 12.2(e)). Si tratta di un insieme indipendente e quindi l'algoritmo termina. ∎

12.5 Ricerca locale stocastica: simulated annealing

La tecnica nota come *simulated annealing* (traducibile con 'ricottura simulata' ma il termine 'ricottura' non rende conto esattamente della procedura che corrisponde più ad un lento raffreddamento, per cui è meglio mantenere il termine inglese) è stata proposta in [129] per risolvere problemi difficili di ottimizzazione, specialmente quando le dimensioni del problema rendono impossibile ogni risoluzione esatta con metodi noti. Per una esposizione dettagliata si veda [1].

La tecnica prende origine da concetti di meccanica statistica, in particolare dalla simulazione numerica di un processo di riscaldamento e lento raffreddamento, e dall'analogia che si riesce a stabilire fra gli stati fisici di un sistema meccanico e le soluzioni di un problema di ottimizzazione combinatoria, e fra l'energia degli stati fisici e il valore della funzione obiettivo per le soluzioni del problema di ottimizzazione.

Quindi, in base all'analogia, raffreddare il sistema meccanico è equivalente a minimizzare la funzione obiettivo. Quando si raffredda lentamente una sostanza (diversamente da un raffreddamento rapido) si favorisce la formazione di strutture cristalline regolari, cioè di stati a bassa energia. Allora la speranza è di ottenere buone soluzioni del problema combinatorio simulando il processo di raffreddamento.

Un risultato di meccanica statistica afferma che, se $f(x)$ è l'energia dello stato x e T è la temperatura del sistema, allora il sistema fluttua casualmente da stato a stato con una probabilità di visita di ogni stato pari a $e^{-f(x)/K\,T}$, dove K è la costante di Boltzmann. Al diminuire della temperatura il sistema si trova sempre più frequentemente in stati di bassa energia.

Per simulare il processo di raffreddamento, gli stati (o equivalentemente le soluzioni ammissibili del problema di ottimizzazione) sono generati casualmente con le seguenti regole:

- un nuovo stato y è generato, a partire dallo stato corrente x, con probabilità q_{xy};
- il nuovo stato y viene accettato se ha energia minore di quella dello stato corrente x;
- il nuovo stato y viene accettato con probabilità $e^{(f(x)-f(y))/K\,T}$ se ha energia maggiore di quella dello stato corrente x.

Il meccanismo è molto simile alla ricerca locale. Se si definisce

$$q_{xy} := \begin{cases} 1/|N(x)| & \text{se } y \in N(x) \\ 0 & \text{altrimenti} \end{cases} \tag{12.1}$$

allora viene presa in modo equiprobabile una soluzione nell'intorno di x. La ricerca locale accetta solo soluzioni migliori. Con il nuovo meccanismo si accettano anche soluzioni peggiori, però con probabilità decrescente all'aumentare della differenza fra $f(x)$ e $f(y)$. La probabilità di accettare una soluzione peggiore dipende anche dal parametro T, la 'temperatura', e cala al diminuire della temperatura. Per $T = 0$ il processo perde le caratteristiche stocastiche e corrisponde esattamente alla ricerca locale, dato che soluzioni peggiori vengono accettate con probabilità 0 (ci sarebbe un problema per soluzioni uguali, ma la cosa non ha importanza perché il valore $T = 0$ non si usa mai).

Le regole di passaggio da una soluzione all'altra definiscono una catena di Markov sull'insieme X delle soluzioni con matrice di transizione (per i concetti di base sulle catene di Markov si veda il Cap. 25)

$$p_{xy} := \begin{cases} q_{xy} \, \min\left\{1\,;\, e^{(f(x)-f(y))/K\,T}\right\} & \text{se } y \neq x \\ q_{xx} + \sum\limits_{z \in N^+(x)} q_{xz}\,(1 - e^{(f(x)-f(z))/K\,T}) & \text{se } y = x \end{cases}$$

dove $N^+(x) := \{y \in N(x) : f(y) > f(x)\}$. Dimostriamo ora che, sotto le ipotesi di catena irriducibile e q_{xy} simmetrica, la probabilità limite della catena vale

$$\pi_x = C\,e^{-(f(x)/K\,T)} \tag{12.2}$$

con C fattore di normalizzazione. Il modo più semplice (se la catena è invertibile) di calcolare la probabilità stazionaria (che, essendo la catena irriducibile, è anche la probabilità limite) consiste nel vedere se esiste una probabilità π che soddisfa le equazioni dettagliate di bilancio (si veda a pag. 455)

$$\pi_x\,p_{xy} = \pi_y\,p_{yx} \qquad x, y \in X$$

La probabilità definita da (12.2) soddisfa queste equazioni. Infatti, se $f(y) \geq f(x)$ (il caso opposto è simile), si può scrivere

$$\pi_y\,p_{yx} = \pi_y\,q_{yx} = \pi_y\,q_{xy} =$$
$$C\,e^{-(f(y)/K\,T)}\,q_{xy}\,e^{(f(x)/K\,T)}\,e^{-(f(x)/K\,T)} = \pi_x\,p_{xy}$$

L'ipotesi di simmetria $q_{xy} = q_{yx}$ non è sempre soddisfatta nelle applicazioni. Se q viene definita come in (12.1) allora l'ipotesi è soddisfatta quando gli intorni abbiano tutti la stessa grandezza e $y \in N(x) \iff x \in N(y)$.

In base al teorema lo stato a energia più bassa, cioè l'ottimo, ha la più alta probabilità di visita. Se T tende a 0, la probabilità limite dell'ottimo tende a 1. Però per $T = 0$ la catena non è irriducibile.

Di fondamentale importanza è la velocità con cui la catena converge verso la probabilità limite. Il fattore di convergenza, che è dato dal secondo autovalore della matrice di transizione, tende a 1 al tendere di T a 0. Quindi non si può usare direttamente un valore basso di T. Anche se la probabilità di visita dell'ottimo è elevata, si tenga comunque presente che questo valore è un valore limite che potrebbe essere raggiunto solo dopo un numero di iterazioni molto alto.

Queste considerazioni suggeriscono il seguente approccio per ottenere, se non l'ottimo, almeno soluzioni non troppo lontane dall'ottimo: iterare il processo di generazione di nuove soluzioni e allo stesso tempo diminuire lentamente la temperatura T, cosicché il sistema tende abbastanza velocemente alla distribuzione limite, che però varia lentamente tendendo alla distribuzione concentrata sull'ottimo. Più alta è la temperatura e più alta è anche la possibilità di uscire fuori da un minimo locale, ma più numerose anche sono le cattive soluzioni generate.

Il successo del metodo dipende molto da come i valori di T vengono fatti tendere a 0. La regola di diminuzione della temperatura viene chiamata *annealing schedule* e, per ottenere dei buoni risultati, andrebbe determinata con molta cura per ogni singola classe di problemi. Una regola comune abbastanza buona è quella di porre $T := 1/\log k$, con k indice di iterazione.

Va detto che per ottenere buone soluzioni bisogna generare un numero elevatissimo di soluzioni. Del resto il metodo si applica quando non ci sono altri metodi di risoluzione e quindi c'è da attendersi una certa lentezza. Il metodo è stato applicato a molti problemi di ottimizzazione combinatoria.

12.6 Programmazione a vincoli

I vincoli di un problema combinatorio vengono espressi da diseguaglianze e/o uguaglianze quando il problema viene modellato con la PL01. Un modo alternativo di esprimere i vincoli consiste nel rimodellarli con formule logiche e, anziché usare delle tecniche algebriche per ottenere soluzioni ammissibili, come si fa nella PL01, usare tecniche logiche per ridurre lo spazio delle soluzioni ammissibili.

In diversi casi può essere più rapido esplorare le implicazioni di un insieme di formule logiche e ridurre l'insieme ammissibile, piuttosto che ridurlo esplorando le implicazioni derivate da un insieme di diseguaglianze. Questo approccio ai problemi combinatori prende il nome di *Programmazione a vincoli* (*Constraint programming*).

Le variabili nella programmazione a vincoli (CP) hanno un dominio di valori che possono assumere. I vincoli portano ad una restrizione dei domini, tramite un processo di propagazione dei vincoli.

Ad esempio si supponga che vi siano 4 variabili $x_1, \ldots, x_4$ con domini rispettivamente $D_1 = \{2, 3\}$, $D_2 = \{2, 4\}$, $D_3 = \{1, 3\}$, $D_4 = \{2, 3\}$ e che le quattro variabili debbano essere diverse. Se scegliamo $x_1 = 2$, questa scelta riduce i domini a $D_2 = \{4\}$, $D_3 = \{1, 3\}$, $D_4 = \{3\}$, che impone $x_2 = 4$ e $x_4 = 3$ da cui $x_3 = 1$. Se si sceglie $x_1 = 3$ si riducono i domini a $D_2 = \{2, 4\}$, $D_3 = \{1\}$, $D_4 = \{2\}$, che impone $x_3 = 1$ e $x_4 = 2$ da cui $x_2 = 4$. Quindi ci sono solo due soluzioni $x = (2, 4, 1, 3)$ e $x = (3, 4, 1, 2)$.

Il problema di questo esempio corrisponde, nel linguaggio dei grafi, ad un problema di accoppiamento di cardinalità su un grafo bipartito (Sez. 6.4 e soprattutto Cap. 13). Le variabili $x_1, \ldots, x_4$ sono associate ai nodi di sinistra e i valori $(1, 2, 3, 4)$ ai nodi di destra. Il dominio di ogni variabile viene rappresentato da un insieme di archi fra il nodo della variabile e il nodo del valore presente nel dominio. Trovare un accoppiamento perfetto corrisponde a trovare dei valori tutti diversi ed ammissibili per le variabili.

Vi sono molte altre funzioni che vincolano i valori che possono assumere le variabili e sono stati creati dei programmi che, in modo molto potente, esplorano tutte le scelte possibili per le variabili. Il modo di procedere assomiglia all'esplorazione di un albero branch-and-bound. Mentre nella tecnica branch-and-bound l'albero viene potato usando le limitazioni superiori ed inferiori e l'inammissibilità, nella CP le potature avvengono quando le implicazioni logiche portano ad inconsistenza e anche quando non si possono ottenere soluzioni migliori di un incombente. Come semplice esempio si consideri il problema

$$\begin{aligned} \min \quad & 3\,x_1 + 4\,x_2 + 2\,x_3 \\ & 2\,x_1 - \ \ x_2 + \ \ x_3 \geq 1 \\ & -x_1 + 3\,x_2 + 5\,x_3 \geq 3 \\ & x_i \in \{0, 1\} \end{aligned} \tag{12.3}$$

Con un processo inverso a quello operato nel Cap. 7 traduciamo le diseguaglianze in formule logiche. Facciamo presente che, mentre in linea teorica si può sempre riscrivere una diseguaglianza che coinvolge variabili 0-1 con un certo numero di formule logiche, non sempre però questo è fattibile in modo efficiente. In questo caso non è difficile riconoscere che la prima diseguaglianza corrisponde a

$$(x_1 \vee \neg x_2) \wedge (x_1 \vee x_3) = 1$$

e la seconda a

$$(\neg x_1 \vee x_3) \wedge (x_2 \vee x_3) = 1$$

Allora il problema può essere riscritto come

$$\begin{aligned} \min \ & 3\,x_1 + 4\,x_2 + 2\,x_3 \\ & (x_1 \vee \neg x_2) \wedge (x_1 \vee x_3) \wedge (\neg x_1 \vee x_3) \wedge (x_2 \vee x_3) = 1 \\ & x_i \in \{0, 1\} \end{aligned} \tag{12.4}$$

Si risolva (12.4) rilassando completamente il vincolo. Si ottiene un valore ottimo uguale a 0, non ammissibile. A questo punto si suddivida il problema imponendo $x_1 = 0$ oppure $x_1 = 1$. Si usino anche come 'taglio' i due vincoli $(x_1 \vee x_3)$ e $(x_2 \vee x_3)$. La scelta $x_1 = 0$ impone $x_3 = 1$ mentre x_2 è libero. La funzione obiettivo porta a $x_2 = 0$ con valore 2. La soluzione ottenuta $(0, 0, 1)$ è ammissibile. Quindi non serve suddividere ancora nell'albero di ricerca. Esaminiamo la scelta $x_1 = 1$. Uno dei due vincoli del taglio è soddisfatto e quindi rimane $(x_2 \vee x_3)$. L'ottimo rilassato rispetto a questo unico vincolo dà come risultato $x = (1, 0, 1)$ con valore 5. Siccome $5 > 2$ non serve continuare nella ricerca e il calcolo termina.

Può essere utile confrontare questa esplorazione delle soluzioni con quella tradizionale branch-and-bound. Il rilassamento d'interezza fornisce la soluzione $x = (0.1818, 0, 0.6363)$, con valore 1.818 che dà una limitazione inferiore di 2. Ponendo $x_1 = 0$ si ottiene $x = (0, 0, 1)$ con valore 2 e quindi non sarebbe necessario esplorare la scelta $x_1 = 1$. Comunque, facendolo si otterrebbe $x = (1, 0, 0.8)$ con valore 4.6 e limitazione inferiore 5 (come con la CP).

Ovviamente non si può sfuggire al fatto che problemi **NP**-difficili non possono non richiedere (almeno alle conoscenze attuali) un numero esponenziale di passi nel caso peggiore. Siccome in qualche caso la riduzione dei domini per le variabili è più rapida con la CP che con altri metodi, è senz'altro vantaggioso aggiungere tecniche di CP alla risoluzione di un problema modellato come PL01. Una analisi approfondita dell'integrazione delle varie tecniche si può trovare in [115].

12.7 Algoritmi genetici e reti neurali

Come nella tecnica di simulated annealing si sfrutta un'analogia fra un problema di ottimizzazione e un processo naturale, così sono state sviluppate diverse altre tecniche basate su particolari processi naturali. Queste tecniche hanno il loro fascino proprio per l'analogia di tipo biologico su cui si basano, ma non sembra che il loro contributo per i problemi di ottimizzazione possa essere significativo. Non vi sono motivi per credere che la difficoltà strutturale di problemi **NP**-difficili debba essere catturata da metodi di lontanissima origine.

Gli algoritmi genetici si basano sull'idea che una soluzione può essere paragonata ad un individuo di una specie biologica. Un insieme di soluzioni costituisce quindi una popolazione. Il valore di una soluzione corrisponde al grado di adattabilità all'ambiente dell'individuo. Come in natura due individui generano figli, così due soluzioni generano altre soluzioni che ereditano, parzialmente, le caratteristiche dei genitori. Quando una popolazione (di soluzioni) ha prodotto una nuova generazione di soluzioni, si opera una drastica selezione e si mantengono in vita solo le soluzioni migliori. Il processo poi continua finché il valore globale della popolazione non migliora più. L'idea si deve a Holland [113, 114], il cui interesse iniziale però era più rivolto alla simulazione di un sistema biologico naturale.

Indubbiamente l'idea ha un suo fondamento. Tuttavia non è chiaro, di fronte ad un nuovo problema, come operare la generazione di una soluzione a partire da due soluzioni. In linea di principio combinando assieme due soluzioni buone si potrebbe produrre una soluzione pessima, perché le due soluzioni di partenza sono buone ma per motivi antitetici. Per applicazioni di ottimizzazione combinatoria il metodo rimane ben lontano dalle prestazioni dei migliori algoritmi esatti o delle euristiche come Tabu search.

Le reti neurali simulano il processo di riconoscimento di forme da parte del cervello umano. La rete neurale che si progetta deve essere preventivamente 'addestrata' su un insieme campione. Il processo di addestramento consiste in un calcolo automatico dei parametri che definiscono la rete. Sarebbe fuori luogo qui descrivere una rete neurale in generale e come si possa costruire una rete neurale per risolvere un problema di ottimizzazione. Se in diverse applicazioni di riconoscimento di forme le reti neurali si sono dimostrate un robusto ed efficace strumento, l'utilizzo in problemi di ottimizzazione combinatoria è molto limitato.

Vi sono infatti delle difficoltà di principio che rendono problematica l'applicazione delle reti neurali ai problemi **NP**-difficili. È stato dimostrato in [32] come l'esistenza di una rete neurale che risolva un problema di ottimizzazione **NP**-difficile e che sia di dimensione polinomiale nell'istanza implicherebbe **NP** = **coNP**, anche lasciando alla rete neurale un tempo esponenziale per raggiungere uno stato di stabilità.

Infine menzioniamo l'approccio noto come *ant colony optimization*, *ottimizzazione secondo la colonia di formiche* inventato da [58]. Si veda anche [59]. Il motivo per cui le formiche seguono tutte lo stesso cammino minimo per spostarsi dal formicaio ad una certa località è dovuto al deposito di una certa quantità di feromone sul cammino da parte di ogni formica. Il feromone costituisce per le altre formiche una traccia da seguire. Tuttavia il feromone evapora dopo un certo tempo. Siccome un sentiero corto viene percorso con maggior frequenza (immaginando la formica che va avanti e indetro), la traccia è più intensa con il risultato che i sentieri più corti tendono a venire scelti da altre formiche con un processo di controreazione positiva.

L'applicazione del metodo a problemi combinatori rimane problematica e anche per questo metodo come per gli altri, i risultati non sono confrontabili con le migliori euristiche.

13

Modelli di allocazione Assegnamenti e accoppiamenti

Un modello semplice di allocazione si presenta quando si hanno due insiemi e bisogna assegnare elementi di un insieme ad elementi dell'altro insieme. Ad esempio il primo insieme potrebbe essere costituito da persone e il secondo da lavori e si tratta di assegnare ad ogni persona un particolare lavoro. Oppure il primo insieme potrebbe essere costituito da lezioni e il secondo da ore e il problema consiste nel costruire un particolare orario. Un esempio simile può essere costituito da un insieme di visite ambulatoriali da assegnare a tempi diversi. Un altro esempio ancora è dato dall'assegnazione dei posti in un aereo.

Un assegnamento del tipo indicato prende anche il nome di *accoppiamento*, proprio perché la soluzione che si cerca è data da coppie di elementi. Nel caso dell'assegnamento la coppia è formata da un elemento di un insieme e da un elemento di un altro insieme. In altri casi gli elementi della coppia appartengono al medesimo insieme. Ad esempio, in una giornata del campionato di calcio, le partite che si giocano nella medesima serie formano un insieme di coppie di squadre. Dato un insieme di agenti di polizia, quando si tratta di formare le coppie per il pattugliamento, si deve risolvere un problema di accoppiamento.

Il problema dell'assegnamento ha una sua naturale estensione nell'esistenza di un terzo insieme e nella ricerca di terne da formare prendendo un elemento da ciascun insieme. L'esempio precedente dell'assegnamento dei lavori potrebbe essere ampliato includendo un insieme di operai, non tutti specializzati sulle stesse macchine. L'esempio dell'orario si amplia tenendo conto anche delle aule. In questi casi si parla di *assegnamento tridimensionale*. Purtroppo questo problema, frequente nelle applicazioni, è molto più difficile dei due precedenti.

In questo capitolo vengono esaminate le caratteristiche principali dei problemi di assegnamento e accoppiamento. Nel prossimo capitolo verranno presi in esame due particolari tipi di problema di assegnamento che, dato il tipo particolare di applicazioni, si ritiene siano di immediato interesse. Il primo ambito di applicazione riguarda gli eventi sportivi e il secondo l'assegnazione di seggi elettorali.

13.1 Problemi di assegnamento

I problemi di assegnamento possono presentarsi con formulazioni diverse. Ad esempio non tutti gli assegnamenti potrebbero essere permessi e quindi siamo interessati a trovare un modo ammissibile di assegnare ogni elemento del primo insieme ad uno del secondo (cosiddetto *accoppiamento perfetto*) o quanto meno a massimizzare il numero di accoppiamenti possibili. Questo problema viene detto *assegnamento di cardinalità.*

In altri casi può succedere che siamo in grado di valutare in modo più fine le varie possibilità fissando dei pesi per ogni possibile coppia. In questo modo il caso precedente può essere incluso in questo, semplicemente assegnando dei pesi elevatissimi alle coppie non permesse. Avendo fissato dei pesi siamo interessati ad un assegnamento che sia il meno oneroso possibile. Bisogna però specificare quale è il peso che intendiamo dare globalmente all'insieme degli assegnamenti. Possiamo ad esempio decidere di minimizzare la somma dei pesi degli accoppiamenti (*assegnamento pesato*), oppure di minimizzare il massimo degli accoppiamenti (*assegnamento bottleneck*).

Quale dei due obiettivi sia il più adatto dipende dalla natura del problema che dobbiamo risolvere. Supponiamo di dover assegnare lavori a macchine e sia noto il tempo di esecuzione per ogni particolare coppia macchina-lavoro. Se siamo interessati al costo di produzione e questo è proporzionale al tempo di impiego delle macchine allora ha senso minimizzare la somma dei tempi di esecuzione. Se però siamo interessati al tempo finale di esecuzione di tutti i lavori, dobbiamo minimizzare il massimo degli accoppiamenti.

Se si minimizza il massimo, allora il problema può essere ricondotto al caso di assegnamento di cardinalità. Basta fissare un valore di soglia, non rendere ammissibili gli assegnamenti che lo superano e verificare se esiste un assegnamento per tutti i lavori. Il valore di soglia minimo può essere cercato eseguendo una ricerca binaria fra tutti i pesi.

Anche se il problema di cardinalità può essere ricondotto a quello pesato, è tuttavia utile considerarli separatamente per la diversità degli algoritmi risolutivi.

13.2 Assegnamento di cardinalità

Un modo particolarmente efficace di risolvere il problema di cardinalità consiste nel trasformarlo in un problema di massimo flusso. Si noti innanzitutto che un problema di assegnamento si modella in modo naturale tramite un grafo bipartito. I due insiemi corrispondono ai due insiemi di nodi N_1 e N_2 di un grafo bipartito ed ogni assegnamento ammissibile è un arco. Si indichi con E l'insieme degli archi. Nel caso di assegnamento di cardinalità si tratta di scegliere il massimo numero di archi non incidenti fra loro.

In modo più formale, se $X \subset E$ è un sottoinsieme di archi, affinché X sia un assegnamento, ovvero gli archi in X non siano incidenti fra loro, questo

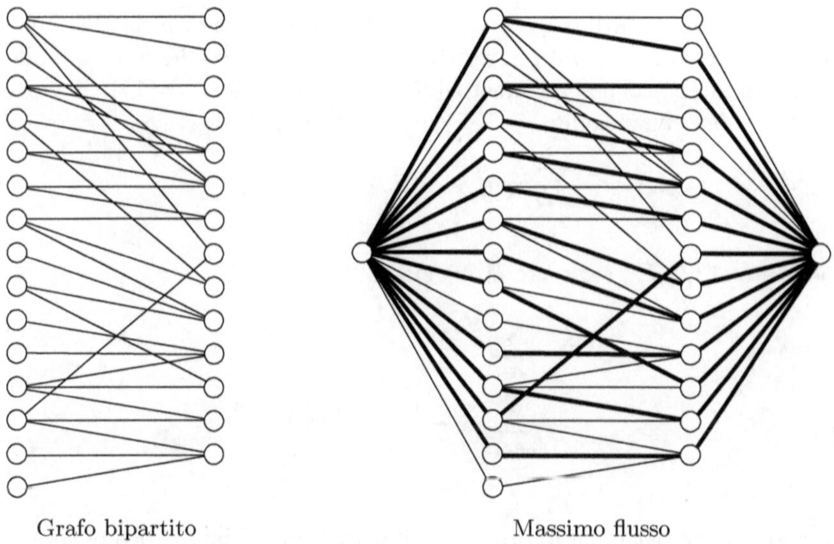

Figura 13.1.

vincolo si esprime come

$$|\delta(i, X)| \leq 1, \qquad i \in N_1 \cup N_2 \tag{13.1}$$

dove $\delta(S, X)$ è il taglio indotto dai nodi di S rispetto agli archi in X. Il problema di cardinalità si può quindi esprimere come

$$\max \{|X| : X \subset E, \quad |\delta(i, X)| \leq 1, \quad i \in N_1 \cup N_2\} \tag{13.2}$$

Ogni arco di X può essere visto come un flusso unitario inviato da un nodo di N_1 ad uno di N_2. Se si orientano tutti gli archi da N_1 a N_2, si aggiungono un nodo sorgente s ed un nodo pozzo t con archi (s, i) per ogni $i \in N_1$ e (j, t) per ogni $j \in N_2$ e si assegnano intervalli di capacità $[0, 1]$ a tutti gli archi, valgono i seguenti fatti: ogni flusso ammissibile e di vertice deve avere valore 0 oppure 1 per l'interezza dei valori di flusso (Teorema 10.1); in ogni nodo di N_1 e di N_2 passa al massimo un'unità di flusso, quindi due archi di E con flusso unitario non possono essere incidenti. Allora gli archi di E con flusso unitario costituiscono un assegnamento e il loro numero è uguale al flusso in uscita da s. Quindi massimizzando il flusso in uscita da s si ottiene anche il massimo assegnamento. Si veda in Fig. 13.1 un grafo bipartito e il relativo problema di massimo flusso con la soluzione.

Si può dimostrare che l'algoritmo del flusso specializzato a questo grafo particolare, con capacità 0 o 1, ha una complessità computazionale migliore rispetto al caso generale. In particolare la sua complessità è $O(n^{2.5})$ con $n = |N_1| = |N_2|$.

Il problema di cardinalità può essere affrontato anche con la PL. Infatti, definendo variabili $x_e \in 0, 1$ per ogni arco $e \in E$, con l'idea che se $x_e = 1$ allora l'arco appartiene all'assegnamento (cioè $X = \{e \in E : x_e = 1\}$), il vincolo (13.1) si può scrivere come

$$\sum_{e \in \delta(i)} x_e \leq 1 \qquad i \in N_1 \cup N_2$$

e pertanto (13.2) è il seguente problema di PL01:

$$\begin{aligned} \max \quad & \sum_{e \in E} x_e \\ & \sum_{e \in \delta(i)} x_e \leq 1 \qquad i \in N_1 \cup N_2 \\ & x_e \in \{0, 1\} \end{aligned} \tag{13.3}$$

Avendo appena detto che il problema di cardinalità si può risolvere come un problema di flusso per il quale c'è la garanzia dell'interezza delle soluzioni (di vertice) senza doverla imporre, non stupirà che la stessa proprietà vale anche per (13.3), per cui in realtà il problema di cardinalità si risolve tramite il problema di PL

$$\begin{aligned} \max \quad & \sum_{e \in E} x_e \\ & \sum_{e \in \delta(i)} x_e \leq 1 \qquad i \in N_1 \cup N_2 \\ & x_e \geq 0 \end{aligned} \tag{13.4}$$

Questa proprietà può essere dimostrata direttamente senza far ricorso alle proprietà dei flussi. Naturalmente soluzioni frazionarie ammissibili in (13.4) esistono. Vogliamo però dimostrare che non possono essere di vertice. Useremo la tecnica usuale di esprimere soluzioni frazionarie come combinazioni convesse di altre soluzioni ammissibili e siccome i vertici non possono essere espressi come combinazione convessa di altre soluzioni si deduce che le soluzioni frazionarie non possono essere vertici.

Sia x una soluzione frazionaria ammissibile in (13.4). Sia $\bar{e} = (i, j)$ un arco con $0 < x_{\bar{e}} < 1$. Se $\sum_{e \in \delta(i)} x_e < 1$ e $\sum_{e \in \delta(j)} x_e < 1$ allora esistono $\varepsilon > 0$ e due soluzioni x' e x'' definite come

$$x'_e = \begin{cases} x_e + \varepsilon & \text{se } e = \bar{e} \\ x_e & \text{altrimenti} \end{cases} \qquad x''_e = \begin{cases} x_e - \varepsilon & \text{se } e = \bar{e} \\ x_e & \text{altrimenti} \end{cases}$$

e ammissibili in (13.4). Chiaramente x è combinazione convessa di x' e x''.

Altrimenti sia $\sum_{e \in \delta(j)} x_e = 1$. Questo implica che esiste un altro arco $\hat{e} = (h, j)$ incidente in j con valore $0 < x_{\hat{e}} < 1$. Se $\sum_{e \in \delta(h)} x_e < 1$ allora esistono $\varepsilon > 0$ e due soluzioni x' e x'' definite come

$$x'_e = \begin{cases} x_e + \varepsilon & \text{se } e = \bar{e} \\ x_e - \varepsilon & \text{se } e = \hat{e} \\ x_e & \text{altrimenti} \end{cases} \qquad x''_e = \begin{cases} x_e - \varepsilon & \text{se } e = \bar{e} \\ x_e + \varepsilon & \text{se } e = \hat{e} \\ x_e & \text{altrimenti} \end{cases}$$

e ammissibili in (13.4). Altrimenti sia $\sum_{e \in \delta(h)} x_e = 1$. A questo punto si procede ricorsivamente alternando i valori $+\varepsilon$ e $-\varepsilon$ sul cammino di archi che si viene generando fino ad eventualmente chiudere il cammino su un circuito. Il circuito è necessariamente pari (il grafo è bipartito) e quindi si possono definire le soluzioni x' e x'' con i valori $+\varepsilon$ e $-\varepsilon$ alternati.

È interessante scrivere il problema duale di (13.4). Questo risulta essere

$$\begin{aligned} \min \quad & \sum_{i \in N} y_i \\ & y_i + y_j \geq 1, \qquad (i,j) \in E \\ & y_i \geq 0 \end{aligned} \tag{13.5}$$

Come (13.4) è equivalente a (13.3), così anche (13.5) è equivalente a

$$\begin{aligned} \min \quad & \sum_{i \in N} y_i \\ & y_i + y_j \geq 1, \qquad (i,j) \in E \\ & y_i \in \{0,1\} \end{aligned} \tag{13.6}$$

Il problema (13.6) ha una diretta interpretazione come problema su grafi. Le variabili binarie y_i possono essere interpretate come scelta di un sottoinsieme di nodi. Il vincolo impone che per ogni arco venga scelto almeno un nodo. Quindi il sottoinsieme ottimo in (13.6) è una minima copertura di nodi, nel senso della cardinalità. Si tratta di un problema che è stato definito nella Sez. 6.3 ed anche trattato nell'Esempio 7.1 per illustrare come risolvere con metodi branch-and-bound problemi difficili. Qui, invece, grazie all'equivalenza fra (13.5) e (13.6) vediamo che si tratta di un problema facile. La ragione di questa facilità risiede nel fatto che il problema viene qui definito su un grafo bipartito. Su un grafo bipartito il problema della copertura nodi è polinomiale, mentre su un grafo qualsiasi è **NP**-difficile.

Esempio 13.1.

Sia dato il grafo in Fig.13.2(a). Anche se il grafo non è disegnato nella forma tipica con cui vengono disegnati i grafi bipartiti, si tratta tuttavia di un grafo bipartito, come si può facilmente verificare (è addirittura isomorfo al grafo di Fig. 13.1). In Fig. 13.2(b) sono rappresentati sia il massimo assegnamento (lo stesso di Fig. 13.1) che la minima copertura di nodi. Si supponga di avere calcolato il massimo assegnamento. Come trovare la minima copertura a partire dal massimo assegnamento senza risolvere il problema duale?

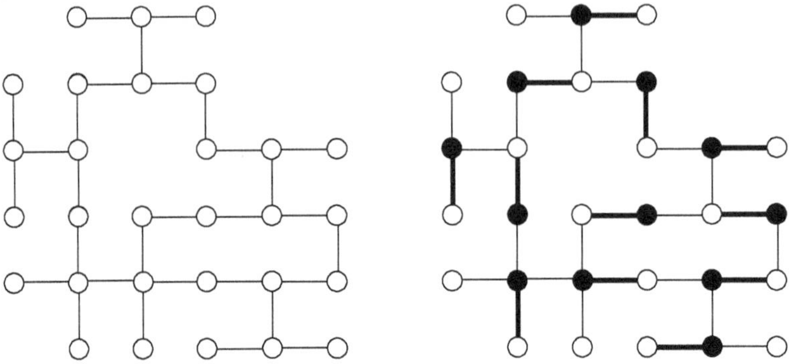

(a) (b)

Figura 13.2. Assegnamento e copertura nodi su un grafo bipartito

Un possibile metodo si può basare sulle condizioni di complementarità. Se un arco è assegnato ($x_{ij} = 1 > 0$) allora esattamente uno dei due nodi dell'arco appartiene alla copertura ($y_i + y_j = 1$). Se un nodo è *esposto*, cioè risulta non accoppiato ad altri nodi ($\sum_{e \in \delta(i)} x_e = 0 < 1$) allora il nodo non può fare parte della copertura ($y_i = 0$).

In base a queste relazioni la copertura si trova nel modo seguente: se non ci sono nodi esposti la copertura è semplicemente data da uno dei due insiemi di nodi del grafo bipartito. Altrimenti si consideri un qualsiasi nodo esposto e lo si marchi con l'etichetta 'pari' e si marchino con l'etichetta 'dispari' i suoi nodi adiacenti. Nessuno di questi nodi può essere esposto, altrimenti esisterebbe un arco non ancora accoppiato e l'accoppiamento dato non sarebbe massimo. Quindi questi nodi sono tutti accoppiati con qualche altro nodo. Si marchino questi ultimi nodi come 'pari'. Poi tutti i nodi incidenti a questi nodi vengono marcati come 'dispari'. Se qualche nodo è già stato marcato, la vecchia marcatura deve essere coerente con la nuova, perché esistono solo circuiti pari. Anche questi nodi non possono essere esposti, perché se così fosse per un nodo, si sarebbe trovato un cammino fatto da un arco non accoppiato, uno accoppiato ed uno non accoppiato con nodi iniziale e terminale esposti. Su un tale cammino (detto *cammino aumentante*) si possono scambiare gli archi accoppiati e non accoppiati ottenendo una soluzione migliore, contraddicendo l'ottimalità. Si procede ricorsivamente finché è possibile. Tutti i nodi etichettati come pari fanno parte della copertura di nodi. Si procede in modo analogo da ogni altro nodo esposto senza che vi sia incoerenza di etichettature vecchie e nuove, sempre per il motivo della non esistenza di cammini aumentanti. Alla fine di queste etichettature possono essere ancora presenti nodi non etichettati (tutti accoppiati ovviamente). Questi formano un sottografo bipartito con tutti i nodi non esposti e quindi basta etichettare come pari uno qualsiasi dei due sottoinsiemi di nodi.

Lasciamo come esercizio la dimostrazione che tutti i nodi etichettati pari sono effettivamente una copertura. La minima copertura in Fig. 13.2(b) è stata ottenuta in questo modo. ∎

Nel precedente esempio si è fatto uso implicitamente del Teorema di Berge [21] secondo il quale un accoppiamento è massimo (su un grafo generico, non necessariamente bipartito) se e solo se non esistono cammini aumentanti. Anche se sono definiti con lo stesso nome, i cammini aumentanti del problema del massimo flusso (pag. 178) sono diversi dai cammini aumentanti dei problemi d'assegnamento, definiti come cammini che iniziano e terminano in nodi esposti alternando archi accoppiati e non. Tuttavia, nel momento in cui un assegnamento di cardinalità si risolve con un massimo flusso, i due concetti coincidono.

Può essere interessante mostrare con un esempio la portata dell'equivalenza fra (13.3) e (13.4). Ricordiamo che un grafo con lo stesso grado in ogni nodo viene detto regolare. Un'interessante proprietà dei grafi bipartiti regolari è che ammettono sempre un accoppiamento perfetto. Per dimostrare questo fatto si noti che, se il grado in ogni nodo è r, allora una soluzione frazionaria di valore $x_e = 1/r$ è ammissibile per i vincoli

$$\sum_{e \in \delta(i)} x_e = 1 \qquad i \in N_1 \cup N_2, \qquad\qquad x_e \geq 0 \qquad e \in E \tag{13.7}$$

Quindi il poliedro definito da (13.7) non è vuoto. Siccome i suoi vertici sono interi si deduce che esiste un accoppiamento perfetto. Grazie a questa proprietà il lettore può dimostrare il seguente sorprendente risultato: sia dato un mazzo mescolato di 52 carte e si formino 13 pile di 4 carte ciascuna; è possibile estrarre da ogni pila una carta in modo che le carte scelte formino una scala (non necessariamente dello stesso seme).

Un altro celebre teorema di esistenza di un accoppiamento perfetto è il Teorema del matrimonio. La condizione del teorema è che, per ogni insieme $S \subset N_1$, definendo $T(S) := \{j \in N_2 : (i,j) \in \delta(S)\}$, deve valere

$$|T(S)| \geq |S| \tag{13.8}$$

Il nome del teorema deriva da una possibile interpretazione: N_1 è un insieme di donne e N_2 è un insieme di altrettanti uomini; i nodi in $T(i)$ sono gli uomini con cui la donna i sarebbe disposta a sposarsi; la condizione (13.8) esprime il fatto che per ogni insieme S di donne, gli uomini preferiti da almeno una donna dell'insieme, cioè $T(S)$, devono essere almeno altrettanti, affinché ogni donna possa sposarsi. Si noti che si dà per scontato che gli uomini siano soddisfatti quando sposano una donna che li vuole.

La condizione del teorema è ovviamente necessaria, ma la sufficienza non è così ovvia. Si pensi al problema come un problema di flusso in cui ogni nodo di N_1 è una sorgente unitaria e ogni nodo di N_2 è un pozzo unitario. Ogni soluzione di flusso ammissibile e intera è un accoppiamento perfetto. Inoltre

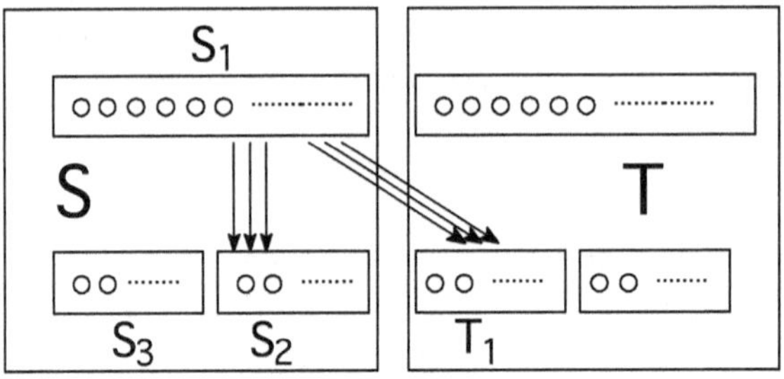

Figura 13.3. Teorema del matrimonio

dal Teorema 10.1 sappiamo che una soluzione intera esiste se il problema è ammissibile. Il Teorema 10.4 applicato a questa rete afferma che un flusso ammissibile esiste se e solo se per ogni insieme S di nodi vale la condizione

$$|S \cap N_1| - |S \cap N_2| \leq \delta^+(S) \tag{13.9}$$

Dimostriamo ora che (13.8) implica (13.9). Si faccia riferimento alla Fig. 13.3. I nodi di N_1 sono la riga superiore di nodi e quelli di N_2 la riga inferiore. Siano dati un insieme di nodi S e il suo complementare T. Sia $S_1 := S \cap N_1$. I nodi $S \cap N_2$ si ripartiscono in due insiemi S_2 e S_3. Quelli di S_2 hanno almeno un arco da un nodo in S_1, mentre quelli di S_3 non ne hanno nessuno. Analogamente i nodi $T \cap N_2$ si ripartiscono in due insiemi di cui T_1 sono i nodi che hanno almeno un arco da S_1. Allora $\delta^+(S)$ è esattamente il numero di archi da S_1 a T_1, e, per definizione di T_1,

$$\delta^+(S) \geq |T_1|$$

Inoltre (13.8) significa che

$$|S_1| \leq |S_2| + |T_1|$$

Allora possiamo scrivere

$$|S_1| \leq |S_2| + |T_1| \leq |S_2| + |S_3| + |T_1| \leq |S_2| + |S_3| + \delta^+(S)$$

che è esattamente (13.9).

13.3 Assegnamento pesato

Un modo semplice di risolvere un problema di assegnamento pesato consiste nel risolverlo con la PL, in quanto, come nel caso dell'assegnamento di cardinalità, è garantita l'interezza delle soluzioni. Normalmente si considerano grafi bipartiti completi per l'assegnamento pesato e per ogni coppia (i, j), $i \in N_1$, $j \in N_2$, è definito un peso c_{ij}. L'obiettivo è di determinare un accoppiamento perfetto di costo minimo. Quindi la formulazione come PL è:

$$
\begin{aligned}
\min \quad & \sum_{i \in N_1, j \in N_2} c_{ij}\, x_{ij} \\
& \sum_{j \in N_2} x_{ij} = 1 \qquad i \in N_1 \\
& \sum_{i \in N_1} x_{ij} = 1 \qquad j \in N_2 \\
& x_{ij} \geq 0
\end{aligned}
\tag{13.10}
$$

Il duale di (13.10) è il seguente problema (dove le variabili duali u_i e v_j sono associate rispettivamente ai nodi N_1 e N_2):

$$
\begin{aligned}
\max \quad & \sum_{i \in N_1} u_i + \sum_{j \in N_2} v_j \\
& u_i + v_j \leq c_{ij} \qquad i \in N_1,\ j \in N_2
\end{aligned}
$$

In questo caso non c'è un'interpretazione diretta del duale come problema su un grafo. Si tratta di assegnare numeri ai nodi del grafo (senza vincolo di non negatività) tali che la loro somma globale sia massima, ma anche, per ogni arco, la somma dei due numeri non sia superiore al peso dell'arco. In base alla complementarità tale somma, per gli archi accoppiati, sarà esattamente uguale al peso.

Un modo diretto di risolvere un assegnamento pesato consiste nel modellarlo con un problema di flusso. Si è già detto in Sez. 10.5 che il problema dell'assegnamento è un caso speciale del problema del trasporto e pertanto si può risolvere con l'algoritmo descritto a pag. 192: inizialmente si pone $u_i := 0$, $i \in N_1$, e $v_j := 0$, $j \in N_2$ e nessun arco è accoppiato. Poi si eseguono n iterazioni.

Nella k-ma iterazione si eseguono le seguenti operazioni: gli archi accoppiati vengono orientati da N_2 a N_1 con lunghezza 0 e gli archi non accoppiati vengono orientati da N_1 a N_2 con lunghezza $\delta_{ij} := c_{ij} - v_j + u_i$. Con questi valori di lunghezza si calcola il cammino minimo da $k \in N_1$ al più vicino nodo non accoppiato in N_2 usando l'algoritmo di Dijkstra e terminandolo non appena si raggiunge un tale nodo. Sia $h \in N_2$ tale nodo e siano ν_i i valori di distanza calcolati dall'algoritmo di Dijkstra. Poi si eseguono i seguenti aggiornamenti: $u_i := u_i + \min\{\nu_i, \nu_h\}$, $v_j := v_j + \min\{\nu_j, \nu_h\}$ e gli accoppiamenti sugli archi del cammino minimo vengono invertiti. Si noti che un qualsiasi cammino da N_1 a N_2 non può che avere archi accoppiati alternati e che il cammino cercato è un cammino aumentante.

Si veda in Fig. 13.4 un semplice esempio. La matrice c_{ij} dei costi (inizialmente uguale alle lunghezze δ_{ij} degli archi da N_1 a N_2) è data in Fig. 13.4(a). In (b) è rappresentato il cammino minimo dal nodo 1 al più vicino nodo di N_2 con i valori $\min\{\nu_i, \nu_h\}$. L'accoppiamento generato dal cammino minimo è rappresentato in (c) con i valori u_i e v_j. In (d) si vede la matrice δ_{ij} (viene riportato anche il valore per l'arco accoppiato anche se questi verranno soltanto percorsi all'indietro con lunghezza 0). Con questi valori si calcola il cammino

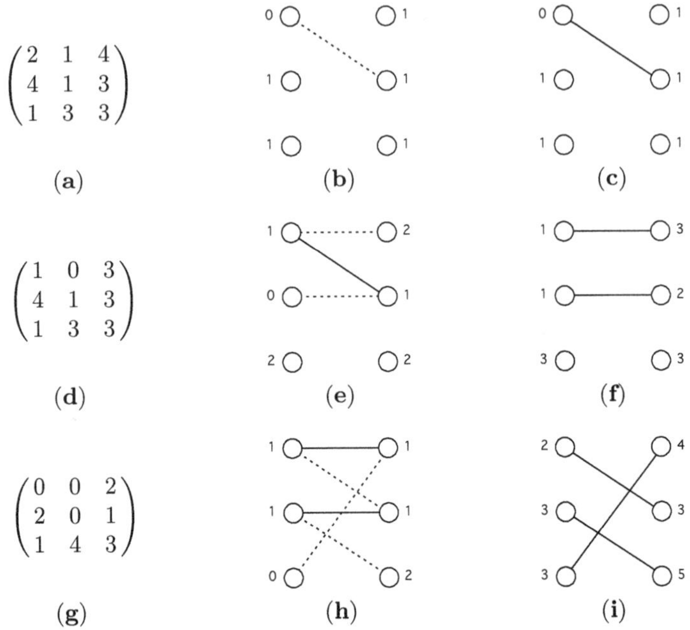

Figura 13.4. Algoritmo di flusso per l'assegnamento pesato

minimo rappresentato in figura (e). Dal cammino minimo si deduce il nuovo accoppiamento di figura (f). I nuovi valori δ_{ij} sono in figura (g), che danno luogo al cammino minimo (h) dal quale si deduce l'assegnamento ottimo finale in (i).

In base a quanto esposto la complessità computazionale dell'algoritmo è $O(n^3)$ in quanto richiede n esecuzioni dell'algoritmo di Dijkstra (per un grafo denso). L'algoritmo indicato è analogo al primo algoritmo proposto nel 1955 per il problema che si deve a Kuhn [133], noto anche come *Algoritmo ungherese*. Per algoritmi un po' più rapidi si veda [52].

13.4 Assegnamento stabile

Si consideri il problema dell'assegnamento definito su un grafo bipartito completo. Per quanto riguarda l'obiettivo si immagini che siano assegnate tante funzioni obiettivo quanti sono i nodi del grafo, definite come:

$$f_i(x) := \sum_{j \in N_2} c_{ij}\, x_{ij}, \quad i \in N_1, \qquad g_j(x) := \sum_{i \in N_1} d_{ij}\, x_{ij}, \quad j \in N_2$$

dove le variabili $x_{ij} \in \{0, 1\}$ rappresentano accoppiamenti. Quindi per ogni possibile accoppiamento sono definiti due valori: c_{ij} rappresenta il valore dell'accoppiamento valutato da i e d_{ij} rappresenta il valore dell'accoppiamento valutato da j.

Questo modello potrebbe applicarsi a varie situazioni in cui ogni nodo del grafo corrisponde a differenti individui o istituzioni, ciascuno con la propria valutazione. Ad esempio N_1 potrebbe essere un insieme di medici appena laureati da assegnare ad un insieme N_2 di posizioni diverse in ospedali per il loro primo impiego. Il valore c_{ij} rappresenta il gradimento per il medico i di essere assegnato all'ospedale j, mentre il valore d_{ij} rappresenta il gradimento per l'ospedale j di vedersi assegnato il medico i. Si veda [119].

Il problema potrebbe essere affrontato in modo globale cercando l'assegnamento che massimizza la somma di tutti i gradimenti. Siccome la funzione obiettivo risultante è

$$\sum_{i \in N_1, j \in N_2} (c_{ij} + d_{ij})\, x_{ij} \tag{13.11}$$

si vede che il problema diventa un semplice assegnamento pesato. Tuttavia questa soluzione potrebbe essere insoddisfacente per alcuni medici e per alcuni ospedali, perché a loro in particolare potrebbe capitare un assegnamento dal valore basso di gradimento. Non solo, potrebbe addirittura capitare che un medico ed un ospedale non siano assegnati l'uno all'altro, ma abbiano correntemente un assegnamento con gradimento peggiore. A questo punto potrebbero rifiutare gli assegnamenti già calcolati e spontaneamente assegnarsi l'uno all'altro con vantaggio reciproco. Localmente si sposterebbero su una soluzione, che, limitatamente a loro due, domina quella precedente.

In questo contesto in cui vi sono diversi agenti in competizione fra loro ha senso normalizzare i pesi in modo che nessuno sia tentato di porre valori elevati per i propri pesi. Immaginiamo allora che $c_{ij}, d_{ij} \in \{1, \ldots, n\}$ (con $n = |N_1| = |N_2|$). Questo problema fu posto per la prima volta in [84] con la proposta di un algoritmo poi migliorato in [101].

Consideriamo il seguente esempio:

$$c = \begin{pmatrix} 3 & 2 & 1 \\ 3 & 1 & 2 \\ 3 & 1 & 2 \end{pmatrix} \qquad d = \begin{pmatrix} 3 & 3 & 3 \\ 2 & 1 & 1 \\ 1 & 2 & 2 \end{pmatrix}$$

La riga i-ma di c riporta le preferenze del medico i sui tre ospedali (colonne). La colonna j-ma di d riporta le preferenze dell'ospedale j sui tre medici (righe). Se si risolve con la funzione obiettivo (13.11) si ottiene l'assegnamento 1-2, 2-1, 3-3, di preferenza 14. Tuttavia il medico 1 e l'ospedale 1 hanno un assegnamento peggiore di quello che avrebbero se fossero assegnati uno all'altro. Quindi l'assegnamento ottimo per (13.11) non è stabile perché invoglia singole coppie a trovare un nuovo assegnamento (non stupirà che questo problema viene presentato di solito come problema del matrimonio stabile).

Come già detto, sono stati sviluppati algoritmi efficienti ad hoc per il problema di trovare un assegnamento stabile. Grazie a questi algoritmi si può dimostrare l'esistenza di assegnamenti stabili. Tuttavia gli assegnamenti stabili non sono unici e si potrebbe pensare di sfruttare questa molteplicità per trovare una soluzione migliore all'interno degli assegnamenti stabili. A questo scopo proponiamo un metodo basato sulla PL01.

L'osservazione è che non può avvenire $x_{ih} = 1$ e $x_{kj} = 1$ se $c_{ij} > c_{ih}$ e $d_{ij} > d_{kj}$. Questo si può realizzare imponendo

$$x_{ih} + x_{kj} \leq 1 \qquad h \in H(i,j),\ k \in K(i,j) \tag{13.12}$$

dove $H(i,j) := \{h : c_{ij} > c_{ih}\}$ e $K(i,j) := \{k : d_{ij} > d_{kj}\}$. Nell'esempio in questione, (13.12) si esplicita nelle seguenti diseguaglianze

$$x_{12} + x_{21} \leq 1, \quad x_{12} + x_{31} \leq 1, \quad x_{13} + x_{21} \leq 1, \quad x_{13} + x_{31} \leq 1$$
$$x_{13} + x_{22} \leq 1, \quad x_{13} + x_{32} \leq 1$$
$$x_{22} + x_{31} \leq 1, \quad x_{23} + x_{31} \leq 1$$
$$x_{32} + x_{23} \leq 1$$

aggiungendo le quali al modello pesato di assegnamento (con funzione obiettivo (13.11)) e imponendo l'integralità (non più garantita dopo l'introduzione dei nuovi vincoli) si ottiene l'assegnamento stabile 1-1, 2-2 e 3-3, di valore 12. Lo svantaggio di questo metodo è l'alto numero di diseguaglianze da introdurre ($O(n^4)$). Si può pensare di introdurle a posteriori solo nel caso di violazione.

13.5 Accoppiamento su grafi generici

Nel problema dell'accoppiamento viene definito un insieme di elementi e bisogna formare delle coppie da questi elementi. Come nel problema dell'assegnamento (che è un particolare accoppiamento su un grafo bipartito) il problema si può presentare in diversi modi. Ad esempio non tutte le coppie potrebbero essere considerate ammissibili. Quelle ammissibili allora corrispondono agli archi di un grafo e il problema consiste nello scegliere un certo numero di archi non incidenti fra loro. Normalmente si vuole massimizzare il numero di coppie (problema di cardinalità).

Come già sottolineato, il Teorema di Berge vale anche per grafi qualsiasi, però la ricerca di un cammino aumentante in un grafo generico è molto più complicata. Non presentiamo qui tale algoritmo, anche se si tratta di un algoritmo molto interessante. Si vedano ad esempio le descrizioni in [172, 199].

Per risolvere il problema di cardinalità si può far uso della PL01, come in (13.3):

$$\begin{aligned} \max \quad & \sum_{e \in E} x_e \\ & \sum_{e \in \delta(i)} x_e \leq 1 \qquad i \in N \\ & x_e \in \{0,1\} \end{aligned} \tag{13.13}$$

Tuttavia ora non è più possibile rilassare il vincolo $x_e \in \{0,1\}$ in $x_e \geq 0$. Si può dimostrare che i vertici del poliedro

$$P_1 = \Big\{x \geq 0 : \sum_{e \in \delta(i)} x_e \leq 1,\ i \in N\Big\}$$

hanno coordinate di valore 0, 1/2 o 1. Se il vertice ha coordinate con valori soltanto 0 o 1, si tratta evidentemente di una soluzione corrispondente ad un accoppiamento. Se invece sono presenti anche i valori 1/2 allora si tratta di un vertice spurio che non corrisponde ad un accoppiamento. Non è difficile vedere che gli archi di valore 1/2 si dispongono sugli archi di circuiti dispari. Il fatto che i valori 1/2 non possono disporsi su circuiti pari è dato dal fatto che una tale soluzione si può esprimere come combinazione convessa dei due accoppiamenti presenti nel circuito, come illustrato in Fig. 13.5.

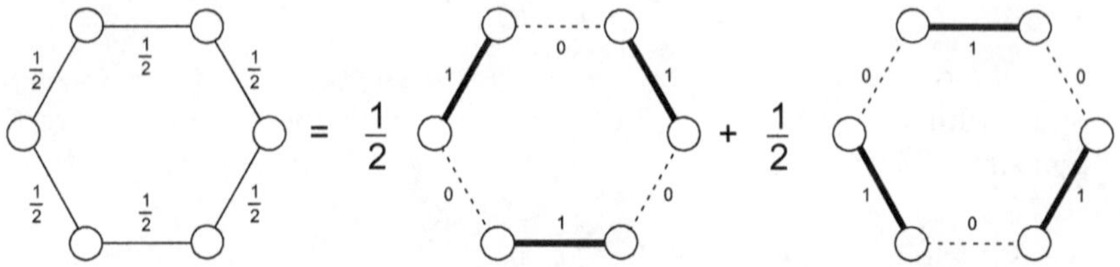

Figura 13.5. Combinazione convessa di due accoppiamenti

Sia S l'insieme di nodi di un circuito dispari con archi di valore 1/2. Potremmo pensare di eliminare questa soluzione aggiungendo un vincolo, che però non elimini anche soluzioni ammissibili intere. Un modo per farlo è costituito dalla diseguaglianza, detta di *insieme dispari* (*odd set*)

$$\sum_{e \in E(S)} x_e \leq \frac{|S|-1}{2} \tag{13.14}$$

Non più di $(|S|-1)/2$ nodi possono essere accoppiati fra i nodi in S e quindi la diseguaglianza (13.14) non elimina soluzioni intere. Ma una soluzione che valga 1/2 su un circuito dispari che tocchi tutti i nodi di S non è ammissibile, perché la somma a sinistra in (13.14) vale $|S|/2$.

Possiamo allora pensare di definire un secondo poliedro P_2 contenuto in P_1 e definito da:

$$P_2 = \Big\{x \geq 0 : \sum_{e \in \delta(i)} x_e \leq 1,\ i \in N;\ \sum_{e \in E(S)} x_e \leq \frac{|S|-1}{2},\ S \subset N,\ |S| \text{ dispari}\Big\}$$

Certamente in P_2 non esistono soluzioni di valore 1/2 su circuiti dispari, ma potrebbero essere state introdotte soluzioni frazionarie di tipo diverso. Un fondamentale risultato di Edmonds [63] stabilisce che i vertici di P_2 hanno solo coordinate 0-1 e sono quindi in corrispondenza uno a uno con gli accoppiamenti.

Un risultato del tutto analogo vale per il problema dell'accoppiamento pesato in cui il grafo è completo e si cerca un accoppiamento che minimizzi o massimizzi il peso globale. Il problema di PL intero è in questo caso:

$$
\begin{aligned}
\min \quad & \sum_{e} c_e\, x_e \\
& \sum_{e \in \delta(i)} x_e = 1 \qquad && i \in N \\
& x_e \in \{0,1\}
\end{aligned}
\tag{13.15}
$$

I vertici del poliedro

$$P_1' = \Big\{ x \geq 0 : \sum_{e \in \delta(i)} x_e = 1,\ i \in N \Big\}$$

hanno coordinate di valore 0, 1/2 o 1, come quelli del poliedro P_1, e i vertici del poliedro

$$P_2 = \Big\{ x \geq 0 : \sum_{e \in \delta(i)} x_e = 1,\ i \in N;\ \sum_{e \in E(S)} x_e \leq \frac{|S|-1}{2},\ S \subset N,\ |S| \text{ dispari} \Big\}$$

hanno coordinate 0-1, come per il poliedro P_2.

Come già detto esiste un algoritmo polinomiale per il problema di cardinalità ed esiste anche un algoritmo polinomiale per il problema pesato. In particolare questo secondo algoritmo [63] è una pietra miliare nella storia dei problemi di ottimizzazione, pionieristico sotto molti aspetti. Se ad un algoritmo può esser attribuita qualche qualità estetica, tale algoritmo certamente la merita. È però un algoritmo molto complesso, per cui è più consigliabile un approccio basato sulla PL, anche se questo non presenta garanzie di polinomialità.

Il risultato d'interezza dei vertici dei poliedri P_2 e P_2' fa sì che sia lecito, in linea teorica, affrontare i problemi (13.13) e (13.15) togliendo il vincolo d'interezza e aggiungendo le nuove diseguaglianze (riportiamo solo il caso di assegnamento pesato, l'assegnamento di cardinalità è analogo):

$$
\begin{aligned}
\min \quad & \sum_{e} c_e\, x_e \\
& \sum_{e \in \delta(i)} x_e = 1 \qquad && i \in N \\
& \sum_{e \in E(S)} x_e \leq \frac{|S|-1}{2} \qquad && S \subset N,\ |S| \text{ dispari} \\
& x_e \geq 0
\end{aligned}
\tag{13.16}
$$

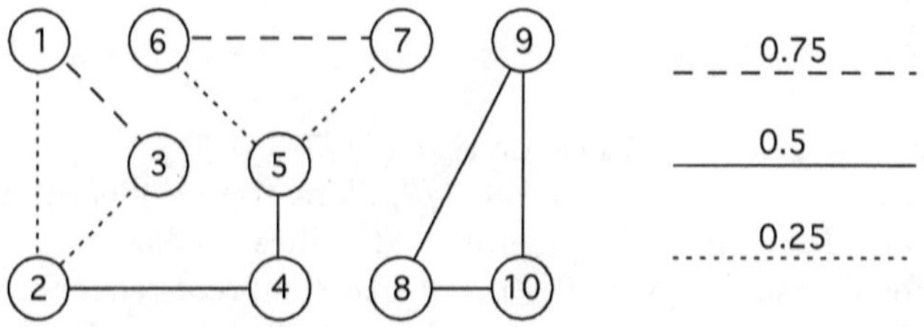

Figura 13.6. Soluzione frazionaria in (13.17)

Il problema definito in (13.16) ha un numero esponenziale di diseguaglianze, e va quindi affrontato come descritto nel Cap. 11, generando solo quelle diseguaglianze che servono.

Allora la strategia per risolvere (13.16) consiste nel risolvere più volte il seguente problema:

$$\begin{aligned}
\min \quad & \sum_{s} c_e \, x_e & & \\
& \sum_{e \in \delta(i)} x_e = 1 & & i \in N \\
& \sum_{e \in E(S)} x_e \leq \frac{|S| - 1}{2} & & S \in \mathcal{S} \\
& x_e \geq 0 & &
\end{aligned} \tag{13.17}$$

dove $\mathcal{S}$ è un insieme finito di sottoinsiemi dispari di nodi. Inizialmente $\mathcal{S}$ è vuoto. Se la soluzione di (13.17) è intera, il calcolo è finito e si tratta dell'ottimo. Se invece la soluzione è frazionaria, deve esistere un insieme dispari S per cui la corrispondente diseguaglianza è violata dalla soluzione corrente. Quindi si tratta di aggiungere la diseguaglianza ad $\mathcal{S}$ e iterare.

Il metodo deve ovviamente terminare perché il numero di diseguaglianze è finito. Ma fortunatamente non richiede un numero esponenziale di iterazioni, altrimenti il metodo esposto non si potrebbe usare. La difficoltà non risiede tanto nel numero di iterazioni, quanto piuttosto nella possibilità di identificare facilmente una diseguaglianza violata dalla soluzione corrente.

Da quanto detto precedentemente potrebbe sembrare che le soluzioni frazionarie di (13.17) abbiano valori 0, 1/2 o 1. In fin dei conti se questo è vero per $\mathcal{S}$ vuoto ed è vero per $\mathcal{S}$ contenente tutti i sottoinsiemi dispari (in questo caso si hanno solo i valori 0 e 1), si potrebbe essere indotti a credere che sia vero anche quando $\mathcal{S}$ contiene una parte dei sottoinsiemi dispari. Invece non è così. In Fig. 13.6 è riportato un semplice esempio in cui la soluzione ha valori frazionari diversi da 1/2. Il grafo del quale si vuole calcolare il massimo accoppiamento ha gli archi in figura più l'arco $(4,8)$. La soluzione indicata,

$$x_{24} = x_{45} = x_{89} = x_{8,10} = x_{9,10} = \frac{1}{2}$$

$$x_{12} = x_{23} = x_{56} = x_{57} = \frac{1}{4}, \quad x_{13} = x_{67} = \frac{3}{4}, \quad x_{48} = 0$$

è quella che si ottiene da (13.17) con $\mathcal{S} = \{\{1,3,5,6,7\}\}$.

Se i valori frazionari sono soltanto 1/2 allora è facile identificare diseguaglianze violate. Nell'esempio in figura si identifica facilmente una tale diseguaglianza per l'insieme $\{8,9,10\}$, ma si può sempre estendere l'esempio ad un grafo di 14 nodi, in cui la struttura dei nodi da 1 a 7 si ripete sui nodi da 8 a 14, e in questo caso non sarebbe immediato identificare la diseguaglianza violata, ad esempio quella indotta dall'insieme $\{1,2,3,4,5\}$.

Sono state elaborate delle tecniche efficienti di identificazione di diseguaglianze violate [170]. Tuttavia può essere più semplice limitarsi a identificare diseguaglianze violate da soluzioni 1/2 e trattare le altre soluzioni con una tecnica branch-and-bound. Per un approccio simile a problemi a grande scala si veda ad esempio [99].

13.6 Circuiti negativi in grafi non orientati

Il problema di scoprire circuiti elementari negativi in un grafo non orientato può essere affrontato tramite un grafo ausiliario. Dato un grafo non orientato con n nodi e m archi il grafo ausiliario non orientato con $2n + 2m$ nodi e $5m + n$ archi viene generato nel seguente modo (si veda in Fig. 13.7 come vengono trasformati un arco e i suoi due nodi):

– ogni nodo i produce una coppia di nodi, etichettati i e i', ed un arco, etichettato (i, i');

– ogni arco (i, j) produce due nodi, etichettati iij e ijj, e 5 archi, etichettati (i, iij), (i', iij), (iij, ijj), (ijj, j) e (ijj, j');

– i costi degli archi sono assegnati come $c(i, iij) = c(i', iij) = c(ijj, j) = c(ijj, j') = c_{ij}$ e $c(i, i') = c(iij, ijj) = 0$.

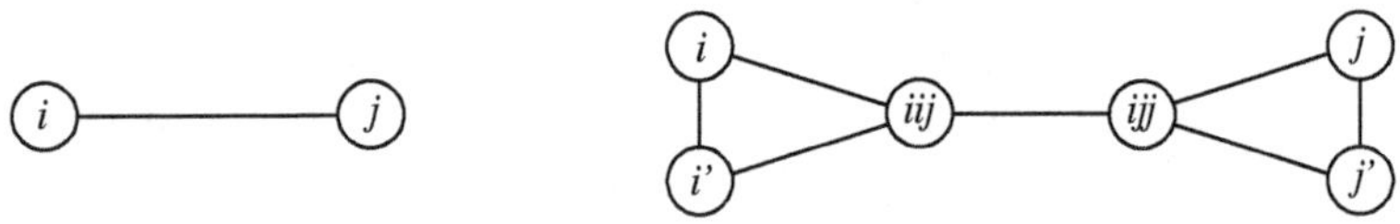

Figura 13.7. Arco trasformato

Sul grafo trasformato si risolve un problema di minimo accoppiamento pesato perfetto. Fra tutti gli accoppiamenti perfetti ce n'è uno, che possiamo definire nullo, che accoppia i nodi (i, i') e (iij, ijj). In base ai nuovi costi, questo accoppiamento ha peso 0. Accoppiamenti migliori possono esistere solo se vengono accoppiati archi di costo negativo. Si vede che se si accoppia un arco di tipo (i, iij), l'esigenza di avere un accoppiamento perfetto obbliga l'arco (ijj, j) ad essere accoppiato. In questo modo il nodo j' viene disaccoppiato

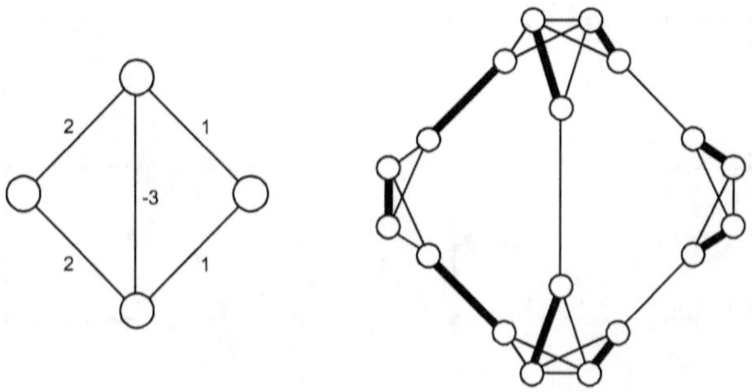

Figura 13.8. Grafo per identificare circuiti negativi

da j e deve accoppiarsi con un nodo jjh generato nella trasformazione dell'arco (j, h). Questo effetto a catena termina quando si riesce ad accoppiare il nodo i', rimasto disaccoppiato dall'accoppiamento dell'arco (i, iij). Questa catena di accoppiamenti equivale ad un circuito sul grafo originario e il costo degli archi accoppiati sul grafo trasformato è uguale esattamente al doppio del costo del circuito.

Quindi un accoppiamento minimo di costo negativo esiste se e solo se esiste un circuito negativo nel grafo originario. Si veda la Fig. 13.8 dove sono stati disegnati un grafo con un ciclo negativo e il corrispondente grafo trasformato. Si è anche evidenziato l'accoppiamento ottimo.

Questa stessa costruzione può essere utilizzata per trovare un cammino minimo su un grafo non orientato con archi di costo qualsiasi, purché non esistano circuiti negativi. Basta modificare leggermente la trasformazione degli archi incidenti nei nodi sorgente e destinazione. Il nodo sorgente s e destinazione t non vengono duplicati. Quindi per ogni arco (s, j) si producono quattro archi (s, ssj), (ssj, sjj), (sjj, j) e (sjj, j') e analogamente per ogni arco (i, t). I costi vengono definiti come precedentemente. Con questa variazione ogni accoppiamento nel grafo ausiliario corrisponde nel grafo originale ad un cammino da s a t più eventualmente dei circuiti. Quindi, se non esistono circuiti negativi, si ha soltanto un cammino e il costo dell'accoppiamento è il doppio del costo del cammino.

Si veda in Fig. 13.9(a) un grafo con indicate le etichette dei nodi e i costi, sul quale si vuole determinare il cammino minimo dal nodo 1 al nodo 12. Il grafo ausiliario è raffigurato in Fig. 13.9(c). Risolvendo il problema di accoppiamento minimo pesato perfetto sul grafo ausiliario usando (13.11) si ottiene la soluzione frazionaria in figura (d) di valore -22. Introducendo otto diseguaglianze del tipo (13.14) si ottiene la soluzione finale di costo 4 in figura (e) che corrisponde al cammino in figura (b) di costo 2.

Questo calcolo va preceduto dalla verifica che non esistano circuiti negativi. Se esistono circuiti negativi il calcolo del cammino minimo può produrre un accoppiamento che corrisponde ad un cammino e anche ad uno o più circuiti. Tuttavia, potrebbe fortunatamente avvenire che, pur in presenza di circuiti

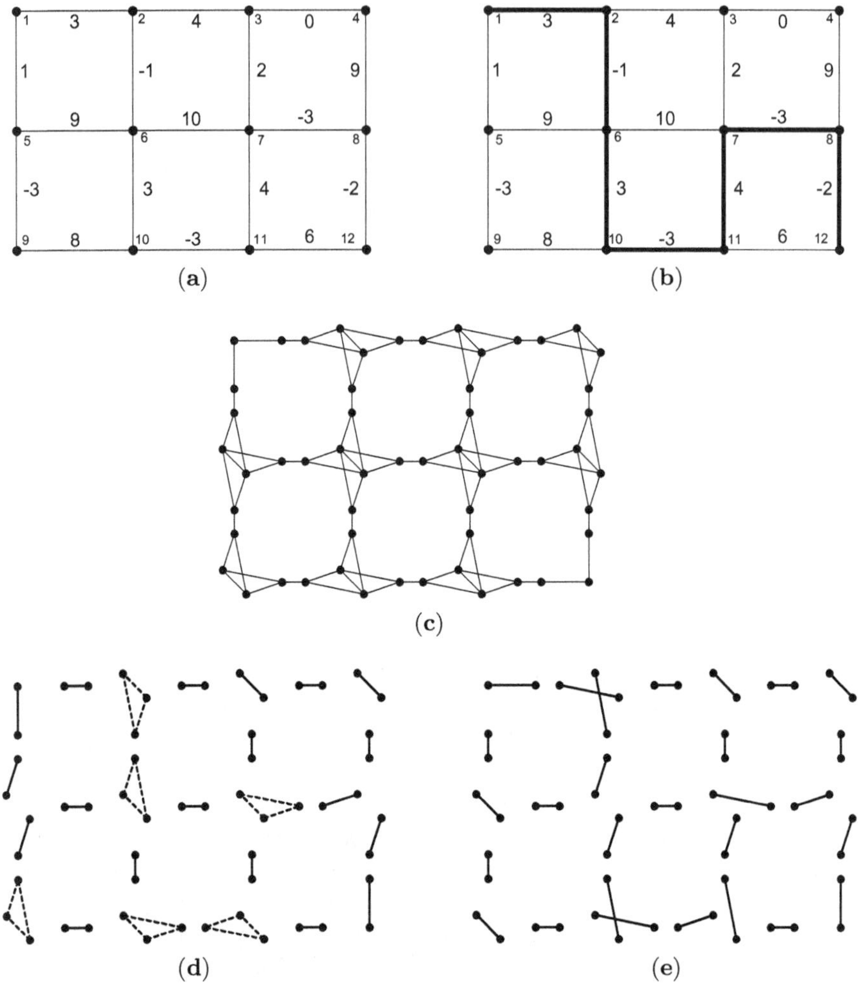

Figura 13.9. Cammino minimo con distanze negative

negativi, l'accoppiamento minimo corrisponde solo ad un cammino. In questo caso si tratterebbe proprio del cammino semplice minimo. Cammini minimi non elementari non esistono in quanto la possibilità di ciclare all'infinito lungo il circuito negativo rende il problema illimitato. In generale il problema del cammino minimo elementare con costi qualsiasi è **NP**-difficile e si risolve con i metodi del Cap. 16.

13.7 Assegnamento tridimensionale

Un assegnamento è una particolare collezione di coppie di elementi appartenenti a due insiemi diversi. È naturale estendere quest'idea a triple di elementi provenienti da tre insiemi diversi e richiedere, come nell'assegnamento, che ogni elemento appaia al più in una tripla (oppure esattamente a seconda del problema). Molti sono i problemi reali in cui si richiede la concorrenza di elementi provenienti da tre insiemi diversi.

Nella formulazione di cardinalità sono dati tre insiemi I, J e K ed un insieme E di terne ammissibili. Vogliamo massimizzare il numero di terne $e = (i, j, k)$ tali che ogni elemento dei tre insiemi è contenuto in al più una terna. Questo problema è **NP**-difficile [83].

Esempio 13.2.

Siano date 5 macchine $\{i_1, i_2, i_3, i_4, i_5\}$, 5 lavori $\{j_1, j_2, j_3, j_4, j_5\}$ e 5 operai $\{k_1, k_2, k_3, k_4, k_5\}$. Supponiamo che siano assegnate tre matrici d'ammissibilità rispettivamente per le coppie macchine-lavori, lavori-operai e macchine-operai.

$$a_{ij} = \begin{pmatrix} 1 & 1 & 0 & 0 & 1 \\ 0 & 0 & 1 & 1 & 1 \\ 1 & 0 & 0 & 1 & 1 \\ 0 & 0 & 1 & 1 & 1 \\ 1 & 1 & 0 & 1 & 0 \end{pmatrix}, \; a_{jk} = \begin{pmatrix} 1 & 0 & 1 & 0 & 1 \\ 1 & 0 & 0 & 1 & 0 \\ 1 & 1 & 0 & 1 & 1 \\ 1 & 0 & 1 & 0 & 0 \\ 0 & 1 & 1 & 0 & 0 \end{pmatrix}, \; a_{ik} = \begin{pmatrix} 0 & 1 & 1 & 1 & 0 \\ 0 & 1 & 1 & 1 & 0 \\ 1 & 0 & 1 & 0 & 1 \\ 1 & 1 & 0 & 0 & 0 \\ 0 & 0 & 0 & 1 & 1 \end{pmatrix}$$

Le terne ammissibili si deducono dalle tre matrici: una terna $\{i, j, k\}$ è ammissibile se e solo se $a_{ij} = a_{jk} = a_{ik} = 1$. Si ottiene il seguente elenco

$$\begin{gathered} \{i_1, j_1, k_3\}, \{i_1, j_2, k_4\}, \{i_1, j_5, k_2\}, \{i_1, j_5, k_3\}, \{i_2, j_3, k_2\}, \{i_2, j_3, k_4\}, \{i_2, j_4, k_3\}, \\ \{i_2, j_5, k_2\}, \{i_2, j_5, k_3\}, \{i_3, j_1, k_1\}, \{i_3, j_1, k_3\}, \{i_3, j_1, k_5\}, \{i_3, j_4, k_1\}, \{i_3, j_4, k_3\}, \\ \{i_3, j_5, k_3\}, \{i_4, j_3, k_1\}, \{i_4, j_3, k_2\}, \{i_4, j_4, k_1\}, \{i_4, j_5, k_2\}, \{i_5, j_1, k_5\}, \{i_5, j_2, k_4\}. \end{gathered}$$

Anche se le terne non sono date esplicitamente ma si deducono da coppie ammissibili, si può dimostrare che il problema rimane **NP**-completo. Una soluzione (l'unica?) è fornita dalle seguenti 5 terne:

$$\{i_1, j_2, k_4\}, \{i_2, j_3, k_2\}, \{i_3, j_5, k_3\}, \{i_4, j_4, k_1\}, \{i_5, j_1, k_5\}.$$

∎

Nella formulazione pesata i tre insiemi hanno la stessa cardinalità n, tutte le terne sono ammissibili e per ogni terna (i, j, k) è assegnato un peso c_{ijk}. Bisogna trovare n terne, tali che ogni elemento sia presente in esattamente una terna, la cui somma dei pesi sia minima.

Per entrambi i problemi un modello di PL01 è disponibile definendo una variabile binaria x_{ijk} che è uguale a 1 se e solo se la terna (i, j, k) viene scelta. Il vincolo sulla presenza di un elemento in una sola terna viene modellato, come di consueto, sommando su tutte le variabili corrispondenti ad un particolare elemento. Quindi, se si considera l'elemento i, si deve imporre $\sum_{jk} x_{ijk} = 1$. Il vincolo deve essere di $\leq$ se invece l'elemento deve comparire in al più una terna, anziché esattamente. Quindi il problema pesato si può modellare come

$$\begin{aligned}
\min \quad & \sum_{ijk} c_{ijk}\, x_{ijk} & \\
& \sum_{jk} x_{ijk} = 1 & i \in [n] \\
& \sum_{ik} x_{ijk} = 1 & j \in [n] \\
& \sum_{ij} x_{ijk} = 1 & k \in [n] \\
& x_{ijk} \in \{0,1\}
\end{aligned} \tag{13.18}$$

Il rilassamento d'interezza di (13.18) *non* produce in generale una soluzione intera, a differenza del problema bidimensionale. È utile trasformare (13.18) in un problema di insieme stabile su un grafo definito nel seguente modo: ogni nodo è associato ad una terna (i, j, k) ed esiste un arco fra due nodi (i, j, k) e (i', j', k') se e solo se le due terne sono incompatibili, ovvero $i = i'$ oppure $j = j'$ oppure $k = k'$. Un insieme stabile corrisponde ad un particolare assegnamento tridimensionale. Il vincolo $\sum_{jk} x_{ijk} = 1$ è un evidente vincolo di cricca (vedi più sotto). Esistono tuttavia molte altre cricche non presenti in (13.18). Ad esempio le tre terne (i, j, k'), (i, j', k) e (i', j', k) formano una cricca che potrebbe essere violata da una soluzione frazionaria del rilassamento di (13.18).

Può venire la curiosità di vedere cosa succede se si applica questa stessa idea all'assegnamento bidimensionale: ad ogni coppia (arco del grafo bipartito) (i, j) si associa un nodo e fra i due nodi c'è un arco se e solo se gli archi del grafo bipartito sono incidenti. In questo modo si costruisce il grafo di linea introdotto a pag. 97. Quindi un problema di assegnamento viene trasformato in un problema di insieme stabile.

L'idea può sembrare strana. Infatti si va a risolvere un problema facile usando un problema difficile. È vero che in generale i problemi collegati con gli insiemi stabili sono difficili, ma in questo caso, si è costruito un grafo particolare, cioè il grafo di linea di un grafo bipartito, e si può dimostrare, tramite il Teorema 6.3, che si tratta di un grafo perfetto, per i quali i problemi di minima copertura nodi, massimo insieme indipendente, minima colorazione e massima cricca sono polinomiali.

Si noti ancora che una copertura di nodi del grafo bipartito si traduce nel suo grafo di linea in una decomposizione in cricche e quindi, essendo vera l'uguaglianza fra minima copertura di nodi e massimo accoppiamento su un grafo bipartito, si deduce l'uguaglianza nel grafo di linea fra il massimo insieme indipendente e la minima decomposizione in cricche.

Naturalmente non conviene affrontare il problema dell'assegnamento facendo ricorso al grafo di linea. Invece è utile ricorrere a diseguaglianze indotte da insiemi stabili per il problema dell'assegnamento tridimensionale, introducendo diseguaglianze violate dalla soluzione frazionaria corrente.

Fra le diseguaglianze valide per le soluzioni ammissibili di un problema di insieme stabile le più importanti sono le *diseguaglianze di cricca*, per ogni cricca K,

$$\sum_{i \in K} x_i \leq 1,$$

le *diseguaglianze di buca dispari* (*odd hole inequalities*), per ogni buca dispari H,

$$\sum_{i \in H} x_i \leq \frac{|H| - 1}{2},$$

le *diseguaglianze di antibuca dispari* (*odd antihole inequalities*), per ogni antibuca dispari AH,

$$\sum_{i \in AH} x_i \leq 2,$$

e le *diseguaglianze di ruota dispari*, per ogni ruota dispari W con centro c (W non contiene c),

$$\sum_{i \in W} x_i + \frac{|W| - 1}{2} x_c \leq \frac{|W| - 1}{2}$$

Identificare una o più diseguaglianze violate da una soluzione frazionaria non è semplice per le diseguaglianze di cricca, per il semplice motivo che determinare cricche di cardinalità superiore ad un valore fissato è un problema **NP**-completo. Quindi anche determinare se esiste qualche cricca pesata (con le variabili frazionarie x) di valore superiore a 1 è **NP**-completo. Si ricorre normalmente ad euristiche, quindi senza la garanzia di poter identificare in ogni caso una diseguaglianza di cricca violata.

Più semplice è invece la determinazione di diseguaglianze di buca dispari violate. Sia $\bar{x}$ una soluzione frazionaria. Dobbiamo valutare se

$$h(\bar{x}) := \min_H \frac{|H| - 1}{2} - \sum_{i \in H} \bar{x}_i \tag{13.19}$$

è maggiore o uguale a 0 oppure no. Nel primo caso nessuna diseguaglianza è violata. Nel secondo caso esiste almeno una diseguaglianza violata e viene generata risolvendo (13.19). A questo scopo si operi nel seguente modo: si crea un grafo bipartito $\tilde{G} = (N, N', \tilde{E})$ in cui N' è una copia di N e un arco $(i, j') \in \tilde{E}$ (e anche $(j, i') \in \tilde{E}$) se e solo se $(i, j) \in E$. Allora un cammino $P_k : k \rightsquigarrow k'$ in $\tilde{G}$ corrisponde ad un circuito dispari C_k in G passante per k.

Ad ogni arco $(i, j') \in \tilde{E}$ si assegna una lunghezza $d_{ij'} := 1 - \bar{x}_i - \bar{x}_j \geq 0$ e la lunghezza del cammino P_k è

$$\sum_{(i,j) \in P_k} (1 - \bar{x}_i - \bar{x}_j) = |P_k| - 2 \sum_{i \in P_k} \bar{x}_i$$

uguale a quella del corrispondente circuito C_k in G (si noti che la sommatoria a sinistra è sugli archi di P_k e quella a destra sui nodi) Siccome

$$|C| - 2 \sum_{i \in C} \bar{x}_i \geq 1 \quad \Longleftrightarrow \quad \sum_{i \in C} \bar{x}_i \leq \frac{|C| - 1}{2}$$

identificare una diseguaglianza violata è equivalente a trovare un cammino minimo P_k di lunghezza inferiore a 1. Il circuito C che si ottiene non è necessariamente semplice (per la possibile presenza sia di un nodo i che della copia i'), ma in tal caso contiene un sottocircuito semplice dispari. Questo, a sua volta, non è necessariamente una buca, ma in tal caso contiene al suo interno una buca oppure una cricca di tre nodi. Se il circuito è di lunghezza inferiore a 1, gli eventuali circuiti semplici e/o buche e cricche sono anche di lunghezza inferiore a 1.

Si lascia come esercizio per il lettore la determinazione di diseguaglianze violate di antibuca dispari e ruota dispari.

Esempio 13.3.

Si consideri una piccola istanza con $n = 4$ e costi dati da:

$$c_{1,j,k} = \begin{pmatrix} 4 & 5 & 3 & 1 \\ 2 & 5 & 3 & 1 \\ 5 & 1 & 1 & 1 \\ 3 & 2 & 1 & 1 \end{pmatrix} \qquad c_{2,j,k} = \begin{pmatrix} 5 & 2 & 3 & 3 \\ 1 & 2 & 1 & 1 \\ 4 & 5 & 2 & 1 \\ 3 & 3 & 2 & 1 \end{pmatrix}$$

$$c_{3,j,k} = \begin{pmatrix} 6 & 1 & 1 & 1 \\ 3 & 2 & 4 & 3 \\ 4 & 2 & 2 & 2 \\ 1 & 1 & 2 & 1 \end{pmatrix} \qquad c_{4,j,k} = \begin{pmatrix} 2 & 2 & 3 & 2 \\ 2 & 3 & 2 & 2 \\ 1 & 1 & 2 & 1 \\ 1 & 2 & 2 & 1 \end{pmatrix}$$

Risolvendo il rilassamento d'interezza di (13.18), ma con obiettivo di massimo, si ottiene

$$x_{122} = x_{131} = x_{214} = x_{232} = x_{311} = x_{323} = x_{443} = x_{444} = 0.5$$

con valore 15.5. Quindi sappiamo che l'ottimo non può valere più di 15. Da questa soluzione si costruisce il grafo in Fig. 13.10(a), che fornisce i tagli (di cricca e di buca dispari)

$$x_{122} + x_{131} + x_{232} \leq 1$$
$$x_{444} + x_{214} + x_{311} + x_{323} + x_{443} \leq 2$$

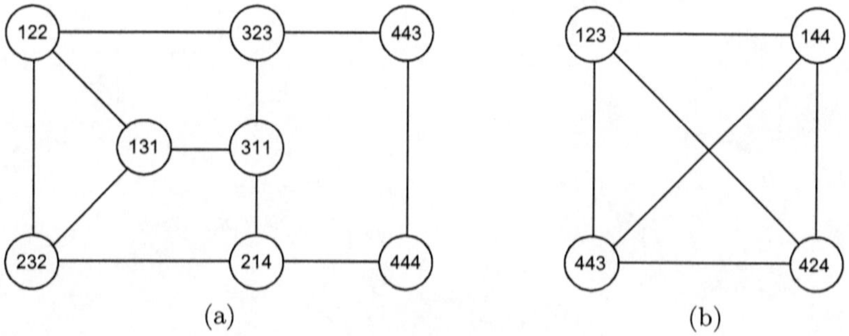

Figura 13.10.

Aggiunti i tagli si ottiene

$$x_{123} = x_{144} = x_{424} = x_{443} = 1/2, \; x_{232} = x_{311} = 1$$

di valore 15. Da questa soluzione si costruisce il grafo in Fig. 13.10(b), che fornisce il taglio di cricca

$$x_{123} + x_{144} + x_{424} + x_{443} \leq 1$$

Aggiunto il taglio si ottiene la soluzione intera di valore 15, e necessariamente ottima,

$$x_{123} = x_{232} = x_{311} = x_{444} = 1$$

Si avverte ancora una volta il lettore che solo con istanze così piccole è possibile ottenere tanto semplicemente l'ottimo. Rimane valida l'idea di aggiungere diseguaglianze violate da una soluzione frazionaria, ma questo si deve accompagnare ad un'efficace strategia di branch-and-bound ∎

14

Esempi di assegnamenti

14.1 Tornei sportivi

Un classico esempio di torneo sportivo è quello in cui ogni squadra incontra ogni altra squadra e gli incontri vengono divisi in turni, in ognuno dei quali tutte le squadre sono impegnate in un incontro. In Italia un tale torneo viene detto 'all'italiana'. Nei paesi di lingua inglese si usa il termine di 'round-robin tournement'.

Un tale torneo può essere visto come un grafo completo in cui i nodi sono le squadre e gli archi gli incontri e ogni turno è un accoppiamento perfetto. Il calendario completo di tutti i turni è allora la partizione di un grafo completo di n nodi in $(n-1)$ accoppiamenti perfetti. Costruire un tale calendario è un problema noto da molto tempo. Un approccio ingenuo al problema, basato sul trovare un accoppiamento perfetto qualsiasi sul grafo completo, togliere questi archi, trovare un altro accoppiamento perfetto qualsiasi, togliere questi archi e così di seguito, può portare in realtà in una situazione di stallo, in cui non esiste un accoppiamento perfetto sugli archi rimasti. Ecco in Fig. 14.1 un esempio di cosa potrebbe succedere. Gli incontri scelti per ogni turno sono rappresentati dagli archi tratteggiati. Dopo aver scelto gli incontri dei primi tre turni, ci si trova in una situazione in cui è impossibile proseguire.

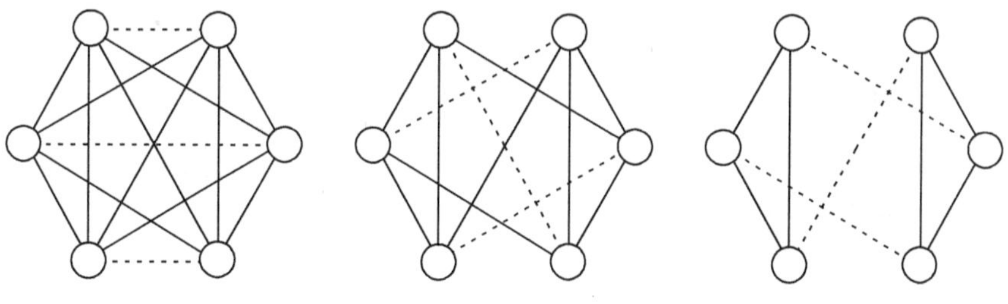

Figura 14.1.

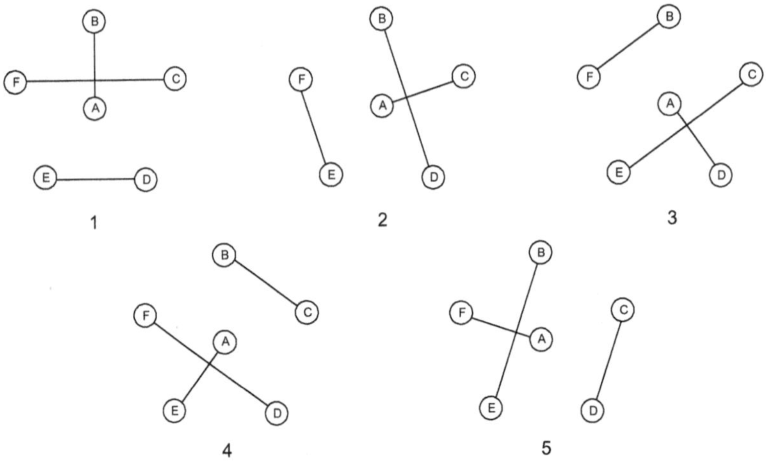

Figura 14.2. Calendario per 6 squadre

Per fortuna esistono dei metodi rapidi che permettono di costruire il calendario senza incorrere in situazioni di stallo. Un metodo (cosiddetto *metodo circolare, circle method*) consiste nel costruire un grafo con $(n-1)$ nodi disposti circolarmente e un nodo in centro. Poi i nodi vengono accoppiati nel seguente modo: il nodo centrale con uno qualsiasi dei nodi circolari e i rimanenti con archi 'paralleli'. Si veda in Fig. 14.2 il primo dei grafi. Si numerino i nodi esterni da 0 a $n-2$. Quindi il primo turno consiste nell'accoppiare il nodo centrale con il nodo 0 e il nodo i con il nodo $-i \bmod (n-1)$, per $i = 1, \ldots, \lfloor (n-1)/2 \rfloor$. Per il secondo turno si 'ruotano' gli accoppiamenti di una posizione, con perno di rotazione il nodo centrale, come in Fig. 14.2. Si prosegue in questo modo fino a completare il calendario.

Per convincerci che il metodo è corretto dobbiamo semplicemente vedere che non ci siano incontri ripetuti. A questo punto abbiamo anche la certezza che non ci sono incontri mancanti (perché?). Certamente il nodo centrale viene accoppiato sempre con nodi diversi. Per gli altri nodi si noti che, se in un turno una squadra incontra la squadra i, nel turno successivo incontrerà la squadra $(i+2) \bmod (n-1)$, (se questo numero è 0 allora l'incontro è con la squadra centrale). Siccome $(n-1)$ è dispari, i valori $(i+2) \bmod (n-1)$ sono tutti diversi.

Un altro metodo consiste nell'ordinare tutti gli incontri in modo lessicografico. Assegnato un ordine alle squadre (ad esempio A, B, C, D, E, F), ogni incontro viene indicato con la coppia (i, j) con i che precede j nell'ordine. Poi gli incontri sono ordinati in modo lessicografico. Con sei squadre si hanno i 15 incontri ordinati

$$(A,B),\ (A,C),\ (A,D),\ (A,E),\ (A,F),\ (B,C),\ (B,D),\ (B,E)$$

$$(B,F),\ (C,D),\ (C,E),\ (C,F),\ (D,E),\ (D,F),\ (E,F)$$

(A,B)	(A,C)	(A,D)	(A,E)	(A,F)
		(B,C)	(B,D)	(B,E)
	(B,F)			(C,D)
(C,E)			(C,F)	
	(D,E)			
(D,F)		(E,F)		

Tabella 14.1. Costruzione 'greedy' del torneo

Poi si assegnano gli incontri, nell'ordine, ai turni del calendario, in modo ciclico, con la clausola che se un incontro non può essere assegnato perché una delle due squadre è già impegnata in quel turno, si prova ad assegnare l'incontro al turno successivo (il successivo dell'ultimo è il primo). Si veda l'applicazione del metodo in Tabella 14.1 dove ogni colonna è un turno e le righe corrispondono all'inserzione ciclica degli incontri.

Se si provano a costruire calendari con valori anche elevati di n si vede che il metodo funziona. In modo stupefacente i vari incontri trovano il loro posto nella tabella. La cosa naturalmente si può provare e vale la pena di riportarne la dimostrazione, che viene fornita nell'Appendice.

Tuttavia la costruzione di un calendario di campionato richiede molti altri vincoli che non possono essere tenuti in conto dagli algoritmi delineati. La flessibilità della PL01 suggerisce quindi immediatamente la seguente estensione del problema dell'accoppiamento. Sono definite variabili binarie x_{et} che denotano il fatto che l'incontro $e = (i,j)$ ha luogo nel turno t. Un calendario è allora una soluzione ammissibile del seguente insieme di vincoli

$$\begin{aligned}
&\sum_{e\in\delta(i)} x_{et} = 1 \qquad && i \in [n], \quad t \in [n-1] \\
&\sum_{t=1}^{n-1} x_{et} = 1 \qquad && e \in E \\
&x_{et} \in \{0,1\}
\end{aligned} \tag{14.1}$$

Il primo gruppo di vincoli impone che per ogni turno t, l'insieme di archi, cioè degli incontri, sia un accoppiamento perfetto. Il secondo gruppo impone che un arco sia scelto esattamente in un turno. Il rilassamento d'interezza di (14.1) ha uno strano comportamento. Con costi generati casualmente i tempi di calcolo sono notevoli, ma con costi che possono riflettere semplici esigenze si ottiene la soluzione abbastanza rapidamente.

Esempi di vincoli abbastanza ovvi e semplici da realizzare sono costituiti da particolari esigenze temporali come: impedire che squadre forti si incontrino nei primi e negli ultimi turni del torneo, fare avvenire nello stesso turno alcuni incontri fra squadre forti.

Quando gli incontri si svolgono nella città di una delle due squadre (che, come si usa dire, gioca 'in casa'), le due squadre si incontrano due volte nel

(A,D)	(A,C)	(A,F)	(A,D)	(A,B)	(A,F)	(A,C)	(A,E)	(A,B)	(A,E)
(B,F)	(B,D)	(B,C)	(B,E)	(C,E)	(B,E)	(B,F)	(B,C)	(C,D)	(B,D)
(C,E)	(E,F)	(D,E)	(C,F)	(D,F)	(C,D)	(D,E)	(D,F)	(E,F)	(C,F)

Tabella 14.2. Calendario non a specchio

corso del torneo per permettere ad entrambe di giocare in casa. Il caso più frequente è quello in cui il torneo è costituito da un girone d'andata e un altro di ritorno, in cui si ripete esattamente il calendario del girone d'andata, come ad esempio nel campionato di calcio italiano. In questo caso di parla di calendario *a specchio* (*mirrored round-robin*).

In questo modo i due incontri avvengono alla medesima distanza di tempo per tutte le squadre e quindi si realizza una certa equità fra le squadre. Però si potrebbe obiettare che nei due turni di campionato si svolgono esattamente gli stessi incontri, mentre forse sarebbe meglio che quando due squadre si incontrano di nuovo gli altri incontri siano diversi da quelli del turno di andata per rendere più casuale (e quindi più equo) il calendario.

Infatti non tutti i tornei in cui ci sono due incontri per ogni coppia di squadre seguono uno schema a specchio. In questo caso vi sono $2\,(n-1)$ turni e si richiede, come vincolo aggiuntivo, che i due incontri per la stessa coppia di squadre non avvengano in due turni consecutivi. Il modello (14.1) viene modificato nel seguente modello.

$$\begin{aligned}
&\sum_{e\in\delta(i)} x_{et} = 1, && i\in[n], \quad t\in[2\,(n-1)]\\
&\sum_{t=1}^{2\,(n-1)} x_{et} = 2, && e\in E\\
&x_{et} + x_{e(t+1)} \le 1 && e\in E, \quad t\in[2\,n-3]\\
&x_{et}\in\{0,1\}
\end{aligned} \tag{14.2}$$

In Tabella 14.2 si veda un esempio di campionato a sei squadre risolto tramite (14.2). Si può vedere che quando due squadre si incontrano, gli altri incontri, nei due turni, sono diversi.

14.2 Effetti di riporto nei tornei

In un campionato, oltre ai vincoli indicati, vi sono altri vincoli più sottili. Se si decidesse di adottare il calendario fornito dal metodo circolare si avrebbe il calendario per 10 squadre in Tabella 14.3.

Si esaminino ora le partite delle squadre C e J della Tabella 14.3. Nel secondo turno J incontra E e nel terzo turno C incontra E. Nel terzo turno J

(A,B)	(A,C)	(A,D)	(A,E)	(A,F)	(A,G)	(A,H)	(A,I)	(A,J)
(C,J)	(D,B)	(E,C)	(F,D)	(G,E)	(H,F)	(I,G)	(J,H)	(B,I)
(D,I)	(E,J)	(F,B)	(G,C)	(H,D)	(I,E)	(J,F)	(B,G)	(C,H)
(E,H)	(F,I)	(G,J)	(H,B)	(I,C)	(J,D)	(B,E)	(C,F)	(D,G)
(F,G)	(G,H)	(H,I)	(I,J)	(J,B)	(B,C)	(C,D)	(D,E)	(E,F)

Tabella 14.3. Calendario con dieci squadre

incontra G e nel quarto turno C incontra G. La stessa cosa succede per i turni successivi. Ogni squadra gioca con le squadre J e C in due turni successivi.

Il fatto che due squadre giochino in turni successivi con la stessa squadra viene detto *effetto di riporto* (*carry over effect*). Ovviamente fra due turni successivi devono esserci n riporti, quindi per un totale di $n\,(n-2)$ riporti su tutto il calendario. Per uniformità matematica, ma anche pensando ad un calendario a specchio, conviene ragionare come se l'ultimo turno precedesse il primo, e quindi il numero di riporti è $n\,(n-1)$. Quello che si vuole è distribuirli uniformemente fra tutte le $n\,(n-1)/2$ coppie di squadre, cioè di averne due per ogni coppia.

Infatti una distribuzione non uniforme con troppi riporti per certe coppie e nessuno per altre può creare problemi. Nell'esempio di Tabella 14.3 le coppie BD, CE, DF, EG, FH, GI, HJ, IB e JC hanno ben 7 riporti, tutte le coppie con la squadra A ne hanno 2, le coppie BC, CD, DE, EF, FG, GH, HI, IJ e JB ne hanno 1, e le rimanenti 18 ne hanno 0.

A ben guardare è proprio il meccanismo del metodo circolare che crea questa disuniformità. Infatti si è visto che ogni squadra gioca in un turno con la squadra i e nel turno successivo con la squadra $(i+2) \bmod (n-1)$.

È possibile costruire un calendario con due riporti per coppia? La risposta è affermativa se il numero di squadre è una potenza di 2 [193], ma non si sa se questo sia possibile per numeri diversi. In Tabella 14.4 si vede il calendario che distribuisce esattamente 2 riporti per ogni coppia.

(A,D)	(A,E)	(A,F)	(A,G)	(A,H)	(A,B)	(A,C)
(B,E)	(B,D)	(B,H)	(B,C)	(B,F)	(C,G)	(B,G)
(C,H)	(C,F)	(C,E)	(D,F)	(C,D)	(D,E)	(D,H)
(F,G)	(G,H)	(D,G)	(E,H)	(E,G)	(F,H)	(E,F)

Tabella 14.4. Calendario con otto squadre e con effetti di riporto uniformi

14.3 Incontri in casa e fuori casa

Un altro aspetto molto importante nella costruzione di un calendario riguarda la distribuzione degli incontri fra 'in casa' e 'fuori casa'. Idealmente il calendario migliore sarebbe quello che per ogni squadra alternasse regolarmente un turno in casa ed uno fuori. Ma un tale calendario è irrealizzabile, se non per al più due squadre. Infatti, prese due squadre qualsiasi, nel turno in cui le squadre si incontrano, una gioca in casa e l'altra fuori. Quindi se queste squadre hanno un calendario alternato giocano sempre una in casa e l'altra fuori. Se esistesse una terza squadra con un calendario alternato dovrebbe avere la stessa distribuzione o della prima o della seconda squadra. Ma la prima ipotesi entra in contraddizione quando la terza squadra gioca con la prima squadra e la seconda ipotesi quando gioca con la seconda.

Quindi è inevitabile che vi siano due turni consecutivi in cui una squadra gioca fuori casa oppure in casa. Tali incontri consecutivi vengono chiamati *rotture* (*breaks*). Si noti che tre incontri consecutivi contano come due rotture. Il problema che si pone è quindi quello di minimizzare il numero totale di rotture.

Tre approcci sono possibili per il problema: decidere prima il calendario e poi decidere la distribuzione, oppure decidere prima la distribuzione e poi decidere il calendario, infine decidere insieme calendario e distribuzione. Il terzo approccio è troppo complesso in generale. Gli altri due sono invece percorribili. Qui esaminiamo un metodo, dovuto a [65], che minimizza il numero totale di rotture, una volta fissato il calendario.

L'idea del metodo si basa su una trasformazione del problema in un problema di taglio massimo. Il problema del taglio massimo, a differenza del taglio minimo di cui ci siamo occupati nel Cap. 10 è **NP**-difficile. Però a tutt'oggi non si sa se il problema di determinare lo schema di partite in casa e fuori casa sia **NP**-difficile. Quindi sembrerebbe che si opera in modo poco sensato, trasformando un problema, che potrebbe risultare polinomiale, in uno **NP**-difficile. Tuttavia si tende a pensare che il problema sia effettivamente **NP**-difficile, per cui è abbastanza lecito modellare il problema usando il problema del taglio massimo, almeno finché non si scopra che esiste un algoritmo polinomiale.

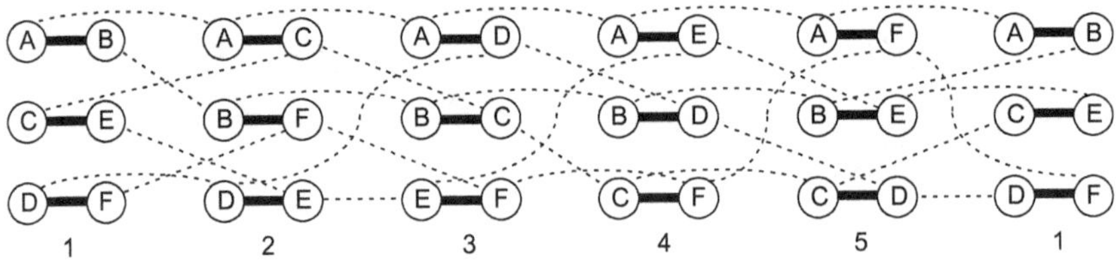

Figura 14.3.

In Fig. 14.3 viene illustrato un esempio di applicazione del metodo al calendario di 6 squadre costruito in Tabella 14.1. Il torneo viene realizzato a specchio. Per ogni coppia squadra-turno c'è un nodo del grafo. Le prime tre coppie in colonna di nodi corrispondono agli incontri del primo turno e così di seguito. Si noti che alla fine si sono ripetuti gli incontri del primo turno pensando all'inizio del girone di ritorno. Non serve considerare anche gli altri incontri del girone di ritorno.

Fra tutte le coppie di nodi che corrispondono ad un incontro viene creato un arco a cui si dà un peso K molto elevato, ad esempio $K = 100$ (archi grossi in figura). Inoltre ci sono tre archi con lo stesso peso (omessi per semplicità di disegno) fra il nodo A del primo turno e il nodo A del primo turno del girone di ritorno, e altrettanto per i nodi C e D. Fra ogni nodo e il nodo del turno successivo della stessa squadra viene creato un arco a cui si dà peso molto basso, ad esempio 1 (archi tratteggiati in figura). Il numero di archi di peso K è $n\,(n+1)/2 = 21$, mente il numero di archi di peso 1 è $n\,(n-1) = 30$.

Quello che si deve fare è decidere chi gioca in casa e chi fuori per ogni incontro e per ogni turno. Si immagini allora di ripartire i nodi in due insiemi, il primo quello delle coppie squadra-turno in casa e il secondo quello delle coppie fuori casa. Questi due insiemi individuano un taglio e un arco del taglio indica che ai suoi estremi le squadre giocano una in casa e l'altra fuori.

Quindi i due nodi di un incontro devono stare in insiemi diversi e altrettanto per le tre coppie di nodi dei primi turni del girone di andata e di ritorno (ne bastano uno per partita, non servono uno per squadra). È per questo motivo che si dà un peso molto grande a questi archi. Una soluzione di massimo taglio renderà questi archi appartenenti al taglio. Infatti una soluzione che abbia tutti gli archi di peso K in un taglio esiste ed ha peso almeno $K\,n\,(n+1)/2$ e una qualsiasi soluzione che non abbia tutti questi archi nel taglio ha peso al più $K\,n\,(n+1)/2 - K + n\,(n-1)$. È sufficiente che

$$K\,n\,(n+1)/2 - K + n\,(n-1) < K\,n\,(n+1)/2 \quad \Longrightarrow \quad K > n\,(n-1)$$

per far sì che una soluzione di massimo taglio debba avere tutti gli archi di peso K nel taglio e quindi la soluzione massima avrà il maggior numero possibile di archi di peso 1. Siccome il numero di archi di peso 1 è fisso, massimizzare il numero di archi nel taglio è la stessa cosa che minimizzare il numero di rotture.

Si può far vedere che per ogni soluzione di questo problema (turno a specchio, con numero di rotture calcolato sul girone di andata più la prima partita del girone di ritorno) ci deve essere un numero pari di rotture per ogni squadra. Si considerino i nodi relativi ad un squadra. Partendo dal primo turno si considera il cammino che porta al primo turno del girone di ritorno usando gli archi di peso 1. Dato un taglio, il primo e l'ultimo nodo del cammino devono stare in insiemi diversi del taglio e quindi il cammino attraversa il taglio un numero dispari di volte. Siccome il cammino ha un numero dispari di archi, il numero di archi che non attraversano il taglio, cioè il numero di rotture, deve essere pari.

Esaminiamo ora come risolvere il problema del massimo taglio. Come già detto, si tratta di un problema **NP**-difficile, quindi è lecito modellarlo con la PL01. Possiamo definire variabili binarie x_{ij} associate a coppie di nodi per decidere se i due nodi della coppia stanno dalla stessa parte del taglio ($x_{ij} = 0$) oppure no ($x_{ij} = 1$). Si noti che non necessariamente alla coppia (i, j) è associato l'arco. Se esiste l'arco (i, j) allora il fatto che $x_{ij} = 1$ significa che l'arco appartiene al taglio. Bisogna ora vincolare le variabili x in modo che i valori ammissibili siano coerenti con la definizione di taglio. Per definire questi vincoli si consideri inizialmente una singola coppia (i, j). In questo caso x_{ij} può assumere sia il valore 0 che il valore 1. Quindi la diseguaglianza $0 \leq x_{ij} \leq 1$ ha come estremi proprio questi due valori. Più interessante è il caso di una terna di nodi (i, j, k). Le tre variabili binarie x_{ij}, x_{ik} e x_{jk} possono assumere 8 valori, ma solo i seguenti quattro sono ammissibili

x_{ij}	x_{ik}	x_{jk}
0	0	0
0	1	1
1	0	1
1	1	0

Questi quattro valori, visti come punti in $\mathbb{R}^3$, definiscono il poliedro raffigurato in Fig. 14.4, le cui faccette sono definite dalle disequazioni:

$$\begin{aligned} x_{ij} + x_{ik} - x_{jk} &\geq 0 \\ x_{ij} - x_{ik} + x_{jk} &\geq 0 \\ - x_{ij} + x_{ik} + x_{jk} &\geq 0 \\ x_{ij} + x_{ik} + x_{jk} &\leq 2 \end{aligned} \tag{14.3}$$

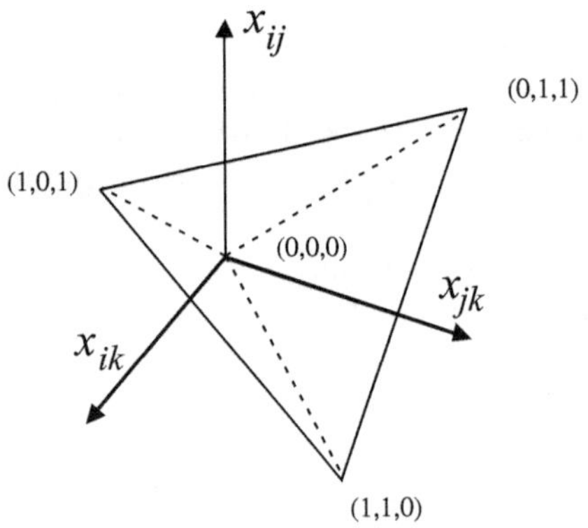

Figura 14.4.

Quindi il problema del taglio di peso massimo può essere risolto, in generale, dal seguente problema di PL01

$$
\begin{array}{lll}
\max & \sum_{(ij)\in E} w_{ij}\, x_{ij} & \\
 & x_{ij} + x_{ik} - x_{jk} \geq 0 & (i,j,k) \in N \\
 & x_{ij} - x_{ik} + x_{jk} \geq 0 & (i,j,k) \in N \\
 & - x_{ij} + x_{ik} + x_{jk} \geq 0 & (i,j,k) \in N \\
 & x_{ij} + x_{ik} + x_{jk} \leq 2 & (i,j,k) \in N \\
 & x_{ij} \in \{0,1\} &
\end{array}
\tag{14.4}
$$

Il rilassamento di (14.4) può presentare degli scarti abbastanza grandi per certi grafi fino a quasi il doppio del valore intero [181]. Per rafforzare la formulazione si può pensare di considerare quaterne di nodi, che danno quindi luogo a 8 differenti insiemi di nodi (tenuto conto della simmetria) e ad altrettanti insiemi di valori ammissibili per le variabili x_{ij}. Calcolando le faccette del poliedro in $\mathbb{R}^6$ si ottengono le stesse diseguaglianze (14.3). Quindi non vale la pena di considerare quaterne. Se però consideriamo quinterne di nodi, i 16 vertici in $\mathbb{R}^{10}$ generano un poliedro le cui faccette, oltre alle diseguaglianze (14.3) sono del seguente tipo per ogni insieme $(i,j,k,h,g) = H$ di cinque nodi:

$$
\begin{array}{ll}
\sum_{(j,k):j\neq i,k\neq i} x_{jk} \leq 2 - \sum_{j} x_{ij} & i \in H \\
x_{hk} + \sum_{(i,j):i,j\neq h,k} x_{ij} \leq \sum_{j\neq h,k} x_{hj} + x_{kj} & (h,k) \in H \\
\sum_{(h,k)\in H} x_{hk} \leq 6 &
\end{array}
\tag{14.5}
$$

È evidente che procedere in questo modo genera un numero elevatissimo di diseguaglianze. Solo le diseguaglianze (14.3) sono in numero $4\,n\,(n-1)\,(n-2)/6$, che per un grafo di 100 nodi, è uguale a 646.800. Le diseguaglianze (14.5) sono in numero $16\,\binom{n}{5} = 1.204.600.320$ per $n = 100$, cioè assolutamente improponibile, ma anche solo per $n = 20$ si hanno 248.064 diseguaglianze. Per questo motivo in pratica si introducono solo le diseguaglianze $\sum_{(h,k)\in H} x_{hk} \leq 6$, se violate.

Un altro modo per rendere più agevole il calcolo del rilassamento consiste nel considerare cricche di tre nodi in (14.4) anziché terne di indici. Il numero di cricche di tre nodi può essere considerevolmente minore del numero di terne. Tuttavia il rilassamento d'interezza è meno forte. Per convincersene basta considerare un circuito di 5 nodi. Non ci sono cricche di tre nodi e quindi gli unici vincoli sono $0 \leq x_{ij} \leq 1$ che portano ad un taglio massimo di cardinalità di 5 (cioè tutti gli archi). Viceversa il massimo di (14.4) (ove $w_{ij} = 1$ se esiste l'arco (i,j) e $w_{ij} = 0$ altrimenti) è 4 e la soluzione è intera.

Per calcolare il taglio massimo del grafo di Fig. 14.3, almeno usando risolutori di media potenza, conviene usare un altro modello che abbia variabili binarie associate ai nodi del grafo, in quanto c'è bisogno anche di porre dei vincoli sul numero di partite in casa e fuori casa. Un semplice insieme di vincoli che lega una variabile d'arco x_{ij} con le due variabili binarie di nodo z_i e z_j è il seguente:

$$z_i + z_j \geq x_{ij}, \quad z_i + z_j + x_{ij} \leq 2, \quad z_i - z_j \geq x_{ij}, \quad z_j - z_i \geq x_{ij}$$

A questo punto conviene imporre direttamente il vincolo $z_i + z_j = 1$ per tutti quegli archi che devono stare nel taglio ed eliminare le corrispondenti variabili d'arco.

Per formulare il modello, conviene, dal punto di vista notazionale, indicare i nodi del grafo con due indici (i, t) dove i è la squadra e t è il turno e indicare con E_t l'insieme delle partite del turno t. Gli archi di peso K non vengono definiti, ma abbiamo bisogno di indicare le coppie di nodi di questi archi. Queste coppie sono del tipo $((i,t),(j,t))$, per $(i,j) \in E_t$ e $t \in [n-1]$, e $((i,1),(i,n))$ per i scelto fra le coppie di E_1, uno per coppia. Si indichi con Q_K l'insieme delle quadruple (i,j,t,s) corrispondenti a queste coppie. Gli archi di peso 1, cioè gli unici archi, sono del tipo $((i,t),(i,t+1)$, per $i \in [n]$ e $t \in [n-1]$. Si indichi con Q_1 l'insieme delle coppie (i,t) con $i \in [n]$ e $t \in [n-1]$. Indicando con x le variabili degli archi (di peso 1) per le quali si può usare semplicemente la coppia (i,t) di indici, abbiamo:

$$\begin{aligned}
\max \quad & \sum_{(i,t) \in Q_1} x_{it} & & \\
& z_{it} + z_{js} = 1 & & (i,j,t,s) \in Q_K \\
& z_{it} + z_{i(t+1)} - x_{it} \geq 0 & & (i,t) \in Q_1 \\
& z_{it} - z_{i(t+1)} + x_{it} \geq 0 & & (i,t) \in Q_1 \\
& -z_{it} + z_{i(t+1)} + x_{it} \geq 0 & & (i,t) \in Q_1 \\
& z_{it} + z_{i(t+1)} + x_{it} \leq 2 & & (i,t) \in Q_1 \\
& z_{it}, x_{it} \in \{0,1\} & &
\end{aligned} \tag{14.6}$$

Il modello (14.6) è adeguato per campionati con poche squadre come nell'esempio. Comincia a presentare difficoltà per un campionato a 18 squadre. Si ottiene abbastanza rapidamente una buona soluzione ma poi ci vuole molto tempo per chiudere lo scarto e quindi concludere con la soluzione ottima. Risolvendo (14.6) per l'esempio della Tabella 14.1, si ottiene la soluzione in Fig. 14.5(a) dove i nodi in nero rappresentano la squadra che gioca in casa. Sono anche evidenziate otto rotture. Il valore della soluzione di (14.6) è 22. Il valore 22 indica che $30 - 22 = 8$ archi non sono nel taglio dando luogo alle otto rotture. Questo valore rappresenta ovviamente il minimo valore assoluto, per il dato calendario.

La soluzione però presenta diversi motivi di insoddisfazione e non è concretamente proponibile. La squadra A gioca 4 partite su 5 del girone di andata

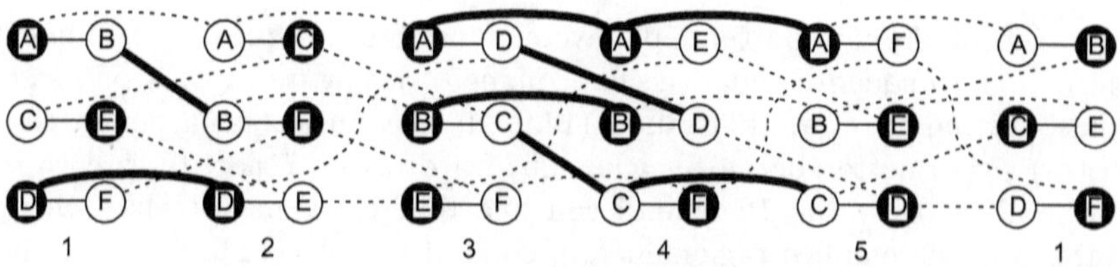

(a) Prima soluzione

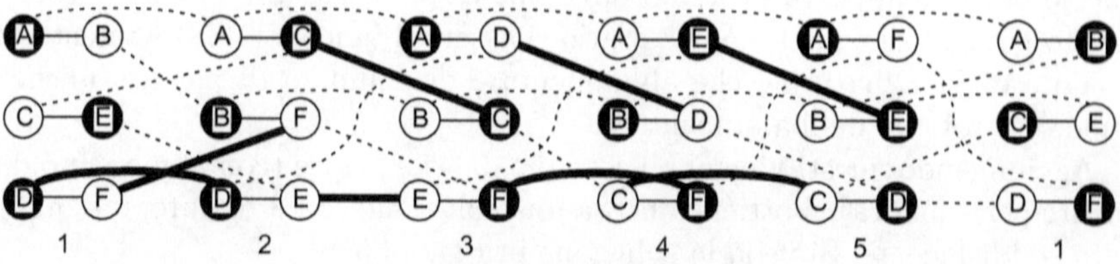

(b) Seconda soluzione

Figura 14.5.

in casa. Quindi nel girone di ritorno giocherà 4 partite fuori casa, con grave squilibrio e anche svantaggio. Viceversa la squadra C gioca 4 partite su 5 del girone di andata fuori casa. Nel girone di ritorno avrà una situazione ribaltata e quindi favorevole. Difficilmente le altre squadre possono accettare una situazione del genere.

Inoltre le squadre A e C hanno le rotture in successione, quindi giocano tre turni consecutivi o in casa o fuori casa, e questa non è una situazione desiderabile (del resto considerato l'alto numero di partite da giocare o in casa o fuori casa, è difficile che non succeda). Per le squadre B e D invece i numeri di partite in casa e fuori casa sono equilibrati (3 e 2), non ci sono rotture consecutive e ce ne sono solo due. Infine le squadre E e F alternano perfettamente partite in casa e fuori casa.

Per ovviare a questi inconvenienti si devono aggiungere a (14.6) ulteriori vincoli. Per impedire due rotture consecutive si impone

$$\big(x_{it} + x_{i(t+1)} \geq 1 \quad t \in [n-1], \qquad x_{i1} + x_{i(n-1)} \geq 1\big) \quad i \in [n] \tag{14.7}$$

Per non avere più di k rotture per squadra si impone

$$\sum_{t}^{n-1} (1 - x_{it}) \leq k \qquad i \in [n] \tag{14.8}$$

e per avere un numero di partite in casa e fuori casa che differiscono di uno si impone

$$\frac{n}{2} - 1 \leq \sum_{t=1}^{n-1} z_{it} \leq \frac{n}{2} \qquad i \in [n] \tag{14.9}$$

Dei tre vincoli il più importante per avere un calendario equo è probabilmente (14.9). Con 18 squadre significa che il numero di partite in casa può essere uguale a 8 oppure a 9. Rilassando (14.9) di una unità (sia a destra che a sinistra) si permetterebbe a qualche squadra di avere 7 partite in casa e a qualche altra di averne 10, quindi con una differenza inaccettabile. Si può notare, con un semplice ragionamento, come il vincolo (14.9) implichi che i due valori di vincolo sono equamente distribuiti fra le n squadre. Anche il vincolo (14.7) è importante e non dovrebbe essere rilassato. Viceversa con un elevato numero di squadre è necessario rilassare il vincolo (14.8) aumentando il valore di k. È naturale che all'aumentare del numero di partite, anche il numero di rotture debba aumentare.

Aggiungendo questi vincoli all'esempio di sei squadre (con al massimo due rotture per squadra) si ottiene ancora una soluzione con 8 rotture, ma questa volta soddisfacente. Si veda la soluzione in Fig. 14.5(b).

Se si applicano (14.6) con l'aggiunta dei vincoli (14.7), (14.8) ($k = 4$) e (14.9) ad un campionato di 18 squadre, si ottiene dopo pochi secondi una soluzione di valore 238, che viene migliorata dopo due minuti a 248, e dopo 30 minuti a 254, che corrisponde ad un numero di rotture pari a $18 \cdot 17 - 254 = 52$ rotture. La soluzione di valore 254 non viene più migliorata nemmeno dopo due ore di calcolo. La limitazione superiore rimane stabilmente ancorata al valore 274 (più i decimali) senza abbassarsi. Si noti che il massimo assoluto (in base al ragionamento che tranne due squadre ogni altra squadra deve avere almeno una rottura) è $306 - 16 = 290$. Quindi sappiamo che meglio di 15 rotture meno del massimo assoluto è impossibile (rispetto al calendario fissato), ma comunque il margine fra 254 e 275 è ancora troppo largo per permettere una fine del calcolo in tempi ragionevoli.

Per migliorare la limitazione superiore bisognerebbe aggiungere i vincoli delle terne ma, per il risolutore con cui sono stati eseguiti questi calcoli, sorgono subito problemi di memoria che ne impediscono l'uso. Si noti comunque che, finora, il massimo numero di squadre con cui si risolve il problema delle minime rotture è 26. In ogni caso la soluzione ottenuta può essere considerata buona, e anche i tempi di calcolo sono accettabili, visto che si tratterebbe di un calcolo da fare una volta all'anno. In particolare si hanno 4 rotture per 8 squadre e 2 rotture per 10 squadre. Globalmente su tutti e due i gironi il numero di rotture si raddoppia tranne che per quelle squadre che hanno presentato una rottura fra l'ultimo incontro del girone d'andata e il primo del girone di ritorno. Questo si è verificato per una squadra con 2 rotture, che diventano quindi globalmente 3, e per tre squadre con 4 rotture, che diventano 7.

Altri tipi di vincoli possono presentarsi nella determinazione delle partite in casa e fuori casa. Ad esempio è abbastanza frequente (e nel campionato di calcio italiano vi possono essere diversi casi) che due squadre di una stessa città usino lo stesso stadio. In questi casi non possono giocare entrambe in casa. Si lascia come esercizio per il lettore il tipo di vincoli da aggiungere per modellare anche questa situazione. In alcuni casi, come per la Baseball National League americana, con due partite alla settimana, è preferibile uno schema che alterni due partite in casa e due fuori casa, per diminuire i viaggi della squadra.

In alcuni campionati il problema dei viaggi della squadra può essere rilevante. Nel caso del campionato di calcio italiano ogni squadra ritorna a casa dopo un incontro fuori casa e allora la distanza percorsa è invariante rispetto al calendario. In altri campionati, come il citato torneo americano di baseball oppure il campionato di calcio brasiliano, i brevi intervalli fra le partite unitamente alle grandi distanze rendono più conveniente andare direttamente da una città all'altra nel caso di due turni fuori casa, piuttosto che tornare a casa fra una partita e l'altra. Questo fa sì che a calendari diversi corrispondano distanze diverse percorse dalle varie squadre. Possiamo allora definire il problema di trovare il calendario che minimizza la somma di tutte le distanze. Di tale problema, che possiamo chiamare *Problema del torneo di minima distanza*, si parlerà più avanti nella Sez. 16.8, dopo avere esaminato il Problema del commesso viaggiatore dato che il Problema del torneo di minima distanza contiene in sé sia aspetti di accoppiamento sia aspetti del Problema del commesso viaggiatore.

14.4 Allocazione dei seggi in sistemi elettorali

Un'area di grande interesse e in cui i modelli matematici giocano un ruolo rilevante è data dalla progettazione di sistemi elettorali. I problemi da affrontare in sistemi elettorali di tipo proporzionale riguardano l'allocazione di seggi ai distretti elettorali, l'allocazione di seggi ai partiti e la duplice allocazione di seggi ai partiti a livello distrettuale. In sistemi elettorali di tipo maggioritario è rilevante il problema della suddivisione del territorio in vari distretti. Si tratta di problemi complessi che andrebbero affrontati con molta competenza. Purtroppo capita, più spesso di quanto non si creda, che vengano affrontati con leggerezza producendo in qualche occasione risultati contraddittori. Per una discussione approfondita di questi temi si veda ad esempio [15, 97, 117].

Un problema, apparentemente facile, riguarda ad esempio l'allocazione dei seggi per ogni circoscrizione elettorale. Il principio universalmente accettato è che i voti debbano essere proporzionali agli abitanti. Ad esempio la Costituzione Italiana all'articolo 48 afferma che "Il voto è personale ed eguale", dove appunto 'eguale' significa anche, al di là dell'ovvia uguaglianza qualitativa di ogni voto, che il numero di voti necessari a formare un seggio debba essere lo stesso su tutto il territorio nazionale. La Costituzione degli Stati Uniti d'America, all'articolo I, sezione 2, richiede che la Camera dei Rappresentanti (House of Representatives) "shall be apportioned among the several States – according to their respective numbers," e che "each State shall have at least one Representative".

I dati del problema consistono quindi in un numero totale di seggi H da ripartire in m circoscrizioni le cui popolazioni sono $p_1, \ldots, p_m$, con $P = \sum_{i=1}^m p_i$ la popolazione totale. Bisogna trovare m numeri interi $x_1, \ldots, x_m$

tali che $\sum_{i=1}^{m} x_i = H$ e x_i/H sia il più vicino possibile a p_i/P. Come si vede l'obiettivo è espresso in modo formalmente ambiguo. Ci si trova un po' nelle stesse condizioni dell'Esempio 1.1.

Una prima idea può basarsi sul minimizzare $\max_i |x_i/H - p_i/P|$ ovvero, definiti i valori $q_i := p_i\, H/P$, detti *quote*, risolvere

$$\begin{aligned} \min \quad & \max_i |x_i - q_i| \\ & \sum_i x_i = H \\ & x_i \geq 0, \text{ intero} \end{aligned} \tag{14.10}$$

La soluzione ottima di (14.10) si ottiene in base al seguente ragionamento. Sia $r_i := q_i - \lfloor q_i \rfloor$. Questi valori sono detti *resti*. Siccome $\sum_i q_i = H$, allora $\sum_i r_i = H - \sum_i \lfloor q_i \rfloor =: k$. Cerchiamo una soluzione tale che $x_i \in \{\lfloor q_i \rfloor, \lceil q_i \rceil\}$. In questo modo l'errore è minore di 1 e il vincolo $\sum_i q_i = H$ può essere soddisfatto. Ogni altra soluzione avrebbe un errore maggiore di 1. Allora la soluzione ottima è data da $x_i = \lceil q_i \rceil$ per i in un sottoinsieme B di k circoscrizioni e da $x_i = \lfloor q_i \rfloor$ per il sottoinsieme complementare A. La proprietà che la soluzione si possa ottenere semplicemente arrotondando per eccesso o per difetto le quote, viene detta *proprietà di Hare*.

Supponiamo per il momento che i resti siano tutti diversi. Supponiamo per semplicità che gli indici siano tali per cui $r_1 < r_2 < \ldots < r_m$ e sia $a := \max\{i : i \in A\}$ e $b = \min\{i : i \in B\}$. L'errore di questa soluzione è $\max\{r_a, 1 - r_b\}$. Quindi r_a deve essere il più piccolo possibile e r_b il più grande possibile. Questo si ottiene per $b = a + 1$, cioè $x_i = \lfloor q_i \rfloor$, $i = 1, \ldots, m - k$ e $x_i = \lceil q_i \rceil$, $i = m - k + 1, \ldots, m$.

In pratica, la risoluzione di (14.10) avviene assegnando prima $x_i := \lfloor q_i \rfloor$ a tutte le circoscrizioni. Dopodiché, essendoci necessariamente ancora seggi da assegnare, questi vengono assegnati fra quelle i cui resti r_i sono i più alti. Questo metodo prende appunto il nome di *Metodo dei resti più alti* e viene adottato in Italia per assegnare i seggi alle circoscrizioni elettorali ed anche i seggi ai partiti a livello nazionale (qui però con diverse complicazioni di cui discuteremo più avanti). Infatti l'articolo 56 della Costituzione Italiana recita per la Camera dei Deputati: "La ripartizione dei seggi tra le circoscrizioni ... si effettua dividendo il numero degli abitanti della Repubblica ... per seicentodiciotto e distribuendo i seggi in proporzione alla popolazione di ogni circoscrizione, sulla base dei quozienti interi e dei più alti resti" e l'articolo 57 afferma una cosa simile per il Senato. Il metodo è anche noto come *metodo di Hamilton* o anche come *metodo di Vinton* e negli Stati Uniti fu adottato per calcolare i seggi di ogni stato nella Camera dei Rappresentanti dal 1850 al 1910.

Prendiamo ora in esame l'ipotesi sui resti diversi. Il problema di avere alcuni resti uguali consiste nel fatto che la soluzione può non essere unica. Questo avverrebbe se le quote con resti uguali fossero arrotondate qualcuna per difetto e qualcuna per eccesso. Valutiamo allora la probabilità di avere resti uguali. La probabilità di avere una soluzione non unica è, per quanto osservato, minore della probabilità di avere resti uguali. Siccome le quote sono calcolate moltiplicando numeri interi per H e dividendo il risultato per P, le quote hanno una parte frazionaria che è un multiplo di $\text{MCD}(H,P)/P$. Il caso peggiore è quello in cui P è multiplo di H. Il numero $\lambda := P/H$ è un importante parametro perché indica quanti elettori corrispondono ad un seggio. Supponendo λ intero, i resti sono multipli di $1/\lambda$. La probabilità che m multipli di $1/\lambda$ scelti a caso siano tutti diversi è

$$(1 - \frac{1}{\lambda})(1 - \frac{2}{\lambda})\dots(1 - \frac{m-1}{\lambda})$$

Questo valore è abbastanza vicino ad 1. Ad esempio se $\lambda = 60.000$ e $m = 26$ (valori corrispondenti alla Camera dei Deputati italiana) la probabilità è 0,9945. Quindi la probabilità di qualche resto uguale è trascurabile.

Il metodo dei resti più alti sembra operare in modo equo in quanto si garantisce una soluzione con errore massimo il più piccolo possibile. Inoltre la soluzione è unica con elevata probabilità e minimizza anche, come non è difficile dimostrare con un ragionamento analogo, anche la somma degli errori assoluti nonché la somma di potenze maggiori di uno degli errori assoluti [27]. Tuttavia il modello (14.10) presenta degli inconvenienti, dovuti alla quasi casualità dei resti e al fatto che seggi in più vengono assegnati proprio in base ai resti. Si consideri il seguente esempio.

Esempio 14.1.

Si immagini che il numero totale di seggi aumenti. Allora, un principio ovvio è che, se le popolazioni non sono cambiate, non ci possa essere una diminuzione di seggi per qualche circoscrizione. Invece si consideri il seguente esempio: tre circoscrizioni con popolazioni 500, 300 e 100, quindi $P = 900$, e un numero totale di seggi $H = 40$. Allora le tre quote sono $q_1 = 22.22..$, $q_2 = 13.33..$, $q_3 = 4.44..$, da cui la regola assegna prima 22, 13 e 4 seggi. Ne avanza uno che viene assegnato alla terza circoscrizione. Quindi i seggi sono $x_1 = 22$, $x_2 = 13$ e $x_3 = 5$. Adesso aumentiamo di uno il numero totale di seggi, $H = 41$. Le nuove quote sono $q_1 = 22.7778$, $q_2 = 13.6667$, $q_3 = 4.55556$. Come prima si assegnano 22, 13 e 4 seggi. Ora ne avanzano due che vengono assegnati alla prima e seconda circoscrizione. Quindi $x_1 = 23$, $x_2 = 14$ e $x_3 = 4$! ∎

Il fatto che ci sia una diminuzione di seggi in una circoscrizione quando il numero totale dei seggi disponibili aumenta è noto come paradosso dell'Alabama, perché si verificò proprio nel computo dei seggi da assegnare all'Alabama nel 1880 e fu la causa dell'abbandono del metodo dei resti più alti. Si notò che un valore $H = 300$ assegnava 7 seggi, mentre un valore $H = 299$ ne assegnava 8.

Riconsideriamo il modello (14.10) che minimizza il massimo scarto assoluto. Si può obiettare che una differenza di un seggio è più critica per una circoscrizione con pochi seggi rispetto ad una con molti seggi. Allora si può scegliere di minimizzare il massimo scarto relativo, per cui si vuole risolvere

$$\begin{aligned} \min \ & \max_i |\frac{x_i}{q_i} - 1| \\ & \sum_i x_i = H \\ & x_i \geq 0, \text{ intero} \end{aligned} \tag{14.11}$$

Questo obiettivo, se l'assegnazione dei seggi supera la quota favorisce le circoscrizioni grandi (o i partiti grandi se applicato ai partiti) e viceversa se l'assegnazione è inferiore alla quota. Infatti, per una circoscrizione due volte più grande di un'altra, lo stesso errore è prodotto da una oscillazione doppia di seggi rispetto alla circoscrizione più piccola. L'obiettivo può essere riscritto come

$$\min \max_i |\frac{x_i}{q_i} - 1| = \min \max \left\{ \max_i (\frac{x_i}{q_i}) - 1 \ , \ 1 - \min_i (\frac{x_i}{q_i}) \right\} \tag{14.12}$$

Si fissi un valore di errore relativo pari a σ. Inoltre si usi la notazione $(a)^+ := \max\{a, 0\}$. Allora per avere un errore relativo non maggiore di σ deve valere

$$\frac{x_i}{q_i} - 1 \leq \sigma, \quad 1 - \frac{x_i}{q_i} \leq \sigma, \qquad i \in [m]$$

cioè

$$(q_i\,(1-\sigma))^+ \leq x_i \leq q_i\,(1+\sigma), \qquad i \in [m]$$

che, data l'interezza dei seggi, possono essere riscritti come

$$(\lceil q_i\,(1-\sigma) \rceil)^+ \leq x_i \leq \lfloor q_i\,(1+\sigma) \rfloor\,, \qquad i \in [m] \tag{14.13}$$

Quindi esiste una soluzione ammissibile con errore non maggiore di σ se nessun intervallo in (14.13) è vuoto ed inoltre, siccome $\sum_i x_i = H$,

$$\sum_i (\lceil q_i\,(1-\sigma) \rceil)^+ \leq H \leq \sum_i \lfloor q_i\,(1+\sigma) \rfloor \tag{14.14}$$

Pertanto l'errore minimo è dato dal minimo valore σ per cui i vincoli (14.13) e (14.14) sono ammissibili. Nella ricerca del minimo valore non serve considerare tutti i valori reali che può assumere σ. Infatti, come indicano i vincoli (14.13), solo i valori che modificano gli estremi degli intervalli sono rilevanti. Questi valori rilevanti sono

$$\left\{ 1 - \frac{k}{q_i} \right\} \qquad \text{per} \quad k = 0, \ldots, \lfloor q_i \rfloor\,,\ i \in [m]$$

$$\left\{ \frac{k}{q_i} - 1 \right\} \qquad \text{per} \quad k = \lceil q_i \rceil\,, \ldots, 2\,\lceil q_i \rceil\,,\ i \in [m]$$

avendo posto un errore relativo massimo pari a 2, per il quale esiste certamente una soluzione ammissibile. Eseguendo una ricerca binaria su questi valori si trova il minimo errore relativo. Siccome gli errori rilevanti sono $2H$ e la verifica di ammissibilità dei vincoli richiede m calcoli, la complessità di questo metodo è $O(m \log H)$, quindi polinomiale, a parte la produzione e ordinamento dei valori rilevanti che ha costo $O(H)$ perché si producono m liste ordinate la cui fusione ha costo lineare. La complessità dell'ordinamento è però pseudopolinomiale. Queste considerazioni non hanno però rilevanza pratica dato che H non cresce asintoticamente (anche se in alcuni parlamenti si potrebbe avere quest'impressione).

Esempio 14.1 (continuazione)

Si riconsideri l'esempio precedente (con dati leggermente perturbati per non avere valori coincidenti) con $H = 40$ e $p = (501, 298, 101)$ e $m = 3$. Quindi $q = (22.267, 13.244, 4.489)$. Calcolando gli errori rilevanti si ottengono 78 valori che vengono ordinati.

Iniziando la ricerca binaria con un valore sinistro pari a 1 e uno destro pari a 78, si verificano i vincoli per l'errore numero 40 ($= \lceil (1+78)/2 \rceil$) che vale 0.506. Si ottengono i tre intervalli $[11, 33]$, $[7, 19]$, $[3, 6]$ la cui somma dà $[21, 58]$. Quindi esistono assegnazioni di seggi con errore al più 0.506. Allora si abbassa il valore destro della ricerca binaria al numero 40 e si valuta l'errore numero 21 che vale 0.257. Si ottengono gli intervalli $[17, 28]$, $[10, 16]$, $[4, 5]$ con somma $[31, 49]$, a cui corrisponde una soluzione ammissibile. Si prosegue con l'errore numero 11 che vale 0.123 con intervalli $[20, 25]$, $[12, 14]$, $[4, 5]$ con somma $[36, 44]$. Poi si valuta l'errore numero 6 che vale 0.078. Però l'intervallo per la terza circoscrizione è inammissibile in quanto si otterrebbe $[5, 4]$. Allora si valuta l'errore numero 9 che vale 0.109 che dà intervalli $[20, 24]$, $[12, 14]$, $[4, 4]$ con somma $[36, 42]$. Si tratta di valori ammissibili, quindi si prosegue con l'errore numero 8 che dà luogo ad un intervallo inammissibile. Quindi il minimo errore relativo vale 0.109 e una qualsiasi assegnazione di seggi all'interno degli intervalli $[20, 24]$, $[12, 14]$, $[4, 4]$ e con somma uguale a 40 è un assegnamento ottimo di seggi.

Mentre per la terza circoscrizione si devono assegnare necessariamente 4 seggi, per le altre due circoscrizioni si possono assegnare sia 22 e 14 seggi rispettivamente, oppure 23 e 13, oppure ancora 24 e 12. Quindi la soluzione ottima non è unica a differenza della minimizzazione del valore assoluto. La non unicità della soluzione non è accettabile in pratica. Notato che la terza circoscrizione non può avere meno di 4 seggi, si può cercare di minimizzare il massimo errore relativo *fra le altre* circoscrizioni. Quindi si minimizza ancora σ senza però modificare l'intervallo per la terza circoscrizione. Operando in questo modo si può abbassare l'errore relativo fino a 0.057, con intervalli $[21, 23]$, $[13, 13]$, $[4, 4]$, per i quali esiste l'unica soluzione ottima $x_1 = 23$, $x_2 = 13$ e $x_3 = 4$. ∎

L'approccio seguito nell'esempio nel trovare l'ottimo unico finale non è altro che la ricerca del minimo lessicografico non ordinato (si veda a pag. 51). Diversi metodi di assegnamento usati in pratica possono essere considerati affini alla minimizzazione dell'errore relativo. Vengono detti *metodi dei quozienti* e considerano solo il termine di destra in (14.12), che valuta solo l'errore per difetto e che è equivalente a

$$\max \min_i \frac{x_i}{q_i} \tag{14.15}$$

Anche se questo obiettivo dovrebbe limitarsi a considerare i valori $x_i \leq q_i$, altrimenti l'errore diventa per eccesso, i metodi dei quozienti operano con l'obiettivo (14.15) indipendentemente dal fatto che si possa avere $x_i > q_i$. In questi metodi i seggi vengono assegnati uno alla volta in modo da far crescere i termini x_i/q_i.

La cosa più semplice è assegnare inizialmente un seggio a tutte le circoscrizioni visto che con zero seggi tutti i quozienti x_i/q_i valgono zero. Così facendo si soddisfa anche il requisito spesso presente di assegnare almeno un seggio ad ogni circoscrizione non importa quanto piccola. Poi si assegna un seggio alla circoscrizione che presenta il più basso quoziente x_i/q_i e si procede ricorsivamente finché tutti i seggi sono assegnati. Si noti che finché $x_i < q_i$, per ogni i, ci sono ancora seggi da assegnare (siccome $\sum_i q_i = H$). Quindi ad un certo punto qualche circoscrizione riceverà un seggio tale da avere $x_i > q_i$. Questa circoscrizione non potrà più ricevere altri seggi. Per riceverli, tutte le circoscrizioni dovrebbero avere $x_i > q_i$, cosa impossibile.

Applicando il metodo all'esempio precedente si ottiene $x = (22, 13, 5)$. Si può notare che con questo metodo le circoscrizioni più piccole tendono ad essere favorite. Infatti i quozienti x_i/q_i crescono con salti più grandi (anche se con minore frequenza) se q_i è piccolo e quindi è più probabile che a superare il valore 1 per il quoziente sia proprio una circoscrizione piccola che così si vede assegnato un numero di seggi superiore alla quota.

Nella pratica questo metodo viene attuato considerando il quoziente inverso q_i/x_i e quindi si tratta di diminuire i quozienti anziché di aumentarli. Tuttavia, la difficoltà di iniziare con una divisione per zero ha generato diversi metodi alternativi. Il più semplice è il *metodo di d'Hondt* in cui si considerano invece i quozienti $q_i/(x_i + 1)$. Quindi è come misurare l'errore pensando di avere assegnato un seggio in più. Rispetto al precedente metodo è come se si togliesse la prima assegnazione di un seggio ad ogni circoscrizione. È evidente che si favoriscono così le circoscrizioni più grandi. Applicando il metodo all'esempio si ottiene $x = (23, 13, 4)$.

Altri metodi affini alla minimizzazione dell'errore relativo sono i metodi detti *dei divisori*. Si considerano i valori p_i/λ, dove λ è un divisore da determinare e che, idealmente, dovrebbe essere quasi uguale a P/H (se così fosse $p_i/\lambda = q_i$). I seggi vengono assegnati come

$$x_i \in \left\{ \left\lfloor \frac{p_i}{\lambda} \right\rfloor ; \left\lceil \frac{p_i}{\lambda} \right\rceil \right\}$$

La regola con cui i seggi vengono arrotondati per eccesso o per difetto genera vari metodi. Il *metodo di Jefferson* arrotonda sempre per difetto. Siccome i seggi così assegnati non sono in numero sufficiente bisogna diminuire λ. Il primo valore di λ per cui $\sum_i \lfloor p_i/\lambda \rfloor = H$ è quello che viene usato per l'allocazione dei seggi. I seggi allocati con il metodo di Jefferson devono obbedire alle diseguaglianze

$$\frac{p_i}{\lambda} - 1 \leq x_i \leq \frac{p_i}{\lambda} \implies \frac{p_i}{\lambda} \leq x_i + 1 \leq \frac{p_i}{\lambda} + 1 \implies \frac{P}{H\,\lambda} \leq \frac{x_i + 1}{q_i}$$

da cui si vede che, diminuendo λ si produce lo stesso effetto del metodo di d'Hondt. Questo metodo fu impiegato negli Stati Uniti dalla fondazione fino al 1840, quando fu abbandonato perché favoriva troppo gli stati più grandi.

Il *metodo di Adams* arrotonda invece per eccesso, quindi bisogna aumentare λ. In questo caso i seggi allocati devono soddisfare le diseguaglianze

$$\frac{p_i}{\lambda} \leq x_i \leq \frac{p_i}{\lambda} + 1 \implies \frac{x_i - 1}{q_i} \leq \frac{P}{H\,\lambda}$$

Per i motivi opposti al metodo di Jefferson, sono le circoscrizioni piccole ad esser favorite dal metodo. Il *metodo di Webster* arrotonda all'intero più vicino e fu adottato dagli Stati Uniti dal 1840 al 1850 e nuovamente dal 1910 al 1941, mentre il *metodo delle proporzioni esatte* arrotonda per difetto se

$$\frac{p_i}{\lambda} < \sqrt{\left\lfloor \frac{p_i}{\lambda} \right\rfloor \left\lceil \frac{p_i}{\lambda} \right\rceil}$$

e per eccesso nel caso contrario. Questo metodo è in uso negli Stati Uniti dal 1941 ed è stato ribadito da una sentenza della Corte Suprema nel 1992 che rigettava una causa intentata dal Montana e dal Massachusetts per una revisione del metodo.

14.5 Allocazione biproporzionale di seggi

Si è visto che il problema di allocare seggi alle circoscrizioni presenta problemi sottili. Il problema non si esaurisce qui però. In un sistema politico di tipo parlamentare proporzionale i seggi vanno anche divisi fra i partiti in modo proporzionale ai voti ricevuti. Si tratta allora di rispettare una duplice proporzionalità, sia rispetto alle circoscrizioni che rispetto ai partiti.

Il problema formalmente si pone nel seguente modo. Sono dati un insieme M di circoscrizioni, e i seggi r_i da assegnare ad ogni circoscrizione, con $H := \sum_i r_i$. Sono dati un insieme N di partiti, e una matrice di voti v_{ij} (voti al partito j nella circoscrizione i), con $v_{iN} := \sum_{j \in N} v_{ij}$ (voti nella circoscrizione i), $v_{Mj} := \sum_{i \in M} v_{ij}$ (voti nazionali al partito j) e $v_{MN} := \sum_{ij} v_{ij}$ (voti totali). Sia V la matrice $[v_{ij}]$. Sia $Z := \{(i,j) : v_{ij} = 0, i \in M; j \in N\}$.

I seggi r_i sono calcolati prima delle elezioni, mentre i seggi p_j sono ovviamente calcolati dopo le elezioni. Per entrambi deve valere $\sum_i r_i = \sum_j p_j = H$. Il metodo con cui i valori p_j sono calcolati a partire dai voti è normalmente di tipo proporzionale anche se questo può avvenire con delle correzioni. Ad esempio possono essere stabilite delle soglie che escludono seggi a partiti con pochi voti, oppure premi di maggioranza che assegnano un numero garantito di seggi alla coalizione maggioritaria (come nelle elezioni politiche italiane del 2006 e 2008). In ogni caso si suppone che i valori p_j siano dati.

Il problema dell'allocazione biproporzionale consiste nel calcolare dai precedenti dati i seggi x_{ij} da assegnare ad ogni partito in ogni circoscrizione. I vincoli da rispettare sono: i numeri x_{ij} devono essere non negativi ed interi; $x_{ij} = 0$ se $(i,j) \in Z$, se cioè il partito j non ha preso voti nella circoscrizione i (questo non è affatto un caso raro, si pensi al caso italiano nel quale ci sono partiti che non si presentano in alcune circoscrizioni); $\sum_{i \in M} x_{ij} = p_j$, $j \in N$, $\sum_{j \in N} x_{ij} = r_i$, $i \in M$.

Inoltre i numeri x_{ij} dovrebbero essere proporzionali ai voti v_{ij}. Tuttavia, siccome ogni circoscrizione deve ricevere un numero fisso di seggi indipendentemente dal numero dei suoi votanti, la proporzionalità deve esser cercata all'interno di ogni circoscrizione. Definiamo allora i seguenti numeri razionali, detti *quote esatte*,

$$q_{ij} := \frac{v_{ij}}{v_{iN}} r_i = \frac{v_{ij}}{v_{MN}} H \frac{v_{MN}}{v_{iN}} \frac{r_i}{H}, \qquad i \in M, j \in N. \tag{14.16}$$

Per definizione $\sum_j q_{ij} = r_i$ e $\sum_{ij} q_{ij} = \sum_i r_i = \sum_j p_j = H$.

Il problema di allocazione biproporzionale è stato studiato in [13, 14] e alcune procedure hanno trovato attuazione nel sistema BAZI sviluppato presso l'Università di Augsburg [185] e nelle elezioni cantonali di Zurigo. Le procedure di tipo BAZI appartengono ai metodi dei divisori. In [176] sono stati proposti vari modelli di programmazione lineare mista che invece si adattano meglio alla tradizione italiana dei metodi dei resti. Qui seguiamo questo approccio (si veda anche [203] per un maggiore approfondimento)

Si possono misurare gli errori rispetto alle quote in vari modi. Qui ci limitiamo a considerare l'errore assoluto e quindi il problema da risolvere è

$$\begin{aligned} \min\ \tau := \max_{ij} |x_{ij} - q_{ij}| & \\ \sum_{i \in M} x_{ij} = p_j \qquad & j \in N \\ \sum_{j \in N} x_{ij} = r_i \qquad & i \in M \\ x_{ij} = 0, \qquad & (i,j) \in Z \\ x_{ij} \geq 0, \quad \text{intero} & \end{aligned} \tag{14.17}$$

Nonostante la presenza di variabili intere il problema può essere risolto rapidamente in modo polinomiale. Fissato un errore τ il problema di trovare un'allocazione con errore al più τ può essere modellato come un problema di trasporto con capacità: ci sono nodi sorgenti M corrispondenti alle circoscrizioni, nodi pozzo N corrispondenti ai partiti e da ogni sorgente i c'è un flusso uscente pari a r_i mentre in ogni pozzo j entra un flusso pari a p_j. In ogni arco (i,j) si fissa un intervallo di capacità

$$[\lceil q_{ij} - \tau \rceil^{+} \ , \ \lfloor q_{ij} + \tau \rfloor] =: [c_{ij}^{-} \ , \ c_{ij}^{+}], \tag{14.18}$$

Il grafo bipartito del problema di trasporto non è completo in generale in quanto mancano gli archi corrispondenti alle coppie $(i,j) \in Z$.

Un flusso ammissibile x_{ij} soddisfa $c_{ij}^{-} \leq x_{ij} \leq c_{ij}^{+}$ e in base al Teorema 10.1, se esiste un flusso ammissibile, ne esiste anche uno intero dato che le capacità sono intere. Quindi ci basta trovare il minimo τ^* tale che un flusso ammissibile esista. L'esistenza di un flusso ammissibile si determina facilmente risolvendo un problema di massimo flusso come spiegato in Sez. 10.3.

Per trovare τ^* si usa la ricerca binaria. Siccome solo un numero finito di valori τ sono rilevanti (quelli che modificano gli estremi degli intervalli di capacità) la ricerca binaria si effettua su questo insieme di valori. Il numero di valori rilevanti è al più $|N|\,H$ e quindi sono sufficienti $O(|N|\,H)$ esecuzioni di un algoritmo di massimo flusso.

Questo metodo non presenta una soluzione unica, mentre è cruciale disporre di una procedura che produce in modo non ambiguo una sola soluzione. Come già operato precedentemente conviene ricorrere al concetto di minimo lessicografico non ordinato. Non appena la ricerca binaria trova τ^*, l'intervallo di capacità della coppia (i,j) che produce l'errore τ^* viene bloccato e si prosegue variando le capacità delle altre coppie finché non si trova un altro valore τ bloccante. Si procede ricorsivamente, fino a che l'errore è maggiore di 1/2. Valori migliori di errori inferiori ad un 1/2 ovviamente non possono esistere.

Esempio 14.2.

Per valutare l'effetto di calcolare un minimo lessicografico non ordinato si consideri l'istanza (partiti A–F, circoscrizioni 1–5) con quote come nella tabella

	A	B	C	D	E	F
1	0.992	0.870	0.170	0.994	0.988	0.986
2	0.460	0.580	0.991	0.993	0.989	0.987
3	0	0	0	0.990	0	0.010
4	0	0	0	0.441	0	0.559
5	0	0	0	0.140	0.860	0

con $r = (5 \quad 5 \quad 1 \quad 1 \quad 1)$ e $p = (1 \quad 1 \quad 1 \quad 4 \quad 3 \quad 3)$.

Il valore ottimo τ^* è uguale a 1.006 per la coppia $(1, D)$ che riceve due seggi rispetto ad una quota 0.994. Questa è la distribuzione dei seggi

	A	B	C	D	E	F
1	0	0	1	2	1	1
2	1	1	0	1	1	1
3	0	0	0	1	0	0
4	0	0	0	0	0	1
5	0	0	0	0	1	0

Applicando la procedura che cerca il minimo lessicografico non ordinato si abbassa l'errore per tutte le coppie, tranne la coppia $(1, D)$ il cui intervallo di capacità rimane fissato a $[0, 2]$. Diminuendo τ si trova la coppia bloccante $(1, B)$ con errore 0.87 (0 seggi per una quota 0.87). si fissa la capacità per la coppia $(1, B)$ a $[0, 1]$. A questo punto non ci sono più coppie con errore più grande di 1/2 e la procedura termina. Ecco la distribuzione finale molto migliore della precedente.

	A	B	C	D	E	F
1	1	0	0	2	1	1
2	0	1	1	1	1	1
3	0	0	0	1	0	0
4	0	0	0	0	0	1
5	0	0	0	0	1	0

Si può ancora notare come la proprietà di Hare (esistenza di una soluzione solo arrotondando per eccesso o per difetto) può non essere soddisfatta. Applicando il teorema del massimo flusso - minimo taglio si può dimostrare che una soluzione con 0 o 1 seggi (se $q_{ij} > 0$) non esiste.

Esempio 14.3.

Le elezioni politiche italiane del 2008.

Nelle elezioni politiche italiane del 13-14 aprile 2008 per la Camera dei Deputati erano presenti sette partiti. Le quote esatte nelle 26 circoscrizioni modificate per tener conto del premio di maggioranza (la legge prevede un meccanismo moltiplicativo per alzare i valori reali) sono riportate nella Tabella 14.5.

In ogni tabella le circoscrizioni sono elencate per righe e i partiti per colonne. Gli acronimi dei partiti sono: PDL - Popolo delle libertà, LN - Lega nord, MPA - Movimento per le autonomie, PD - Partito democratico, IDV - Italia dei valori, SVP - Südtiroler Volkspartei, UDC - Unione di centro.

Non è elencata la Val d'Aosta per la quale è previsto un solo seggio e nemmeno la circoscrizione Estero che ha un computo a parte. I seggi totali sono allora $H = 617$. I seggi assegnati dalla legge elettorale alle circoscrizioni elencate nelle tabelle (nell'ordine), prima delle elezioni, sono

$$r = \{24, 22, 40, 43, 15, 10, 29, 20, 13, 17, 43, 38,$$
$$9, 16, 40, 15, 14, 3, 33, 29, 44, 6, 22, 26, 28, 18\}$$

e i seggi assegnati ai partiti a livello nazionale (secondo il metodo dei resti più alti) sono (stesso ordine delle tabelle)

$$p = \{272, 60, 8, 211, 28, 2, 36\}$$

I seggi assegnati dalla legge elettorale in ogni regione sono riportati nella Tabella 14.6. Guardando con attenzione le tabelle si trova una clamorosa discrepanza. In quattro circoscrizioni i seggi assegnati dalla legge *prima* delle elezioni differiscono da quelli assegnati *dopo* le elezioni. Si tratta di un errore di procedura delle legge elettorale che, concepita in modo inesatto, non riesce ad evitare contraddizioni nel cercare di risolvere il problema dell'allocazione biproporzionale.

Questo fatto, noto come 'Baco elettorale' è stato individuato dal prof. Bruno Simeone dell'Università di Roma, La Sapienza, insieme con Aline Pennisi e Federica Ricca, ed è stato discusso in [175, 177, 178, 179]. Nonostante fosse stato detto dalle autorità che le circostanze per cui il baco poteva verificarsi erano poco probabili, il baco si è presentato in ben tre elezioni su cinque, nel 1996, nel 2006 e nel 2008, ogni volta togliendo seggi da una circoscrizione e aggiungendoli ad un'altra. In particolare nel 2006 il Trentino-Alto Adige ha ricevuto 11 seggi invece dei 10 previsti e il Molise ne ha ricevuti 2 invece di 3. Il risultato è stato che nel Trentino-Alto Adige bastavano 85.456 voti per formare un seggio mentre nel Molise ne occorrevano 160.300. Simeone ha riassunto questo fatto nel motto 'One man, half vote!' Si noti che viene palesemente violato il citato articolo 48 della Costituzione Italiana.

Si può ancora notare che le somme delle quote esatte riga per riga non sono uguali ai valori r_i come dovrebbero. Si tratta di un ulteriore errore della legge elettorale causato dagli aggiustamenti per tenere conto del premio di maggioranza.

Il metodo precedentemente esposto è stato applicato alle quote della Tabella 14.5 (nella tabella le quote sono state arrotondate a tre figure decimali). Il minimo errore assoluto vale 0.75372 per la coppia (Veneto 1, UDC) (un seggio contro una quota esatta di 1.75372). Tutte le altre coppie hanno un errore minore. Questa soluzione è riportata nella Tabella 14.7. Poi è stata applicata la procedura che calcola il minimo lessicografico non ordinato. Sono state trovate 12 coppie bloccanti. Si noti che tutte le altre 118 coppie hanno un errore minore di 1/2, cioè il migliore possibile. La soluzione finale è riportata nella Tabella 14.8. In questa tabella sono evidenziati in grassetto i valori che differiscono da quelli della Tabella 14.7.

	PDL	LN	MPA	PD	IDV	SVP	UDC
Piemonte 1	9.470	2.530	0.000	9.450	1.550	0.000	1.283
Piemonte 2	9.596	4.404	0.000	6.150	0.850	0.000	1.194
Lombardia 1	16.580	7.421	0.000	13.080	1.920	0.000	1.428
Lombardia 2	15.350	13.650	0.000	10.390	1.613	0.000	2.064
Lombardia 3	5.829	3.171	0.000	4.534	0.466	0.000	0.689
Trentino-Alto Adige	2.758	1.242	0.000	2.642	0.358	2.644	0.460
Veneto 1	9.312	9.688	0.000	7.806	1.194	0.000	1.754
Veneto 2	6.265	5.736	0.000	5.955	1.045	0.000	1.013
Friuli-Venezia Giulia	5.089	1.911	0.000	4.398	0.602	0.000	0.815
Liguria	7.588	1.412	0.000	6.189	0.811	0.000	0.669
Emilia-Romagna	14.940	4.058	0.000	20.140	1.862	0.000	1.918
Toscana	15.030	0.969	0.000	18.610	1.390	0.000	1.700
Umbria	3.816	0.184	0.000	4.683	0.317	0.000	0.437
Marche	6.585	0.415	0.000	7.216	0.784	0.000	1.035
Lazio 1	19.870	0.000	0.131	16.120	1.881	0.000	1.800
Lazio2	8.927	0.000	0.073	4.558	0.442	0.000	0.940
Abruzzo	6.738	0.000	0.262	4.961	1.039	0.000	0.858
Molise	1.744	0.000	0.256	0.393	0.607	0.000	0.176
Campania 1	18.000	0.000	1.002	10.280	1.720	0.000	1.836
Campania 2	16.320	0.000	0.681	8.646	1.354	0.000	2.207
Puglia	23.100	0.000	0.900	13.950	2.048	0.000	3.581
Basilicata	2.938	0.000	0.062	2.601	0.399	0.000	0.438
Calabria	11.290	0.000	0.707	7.202	0.798	0.000	1.918
Sicilia 1	13.370	0.000	1.626	6.953	1.048	0.000	2.968
Sicilia 2	14.980	0.000	3.025	7.159	0.841	0.000	2.114
Sardegna	8.868	0.000	0.132	7.209	0.791	0.000	1.059

Tabella 14.5. Quote esatte

	PDL	LN	MPA	PD	IDV	SVP	UDC	Totali
Piemonte 1	9	3	0	9	2	0	1	24
Piemonte 2	10	5	0	6	1	0	1	23
Lombardia 1	16	8	0	13	2	0	1	40
Lombardia 2	15	14	0	10	2	0	2	43
Lombardia 3	6	3	0	5	0	0	1	15
Trentino-Alto Adige	3	1	0	3	0	2	0	9
Veneto 1	9	10	0	8	1	0	2	30
Veneto 2	6	6	0	6	1	0	1	20
Friuli-Venezia Giulia	5	2	0	4	1	0	1	13
Liguria	7	2	0	6	1	0	1	17
Emilia-Romagna	15	4	0	20	2	0	2	43
Toscana	15	1	0	19	1	0	2	38
Umbria	4	0	0	5	0	0	0	9
Marche	6	1	0	7	1	0	1	16
Lazio 1	20	0	0	16	2	0	2	40
Lazio 2	9	0	0	5	0	0	1	15
Abruzzo	7	0	0	5	1	0	1	14
Molise	2	0	0	0	1	0	0	3
Campania 1	18	0	1	10	2	0	2	33
Campania 2	16	0	1	9	1	0	2	29
Puglia	23	0	1	14	2	0	4	44
Basilicata	3	0	0	3	0	0	0	6
Calabria	11	0	1	7	1	0	2	22
Sicilia 1	13	0	1	7	1	0	3	25
Sicilia 2	15	0	3	7	1	0	2	28
Sardegna	9	0	0	7	1	0	1	18

Tabella 14.6. Seggi assegnati dalla legge elettorale

	PDL	LN	MPA	PD	IDV	SVP	UDC	Totali
Piemonte 1	9	3	0	9	1	0	2	24
Piemonte 2	9	5	0	6	1	0	1	22
Lombardia 1	16	8	0	13	2	0	1	40
Lombardia 2	15	14	0	11	1	0	2	43
Lombardia 3	6	3	0	4	1	0	1	15
Trentino-Alto Adige	3	1	0	3	1	2	0	10
Veneto 1	9	10	0	8	1	0	1	29
Veneto 2	6	6	0	6	1	0	1	20
Friuli-Venezia Giulia	5	2	0	5	0	0	1	13
Liguria	7	2	0	6	1	0	1	17
Emilia-Romagna	15	4	0	20	2	0	2	43
Toscana	15	1	0	19	2	0	1	38
Umbria	4	0	0	5	0	0	0	9
Marche	6	1	0	7	1	0	1	16
Lazio 1	20	0	0	16	2	0	2	40
Lazio 2	9	0	0	5	0	0	1	15
Abruzzo	6	0	1	5	1	0	1	14
Molise	1	0	1	0	1	0	0	3
Campania 1	18	0	1	10	2	0	2	33
Campania 2	17	0	0	9	1	0	2	29
Puglia	23	0	1	14	2	0	4	44
Basilicata	3	0	0	2	0	0	1	6
Calabria	12	0	0	7	1	0	2	22
Sicilia 1	14	0	1	7	1	0	3	26
Sicilia 2	15	0	3	7	1	0	2	28
Sardegna	9	0	0	7	1	0	1	18

Tabella 14.7. Una soluzione che minimizza il massimo errore assoluto

	PDL	LN	MPA	PD	IDV	SVP	UDC	Totali
Piemonte 1	9	3	0	9	**2**	0	**1**	24
Piemonte 2	9	5	0	6	1	0	1	22
Lombardia 1	16	8	0	13	2	0	1	40
Lombardia 2	15	14	0	**10**	**2**	0	2	43
Lombardia 3	6	3	0	**5**	**0**	0	1	15
Trentino-Alto Adige	3	1	0	3	**0**	2	**1**	10
Veneto 1	9	10	0	8	1	0	1	29
Veneto 2	6	6	0	6	1	0	1	20
Friuli-Venezia Giulia	5	2	0	**4**	**1**	0	1	13
Liguria	7	2	0	6	1	0	1	17
Emilia-Romagna	15	4	0	20	2	0	2	43
Toscana	15	1	0	19	**1**	0	**2**	38
Umbria	4	0	0	5	0	0	0	9
Marche	6	1	0	7	1	0	1	16
Lazio 1	20	0	0	16	2	0	2	40
Lazio 2	9	0	0	5	0	0	1	15
Abruzzo	**7**	0	**0**	5	1	0	1	14
Molise	**2**	0	**0**	0	1	0	0	3
Campania 1	18	0	1	10	2	0	2	33
Campania 2	**16**	0	**1**	9	1	0	2	29
Puglia	23	0	1	14	2	0	4	44
Basilicata	3	0	0	**3**	0	0	**0**	6
Calabria	**11**	0	**1**	7	1	0	2	22
Sicilia 1	14	0	1	7	1	0	3	26
Sicilia 2	15	0	3	7	1	0	2	28
Sardegna	9	0	0	7	1	0	1	18

Tabella 14.8. Minimo lessicografico non ordinato

14.6 Appendice

Dimostrazione del metodo greedy per la costruzione dei turni del calendario

(Dimostrazione adattata da [10]) Chiamiamo fase k della costruzione l'inserzione degli incontri (k, j), $j = k+1, \ldots, n$. La dimostrazione è per induzione sulle fasi. Per comodità notazionale, dato che si eseguiranno operazioni modulo $(n-1)$ il turno $(n-1)$ verrà indicato come turno 0.

L'ipotesi induttiva è la seguente: al termine della fase k, gli incontri (i, n), con $i \leq k$, sono stati assegnati ai turni $(2\,i-2) \bmod (n-1)$ e gli incontri (i, j), con $i \leq k$ e $j > i$, sono stati assegnati ai turni $(i+j-2) \bmod (n-1)$.

L'asserzione è vera per la fase $k = 1$. Bisogna provare che, se è vera per k lo è anche per $k+1$. Si noti che l'ultima fase è la $(n-1)$ e quindi $k \leq n-2$. Quindi, alla fine della fase k si è appena assegnato l'incontro (k, n) al turno $(2\,k-2) \bmod (n-1)$ ed inoltre, se $k+2 < n$ gli incontri $(k, k+1)$ e $(k, k+2)$ (appartenenti alla fase k) sono stati assegnati ai turni $(2\,k-1) \bmod (n-1)$ e $2\,k \bmod (n-1)$ rispettivamente e quindi l'assegnamento dell'incontro $(k+1, k+2)$, il primo della fase $(k+1)$, non può essere assegnato in quei turni.

Il successivo turno in cui si può assegnare l'incontro è $(2\,k+1) \bmod (n-1)$. Ci chiediamo se in questo turno vi sono già incontri con $k+1$ o $k+2$. In base all'ipotesi induttiva, ogni incontro del tipo $(i, k+1)$ è stato assegnato al turno $(i+k-1) \bmod (n-1)$ (deve essere $k+1 < n$). Questo numero è uguale a $(2\,k+1) \bmod (n-1)$ se e solo se $i = k+2 \bmod (n-1)$. Siccome $i \leq k$, questo è impossibile se $k+2 > n-1$ e siccome siamo nel caso $k+2 < n$, la congruenza è impossibile. In modo simile si ragiona per gli incontri $(i, k+2)$ e quindi l'incontro $(k+1, k+2)$ può essere assegnato al turno $(2\,k+1) \bmod (n-1)$.

A questo punto si possono assegnare gli incontri $(k+1, j)$, con $k+1 < j < n$, ai turni $(k+j-1) \bmod (n-1)$. Dobbiamo verificare che in questo turno non ci siano già incontri $(i, k+1)$ e (i, j) (con $i \leq k$). Nel primo caso si dovrebbe avere $k+j-1 = i+k+1-2 \bmod (n-1)$, cioè $i = j \bmod (n-1)$ cosa impossibile. Nel secondo caso si dovrebbe avere $k+j-1 = i+j-2 \bmod (n-1)$, cioè $i = k+1 \bmod (n-1)$ anche questo impossibile.

Rimane da assegnare l'incontro $(k+1, n)$. Il primo turno da esaminare è $k+n-1 \bmod (n-1) = k$. Questo tuttavia è occupato dall'incontro $(1, k+1)$ (in base all'ipotesi induttiva). Quindi si passa al turno successivo, $k+n \bmod (n-1)$, occupato dall'incontro $(2, k+1)$. Proseguendo si vede che i turni successivi sono tutti occupati dagli incontri $(i, k+1)$ per $i = 3, \ldots, k$. Il successivo turno è $2\,k \bmod (n-1)$. Gli incontri con $(k+1)$ sono già stati esaminati tutti. Si tratta di vedere se la squadra n è già stata assegnata a $2\,k \bmod (n-1)$, cosa impossibile data l'ipotesi induttiva. ∎

15

Modelli di percorsi Vincoli sugli archi

Sono molto frequenti i problemi in cui viene richiesto di percorrere tutte le strade di una determinata area. Ad esempio la consegna della posta e la raccolta della spazzatura rientrano in questa categoria. Se trascuriamo eventuali vincoli di capacità che possono essere presenti in problemi reali, il problema si modella come la ricerca di un circuito in un grafo con l'obbligo di percorrere tutti gli archi del grafo. Il problema fu definito da Eulero nel 1736 in un articolo che viene considerato come l'atto di nascita della Teoria dei grafi [68]. Quasi sicuramente, è il primo problema formulato su un grafo.

Si tratta in generale di problemi risolubili in modo efficiente, a meno che non vengano introdotti particolari vincoli aggiuntivi e si distinguono nettamente dai problemi con analoghi vincoli sui nodi, che sono tutti invece difficili.

15.1 Cammini e circuiti euleriani

Come già anticipato nel Cap. 6, si definisce come *circuito euleriano* un circuito che attraversa tutti gli archi esattamente una volta e come *cammino euleriano* un cammino che attraversa tutti gli archi esattamente una volta. Se in un grafo esiste un circuito euleriano, il grafo è detto euleriano. Decidere se un grafo è euleriano è facile. Infatti vale il seguente teorema.

Teorema 15.1. *Un grafo è euleriano se e solo se è connesso e tutti i nodi hanno grado pari.* ∎

La necessità fu provata da Eulero nel 1736, mentre la sufficienza fu provata nel 1876 da Hierholzer [109]. La necessità della tesi è abbastanza evidente: ogni circuito euleriano usa due archi per attraversare un nodo e quindi il numero di archi incidenti in un nodo deve essere pari.

La sufficienza è meno ovvia: si immagini di costruire il circuito euleriano partendo da un nodo scelto a caso e scegliendo gli archi a caso fra quelli ancora disponibili nel nodo corrente. Ad un certo punto la costruzione del cammino deve interrompersi perché non ci sono più archi disponibili in uscita da un nodo. Questo deve avvenire nel nodo di partenza. Infatti l'ipotesi di grado pari garantisce che, se è stato possibile raggiungere un nodo, è anche possibile andar via dal nodo. L'unico nodo per cui non vale questa proprietà è il nodo di partenza per il quale un arco è già stato usato per partire e quindi rimane disponibile un numero dispari di archi.

Se tutti gli archi sono stati percorsi, il circuito ottenuto è proprio un circuito euleriano. Altrimenti c'è ancora qualche arco non percorso. Siccome si suppone che il grafo sia connesso, almeno un nodo del circuito generato deve essere incidente ad un arco non ancora usato. Si immagini allora di avere iniziato il circuito da questo nodo (trattandosi di un circuito il nodo di partenza è arbitrario). Avendo archi disponibili in uscita la costruzione del circuito può continuare. La procedura continua ricorsivamente finché tutti gli archi sono percorsi.

Per l'esistenza di un cammino euleriano vale un teorema analogo:

Teorema 15.2. *In un grafo esiste un cammino euleriano se e solo se il grafo è connesso ed esattamente due nodi hanno grado dispari.* ∎

Ovviamente i due nodi di grado dispari sono i due estremi del cammino. I concetti di circuito e cammino euleriano si estendono banalmente ai grafi orientati (dove gli archi su un circuito o su un cammino devono essere orientati con il cammino) e vale il seguente teorema, di dimostrazione analoga al precedente:

Teorema 15.3. *In un grafo orientato esiste un circuito euleriano se e solo se il grafo è connesso e in ogni nodo il numero degli archi entranti e quello degli archi uscenti sono uguali.* ∎

Vale la pena di osservare che nel teorema viene richiesta solo la connessione del grafo. Si ricorda che un grafo orientato si dice connesso se, rimosse le orientazioni degli archi, per ogni coppia di nodi esiste un cammino, mentre si dice fortemente connesso se, tenendo conto delle orientazioni degli archi, per ogni coppia (ordinata) di nodi esiste un cammino orientato. La proprietà di parità fra archi entranti e uscenti fa sì che la connessione implichi la forte connessione.

Non è difficile dimostrare che la costruzione di un circuito euleriano (in entrambi i casi) si può eseguire con complessità $O(m)$.

Qualche volta è utile poter definire grafi cosiddetti *misti*, in cui alcuni archi sono orientati ed altri non lo sono. Si può estendere il concetto di circuito euleriano anche ad un grafo misto, dove gli archi orientati hanno un verso di percorrenza obbligato, mentre gli altri archi possono essere percorsi in un senso oppure nell'altro. Una semplice condizione necessaria è data dal grado pari in ogni nodo (senza tener conto dell'orientazione degli archi) e dal fatto che il valore assoluto della differenza fra archi orientati uscenti ed entranti non deve eccedere il numero di archi non orientati incidenti nel nodo. Queste condizioni non sono tuttavia sufficienti (si pensi ad esempio ad un circuito di quattro archi in cui gli archi orientati e non orientati si alternano e i due archi orientati sono in versi opposti).

Per sapere se un grafo misto (Fig. 15.1(a)) è euleriano, si tratta di decidere quale orientazione dare agli archi non orientati. A questo scopo si realizza un modello di flusso e la complessa, ma computazionalmente efficiente, procedura richiede i seguenti passi:

- per ogni nodo i sia b_i la differenza fra gli archi orientati entranti e quegli uscenti (Fig. 15.1(b)) si noti che $\sum_i b_i = 0$);
- si rimuovono dal grafo tutti gli archi orientati (Fig. 15.1(c));
- si orientano arbitrariamente gli archi non orientati assegnando un intervallo di capacità $[-1, 1]$;
- si aggiungono due nodi s e t al grafo;
- per ogni nodo con $b_i > 0$ si crea un arco (s, i) di capacità $[0, b_i]$ e per ogni nodo con $b_i < 0$ si crea un arco (i, t) di capacità $[0, -b_i]$ (Fig. 15.1(d));
- si risolve un problema di massimo flusso (Fig. 15.1(e));
- se e solo se il flusso satura tutti gli archi incidenti in s e t il grafo è euleriano e il circuito si ottiene come segue:
- il flusso in ogni arco può essere -1, 0 o 1; se è 1 allora il circuito euleriano percorre l'arco secondo l'orientazione assegnata, se invece è -1 lo percorre nel senso opposto;
- si rimuove l'orientazione agli archi di flusso 0 (non ci sono archi di flusso 0 nell'esempio); questi formano sottografi euleriani; infatti, dato che gli archi che portano flusso unitario più gli archi orientati originali devono essere bilanciati e il grado di ogni nodo è pari, il numero di archi senza flusso incidenti in un nodo deve essere pari;
- si determinano circuiti euleriani su questi archi;
- si rimuovono i nodi s e t e gli archi incidenti in essi (Fig. 15.1(f));
- a questo punto tutti gli archi sono orientati, si reintroducono gli archi orientati rimossi inizialmente (Fig. 15.1(g)) e si determina il circuito euleriano.

15.2 Il problema del postino cinese

Come affermato in precedenza, in molte applicazioni sono associate delle lunghezze agli archi e si devono percorrere tutti gli archi almeno una volta minimizzando la distanza percorsa.

Se il grafo è euleriano basta scegliere un qualsiasi circuito euleriano e necessariamente si tratta del circuito minimo. Altrimenti qualche arco andrà ripetuto. Il problema allora è quello di percorrere tutti gli archi almeno una volta usando un circuito di lunghezza minima, ovvero minimizzando la somma delle lunghezze degli archi ripetuti. Si noti che in una soluzione ottima un arco

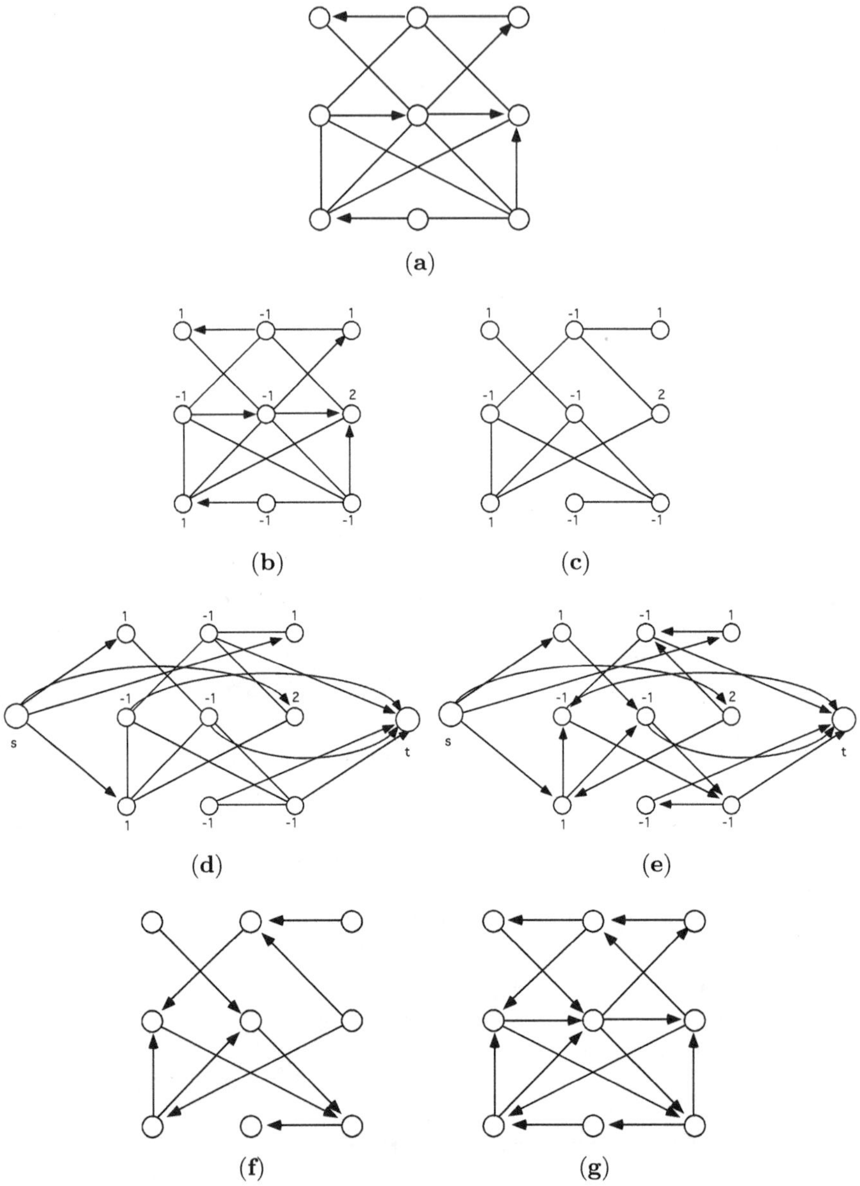

Figura 15.1. Costruzione di un circuito euleriano in in grafo misto

non sarà mai ripetuto più di una volta. Se lo fosse, si potrebbero rimuovere due ripetizioni dello stesso arco, lasciando inalterata la parità del grado nei nodi estremi e quindi si avrebbe una soluzione migliore.

Il problema è noto come *Problema del postino cinese*, perché è apparso la prima volta in un articolo scritto dal matematico cinese Mei-Ko [159]. La sua soluzione come descritta qui sotto si deve a Edmonds e Johnson [64].

Sia E l'insieme degli archi del grafo. Dato un circuito passante per tutti gli archi almeno una volta, sia E' l'insieme degli archi ripetuti. Il grafo $(N, E \cup E')$ è euleriano. Allora i gradi dei nodi nel grafo (N, E) sono dello stesso tipo, pari o dispari, come nel grafo $G' = (N, E')$ (intendendo per pari anche zero).

Siccome l'obiettivo è quello di cercare un circuito di costo minimo e i costi degli archi sono non negativi, possiamo escludere soluzioni tali che in E' siano presenti circuiti. Quindi E' è una foresta. È sempre possibile decomporre E' in un insieme di cammini che connettono nodi dispari. Infatti data una foresta in cui sia presente almeno un arco esiste sempre un cammino congiungente due nodi di grado dispari, in quanto in un albero esistono almeno due nodi di grado dispari (se tutti i nodi fossero pari esisterebbe un circuito e inoltre il numero di nodi di grado dispari in qualsiasi componente connessa di un grafo è pari) e fra tali nodi esiste un cammino in quanto un albero è connesso. Rimuovendo gli archi si ha un'altra foresta in cui i nodi estremi del cammino hanno ora grado pari e tutti gli altri nodi rimangono o pari o dispari.

La procedura si può ripetere fino ad esaurimento degli archi. Questo avverrà necessariamente quando si sono prelevati un numero di cammini pari al numero di coppie di nodi di grado dispari. Quindi l'insieme E' è equivalente ad un insieme di cammini fra coppie di nodi di grado dispari. Si costruisca ora un grafo completo con un numero di nodi uguale ai nodi di grado dispari e ad ogni arco (i, j) del grafo completo si assegni un costo pari alla lunghezza del cammino minimo da i a j. L'insieme dei cammini è equivalente ad un accoppiamento sul grafo completo.

Quindi l'insieme E' ottimo si ottiene cercando quelle coppie di nodi dispari per cui la somma dei cammini minimi è minima. Si assume, come già detto, l'ipotesi di lunghezze non negative. Se un arco fosse negativo si potrebbe percorrerlo avanti e indietro rendendo la soluzione illimitata e non esisterebbero ottimi.

Esempio 15.4.

Sia dato il grafo in Fig. 15.2(a). I nodi di grado dispari sono i nodi 2, 3, 4, 6, 7, 8. Le distanze minime fra questi nodi sono:

	2	3	4	6	7	8
2	-	4	13	9	18	10
3	4	-	17	5	22	14
4	13	17	-	15	6	12
6	9	5	15	-	19	11
7	18	22	6	19	-	10
8	10	14	12	11	10	-

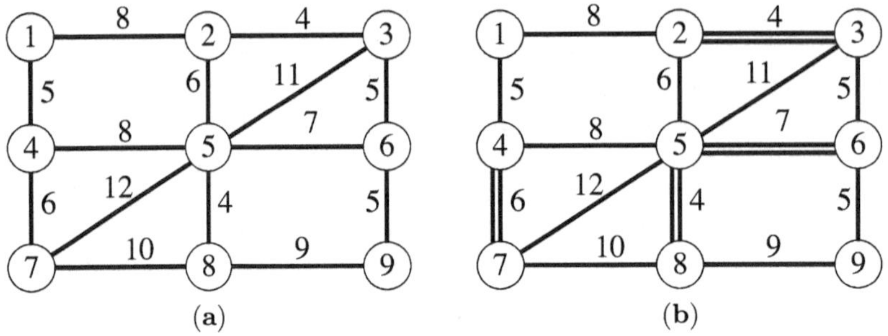

Figura 15.2.

L'accoppiamento di costo minimo è dato dalle coppie $(2,3)$, $(4,7)$ e $(6,8)$ a cui corrisponde il grafo euleriano in Fig. 15.2(b).

∎

Per i grafi orientati si può adottare un approccio basato sulle reti di flusso. Definiamo come x_{ij} il numero di volte in cui l'arco (i,j) è percorso. Il problema può essere allora definito come

$$\begin{aligned} \min\ & c\,x \\ & A\,x = 0 \\ & x \geq 1 \end{aligned} \tag{15.1}$$

con A matrice d'incidenza nodi-archi di un grafo orientato. Per la proprietà della matrice A la soluzione di (15.1) è automaticamente intera. Possiamo riscrivere (15.1) operando la sostituzione di variabile $y = x - 1$, per cui (15.1) è equivalente a

$$\begin{aligned} \min\ & c\,y \\ & A\,y = -A\,\mathbf{1} \\ & y \geq 0 \end{aligned} \tag{15.2}$$

Il vettore $-A\,\mathbf{1}$ rappresenta per ogni nodo la differenza fra il numero di archi entranti e il numero di archi uscenti. Indichiamo con b_i tale numero per il nodo i. Si noti che $\sum_i b_i = 0$.

Se supponiamo che il grafo non sia euleriano (altrimenti non ci sarebbe niente da calcolare) esiste almeno un nodo i con $b_i > 0$ e un nodo j con $b_j < 0$. Il problema (15.2) è quindi un problema di flusso con un certo numero di sorgenti (i nodi con $b_i > 0$) e un certo numero di pozzi (i nodi con $b_i < 0$). Tutto il flusso globalmente in uscita dalle sorgenti è uguale al flusso globalmente in entrata nei pozzi. Siccome il flusso non ha un vincolo superiore di capacità, il flusso che esce da un particolare nodo i e raggiunge un particolare nodo j segue necessariamente il cammino minimo. Possiamo allora rappresentare (15.2) come un problema di flusso su un grafo bipartito (sorgenti da una parte e pozzi dall'altra) con archi corrispondenti ai cammini minimi.

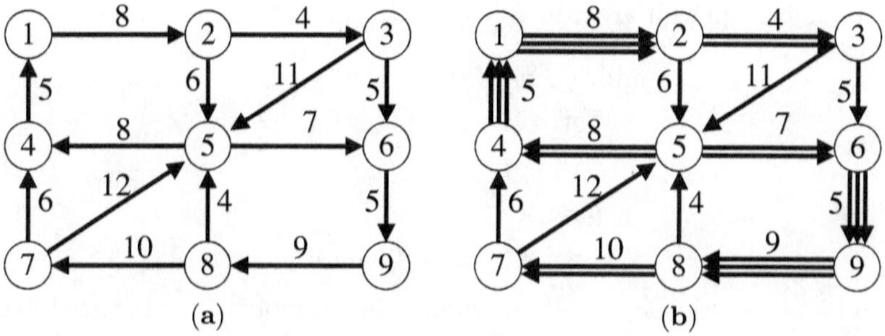

Figura 15.3.

Si tratta del problema del trasporto introdotto nella Sez. 10.5 risolubile con l'algoritmo descritto a pag. 192. Nell'applicazione al problema del postino cinese tuttavia il valore $\sum_i |b_i|/2$ è limitato superiormente dal numero di archi, per cui si può adottare anche la strategia 'ingenua' di inviare ogni volta il massimo flusso possibile da una sorgente ad una destinazione e la complessità rimane polinomiale, cioè $O(n^2\, m)$.

Esempio 15.5.

Sia dato il grafo in Fig. 15.3(a) (è il grafo precedente con gli archi orientati). Si vede che $b_1 = b_9 = 0$, $b_5 = 2$, $b_4 = 1$, $b_6 = 1$, $b_2 = -1$, $b_3 = -1$, $b_7 = -1$, $b_8 = -1$.

Le lunghezze dei cammini minimi fra i nodi con $b_i > 0$ e quelli con $b_i < 0$ sono indicate nella tabella dove è anche evidenziata in grassetto la soluzione del problema di trasporto.

	2	3	7	8
4	**13**	17	46	36
5	21	**25**	31	**21**
6	39	43	**24**	14

a cui corrisponde il grafo euleriano in Fig. 15.3(b). ∎

Il problema del postino cinese per un grafo misto è invece **NP**-difficile. Quindi non è inappropriato affrontarlo con la PLI. Siano E^0 gli archi orientati con costi c^0 e E^1 gli archi non orientati con costi c^1 (in entrambe le direzioni). Un modo per modellare il problema consiste nel trasformarlo in un problema di flusso, dopo aver sostituito ogni arco $e \in E^1$ con una coppia antiparallela di archi orientati e^+ e e^-. Siano E^+ e E^- gli archi orientati appena introdotti. Siano x^0, x^+ e x^- i flussi ed A^0, A^+ e A^- le matrici d'incidenza nodi-archi rispettivamente per gli archi in E^0, E^+ e E^- (si noti che $A^- = -A^+$). Allora abbiamo

$$\begin{aligned} \min\ & c^0\, x^0 + c^1\, x^+ + c^1\, x^- \\ & A^0\, x^0 + A^+\, x^+ - A^+\, x^- = 0 \\ & x^0 \geq 1 \\ & x^+ + x^- \geq 1 \\ & x^+ \geq 0,\ x^- \geq 0,\ \text{interi} \end{aligned} \tag{15.3}$$

Non è necessario imporre l'interezza delle variabili x^0 se le variabili x^+ e x^- sono intere. La soluzione di (15.3) può essere interpretata come un multigrafo orientato. Un multigrafo è un grafo in cui sono ammessi più archi fra una medesima coppia di nodi. Un valore intero positivo per una variabile x_{ij} corrisponde a x_{ij} archi dal nodo i al nodo j (orientati nello stesso verso). La condizione di conservazione del flusso è equivalente all'uguaglianza fra il numero di archi entranti e uscenti in un nodo. Inoltre il multigrafo è connesso a causa dei vincoli ≥ 1. Quindi le condizioni per l'esistenza di un circuito euleriano in un multigrafo orientato (uguali al caso di grafo) sono soddisfatte e la soluzione di (15.3) è effettivamente il circuito euleriano richiesto.

Esempio 15.6.

In Fig. 15.4 è rappresentata la soluzione del problema del postino cinese per il centro di Udine tenendo conto delle strade a senso unico e di quelle a doppio senso. Quindi si tratta di un grafo misto. Il grafo ha 121 nodi. Non sono state incluse le strade a traffico limitato. Le strade con spartitraffico sono state considerate come due strade a senso unico. Le strade a doppio senso di marcia sono rappresentate in figura con archi orientati (a seconda di come la soluzione ha scelto l'orientazione) con freccia non piena e con tratto più grosso, mentre le strade a senso unico hanno la freccia piena.

Chi conosce Udine non avrà difficoltà a riconoscere le varie strade. Si noti anche che Piazza I Maggio è rappresentata da tre nodi, cioè dai suoi tre incroci con altre strade.

Il modello (15.3) ha risolto il problema in meno di un secondo. I numeri in figura indicano quante volte deve essere percorso un arco se il numero è maggiore di 1 (altrimenti viene percorso esattamente una volta). Il circuito euleriano in figura ha una lunghezza complessiva di km 34,730. A dire il vero questo è il numero fornito dalla soluzione del modello ma le lunghezze degli archi sono state valutate ad occhio dalla piantina della città e sono sicuramente inesatte e probabilmente inferiori alla realtà. Si noti come qualche strada a doppio senso viene percorsa due volte con versi opposti.

Si noti ancora che, togliendo dal grafo tutti gli archi percorsi esattamente una volta, si ottiene un grafo senza cicli (perché?). ∎

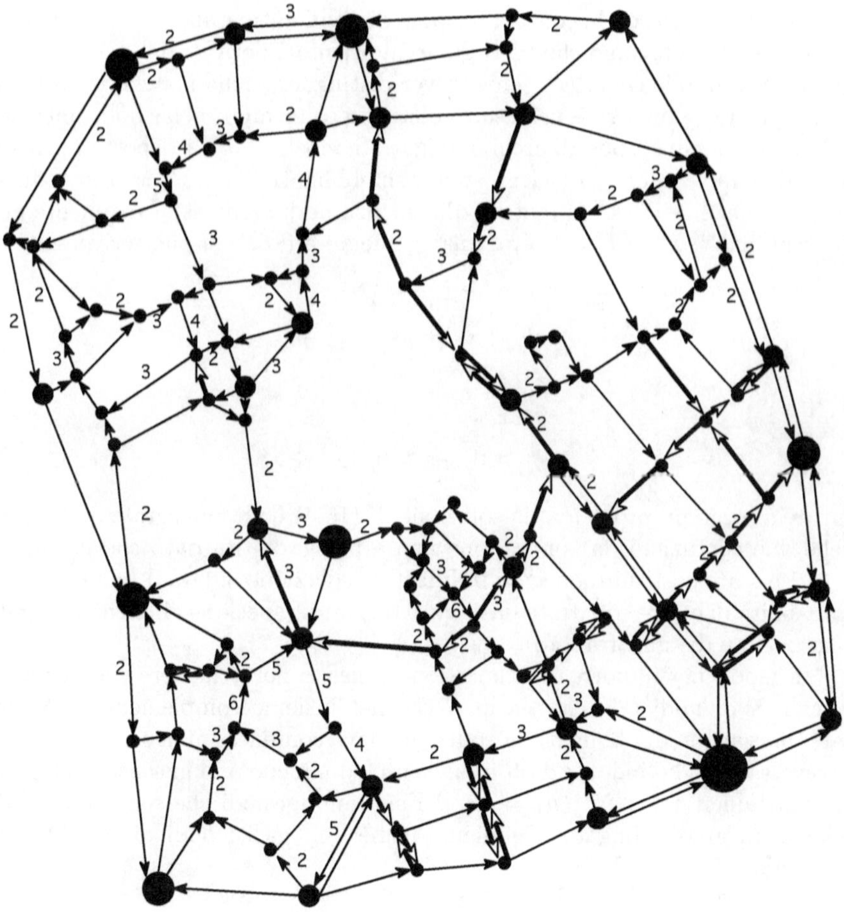

Figura 15.4.

15.3 Circuiti parziali

Può avvenire che non sia richiesto di attraversare tutti gli archi di un grafo, ma solo alcuni. Gli altri archi del grafo servono solo per connettere fra di loro gli archi obbligati. Anche in questo caso si cerca un circuito di minimo costo che attraversi almeno una volta gli archi obbligati. Sembrerebbe che, avendo tolto l'obbligo di attraversare alcuni archi, il problema si sia semplificato. Invece non è così. L'aumentata flessibilità (un arco non obbligato può appartenere o meno al circuito) ha reso il problema **NP**-difficile. Questo problema prende il nome di *Problema del Postino Rurale* (*Rural postman problem*).

Anche in questo caso si può pensare di ricorrere ad un modello di flusso con vincoli di interezza come si è fatto per il problema del postino cinese. Supponiamo il grafo non orientato. Dobbiamo renderlo orientato sostituendo ogni arco non orientato con la consueta coppia di archi antiparalleli. Per semplicità notazionale supponiamo che tutti gli archi orientati derivati da archi non obbligati formino l'insieme E^0, senza dover distinguere nella notazione gli archi e^+ da quelli e^-, mentre è necessario distinguere (sempre nella notazione) gli archi e^+ da quelli e^- per gli archi obbligati. Siano E^+ e E^- i rispettivi insiemi di archi. Siano c^0 e c^1 i costi degli archi non obbligati. Siano x^0, x^+ e x^- i flussi ed A^0, A^+ e $A^- = -A^+$ le matrici d'incidenza nodi-archi rispettivamente per gli archi in E^0, E^+ e E^-. Allora, analogamente a (15.3) si può scrivere

$$\begin{aligned} \min\ & c^0\, x^0 + c^1\, x^+ + c^1\, x^- \\ & A^0\, x^0 + A^+\, x^+ - A^+\, x^- = 0 \\ & x^0 \geq 0 \\ & x^+ + x^- \geq 1 \\ & x^+ \geq 0,\ x^- \geq 0,\ \text{interi} \end{aligned} \tag{15.4}$$

Tuttavia sorge un problema: la soluzione di (15.4) è un multigrafo euleriano? Delle due condizioni, la connessione non è più garantita dato che il vincolo $x^0 \geq 1$ è stato sostituito da $x^0 \geq 0$. Infatti la soluzione di (15.4) ha un'elevata probabilità di essere costituita da circuiti disgiunti (specie se gli archi obbligati sono pochi e distanti fra loro).

Un modo per imporre la connessione consiste nel richiedere che per ogni insieme S di nodi tale che sia in S che nell'insieme complementare $N \setminus S$ siano presenti nodi obbligati, la soluzione deve contenere almeno un arco che attraversa il taglio indotto da S in un senso ed almeno uno in senso contrario. Più esattamente, sia N^1 ($n_1 = |N^1|$) l'insieme dei nodi che sono estremi di almeno un arco obbligato. Definiamo come obbligati i nodi di N^1. Quindi definendo

$$\mathcal{S} := \{S : N^1 \cap S \neq \emptyset, N^1 \cap N \setminus S \neq \emptyset\}$$

il vincolo si può formalmente scrivere come

$$\sum_{(ij)\in\delta^+(S)} x_{ij} \geq 1 \qquad S \in \mathcal{S} \tag{15.5}$$

Non è difficile vedere che, a causa della conservazione del flusso su tutti i nodi, per ogni taglio la somma dei flussi in una direzione del taglio è uguale alla somma dei flussi nella direzione contraria, e quindi in (15.5) è sufficiente considerare metà dei vincoli. In ogni caso il numero di vincoli (15.5) da aggiungere a (15.4) è esponenziale e ci troviamo allora nelle condizioni esposte nella Sez. 11.1. L'approccio quindi è quello di *non* generare inizialmente i vincoli (15.5), ma di aggiungere solo quei vincoli di (15.5) che risultassero violati dalla soluzione corrente.

Si noti un fatto importante. Sembrerebbe, per come siamo giunti a queste conclusioni, che si tratti di risolvere il problema con variabili intere (15.4), e, se la soluzione non corrisponde ad un grafo connesso, individuare i vincoli violati

(15.5), aggiungerli a (15.4), risolvere nuovamente il problema a variabile intere e iterare in questo modo finché il grafo finale è connesso.

Invece non conviene operare in questo modo. In base alle considerazioni esposte nel Cap. 7, per le quali è indispensabile disporre di limitazioni inferiori il più elevate possibili per ridurre i tempi di computazione, è più conveniente considerare il problema di PLI dato da (15.4) e (15.5) e il suo rilassamento corrispondente. È poi il rilassamento ad essere risolto iniziando con (15.4) rilassato e aggiungendo di volta in volta le (15.5) violate. Infatti una soluzione del rilassamento di (15.4) è immediatamente disponibile ed è $x_e^+ = x_e^- = 1/2$ per ogni arco obbligato e $x_e^0 = 0$ per gli archi non obbligati. Questa soluzione corrisponde a tanti piccoli circuiti (di valore 1/2) costituiti dagli archi antiparalleli. La limitazione inferiore prodotta da questa soluzione è certamente molto inferiore al valore ottimo intero, in quanto è probabile che nella soluzione ottima verranno usati diversi archi non obbligati e forse qualche arco obbligato dovrà essere ripetuto. Introducendo i vincoli (15.5) si innalza la limitazione inferiore fino a valori molto vicini al valore ottimo intero.

Bisogna però determinare diseguaglianze violate anche da soluzioni frazionarie. Mentre determinare una diseguaglianza violata da una soluzione intera è banale, in quanto basta verificare se un grafo è connesso, determinare una diseguaglianza violata da una soluzione frazionaria è leggermente più complesso, ma comunque eseguibile in modo efficiente.

Infatti, assegnata una soluzione x, eventualmente frazionaria di (15.4), determinare se esiste S tale che $\sum_{e\in\delta^+(S)} x_e < 1$ è equivalente a calcolare

$$\min_{S\in\mathcal{S}} \sum_{e\in\delta^+(S)} x_e \tag{15.6}$$

e verificare se tale minimo è minore di 1. Si noti che la somma in (15.6) può essere vista come una capacità di taglio se agli archi (i, j) vengono assegnati intervalli di capacità pari a $[0, x_{ij}]$. Quindi una diseguaglianza violata viene determinata risolvendo dei problemi di massimo flusso.

In particolare è sufficiente risolvere $n_1 - 1$ problemi di massimo flusso da un nodo qualsiasi $s \in N^1$ ad ognuno dei nodi in $N^1 \setminus s$ e non serve risolvere il massimo flusso per tutte le coppie di nodi in N^1.

Se ad esempio esiste un taglio minimo $\delta(S)$ di capacità minore di 1 che separa i nodi $h \in N^1$ e $k \in N^1$, il nodo s può appartenere all'insieme S di cui fa parte h oppure al suo complemento. Nel primo caso il taglio minimo che separa s da k è minore o uguale a quello che separa h da k, in quanto questo separa anche s da k. Nel secondo caso, ragionando in modo analogo, il taglio minimo che separa h da s è minore o uguale a quello che separa h da k. In base all'osservazione precedente sulla somma dei flussi in un taglio, il taglio che separa h da s è uguale al taglio che separa s da h. Quindi nessuna diseguaglianza violata viene persa risolvendo gli $n_1 - 1$ problemi di massimo flusso indicati.

Esempio 15.7.

Sia dato il grafo in Fig. 15.5(a), dove gli archi a tratto più grosso sono quelli obbligati. I costi degli archi sono 2 per tutti gli archi orizzontali e verticali, 3 per tutti gli archi obliqui tranne l'arco $(8, 11)$ il cui costo è 5.

Risolvendo il modello (15.4) rilassato si ottiene una soluzione di valore 19, con le variabili $x_e^+ = x_e^- = 1/2$ per ogni arco obbligato. Il modello Lingo che risolve il problema generando i tagli si trova al sito [202].

Il primo taglio che viene individuato separa i nodi 1 e 2 con insieme $\delta^+(\{1, 6\})$ (l'implementazione del metodo procede prendendo il primo nodo obbligato, 1 in questo caso, e risolvendo i problemi di massimo flusso per gli altri nodi in sequenza, fermandosi al primo taglio di valore minore di 1). Vengono successivamente aggiunte 14 diseguaglianze violate, che alzano la limitazione inferiore da 19 a 31. La soluzione finale non è intera. A questo punto il modello (15.4) con l'aggiunta delle 14 diseguaglianze da (15.5) viene risolto con il vincolo d'interezza. Si ottiene immediatamente una soluzione di valore 31 e pertanto ottima. La soluzione è in Fig. 15.5(b). Come si vede vengono percorsi 5 archi non obbligati e viene ripetuto un arco obbligato. La soluzione ottima frazionaria differisce da quella intera solo negli archi $(4, 5)$, $(4, 9)$ e $(5, 9)$ dove i valori sono $x_{59} = x_{95} = 1/2$, $x_{49} = 1$, $x_{54} = 1$. ∎

15.4 Circuiti multipli

È molto frequente il caso che le strade debbano essere percorse da più di un veicolo. In questo caso si richiede normalmente che i circuiti siano il più possibile bilanciati in modo che il carico di lavoro sia lo stesso per ogni veicolo. In questo tipo di problemi un nodo riveste il ruolo speciale di *deposito*, punto di partenza e di arrivo per tutti i veicoli. Ovviamente il deposito deve essere comune a tutti i circuiti. Ci possiamo porre allora la domanda: dato un grafo (non orientato), esistono q circuiti, ciascuno con al più p archi, tali che ogni arco del grafo appartiene esattamente ad un circuito? Se $q = 1$ (e necessariamente $p = m$) la domanda corrisponde a chiedere se il grafo è euleriano, e quindi è facile rispondere. Ma se $q > 1$ (e $p \geq \lceil m/q \rceil$ è generico) il problema diventa subito difficile, appartenendo alla classe dei problemi **NP**-completi. A maggior ragione sono difficili tutti gli altri problemi in cui bisogna minimizzare la lunghezza di circuiti bilanciati con archi eventualmente ripetuti. L'analisi di questi problemi viene rinviata al Cap. 19.

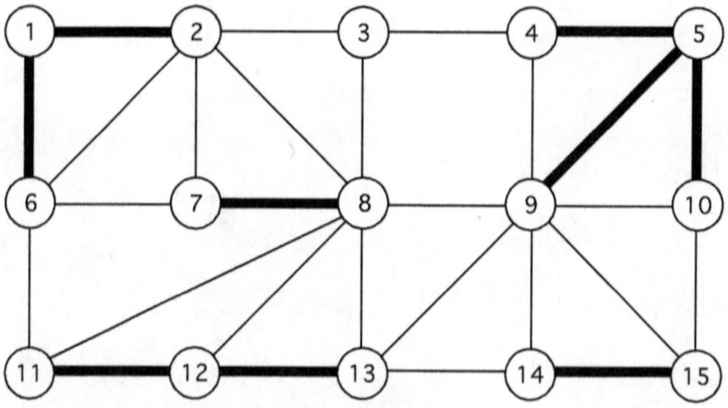

(**a**) Grafo

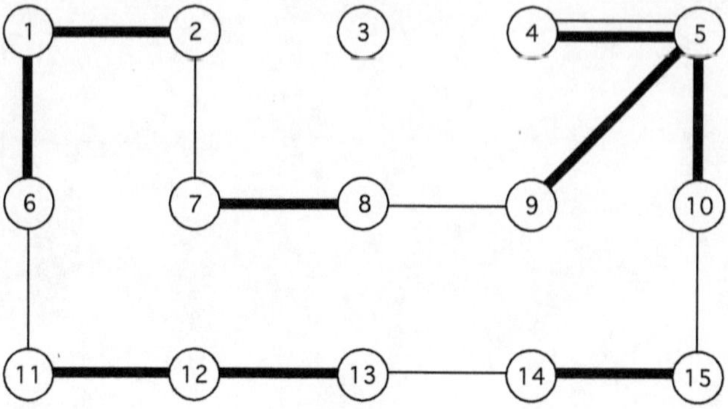

(**b**) Soluzione

Figura 15.5.

16

Modelli di percorsi Vincoli sui nodi

Spesso il cammino minimo da s a t deve soddisfare anche la richiesta di passare per un insieme prefissato di nodi. Se la richiesta riguarda solo un particolare nodo k il problema si risolve facilmente con due problemi di cammino minimo, uno da s a k e il secondo da k a t. Se invece la richiesta riguarda due nodi k e h, bisogna risolvere 6 problemi di cammino minimo, precisamente $s \to k$, $s \to h$, $h \to k$, $k \to h$, $k \to t$, $h \to t$, e valutare se il cammino $s \to k \to h \to t$ è più conveniente del cammino $s \to h \to k \to t$.

Normalmente il vincolo di inclusione riguarda tutti i nodi e il problema viene quasi sempre formulato come circuito piuttosto che come cammino. Si tratta del celebre *Problema del commesso viaggiatore*, a cui faremo sempre riferimento con l'acronimo TSP (*Traveling Salesman Problem*).

È evidente che all'aumentare del numero di nodi da attraversare obbligatoriamente il numero di percorsi alternativi cresce in modo fattoriale e quindi non è pensabile un approccio generale che li valuti a turno. Il problema del resto è difficile (si può dimostrare che è **NP**-difficile) e quindi dobbiamo adottare delle strategie opportune di calcolo, ma anche così i tempi di calcolo possono essere elevati e bisogna spesso ricorrere a procedure euristiche che forniscono una risposta non necessariamente ottima, ma in tempi di calcolo accettabili.

Problemi con questo tipo di vincoli non provengono necessariamente da percorsi reali. Vi sono molti problemi in cui si deve trovare la migliore sequenza di operazioni. Se il costo della sequenza dipende solo dalla coppia di operazioni in successione allora la struttura del problema è del tutto identica a quella di un TSP, simmetrico se il costo non dipende dall'ordine della successione delle operazioni, asimmetrico nel caso contrario. Ad esempio problemi di questo genere intervengono quando dopo un'operazione si deve spendere del tempo per attrezzare la macchina per l'operazione successiva, problema particolarmente rilevante nell'industria siderurgica. Un esempio, sempre legato al sequenziamento di operazioni, è dato da quei casi in cui le operazioni di uno stesso lavoro devono essere eseguite senza interruzioni. Questo particolare modello verrà discusso a pag. 386. Inoltre un esempio molto importante riguarda

Figura 16.1.

la progettazioni di circuiti stampati. La più grande istanze di TSP risolta a tutt'oggi (85900 nodi) proviene proprio da questo tipo di applicazione [48].

Il TSP riveste un ruolo centrale nei problemi di ottimizzazione combinatoria ed è stato oggetto di ricerche molto approfondite. Sull'argomento sono uscite, in tempi distanti, due monografie per evidenziare lo stato dell'arte nei metodi di risoluzione del problema [143, 102].

16.1 Cammini e circuiti hamiltoniani

Diamo inizialmente alcune definizioni, già anticipate nel Cap. 6, che sono alla base dei concetti che verranno sviluppati successivamente. I concetti e le definizioni si riferiscono a grafi non orientati, ma le stesse definizioni, con poche e ovvie varianti, valgono anche per i grafi orientati.

Definizione 16.1. *Dato un grafo* $G = (N, E)$*, un circuito (o un cammino) si dice* hamiltoniano *se contiene tutti i nodi esattamente una volta. Un grafo si dice* hamiltoniano *se nel grafo esiste un circuito hamiltoniano.* ∎

L'origine del problema di determinare un circuito hamiltoniano si può far risalire nuovamente ad Eulero [69], che si pose il problema se esiste una sequenza di mosse del cavallo su una scacchiera che percorra tutte le caselle esattamente una volta. Effettivamente ciò è possibile e una soluzione (ottenuta con i metodi che verranno esposti) è raffigurata in Fig. 16.1 (la soluzione non presenta simmetrie, in che modo si può ottenere una soluzione simmetrica?). Successivamente Kirkman [128] si pose una domanda simile per i vertici di un poliedro. Probabilmente interessato da questa questione il matematico irlandese Hamilton inventò nel 1856 un giochino con pioli ed elastici che corrispondeva a cercare un circuito senza ripetizioni sui vertici dell'icosaedro (mappato sul piano per permettere il gioco). Il gioco fu effettivamente costruito e commercializzato nel 1859, fruttando a Hamilton 25 sterline dell'epoca. Da allora circuiti di questo genere vengono detti appunto hamiltoniani.

La domanda naturale che ci si può porre a questo riguardo è se un grafo è o non è hamiltoniano. Purtroppo decidere se un grafo è hamiltoniano è in generale **NP**-completo. Ovviamente per certe classi di grafi si tratta di un problema facile. Banalmente ogni grafo completo è hamiltoniano e un qualsiasi grafo bipartito con un numero dispari di nodi non è hamiltoniano (perché?), ma si tratta di casi molto particolari.

I due problemi di determinare l'esistenza di un circuito o di un cammino hamiltoniano sono egualmente difficili. Infatti, disponendo di un algoritmo che risolve un problema si può facilmente risolvere l'altro. Conviene illustrare con un po' di dettaglio la conversione di un problema nell'altro per dare l'idea di come spesso un problema possa essere ricondotto ad uno per il quale sia disponibile un algoritmo.

Ad esempio se l'algoritmo decide l'esistenza di un circuito hamiltoniano e si vuole decidere l'esistenza di un cammino hamiltoniano, basta aggiungere un nodo adiacente a tutti gli altri e vedere, tramite l'algoritmo, se esiste un circuito hamiltoniano nel nuovo grafo. Togliendo il nodo aggiunto ogni circuito hamiltoniano diventa un cammino hamiltoniano nel grafo originario. Se si vuole determinare l'esistenza di un cammino hamiltoniano fra due nodi fissati h e k, basta aggiungere un nodo g adiacente solo a h e k. Siccome un circuito deve percorrere gli archi $h - g$ e $g - k$ per visitare il nodo g, nel nuovo grafo c'è un circuito hamiltoniano se e solo se nel grafo originario c'è un cammino hamiltoniano fra i nodi k e h (come fare se solo uno dei due estremi del cammino è fissato?).

Viceversa, se l'algoritmo decide l'esistenza di un cammino hamiltoniano, basta duplicare un nodo arbitrario k con tutti gli archi incidenti (sia k' la copia), aggiungere due nuovi nodi h e h' e gli archi (h, k) e (h', k'). Se esiste un cammino hamiltoniano in questo grafo deve necessariamente avere h ed h' come nodi estremi. Togliendo dal cammino h e h' e riunificando k e k' si ottiene un circuito hamiltoniano nel grafo originario.

Data la 'quasi' equivalenza dei due problemi, è sufficiente trattare solo uno di essi, ed è più naturale considerare quello del circuito hamiltoniano, per il quale la trattazione matematica è più uniforme (non ci sono nodi da trattare diversamente).

Strettamente connesso al problema di determinare un circuito hamiltoniano è il TSP. Normalmente nel TSP il grafo è completo e ad ogni arco è assegnato un costo. Si tratta di determinare un circuito hamiltoniano di costo minimo (dove il costo del circuito è ovviamente la somma dei costi degli archi del circuito).

Il TSP non è più facile del problema del circuito hamiltoniano (anche se il grafo è completo). Infatti disponendo di un algoritmo che risolve il TSP, basta, dato un grafo qualsiasi, assegnare costo 0 agli archi del grafo, rendere completo il grafo aggiungendo tutti gli archi necessari e assegnare costo 1 a questi archi. Il grafo è hamiltoniano se e solo se il problema del TSP ha valore ottimo 0.

Come si vede il TSP può anche essere formulato su un grafo non completo. Basta renderlo completo assegnando costo maggiore di $n \max_e c_e$ agli archi aggiunti. Infatti, se esistono circuiti hamiltoniani il loro costo non può superare $n \max c_e$. Ogni altro circuito che fa uso di archi aggiunti (e perciò non esiste nel grafo originario) ha un costo superiore.

Una variante del TSP è formulata su un grafo non necessariamente completo e viene chiesto un circuito che passa per tutti i nodi *almeno* una volta. Questo problema viene facilmente trasformato in un TSP definendo un grafo completo sugli stessi nodi, ma con archi corrispondenti al cammino minimo fra i due nodi nel grafo originario. Quindi il circuito hamiltoniano nel grafo completo viene poi interpretato come una successione di cammini nel grafo originario (e quindi vi possono essere nodi ripetuti, nonché archi percorsi avanti e indietro). Per essere risolto il problema richiede preliminarmente il calcolo dei cammini minimi fra tutte le coppie di nodi.

Un'ulteriore variante del TSP prevede un nodo speciale (detto deposito) e una soluzione consistente in uno o più circuiti che insieme coprono tutti i nodi, passano tutti per il deposito e negli altri nodi sono disgiunti.

Infine tutti questi problemi possono essere definiti su un grafo orientato. I problemi rimangono difficili. In questo caso si parla di TSP asimmetrico. Viene anche detto TSP simmetrico quello definito su un grafo non orientato.

16.2 PL e TSP

Il problema di cui ci occupiamo in questa sezione è il TSP simmetrico. È dato un grafo completo di n nodi con costi c_e per ogni arco $e \in E$. Si vuole determinare un circuito hamiltoniano di costo minimo.

Il problema può esser formulato efficacemente tramite la PL01, definendo variabili $x_e \in \{0,1\}$ per ogni $e \in E$. Ad ogni vettore di questo genere viene naturalmente associato un sottoinsieme di archi. Bisogna quindi determinare degli opportuni vincoli in modo che gli unici sottoinsiemi soddisfacenti i vincoli siano tutti e soli i circuiti hamiltoniani.

Un primo vincolo è dato dal fatto che il sottoinsieme deve avere grado 2 in ogni nodo, vincolo soddisfatto da ogni circuito hamiltoniano. Quindi

$$\sum_{e \in \delta(i)} x_e = 2 \tag{16.1}$$

Tuttavia vi sono sottoinsiemi che soddisfano il vincolo senza essere circuiti hamiltoniani, come ad esempio qualsiasi insieme di circuiti. Quindi bisogna trovare un vincolo che escluda sottoinsiemi formati da più circuiti disgiunti. Si può notare che ogni taglio del grafo è attraversato da almeno due archi (in generale è attraversato da un numero pari di archi). Quindi, per ogni sottoinsieme proprio di nodi S deve valere

$$\sum_{e \in \delta(S)} x_e \geq 2 \tag{16.2}$$

Tali diseguaglianze prendono il nome di *diseguaglianze di sottocircuito* (*subtour inequalities*). Gli unici sottoinsiemi che soddisfano sia (16.1) che (16.2) sono i circuiti hamiltoniani. Quindi il TSP potrebbe essere formulato nel seguente modo:

$$\begin{aligned} \min \quad & \sum_{e \in E} c_e x_e \\ & \sum_{e \in \delta(i)} x_e = 2 && i \subset N \\ & \sum_{e \in \delta(S)} x_e \geq 2 && S \subset N \\ & x_e \in \{0,1\} \end{aligned} \tag{16.3}$$

Il numero di vincoli in (16.3) è esponenziale e, come spiegato nel Cap. 11, il modo per risolvere il rilassamento di (16.3) consiste nel generare solo quei vincoli che si dimostrano necessari. Inizialmente si eliminano del tutto i vincoli (16.2) e si risolve

$$\begin{aligned} \min \quad & \sum_{e \in E} c_e x_e \\ & \sum_{e \in \delta(i)} x_e = 2 && i \in N \\ & 0 \leq x_e \leq 1 \end{aligned} \tag{16.4}$$

Se la soluzione è un circuito hamiltoniano il problema è risolto. Altrimenti si individua una diseguaglianza violata in (16.2) che viene aggiunta a (16.4) e si procede così fino ad ottenere un circuito hamiltoniano oppure una soluzione frazionaria che non viola nessuno dei vincoli (16.2). Quindi si tratta di risolvere in sequenza i seguenti problemi di PL

$$\begin{aligned} \min \quad & \sum_{e \in E} c_e x_e \\ & \sum_{e \in \delta(i)} x_e = 2 && i \in N \\ & \sum_{e \in \delta(S_k)} x_e \geq 2 && k \in [q] \\ & 0 \leq x_e \leq 1 \end{aligned} \tag{16.5}$$

per $q := 0, 1, \ldots$, dove $S_1, S_2 \ldots$, sono sottoinsiemi di nodi generati in modo che la soluzione ottima $\hat{x}^q$ del problema q-mo nella sequenza violi il vincolo successivo, cioè

$$\sum_{e \in \delta(S_{q+1})} \hat{x}_e^q < 2 \tag{16.6}$$

Questo garantisce $v_0 \leq v_1 \leq \ldots$, e quindi di ottenere limitazioni inferiori sempre migliori. Ovviamente se, per un particolare problema, la soluzione $\hat{x}^q$ è un circuito hamiltoniano, questa soluzione è necessariamente ottima. Due domande comunque si pongono ovviamente all'attenzione nell'impostare la risoluzione tramite i problemi (16.5):

- se $\hat{x}^q$ non è un circuito hamiltoniano, come identificare un sottoinsieme S per cui valga (16.6), ovvero, come identificare una diseguaglianza di sottocircuito violata?
- la successione di problemi produce l'ottimo dopo un numero finito di passi?

La risposta alla seconda domanda è *no*. Esistono infatti soluzioni frazionarie che sono vertici del poliedro

$$\begin{aligned} &\sum_{e \in \delta(i)} x_e = 2 && i \in N \\ &\sum_{e \in \delta(S)} x_e \geq 2 && S \subset N \\ &0 \leq x_e \leq 1 \end{aligned} \tag{16.7}$$

Il caso più semplice riguarda grafi di 6 nodi (si può dimostrare che con meno di 6 nodi i vertici sono circuiti hamiltoniani anche senza le diseguaglianze di sottocircuito) per i quali esistono soluzioni di vertice come quella in Fig. 16.2, in cui $x_e = 1$ sugli archi pieni e $x_e = 1/2$ sugli archi tratteggiati.

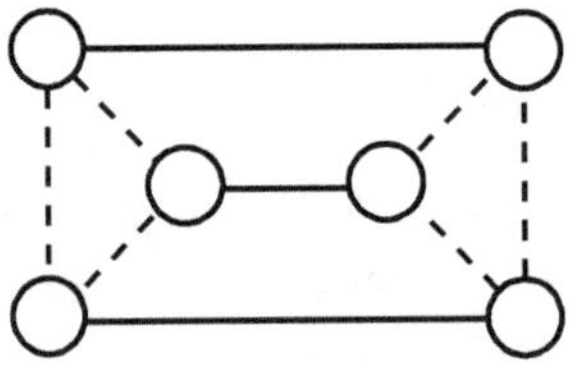

Figura 16.2.

Tale soluzione è soddisfatta da tutte le diseguaglianze di sottocircuito. Si supponga che il costo sia c_1 sugli archi pieni, sia c_2 sugli archi tratteggiati e sia c_3, un valore molto grande, su tutti gli altri archi. Allora la soluzione indicata ha costo $3\,c_1 + 3\,c_2$ mentre il costo di un circuito hamiltoniano ottimo è $2\,c_1 + 4\,c_2$. Quindi se $c_2 > c_1$ l'ottimo di (16.7) è la soluzione frazionaria in Fig. 16.2.

La risposta alla prima domanda è che, fortunatamente, si può determinare in modo polinomiale se e quale diseguaglianza di sottocircuito è violata da una vettore x. L'osservazione si basa sul fatto che determinare se esiste S tale che $\sum_{e\in\delta(S)} x_e < 2$ è equivalente a calcolare

$$\min_S \sum_{e\in\delta(S)} x_e \tag{16.8}$$

e verificare se tale minimo è minore di 2. Si noti che la somma in (16.8) può essere vista come una capacità di taglio se agli archi vengono assegnati valori di capacità pari a x_e. Quindi una diseguaglianza di sottocircuito violata viene determinata risolvendo un problema di taglio minimo in un grafo, usando ad esempio uno degli algoritmi visti in Sez. 10.4.

Esempio 16.2.

Applichiamo le tecniche viste ad un caso di TSP cosiddetto euclideo, in cui i nodi sono punti del piano e le lunghezze degli archi sono le distanze geometriche fra i punti. L'istanza di 50 nodi è stata generata a caso in un quadrato di lato 100 e le distanze sono state poi arrotondate. Quindi qualsiasi soluzione deve avere un valore intero. Il grafo è rappresentato in Fig. 16.3(a). Il grafo è completo e solo i nodi sono indicati.

Risolvendo il problema (16.4) si ottiene la soluzione in Fig. 16.3(b), dove gli archi continui corrispondono ad archi con $x_e = 1$, mentre gli archi tratteggiati corrispondono a soluzioni frazionarie (archi di valore 0 non sono ovviamente indicati). La prima soluzione è formata da un grafo sconnesso con quattro circuiti e un sottografo in cui le soluzioni frazionarie valgono 1/2. Il valore di questa soluzione è 577.

L'algoritmo che identifica la violazione delle diseguaglianze (16.2) trova la diseguaglianza di sottocircuito relativa al circuito di tre nodi in basso nella Fig. 16.3(b). Aggiungendo la diseguaglianza si ottiene una nuova soluzione, questa volta di valore 578, rappresentata in Fig. 16.3(c). Come si vede la diseguaglianza ha 'aggiustato' la soluzione per i nodi del circuito, ma rimangono, da altre parti del grafo, parti sconnesse. Viene identificata ora la diseguaglianza relativa al sottocircuito di tre nodi di Fig. 16.3(c). Aggiunta la diseguaglianza si ottiene la soluzione in Fig. 16.3(d) di valore 584. Anche in questa soluzione i valori frazionari valgono 1/2. Ora il grafo è connesso. Comunque si vedono immediatamente tagli in cui la somma delle variabili è 1 e quindi con violazione delle diseguaglianze (16.2). Aggiungendo la diseguaglianza identificata dall'algoritmo si ottiene la soluzione in Fig. 16.3(e) di valore 591.5. Si aggiunge ancora una diseguaglianza e si ottiene la soluzione in Fig. 16.3(f) di valore 592. Si prosegue allo stesso modo aggiungendo altre 12 diseguaglianze fino ad ottenere la soluzione in Fig. 16.3(g) di valore 597.75. In questa soluzione i valori frazionari valgono 1/4, 1/2 oppure 3/4. Nessuna delle diseguaglianze (16.2) è violata. Quindi siamo costretti a suddividere.

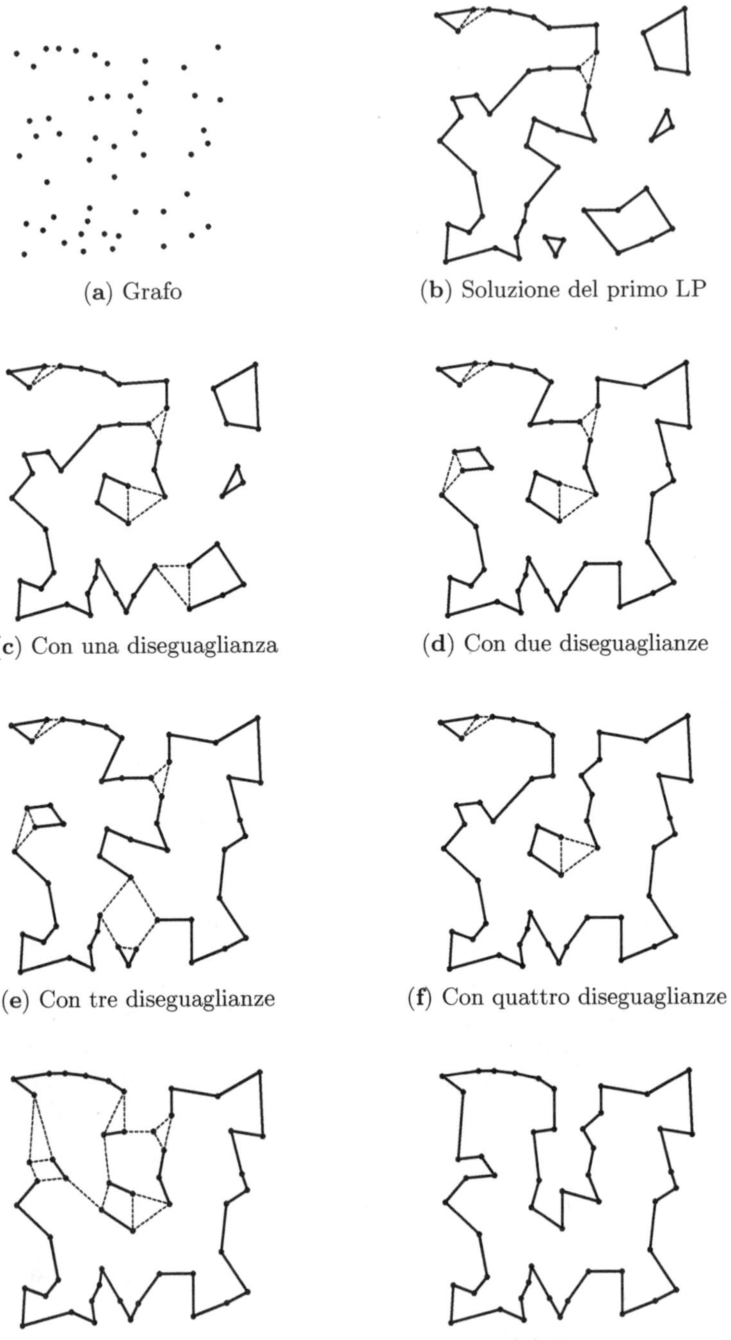

(a) Grafo

(b) Soluzione del primo LP

(c) Con una diseguaglianza

(d) Con due diseguaglianze

(e) Con tre diseguaglianze

(f) Con quattro diseguaglianze

(g) Tutte le diseguaglianze soddisfatte

(h) Ottimo

Figura 16.3. Esempio TSP

Si noti che la limitazione inferiore ottenuta con questa tecnica è stata portata da 577 a 598 (siccome i valori sono interi il valore 597.75 corrisponde ad una limitazione inferiore di 598) con un miglioramento di circa il 3.6%. Come si vedrà immediatamente, questo ha un effetto di grande accelerazione sulla computazione.

Viene scelto (casualmente) un arco per la suddivisione. Si tratta dell'arco in alto a sinistra del triangolo frazionario. Ponendo uguale ad 1 il valore della variabile dell'arco si ottiene la soluzione in Fig. 16.3(h). È un tour quindi è una soluzione ammissibile di valore 598. Evidentemente si tratta dell'ottimo e non c'è nemmeno bisogno di esaminare l'altro ramo dell'albero con valore della variabile eguale a 0. ∎

Bisogna dire che raramente si è così fortunati da terminare quasi al nodo radice dell'albero branch-and-bound come nell'esempio. Effettivamente per istanze di queste dimensioni bastano pochi nodi dell'albero. Normalmente, dopo avere aggiunto tutte le diseguaglianze di sottocircuito violate, si presentano soluzioni frazionarie del tipo di quella in Fig. 16.2, con tre cammini fatti di archi di valore uno che terminano su due triangoli di archi di valore 1/2 . Sono state definite diseguaglianze che eliminano anche queste soluzioni e sviluppate tecniche per identificare le diseguaglianze violate. Anche se si tatta di metodi particolarmente efficaci, tuttavia non vengono qui esposti, data la loro complessità. Inoltre le diseguaglianze di sottocircuito unite alla tecnica di branch-and-bound costituiscono già una tecnica efficace per il problema del TSP. Per una panoramica approfondita delle varie classi di diseguaglianze per il TSP si veda [161, 162, 163].

16.3 Cammini che visitano nodi almeno una volta

La definizione di circuito hamiltoniano richiede che ogni nodo sia visitato esattamente una volta. È evidente che circuiti passanti almeno una volta per ogni nodo esistono in ogni grafo connesso (includendo anche la possibilità di percorrere avanti e indietro un singolo arco). Quindi l'interesse per circuiti di questo genere risiede non tanto nella loro esistenza quanto nella ricerca di un minimo circuito fra tutti quelli possibili.

Un'importante proprietà che possono avere le lunghezze degli archi è la cosiddetta *diseguaglianza triangolare*. Si dice che vale questa proprietà se la diseguaglianza

$$c_{ij} \leq c_{ik} + c_{kj} \tag{16.9}$$

è vera per ogni terna di indici. Ad esempio la diseguaglianza triangolare vale per i TSP euclidei in cui la lunghezza di una arco è la distanza geometrica (euclidea) dei corrispondenti nodi. Si noti che, valendo la diseguaglianza triangolare, il grafo deve essere completo. Infatti la non esistenza di un arco (i, j) è assimilabile ad una lunghezza infinita e quindi (16.9) non può valere.

Se un grafo non è completo o comunque non vale la diseguaglianza triangolare si possono definire due problemi di TSP diversi: trovare il circuito hamiltoniano minimo (se ne esistono); trovare il circuito minimo che passa per tutti i nodi almeno una volta. Se vale la diseguaglianza triangolare i due problemi coincidono in quanto un nodo già visitato k fra due nodi i e j può essere vantaggiosamente eliminato dall'arco (i,j).

Se il problema riguarda cammini hamiltoniani, l'approccio di PL visto precedentemente continua a valere e non c'è altro da aggiungere. Se invece siamo interessati al secondo problema possiamo notare che data una qualsiasi successione di nodi da visitare, è sempre conveniente visitare due nodi in successione usando il cammino minimo fra i nodi. Quindi possiamo pensare di generare un grafo completo in cui la lunghezza dell'arco (i,j) sia definita come la lunghezza del cammino minimo da i a j. Quindi gli archi di questo grafo completo rappresentano in realtà cammini minimi. Si noti come la diseguaglianza triangolare sia soddisfatta per il grafo completo. Si risolve allora un TSP sul grafo completo (che necessariamente non avrà nodi ripetuti) e poi si esplicita la soluzione sul grafo originario, trasformando ogni arco nel corrispondente cammino minimo. In questa fase si possono ovviamente presentare nodi ripetuti.

Esempio 16.3.

Sia dato il grafo in Fig. 16.4(a) con archi e costi dati da:

$$\begin{array}{lllllll} c_{1,2}=2 & c_{1,8}=5 & c_{2,7}=6 & c_{1,4}=1 & c_{2,5}=\ 7 & c_{2,8}=10 & c_{4,12}=\ 5 \\ c_{7,12}=8 & c_{12,11}=3 & c_{2,10}=5 & c_{7,3}=8 & c_{5,3}=\ 9 & c_{3,11}=\ 6 & c_{5,9}=\ 2 \\ c_{10,9}=4 & c_{10,5}=7 & c_{8,6}=7 & c_{9,6}=6 & c_{4,7}=10 & c_{9,3}=\ 1 & c_{6,11}=10 \end{array}$$

Si noti che la diseguaglianza triangolare non vale, non solo per gli archi mancanti (rispetto al grafo completo), ma anche per gli archi $(2,8)$, $(3,5)$,

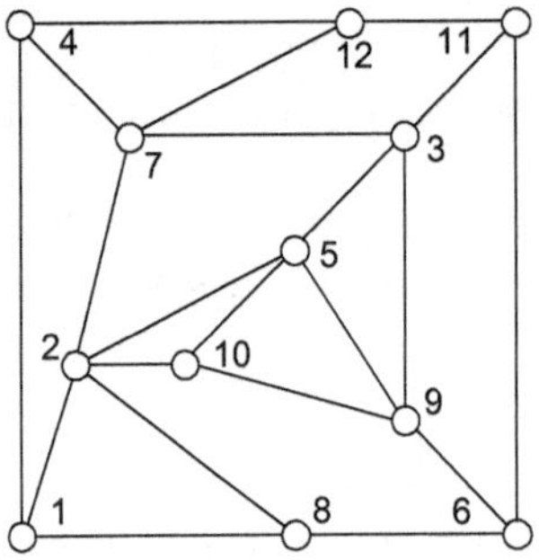

(a)

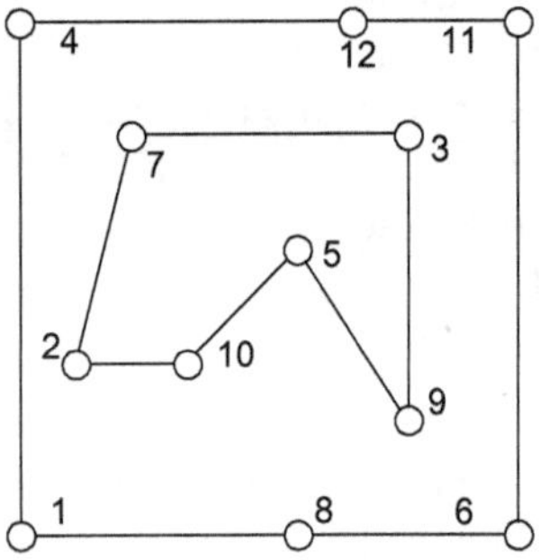

(b)

Figura 16.4.

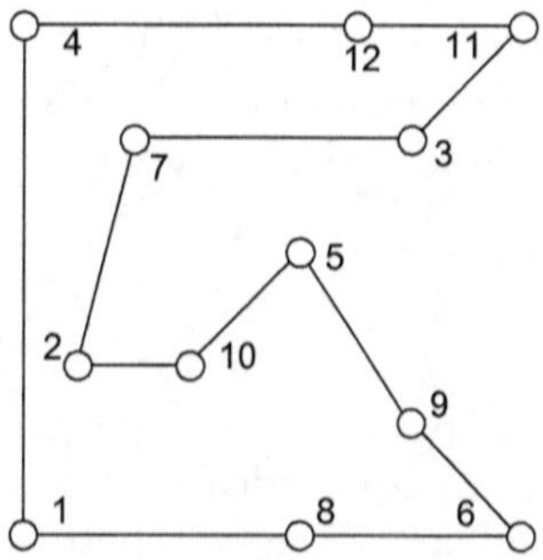

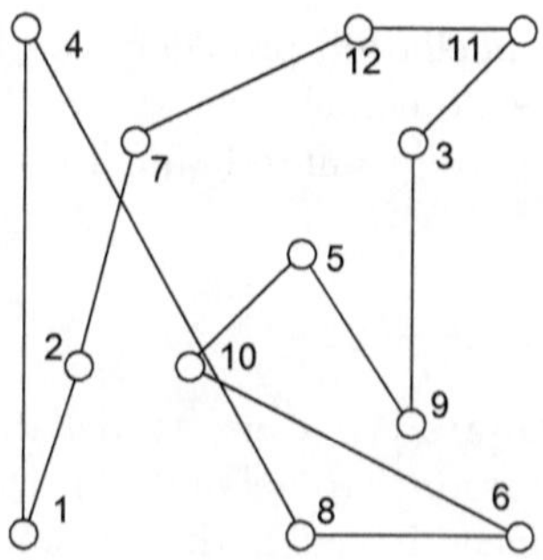

Figura 16.5.

(4, 7), (5, 10), per i quali sono più convenienti i cammini $2 \to 1 \to 8$, $3 \to 9 \to 5$, $4 \to 1 \to 2 \to 7$, $5 \to 9 \to 10$, ai rispettivi archi.

Per risolvere il problema di determinare il circuito hamiltoniano di costo minimo si aggiungono gli archi mancanti al grafo assegnando a questi un costo molto elevato (10^5 nell'esempio). Se la soluzione finale dovesse avere un costo paragonabilmente elevato, allora un circuito hamiltoniano non esiste. Il primo problema di PL produce la soluzione in Fig. 16.4(b). Aggiungendo una diseguaglianza di sottocircuito si ottiene la soluzione finale di valore 61 (Fig. 16.5(a)).

Per determinare il circuito che passa almeno una volta per tutti i nodi bisogna preliminarmente calcolare la matrice delle distanze minime fra tutte le coppie di nodi usando ad esempio l'algoritmo di Floyd-Warshall. Risolvendo il problema di PL con questi costi si ottiene direttamente, senza bisogno di introdurre diseguaglianze di sottocircuito la soluzione in figura 16.5(b) di valore 57, che corrisponde al circuito

$$1 \to 4 \to 1 \to 8 \to 6 \to 9 \to 10 \to 5 \to 9 \to 3 \to 11 \to 12 \to 7 \to 2 \to 1$$

∎

16.4 TSP con incentivi nei nodi

Vi sono problemi in cui la visita di un nodo non è obbligata ed è invece presente un incentivo che va a bilanciarsi con il costo di raggiungere il nodo. La visita viene quindi effettuata solo se conveniente. In questo caso è necessario indicare il nodo di partenza del circuito (ad esempio il nodo 1) che dovrà essere presente in ogni circuito tranne che nella soluzione in cui non si visita nessun nodo e il circuito è vuoto. Indichiamo con p_i i premi di visita dei singoli nodi (con $p_1 = 0$). Tale problema prende il nome di *Prize collecting TSP*.

Per modellare il problema con la PL, si deve poter esprimere il fatto che un nodo sia o non sia visitato. Si devono allora introdurre variabili binarie z_i per ogni nodo, tramite le quali il vincolo di grado diventa allora

$$\sum_{e \in \delta(i)} x_e = 2\, z_i$$

Si può notare che viene modellata anche la possibilità di non avere alcun circuito (grado zero nel nodo 1). Questo caso molto particolare ha costo nullo (nessun incentivo nei nodi e nessun costo sugli archi) e quindi potrebbe essere trattato separatamente. Ovvero si può imporre grado 2 nel nodo 1, risolvere il problema e poi vedere se l'ottimo così ottenuto è migliore della soluzione nulla. Dal punto di vista computazionale è meglio operare in questo modo. Tuttavia, per semplicità di notazione, manteniamo il grado variabile nel nodo 1.

Le diseguaglianze di sottocircuito devono essere mutate in quanto non c'è più l'obbligo di attraversare ogni taglio del grafo. In particolare, se un nodo i viene visitato allora ogni taglio che separa 1 da i deve essere atraversato da almeno due archi. Siccome il fatto di essere visitato o meno è collegato con la variabile z_i, una diseguaglianza si può esprimere come

$$\sum_{e \in \delta(S)} x_e \geq 2\, z_i \qquad i \notin S, \quad S \ni 1 \tag{16.10}$$

Il problema di PL rilassato è allora

$$\begin{aligned}
\min \quad & \sum_{e \in E} c_e\, x_e - \sum_{i \in N \setminus 1} p_i\, z_i \\
& \sum_{e \in \delta(i)} x_e = 2\, z_i \qquad && i \in N \\
& \sum_{e \in \delta(S)} x_e \geq 2\, z_i \qquad && i \notin S, \quad S \ni 1 \\
& 0 \leq x_e \leq 1,\ 0 \leq z_i \leq 1
\end{aligned}$$

Identificare diseguaglianze (16.10) violate può esser fatto risolvendo tanti problemi di massimo flusso da 1 a i per ogni i per cui $z_i > 0$. Se il massimo flusso è minore di $2\, z_i$ la diseguaglianza è violata.

Come esempio si consideri il grafo in Fig. 16.6(a). Il nodo di partenza è il quadrato. Gli altri nodi sono rappresentati in grandezza proporzionale all'incentivo. In Fig. 16.6(b) si vede la soluzione che si ottiene risolvendo il rilassamento senza i vincoli di sottocircuito. Il calcolo è stato eseguito con un algoritmo sviluppato dall'autore e all'interno del programma Mathematica. A differenza del TSP normale sono presenti anche cammini che terminano in un nodo. La possibilità di avere le variabili z_i frazionarie (uguali ad $1/2$ in questo caso) fa sì che il grado in un nodo possa essere uno. Sono state individuate 38 disuguaglianze di sottocircuito violate la cui introduzione ha innalzato

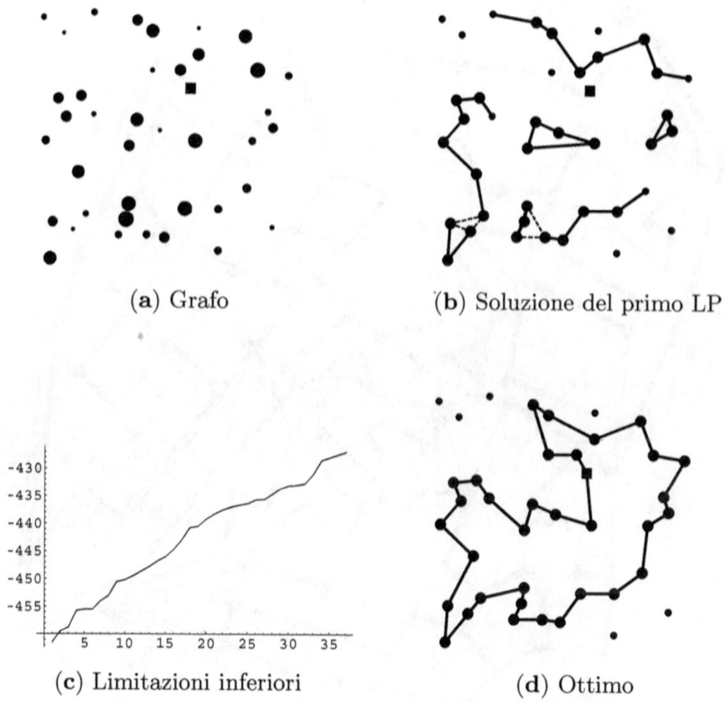

(a) Grafo (b) Soluzione del primo LP

(c) Limitazioni inferiori (d) Ottimo

Figura 16.6. Esempio TSP con incentivi

la limitazione inferiore da -461.5 a -427. Si veda in Fig. 16.6(c) l'aumento della limitazione inferiore ad ogni diseguaglianza aggiunta. L'ultima di queste diseguaglianze ha anche fornito una soluzione ammissibile e pertanto ottima. In questo esempio non c'è stato bisogno di operare con un metodo branch-and-cut, ma va da sé che si è trattato di un caso abbastanza fortunato e che comunque 40 nodi corrisponde ad un'istanza 'piccola'. Il programma che esegue lo stesso calcolo in Lingo è disponibile al sito [202] (è però presente il vincolo $z_1 = 1$ che innalza il rilassamento d'interezza a -453.5 e solo 23 diseguaglianze sono necessarie per ottenere l'ottimo, uguale al precedente).

Esempio 16.4.

Si supponga di dover calcolare il circuito più lungo in un grafo senza ripetizioni di nodi. Si può applicare il modello del TSP con incentivi, che non obbliga la visita in un nodo, senza però avere nell'obiettivo l'incentivo dei nodi. L'obiettivo consiste semplicemente nella massimizzazione della lunghezza del circuito (anziché minimizzazione come è usuale). Il resto dei vincoli è come in (16.10).

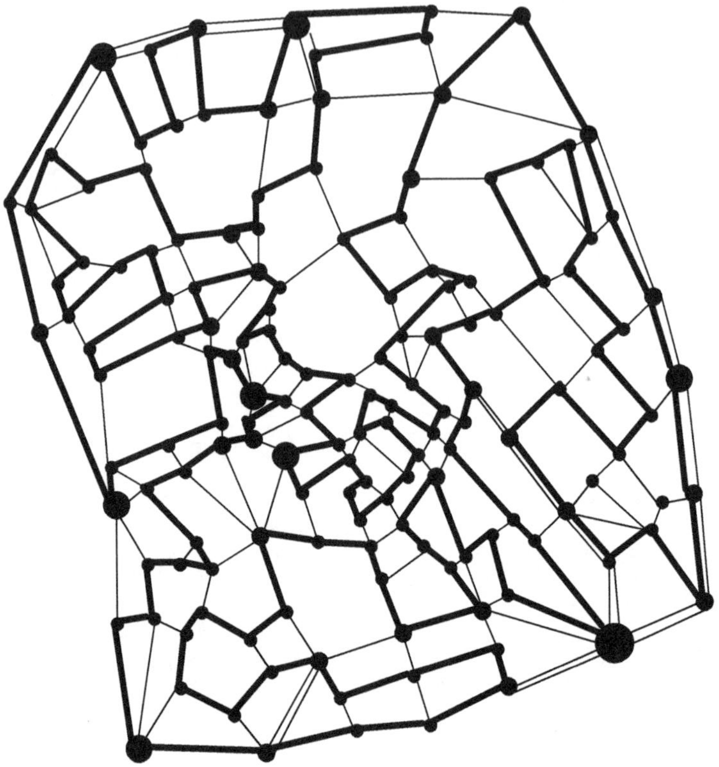

Figura 16.7.

Si è applicato questo modello al grafo in Fig. 16.7. Si immagini di organizzare una gara podistica all'interno di una città e si voglia trovare il percorso più lungo, senza ovviamente ripetizioni di strade e piazze. Il grafo in figura è il centro di Udine (con in più, rispetto alla Fig. 15.4, le strade escluse al traffico veicolare; qualche stradina è stata forse dimenticata). Si è evidenziata la soluzione ottenuta in 13 minuti e 27 secondi di calcoli con Lingo. La soluzione del primo LP rilassato vale 15240 metri. Questa soluzione è stata ridotta al valore 15123 introducendo 150 tagli. Dopo questi tagli si è deciso di non introdurne altri al nodo radice ma di risolvere in interezza con branch-and-bound e di aggiungere tagli di sottocircuito ad ogni soluzione intera. Si è notato che, essendo i problemi interi risolti più velocemente della ricerca dei tagli, questo modo di procedere è più rapido. La soluzione ottima vale 14 km e 720 metri (come già detto nell'Esempio 15.6 questo dato numerico va preso con molta cautela e a dire il vero la distanza sembra superiore ai circa 15 km). ∎

16.5 TSP con diversi circuiti

Una variante molto comune del TSP prevede la visita di tutti i nodi del grafo da parte di più veicoli, che quindi percorrono circuiti diversi con in comune solo il nodo di partenza detto *deposito*.

Questo problema può essere trasformato nel TSP normale creando un certo numero di copie del deposito insieme a copie degli archi incidenti nel deposito. Se il numero di circuiti è prefissato, il numero di copie del deposito è pari al numero dei circuiti e fra le copie non vi sono archi. Se invece il numero di circuiti è variabile, il numero di copie del deposito è posto sufficientemente elevato e queste vengono collegate in cricca a costo 0. Se il circuito hamiltoniano percorrerà questi archi, significa che il numero di circuiti è inferiore al numero delle copie del deposito.

Questo modo di procedere, anche se ha il vantaggio di ridurre un problema nuovo ad un problema già studiato, tuttavia non cattura un requisito spesso implicitamente presente in questo tipo di problemi, cioè il bilanciamento dei vari circuiti. Se più veicoli devono percorrere la rete, è verosimile chiedere che i circuiti siano più o meno della stessa lunghezza, così i veicoli sono impegnati per un medesimo tempo. Spesso questo tipo di vincoli è automaticamente implicato dal fatto che i veicoli devono trasportare merce e quindi devono sottostare a dei vincoli di capacità. A sua volta questo vincolo limita il numero di nodi da visitare.

Si tratta di problemi di complessità superiore a causa dei vincoli di capacità. Il loro studio viene rinviato al Cap. 19, dopo aver affrontato i problemi di impaccamento ottimo.

16.6 TSP asimmetrico

In molte applicazioni l'ordine con cui due elementi vengono sequenziati può definire costi diversi. In questi casi è necessario orientare il grafo e assegnare una matrice di costi c_{ij} con $c_{ij} \neq c_{ji}$ in generale. Per modellare questo problema con la PL01 si introducono variabili binarie x_{ij} per ogni coppia ordinata (i, j). L'obiettivo si esprime, come nel caso simmetrico, con l'espressione

$$\sum_{ij} c_{ij}\, x_{ij}$$

Il vincolo sulla visita di ogni nodo va fatto invece separatamente per gli archi in uscita e per quelli in entrata nel nodo, cioè

$$\sum_{j \neq i} x_{ij} = 1 \qquad i \in N$$

$$\sum_{j \neq i} x_{ji} = 1 \qquad i \in N$$

Come nel caso di TSP simmetrico questi vincoli non definiscono ancora un circuito hamiltoniano. Bisogna impedire che esistano sottocircuiti. A questo fine si impone

$$\sum_{(ij)\in\delta^+(S)} x_{ij} \geq 1 \qquad S \subset N$$

16.7 Euristiche per il TSP

IL TSP è forse il problema a cui è stata applicata ogni tecnica risolutiva, quasi un termine di paragone per valutare la bontà dei metodi proposti. Probabilmente questo è dovuto al fatto che soluzioni ammissibili per il TSP sono banalmente disponibili e quindi si può eludere un aspetto molto importante di gran parte dei problemi combinatori, in cui appunto anche la ricerca di una soluzione ammissibile è **NP**-difficile.

La ricerca locale dà dei risultati soddisfacenti per il TSP. Un semplice tipo d'intorno si ottiene togliendo da un circuito hamiltoniano due archi arbitrari non adiacenti e 'riattaccando' i due spezzoni di circuito nell'altro senso. Più esattamente, se gli archi che vengono tolti sono (i, j) e (h, k), con i e h appartenenti alla stessa componente connessa del circuito dopo la rimozione degli archi, gli archi che si aggiungono sono (i, k) e (j, h) (Fig. 16.8). In questo modo un intorno contiene $n\,(n-3)/2$ soluzioni.

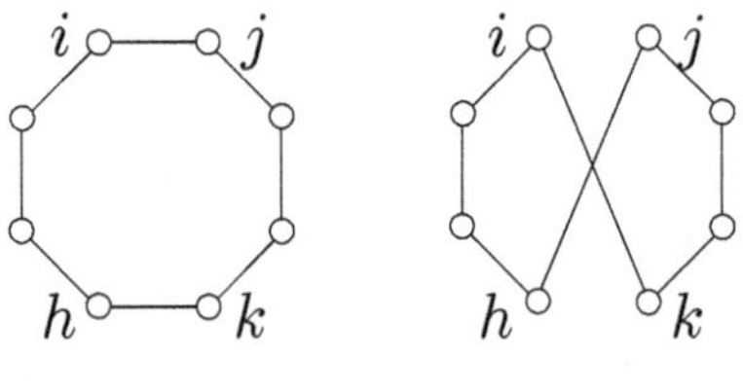

Figura 16.8.

Intorni più grandi si ottengono togliendo tre archi non adiacenti e aggiungendone tre in modo da formare un circuito. In generale se si tolgono k archi non adiacenti rimangono k pezzi di circuito che si possono riattaccare assieme secondo $(k-1)!$ permutazioni e orientare in due modi. Tenendo conto che ogni soluzione compare due volte (anche nel verso opposto) vi sono $(k-1)!\,2^{k-1}-1$ soluzioni nell'intorno. Quindi per $k=3$ vi sono 7 soluzioni e in totale un intorno ne contiene $7\,n\,(n-4)\,(n-5)/6$.

Vi è un aspetto favorevole in queste definizioni di intorno e riguarda la possibilità di confrontare rapidamente due soluzioni x e y senza dover valutare $f(x)$ e $f(y)$. Nel caso del TSP il calcolo di $f(x)$ ha complessità $O(n)$ perché richiede la somma di n costi. Ma per i tipi di intorno definiti il calcolo di $f(x) - f(y)$, con $y \in N(x)$, non ha complessità $O(n)$, bensì costante, perché

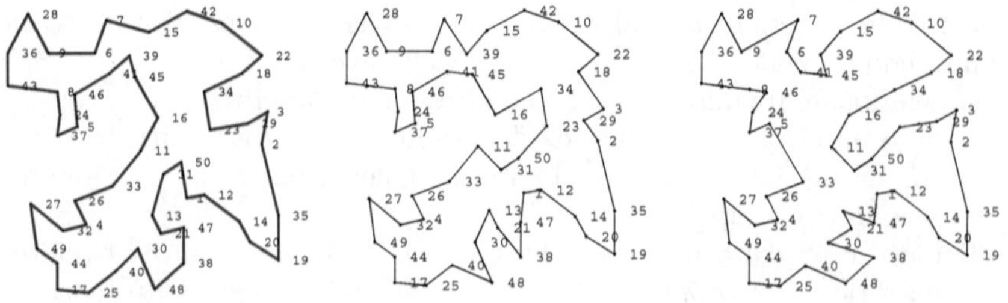

(a) (b) (c)

Figura 16.9. Ricerca locale

è semplicemente dato da $c_{ij} + c_{hk} - c_{ik} - c_{jh}$, per il primo tipo d'intorno e da una espressione simile per il secondo.

Bisogna comunque tener presente che una ricerca esaustiva del primo intorno costa $O(n^2)$ e del secondo costa $O(n^3)$. Ad esempio, se $n = 100$, nel primo intorno si hanno 4.850 soluzioni, mentre nel secondo ve ne sono 1.064.000 soluzioni, valore troppo elevato per una ricerca esaustiva dell'intorno. Se n è dell'ordine delle migliaia bisogna eseguire una ricerca parziale nell'intorno e accettare la prima soluzione migliore (ma in prossimità di un minimo locale l'intorno va esplorato quasi integralmente).

È stato visto empiricamente per il TSP che i miglior intorni sono quelli in cui si opera con profondità variabile. L'euristica di Lin e Kernigham [145] dà ottimi risultati. Sotto opportune ipotesi si è visto che la probabilità che un ottimo locale sia globale è attorno al 5%. Quindi la migliore soluzione fra 100 soluzioni ottenute da altrettante soluzioni iniziali diverse ha una probabilità di essere ottima globale pari a $1 - 0.95^{100} = 1 - 0.0059$ cioè più del 99%. L'euristica [145] è stata ulteriormente migliorata da Helgsaun [108].

Per esemplificare il comportamento delle varie euristiche si è considerata un'istanza di TSP, ottenuta generando 50 punti a caso in un quadrato di lato 100 e definendo la lunghezza di un arco come la distanza tra i due punti arrotondata all'intero. La soluzione ottima dell'istanza (ottenuta tramite branch-and-cut) vale 588 ed è mostrata in Fig. 16.9(a). Il metodo di ricerca locale con intorno dato da $k = 2$ è stato applicato 10 volte, a partire da tour casuali, generando ottimi locali con i seguenti valori: 631, 655, 655, 631, 597, 639, 613, 638, 621, 622 (i valori uguali corrispondono a tour diversi). La migliore di queste soluzioni è mostrata in Fig. 16.9(b). Anche il metodo di ricerca locale con intorno dato da $k = 3$ è stato applicato 10 volte a partire da tour casuali. Gli ottimi locali hanno i seguenti valori: 620, 611, 601, 594, 606, 595, 590, 625, 613, 592. La migliore di queste soluzioni è mostrata in Fig. 16.9(c). Si noti che si è ottenuta una soluzione con uno scarto inferiore a 0.4 %.

Per il TSP sono molti i metodi greedy proposti e nessuno di essi si è dimostrato superiore agli altri. Tipicamente la soluzione viene costruita aggiungendo un nodo alla volta secondo regole diverse:

1) selezionare il nodo più vicino all'ultimo nodo inserito;
2) dato un circuito parziale, selezionare un nodo a caso e inserirlo fra la coppia più favorevole del circuito parziale; si inizia con un circuito a caso di tre nodi;
3) dato un circuito parziale, selezionare il nodo più vicino al circuito e inserirlo fra la coppia più favorevole del circuito parziale; si inizia con un circuito a caso di tre nodi;
4) dato un circuito parziale, selezionare il nodo più lontano al circuito e inserirlo fra la coppia più favorevole del circuito parziale; si inizia con un circuito a caso di tre nodi;

Applicando i vari metodi alla medesima istanza vista prima, il primo metodo è stato ripetuto prendendo a turno ogni nodo come nodo di partenza. La migliore soluzione ha valore 665 (Fig. 16.10(a)).

Il secondo metodo è stato applicato 10 volte trovando tour di valore: 614, 621, 631, 618, 661, 632, 660, 638, 669, 621. La migliore soluzione è in Fig. 16.10(b). Il terzo metodo ha fornito i seguenti valori: 641, 685, 685, 678, 666, 722, 660, 667, 684, 692. La migliore soluzione è in Fig. 16.10(c). Infine il quarto metodo ha fornito i seguenti valori: 641, 617, 631, 617, 631, 612, 608, 648, 613, 636. La migliore soluzione è in Fig. 16.10(d).

16.8 Il problema del torneo di minima distanza

Come si è accennato alla fine della Sez. 14.3, un calendario di un campionato sportivo determina anche quali viaggi debba fare una squadra durante il campionato. Il problema di trovare il calendario che minimizza la somma di tutte le distanze prende il nome di *Travelling tournament problem*, che potremmo tradurre alla lettera con 'Problema del torneo viaggiatore', in assonanza con il problema del commesso viaggiatore, ma forse è meglio tradurre con Problema del torneo di minima distanza. In ogni caso ci riferiremo al problema con l'acronimo TTP. I vincoli imposti sul calendario richiedono di non avere i due incontri fra le stesse squadre in turni successivi e di non avere più di tre turni consecutivi in casa o fuori casa.

Si tratta di un problema molto ostico. Nel sito [214] sono riportate diverse istanze di grandezza crescente relative al campionato americano di baseball. Alla data di questo scritto le istanze risolte in ottimalità (provata) sono di sei e otto squadre. Per le istanze di dieci e più squadre non si sono ancora trovate soluzioni certificate ottime. Ad esempio per dieci squadre lo scarto fra migliore soluzione trovata e limitazione inferiore è 2.7 %, per 12 squadre 2.8 % e per 14 squadre 3.1 %. Ci si potrebbe anche accontentare delle migliori soluzioni trovate, comunque ottenute con enormi tempi macchina e con computazioni

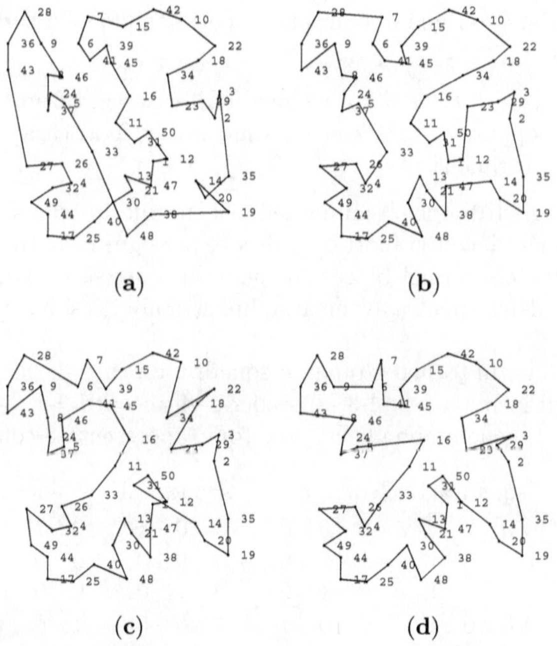

Figura 16.10. Metodi greedy

parallele, ma si noti che si tratta di istanze piccole. Il numero di squadre dei campionati reali è molto più grande.

La differenza con il TSP colpisce. Mentre al giorno d'oggi si risolvono in ottimalità istanze del TSP con migliaia di nodi, per il TTP sono solo 8 (o poco più per istanze di tipo diverso) i nodi per cui si risolve in ottimalità!

Non è difficile formulare un modello di PLI per il TTP. È la cattiva qualità delle limitazioni inferiori a rendere impraticabili questi modelli. Ci limitiamo a presentare un modello a generazione di colonne suggerito in [62].

Si definiscono n insiemi $P_1, \ldots, P_n$, uno per ogni squadra. Ogni elemento $j \in P_s$ corrisponde ad un possibile calendario per la squadra s. Sono definite variabili binarie x_j, $j \in P_s$, ad indicare se viene adottato il calendario j per la squadra s. Siccome bisogna adottare esattamente un calendario per ogni squadra, bisogna imporre i vincoli

$$\sum_{j \in P_s} x_j = 1 \qquad s \in [n] \tag{16.11}$$

I calendari delle diverse squadre devono essere coerenti fra di loro. A questo fine si definisce una matrice le cui colonne sono in corrispondenza con gli elementi di $\bigcup_s P_s$ e le righe sono pari al prodotto del numero di turni per il numero di squadre. Possiamo raggruppare le righe in n blocchi di righe, uno per ogni squadra, e le righe di ogni blocco corrispondono ai turni. La matrice è definita come

$$a^j_{rt} = \begin{cases} 1 & \text{se } j \in P_s,\ s = r \text{ e } s \text{ gioca fuori casa nel turno } t \\ & \text{oppure } j \in P_s,\ r \neq s \text{ e } s \text{ incontra } r \text{ fuori casa nel turno } t \\ 0 & \text{altrimenti} \end{cases}$$

In altre parole gli 1 di ogni colonna dell'insieme riferito alla squadra s corrispondono solo agli incontri fuori casa di s e, per ogni incontro fuori casa, l'1 compare due volte, una nel blocco di righe della stessa squadra s e una nel blocco di righe della squadra avversaria, in entrambi i casi nella riga del turno dell'incontro.

Ad esempio in un torneo a quattro squadre, un calendario che preveda al primo turno gli incontri 1-2, 4-3, al secondo gli incontri 4-1, 3-2, al terzo gli incontri 3-1, 2-4, genererebbe le colonne (qui rappresentate come righe)

$$\begin{array}{l} \\ \text{squadra 1} \rightarrow \\ \text{squadra 2} \rightarrow \\ \text{squadra 3} \rightarrow \\ \text{squadra 4} \rightarrow \end{array} \begin{array}{c} \text{squadra 1} \quad \text{squadra 2} \quad \text{squadra 3} \quad \text{squadra 4} \\ \begin{pmatrix} 0 & 1 & 1 & 0 & 0 & 0 & 0 & 0 & 1 & 0 & 1 & 0 \\ 1 & 0 & 0 & 1 & 0 & 0 & 0 & 0 & 0 & 0 & 0 & 0 \\ 0 & 0 & 0 & 0 & 1 & 0 & 0 & 1 & 0 & 0 & 0 & 0 \\ 0 & 0 & 0 & 0 & 0 & 1 & 1 & 0 & 0 & 1 & 0 & 1 \end{pmatrix} \end{array} \tag{16.12}$$

Si noti che in ogni riga (colonna in (16.12)) compare esattamente un 1. Questo avviene perché le quattro colonne (righe in (16.12)) sono coerenti fra di loro. Se invece il calendario per la prima squadra (ma solo per la prima squadra) prevedesse gli incontri 1-2 al primo turno, 3-1 al secondo e 1-4 al terzo, mentre per la seconda squadra si avrebbe 2-1, 2-3 e 4-2, per la terza 3-1, 4-3 e 2-3 e infine per la quarta 2-4, 3-4 e 4-1, e quindi si tratta di calendari incoerenti fra di loro, la matrice (al solito qui indicata come trasposta) sarebbe

$$\begin{array}{l} \\ \text{squadra 1} \rightarrow \\ \text{squadra 2} \rightarrow \\ \text{squadra 3} \rightarrow \\ \text{squadra 4} \rightarrow \end{array} \begin{array}{c} \text{squadra 1} \quad \text{squadra 2} \quad \text{squadra 3} \quad \text{squadra 4} \\ \begin{pmatrix} 0 & 1 & 0 & 0 & 0 & 0 & 0 & 1 & 0 & 0 & 0 & 0 \\ 0 & 0 & 0 & 0 & 0 & 1 & 0 & 0 & 0 & 0 & 0 & 1 \\ 0 & 0 & 0 & 0 & 0 & 1 & 0 & 1 & 1 & 0 & 0 & 1 \\ 0 & 0 & 0 & 1 & 0 & 0 & 0 & 1 & 0 & 1 & 1 & 0 \end{pmatrix} \end{array} \tag{16.13}$$

dove, in ogni riga (colonna in (16.13)), non c'è esattamente un 1. Il vincolo da imporre è quindi, oltre a (16.11),

$$\sum_s \sum_{j \in P_s} a^j_{rt}\, x_j = 1 \qquad r \in [n], \quad t \in [n-1] \tag{16.14}$$

Il costo c_j da associare alla variabile x_j, $j \in P_s$, è la distanza che la squadra s percorre in base al calendario j. Il problema di non poco conto è quello di generare le colonne. Se indichiamo con w_s le variabili duali di (16.11) e con y_{rt} quelle di (16.14), il vincolo duale è ammissibile se

$$w_s + \sum_r \sum_t a^j_{rt} \, y_{rt} \leq c_j \qquad j \in P_s, \; s \in [n] \tag{16.15}$$

Quale problema si nasconde nella verifica dell'ammissibilità dei vincoli (16.15)? Per ogni squadra s costruiamo un grafo di $2\,n-1$ nodi dove un nodo, indicato con s, è la sorgente del circuito e corrisponde alla città della squadra s e gli altri $2\,(n-1)$ nodi corrispondono alle $n-1$ partite della squadra s, una in casa e una fuori casa. Indichiamo con r_H e r_A i due nodi delle partite $s-r$ e $r-s$ rispettivamente. Ci sono archi fra tutti i nodi tranne le coppie r_H e r_A. Un circuito hamiltoniano corrisponde ad un calendario per la squadra s. Se le distanze fra le varie città sono date da una matrice d_{ij} allora le distanze sul grafo sono

$$d_{s,r_H} = d_{r_H,p_H} = 0, \quad d_{s,r_A} = d_{p_H,r_A} = d_{r_A,p_H} = d_{sr}, \quad d_{r_A,r_A} = d_{rp}$$

Il costo c_j è allora la lunghezza del circuito hamiltoniano determinato dal calendario j. Per quel che riguarda l'espressione $\sum_r \sum_t a^j_{rt} \, y_{rt}$, si noti che i valori a_{rt} sono uguali a 1 in corrispondenza degli incontri fuori casa di s. Quindi, se il circuito hamiltoniano attraversa il nodo r_H nel turno t, al costo c_j del circuito si toglie un costo $(y_{rt} + y_{st})$ (che può essere sia positivo che negativo).

Con queste caratteristiche il problema è una variante del TSP. La complicazione è dovuta al fatto che mentre i costi degli archi sono costanti, i costi delle visite nei nodi dipendono dal turno in cui si visita il nodo. Quindi bisogna adottare un modello di TSP che esprima anche il turno in cui il nodo è visitato. Il vincolo sulla non consecutività dei due incontri con la stessa squadra è già risolto dalla mancanza degli archi (r_H, r_A). Bisogna invece imporre il vincolo che il circuito hamiltoniano non visiti in successione più di tre nodi r_A e neppure r_H.

Quindi la generazione delle colonne è un problema molto difficile già di per sé. Per questo motivo è raccomandabile usare delle euristiche nella generazione di colonne. Si pensi anche che, per generare una colonna non è necessario trovare il minimo di $c_j - \sum_r \sum_t a^j_{rt} \, y_{rt}$, ma basta che questa espressione sia minore di w_s.

16.9 Alberi di supporto

Supponiamo di mantenere il vincolo di visita in tutti i nodi del grafo, ma di cambiare il vincolo sul tipo di sottografo che connette tutti i nodi. Anziché un circuito si chiede che il sottografo sia un albero. Questo è un celebre problema che prende il nome di *Minimo albero di supporto* (MST, *Minimal spanning tree*) e si presenta in tutti quei casi in cui si cerca una connessione di minimo costo fra elementi di una rete. La prima applicazione nota di questo problema fu realizzata negli anni '20 del secolo scorso per l'elettrificazione della Moravia meridionale. Il problema naturalmente ha anche la sua importanza perché si presenta spesso come sottoproblema di problemi più grandi, nonché per le sue caratteristiche teoriche di appartenere alla classe più ampia dei problemi matroidali. In questa sede, comunque, ci limitiamo a trattare il problema MST senza trattare i matroidi.

Si può dimostrare che il problema MST si risolve facilmente con il seguente algoritmo di tipo greedy: si ordinano gli archi per costi crescenti e poi si costruisce l'albero inserendo un arco alla volta (secondo l'ordine) eliminando gli archi il cui inserimento creerebbe un ciclo.

Per implementare tale algoritmo si tratta determinare, per ogni arco che si vorrebbe aggiungere, se si genera un circuito oppure no. Gli archi già inseriti formano un certo numero di insiemi sconnessi. Un arco da inserire genera un circuito se e solo se i suoi estremi appartengono alla stessa componente connessa. Se questo non avviene allora l'arco viene aggiunto e le due componenti connesse vengono fuse in una componente connessa più grande.

A questo scopo bisogna realizzare una struttura dati che permetta di: 1) identificare una componente connessa, 2) determinare rapidamente a quale componente appartiene un nodo, 3) creare una nuova componente dall'unione di due o più componenti. La struttura dati che realizza efficientemente queste operazioni viene detta Union-Find, descritta nell'Appendice.

Usando questo metodo un MST si calcola in tempo $O(m \log n)$. La complessità della costruzione dell'albero si può ulteriormente abbassare ad una funzione 'quasi' lineare in m usando degli accorgimenti (si veda [210]). Questo algoritmo viene generalmente citato come *algoritmo di Kruskal*, in quanto fu presentato per la prima volta in [132] (senza tuttavia la speciale struttura dati).

Vi sono anche altri algoritmi per il problema del minimo albero di supporto. Consideriamo un taglio qualsiasi nel grafo e sia $\hat{e}$ uno degli archi di minimo costo del taglio. Supponiamo che un minimo albero di supporto T non contenga nessuno degli archi di minimo costo. Si aggiunga allora $\hat{e}$ all'albero, generando così un circuito. Almeno un altro arco $\tilde{e}$ del circuito deve appartenere al taglio. Se si rimuove $\tilde{e}$ da $T \cup \hat{e}$ si ottiene un altro albero T' il cui costo deve essere inferiore a quello di T per l'ipotesi sui costi di $\hat{e}$ e $\tilde{e}$. Ma questo contraddice l'ottimalità di T.

Quindi, se si costruisce un albero prendendo per ogni taglio l'arco di costo minimo, certamente si ottiene un minimo albero di supporto. Quest'idea può essere realizzata algoritmicamente in vari modi. Due algoritmi in particolare meritano di essere menzionati e cioè l'algoritmo di Prim e l'algoritmo di Borůvka.

L'*algoritmo di Prim* [184] si basa sull'idea di aggiungere un arco ad un albero che supporta in modo ottimo un sottoinsieme S di nodi. In base alle precedenti considerazioni l'arco viene scelto come l'arco di minimo costo del taglio $\delta(S)$ generato da S. L'insieme S viene quindi aggiornato aggiungendovi l'altro estremo dell'arco e la procedura si ripete finché S contiene tutti i nodi. La procedura viene inizializzata prendendo $S = \{s\}$ con s nodo arbitrario. Per realizzare efficientemente la procedura conviene trovare l'arco di minimo costo sfruttando l'informazione ottenuta nei precedenti passi. Dato $S \subset N$ sia $T(S)$ il minimo albero di supporto su S e per ogni $j \notin S$ si definisca

$$\begin{aligned} \rho_j(S) &:= \min\{c_e : e \in \delta(S) \cap \delta(\{j\})\} \\ e_j(S) &:= \{e \in \delta(S) \cap \delta(\{j\}) : c_e = \rho_j(S)\} \end{aligned}$$

e sia

$$k(S) := \operatorname*{argmin}_j \rho_j(S) \tag{16.16}$$

Allora

$$\begin{aligned} T(S \cup \{k(S)\}) &:= T(S) \cup \{e_{k(S)}(S)\} \\ \rho_j(S \cup \{k(S)\}) &:= \min\{c_e : e \in \delta(S \cup \{k(S)\}) \cap \delta(\{j\})\} = \\ \min\{\min\{c_e : e \in \delta(S) \cap \delta(\{j\})\}\ ;\ c_{kj}\} &= \min\{\rho_j(S)\ ;\ c_{kj}\} \qquad (16.17) \\ e_j(S \cup \{k(S)\}) &:= \begin{cases} e_j(S) & \text{se } \rho_j(S \cup \{k(S)\}) = \rho_j(S) \\ (k,j) & \text{se } \rho_j(S \cup \{k(S)\}) = c_{kj} \end{cases} \end{aligned}$$

L'aggiornamento (16.17) costa globalmente $O(m)$ mentre il calcolo del minimo in (16.16) costa $O(n)$ ad ogni iterazione e va ripetuto n volte. Complessivamente quindi l'algoritmo ha complessità $O(n^2)$. Si può notare la strettissima parentela dell'algoritmo di Prim con quello di Dijkstra. Come per quell'algoritmo il valore di complessità $O(n^2)$ non può essere abbassato per grafi densi ($m = \Omega(n^2)$) e in questi casi l'algoritmo di Prim è preferibile a quello di Kruskal che richiede un tempo $O(m \log n) = O(n^2 \log n)$.

Per grafi sparsi (cioè $m = O(n)$) è più conveniente usare una struttura a 'heap' per i valori $\rho_j(S)$. In questo modo il calcolo (16.16) richiede tempo costante. Tuttavia bisogna aggiornare lo 'heap' ad ogni aggiornamento (16.17) e ad ogni rimozione della radice dello 'heap'. Quindi discende una complessità globale $O(m \log n)$ pari a quella dell'algoritmo di Kruskal.

Menzoniamo ancora l'*algoritmo di Borůvka*, che opera come l'algoritmo di Prim cominciando però la costruzione dell'albero a partire da tutti i nodi contemporaneamente anziché da un solo nodo. Preventivamente si assegnano in modo arbitrario etichette da 1 a $|E|$ a tutti gli archi. Ad un passo generico dell'algoritmo è disponibile una foresta F formata da un certo numero di alberi $T_1, \ldots, T_p$ che sono minimi alberi di supporto per i rispettivi insiemi di nodi $S_1, \ldots, S_p$. Data la foresta si calcola, per ogni S_i, l'arco $\hat{e}_i$ di costo minimo e, a parità di costo, di etichetta minima fra gli archi del taglio $\delta(S_i)$. Si aggiorna $F := \bigcup_i T_i \cup_i \{\hat{e}_i\}$. Se F è un albero l'algoritmo termina, altrimenti si ripete l'iterazione. L'iterazione viene inizializzata con $S_i := \{i\}$. Siccome ad ogni iterazione il numero di componenti connesse almeno si dimezza, il numero di iterazioni è $O(\log n)$. Tuttavia è necessario un lavoro di aggiornamento dati e strutture che pota alla complessità complessiva $O(m \log n)$, oppure, con delle strutture dati più complesse $O(m \log\log n)$. Il vantaggio di questo algoritmo rispetto ai precedenti risiede nella possibilità di parallelizzare il calcolo. In Fig. 16.11 è rappresentata l'evoluzione dell'algoritmo di Borůvka su un grafo

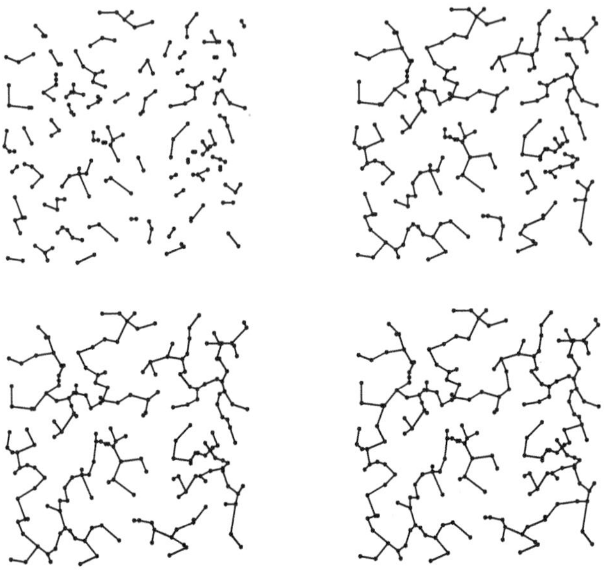

Figura 16.11. Metodo di Borůvka

euclideo (costi degli archi pari alla distanza geometrica fra i nodi) completo con 200 nodi. Quattro iterazioni sono sufficienti a trovare il minimo albero di supporto.

16.10 Alberi di supporto e TSP

Come il TSP anche il problema del minimo albero di supporto può essere affrontato con la PL. Trattandosi di un problema polinomiale, ci aspettiamo che la formulazione del problema sia più semplice di quella del TSP. Infatti sono note le diseguaglianze che descrivono il poliedro i cui vertici sono alberi di supporto del grafo. Tuttavia il numero di diseguaglianze è esponenziale. Se il grafo è completo le diseguaglianze sono ($E(S)$ è l'insieme di archi con entrambi i nodi in S):

$$\begin{aligned} &\sum_{e \in E(S)} x_e \leq |S| - 1 \qquad S \subset N \\ &\sum_{e \in E} x_e = n - 1 \\ &\quad x_e \geq 0 \end{aligned} \tag{16.18}$$

Si noti che le diseguaglianze sono molto simili a quelle di sottocircuito del TSP. Infatti da (16.18) si ha

$$n - 1 = \sum_{e \in E} x_e = \sum_{e \in E(S)} x_e + \sum_{e \in E(N \setminus S)} x_e + \sum_{e \in \delta(S)} x_e \leq$$

$$|S| - 1 + |N \setminus S| - 1 + \sum_{e \in \delta(S)} x_e = n - 2 + \sum_{e \in \delta(S)} x_e$$

da cui $\sum_{e \in \delta(S)} x_e \geq 1$ ed inoltre non è difficile provare che le diseguaglianze di sottocircuito del TSP possono essere equivalentemente espresse come

$$\sum_{e \in E(S)} x_e \leq |S| - 1 \qquad S \subset N$$

Le diseguaglianze $\sum_{e \in \delta(S)} x_e \geq 1$ per il MST e $\sum_{e \in \delta(S)} x_e \geq 2$ per il TSP hanno lo scopo di imporre la connessione nel sottografo. Le diseguaglianze $\sum_{e \in E(S)} \leq |S| - 1$ hanno lo scopo di impedire circuiti per il MST e sottocircuiti per il TSP. I vincoli $\sum_{e \in E} x_e = n - 1$ per il MST e $\sum_{e \in E} x_e = n$ per il TSP rendono equivalenti i due tipi di vincoli.

La differenza rispetto al TSP è che un vertice di (16.18) è intero. Ovviamente, data l'esistenza di algoritmi molto efficienti, non conviene calcolare un MST tramite un modello di PL con un numero esponenziale di vincoli. Tuttavia la possibilità di modellare con la PL il problema del MST, ne suggerisce l'uso qualora siano presenti anche vincoli aggiuntivi per i quali non è più possibile procedere con gli algoritmi visti.

L'analogia con il TSP ha dato luogo a due algoritmi che usano i MST per ottenere un ottimo per il TSP. Storicamente il primo approccio di qualche efficacia al TSP si ottenne ([106, 107]) usando i cosiddetti quasi-alberi di supporto (*one-trees*), ovvero alberi di supporto su tutti i nodi tranne il nodo 1, più due archi incidenti nel nodo 1. Si tratta di sottografi con esattamente un circuito. Se il circuito contiene tutti gli archi del sottografo è un circuito hamiltoniano cioè una soluzione del TSP. Quindi calcolando un minimo quasi-albero si ottiene una limitazione inferiore al TSP. Questa limitazione può essere rafforzata usando tecniche lagrangiane. Di questo si parlerà brevemente nella Sez. 26.3, Esempio 26.6 (per una trattazione più approfondita si veda ad esempio [199]). Si è visto che questa limitazione è uguale a quella ottenibile con le diseguaglianze di sottocircuito.

Un celebre metodo per calcolare in modo approssimato il TSP si basa anche sull'idea di calcolare un MST e poi di percorrere i nodi dell'albero seguendo l'albero. Ovviamente così facendo si ripetono nodi. Se un nodo viene ripetuto, lo si salta e si va direttamente al successivo nodo non visitato. Queste 'scorciatoie' nella visita dei nodi sono utili se i costi obbediscono la proprietà triangolare. Considerato che un MST ha un valore non peggiore di un ottimo del TSP e che il circuito ottenuto non può essere più lungo del doppio del valore del MST, si deduce che non si può ottenere una soluzione del TSP peggiore del doppio dell'ottimo. Metodi che permettono di ottenere una soluzione con errore garantito al di sotto di un certo limite, eventualmente elevato ma fisso, prendono il nome di *algoritmi approssimati*, dove evidentemente il termine 'approssimazione' riveste qui un significato tecnico particolare.

16.11 Appendice

Correttezza dell'algoritmo greedy

Preliminarmente si noti che ogni albero di supporto di un grafo connesso ha $n-1$ archi. Un qualsiasi sottografo senza circuiti con meno di $n-1$ archi deve essere non connesso e quindi esiste un arco che si può aggiungere al sottoinsieme senza creare circuiti. Quindi un algoritmo di tipo greedy deve terminare con $n-1$ archi se il grafo è connesso e con $n-k$ archi se il grafo ha k componenti connesse.

Sia allora T^* l'albero ottenuto dall'algoritmo greedy e sia T un albero qualsiasi. Dobbiamo dimostrare che $c(T^*) \leq c(T)$. Se $T^* = T$ la tesi è dimostrata. Si enumerino i costi degli archi in T^* come $c_1^*, c_2^*, \ldots, c_{n-1}^*$ secondo un ordine non decrescente. Analogamente si enumerino i costi degli archi in T come $c_1, c_2, \ldots, c_{n-1}$. Dato il modo come opera l'algoritmo greedy deve essere $c_1^* \leq c_1$. Supponiamo che sia vero $c_i^* \leq c_i$ per $i = 1, \ldots, k-1$. Ci chiediamo se sia possibile $c_k^* > c_k$. Eliminiamo dal grafo tutti gli archi di costo maggiore di c_k. Se applichiamo l'algoritmo greedy al grafo modificato otteniamo una foresta (il grafo potrebbe non essere connesso) con $k-1$ archi, mentre esiste una foresta (indotta da T) con k archi. Ma l'algoritmo greedy produce insiemi massimali di archi e quindi dalla contraddizione e per induzione si deduce la correttezza dell'algoritmo greedy.

Struttura Union-Find

In una struttura Union-Find ogni insieme di nodi viene rappresentato come un albero con radice in cui ogni nodo dell'albero è un elemento del sottoinsieme e la radice è un elemento del sottoinsieme che funge da 'rappresentante' e che identifica il sottoinsieme. Ogni nodo dell'albero punta al suo nodo genitore mentre la radice punta a se stessa. Quindi la determinazione del sottoinsieme cui appartiene un nodo assegnato richiede un numero di passi pari alla profondità dell'albero.

Fondere assieme due sottoinsiemi disgiunti, cioè due alberi, richiede una complessità costante, in quanto basta 'dirottare' il puntatore di una radice verso l'altra radice. Nel caso gli alberi abbiano profondità diversa è ovviamente conveniente mantenere come radice quella dell'albero più profondo e quindi la profondità del nuovo albero è uguale alla maggiore delle due profondità. Nel caso le profondità siano uguali è indifferente quale radice mantenere come tale, però questa volta la profondità del nuovo albero è di una unità più elevata di quella degli alberi originari. Dimostriamo ora per induzione che, partendo da alberi costituiti da un singolo elemento e operando in questo modo, la profondità di un albero qualsiasi è $O(\log_2 n)$.

Sia $p(T)$ la profondità di un albero T. Se T è costituito da un singolo elemento allora $p(T) = 0$ e si ha $p(T) = \log_2 |T| = 0$. Quindi la proprietà è verificata se $|T| = 1$. Dati due alberi T_1 e T_2 per i quali la proprietà sia verificata, la loro fusione genera un albero T_3 per il quale si ha, se $p(T_1) \neq p(T_2)$ (sia $p(T_1) > p(T_2)$),

$$p(T_3) = p(T_1) \leq \log_2 |T_1| \leq \log_2(|T_1| + |T_2|) = \log_2 |T_3|$$

e, se $p(T_1) = p(T_2)$ (sia $|T_1| \leq |T_2|$),

$$p(T_3) = p(T_1) + 1 \leq \log_2 |T_1| + \log_2 2 = \log_2 2\,|T_1| \leq \log_2(|T_1| + |T_2|) = \log_2 |T_3|$$

e quindi la proprietà è ancora verificata.

17

Modelli di allocazione Impaccamenti

17.1 Problemi dello zaino

Un problema frequente è quello di riempire un contenitore (zaino) con vari oggetti e non tutti gli oggetti disponibili possono stare nel contenitore. Quindi si tratta di decidere quali oggetti inserire, dopo avere definito un criterio che permette di valutare riempimenti diversi. Normalmente per ogni oggetto è definito un peso w_i legato alla capacità K del contenitore e un valore v_i legato alla valutazione del riempimento. Si assume che i valori w_i e v_i siano interi positivi.

Quindi dato un insieme J di oggetti il suo peso è $w(J) := \sum_{i \in J} w_i$ e l'insieme è ammissibile se $w(J) \leq K$. Inoltre il suo valore è $v(J) := \sum_{i \in J} v_i$. Siamo interessati a trovare l'insieme ammissibile J che massimizza $v(J)$. Questo problema viene identificato come *problema 0-1 dello zaino* (*knapsack 0-1*).

Vi sono situazioni in cui gli oggetti non sono presenti in singoli esemplari ma sono disponibili in un numero arbitrario di copie tutte dello stesso peso e valore. Anche in questo caso siamo interessati a trovare un insieme ammissibile di copie di oggetti di valore massimo. Questo problema viene identificato come *problema intero dello zaino* (*integer knapsack*). Faremo riferimento ai due problemi con gli acronimi PZ01 e PZI.

Un problema importante e legato solo ai pesi è il *problema della partizione* in cui si chiede che l'insieme J abbia la proprietà $\sum_{i \in J} w_i = \sum_{i \notin J} w_i$ (come se dovessimo disporre tutti i pesi sui due piatti di una bilancia e avere due pesi uguali). In questo caso si vuole sapere se un tale insieme esiste e, in caso affermativo, anche identificarlo.

Tutti e tre i problemi sono **NP**-difficili (in particolare partizione è **NP**-completo, trattandosi di un problema di decisione). Tuttavia fra i problemi **NP**-difficili sono visti come 'non intrattabili'. Infatti, come si vedrà subito, esistono algoritmi pseudo-polinomiali per la loro risoluzione. Per un'approfondita analisi del problema dello zaino si veda [158].

Per risolvere PZ01 si può far ricorso sia alla PL intera come alla programmazione dinamica.

Nell'approccio con la PL intera PZ01 viene modellato nel seguente modo:

$$\begin{aligned} \max \quad & \sum_{i=1}^{n} v_i x_i \\ & \sum_{i=1}^{n} w_i x_i \leq K \\ & x_i \in \{0,1\} \end{aligned}$$

e la risoluzione si basa sul seguente problema rilassato detto *problema continuo dello zaino* (*continuous knapsack*):

$$\begin{aligned} \max \quad & \sum_{i=1}^{n} v_i x_i \\ & \sum_{i=1}^{n} w_i x_i \leq K \\ & 0 \leq x_i \leq 1 \end{aligned} \tag{17.1}$$

La risoluzione di (17.1) si effettua rapidamente con il seguente algoritmo: si ordinano gli oggetti in base a rapporti v_i/w_i non crescenti. Poi si scelgono gli oggetti secondo l'ordine finché la capacità è soddisfatta. Quando l'inserzione piena di un oggetto non può essere effettuata perché la capacità è violata, quell'oggetto viene inserito in modo frazionario fino a saturazione della capacità.

Per giustificare la correttezza dell'algoritmo si effettui la trasformazione di variabile $y_i = w_i x_i$, in modo da riscrivere (17.1) come:

$$\begin{aligned} \max \quad & \sum_{i=1}^{n} \frac{v_i}{w_i} y_i \\ & \sum_{i=1}^{n} y_i \leq K \\ & 0 \leq y_i \leq w_i \end{aligned}$$

Si immagini ora di costruire la soluzione a partire da $y_i = 0$, per ogni i. Siccome c'è simmetria fra le variabili rispetto al vincolo $\sum_{i=1}^{n} y_i \leq K$, conviene assegnare il più grande valore positivo alla componente corrispondente al massimo rapporto v_i/w_i. Questo viene effettuato saturando tale variabile (cioè fino a $y_i = w_i$) oppure saturando il vincolo $\sum_{i=1}^{n} y_i \leq K$. Si prosegue assegnando il massimo valore positivo alla variabile corrispondente al secondo rapporto v_i/w_i e così di seguito fino alla saturazione del vincolo $\sum_{i=1}^{n} y_i \leq K$.

Quindi la soluzione del problema continuo presenta al più una variabile frazionaria, che viene quindi utilizzata per la suddivisione nella procedura branch-and-bound. In ogni nodo dell'albero di ricerca viene risolto un problema continuo con il vincolo aggiuntivo che alcune variabili sono vincolate a 0 ed altre a 1. Questo vincolo tuttavia non pregiudica l'esecuzione dell'algoritmo precedentemente delineato. Basta infatti iniziare la scansione dalle variabili vincolate a 1 e non considerare quelle vincolate a 0. Tenuto conto che l'ordinamento dei rapporti v_i/w_i viene effettuato inizialmente e non più ripetuto, in ogni nodo dell'albero di ricerca si esegue un calcolo di complessità $O(n)$ (la scansione delle variabili) e quindi il metodo è abbastanza veloce.

L'approccio a PZ01 con la programmazione dinamica fa uso di una funzione $V(i,c)$ definita come il valore ottimo dell'istanza limitata ai primi i oggetti e con capacità c. Gli indici assumono i valori $0 \le i \le n$ e $0 \le c \le K$.

I valori di $V(i,c)$ vengono inizializzati a $V(0,c) = 0$ per ogni $0 \le c \le K$. L'equazione di Bellman diventa allora

$$V(i,c) = \max\{V(i-1,c)\ ;\ v_i + V(i-1,c-w_i)\} \tag{17.2}$$

restando inteso che se $c - w_i < 0$ il secondo termine non esiste. I due termini che compaiono in (17.2) corrispondono rispettivamente a non inserire l'oggetto i-mo, e pertanto il valore è il medesimo che con gli oggetti da 1 a $i-1$, oppure ad inserirlo, e in questo caso la capacità per gli oggetti da 1 a $i-1$ è ridotta esattamente del valore w_i. Il valore della scelta di inserire l'oggetto i-mo tiene conto del valore v_i dell'oggetto i-mo e del modo ottimo di inserire gli oggetti 1 a $i-1$ tenuto conto della capacità residua (principio di ottimalità).

L'iterazione viene effettuata per $i := 1,\ldots,n$ e, per ogni indice i, per $c := K, K-1,\ldots,1$. Operando in questo modo si può usare un unico vettore $V(c)$ che viene costantemente aggiornato. Il valore ottimo del PZ01 che si deve risolvere è ovviamente $V(n,K)$. Per ricostruire la soluzione bisogna anche memorizzare per ogni coppia (i,c) un puntatore $x(i,c)$ posto uguale a 0 se il massimo in (17.1) è dato da $V(i-1,c)$ e posto uguale a 1 altrimenti. Dopodiché la soluzione ottima si ottiene ricorsivamente da

$$\begin{array}{lll} c := K, & \hat{x}_n := x(n,K) & \\ c := c - \hat{x}_i\, w_i, & \hat{x}_{i-1} := x(i-1,c) & i := n, n-1, \ldots, 2 \end{array}$$

Dalle precedenti considerazioni si vede che la complessità di PZ01 è $O(n\,K)$, che è *pseudopolinomiale* e non polinomiale, perché K viene codificato in input con $\log K$ simboli e quindi K è esponenziale rispetto alla lunghezza della stringa d'input.

Può essere utile rappresentare l'equazione ricorsiva (17.2) con un grafo orientato con $n+1$ livelli etichettati $0,1,\ldots,n,n+1$, e $K+1$ nodi nei livelli $1,\ldots,n$, etichettati (i,c) con $i = 0,\ldots,n$, e $c = 0,1,\ldots K$. Al livello 0 c'è l'unico nodo $s = (0,0)$ e al livello $n+1$ c'è l'unico nodo t. C'è un arco ('diagonale') fra $(i-1,c)$ e $(i,c+w_i)$, per ogni $1 \le c \le K - w_i$, di valore v_i ed un arco ('verticale') $(i-1,c)$ e (i,c), per ogni $1 \le c \le K$, di valore nullo. Infine tutti i nodi del livello n sono connessi a t con archi di valore nullo. Ogni cammino da s a t corrisponde ad una scelta ammissibile di un insieme J: se nel passaggio dal livello $i-1$ al livello i si usa un arco diagonale, questo corrisponde alla scelta dell'elemento i. Il cammino di valore massimo corrisponde all'ottimo.

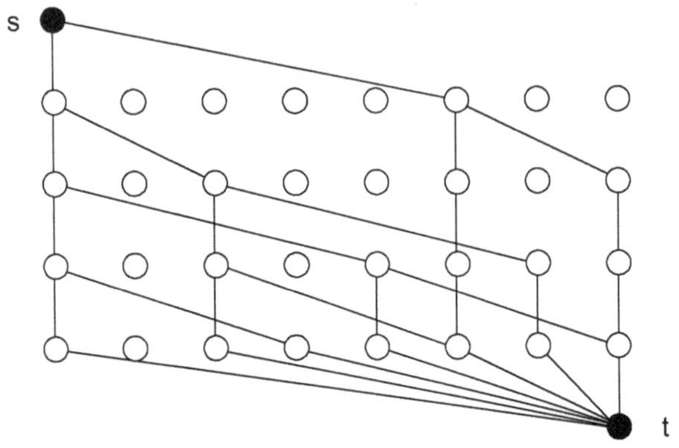

Figura 17.1. Grafo per PZ01

In Fig. 17.1 viene rappresentato il grafo con i livelli posti orizzontalmente, per un'istanza con 4 oggetti di pesi $w_1 = 5$, $w_2 = 2$, $w_3 = 4$, $w_4 = 3$ e $K = 7$. Solo gli archi raggiungibili da s sono stati indicati. I nodi invece sono tutti indicati per vedere meglio la struttura del grafo.

Questa figura mette in luce una profonda affinità fra le tecniche di programmazione dinamica e quelle branch-and-bound. Se si guardano gli archi in Fig. 17.1 a partire da s sembra che si stiano espandendo tutte le possibili soluzioni del problema dello zaino come in un albero binario. L'esplosione combinatoria di un albero binario a n livelli viene però 'contenuta' all'interno dei $K + 1$ possibili valori di peso. Quando nell'albero binario due percorsi diversi portano a due scelte di sottoinsiemi con lo stesso peso i due cammini del grafo del PZ01 confluiscono nello stesso nodo e dei due percorsi viene scelto il migliore. Quindi l'operazione, che si effettua nella tecnica branch-and-bound, di confrontare due nodi distanti di un albero binario e di scartare quello che ha valore peggiore, trova esatto riscontro nella scelta del cammino migliore (dal punto di vista dei valori) nel grafo fra due cammini equivalenti dal punto di vista del peso.

Nel caso di PZI si fa uso di una funzione $V(c)$ definita come il valore ottimo per l'istanza con capacità c e l'equazione ricorsiva è

$$V(c) = \max_{1 \leq i \leq n} V(c - w_i) + v_i, \qquad c := 1, \ldots, K \tag{17.3}$$

In (17.3) bisogna ovviamente tener conto che $V(c - w_i)$ non è definito per $c < w_i$. Quindi, se $c < \min w_i$, $V(c)$ non è calcolabile da (17.3), ma ovviamente il contenitore deve essere vuoto in questo caso, e quindi (17.3) va inizializzata con $V(c) := 0$ per $c < \min w_i$.

Dalle precedenti considerazioni si vede che anche la complessità del PZI è $O(n\,K)$.

Anche la ricorsione (17.3) può essere rappresentata con un grafo. In questo caso il grafo ha $K + 1$ nodi etichettati $0, \ldots, K$ ed archi $(c, c + w_i)$ di valore

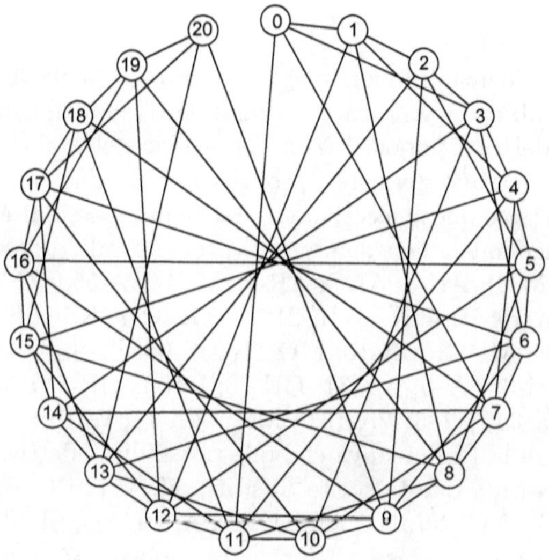

Figura 17.2. Grafo per PZI

v_i per ogni i tale che $c + w_i \leq K$ e per ogni $c := 0, \ldots, K-1$. A questi archi si aggiungono archi $(c, c+1)$ di valore 0 per ogni c.

Quindi ogni cammino da 0 a K corrisponde ad una scelta di valori x_i, in quanto se il cammino usa l'arco di valore v_i questo equivale ad incrementare x_i di uno (a partire ovviamente da una situazione iniziale in cui sono tutti nulli). L'uso di un arco $(c, c+1)$ corrisponde ad una scelta di diminuire la capacità disponibile senza inserzioni.

In Fig. 17.2 viene rappresentato il grafo con i nodi posti circolarmente, per un'istanza con 3 tipi di oggetti di pesi $w_1 = 3$, $w_2 = 7$, $w_3 = 11$ e $K = 20$.

Esercizio 17.1.

Si definisce *problema dello zaino a scelta multipla* (*multiple choice knapsack*) il seguente problema: sono assegnati m insiemi disgiunti $T_1, \ldots, T_m$, e per ogni elemento $j \in T_i$ sono assegnati un valore v_{ij} e un peso w_{ij}. Inoltre è assegnata una capacità K. Bisogna trovare un insieme $J \subset \cup_i T_i$, tale che $|J \cap T_i| \leq 1$, per ogni i, $w(J) \leq K$ e $v(J)$ è massimo. Si progetti un algoritmo di programmazione dinamica per il problema dello zaino a scelta multipla di complessità $O(n\,K)$ con $n = \sum_j |T_j|$ e se ne rappresenti il grafo. ∎

Il problema della partizione può essere modellato come un PZ01 in cui i valori e i pesi concidono e sono uguali a w_i e la capacità è posta uguale a $\sum_i w_i/2$. Allora il problema della partizione ammette soluzione se e solo se l'ottimo del PZ01 vale $\sum_i w_i/2$.

Esempio 17.2.

Nelle elezioni presidenziali americane ogni stato dispone di un certo numero di voti elettorali che vanno tutti al candidato che nello stato ha ottenuto la maggioranza dei voti popolari (con l'eccezione del Maine (ME) e del Nebraska (NE) che possono dividere i propri voti fra i due candidati, ma per il momento trascuriamo questa eccezione). Esiste una possibilità in cui entrambi i candidati ottengono la stessa somma di voti elettorali? I dati sono i seguenti (elezioni 2004 e 2008): AK-3; AL-9; AR-6; AZ-4; CA-55; CO-10; CT-7; DC-3; DE-3; FL-27; GA-15; HI-4; ID-3; IL-21; IN-11; IO-7; KS-6; KY-8; LA-9; MA-12; MD-10; ME-4; MI-17; MN-10; MO-11; MS-6; MT-9; NC-15; ND-3; NE-5; NH-4; NJ-15; NM-6; NV-5; NY-31; OH-20; OK-7; OR-7; PA-21; RI-4; SC-8; SD-3; TN-11; TX-34; UT-3; VA-13; VM-3; WA-11; WI-10; WV-8; WY-5.

Risolvendo con la PLI si trova che tale possibilità effettivamente esiste ed è ad esempio dovuta a questa scelta di stati: AL, CT, DC, FL, GA, IN, KY, LA, MA, MD, MI, NC, NJ, NY, OH, OR, PA, RI, SC, SD, WA, WV.

Come si può capire se esistono anche altre soluzioni? Se non ci fosse stata soluzione ammissibile, come si sarebbe dovuto modificare il problema per tener conto anche dell'eccezione in Maine e Nebraska? ∎

17.2 Impaccamento in contenitori

Il problema dell'*impaccamento in contenitori* (*Bin packing*) è un classico problema in cui, a differenza del PZ01, è disponibile un numero sufficiente di contenitori da poter includere tutti gli oggetti. L'obiettivo consiste nell'utilizzare il minor numero di contenitori. Si tratta di un problema **NP**-difficile e a differenza del PZ01 non può essere risolto con algoritmi pseudopolinomiali (sempre assumendo $\mathbf{P} \neq \mathbf{NP}$). Faremo riferimento al problema con l'acronimo BPP.

Nel BPP sono dati m tipi di oggetti e per ogni tipo i sono assegnati b_i oggetti. Ogni oggetto di tipo i ha peso w_i. Bisogna inserire tutti gli oggetti (in numero pari a $\sum_{i=1}^{m} b_i$) in contenitori tutti uguali, di capacità K, minimizzando il numero di contenitori usati.

Più frequentemente il BPP viene definito con oggetti non suddivisi in tipi. Si tratta quindi di un caso particolare della definizione precedente con $b_i = 1$ per ogni i. Questa particolarizzazione non rende il problema più facile.

Il BPP come enunciato sopra viene anche indicato come problema del *cutting-stock*. In questo caso ci si riferisce a rotoli di carta prodotti da una cartiera (i contenitori) di lunghezza K. Sono richiesti quantitativi b_i di carta di lunghezza w_i, da ricavare tagliando i rotoli. Il problema è quello di tagliare i rotoli minimizzando lo spreco o, equivalentemente, minimizzando il numero di rotoli da tagliare. Come si vede, è esattamente un BPP. L'approccio tramite generazione di colonne che verrà descritto fu proprio adottato per la prima volta in un problema di cutting-stock [86, 87].

Modelliamo il problema in due modi alternativi. Il primo modo è un semplice modello di PL01. Come vedremo, tale modello è poco efficace. Lo esponiamo proprio per sottolineare quanto sia importante scegliere il modello più appropriato per risolvere un problema combinatorio.

17.3 BPP - modello di PL01

Per poter scrivere il modello bisogna preventivamente stimare un numero di contenitori non inferiore all'ottimo, ad esempio usando un'euristica di riempimento. Sia n tale stima. Sia x_{ij} una variabile intera che indica il numero di oggetti di tipo i da inserire nel contenitore j e y_j una variabile 0-1 che indica se il contenitore i viene utilizzato o meno. Allora il problema può essere modellato come

$$\begin{aligned} \min \; & \sum_j y_j \\ & \sum_j x_{ij} = b_i & i \in [m] \\ & \sum_i w_i \, x_{ij} \leq K \, y_j & j \in [n] \\ & y_j \in \{0,1\} \quad x_{ij} \geq 0 \text{ intero} \end{aligned} \tag{17.4}$$

In questo modello sono presenti molte soluzioni ripetute. Se ad esempio una soluzione usa solo q contenitori, allora esistono tante soluzioni equivalenti quanti sono i sottoinsiemi di q contenitori, cioè $\binom{n}{q}$. Per eliminare queste soluzioni ripetute si può imporre il vincolo

$$y_{j-1} \geq y_j \qquad j := 2, \ldots, n \tag{17.5}$$

In questo modo si usano soltanto i primi q contenitori. Anche con quest'accorgimento vi sono soluzioni ripetute permutando i contenitori usati. Tuttavia siccome è prevedibile che nella soluzione finale vi siano diversi contenitori riempiti nello stesso modo, bisogna usare le tecniche di ordinamento totale accennate a pag. 123.

Esempio 17.3.

Consideriamo un'istanza definita dai seguenti valori

b	35	50	20	70	60	40	100	25
w	8	2	3	9	15	11	6	16

e capacità $K = 20$ per ogni contenitore. Prima di risolvere (17.4) dobbiamo stimare in modo euristico il numero di contenitori. Ad esempio possiamo sistemare i 35 oggetti di tipo 1 in 18 contenitori. In 17 di questi possiamo anche sistemare $2 \cdot 17 = 34$ oggetti di tipo 2 e nel 18-mo sistemiamo ancora 6 oggetti di tipo 2. Rimangono ancora 10 oggetti di tipo 2 per i quali basta un contenitore solo. Per gli oggetti di tipo 3, c'è bisogno di 4 contenitori. Nei primi 3 non c'è spazio per altri oggetti, mentre nel quarto rimane una capacità residua uguale a 14. Per gli oggetti di tipo 4 e di tipo 6 usiamo 40 contenitori in cui sistemiamo un oggetto 4 e un oggetto 6. Rimangono 30 oggetti di tipo 4 per i quali usiamo 15 contenitori. Per gli oggetti di tipo 5 usiamo 60 contenitori. Per quelli di tipo 8 ne usiamo 25. Per quelli di tipo 7 sistemiamo due oggetti nel contenitore che aveva ancora capacità residua pari a 14. Per gli altri 98 oggetti abbiamo bisogno di 33 contenitori. In totale quindi servono al più 18+1+4+40+15+60+25+33=196 contenitori.

Questo modo di affrontare il problema può già dare un'idea della difficoltà combinatoria del problema dovuta ai moltissimi modi diversi di riempire i contenitori.

A questo punto si può applicare il modello (17.4) con l'aggiunta di (17.5). Il risultato però è di un'incredibile delusione. Dopo 45 minuti di calcolo, con 50 milioni di passi del metodo del simplesso e 76.000 nodi dell'albero branch-and-bound generati, il risolutore Lingo non trova ancora una soluzione intera e rimane fermo alla limitazione inferiore 171!

Per dare un'idea di cosa significhi un algoritmo esponenziale (come è nel caso peggiore un metodo branch-and-bound) senza particolari accorgimenti per accelerarlo, si tenga presente che se limitiamo l'istanza ai primi 5 tipi la soluzione si ottiene in 4 secondi, ai primi 6 tipi in 11 secondi e ai primi 7 tipi in 5 minuti. ∎

Il motivo principale per cui il modello (17.4) fallisce è dovuto alla scarsa qualità della limitazione inferiore prodotta dal rilassamento d'interezza. Dall'esecuzione del modello (17.4) si vede che tale limitazione è esattamente uguale alla banale limitazione che si ottiene da

$$\left\lceil \frac{\sum_i w_i\, b_i}{K} \right\rceil = \lceil 170.5 \rceil = 171 \tag{17.6}$$

In generale quando un rilassamento d'interezza produce limitazioni inferiori uguali a quelle ottenibili con metodi elementari, non è una buona notizia per la soluzione del modello di PLI. Quando si deve modellare un problema l'aspetto a cui dare più importanza riguarda lo scarto fra il valore del problema rilassato e quello intero.

È quasi sempre più conveniente avere un numero di variabili e/o di vincoli esponenziale (ovviamente da generare durante il calcolo) ma con un piccolo scarto fra problema rilassato e intero che non il contrario.

17.4 BPP - modello a generazione di colonne

Il secondo modello che presentiamo per il BPP è di tipo completamente diverso. Definiamo *schema di riempimento* (*filling pattern*) il modo con cui un contenitore viene riempito. Ad esempio possono essere presenti a_1 oggetti del primo tipo, a_2 del secondo, e così di seguito. Quindi lo schema di riempimento viene definito da un vettore a con m componenti. Naturalmente il riempimento deve essere ammissibile, ovvero deve valere $\sum_i a_i w_i \le K$. Si noti che i valori a_i sono una soluzione ammissibile di un PZI. Questa osservazione sarà utile fra poco. Definiamo come J l'insieme di tutti i possibili schemi di riempimento e sia a^j il vettore corrispondente allo schema di riempimento $j \in J$.

Ad esempio nel costruire una soluzione in modo euristico si è fatto uso dei seguenti schemi di riempimento, rappresentati in colonna.

$$\begin{pmatrix} 2 & 1 & 0 & 0 & 0 & 0 & 0 & 0 & 0 & 0 & 0 \\ 2 & 6 & 10 & 0 & 0 & 0 & 0 & 0 & 0 & 0 & 0 \\ 0 & 0 & 0 & 6 & 2 & 0 & 0 & 0 & 0 & 0 & 0 \\ 0 & 0 & 0 & 0 & 0 & 1 & 2 & 0 & 0 & 0 & 0 \\ 0 & 0 & 0 & 0 & 0 & 0 & 0 & 1 & 0 & 0 & 0 \\ 0 & 0 & 0 & 0 & 0 & 1 & 0 & 0 & 0 & 0 & 0 \\ 0 & 0 & 0 & 0 & 2 & 0 & 0 & 0 & 0 & 3 & 2 \\ 0 & 0 & 0 & 0 & 0 & 0 & 0 & 0 & 1 & 0 & 0 \end{pmatrix} \tag{17.7}$$

Se indichiamo con x_j un numero intero che indica quante volte lo schema di riempimento j viene impiegato, la quantità $\sum_{j \in J} x_j$ indica il numero di contenitori impiegati e la quantità $\sum_j a_i^j x_j$ rappresenta il numero di oggetti di tipo i inseriti nei contenitori in base agli schemi di riempimento impiegati. Ad esempio se si moltiplica la matrice (17.7) per il vettore $(17, 1, 1, 3, 1, 40, 15, 60, 25, 32, 1)$ otteniamo esattamente il vettore b. Quindi il problema da risolvere è il seguente

$$\begin{aligned} \min \quad & \sum_{j \in J} x_j \\ & \sum_{j \in J} a_i^j x_j \ge b_i \qquad & i \in [m] \\ & x_j \ge 0 \quad \text{intero} \qquad & j \in J \end{aligned} \tag{17.8}$$

Sembrerebbe più corretto usare il vincolo di uguaglianza $\sum_{j \in J} a_i^j x_j = b_i$, invece della diseguaglianza, dato che gli oggetti devono essere presenti esattamente nelle quantità b_i e non di più. Tuttavia si può notare che tutte le soluzioni che soddisfano il vincolo di uguaglianza sono ovviamente ammissibili in (17.8) e quindi non vengono 'perse'. Se la soluzione ottima di (17.8) dovesse prevedere qualche diseguaglianza soddisfatta strettamente, è sufficiente usare parzialmente lo schema di riempimento indicato, senza per questo peggiorare la soluzione. Il fatto di avere dei vincoli di diseguaglianza garantisce che le variabili duali siano non negative.

È chiaro che $|J|$ può essere proibitivamente grande. Infatti J è l'insieme di tutte le soluzioni ammissibili di un PZI con capacità K e pesi w_i. Ci troviamo nelle condizione del Cap. 11 per cui i dati del problema non possono essere generati esplicitamente. Inoltre la richiesta d'interezza per le variabili rende il problema difficile. Affrontiamo per il momento il problema di PL ottenuto per rilassamento del vincolo d'interezza risolvendolo con la tecnica della generazione di colonne.

Sia allora $\bar{J}$ un sottoinsieme di schemi di riempimento. In ogni iterazione si risolve

$$\begin{aligned} \min \quad & \sum_{j \in \bar{J}} x_j \\ & \sum_{j \in \bar{J}} a_i^j \, x_j \geq b_i \qquad & i \in [m] \\ & x_j \geq 0 \qquad & j \in \bar{J} \end{aligned} \tag{17.9}$$

Come spiegato nel Cap. 11, tutta la difficoltà del metodo consiste nel determinare in modo efficiente se esistono diseguaglianze duali violate dalla variabile duale corrente. Il vincolo duale in corrispondenza dello schema di riempimento j è

$$\sum_i a_i^j \, y_i \leq 1$$

e quindi si tratta di verificare se

$$\max_{j \in J} \sum_i a_i^j \, y_i \leq 1$$

Siccome gli schemi di riempimento corrispondono alle soluzioni ammissibili di un PZI basta risolvere il seguente PZI

$$\begin{aligned} t := \max \quad & \sum_i y_i \, z_i \\ & \sum_i w_i \, z_i \leq K \\ & z_i \geq 0 \quad \text{intero} \qquad & i \in [m] \end{aligned} \tag{17.10}$$

La condizione di ottimalità è allora $t \leq 1$. Se $t > 1$ la soluzione ottima z di (17.10) fornisce la colonna da aggiungere alla matrice $\bar{A}$.

Esempio 17.4.

Applichiamo il nuovo modello all'esempio precedente. Come matrice iniziale da usare in (17.9) dobbiamo usare degli schemi di riempimento che garantiscano l'inserimento di ogni tipo di oggetti. Il modo più banale per farlo è avere m schemi in cui si inserisce un solo oggetto. Operando in questo modo si ottiene una prima soluzione che richiede 400 contenitori (esattamente uguale a $\sum_i b_i$). Si ottengono le seguenti iterazioni:

– schema n. 9 = (0, 10, 0, 0, 0, 0, 0, 0) con valore 10 del PZI; soluzione del master problem (indicate solo le soluzioni positive): $x_1 = 35$, $x_3 = 20$, $x_4 = 70$, $x_5 = 60$, $x_6 = 40$, $x_7 = 100$, $x_8 = 25$, $x_9 = 5$, di valore 355;

– schema n. 10 = (0, 1, 6, 0, 0, 0, 0, 0) con valore 6.1 del PZI; soluzione del master: $x_1 = 35$, $x_4 = 70$, $x_5 = 60$, $x_6 = 40$, $x_7 = 100$, $x_8 = 25$, $x_9 = 4.66$, $x_{10} = 3.33$ di valore 338;

– schema n. 11 = (0, 1, 0, 0, 0, 0, 3, 0) con valore 3.1 del PZI; soluzione del master: $x_1 = 35$, $x_4 = 70$, $x_5 = 60$, $x_6 = 40$, $x_8 = 25$, $x_9 = 1.33$, $x_{10} = 3.33$, $x_{11} = 33.33$ di valore 268;

– schema n. 12 = (2, 2, 0, 0, 0, 0, 0, 0) con valore 2.2 del PZI; soluzione del master: $x_4 = 70$, $x_5 = 60$, $x_6 = 40$, $x_8 = 25$, $x_{10} = 3.33$, $x_{11} = 33.33$, $x_{12} = 17.5$ di valore 249.166;

– schema n. 13 = (0, 0, 0, 2, 0, 0, 0, 0) con valore 2 del PZI; soluzione del master: $x_5 = 60$, $x_6 = 40$, $x_8 = 25$, $x_{10} = 3.33$, $x_{11} = 33.33$, $x_{12} = 17.5$, $x_{13} = 35$ di valore 214.166;

– schema n. 14 = (1, 0, 0, 0, 0, 1, 0, 0) con valore 1.5 del PZI; soluzione del master: $x_5 = 60$, $x_6 = 5$, $x_8 = 25$, $x_9 = 1.33$, $x_{10} = 3.33$, $x_{11} = 33.33$, $x_{13} = 35$, $x_{14} = 35$ di valore 198;

– schema n. 15 = (0, 0, 0, 1, 0, 1, 0, 0) con valore 1.5 del PZI; soluzione del master: $x_5 = 60$, $x_8 = 25$, $x_{10} = 3.33$, $x_{11} = 33.33$, $x_{12} = 17.5$, $x_{13} = 15$, $x_{15} = 40$ di valore 194.166;

– schema n. 16 = (2, 0, 1, 0, 0, 0, 0, 0) con valore 1.166 del PZI; soluzione del master: $x_5 = 60$, $x_8 = 25$, $x_{10} = 1.66$, $x_{11} = 33.33$, $x_{12} = 7.5$, $x_{13} = 15$, $x_{15} = 40$, $x_{16} = 10$ di valore 192.5;

– schema n. 17 = (0, 1, 1, 0, 1, 0, 0, 0) con valore 1.230 del PZI; soluzione del master: $x_8 = 25$, $x_{11} = 33.33$, $x_{12} = 7.5$, $x_{13} = 15$, $x_{15} = 40$, $x_{17} = 60$ di valore 190.833;

– schema n. 18 = (1, 0, 0, 0, 0, 0, 2, 0) con valore 1.166 del PZI; soluzione del master: $x_8 = 25$, $x_{11} = 10$, $x_{13} = 15$, $x_{15} = 40$, $x_{17} = 60$, $x_{18} = 35$ di valore 185;

A questo punto il valore ottimo del PZI è 1 e quindi la soluzione del problema rilassato è ottima. Per di più si ha la fortuna che la soluzione sia intera e quindi ottima per il problema intero. In questo caso lo scarto fra soluzione rilassata e soluzione intera è addirittura 0.

Questo modello (reperibile al sito [202]) è stato implementato con Lingo e la soluzione è stata trovata quasi istantaneamente.

In conclusione si ha:

schema n. 8	(	0	0	0	0	0	0	0	1	)	25	volte
schema n. 11	(	0	1	0	0	0	0	3	0	)	10	volte
schema n. 13	(	0	0	0	2	0	0	0	0	)	15	volte
schema n. 15	(	0	0	0	1	0	1	0	0	)	40	volte
schema n. 17	(	0	1	1	0	1	0	0	0	)	60	volte
schema n. 18	(	1	0	0	0	0	0	2	0	)	35	volte

Gli schemi n. 11, 15, 17 e 18 riempiono completamente il contenitore, mentre per gli altri schemi è presente dello 'spreco' di capacità. In particolare lo schema n. 8 ha uno spreco di 4 unità e lo schema n. 13 di 2 unità. In totale si sprecano 130 unità di capacità corrispondenti a 6.5 contenitori.

Inoltre questi dati rivelano un fatto curioso: gli oggetti di tipo 2 e 3 sono presenti in numero superiore a quanto richiesto. Per il tipo 2 abbiano 70 oggetti invece di 50 e per il tipo 3, 60 invece di 20. Non è un errore. Infatti per il modello (17.4) basta avere almeno b_i oggetti. Evidentemente c'è spazio disponibile per aggiungere oggetti senza aumentare il numero di contenitori.

È tuttavia immediato modificare alcuni schemi di riempimento in modo da avere esattamente i numeri richiesti. In questo caso basta sostituire lo schema 17 con i seguenti schemi

schema n. 17'	(	0	1	0	0	1	0	0	0	)	40	volte
schema n. 17"	(	0	0	1	0	1	0	0	0	)	20	volte

Gli schemi $17'$ e $17''$ sprecano capacità ovviamente. In particolare si sprecano 3 unità per lo schema $17'$ e 2 unità per lo schema $17''$, per un totale di 160 unità, cioè 8 contenitori. Quindi in totale si sprecano 14.5 contenitori e questo valore è esattamente la differenza fra i 185 contenitori della soluzione intera e il valore 170.5 della soluzione frazionaria (17.6).

Si noti che alcuni schemi (i numeri 8, 13 e 15) sono presenti anche in (17.7). ∎

In questo esempio si è ottenuta una soluzione intera direttamente dal rilassamento. Questo va visto come un caso fortunato. Normalmente si ottiene una soluzione frazionaria e bisogna procedere con una tecnica branch-and-bound. Tuttavia sorgono dei problemi perché la regola di suddivisione può essere incompatibile con il meccanismo di generazione delle colonne. Si è già accennato in Sez. 11.2 a questo tipo di problemi. Ora li vediamo in dettaglio per il BPP.

Se una variabile x_j, corrispondente ad un certo schema di riempimento, è frazionaria e vale $\bar{x}_j$, sembrerebbe naturale suddividere come $x_j \le \lfloor \bar{x}_j \rfloor$ e $x_j \ge \lceil \bar{x}_j \rceil$. Imporre la scelta $x_j \ge \lceil \bar{x}_j \rceil$ è facile. Basta preassegnare $\lceil \bar{x}_j \rceil$ volte lo schema di riempimento j e ridefinire i dati del problema. Se la colonna j dovesse venire generata producendo un valore positivo di x_j significa che lo schema di riempimento j deve essere impiegato ulteriormente.

Però, come si può imporre la scelta $x_j \leq \lfloor \bar{x}_j \rfloor$? Si supponga di avere introdotto nel modello k vincoli aggiuntivi del tipo $x_j \leq d_j$ per un insieme di schemi $\bar{J}$. Quindi il problema rilassato di (17.8) diventa

$$\begin{aligned} \min \sum_{j \in J} x_j & \\ \sum_{j \in J} a_i^j \, x_j \geq b_i & \qquad i \in [m] \\ x_j \leq d_j & \qquad j \in \bar{J} \\ x_j \geq 0 & \qquad j \in J \end{aligned} \tag{17.11}$$

I vincoli duali di (17.11), indicando con $w_j \geq 0$, $j \in \bar{J}$, le variabili duali dei nuovi vincoli, sono:

$$\sum_i a_i^j \, y_i \leq 1 \qquad j \notin \bar{J}, \qquad\qquad \sum_i a_i^j \, y_i \leq 1 + w_j \qquad j \in \bar{J}$$

Si noti che, essendo le variabili in $\bar{J}$ tutte presenti nel problema parziale, la condizione di ottimalità del problema parziale garantisce che $\sum_i a_i^j \, y_i \leq 1 + w_j$ sia soddisfatto per ogni $j \in \bar{J}$. Risolvendo il PZI si possono allora presentare i seguenti casi:

1- $\max_j \sum_i a_i^j \, y_i \leq 1$. In questo caso la condizione di ottimalità è soddisfatta per tutti gli indici j.

2- $\max_j \sum_i a_i^j \, y_i > 1$ e l'indice $\hat{\jmath}$ che dà luogo al massimo non è in $\bar{J}$. Allora lo schema $\hat{\jmath}$ va aggiunto perché la condizione di ottimalità non è soddisfatta.

3- $1 < \max_j \sum_i a_i^j \, y_i \leq 1 + w_j$ e l'indice $\hat{\jmath}$ che dà luogo al massimo è in $\bar{J}$. La condizione di ottimalità è soddisfatta per lo schema $\hat{\jmath}$, ma non si sa se esiste un altro schema $j' \notin \bar{J}$ tale che

$$1 < \sum_i a_i^{j'} \, y_i < \max_j \sum_i a_i^j \, y_i$$

Il caso critico è evidentemente il terzo. Per poter scoprire se la soluzione è ottima oppure no, si devono generare i primi $|\bar{J}|+1$ ottimi del PZI. Fra questi $|\bar{J}|+1$ schemi è presente almeno uno non in $\bar{J}$. Siano $j(1), j(2), \ldots, j(|\bar{J}|+1)$ i primi $|\bar{J}|+1$ schemi ottimi e sia $j(p)$ il primo schema non in $\bar{J}$. Allora basta verificare se

$$\sum_i a_i^{j(p)} \, y_i \leq 1$$

Se la diseguaglianza è soddisfatta la soluzione è ottima, altrimenti non lo è e bisogna generare lo schema $j(p)$.

Ottenere i primi k ottimi di un problema di PZI o PZ01 è possibile risolvendo il problema con la programmazione dinamica come spiegato in Sez. 9.4. Ovviamente in questo modo si appesantisce la computazione soprattutto se l'albero branch-and-bound diventa molto profondo. Un modo sbrigativo, ma *non esatto*, di risolvere il problema è quello di risolvere il problema con la

PLI con le colonne generate nel nodo radice dell'albero branch-and-bound e senza aggiungerne altre negli altri nodi. Quindi non si presenta il problema del conflitto fra vincoli di suddivisione e generazione di colonne. Il modello Lingo al sito [202] è costruito in questo modo, per l'impossibilità di controllare esternamente il meccanismo di suddivisione di Lingo.

17.5 BPP - modello compatto

Si è detto in Sez. 11.5 che, se il problema usato per generare le colonne può essere risolto con la PL, allora è possibile, e in certi casi conveniente, riformulare il duale in modo compatto. A differenza degli esempi illustrati in Sez. 11.5 si ottiene per il BPP un interessante nuovo modello. Il duale del rilassamento di (17.8) è

$$\begin{aligned} \max\ & y\,b \\ & y\,A \leq \mathbf{1} \\ & y \geq 0 \end{aligned} \tag{17.12}$$

Si tratta di riscrivere i vincoli in (17.12) tenendo conto della condizione di ottimalità del problema generatore di colonne. Il PZI (17.10) può essere riformulato secondo il seguente problema di PL

$$\begin{aligned} \min\ & V_K - V_0 \\ & V_h - V_{h-1} \geq 0 && h \in [K] \\ & V_h - V_{h-w_i} \geq y_i && w_i \leq h \leq K, \quad i \in [m] \end{aligned} \tag{17.13}$$

Quindi il vincolo $y\,A \leq \mathbf{1}$ è equivalente ai vincoli in (17.13) più il vincolo $V_K - V_0 \leq 1$. Allora (17.12) si può riformulare come

$$\begin{aligned} \max\ & \sum_{i \in I} b_i\,y_i \\ & V_K - V_0 \leq 1 \\ & V_h - V_{h-1} \geq 0 && h \in [K] \\ & V_h - V_{h-w_i} \geq y_i && w_i \leq h \leq K, \quad i \in [m] \\ & y_i \geq 0 \end{aligned} \tag{17.14}$$

Risolvere (17.14) fornisce direttamente il valore ottimo del problema rilassato (17.8) senza dover generare colonne. Tuttavia questa soluzione riguarda le variabili duali mentre abbiamo bisogno di conoscere gli schemi di riempimento ottimi. Con un po' di calcoli (utile esercizio) si ottiene il seguente problema come duale di (17.14)

$$
\begin{aligned}
\min \quad & \zeta \\
& \sum_{h=w_i}^{K} \xi_h^i \geq b_i && i \in [m] \\
\xi_{h+1}^0 - \xi_h^0 + & \sum_{\substack{i=1 \\ i: h+w_i \leq K}}^{m} \xi_{h+w_i}^i - \sum_{\substack{i=1 \\ i: h \geq w_i}}^{m} \xi_h^i = \zeta && h = 0 \\
\xi_{h+1}^0 - \xi_h^0 + & \sum_{\substack{i=1 \\ i: h+w_i \leq K}}^{m} \xi_{h+w_i}^i - \sum_{\substack{i=1 \\ i: h \geq w_i}}^{m} \xi_{ih} = -\zeta && h = K \\
\xi_{h+1}^0 - \xi_h^0 + & \sum_{\substack{i=1 \\ i: h+w_i \leq K}}^{m} \xi_{h+w_i}^i - \sum_{\substack{i=1 \\ i: h \geq w_i}}^{m} \xi_h^i = 0 && 0 < h < K \\
& \zeta \geq 0, \ \xi_h^0 \geq 0, \ \xi_h^i \geq 0
\end{aligned}
\tag{17.15}
$$

Il problema (17.15) è un problema di flusso di tipo speciale con nodi $\{0, 1, \ldots, K\}$, archi $(h-1, h)$ (di tipo 0) con flusso ξ_h^0 e archi $(h - w_i, h)$ (di tipo i) con flusso ξ_h^i. C'è conservazione di flusso su tutti i nodi tranne 0 (sorgente) e K (pozzo). Il flusso in uscita dalla sorgente, pari a ζ, deve essere minimizzato. Inoltre è presente un vincolo non tipico di problemi di flusso, in quanto coinvolge più archi, dato da $\sum_{h=w_i}^{K} \xi_h^i \geq b_i$. Il significato di ξ_h^i è che l'oggetto di tipo i è stato inserito in ξ_h^i contenitori riempiendo ogni contenitore dal valore $h - w_i$ al valore h. Una soluzione di (17.15), essendo un flusso, può essere decomposta in cammini da 0 a K. Ogni cammino è uno schema di riempimento e il suo valore di flusso corrisponde al numero di volte in cui lo schema viene impiegato. Si noti che si possono imporre direttamente i vincoli d'interezza alle variabili ξ per una tecnica branch-and-bound.

Come esempio si consideri l'istanza precedente. Risolvendo (17.15) si ottiene il flusso rappresentato in Fig. 17.3. Si noti che è lo stesso tipo di grafo descritto per la risoluzione del PZI (Fig. 17.2). In quel caso si cercava solo il cammino massimo, cioè un flusso unitario da 0 a K, mentre in questo caso il flusso è più complesso. Però la struttura del grafo, che corrisponde al riempimento di un contenitore, è sempre la stessa.

Per ricostruire dalla figura gli schemi si noti che un arco che va dal nodo h al nodo $h + w_i$ si riferisce ad un oggetto di tipo i. I numeri accanto agli archi si riferiscono ai valori di flusso. Decomponendo la soluzione in cammini dal nodo 0 al nodo 20 si ottengono gli schemi indicati nella Tabella 17.1. Si può notare che è una soluzione diversa da quella precedente, anche se ovviamente anche questa richiede 185 contenitori.

Anche questa soluzione inserisce più oggetti di quanto richiesto. L'oggetto di tipo 3 è presente in 85 esemplari, anziché solo 20. Lasciamo al lettore il compito di cambiare alcuni schemi in modo da avere esattamente gli oggetti richiesti. Si può anche vedere direttamente dalla soluzione di flusso la capacità sprecata. Questo è dato dagli archi di tipo 0. Ce ne sono due: $(0, 1)$ e $(19, 20)$

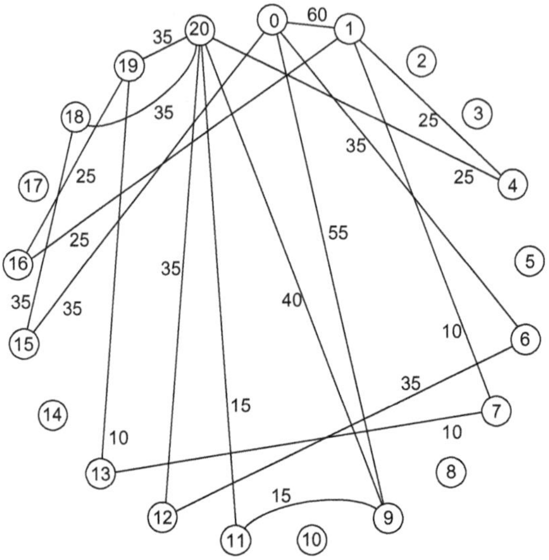

Figura 17.3. Flusso ottimo per il modello compatto

(	0	0	1	0	0	0	0	1	)	25	volte
(	0	0	0	0	0	0	3	0	)	10	volte
(	0	0	1	0	1	0	0	0	)	25	volte
(	1	0	0	0	0	0	2	0	)	35	volte
(	0	1	0	2	0	0	0	0	)	15	volte
(	0	0	0	1	0	1	0	0	)	40	volte
(	0	1	1	0	1	0	0	0	)	35	volte

Tabella 17.1.

per un totale di 95 unità sprecate, che corrispondono a 4.75 contenitori. Se inoltre togliamo i 65 oggetti in più di tipo 3 e di peso 3, abbiamo uno spreco totale di $95 + 65 \cdot 3 = 290$, pari appunto a 14.5 contenitori.

17.6 BPP - altri metodi di risoluzione

Per alcuni problemi **NP**-difficili è possibile ottenere una soluzione in tempo polinomiale con errore relativo rispetto all'ottimo limitato da un fattore costante. In questo caso si usa il termine di *algoritmi approssimati.* Più esattamente, se si tratta di un problema di minimo con valore ottimo $\hat{v}(I) > 0$ per l'istanza I del problema $\mathcal{P}$ (visto come insieme di istanze) e l'algoritmo produce una soluzione di valore $v(I)$ tale che

$$\frac{v(I)}{\hat{v}(I)} \leq \varepsilon \qquad I \in \mathcal{P}$$

allora l'algoritmo è, per definizione, un algoritmo ε-approssimato. Se invece si tratta di un problema di massimo, un algoritmo è ε-approssimato se

$$\frac{\hat{v}(I)}{v(I)} \leq \varepsilon \qquad I \in \mathcal{P}$$

La teoria degli algoritmi approssimati è molto interessante, soprattutto per i risultati teorici di complessità computazionale. Si veda ad esempio [112]. Per qualche problema il valore di ε è abbastanza basso da rendere l'algoritmo una valida alternativa ad algoritmi che garantiscono l'ottimalità ma con tempi troppo elevati.

È questo ad esempio il caso per il BPP per il quale esistono diversi algoritmi approssimati [45]. Si consideri il seguente algoritmo: si fissa un ordine per i contenitori; si ordinano tutti gli oggetti secondo un peso decrescente; si inseriscono gli oggetti (seguendo l'ordine degli oggetti) nel primo contenitore (secondo l'ordine dei contenitori) che abbia capacità residua sufficiente a contenere l'oggetto. Si può dimostrare che per tale algoritmo si ha

$$\frac{v(I)}{\hat{v}(I)} \leq \frac{11}{9} + \frac{4}{\hat{v}(I)} \qquad I \in \mathcal{P}$$

Data la presenza del termine $4/\hat{v}(I)$ si dice che l'algoritmo è *asintoticamente* approssimato. Quindi l'errore garantito è poco più del 20% nel caso peggiore. Nella pratica tale algoritmo produce risultati molto soddisfacenti. Per istanze abbastanza piccole l'algoritmo fornisce quasi sempre la soluzione ottima.

L'algoritmo è polinomiale se supponiamo che i valori b_i siano polinomialmente limitati rispetto a m, altrimenti il solo inserimento degli oggetti ad uno ad uno è pseudopolinomiale. Sotto quest'ipotesi l'algoritmo è polinomiale perché richiede inizialmente un ordinamento dei tipi ($O(m \log m)$) e l'operazione di inserimento richiede, per ogni oggetto la scansione dei contenitori che comunque non supera il numero totale degli oggetti (polinomiale per ipotesi).

Applichiamo l'algoritmo alla precedente istanza, di cui riportiamo qui per comodità i valori

b	35	50	20	70	60	40	100	25
w	8	2	3	9	15	11	6	16

e $K = 20$. L'algoritmo inserisce dapprima i 25 oggetti di tipo 8 e di peso 16 in 25 contenitori. Poi inserisce i 60 oggetti di tipo 5 e di peso 15 nei contenitori da 26 a 85 e i 40 oggetti di tipo 6 e di peso 11 nei contenitori da 86 a 125. Gli oggetti di tipo 4 di peso 9 possono essere inseriti nei contenitori da 86 a 125 (riempiendoli completamente) e nei successivi contenitori da 126 a 140 (due per contenitore). Gli oggetti di tipo 1 di peso 8 vanno inseriti in nuovi contenitori da 141 a 158 (uno solo nel contenitore 158). Gli oggetti di tipo

7 e peso 6 possono essere inseriti uno nel contenitore 158 e gli altri 99 in 33 contenitori da 159 a 191. A questo punto i primi 25 contenitori hanno capacità residua uguale a 4 e quindi possiamo inserire i 20 oggetti di tipo 3 e peso 3 nei contenitori da 1 a 20. I contenitori da 21 a 25 hanno capacità residua uguale a 4 e quelli da 26 a 85 capacità residua uguale a 5. Quindi c'è spazio sufficiente per inserire i 50 oggetti di tipo 2. Il metodo ha prodotto una soluzione che richiede 191 contenitori. L'errore è

$$\frac{191 - 185}{185} = \frac{6}{185} = 3.24\,\%$$

quindi abbondantemente inferiore al caso peggiore precedentemente indicato.

Riassumendo, si sono esaminati tre modelli. Il modello (17.4) ha $m + p$ vincoli e $(m+1)\,p$ variabili. Il modello compatto (17.15) ha $m + K + 1$ vincoli e $1 + (m+1)\,K$ variabili, cioè un numero pseudopolinomiale di vincoli e variabili (a causa del termine K). Il modello (17.11) ha solo m vincoli ma un numero esponenziale di variabili. Sembrerebbe quindi che il modello (17.4) sia più vantaggioso. Invece, come già sottolineato, il modello (17.4) è del tutto inefficiente.

17.7 Schedulazione multiprocessore

Nel problema noto come *schedulazione multiprocessore* (*multiprocessor scheduling*) sono definiti dei lavori da eseguirsi su un insieme p di macchine uguali. Il lavoro j ha una durata w_j. Ogni lavoro deve essere eseguito senza interruzione e ogni macchina può eseguire al massimo un lavoro alla volta. Il problema consiste nell'assegnare i lavori alle macchine in modo che il tempo massimo di completamento dei lavori sia il minimo possibile.

L'analogia con il BPP (nella versione con $b_i = 1$) si trova associando macchine con contenitori, lavori con oggetti, durate dei lavori con pesi degli oggetti, tempo massimo di esecuzione con capacità. Il numero di macchine è fissato (mentre il numero di contenitori viene minimizzato nel BPP) e il tempo massimo di esecuzione viene minimizzato (mentre la capacità è fissata).

Si potrebbe pensare di modellare il problema come in (17.4), ovvero scrivere

$$\begin{aligned} \min\ & K \\ & \sum_i x_{ij} = 1 && j \in J \\ & \sum_j w_j\, x_{ij} \le K && i \in [p] \\ & x_{ij} \ge 0 \text{ intero} \end{aligned} \tag{17.16}$$

Tuttavia, come già visto, il modello non è efficiente. Modellare il problema usando l'idea degli schemi di riempimento ammissibili sembra difficile, perché ora la capacità è variabile e quindi bisognerebbe stabilire una relazione fra schemi di riempimento (tutti ammissibili indipendentemente dalla capacità) e valore di capacità.

Risulta più conveniente risolvere questo problema indirettamente tramite il BPP effettuando una ricerca binaria sui valori di capacità che ammettono un numero di macchine uguale a p.

Applicando quest'idea sempre alla stessa istanza del BPP e immaginando di avere a disposizione 150 processori, risolviamo il BPP ponendo $K = 40$ (il doppio di $K = 20$ per il quale sappiamo già che 150 processori sono insufficienti). Si ottiene una soluzione con $m = 85.25$ contenitori. Conviene eseguire la ricerca binaria con il modello rilassato e solo nella fase finale passare alla soluzione intera. Poniamo allora $K = 30$ e otteniamo $m = 113.66$. Poniamo $K = 25$ e otteniamo $m = 138.4375$. Poniamo $K = 23$ e otteniamo $m = 152.5$. Poniamo allora $K = 24$ e otteniamo $m = 142.0833$. A questo punto risolviamo (con le colonne presenti e senza aggiungerne altre) imponendo l'interezza e otteniamo $m = 144$. Non sappiamo se esiste una soluzione di valore $m = 143$, ma la cosa non ha importanza. Siccome i dati sono interi anche il valore ottimo di K deve essere intero. Siccome per $K = 23$ si ottiene una soluzione con $m > 150$ (già il rilassamento è maggiore di 150) allora l'ottimo è $K = 24$. Quindi 150 processori (ne basterebbero 144) possono processare tutti i lavori entro 24 unità di tempo.

17.8 Coperture, impaccamenti e partizioni di insiemi

Sia data una matrice 0-1 A. Consideriamo i tre seguenti problemi:

$$\begin{array}{lll} \min \mathbf{1}^\top x & \max \mathbf{1}^\top x & \\ Ax \geq \mathbf{1} & Ax \leq \mathbf{1} & Ax = \mathbf{1} \\ x \in \{0,1\}^n & x \in \{0,1\}^n & x \in \{0,1\}^n \end{array}$$

Possiamo interpretare la matrice A come un elenco di sottoinsiemi. Più esattamente possiamo associare ad ogni riga di A un elemento di un insieme di base (che ha quindi tanti elementi quante sono le righe). Ogni colonna può essere vista come il vettore d'incidenza di un particolare sottoinsieme: data una colonna, i suoi valori uguali a 1 sono elementi presenti nel sottoinsieme. Allora ogni colonna e ogni variabile sono in corrispondenza con un particolare sottoinsieme. Le variabili binarie indicano, al solito, se un sottoinsieme viene scelto.

Nel problema a sinistra il vincolo impone che bisogna scegliere una famiglia di sottoinsiemi in modo che ogni elemento dell'insieme base sia presente in almeno un sottoinsieme, ovvero, come si usa dire, sia 'coperto' dalla famiglia di sottoinsiemi. Si vuole anche trovare la famiglia meno numerosa che soddisfi questo requisito. Questo problema prende il nome di *copertura di insiemi* (*set covering*).

Nel problema centrale il vincolo richiede che i sottoinsiemi della famiglia siano disgiunti fra loro: nessun elemento può far parte di più di un insieme. Questa volta l'obiettivo è di trovare la famiglia più numerosa che soddisfi il requisito. Non potendo sovrapporre gli insiemi è come se fossero impaccati dentro l'insieme base. Per questo motivo il problema prende il nome di *impaccamento di insiemi* (*set packing*).

Infine il terzo problema richiede che entrambe le proprietà siano soddisfatte. Gli insiemi devono perciò costituire una partizione dell'insieme base e il problema si chiama allora *partizione di insiemi* (*set partition*). I vincoli sono così stringenti in questo problema che il solo trovare una soluzione ammissibile è un problema **NP**-difficile. Per questo motivo manca la funzione obiettivo. Questo non toglie che in alcuni problemi la funzione obiettivo (di massimo o di minimo) sia presente. Gli altri due problemi sono in generale **NP**-difficili.

Possiamo reinterpretare i problemi pensando alle colonne come l'insieme base e alle righe come la famiglia di sottoinsiemi. Allora si tratta di scegliere elementi in modo che: nel primo problema ogni sottoinsieme sia 'rappresentato' da almeno un elemento e si vuole minimizzare il numero di rappresentanti; nel secondo problema nessun sottoinsieme sia rappresentato da più di un elemento (eventualmente può non essere rappresentato) e si vuole massimizzare il numero di rappresentanti. Infine nel terzo problema ogni sottoinsieme deve essere rappresentato da esattamente un elemento.

Se si rilassano i vincoli dei problemi di copertura e impaccamento (è sufficiente porre $x \geq 0$), si vede che il duale di una copertura rilassata è un impaccamento rilassato e viceversa. Restringendo il duale ai valori binari abbiamo un risultato di dualità debole fra il minimo numero di sottoinsiemi che siano una copertura e il massimo numero di rappresentanti che stiano in insiemi diversi. Il primo numero deve essere sempre maggiore o uguale del secondo. Se fossero uguali sarebbe una prova di ottimalià. Analogamente il massimo numero di sottoinsiemi che siano un impaccamento deve essere minore o uguale al minimo numero di rappresentanti che non lascino nessun sottoinsieme senza rappresentanza. Di nuovo, l'eguaglianza è prova di ottimalità.

Problemi di questo genere si sono già incontrati in Sez. 6.3 nel caso particolare di A matrice d'incidenza di un grafo. Spesso i sottoinsiemi non hanno tutti lo stesso peso. Definendo pesi c_j per ogni sottoinsieme il problema diventa semplicemente di minima copertura pesata o di massimo impaccamento pesato.

$$\begin{aligned} \min\ & cx \\ & Ax \geq \mathbf{1} \\ & x \in \{0,1\}^n \end{aligned} \qquad\qquad \begin{aligned} \max\ & cx \\ & Ax \leq \mathbf{1} \\ & x \in \{0,1\}^n \end{aligned}$$

Naturalmente questi problemi possono essere risolti con la PL01. È frequente però che nelle applicazioni reali il numero di righe di A sia molto elevato (nell'ordine delle migliaia) e quello delle colonne sia ancora più elevato (anche centinaia di migliaia). In questi casi le iterazioni del metodo del simplesso sono estremamente lente e conviene passare ad altri metodi. Nell'Esempio 26.3 si vedrà come applicare tecniche diverse a questi problemi.

17.9 Impaccamenti bi- e tri-dimensionali

Un problema frequente nelle applicazioni industriali consiste nel ritagliare delle sagome prefissate da una sagoma molto più grande (che chiameremo lastra per comodità) cercando di ridurre al minimo lo spreco. Il materiale può tipicamente essere di metallo, vetro, legno, stoffa o altro. Le sagome da ritagliare possono essere generalmente rettangolari, ma altre forme sono possibili (ad esempio nel caso della stoffa). Molto spesso l'orientazione di ogni singola sagoma rispetto alla lastra è arbitraria. Nel caso del vetro c'è il vincolo in più che le sagome si ottengono con tagli che vanno da una parte all'altra del pezzo che si taglia.

Un problema studiato già in tempi lontani da Gauss riguarda l'impaccamento ottimo di cerchi nel piano e, per estensione di sfere nello spazio a tre dimensioni e in generale a n dimensioni. Data la regolarità degli oggetti da impaccare si possono usare tecniche algebriche con notevole successo [47].

Per oggetti meno regolari i risultati sono molto meno soddisfacenti. Inoltre non si riesce a replicare il successo dei metodi per impaccamenti unidimensionali (come nel problema dello zaino e dell'impaccamento di contenitori). Manca ancora un approccio robusto ed unificante a questo tipo di problemi. Una modellizzazione del problema come un insieme stabile dove i nodi sono le possibili posizioni sulla lastra di ogni sagoma (previa discretizzazione opportuna del piano) e ogni arco rappresenta la sovrapponibilità di due sagome, si scontra subito con la dimensione del grafo che viene generato. Quindi questo approccio non è in generale raccomandabile.

Il problema viene affrontato soprattutto con tecniche euristiche. Per una rassegna di vari metodi, relativamente al caso di sagome rettangolari si veda [148]. Interessante è anche l'approccio di tipo teorico in [72, 73, 74]. Per un problema che riguarda generiche sagome poligonali si veda anche [60].

In tre dimensioni il problema si complica ulteriormente. Mentre delle sagome bidimensionali possono occupare posizioni qualsiasi su una lastra, oggetti reali non possono occupare posizioni qualsiasi nello spazio. Gli oggetti devono appoggiarsi l'uno sull'altro in modo stabile e inoltre, siccome sono sempre presenti problemi di peso, anche in modo da non sfondare gli oggetti sottostanti. Se il problema riguarda l'inserimento di merce in un furgone, si aggiunge spesso un ulteriore problema se la merce deve essere consegnata in posti diversi. Gli oggetti da consegnare prima devono essere scaricati senza spostare quelli da consegnare dopo. Dati tutti questi aspetti problematici, solo euristiche si possono applicare, per di più ritagliate sulle particolari caratteristiche dell'istanza da risolvere.

18

Modelli di allocazione Turnazioni

Sono molte le attività lavorative in cui il servizio non può essere svolto secondo un orario regolare e costante nel tempo, ma deve seguire un andamento temporale variabile a seconda della domanda esterna, che, per le sue caratteristiche, richiede che il servizio venga soddisfatto senza ritardi. Il caso tipico è costituito dal lavoro ospedaliero. In altri casi la variabilità temporale dipende dal fatto che il servizio riguarda il trasporto e quindi gli orari di servizio sono quelli legati al trasporto.

In tutti questi casi bisogna stabilire allora dei turni lavorativi variabili. Si tratta invariabilmente di problemi complessi perché si devono contemperare le esigenze di un adeguato livello di servizio verso l'utenza ma anche di turni lavorativi compatibili sia con i contratti di lavoro che con esigenze di sicurezza. A questo si aggiunge, nel caso dei trasporti, la notevole complicazione dovuta agli spostamenti fisici del personale. Più specificatamente una turnazione viene valutata in base ai seguenti criteri: copertura, non solo in termini numerici ma anche qualitativi quando diverse competenze sono richieste nell'espletazione del servizio; qualità rispetto al personale; stabilità, cioè quanto i turni vengano percepiti affidabili e prevedibili dal personale; flessibilità rispetto a cambiamenti imprevisti della domanda; costo in termini di risorse impiegate.

A grandi linee il problema di stabilire i turni viene diviso in due fasi. Nella prima si trovano i turni più adatti per minimizzare un'opportuna funzione di costo che tenga conto dei criteri enunciati. Questa fase viene spesso chiamata *staffing*. Nella seconda fase, detta spesso *rostering*, bisogna assegnare i turni al personale. La seconda fase si effettua normalmente con un orizzonte temporale di diverse settimane in modo che il personale conosca con largo anticipo i turni di lavoro. Anche la prima fase può essere effettuata ripetutamente assieme alla seconda, specialmente nel caso dei trasporti. Nel caso di servizi, come i call center o gli ospedali, la prima fase può essere effettuata solo una volta, a meno di variazioni persistenti nella domanda.

Il caso relativo alla turnazione delle infermiere negli ospedali è stato ampiamente studiato. Il solo problema di valutare cosa si intenda per livello di servizio adeguato non è semplice. Si vedano ad esempio [6][164][141]. Una rassegna sui vari aspetti del problema di formare i turni delle infermiere si trova in [34]. Per aspetti più generali di turnazioni si possono trovare referenze in [67].

18.1 Modello base per i turni

Come già anticipato nella Sez. 2.6, quando si deve stabilire quali turni assegnare al personale, sono due gli obiettivi principali da perseguire: la qualità del servizio e il costo del personale. Si tratta di un evidente caso di obiettivi contrastanti. Il modo tipico di affrontare il problema consiste nel trasformare l'obiettivo della qualità del servizio in un vincolo sul numero di persone dedicate al servizio in un particolare intervallo di tempo. Tenuto conto che il servizio ha una caratteristica periodica (giornaliera o settimanale), viene preliminarmente effettuata un'analisi di come varia la domanda di servizio durante il periodo. Il periodo viene allora diviso in fasce temporali, non necessariamente della stessa durata, e per ogni fascia si definisce il numero minimo di addetti necessario a fornire un servizio adeguato.

Per quel che riguarda la parte relativa al personale, ogni addetto lavora per una specificata parte del periodo, chiamata turno. Spesso i turni sono un dato del problema, in quanto il loro tipo, durata e distribuzione nel periodo può essere frutto di negoziazioni fatte nel passato e, almeno nell'immediato, non modificabili.

Nel modello base ogni turno consiste di un numero fisso di ore consecutive e i turni differiscono fra di loro solo per l'orario d'inizio. Il periodo viene allora diviso secondo intervalli compatibili con la suddivisione sia per turni che per fasce orarie. Il modello che minimizza il numero di addetti è il semplice modello di PL già presentato in Sez. 2.7

$$\begin{aligned} \min \quad & \sum_{j \in J} x_j \\ & \sum_{j \in J} a_{ij}\, x_j \geq b_i \qquad\qquad i \in I \\ & x \geq 0, \ \text{intero} \end{aligned} \tag{18.1}$$

dove I è l'insieme delle fasce orarie e J è l'insieme dei turni. La matrice $A = \{a_{ij}\}$ è definita come

$$a_{ij} = \begin{cases} 1 & \text{se il turno } j \text{ copre la fascia } i \\ 0 & \text{altrimenti} \end{cases}$$

Bisogna distinguere il caso in cui c'è un'interruzione di servizio fra l'ultima fascia del periodo e la prima del periodo successivo da quello in cui il servizio è ciclico e non subisce mai interruzioni. Se ogni turno è fatto di ore consecutive, nel primo caso ogni colonna della matrice A ha tutti gli uni contigui, mentre nel secondo caso questo non succede per i turni che sono a cavallo di due periodi.

Esaminiamo inizialmente il primo caso che è il più semplice. Una matrice 0-1 in cui ogni colonna ha gli uni in un unico blocco contiguo, gode della notevole proprietà di essere totalmente unimodulare, esattamente come la matrice d'incidenza nodi-archi di un grafo orientato. La dimostrazione di questa proprietà si trova in Appendice. Quindi c'è la garanzia che la soluzione di (18.1) sia intera, senza doverlo imporre.

È molto probabile che vi siano diversi ottimi alternativi di (18.1). Si può allora scegliere quello 'migliore'. Naturalmente bisogna esplicitare cosa si intende per 'migliore'. La domanda di servizio è una variabile aleatoria che è stata stimata fissando i valori b_i. Può avvenire che la domanda in una certa fascia oraria sia più elevata del previsto e il valore b_i di addetti sia insufficiente a farvi fronte. Quindi se per una certa soluzione $\bar{x}_j$ si ha $\sum_{j \in J} a_{ij} \bar{x}_j = b_i$ per una certa fascia oraria i, c'è il rischio che quella fascia oraria non abbia, a volte, un servizio adeguato. In modo simmetrico, se invece la quantità $\sum_{j \in J} a_{ij} \bar{x}_j - b_i = s_i$ è positiva con un valore elevato, significa che in quella fascia oraria il numero di addetti è superiore al bisogno e quindi si tratta di personale sottoutilizzato.

Quindi è opportuno che i valori s_i siano uniformi. Un modo semplice per ottenere questo risultato è quello di aggiungere a (18.1) i vincoli $0 \le s_i \le K$, per ogni i, variando K (ad esempio con ricerca binaria, ma i valori sono così bassi che la ricerca binaria non serve in pratica) fino a trovare il minimo valore di K che rende ammissibile (18.1). Se gli uni della matrice sono contigui la soluzione è ancora intera anche aggiungendo questo vincolo.

Notiamo che non sarebbe una buona idea quella di minimizzare la somma degli scarti s_i pesati per la durata delle fasce orarie. Infatti se indichiamo con t_i la durata della fascia oraria i-ma, si ha

$$\sum_i t_i s_i = \sum_i t_i \,(\sum_{j \in J} a_{ij} x_j - b_i) = \sum_j (\sum_i a_{ij} t_i) \, x_j - \sum_i t_i b_i$$

da cui si vede che minimizzare gli scarti pesati è esattamente equivalente a minimizzare il numero globale di ore lavorate ($\sum_i a_{ij} t_i$ è la durata del turno j) e quindi si ripeterebbe il risultato precedente.

Nel caso in cui il servizio non subisce interruzioni il fatto che gli uni non siano contigui per tutti i turni a cavallo di due periodi consecutivi, toglie la proprietà d'interezza alle soluzioni. Tuttavia, se la soluzione non è intera vale un interessante risultato che rende semplice la risoluzione del problema. In particolare supponiamo che la matrice A abbia la seguente struttura ciclica:

$$A = \begin{pmatrix} 1 & 0 & 0 & 0 & 0 & 1 & 1 \\ 1 & 1 & 0 & 0 & 0 & 0 & 1 \\ 1 & 1 & 1 & 0 & 0 & 0 & 0 \\ 0 & 1 & 1 & 1 & 0 & 0 & 0 \\ 0 & 0 & 1 & 1 & 1 & 0 & 0 \\ 0 & 0 & 0 & 1 & 1 & 1 & 0 \\ 0 & 0 & 0 & 0 & 1 & 1 & 1 \end{pmatrix} \qquad (18.2)$$

La matrice A non è totalmente unimodulare. Però, se si aggiunge il vincolo $\sum_j x_j = K$ a (18.1) c'è la garanzia di interezza delle soluzioni. A questo punto la strategia per ottenere una soluzione intera di (18.1) (se A ha la struttura come in (18.2)) è la seguente: se la soluzione $\hat{x}$ di (18.1) non è intera si aggiunge il vincolo $\sum_j x_j = K$, con $K = \lfloor \sum_j \hat{x}_j \rfloor$. Se non ci sono soluzioni ammissibili si pone $K = \lceil \sum_j \hat{x}_j \rceil$ e si risolve, questa volta con la garanzia di interezza e di ammissibilità. La dimostrazione di queste proprietà si trova in Appendice.

18.2 Modello generale per i turni

In presenza di turni diversi dai due casi precedenti, la garanzia d'interezza viene persa. Tuttavia si tratta di problemi di PL01 non particolarmente ostici. Questo fatto insieme con la flessibilità offerta dai modelli di PL01 ne raccomanda l'uso in molte circostanze. Come esempio, si supponga che, in base agli accordi presi, i turni prevedano due giorni di riposo ogni settimana, non più di cinque giorni consecutivi di lavoro e almeno un fine settimana (sabato e domenica) libero ogni due. In questo problema il servizio non viene suddiviso in fasce orarie ma in giorni. Analogamente anche i turni hanno come unità di misura il giorno.

Per affrontare il problema va specificato meglio cosa si intende per due giorni ogni settimana. Potremmo decidere che la settimana va da lunedì a domenica e quindi all'interno di questi giorni ci devono essere due giorni liberi, che possono eventualmente coincidere con il fine settimana libero. Considerato che un fine settimana ogni due deve essere libero, la settimana con il fine settimana libero non può che essere fatta in un modo. La settimana successiva non può che avere la domenica libera (a causa del vincolo sui cinque giorni lavorativi). Questo significa che non si può far lavorare nessuno di domenica e quindi non vi può essere nessuna soluzione ammissibile.

Allora bisogna adottare un altro punto di vista, ad esempio che 'due giorni liberi alla settimana' significhi in media. Quindi su un periodo di due settimane, dato che due giorni liberi sono già fissati, si tratta di assegnare due giorni liberi fra un lunedì e il venerdì della settimana successiva. Si ha allora l'elenco di turni in Tabella 18.1.

Bisogna adesso aggiungere i turni che hanno l'altro fine settimana libero. Quindi, a parte il primo turno (con entrambi i fine settimana liberi), tutti gli altri (ottenuti semplicemente scambiando i primi sette elementi del vettore con i secondi sette) vanno aggiunti alla lista per un totale di 41 turni.

S	D	L	M	M	G	V	S	D	L	M	M	G	V	S	D
0	0	1	1	1	1	1	0	0	1	1	1	1	1	0	0
0	0	1	1	1	1	1	0	1	0	1	1	1	1	0	0
0	0	1	1	1	1	1	0	1	1	0	1	1	1	0	0
0	0	1	1	1	1	1	0	1	1	1	0	1	1	0	0
0	0	1	1	1	1	1	0	1	1	1	1	0	1	0	0
0	0	1	1	1	1	1	0	1	1	1	1	1	0	0	0
0	0	1	1	1	1	0	1	0	1	1	1	1	1	0	0
0	0	1	1	1	1	0	1	1	0	1	1	1	1	0	0
0	0	1	1	1	1	0	1	1	1	0	1	1	1	0	0
0	0	1	1	1	1	0	1	1	1	1	0	1	1	0	0
0	0	1	1	1	1	0	1	1	1	1	1	0	1	0	0
0	0	1	1	1	0	1	1	0	1	1	1	1	1	0	0
0	0	1	1	1	0	1	1	1	0	1	1	1	1	0	0
0	0	1	1	1	0	1	1	1	1	0	1	1	1	0	0
0	0	1	1	1	0	1	1	1	1	1	0	1	1	0	0
0	0	1	1	0	1	1	1	0	1	1	1	1	1	0	0
0	0	1	1	0	1	1	1	1	0	1	1	1	1	0	0
0	0	1	1	0	1	1	1	1	1	0	1	1	1	0	0
0	0	1	0	1	1	1	1	0	1	1	1	1	1	0	0
0	0	1	0	1	1	1	1	1	0	1	1	1	1	0	0
0	0	0	1	1	1	1	1	0	1	1	1	1	1	0	0

Tabella 18.1.

Supponiamo che il servizio richieda la presenza dei seguenti addetti nei giorni della settimana (da lunedì a domenica): 6, 6, 7, 8, 6, 5, 3. A parte i costi fissi, rappresentati dal numero di addetti necessario, ogni turno ha un costo aggiuntivo c_j causato dal lavoro fatto di sabato o domenica. In particolare supponiamo che il costo sia uguale a 2 se il turno include solo il sabato, uguale a 3 se include solo la domenica e uguale a 4 se include entrambi. Allora, oltre al numero di addetti, si vuole minimizzare in subordine anche il costo. Pertanto si crea la funzione obiettivo

$$10000 \sum_j x_j + \sum_j c_j \, x_j$$

Con questo obiettivo si risolve il problema (18.1). Si ottiene subito una soluzione intera che prevede 10 addetti con un costo aggiuntivo uguale a 32. Ad un esame della soluzione si vede però che non è soddisfacente in quanto in molte giornate il numero di addetti è di molto superiore al valore richiesto (fino a 5). Allora si aggiunge il vincolo $s_i \leq K$. Si ottengono soluzioni ammissibili per $K = 4, 3, 2$, in successione, ma per $K = 1$ non ci sono soluzioni ammissibili. Si esamina allora la soluzione per $K = 2$. Questa ha ancora 10 addetti e costo 32. Quindi è uno degli ottimi alternativi del problema. Tuttavia la soluzione non risulta ancora soddisfacente. Il motivo dell'insoddisfazione è causato dal fatto che i turni che hanno un particolare fine settimana libero sono diversi da quelli con l'altro fine settimana libero. Per vari motivi è bene che la soluzione sia equilibrata. Questa esigenza viene modellata con il vincolo

$$x_j = x_{j+20}, \quad j = 2, \dots, 21$$

La soluzione finale, sempre con 10 addetti e costo 32 ma questa volta soddisfacente, è la seguente:

$$\begin{pmatrix}
\mathrm{L} & \mathrm{M} & \mathrm{M} & \mathrm{G} & \mathrm{V} & \mathrm{S} & \mathrm{D} & \mathrm{L} & \mathrm{M} & \mathrm{M} & \mathrm{G} & \mathrm{V} & \mathrm{S} & \mathrm{D} \\
6 & 6 & 7 & 8 & 6 & 5 & 3 & 6 & 6 & 7 & 8 & 6 & 5 & 3 \\
 & & & & & & & & & & & & & \\
2 & 2 & 2 & 2 & 0 & 2 & 2 & 2 & 0 & 2 & 2 & 2 & 0 & 0 \\
1 & 1 & 0 & 1 & 1 & 1 & 0 & 1 & 1 & 1 & 1 & 1 & 0 & 0 \\
1 & 1 & 0 & 1 & 1 & 1 & 1 & 0 & 1 & 1 & 1 & 1 & 0 & 0 \\
0 & 1 & 1 & 1 & 1 & 1 & 0 & 1 & 1 & 1 & 1 & 1 & 0 & 0 \\
2 & 0 & 2 & 2 & 2 & 0 & 0 & 2 & 2 & 2 & 2 & 0 & 2 & 2 \\
1 & 1 & 1 & 1 & 1 & 0 & 0 & 1 & 1 & 0 & 1 & 1 & 1 & 0 \\
0 & 1 & 1 & 1 & 1 & 0 & 0 & 1 & 1 & 0 & 1 & 1 & 1 & 1 \\
1 & 1 & 1 & 1 & 1 & 0 & 0 & 0 & 1 & 1 & 1 & 1 & 1 & 0
\end{pmatrix}$$

In questo esempio, di piccole dimensioni, non è stato problematico generare esplicitamente tutti i turni possibili. Ma se si fosse deciso di considerare un orizzonte temporale più lungo, ad esempio un mese, e ci fossero regole diverse che permettono una maggiore flessibilità, allora una generazione esplicita di tutti i turni sarebbe fuori discussione. Bisogna in questi casi ricorrere ad una tecnica di generazione di colonne, cioè di turni ammissibili. Il vincolo duale di (18.1) è

$$\sum_i a_{ij}\, y_i \le c_j$$

la cui verifica porta al seguente problema

$$\min_{z \in Z} \; c_z - \sum_i y_i\, z_i \tag{18.3}$$

dove Z è l'insieme dei vettori 0-1 corrispondenti a turni ammissibili. Quindi per ogni turno (vettore) z, è definito un costo c_z al quale si deve sottrarre la somma degli y_i calcolata sulle fasce (giorni) coperti dal turno z. In generale non è possibile dire se (18.3) sia un problema facilmente risolubile in modo esatto. La Programmazione dinamica è spesso un utile strumento per risolvere problemi di questo tipo.

Ad esempio si supponga che i vincoli da rispettare siano: i giorni consecutivi di lavoro possono essere solo 3, 4 o 5 e in quattro settimane ci deve essere un fine settimana libero di 3 giorni (cioè con il venerdì) più altri 5 giorni di riposo. Rispetto al problema precedente semplifichiamo i costi, assumendo che il costo di lavorare sia la domenica che il sabato sia la somma dei due costi separati (altrimenti il problema si può ancora trattare con la Programmazione dinamica, solo che è un po' più complicato). Indichiamo con c_s e con c_d il costo del sabato e della domenica rispettivamente.

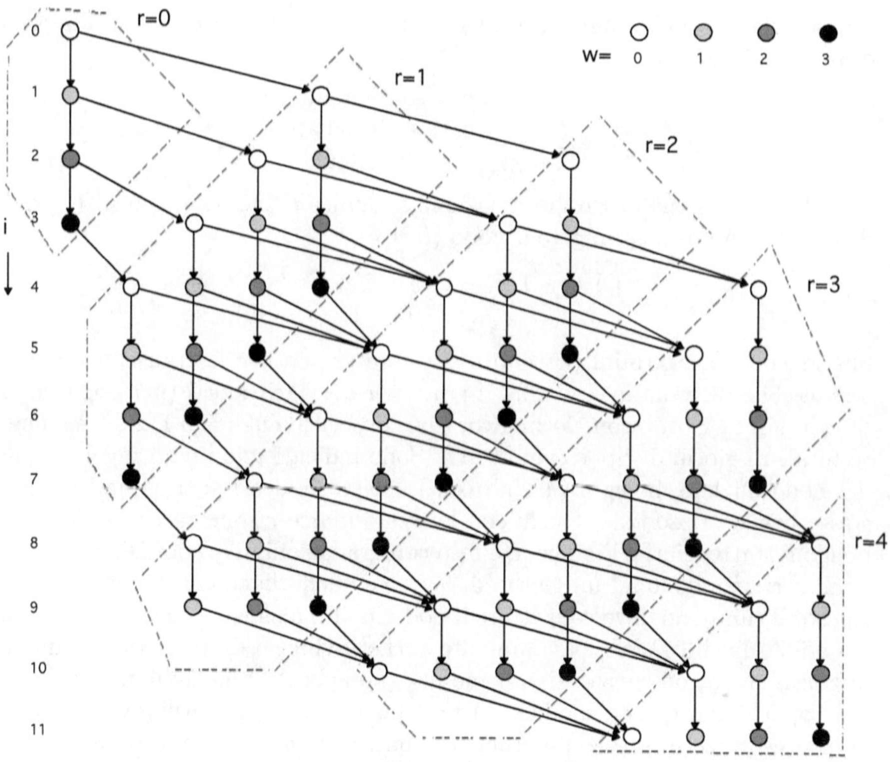

Figura 18.1.

Per modellare (18.3) con la Programmazione dinamica, conviene definire un orizzonte temporale di 4 settimane e fissare quale fine settimana sia quello libero e risolvere 4 problemi separati, uno per ogni fine settimana. Per ogni problema si fissino i seguenti indici: $i = 0, \ldots, 25$ $(= 4 \cdot 7 - 3)$ per indicare il giorno che si considera all'interno delle quattro settimane, $w = 0, \ldots, 5$ per indicare i giorni consecutivi di lavoro accumulati fino al giorno i incluso, $r = 0, \ldots, 5$ per indicare i giorni totali di riposo (i incluso). A questo punto lo 'stato' del calcolo è rappresentato dalla terna di indici (i, w, r). Per ogni terna di indici bisogna definire le transizioni ammesse verso altre terne di indici. Le transizioni possibili sono

$$(i-1, w, r) \rightarrow \begin{cases} (i, w+1, r) & \text{se } w \leq 4 \text{ e } i \text{ è giorno di lavoro} \\ (i, 0, r+1) & \text{se } w \geq 3,\ r \leq 4 \text{ e } i \text{ è giorno di riposo} \end{cases}$$

Le terne (i, w, r) identificano i nodi di un grafo i cui archi sono le transizioni ammissibili. Partendo dallo stato $(0, 0, 0)$ bisogna trovare un cammino minimo verso uno degli stati $(25, w, 5)$. Il grafo è aciclico e quindi i costi degli archi possono avere qualsiasi segno. Il costo del cammino viene valutato con i seguenti costi. Alle transizioni corrispondenti ad una scelta di giorno di riposo si assegna costo nullo, mentre a quelle corrispondenti ad una scelta di giorno di lavoro, si assegna il costo

$$\bar{c}_i = \begin{cases} -y_i + c_d & \text{se } i \text{ è domenica} \\ -y_i + c_s & \text{se } i \text{ è sabato} \\ -y_i & \text{altrimenti} \end{cases}$$

Quindi la ricorsione di Programmazione dinamica è, indicando con $V(i, w, r)$ il costo ottimo di raggiungere il nodo (i, w, r),

$$V(i, w, r) = \begin{cases} V(i-1, w-1, r) + \bar{c}_i & \text{se } w > 0 \\ \min_{v=0;3 \le v \le 5} \{V(i-1, v, r-1)\} & \text{se } w = 0 \end{cases}$$

intendendo che i termini possono non essere presenti se la transizione non è ammissibile. Si veda in Fig. 18.1 il grafo per dei dati ridotti (per esigenze di disegno) di 11 giorni, con giorni lavorativi consecutivi uguali a 1, 2 o 3 e numero totale di giorni di riposo uguale a 4. Sono indicati solo i nodi raggiungibili dal nodo iniziale. In figura i nodi con lo stesso indice i sono situati su uno stesso livello orizzontale. Quelli con lo stesso indice r sono racchiusi dentro i poligoni tratteggiati e l'indice w è reso con gradazioni di grigio. Gli archi verticali corrispondono ad un giorno di lavoro e quelli diaqonali ad un giorno di riposo. Il cammino deve connettere il nodo in alto a sinistra con uno qualsiasi dei nodi a livello 11. Se fosse presente anche il vincolo di un numero minimo di giorni lavorativi consecutivi, come bisognerebbe modificare il grafo?

Applichiamo questo modello al problema precedente, utilizzando le medesime esigenze di servizio giornaliere, ma con le nuove regole sulle quattro settimane. Il modello viene inizializzato con un turno fittizio che copre tutti i 28 giorni e al quale viene assegnato un costo elevatissimo, in modo che venga escluso dalla soluzione al più presto. Poi vengono generati 93 turni ottenendo una soluzione ottima frazionaria che prevede 8.4444 addetti e un costo di 32 pari al numero di sabati e domeniche lavorativi (non c'è distinzione fra i singoli giorni e i due giorni consecutivi). Applicando il vincolo d'interezza al problema con le colonne generate e imponendo un vincolo $s_i \le 1$ si ottiene una soluzione con 9 addetti (e quindi ottima come numero di addetti) e costo 33. Se invece si pone $s_i \le 2$ si ottengono 9 addetti con costo 32. Qui sotto viene riportata la soluzione di costo 33.

L	M	M	G	V	S	D	L	M	M	G	V	S	D	L	M	M	G	V	S	D	L	M	M	G	V	S	D
1	1	1	1	0	0	0	1	1	1	1	1	0	0	1	1	1	1	1	0	0	1	1	1	1	1	0	1
0	1	1	1	1	1	0	0	1	1	1	1	1	0	1	1	1	1	1	0	1	1	1	1	1	0	0	0
1	1	1	1	1	0	1	1	1	1	1	0	0	0	0	1	1	1	1	1	0	0	1	1	1	1	1	0
1	1	1	1	0	0	0	1	1	1	1	1	0	1	1	1	0	1	1	1	1	1	0	0	1	1	1	0
1	1	0	1	1	1	1	1	0	0	1	1	1	0	1	1	1	1	0	0	0	1	1	1	1	1	0	1
1	1	1	1	0	0	0	1	1	1	1	0	1	1	1	0	1	1	1	1	1	0	0	1	1	1	1	0
1	0	1	1	1	1	1	0	0	1	1	1	1	0	1	1	1	1	0	0	0	1	1	1	1	0	1	1
0	1	1	1	1	1	0	1	1	1	0	1	1	1	1	0	1	1	1	1	0	1	1	1	1	0	0	0
1	0	1	1	1	1	0	1	1	1	1	0	0	0	0	1	1	1	1	1	0	1	1	1	0	1	1	1

Questa soluzione non presenta turni equivalenti, quindi nella fase di rostering bisognerebbe operare una rotazione dei turni fra gli addetti.

18.3 Assegnazione dei turni agli addetti

Tutto il calcolo per calcolare i turni ed assegnarli agli addetti può essere visto come una sequenza dei seguenti cinque stadi: 1) determinazione dei turni, 2) determinazione del minimo numero di addetti, 3) definizione dei periodi di riposo, 4) definizione dei periodi di lavoro e di riposo per ogni addetto, 5) assegnazione dei turni agli addetti.

Quanto esposto nelle precedenti sezioni si riferisce essenzialmente agli stadi 1 e 2, anche se, limitatamente a brevi interruzioni per riposo e in un orizzonte temporale ravvicinato, si è anche visto come trattare 3 e 4. La divisione in una fase di staffing (stadi 1 e 2) e in una fase di rostering (3, 4 e 5) è quella più frequentemente adottata, ma si può anche affrontare il problema con una fase di rostering allargata che include lo stadio 2.

Questo è ad esempio l'approccio adottato in [37], dove viene proposto un modello di PL01 che tiene conto simultaneamente delle esigenze degli stadi da 2 a 5, e che presenta dei buoni risultati computazionali.

Limitandosi a risolvere gli stadi da 3 a 5, si può affrontare il problema a partire dalla soluzione fornita dagli stadi 1 e 2. Entro un orizzonte temporale limitato, da un giorno a due settimane ad esempio, sono stati calcolati i turni e il numero di addetti per turno per un totale di m addetti. Ora questo schema di turni viene replicato fino a coprire un orizzonte temporale abbastanza lungo (da uno a tre mesi).

Un modo semplice di affrontare il problema consiste nel replicare esattamente m volte l'orizzonte breve in modo da poter assegnare i turni ciclicamente a tutti gli addetti ed avere una soluzione equilibrata. Operare in questo modo però presenta dei problemi pratici.

Infatti le settimane non sono tutte uguali. La presenza di festività infrasettimanali altera la periodicità del problema e quindi non è detto che si possa replicare una soluzione direttamente da settimana a settimana. In questo caso bisognerebbe aver calcolato altri turni per le settimane diverse dalle altre.

Inoltre ogni addetto ha diritto a periodi più lunghi di riposo di cui bisogna tener conto e che tipicamente spezzano la ciclicità di una soluzione. Nel momento in cui si pianifica su un orizzonte temporale abbastanza lungo questi fattori entrano in gioco.

Supponiamo allora di avere a disposizione l'elenco T di tutti i turni su un orizzonte sufficientemente lungo. Inoltre siano stati definiti dei possibili periodi di riposo per ogni addetto. Come nel caso della fase di staffing in cui tutti i turni scelti dovevano coprire il servizio per ogni fascia oraria, così ora, ad un livello più alto, tutte le assegnazioni devono coprire i turni fissati.

Più in particolare si definisca per ogni addetto un possibile schema di assegnamenti, in cui viene definito quali turni e quali periodi di riposo possono venire assegnati all'addetto. Sia $\mathcal{S}_i$ l'insieme di tutti gli schemi di assegnamento ammissibili per l'addetto i. Allora possiamo definire la matrice

$$a_t^j = \begin{cases} 1 & \text{se lo schema di assegnamento } j \in \mathcal{S}_i \text{ copre il turno } t \\ 0 & \text{altrimenti} \end{cases}$$

e le variabili

$$x_j = \begin{cases} 1 & \text{se viene adottato schema di assegnamento } j \in \mathcal{S}_i \text{ per l'addetto } i \\ 0 & \text{altrimenti} \end{cases}$$

Questo porta al seguente problema di PL01:

$$\begin{aligned} \min \sum_{i \in [m]} \sum_{j \in \mathcal{S}_i} c_j \, x_j & & \\ \sum_{i \in [m]} \sum_{j \in \mathcal{S}_i} a_t^j \, x_j \geq 1 & \qquad & t \in T \\ \sum_{j \in \mathcal{S}_i} x_j \;\; = 1 & \qquad & i \in [m] \\ x_j \in \{0, 1\} & & \end{aligned} \tag{18.4}$$

dove c_j è il costo da imputare allo schema j. È opportuno notare che in presenza di periodi di riposo più lunghi il numero m di addetti potrebbe essere insufficiente. È evidente che (18.4) deve essere risolto tramite generazione di colonne. Come osservato in [37] la limitazione inferiore prodotta dal rilassamento di (18.4) è in generale molto forte e quindi è consigliabile questo approccio, corredato naturalmente anche con l'uso di euristiche per produrre buoni incombenti.

Tuttavia bisogna trovare un metodo per generare le colonne, che incorpori le particolari caratteristiche dei turni ammissibili. Come già osservato la Programmazione dinamica è un utile strumento a questo scopo. Ad esempio la generazione di colonne viene risolta in [37] sia con la PD che con la PL01.

18.4 Turnazione nei trasporti

Il problema di assegnare i turni nel settore dei trasporti è sempre stato un problema complesso che in tempi passati si risolveva a mano e poi la soluzione trovata veniva continuamente ripetuta con pochi aggiustamenti. L'esigenza di trovare soluzioni più economiche e possibilmente migliori dal punto di vista del servizio ha portato a formulare modelli di Ricerca Operativa molto complessi ma anche molto efficaci nel produrre soluzioni migliori. In particolare, l'ambito di applicazione che ha registrato il successo maggiore riguarda la turnazione degli equipaggi aerei, tanto da portare alla creazione di ditte espressamente dedicate a produrre codici commerciali per le compagnie aeree, basati sui principi della RO.

Ci limitiamo ad una trattazione sommaria del problema della turnazione per le compagnie aeree (per una rassegna più approfondita si veda ad esempio [16]). Il problema della turnazione si presenta anche per gli autisti nei trasporti urbani e per gli equipaggi dei treni. Si segnala a questo riguardo [36, 137].

Una compagnia aerea di dimensioni medio-grandi può gestire qualche centinaio di voli al giorno. Dovendo pianificare i turni con almeno un mese di orizzonte temporale, i voli da prendere in considerazione sono dell'ordine di 10.000–20.000.

Un assistente di volo inizia il servizio dalla sua città base e lo esegue su un insieme di voli in sequenza, ognuno dei quali parte dallo stesso aeroporto del precedente arrivo, per terminarlo nella città base. L'insieme di questi voli può anche durare più di un giorno, nel qual caso sono necessarie delle soste in qualche albergo. Questo ciclo di voli viene detto *pairing*. Affinché il ciclo sia ammissibile devono essere rispettate delle precise regole che dipendono dalla compagnia aerea e dallo stato. Prima di iniziare un nuovo ciclo deve passare un periodo di tempo stabilito.

Il numero di cicli ammissibili in un insieme di 10.000–20.000 voli è ovviamente astronomico ed è impossibile generarli tutti. Il modello che si usa è un tipico modello di copertura d'insiemi in cui l'insieme dei voli deve essere coperto da almeno un ciclo, con generazione di colonne (cioè di cicli). Ma in questo caso il master problem presenta notevoli difficoltà a causa delle sue dimensioni, 10.000–20.000 righe e centinaia di migliaia di colonne. Questo si può fare con speciali implementazioni dell'algoritmo del simplesso per la PL.

Il nocciolo del problema consiste nella generazione delle colonne tenendo conto dei costi e dei vincoli imposti dalle esigenze di servizio. Anche se questo calcolo può essere complesso e richiedere tempi di calcolo di diverse ore, tuttavia il vantaggio economico che può derivare anche da un miglioramento dell' 1% si moltiplica in un costo assoluto molto elevato, che giustifica l'investimento computazionale.

Si noti che il modello è di copertura e non di partizione d'insiemi. Quindi si ammette che un volo possa essere coperto da due cicli. Qualche volta questo risulta conveniente. In questo caso uno solo degli assistenti di volo esegue il servizio e l'altro (o gli altri) esegue semplicemente un viaggio di trasferimento, cosiddetto *deadheading*.

18.5 Appendice

Totale unimodularità di una matrice con blocchi di 1 contigui

Ad ogni matrice si può sostituire una riga con la differenza fra la stessa riga ed una qualsiasi altra riga senza che il determinante cambi. Infatti una tale operazione può essere scritta come il prodotto di due matrici:

$$\begin{pmatrix} 1 & 0 & 0 & 0 \\ 0 & 1 & 0 & -1 \\ 0 & 0 & 1 & 0 \\ 0 & 0 & 0 & 1 \end{pmatrix} \begin{pmatrix} 1 & 0 & 2 & 4 \\ 2 & 1 & 0 & 3 \\ 0 & 2 & 1 & 1 \\ 3 & 0 & 1 & 1 \end{pmatrix} = \begin{pmatrix} 1 & 0 & 2 & 4 \\ -1 & 1 & -1 & 2 \\ 0 & 2 & 1 & 1 \\ 3 & 0 & 1 & 1 \end{pmatrix}$$

La prima matrice è derivata da una matrice identica in cui la seconda riga è stata sostituita dalla differenza fra la seconda e la quarta riga. La moltiplicazione di questa matrice per una matrice qualsiasi produce su questa matrice lo stesso risultato di sostituire la seconda riga con la differenza fra la seconda e la quarta. Il determinante della prima matrice è 1 e siccome il determinante di un prodotto è uguale al prodotto dei determinanti, discende la proprietà enunciata.

Questa operazione di sostituzione può essere ripetuta in successione su un insieme qualsiasi di righe producendo sempre una matrice con lo stesso determinante di quella iniziale, in quanto l'operazione può essere vista come una successione di prodotti di matrici. Attenzione però! Ogni operazione va eseguita sulla matrice risultante dalla operazione precedente affinché il risultato sia valido. Se le sostituzioni sono effettuate sempre sulla matrice iniziale il determinante è diverso in generale.

Come esempio si consideri la prima delle tre matrici sotto riportate. La seconda è ottenuta dalla prima sostituendo, in successione, la prima riga con la differenza fra la prima e la seconda, la terza con la differenza fra la terza e la prima e infine la seconda con la differenza fra la seconda e la terza. La terza matrice è invece ottenuta operando le medesime sostituzioni ma sempre sulla matrice iniziale. Si può verificare che il determinante della prima e della seconda matrice vale 1, mentre quello della terza vale 0.

$$\begin{pmatrix} 1 & 2 & 3 \\ 0 & 1 & 2 \\ 1 & 1 & 2 \end{pmatrix} \qquad \begin{pmatrix} 1 & 1 & 1 \\ 0 & 1 & 1 \\ 0 & 0 & 1 \end{pmatrix} \qquad \begin{pmatrix} 1 & 1 & 1 \\ -1 & 0 & 0 \\ 0 & -1 & -1 \end{pmatrix}$$

In particolare ora, data una qualsiasi matrice 0-1 con blocchi di 1 contigui su ogni colonna, si sostituisca ad ogni riga la differenza con la riga successiva (tranne l'ultima). Si ottiene:

$$\begin{pmatrix} 1 & -1 & 0 & 0 & 0 \\ 0 & 1 & -1 & 0 & 0 \\ 0 & 0 & 1 & -1 & 0 \\ 0 & 0 & 0 & 1 & -1 \\ 0 & 0 & 0 & 0 & 1 \end{pmatrix} \begin{pmatrix} 1 & 0 & 0 & 1 & 0 \\ 1 & 1 & 0 & 1 & 1 \\ 1 & 1 & 1 & 0 & 1 \\ 0 & 1 & 1 & 0 & 1 \\ 0 & 1 & 1 & 0 & 0 \end{pmatrix} = \begin{pmatrix} 0 & -1 & 0 & 0 & -1 \\ 0 & 0 & -1 & 1 & 0 \\ 1 & 0 & 0 & 0 & 0 \\ 0 & 0 & 0 & 0 & 1 \\ 0 & 1 & 1 & 0 & 0 \end{pmatrix}$$

da cui si vede che la nuova matrice ha la stessa struttura di una matrice d'incidenza nodi-archi di un grafo orientato e quindi è totalmente unimodulare.

Correttezza della procedura per la turnazione ciclica

Si aggiunga ai vincoli (18.1) il vincolo sulla somma delle variabili. Si ha così una matrice fatta nel seguente modo

$$A' = \begin{pmatrix} 1 & 0 & 0 & 0 & 0 & 1 & 1 \\ 1 & 1 & 0 & 0 & 0 & 0 & 1 \\ 1 & 1 & 1 & 0 & 0 & 0 & 0 \\ 0 & 1 & 1 & 1 & 0 & 0 & 0 \\ 0 & 0 & 1 & 1 & 1 & 0 & 0 \\ 0 & 0 & 0 & 1 & 1 & 1 & 0 \\ 0 & 0 & 0 & 0 & 1 & 1 & 1 \\ 1 & 1 & 1 & 1 & 1 & 1 & 1 \end{pmatrix}$$

e un vettore dei termini noti $b' = (b, K)$. Un vertice del poliedro definito dai vincoli $A' x \geq b'$ è definito dalla soluzione di un sistema lineare formato da qualche colonna di A' e da qualche colonna di un matrice identica negativa (dovuta alle variabili di scarto). Si sostituisca ogni colonna di A', tranne l'ultima, con la differenza fra la colonna e la successiva (prima si è fatto lo stesso tipo di operazione sulle righe). Si ottiene

$$\begin{pmatrix} 1 & 0 & 0 & 0 & -1 & 0 & 1 \\ 0 & 1 & 0 & 0 & 0 & -1 & 1 \\ 0 & 0 & 1 & 0 & 0 & 0 & 0 \\ -1 & 0 & 0 & 1 & 0 & 0 & 0 \\ 0 & -1 & 0 & 0 & 1 & 0 & 0 \\ 0 & 0 & -1 & 0 & 0 & 1 & 0 \\ 0 & 0 & 0 & -1 & 0 & 0 & 1 \\ 0 & 0 & 0 & 0 & 0 & 0 & 1 \end{pmatrix}$$

Nel calcolo del determinante di questa matrice più qualche colonne dell'identica negativa, si può iniziare dall'unico 1 che compare nell'ultima riga (la parte relativa alla matrice identica non ha 1 nell'ultima riga in quanto il vincolo sulla somma è di eguaglianza). In questo modo si elimina la colonna di questo 1 e ciò che rimane è una matrice in cui ogni colonna ha un 1 e un meno -1, oppure solo un -1 (la parte dell'identica). Quindi il determinante non può che essere -1, 0 o 1. Quindi, se K è intero, i valori b'_i sono interi ed anche ogni soluzione di

$$\begin{aligned} v(K) = \min\ & c\,x \\ & A\,x \geq b \\ & \mathbf{1}\,x = K \\ & x \geq 0 \end{aligned} \tag{18.5}$$

è intera, purché esistano soluzioni ammissibili. Sia $\bar{K} = \sum_j \bar{x}_j$ con $\bar{x}_j$ ottimo di

$$\begin{aligned} v = \min\ & c\,x \\ & A\,x \geq b \\ & x \geq 0 \end{aligned} \tag{18.6}$$

Per ogni K si ha $v(\bar{K}) \leq v(K)$. Infatti $v = v(\bar{K})$ e aggiungere il vincolo $\mathbf{1}\,x = K$ a (18.6) implica $v \leq v(K)$. Il duale di (18.5) è

$$\begin{aligned} v(K) = \max\ & b\,y + K\,z \\ & y\,A + \mathbf{1}^\top z \leq c \\ & y \geq 0 \end{aligned} \tag{18.7}$$

L'insieme ammissibile di (18.7) non dipende da K. Quindi $v(K)$ è funzione convessa lineare a tratti (nell'insieme ammissibile basta considerare i vertici, in numero finito), che, per l'osservazione precedente ha minimo in $K = \bar{K}$. Allora l'ottimo intero di (18.7) si trova ponendo

$$K \in \left\{ \lfloor \bar{K} \rfloor \,,\, \lceil \bar{K} \rceil \right\}$$

19

Modelli di percorsi Rotte di veicoli

Uno dei problemi più rilevanti in cui è necessario ricorrere a modelli quantitativi in grado di esplorare in modo efficace l'enorme numero di soluzioni alternative possibili e di trovare soluzioni efficienti e di basso costo riguarda il settore dei trasporti. Vari fattori sono presenti: trovare percorsi di costo minimo, distribuire i carichi in modo compatibile con le capacità, consegnare la merce nei tempi prefissati, trovare una turnazione ammissibile ed efficiente per il personale viaggiante. Come si vede ognuno di questi fattori, oggetto di studio nei precedenti capitoli (la consegna nei tempi fissati è un problema di schedulazione e verrà esaminato nei prossimi capitoli), presenta già da solo difficoltà risolutive notevoli. La loro interazione dà inevitabilmente luogo a problemi di un ordine di difficoltà superiore. Tuttavia un uso molto accorto di diverse tecniche risolutive può dare risultati soddisfacenti. In questo capitolo si presentano solo le questioni di base legate al problema. Una panoramica abbastanza completa sulle tecniche e sulle applicazioni si può trovare in [94, 213]. La letteratura in questo campo è comunque vastissima.

19.1 Rotte di veicoli con capacità uguali

Nella Sez. 16.5 si è visto che il problema di generare K circuiti disgiunti, tranne nel deposito, che visitino tutti i nodi di un grafo e di lunghezza totale minima è facilmente trasformabile in un normale TSP. Tuttavia quella trasformazione non è in grado di discriminare le varie parti del circuito globale che corrispondono ai diversi circuiti. Quindi, se si vogliono dei circuiti che soddisfino a particolari vincoli, bisogna adottare un approccio diverso.

Siano K i circuiti da calcolare. Supponiamo inoltre che siano definite quantità r_i per ogni nodo (merce da consegnare nel nodo i) e che la capacità di ogni veicolo sia C. Per identificare i vari circuiti si introducono variabili z_i^k binarie tali che $z_i^k = 1$ se e solo se il nodo i appartiene al circuito k (poniamo subito $z_1^k = 1$ per ogni k identificando il nodo 1 con il deposito). Bisogna anche poter distinguere le variabili d'arco a seconda del circuito d'appartenenza, quindi

$x_e^k = 1$ se e solo se l'arco e è percorso dal circuito k. Il prezzo da pagare è che il modello diventa molto più grande, in particolare il numero di variabili passa da $m = n\,(n-1)/2$ a $K\,(m+n)$ e il numero di vincoli da n a $K\,(n+1)$ (escludendo i vincoli di sottocircuito). La parte relativa ai vincoli di grado nei nodi è

$$\sum_{e\in\delta(i)} x_e^k = 2\,z_i^k \qquad i \in N, k \in [K]$$

Siccome ogni nodo deve appartenere ad esattamente un circuito deve valere

$$\sum_{k\in K} z_i^k = 1 \qquad i \in N \setminus 1 \tag{19.1}$$

inoltre il vincolo di capacità si può esprimere come (si ponga per semplicità $r_1 := 0$)

$$\sum_{i\in N} r_i\, z_i^k \le C \qquad k \in [K]$$

e l'obiettivo è

$$\min \sum_{k\in K} \sum_{e\in E} c_e\, x_e^k$$

I vincoli di sottocircuito diventano

$$\sum_{e\in\delta(S)} \sum_{k\in K} x_e^k \ge 2 \qquad S \subset N$$

Un aspetto computazionale critico riguarda la simmetria del problema. Per ogni soluzione ce ne sono $K!$ equivalenti ottenute per semplice permutazione dei circuiti. Questo non sarebbe vero se i veicoli avessero tutti capacità diverse. Ma avendo supposto la stessa capacità per ogni veicolo, il problema è del tutto invariante rispetto ai diversi veicoli. La simmetria in problemi di questo genere ha dei pesanti effetti computazionali, come si è già avuto modo di sottolineare.

Come sempre bisogna eliminare la simmetria. Ad esempio, come già fatto in altri casi, si può imporre, senza perdita di soluzioni, che il nodo 2 appartenga al circuito 1, il nodo 3 appartenga al circuito 1 o 2, il nodo 4 al circuito 1, 2 o 3 e così via. Allora il vincolo d'assegnamento (19.1) si può più efficacemente scrivere come

$$\sum_{k=1}^{\min\{i-1,K\}} z_i^k = 1 \qquad i \in N \setminus 1 \tag{19.2}$$

19.2 Rotte di veicoli con capacità diverse

La differenza rispetto al modello precedente è che dobbiamo anche identificare il tipo di veicolo con un circuito. Supponiamo che vi siano H tipi di veicoli e che per ogni tipo sia assegnati i valori K_h, numero di veicoli disponibili di tipo h, e C_h capacità dei veicoli di tipo h. Il numero globale di circuiti sarà allora $K = \sum_h K_h$. Questo problema è il problema della consegna delle merci esposto in Sez. 2.12, dove si era illustrato un modello alquanto complesso di risoluzione. Ora consideriamo invece un approccio diretto al problema simile al caso precedente.

Le variabili binarie in questo modello sono x_e^{hk} che denota se l'arco e è percorso dal k-mo circuito dei veicoli di tipo h, e z_i^{hk} che denota se il nodo i è visitato dal k-mo circuito dei veicoli di tipo h. Il modello è pertanto:

$$
\begin{aligned}
\min \sum_{h\in[H]} \sum_{k\in[K_h]} \sum_{e\in E} c_e \, x_e^{hk} & \\
\sum_{e\in\delta(i)} x_e^{hk} = 2\, z_i^{hk} & \qquad k \in [K_h],\ h \in [H],\ i \in N \\
\sum_{h\in[H]} \sum_{k\in[K_h]} z_i^{hk} = 1 & \qquad i \neq 1 \\
\sum_{i\in N} r_i \, z_i^{hk} \leq C_h & \qquad k \in [K_h],\ h \in [H] \\
\sum_{e\in\delta(S)} \sum_{h\in[H]} \sum_{k\in[K_h]} x_e^{hk} \geq 2 & \qquad S \subset N
\end{aligned}
\tag{19.3}
$$

Il modello è essenzialmente lo stesso del caso precedente. Se i due valori di K sono uguali i due modelli hanno lo stesso numero di variabili e di vincoli. In questo caso però il vincolo d'assegnamento non può essere scritto come (19.2).

19.3 Consegna delle merci: risoluzione del primo modello

Consideriamo un caso un po' più grande di quello esposto a scopo illustrativo in Sez. 2.12. Supponiamo che una ditta con deposito a Palmanova debba effettuare consegne in 19 diverse città del Friuli. Le città e il grafo della rete stradale sono evidenziati in Fig. 19.1(a). A fianco del grafo si trova l'indicazione delle città e delle quantità da consegnare. La ditta possiede tre veicoli di capacità 40 e due veicoli di capacità 30.

Il modello in Lingo di (19.3) si trova al sito [202]. È stata effettuata una risoluzione di (19.3) di tipo branch-and-cut. Si è inizialmente trovata una soluzione del problema (19.3) rilassato senza le diseguaglianze di sottocircuito. Questa soluzione ha valore 440. Dopodiché sono state individuate, tramite problemi di massimo flusso, 12 diseguaglianze violate dalla soluzione ottenuta introducendo la diseguaglianza precedente. Alla fine si è ottenuta una soluzione ottima frazionaria di valore 487 che non viola nessuna diseguaglianza di sottocircuito. Con questo insieme di vincoli si è passati a risolvere il problema (19.3) con il vincolo d'interezza.

Operare in questo modo non è esattamente il metodo branch-and-cut. Tale metodo richiederebbe di provare a generare diseguaglianze violate ad

1	Palmanova	
2	Latisana	(6)
3	S.Giorgio di N.	(5)
4	Cervignano	(8)
5	Grado	(12)
6	Monfalcone	(13)
7	Gradisca	(3)
8	Gorizia	(15)
9	Cormons	(4)
10	Cividale	(6)
11	Udine	(18)
12	Codroipo	(4)
13	Pordenone	(15)
14	Sacile	(7)
15	Maniago	(3)
16	Spilimbergo	(3)
17	S. Daniele	(4)
18	Tarcento	(2)
19	Gemona	(4)
20	Tolmezzo	(9)

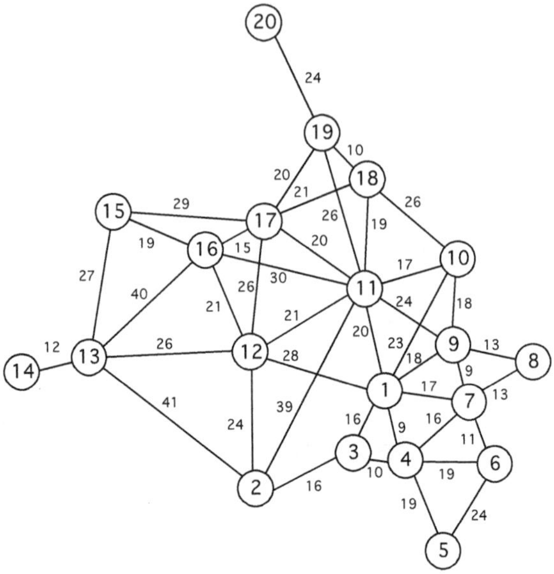

(a)

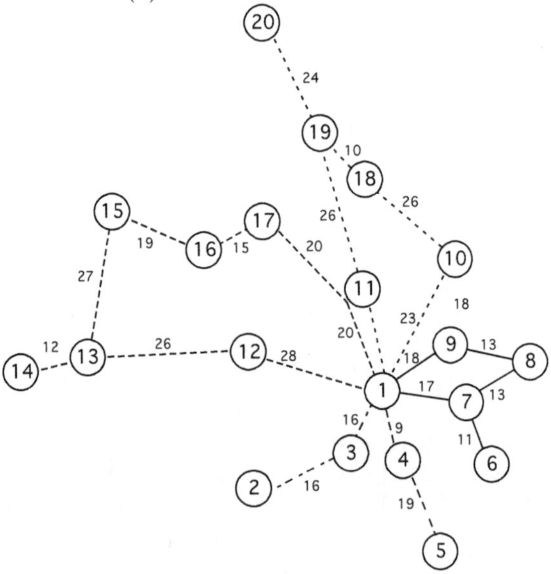

(b)

Figura 19.1.

ogni nodo dell'albero di ricerca e di mantenerle nei vincoli in tutti i successivi problemi. Tuttavia questo modo di procedere non è possibile all'interno delle possibilità offerte dalla parte di programmazione in Lingo.

Quindi quando si risolve il modello con il vincolo d'interezza, senza aggiungere altre diseguaglianze, si perde un po' di potenza di calcolo. La soluzione intera che si ottiene ha valore 527, ma contiene un circuito non collegato con il deposito. Quindi si riparte con il problema rilassato aggiungendo ancora una diseguaglianza. Si risolve nuovamente con il vincolo d'interezza ottenendo una soluzione intera di valore 529, che però contiene un circuito. Aggiungendo quest'ultima diseguaglianza e passando poi al problema intero si ottiene finalmente la soluzione ottima di valore 535. In totale sono stati richiesti 1 minuto e 25 secondi con 2214 nodi dell'albero branch-and-bound esplorati.

I cinque circuiti la cui somma delle distanze è 535 km sono raffigurati in Fig. 19.1(b). I tre circuiti riservati ai furgoni di capacità 40 hanno rispettivamente lunghezza 179 km (nodi 12, 13, 14, 15, 16, 17) e carico 36, lunghezza 153 km (11, 19, 20, 18, 10) e carico 39, 83 km (7, 6, 8, 9) e carico 35. I due circuiti riservati ai furgoni di capacità 30 hanno rispettivamente lunghezza 56 km (3, 2) e carico 20, lunghezza 64 km (4, 5) e carico 11.

È soddisfacente la soluzione ottenuta? Probabilmente no. I due furgoni di capacità 30 sono sottoutilizzati e certamente un gestore di trasporti sarebbe riluttante ad adottare questa soluzione. Il problema in questi casi è nel modello e anche nei dati. I dati (del tutto fittizi in questo esempio, ma con i dati reali può succedere di tutto) sono tali per cui effettivamente le risorse sono sottoutilizzate. Se così fosse in realtà, significa che sono state effettuate decisioni strategiche non in linea con le possibilità della ditta (troppi furgoni per un servizio inferiore alle attese).

Si può notare che i due circuiti dei furgoni minori potrebbero forse essere fusi in unico circuito. La somma dei due carichi è 31, appena di uno sopra il massimo consentito. Considerato che i valori di capacità sono stati sottostimati (vedi considerazioni iniziali) è plausibile che si possa caricare tutto su un solo furgone. A questo fine si potrebbe alternativamente allungare un altro circuito includendovi una consegna dei furgoni più piccoli. A questo punto un furgone non sarebbe utilizzato, ma questo è economicamente più conveniente che impiegarlo per poco tempo. Ad esempio l'inattività di un furgone potrebbe essere impiegata per la manutenzione.

Questa breve discussione serve a chiarire che una soluzione ottenuta da un modello, anche molto sofisticato, va poi quasi inevitabilmente rivista ed eventualmente modificata. Questo non significa che risolvere il modello sia stato inutile. La soluzione da cui si parte per ottenerne una più accettabile è già una soluzione molto buona. Questo garantisce che anche la soluzione modificata sarà buona. Se si dovesse partire da zero non si potrebbe ottenere un tale livello di qualità. Inoltre si ribadisce il valore informativo di un modello quale supporto alla decisione. Si riesce a misurare la capacità produttiva e ad evidenziare eventuali criticità.

19.4 Modello a generazione di colonne

Riprendiamo in esame il caso di veicoli con capacità diverse della Sez. 19.2, affrontandolo però con un modello molto diverso. Il modello è quello brevemente illustrato in Sez. 2.12.

Definiamo come 'rotta' un sottoinsieme di città che deve essere visitato da un veicolo. Siccome vi sono diversi tipi di veicoli, conviene distinguere anche il tipo di veicolo che viene destinato al particolare insieme di città. Una rotta è ammissibile se la quantità da consegnare nelle città non supera la capacità del veicolo. Quindi possiamo definire un insieme di vettori a^{hj} per ogni tipo h di veicoli e per ogni rotta j ammissibile per i veicoli di tipo h

$$a_i^{hj} = \begin{cases} 1 & \text{se la città } i \text{ appartiene alla rotta } j \text{ del tipo di veicoli } h \\ 0 & \text{altrimenti} \end{cases}$$

Sia J_h l'insieme delle rotte ammissibili per i veicoli di tipo h. Siccome la soluzione consiste in un insieme di rotte, definiamo variabili binarie x_{hj} con il significato

$$x_{hj} = \begin{cases} 1 & \text{se la rotta } j \text{ viene assegnata a veicoli di tipo } h \\ 0 & \text{altrimenti} \end{cases}$$

I vincoli da imporre riguardano il fatto che ogni città deve essere visitata

$$\sum_{h \in [H]} \sum_{j \in J_h} a_i^{hj} x_{hj} \geq 1 \qquad i = 2, \ldots, n \tag{19.4}$$

e il numero massimo di veicoli disponibili per ogni tipo

$$\sum_{j \in J_h} x_{hj} \leq K_h \qquad h \in [H] \tag{19.5}$$

Si tratta evidentemente di un modello di PL01 a grande scala in quanto il numero di colonne è esponenzialmente elevato e quindi bisogna affrontarlo con una tecnica di generazione di colonne.

Bisogna ancora definire i costi da assegnare alle rotte. Per ogni rotta il suo costo è la lunghezza del percorso necessario a visitare le città. Si noti che, a differenza della maggior parte dei modelli finora visti, il calcolo del costo di una variabile non è elementare. Siccome siamo interessati a visitare le città impiegando il percorso minore, il costo c_j della rotta j viene calcolato risolvendo un problema di TSP, limitato alle città visitate dalla rotta. Quindi possiamo anticipare che la generazione di colonne non sarà semplice.

Il modello, rilassato, che consideriamo è quindi

$$
\begin{aligned}
\min \sum_{h\in[H]} \sum_{j\in J_h} & c_j\, x_{hj} & & \\
\sum_{h\in[H]} \sum_{j\in J_h} & a_i^{hj}\, x_{hj} \geq 1 & & i = 2,\ldots,n \\
\sum_{j\in J_h} & x_{hj} \leq K_h & & h \in [H] \\
& x_{hj} \geq 0 & &
\end{aligned}
\tag{19.6}
$$

Si noti che, nel modello rilassato, è sufficiente porre $x_{hj} \geq 0$, in quanto il vincolo $x_{hj} \leq 1$ è automaticamente soddisfatto dagli altri vincoli e dall'obiettivo. Il vincolo (19.4) dovrebbe essere a rigore un vincolo d'uguaglianza dato che una città viene visitata da un solo veicolo. Tuttavia il vincolo può essere scritto come diseguaglianza, dato che in ottimalità non è conveniente visitare una città con due o più veicoli. Il vantaggio di scrivere un vincolo di diseguaglianza risiede nel fatto di avere variabili duali non negative.

Indicando con y_i le variabili duali di (19.4) e con v_h le variabili duali di (19.5), i vincoli duali di (19.6), tenendo conto che il vincolo (19.5) va invertito di segno, sono:

$$
\sum_i a_i^{hj}\, y_i - v_h \leq c_j \qquad j \in J_h,\ h \in [H]
$$

La verifica dell'ottimalità richiede quindi di valutare se, per ogni h,

$$
\min_{j\in J_h} \, (c_j - \sum_i a_i^{hj}\, y_i) \geq v_h \tag{19.7}
$$

Il problema da risolvere in (19.7) è alquanto complesso. Si tratta infatti di calcolare una rotta che sia minima per quel che riguarda la differenza fra la strada impiegata, cioè c_j, e la somma di valori y_i fatta sui nodi che si visitano. Come si vede è un problema di TSP con incentivi nei nodi (Sez.16.4), dove gli incentivi sono proprio le variabili duali y_i. C'è però una complicazione aggiuntiva dovuta al fatto che le rotte devono essere ammissibili per le capacità dei veicoli. Quindi alla difficoltà di un problema di TSP si aggiunge la difficoltà di un problema dello zaino.

Ci si può chiedere se ha senso affrontare un problema, indubbiamente difficile, tramite la risoluzione di un elevato numero di problemi, se non difficili come quello originario, certamente **NP**-difficili. Si può rispondere che non si è obbligati a trovare il minimo in (19.7) ma è sufficiente generare colonne corrispondenti a vincoli duali violati, e questo si può ottenere, almeno nella prima fase di generazione di colonne, con delle euristiche. Inoltre, con questo modello, si sono suddivise le difficoltà combinatorie del problema fra due problemi: la generazione di rotte ammissibili nel problema generatore di colonne e la consegna delle merci in tutte le città nel master problem.

Il problema (19.7), se risolto esattamente, dà luogo al seguente problema di PL01, da risolvere per ogni $h \in [H]$:

$$
\begin{aligned}
\min \; & \sum_{e \in E} \gamma_e \, \xi_e - \sum_{i \in N} y_i \, \eta_i \\
& \sum_{e \in \delta(i)} \xi_e = 2 \, \eta_i & i \in N \\
& \sum_{i \in N} r_i \, \eta_i \leq K_h \\
& \sum_{e \in \delta(S)} \xi_e \geq 2 \, \eta_i & i \notin S, \; S \ni 1 \\
& \xi_e \in \{0,1\} \, , \; \eta_i \in \{0,1\}
\end{aligned}
$$

dove γ_e sono le lunghezze degli archi (così denotate per non generare confusione con i costi c_j).

Applicando quest'idea all'esempio e risolvendo esattamente ogni generazione di colonne (cosa in generale non raccomandabile, ma, date le dimensioni dell'istanza, fattibile in questo caso) si sono generate 120 colonne. Per le colonne relative ai veicoli di capacità 30 la condizione di ammissibilità duale viene raggiunta dopo la 46-ma iterazione. Per le colonne relative ai veicoli di capacità 40 non si è raggiunta la condizione di ammissibilità duale. La soluzione (frazionaria) del master problem ha valore 516. Anche se non sono state generate tutte le colonne necessarie per avere la garanzia dell'ottimalità, tuttavia la persistenza del valore 516 nella generazione delle ultime 30 colonne suggerisce che l'ottimo è stato raggiunto e che vale effettivamente 516. Questo valore può esser confrontato utilmente con i valori 440 e 487 ottenuti con il precedente modello rilassato e con l'aggiunta di diseguaglianze di sottocircuito. Come si può notare la limitazione inferiore è decisamente più elevata. Questo fatto va considerato nella scelta se spendere più tempo computazionale nel modello più complesso a generazione di colonne oppure nell'albero branch-and-bound.

Con le colonne generate si passa a risolvere il problema di copertura di insiemi e si riottiene la soluzione ottima precedente dopo 4 minuti totali di calcolo (inclusivi anche della generazione di colonne). In particolare i cinque circuiti sono stati generati rispettivamente all'iterazione 1, 19, 37, 46 e 47.

19.5 Euristiche

Data la difficoltà del problema sono state elaborate molte euristiche, alcune delle quali danno dei risultati sorprendentemente validi nonostante la semplicità dell'algoritmo. Il prototipo di queste euristiche si deve a [44] ed è noto come metodo di Clark e Wright. Si tratta di un metodo greedy che aggrega circuiti parziali finché questo è possibile. Quando non è più possibile termina.

Esaminiamo in dettaglio il metodo. Un circuito parziale S è un elenco ordinato di nodi $\{s_1, \ldots s_*\}$. Il circuito va percorso dal deposito a s_1, poi seguendo i nodi nell'ordine e infine dall'ultimo nodo s_* al deposito. Un circuito parziale deve essere ammissibile per il vincolo di capacità. Assumiamo per il momento che tutti i veicoli abbiano la stessa capacità.

L'aggregazione di due circuiti $S^1 = \{s_1^1, \dots s_*^1\}$ e $S^2 = \{s_1^2, \dots s_*^2\}$ avviene creando un unico elenco $S = \{s_1^1, \dots s_*^1, s_1^2, \dots s_*^2\}$ dai due elenchi semplicemente facendo seguire il secondo elenco al primo. Questa semplicità si riflette anche nel calcolo di quanto si guadagna in termini di distanza con l'aggregazione. Non si devono percorrere gli archi $(s_*^1, 1)$ e $(1, s_1^2)$ e si deve invece percorrere l'arco (s_*^1, s_1^2). Quindi il guadagno (*savings*) è

$$\sigma(S^1, S^2) := c_{s_*^1,1} + c_{1,s_1^2} - c_{s_*^1,s_1^2} \tag{19.8}$$

Due circuiti si possono aggregare solo se la somma dei pesi dei due circuiti non supera la capacità del veicolo.

Dato un elenco di circuiti parziali, si prendono in esame i due circuiti S^1 e S^2 che presentano il più alto valore $\sigma(S^1, S^2)$. Se la loro aggregazione è possibile, l'aggregazione viene effettuata, altrimenti si considera la successiva coppia di circuiti finché non se ne trova una che si può aggregare. Dopo ogni aggregazione si esamina nuovamente il più alto guadagno. Si termina quando nessuna coppia di circuiti può esser aggregata. Inizialmente i circuiti consistono di singoli nodi.

Questa descrizione dell'algoritmo è generica. Ai fini dell'implementazione si possono notare alcuni fatti che permettono una più rapida esecuzione. La quantità $\sigma(S^1, S^2)$ dipende, più che dai circuiti medesimi, dall'ultimo nodo del primo circuito e dal primo del secondo circuito. Quindi conviene calcolare i guadagni per tutte le coppie di nodi e ordinarli una sola volta all'inizio. Inoltre, se per una coppia di nodi i e j i rispettivi circuiti con ultimo nodo i e primo nodo j non si possono aggregare a causa del vincolo di capacità, l'aggregazione non sarà mai più possibile durante l'algoritmo, per cui l'algoritmo può eseguire un'unica scansione dei guadagni ordinati. Tuttavia, se il numero di nodi è elevato (più di 1000), anche il calcolo fatto una sola volta dei guadagni può essere oneroso. A questo scopo sono state suggerite varie tecniche per accelerare i calcoli. Per una loro sintetica descrizione si veda ad esempio [213] pag. 111.

L'euristica lavora senza tener conto del vincolo sul numero di veicoli disponibili. Nella realtà i veicoli sono sempre presenti in numero limitato. Quindi l'euristica potrebbe non produrre una soluzione ammissibile se il numero finale di circuiti supera il numero di veicoli.

In questa versione dell'euristica le capacità dei veicoli sono tutte uguali. Non è difficile estendere l'euristica al caso di più veicoli con capacità diverse. Basta assegnare ad ogni circuito anche un veicolo. I circuiti iniziali di un singolo nodo non vengono assegnati a nessun veicolo. Quando due circuiti vengono aggregati si distingue se: 1) i due circuiti sono formati da singoli nodi e quindi mai ancora assegnati, nel qual caso vengono assegnati al primo veicolo libero di capacità più grande. Se non ce ne sono si aggiunge un veicolo fittizio di capacità uguale alla capacità minima; 2) se almeno uno dei due circuiti è

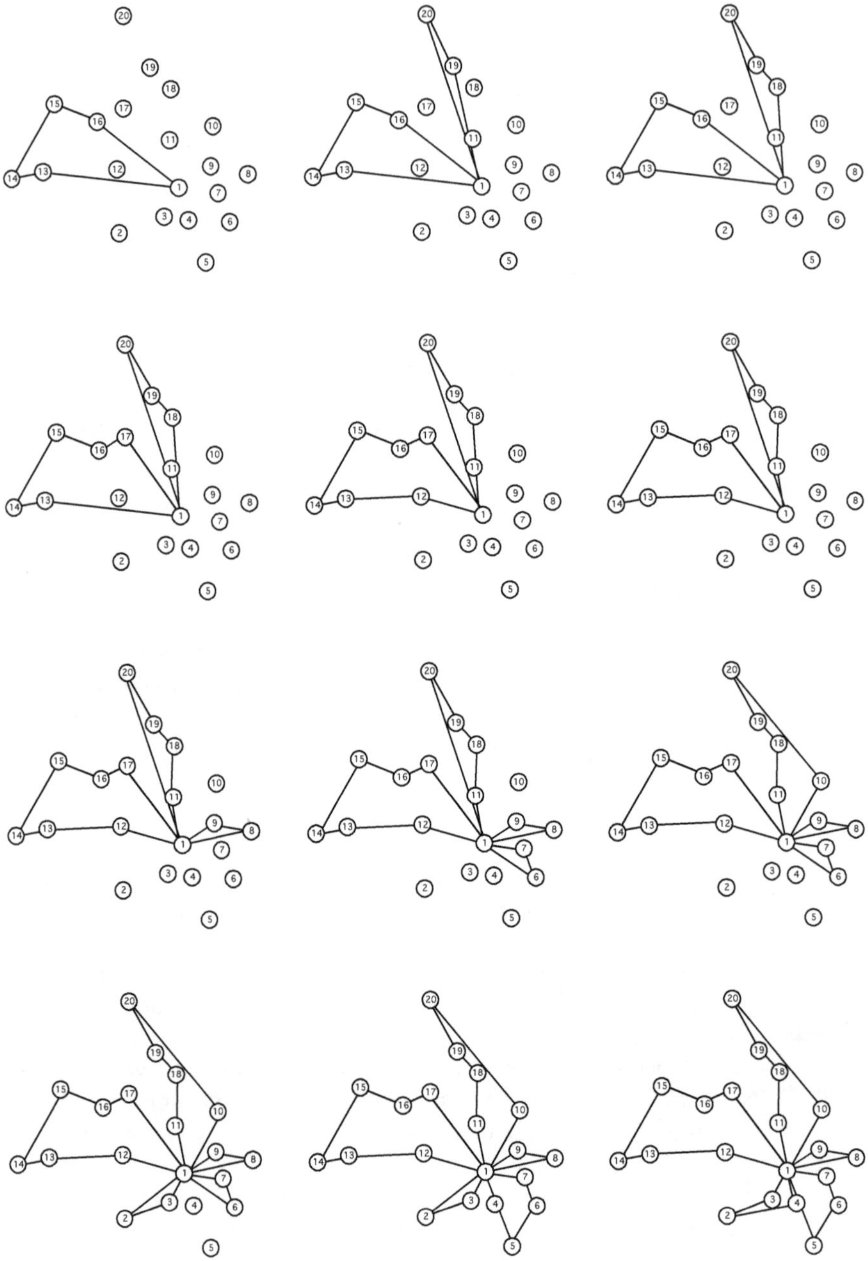

Figura 19.2. Euristica di Clark e Wright - versione semplice

già assegnato ad un veicolo si assegna il circuito risultante al più grande fra i due veicoli (se anche il secondo circuito era assegnato ad un veicolo, che viene così liberato, nel qual caso il carico di un veicolo fittizio viene trasferito sul veicolo liberato).

L'applicazione di questa euristica all'esempio precedente produce i seguenti circuiti:

$$\{11, 18, 19, 20, 10\}\,,\ \{12, 13, 14, 15, 16, 17\}\,,\ \{8, 9\}\,,\ \{5, 6, 7\}\,,\ \{4, 2, 3\}$$

con carichi rispettivamente di 39, 36, 19, 28, 19, e distanze di 179, 61, 156, 80, 67 km, per un totale di 543 km. Si tratta di un eccellente risultato con uno scarto dall'ottimo del 1,5%. In Fig. 19.2 sono riportate le iterazioni dell'euristica dalla terza fino all'ultima. La prima iterazione crea il circuito $(13, 14)$, la seconda aggiunge il circuito $(15, 16)$ e la terza li fonde nel circuito $(13, 14, 15, 16)$ (primo grafo di Fig. 19.2).

La descrizione che è stata fatta dell'euristica prevede un calcolo di tipo parallelo, cioè vengono creati vari circuiti disgiunti, che successivamente possono venire fusi in circuiti sempre più grandi. Alternativamente si potrebbe pensare di iniziare con un unico circuito ed espanderlo finché è possibile. Questo tipo di calcolo viene detto sequenziale. Si è visto sperimentalmente che l'approccio parallelo dà risultati sensibilmente migliori.

Analizzando l'euristica di Clark e Wright, si vede che i primi nodi ad essere collegati fra di loro sono i nodi più distanti dal deposito e più vicini fra loro. L'aggregazione quindi procede partendo dalla 'periferia' del grafo e inglobando nodi in direzione del deposito.

Sono state proposte molte varianti dell'euristica per migliorarne le prestazioni. Ad esempio si può aumentare il parallelismo del calcolo, pensando di fondere simultaneamente diversi circuiti valutandone il guadagno totale in un unico passo. Questo porta alla definizione di un problema di accoppiamento dove i nodi corrispondono ai circuiti finora creati e un arco esiste fra i nodi se i due nodi possono essere aggregati in base alla capacità ([9, 221]). All'arco viene attribuito un peso pari al guadagno ottenibile fondendo i due circuiti.

Se i veicoli hanno tutti la stessa capacità si tratta di risolvere un problema di accoppiamento di peso massimo (sugli archi esistenti). Se invece i veicoli hanno capacità diverse, bisogna anche imporre il vincolo

$$\sum \{x_{ij} : w(S^i) + w(S^j) > C_h\} \leq \sum \{K_k : C_k > C_h\} \qquad h \in [H]$$

dove si impone che il numero di circuiti (aggregati) di peso superiore a C_h non deve superare il numero di veicoli di capacità superiore a C_h. Risolto un problema di accoppiamento, si fondono i circuiti e si procede ricorsivamente finché la soluzione dell'accoppiamento non produce più archi.

Applicando quest'idea all'esempio si ottengono con il primo accoppiamento i circuiti $(2, 12)$, $(13, 14)$, $(15, 16)$, $(17, 18)$, $(19, 20)$, poi con il secondo accoppiamento $(3, 2, 12)$, $(6, 7)$, $(8, 9)$, $(13, 14, 15, 16)$, $(17, 18, 19, 20)$ e infine con il terzo accoppiamento

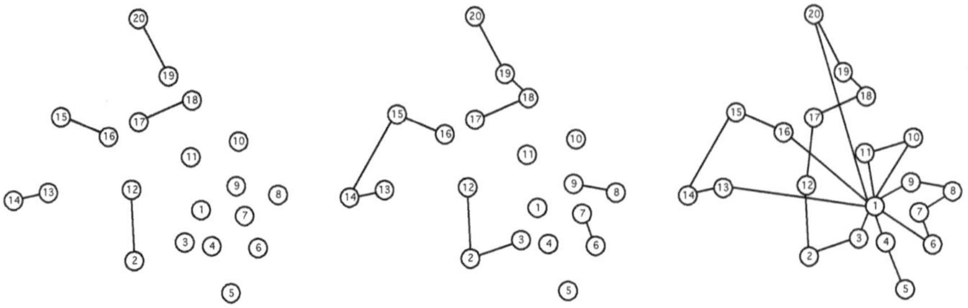

Figura 19.3. Euristica di Clark e Wright - versione con accoppiamento

$$\{13,14,15,16\}\,,\ \{4,5\}\,,\ \{10,11\}\,,\ \{3,2,12,17,18,19,20\}\,,\ \{6,7,8,9\}$$

Dopodiché il successivo accoppiamento ha soluzione nulla a causa dei vincoli di capacità. La distanza totale è di 579 km e i circuiti hanno carichi rispettivamente 28, 20, 24, 34, 35 e lunghezze 173, 56, 60, 207, 83 km. Si vedano in Fig. 19.3 le tre iterazioni (nelle prime due non sono stati disegnati gli archi verso il deposito).

Il risultato è peggiore che con la versione semplice dell'euristica. Per un confronto delle due euristiche conviene pensare all'elenco ordinato delle coppie di nodi. Una soluzione ammissibile è data da una particolare scelta di coppie dell'elenco (più esattamente le coppie sono tutte le coppie di nodi in successione nei vari circuiti). Se l'algoritmo esegue le fusioni dei circuiti sulle coppie scelte produce la soluzione ammissibile. L'euristica semplice di Clarke e Wright considera solo le soluzioni di tipo greedy e quindi può 'perdere' soluzioni generate dall'euristica con l'accoppiamento. Ma è vero anche il contrario. La scelta effettuata dal primo accoppiamento potrebbe impedire alcune scelte favorevoli dell'euristica greedy. Ad esempio i nodi i, j e k potrebbero fondersi in un unico circuito con l'euristica greedy, ma l'accoppiamento potrebbe fondere i con j e k con h e, a causa del vincolo di capacità h e k potrebbero non fondersi più con nessun altro nodo.

Quindi a priori non si può dire quale delle due versioni dell'euristica di Clarke e Wright dia i migliori risultati. Inoltre queste euristiche vanno corredate con alcuni accorgimenti che tengano conto allo stesso tempo sia dei percorsi che delle capacità. Si veda ancora [213].

20

Modelli di schedulazione Problemi ad una macchina

Nei processi produttivi uno dei problemi più frequenti consiste nel decidere quando svolgere certe attività. Questo tipo di decisione sui tempi prende il nome di *schedulazione*, neologismo adattato dall'inglese *scheduling*. La difficoltà dei problemi di schedulazione risiede nel fatto che quasi sempre le attività richiedono delle risorse per essere eseguite e le risorse non sono sempre disponibili, o perché non presenti o perché già impegnate con altre attività. Quindi il tipico vincolo di un problema di schedulazione riguarda quale precedenza imporre fra due specifiche attività che richiedono la medesima risorsa. Il numero di soluzioni alternative cresce in misura combinatoria rispetto alla grandezza dei dati del problema e, a differenza di altri problemi combinatori, in cui si riesce a dominare l'esplosione combinatoria con algoritmi che sfruttano a fondo la struttura matematica del problema (come nell'accoppiamento, ma anche nel TSP), bisogna dire che un modello matematico del tutto convincente e generale per i problemi di schedulazione ancora manca.

Alcuni problemi particolari sono stati risolti in modo elegante, soprattutto quelli che coinvolgono un'unica risorsa, ma per la maggior parte dei problemi reali, in cui oltre alla numerosità dei dati si affiancano vincoli particolari, bisogna ricorrere a complesse 'ricette' di algoritmi diversi. Per un rassegna sulla complessità computazionale dei vari problemi si veda [41]. Fondamentale è avere a disposizione algoritmi efficienti per i problemi con un'unica risorsa, anche detti *problemi ad una macchina*, perché spesso è sulla base di questi che si costruiscono modelli più complessi.

20.1 Caratteristiche generali

Nella versione più semplice i dati di un problema di schedulazione consistono in un insieme J di *attività*, per ognuna delle quali sono specificati un tempo di esecuzione p_j ed un insieme M di *risorse*. Ogni attività viene eseguita da una risorsa assegnata. Indichiamo con m_j la risorsa assegnata all'attività j e con J_m l'insieme di attività eseguite dalla risorsa m. Una risorsa può eseguire solo un'attività alla volta. L'esecuzione di un'attività non può essere interrotta e poi ripresa successivamente. Qualora questo vincolo non sia presente si parla di schedulazione con *prelazione* (*preemption*).

Possono essere presenti vincoli di precedenza fra alcune attività. Spesso sono assegnate alle attività *date di rilascio* (*release dates*) r_j, cioè istanti di tempo prima dei quali non può iniziare l'attività, e *scadenze* (*deadlines*) d_j, cioè istanti di tempo entro i quali l'attività deve essere completata. Molto spesso il vincolo rigido di scadenza si traduce nell'obiettivo di finire preferibilmente agli istanti di scadenza. Conviene allora usare in questo caso il termine *data di consegna* (*due date*). Possibili deviazioni, sia in anticipo che in ritardo, rispetto alla data di consegna sono penalizzate. Come modellare questo obiettivo costituisce spesso un aspetto cruciale del problema, sia per il suo impatto sulla schedulazione finale come anche per le varie implicazioni algoritmiche.

I termini usati possono essere spesso sostituiti da termini simili. Ad esempio il termine 'attività' può essere sostituito da 'operazione', 'lavoro', 'lavorazione'. In qualche contesto si preferisce distinguere fra lavoro ('job') e operazione ('task') in quanto la struttura del problema prevede lavori che consistono, a livello più basso, di più operazioni. In questi casi si esplicita chiaramente questo fatto.

Il termine 'risorsa' viene più spesso sostituito dal termine 'macchina', perché sono queste di solito le risorse in questione. Spesso però la risorsa può essere di natura diversa, ad esempio potrebbe riguardare il personale, oppure il capitale a disposizione per eseguire le attività. Astrattamente anche il tempo è una risorsa per eseguire un'attività. Se la risorsa riguarda esclusivamente il personale si preferisce parlare di problemi di turnazione piuttosto che di schedulazione, per gli aspetti particolari della risorsa umana rispetto alla risorsa macchina. In qualche caso però bisogna trattare contemporaneamente con entrambe le risorse (macchine che richiedono di essere azionate da personale specializzato, per esempio) e quindi si ricade nel caso di schedulazione con più risorse. Se la risorsa è il capitale, il fatto che si tratta di una quantità continua, richiede una modellizzazione diversa da quella di una macchina. Per quel che riguarda il tempo, questo viene ovviamente trattato esplicitamente.

Le variabili decisionali sono pertanto gli istanti di inizio lavorazione s_j e di fine lavorazione c_j. Ovviamente $s_j + p_j = c_j$. Anche se non sempre nei problemi reali un'operazione ha una durata nota e costante, tuttavia in fase di modellazione si usa questa approssimazione. Se invece è necessario poter decidere anche la durata di un'operazione, allora ciò viene esplicitamente detto nella descrizione del problema (che a questo punto diventa ancora più difficile). Una schedulazione è ammissibile se $s_j \geq c_i$ oppure $s_i \geq c_j$ per ogni coppia $i, j \in J_m$.

Per valutare una schedulazione vari criteri possono essere usati. I più frequenti sono

$$\min \sum_j c_j, \qquad \min \max_j c_j \tag{20.1}$$

oppure le rispettive versioni pesate in cui ad ogni attività è associato anche un peso w_j per assegnare priorità diverse alle varie attività:

$$\min \sum_j w_j c_j \tag{20.2}$$

$$\min \max_j w_j c_j \tag{20.3}$$

Normalmente si parla di 'tempo totale' quando il criterio riguarda una somma di valori associati ai vari lavori, mentre si parla di 'tempo massimo' quando il criterio riguarda il massimo degli stessi valori. L'utilizzo di uno o dell'altro criterio non è quasi mai dettato direttamente dal problema pratico che si vuole risolvere. A ben guardare infatti si tratta di un problema a molti obiettivi in cui ad ogni lavoro corrisponde un obiettivo diverso, misurato di solito in base al tempo di completamento c_j tramite un'opportuna funzione.

Se sono presenti delle date di consegna allora si usano come obiettivi principali

$$\min \sum_j \max\{c_j - d_j\,;\,0\} \tag{20.4}$$

$$\min \max_j \max\{c_j - d_j\,;\,0\} \tag{20.5}$$

oppure le rispettive versioni pesate

$$\min \sum_j w_j \max\{c_j - d_j\,;\,0\}\,, \tag{20.6}$$

$$\min \max_j w_j \max\{c_j - d_j\,;\,0\} \tag{20.7}$$

Se inoltre si vuole penalizzare anche l'anticipo rispetto alle date di consegna abbiamo

$$\min \sum_j |c_j - d_j|, \qquad \max_j |c_j - d_j| \tag{20.8}$$

oppure

$$\begin{aligned} &\min \sum_j \max\{w_j^+ (c_j - d_j)\,;\, w_j^- (d_j - c_j)\}\,, \\ &\min \max_j \max\{w_j^+ (c_j - d_j)\,;\, w_j^- (d_j - c_j)\} \end{aligned} \tag{20.9}$$

È pertanto compito di chi modella il problema capire se sia più indicato comporre gli obiettivi dei diversi lavori secondo un criterio di tempo totale o tempo massimo. Inoltre gli algoritmi possono essere molto diversi nei due casi e quindi è utile anche tenere conto dell'efficienza computazionale nella scelta fra tempo totale e tempo massimo.

20.2 Tempo totale – caso particolare

Per problemi ad una macchina, se non sono presenti date di rilascio, esistono algoritmi polinomiali per gli obiettivi (20.1), (20.2), (20.3), (20.5) e (20.7). Intuitivamente, la schedulazione che minimizza $\sum_j c_j$ è quella che ordina le attività per durate crescenti. Dimostreremo questo fatto per il caso più generale $\sum_j w_j c_j$. Il criterio $\max_j c_j$ non è invece significativo per un problema così semplice. Infatti qualsiasi schedulazione che non interponga tempi morti fra le attività ha un valore di $\max_j c_j$ invariante. Per minimizzare il criterio $\max_j w_j c_j$ sembra invece intuitivo ordinare le attività per pesi decrescenti. Dimostreremo questo fatto affrontando un caso più generale.

Consideriamo allora la funzione obiettivo $\sum_j w_j c_j$, con pesi w_j strettamente positivi. Quindi possiamo assumere che ogni schedulazione consista di lavori in successione senza interposizione di tempi morti. Consideriamo due schedulazioni che differiscono solo per l'ordine di due lavori adiacenti i e j. Si indichi con α l'insieme dei lavori che precedono i e j in entrambe le schedulazioni e analogamente si indichi con β l'insieme delle attività che seguono i e j. Quindi le due schedulazioni si possono rappresentare come

$$\alpha i j \beta \qquad \text{e} \qquad \alpha j i \beta$$

Valutiamo $\sum_j w_j c_j$ nei due casi. Dobbiamo confrontare

$$\sum_{k \in \alpha} w_k c_k + w_i c_i + w_j c_j + \sum_{k \in \beta} w_k c_k \quad \text{e} \quad \sum_{k \in \alpha} w_k c_k + w_j c_j + w_i c_i + \sum_{k \in \beta} w_k c_k$$

Le attività in α terminano all'istante $\sum_{j \in \alpha} p_j$, per cui le due espressioni possono essere riscritte come

$$\sum_{k \in \alpha} w_k c_k + w_i (\sum_{j \in \alpha} p_j + p_i) + w_j (\sum_{j \in \alpha} p_j + p_i + p_j) + \sum_{k \in \beta} w_k c_k$$

e

$$\sum_{k \in \alpha} w_k c_k + w_j (\sum_{j \in \alpha} p_j + p_j) + w_i (\sum_{j \in \alpha} p_j + p_j + p_i) + \sum_{k \in \beta} w_k c_k$$

Eliminando i termini uguali che compaiono in entrambe le espressioni, queste si riducono a

$$w_j p_i \qquad \text{e} \qquad w_i p_j$$

per cui la schedulazione in cui i precede j è non peggiore dell'altra se $w_j p_i \leq w_i p_j$ ovvero $p_i/w_i \leq p_j/w_j$. Quindi rispetto alla schedulazione che ordina per valori p_i/w_i crescenti, ogni altra schedulazione si ottiene scambiando fra loro attività adiacenti h e k tali che $p_h/w_h < p_k/w_k$ e quindi peggiorando il costo della schedulazione. L'ottimo si trova pertanto ordinando i valori p_j/w_j (cosiddetta *regola di Smith*), quindi con complessità $O(n \log n)$.

20.3 Tempo massimo – caso particolare

Esaminiamo il caso in cui la funzione obiettivo è $\max_j f_j(c_j)$ e le funzioni f_j sono monotone non decrescenti. Questo include come caso particolare $f_j(c_j) = w_j\, c_j$. Essendo le funzioni f_i monotone non c'è nessun vantaggio nel ritardare l'esecuzione dei lavori, per cui i lavori vengono eseguiti uno di seguito all'altro e l'istante di completamento dell'ultimo lavoro è invariante rispetto a qualsiasi permutazione dei lavori.

Usando la programmazione dinamica si può definire come $V(S)$ il costo di una schedulazione ottima se i lavori da schedulare sono solo quelli dell'insieme S. Ciò che dobbiamo calcolare è pertanto $V(N)$ con $N = [n]$. Si indichi $T(S) := \sum_{j \in S} p_j$ il tempo di completamento dell'ultimo dei lavori in S. Come già osservato questo valore è invariante rispetto alla permutazione con cui vengono schedulati i lavori in S. Pertanto vale la seguente equazione ricorsiva

$$V(S) = \min_{j \in S}\ \max\ \{V(S \setminus j)\,,\ f_j(T(S))\} \tag{20.10}$$

in cui si esprime semplicemente il fatto che la schedulazione ottima di S si ottiene 'provando' a sistemare in ultima posizione a turno ogni lavoro di S e schedulando in ottimalità gli altri lavori e poi prendendo la migliore di queste possibilità. Il problema che sorge nell'usare la ricorsione (20.10) è che il numero di valori da calcolare è esponenziale. Tuttavia alcune semplici osservazioni permettono di ridurre drasticamente tale numero. Innanzitutto vale

$$V(S) \geq \min_{j \in S}\ f(T(S)) \tag{20.11}$$

in quanto il costo di ogni permutazione è maggiore o uguale alla penalità dell'ultimo lavoro schedulato e quindi anche il valore ottimo deve essere maggiore o uguale al più piccolo di questi valori. La seconda osservazione sfrutta il fatto che la funzione obiettivo è un tempo massimo per cui vale

$$V(S) \geq V(S \setminus j) \qquad j \in S \tag{20.12}$$

Infatti se, data la schedulazione ottima di S, togliamo il lavoro j senza modificare i tempi d'inizio degli altri lavori, otteniamo una schedulazione il cui valore è uguale alla precedente se $V(S) > f_j(c_j)$ ed è non peggiore se $V(S) = f_j(c_j)$. Inoltre questa schedulazione è non migliore della schedulazione ottima.

Sia k tale che $f_k(T(S)) = \min_{j \in S} f_j(T(S))$. Allora si ha

$$V(S) = \min_{j \in S}\ \max\ \{V(S \setminus j)\,,\ f_j(T(S))\} \leq \max\ \{V(S \setminus k)\,,\ f_k(T(S))\}$$

e da (20.11) e (20.12) si ha

$$V(S) \geq \max\ \{V(S \setminus k)\,,\ f_k(T(S))\}$$

e quindi

$$V(S) = \max\ \{V(S \setminus k)\,,\ f_k(T(S))\}$$

Questa uguaglianza implica che fra le schedulazioni ottime ce n'è una con il lavoro k schedulato per ultimo. Quindi è noto l'ultimo lavoro dell'insieme N perché è noto $T(N)$. Poi si procede ricorsivamente ponendo di volta in volta $S := S \setminus k$. Solo quando si sia trovata la schedulazione ottima si può calcolare il valore ottimo. La complessità computazionale è $O(n^2)$ dovuta al fatto che bisogna calcolare n volte il minimo di n valori (nell'ipotesi di costo costante per le valutazioni delle funzioni f_j).

Esempio 20.1.

Siano dati 5 lavori con

$$p = (4\,,6\,,11\,,8\,,7)$$

$$f_1(C) := \begin{cases} 0 & C \le 10 \\ +\infty & C > 10 \end{cases} \qquad f_2(C) := \begin{cases} C & C \le 8 \\ 4\,C - 24 & C \ge 8 \end{cases}$$

$$f_3(C) := 2\,C$$

$$f_4(C) := \begin{cases} 0 & C \le 10 \\ 30 & 10 < C \le 20 \\ 80 & C > 20 \end{cases} \qquad f_5(C) := \begin{cases} 3\,C & C \le 30 \\ +\infty & C > 30 \end{cases}$$

$T(N) = 36$ e $f_1(36) = \infty$, $f_2(36) = 120$, $f_3(36) = 72$, $f_4(36) = 80$, $f_5(36) = \infty$ e quindi l'ultimo lavoro è il lavoro 3. Si passa ora a considerare $S = \{1, 2, 4, 5\}$ e $T(S) = 25$. Allora $f_1(25) = \infty$, $f_2(25) = 76$, $f_4(25) = 80$, $f_5(25) = 75$ e si schedula per ultimo il lavoro 5. Ora $S = \{1, 2, 4\}$ e $T(S) = 18$. Allora $f_1(18) = \infty$, $f_2(18) = 48$, $f_4(18) = 30$ e si schedula per ultimo il lavoro 4. Ora $S = \{1, 2\}$ e $T(S) = 10$. Allora $f_1(10) = 0$, $f_2(10) = 16$ e si schedula per ultimo il lavoro 1. Infine $f_2(6) = 6$. A questo punto è nota la permutazione ottima dei lavori $(2 \to 1 \to 4 \to 5 \to 3)$ si può calcolare $V(N) = \max\{6\,;\,0\,;\,30\,;\,75\,;\,72\} = 75$ e il lavoro più critico risulta essere il lavoro 5. ∎

In base a questo risultato sono polinomiali i problemi ad una macchina con obiettivo (20.5) e (20.7). Si può inoltre osservare che tale procedura si semplifica per il caso (20.5) al semplice ordinamento dei lavori per date di consegna crescenti (cosiddetta *regola di Jackson*).

Purtroppo minimizzare gli obiettivi (20.4), (20.6), (20.8) e (20.9), porta a problemi **NP**-difficili.

La presenza di date di rilascio complica molto il problema. Infatti la sola determinazione dell'esistenza di una schedulazione ammissibile in presenza di scadenze (rigide) e di date di rilascio è un problema **NP**-completo. Quindi trovare una soluzione ottima in base ad uno qualsiasi degli obiettivi prima indicati è **NP**-difficile.

20.4 Schedulazione e programmazione lineare

Un modo spesso suggerito per modellare problemi di schedulazione con la PL01 è basato sul seguente trucco. Un vincolo del tipo

$$f(x) \leq z\,M$$

dove M è una costante sufficientemente grande e $z \in \{0,1\}$, è effettivo se $z = 0$, nel qual caso diventa $f(x) \leq 0$, mentre diventa ridondante se $z = 1$ perché allora $f(x) \leq M$ e se M è sufficientemente grande la diseguaglianza è sempre soddisfatta.

Allora il vincolo disgiuntivo del tipo $(c_i \leq s_j) \vee (c_j \leq s_i)$ che è tipico di ogni problema di sequenziamento (cioè il lavoro i precede il lavoro j oppure viceversa) può essere modellato introducendo variabili $z_{ij} \in \{0,1\}$ per ogni coppia (i,j) e coppie di vincoli (congiuntivi)

$$c_i \leq s_j + z_{ij}\,M, \qquad c_j \leq s_i + (1 - z_{ij})\,M \tag{20.13}$$

L'utilizzo dei vincoli (20.13) prende il nome di *metodo big-M* a causa della presenza della costante M, generalmente abbastanza grande. Allora il problema di minimizzare ad esempio $\sum_j \max\left\{w_j^-\,E_j\;;\;w_j^+\,T_j\right\}$ può essere modellato come

$$\begin{array}{lll}
\min \displaystyle\sum_j y_j & & \\
c_j = s_j + p_j & j \in J & \\
c_i \leq s_j + z_{ij}\,M & i,j \in J & \\
c_j \leq s_i + (1 - z_{ij})\,M & i,j \in J & \qquad (20.14) \\
s_j \geq r_j & j \in J & \\
y_j \geq w_j^+\,(c_j - d_j) & j \in J & \\
y_j \geq w_j^-\,(d_j - c_j) & j \in J & \\
y_j, c_j, s_j \geq 0,\; z_{ij} \in \{0,1\} & &
\end{array}$$

Tuttavia è bene rendersi conto che risolvere un problema di schedulazione utilizzando il modello (20.14), o più specificatamente vincoli del tipo (20.13), cioè il metodo big-M, *non è assolutamente raccomandabile.* I tempi di calcolo del metodo branch-and-bound applicato a (20.14) diventano proibitivamente lunghi anche per istanze piccole.

Il motivo è dovuto, come sempre, alla cattiva qualità della limitazione inferiore del rilassamento d'interezza. In questo caso la limitazione inferiore è disastrosa. Infatti, proprio l'elevato valore della costante M fa sì che valori frazionari di z_{ij} rendano ridondanti entrambi i vincoli in (20.13), per cui il problema rilassato è un problema senza i vincoli di non sovrapposizione temporale dei lavori. Senza questo vincolo i lavori vengono tutti schedulati alla loro date di consegna con costo quindi nullo.

Esempio 20.2.

Si consideri una piccola istanza con 5 lavori e dati:

$$r = (3 \quad 5 \quad 1 \quad 8 \quad 4), \qquad p = (5 \quad 3 \quad 3 \quad 5 \quad 4),$$

$$d = (15 \quad 12 \quad 16 \quad 16 \quad 12), \qquad w_j^- = 1, \qquad w_j^+ = 2$$

Il rilassamento d'interezza di (20.14) produce una soluzione di valore nullo e con 9 variabili z_{ij} frazionarie. Suddividendo ad esempio su z_{12} e ponendo $z_{12} = 0$ si ottiene una soluzione con 6 variabili frazionarie e di valore 6. Suddividendo su z_{25} e ponendo $z_{25} = 0$ si ottiene una soluzione con 4 variabili frazionarie e di valore 14. Suddividendo su z_{34} e ponendo $z_{34} = 0$ si ottiene una soluzione con 2 variabili frazionarie e di valore 19. Suddividendo su z_{23} e ponendo $z_{23} = 0$ si ottiene una soluzione con 2 variabili frazionarie e di valore 22. Suddividendo su z_{35} e ponendo $z_{35} = 0$ si ottiene una soluzione con una variabile frazionaria di valore 28 e infine suddividendo su z_{45} e ponendo $z_{45} = 0$ si ottiene una prima soluzione intera di valore 38.

Come si vede la limitazione inferiore diventa paragonabile al valore della soluzione intera solo quando le variabili z inducono un ordinamento lineare dei lavori. La prosecuzione del metodo branch-and-bound genera un albero con 64 nodi interni e ha bisogno di 4004 iterazioni del metodo del simplesso. L'ottimo ha valore 29 con i seguenti valori di schedulazione $s_5 = 4$, $c_5 = 8$, $s_2 = 8$, $c_2 = 11$, $s_1 = 11$, $c_1 = 16$, $s_3 = 16$, $c_3 = 19$, $s_4 = 19$, $c_4 = 24$.

Un'analoga istanza con 10 lavori ha richiesto un albero con 23.968 nodi interni, 501.845 iterazioni del simplesso e più di mezz'ora di tempo di calcolo!

∎

Consideriamo un diverso approccio al problema, per il quale il tempo viene discretizzato e diventa uno fra gli indici del problema. Per questo motivo si parla di approccio a *tempo indicizzato* (*time-indexed*). Dobbiamo preliminarmente fissare un orizzonte temporale entro il quale tutti i lavori saranno sicuramente terminati. Normalmente non è difficile calcolare un tale orizzonte. Ovviamente è facile fissare un valore molto grande per l'orizzonte, però, tanto più grande è l'orizzonte tanto maggiore sarà successivamente lo sforzo computazionale per risolvere il problema di PL01. Tuttavia trovare un orizzonte temporale abbastanza piccolo, ma sufficiente per contenere la schedulazione ottima, può essere altrettanto difficile da calcolare del problema stesso. Quindi bisogna usare un po' di buon senso nel valutare l'orizzonte. Sia T l'orizzonte temporale (cioè il massimo istante di tempo che viene considerato nel calcolo).

Per ogni lavoro j, sia $S(j)$ l'insieme di tutte le possibili schedulazioni del lavoro j all'interno dell'orizzonte. Una possibile schedulazione del lavoro j è data da $s_j = r_j$, una seconda da $s_j = r_j + 1$, una terza da $s_j = r_j + 2$ e così di seguito fino a $s_j = T - p_j$. Quindi il numero di schedulazioni possibili è $T - p_j - r_j + 1$. Per comodità possiamo denotare con $s \in S(j)$ la schedulazione che fa iniziare il lavoro all'istante s. Allora possiamo generare una matrice i cui elementi sono definiti da

$$a_t^{js} := \begin{cases} 1 & \text{se il lavoro } j \text{ è in esecuzione nell'intervallo } [t, t+1] \\ & \text{per la schedulazione } s \in S(j) \\ 0 & \text{altrimenti} \end{cases}$$

ovvero

$$a_t^{js} := \begin{cases} 1 & \text{se } s \le t < s + p_j \\ 0 & \text{altrimenti} \end{cases} \tag{20.15}$$

e definire variabili $x_{js} \in \{0, 1\}$ tali che

$$x_{js} := \begin{cases} 1 & \text{se per il lavoro } j \text{ viene adottata la schedulazione } s \in S(j) \\ 0 & \text{altrimenti} \end{cases}$$

Allora il vincolo

$$\sum_j \sum_{s \in S(j)} a_t^{js} x_{js} \le 1 \qquad t := 0, \ldots, T-1 \tag{20.16}$$

impone che due lavori diversi non possano essere eseguiti nello stesso intervallo di tempo. Il numero di variabili è al massimo $|J|\,T$ e il numero di vincoli in (20.16) è T. Inoltre siccome per ogni lavoro bisogna scegliere esattamente una schedulazione bisogna anche imporre il vincolo

$$\sum_{s \in S(j)} x_{js} = 1 \qquad j \in J \tag{20.17}$$

Il costo di ogni schedulazione si calcola facilmente dalla colonna stessa a_t^{js}. L'istante di completamento del lavoro j secondo la schedulazione s è dato da $c_{js} := \max\{t : a_t^{js} = 1\} + 1$, per cui il costo della schedulazione s per il lavoro j è

$$f_{js} := \max \left\{ w_j^- (d_j - c_{js}) \; ; \; w_j^+ (c_{js} - d_j) \right\} \tag{20.18}$$

Si ha quindi il problema di PL01 per un problema con obiettivo (20.9) di tipo totale:

$$\begin{aligned} \min \; & \sum_j \sum_{s \in S(j)} f_{js} x_{js} \\ & \sum_j \sum_{s \in S(j)} a_t^{js} x_{js} \le 1 && t := 0, ..., T-1 \\ & \sum_{s \in S(j)} x_{js} = 1 && j \in J \\ & x_{js} \in \{0, 1\} \end{aligned} \tag{20.19}$$

La matrice dei vincoli (20.16) è totalmente unimodulare (in quanto in ogni colonna vi è un blocco di uni adiacenti, si veda a pag. 347). Aggiungendo i vincoli (20.17) si perde la proprietà di unimodularità totale, tuttavia la limitazione inferiore del rilassamento d'interezza rimane buona. Il numero di diseguaglianze e di variabili in (20.19) è pseudopolinomiale nei dati del problema (a causa del fattore T che dipende a sua volta dalle durate di esecuzione dei lavori) e quindi l'approccio può risultare troppo oneroso se l'unità di misura temporale è troppo piccola rispetto alle durate dei lavori.

Un approccio di questo tipo fu inizialmente proposto in [61, 207]. Altre referenze possono essere trovate in [7, 8].

Esempio 20.2 (continuazione)

Risolvendo il rilassamento d'interezza di (20.19) si ottiene la soluzione frazionaria di valore 29:

$$\begin{gathered} x_{1,3} = x_{1,17} = x_{2,11} = x_{3,14} = x_{4,12} = x_{4,17} = x_{5,8} = 0.36, \\ x_{1,11} = 0.28,\ x_{2,8} = x_{5,4} = 0.64,\ x_{3,1} = 0.5933, \\ x_{3,16} = x_{4,19} = 0.0466,\ x_{4,16} = 0.2333 \end{gathered}$$

Ponendo $x_{3,1} = 0$ (la variabile più frazionaria, cioè più vicina al valore 0.5), si ottiene la soluzione intera

$$x_{1,11} = x_{2,8} = x_{3,1} = x_{4,16} = x_{5,4} = 1$$

di costo 29 e quindi ottima (si noti che si tratta di un ottimo alternativo rispetto a quello precedente) e se si pone (anche se non sarebbe necessario) $x_{3,1} = 1$ si ottiene l'ottimo intero trovato precedentemente.

Per valutare la superiorità di questo approccio rispetto a quello big-M si consideri che un'analoga istanza con 25 lavori è stata risolta in 5 secondi producendo un albero di ricerca con 55 nodi interni. La limitazione inferiore del problema rilassato era 877 mentre il valore ottimo era 889, quindi con uno scarto ridotto (circa 1.3 %). ∎

Si può applicare la stessa tecnica anche all'obiettivo (20.9) di tipo massimo, modellando il problema come

$$\begin{aligned} \min\ & V \\ & \sum_{s \in S(j)} f_{js}\, x_{js} \le V && j \in J \\ & \sum_j \sum_{s \in S(j)} a_t^{js}\, x_{js} \le 1 && t := 0, ..., T-1 \\ & \sum_{s \in S(j)} x_{js} = 1 && j \in J \\ & x_{js} \in \{0, 1\} \end{aligned} \tag{20.20}$$

Tuttavia l'aggiunta di ulteriori vincoli degrada molto la struttura di unimodularità di (20.16). Il rilassamento di (20.20) per l'esempio sopra riportato vale 55.17 mentre l'ottimo vale 102, quindi con un grande scarto. Infatti la risoluzione di (20.20) richiede 32 secondi con 264 nodi dell'albero di ricerca. Conviene invece affrontare il problema variando l'orizzonte temporale T come suggerito nel successivo esempio.

Esempio 20.3.

Per avere un'idea di come influisca sulla soluzione la scelta di un obiettivo totale anziché massimo, si consideri la seguente piccola istanza di 10 lavori:

	1	2	3	4	5	6	7	8	9	10
r	3	5	1	8	4	10	15	20	19	25
p	5	2	6	3	5	2	1	4	6	3
d	15	12	16	15	10	12	17	29	32	34

I pesi sono $w_j^+ = 2$ e $w_j^- = 1$ per ogni lavoro. In Fig. 20.1 sono riportati i diagrammi di Gantt di tre schedulazioni. La prima schedulazione è ottima per l'obiettivo totale e la seconda lo è per l'obiettivo massimo.

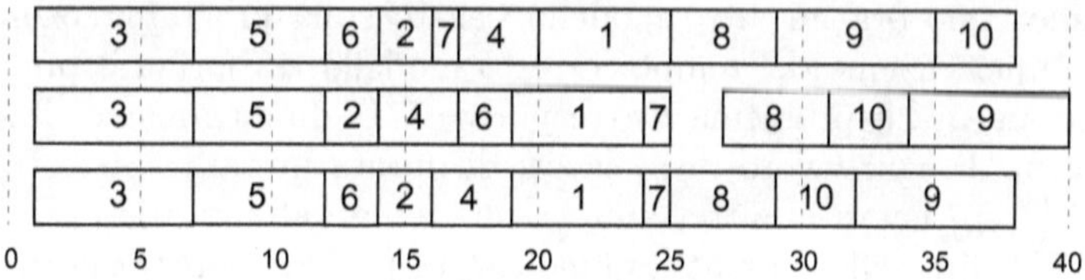

Figura 20.1.

Nella prima schedulazione i lavori 7 e 8 terminano esattamente alle date di consegna. Il lavoro 3 è l'unico ad essere anticipato con penalità uguale a 9, mentre tutti gli altri lavori terminano con ritardo, rispettivamente $1 \to 10$, $2 \to 4$, $4 \to 5$, $5 \to 2$, $6 \to 2$, $9 \to 3$, $10 \to 4$. La somma di tutte le penalità è 69 (ottima) mentre la massima penalità pari a 20 è dovuta al lavoro 1.

Nella seconda schedulazione solo il lavoro 10 viene terminato alla data di consegna. Il lavoro 3 è anticipato e tutti gli altri lavori terminano con ritardo, rispettivamente $1 \to 9$, $2 \to 2$, $4 \to 2$, $5 \to 2$, $6 \to 7$, $7 \to 8$, $8 \to 2$ e $9 \to 8$. Il lavoro 1 è il più ritardato con penalità 18 (valore ottimo). Per l'obiettivo totale questa schedulazione ha il valore 89.

Quale schedulazione è la migliore? Ovviamente la domanda ha senso solo se si formula uno specifico criterio di preferenza. Tuttavia siamo in presenza di un problema con due obiettivi (che in questo caso non sono in contrasto fra loro, mentre lo sono i dieci obiettivi di terminare alle date di consegna) e potrebbe essere interessante trovare gli ottimi di Pareto.

È abbastanza agevole modificare di poco (20.19) in modo da vincolare la schedulazione ad avere il valore massimo inferiore ad un valore fissato. Se ad esempio non vogliamo che la massima penalità superi il valore C, basta considerare in (20.19) solo le schedulazioni $s \in S(j)$ tali che $w_j^+ (s+p_j-d_j) \leq C$ e $w_j^- (d_j - s - p_j) \leq C$. Questo garantisce che nella soluzione compaiano solo schedulazioni con valore massimo al più C.

Operando in questo modo sui dati dell'esempio si può imporre $C \leq 19$ (dato che la schedulazione ottima per il valore totale ha valore massimo uguale a

20) e si ottiene la schedulazione del terzo diagramma in Fig. 20.1. Questa ha un valore totale pari a 81 e valore massimo pari a 18. Scopriamo così che la seconda schedulazione, ottima per l'obiettivo di costo massimo, è però dominata dalla terza schedulazione. Questo succede frequentemente con soluzioni ottime rispetto ad obiettivi di massimo in quanto sono molte le soluzioni che minimizzano il costo massimo e fra queste si può discriminare in base a qualche altro criterio. Però per operare in questo modo bisogna esplicitamente minimizzare rispetto al nuovo criterio.

Per trovare altri ottimi di Pareto si deve porre $C \leq 17$, ma con questo vincolo non esistono soluzioni ammissibili. Quindi, riassumendo, sono solo due le soluzioni di Pareto: la prima schedulazione di Fig. 20.1 con valori totali e massimo pari a $(69, 20)$ e la terza con valori $(81, 18)$. ∎

Consideriamo ora un altro modello basato sulla programmazione lineare e sull'indicizzazione del tempo. Questo modello trasforma il problema di schedulazione in un problema di trasporto [171]. Immaginiamo di spezzare la durata p_j di ogni lavoro in p_j lavori di durata unitaria. Si tratta ora di allocare i $\sum_j p_j$ lavori in altrettante caselle temporali unitarie in un insieme $\{0, 1, \ldots, T\}$ di caselle. Si tratta quindi di un problema di trasporto con $|J|$ sorgenti, da ciascuna delle quali esce un flusso vincolato al valore p_j, e T pozzi, di indice $0, 1, \ldots, T-1$, che devono ricevere al massimo un flusso unitario. Ad ogni arco (j, t) viene assegnato un costo g_{jt}. Il problema di trasporto può quindi venire formulato come

$$
\begin{aligned}
\min \sum_{j \in J} \sum_{t=r_j}^{T-1} g_{jt}\, x_{jt} & \\
\sum_{j \in J : r_j \leq t} x_{jt} \leq 1 & \qquad t = 0, 1 \ldots, T-1 \\
\sum_{t=r_j}^{T-1} x_{jt} = p_j & \qquad j \in J \\
x_{jt} \geq 0 & \qquad t = r_j, \ldots, T-1,\ j \in J
\end{aligned}
\tag{20.21}
$$

A prima vista non sembra ci sia molta relazione fra (20.21) e il problema di schedulazione che vogliamo risolvere. In fin dei conti (20.21) spezza l'esecuzione dei lavori come se fosse permessa la prelazione. Infatti la soluzione di (20.21) potrebbe far sì che le variabili x_{jt}, necessariamente binarie a causa dei vincoli e del fatto che sono soluzioni di flusso, valgano 1 per dei valori di t non consecutivi.

I costi g_{jt} che compaiono in (20.21) non sono i costi f_{jt} definiti in (20.18). Infatti la penalizzazione del lavoro j in (20.21) è la somma dei g_{jt} sugli istanti di tempo dove il lavoro j viene allocato, mentre f_{jt} è la penalizzazione del lavoro j se inizia in t (e poi viene eseguito senza interruzioni). Il fatto interessante è che basta porre il vincolo

$$\sum_{\tau=t}^{t-1+p_j} g_{j\tau} \leq f_{jt} \qquad t \in S(j),\ j \in J \tag{20.22}$$

per avere la garanzia che il valore ottimo di (20.21) sia una *limitazione inferiore* al problema di schedulazione. Infatti, per ogni schedulazione ammissibile esiste una soluzione ammissibile in (20.21) con i valori x_{jt} allocati consecutivamente, e il costo della soluzione in (20.21) non può superare, a causa di (20.22) il costo della schedulazione. Quindi, potendo in (20.21) avere anche valori x_{jt} allocati non consecutivamente, il minimo di (20.21) può risultare ancora inferiore.

Si può rendere questa limitazione inferiore la più alta possibile, cercando quei valori di g_{jt} che la massimizzano, pur nel rispetto di (20.22). Un modo rapido per eseguire questo calcolo consiste nel risolvere il duale di (20.21), al quale si sia aggiunto il vincolo (20.22), e massimizzando il risultato rispetto a g, cosa che si fa semplicemente massimizzando rispetto alle variabili duali e a g contemporaneamente. Quindi si risolve:

$$\begin{aligned}
\max\ & -\sum_{t=0}^{T-1} y_t + \sum_{j\in J} p_j v_j \\
& -y_t + v_j - g_{jt} \leq 0 \qquad && t = r_j, \ldots, T-1,\ j \in J \\
& \sum_{\tau=t}^{t-1+p_j} g_{j\tau} \leq f_{jt} && t \in S(j), \qquad j \in J \\
& y_t \geq 0
\end{aligned} \tag{20.23}$$

Si noti che $\sum_{\tau=t}^{t-1+p_j} g_{j\tau} \leq f_{jt}$ può essere riscritto come $\sum_{\tau=0}^{T-p_j} a_\tau^{jt} g_{j\tau} \leq f_{jt}$, dove a_τ^{jt} è come definita in (20.15). Tenendo conto che ora in (20.23) le g_{jt} sono variabili, possiamo calcolare il duale di (20.23), che risulta essere

$$\begin{aligned}
\min\ & \sum_{j\in J} \sum_{t\in S(j)} f_{jt}\, z_{jt} \\
& \sum_{j\in J: r_j \leq t} x_{jt} \quad \leq 1 && s = 0, 1 \ldots, T-1 \\
& \sum_{t=r_j}^{T-1} x_{jt} \quad = p_j && j \in J \\
& \sum_{s\in S(j)} a_t^{js} z_{js} = x_{jt} && t = 0, \ldots, T-p_j,\ j \in J \\
& x_{jt}, z_{jt} \geq 0
\end{aligned} \tag{20.24}$$

A ben guardare (20.24) è esattamente (20.19). Infatti, per ogni x'_{js} soluzione ammissibile in (20.19), le variabili $z_{js} = x'_{js}$ e $x_{jt} = \sum_{s\in S(j)} a_t^{js} x'_{js}$ sono ammissibili in (20.24). Infatti

$$\sum_{j \in J} x_{jt} = \sum_{j \in J} \sum_{s \in S(j)} a_t^{js}\, x'_{js} \leq 1$$

$$\sum_{t=r_j}^{T-1} x_{jt} = \sum_{t=r_j}^{T-1} \sum_{s \in S(j)} a_t^{js}\, x'_{js} = \sum_{s \in S(j)} x'_{js} \sum_{t=r_j}^{T-1} a_t^{js} = p_j \sum_{s \in S(j)} x'_{js} = p_j$$

$$\sum_{s \in S(j)} a_t^{js}\, z_{js} = \sum_{s \in S(j)} a_t^{js}\, x'_{js} = x_{jt}$$

Viceversa, per ogni x_{jt} e z_{js} ammissibili in (20.24), la soluzione $x'_{js} = z_{js}$ è ammissibile in (20.19). Infatti

$$\sum_{j \in J} \sum_{s \in S(j)} a_t^{js}\, x'_{js} = \sum_{j \in J} \sum_{s \in S(j)} a_t^{js}\, z_{js} = \sum_{j \in J} x_{jt} \leq 1$$

$$p_j \sum_{s \in S(j)} x'_{js} = \sum_{s \in S(j)} p_j\, x'_{js} = \sum_{s \in S(j)} \sum_{t=r_j}^{T-1} a_t^{js}\, z_{js} = \sum_{t=r_j}^{T-1} \sum_{s \in S(j)} a_t^{js}\, z_{js} = \sum_{t=r_j}^{T-1} x_{jt} = p_j$$

Quindi, riassumendo, ci sono due formulazioni che forniscono la stessa limitazione inferiore al problema di schedulazione. Si noti che si sta parlando di equivalenza dei problemi rilassati, ma del resto ciò che si sa calcolare è solo un problema rilassato. Inoltre il problema (20.24) fornisce, tramite il suo duale (20.23) i costi g_{jt} che massimizzano la limitazione inferiore fornita dal problema di trasporto (20.21), che, con questi valori, risulta uguale agli ottimi di (20.19) e (20.24). Fra risolvere (20.24) oppure (20.23) è più conveniente risolvere (20.24) che ha meno righe di (20.23).

Qual è il vantaggio di avere tre formulazioni equivalenti? Il fatto è che il problema (20.21) si calcola molto più velocemente degli altri. Si può obiettare che è necessario risolvere (20.24) per avere i costi g_{jt}, ma questo calcolo va fatto solo una volta, nel nodo radice dell'albero branch-and-bound. Nei successivi nodi dell'albero si calcola (20.21), che, essendo un problema di trasporto può essere risolto con algoritmi specializzati. Si precisa che, anche se (20.21) fornisce una soluzione intera, questa non è in generale ammissibile in quanto corrisponde ad una schedulazione con prelazione.

Esempio 20.2 (continuazione)

Consideriamo nuovamente il piccolo esempio visto precedentemente (esempi più grandi producono troppi dati numerici per dei semplici scopi illustrativi). Inizialmente si risolve (20.24) e si ottiene un valore ottimo di 29 con i seguenti valori frazionari di x e z. Ogni riga delle due matrici sotto riportate si riferisce ad un lavoro e ogni colonna ad un istante di tempo.

x_{jt}

–	–	0.5	0.5	0.5	0.5	0.5	–	–	–	–	0.5	0.5	0.5	0.5	0.5	–	–	–	–	–	–
–	–	–	–	–	–	–	0.5	0.5	0.5	0.5	0.5	0.5	–	–	–	–	–	–	–	–	–
0.5	0.5	0.5	–	–	–	–	–	–	–	–	–	–	0.5	0.5	0.5	–	–	–	–	–	–
–	–	–	–	–	–	–	–	–	–	–	–	–	–	–	–	1.	1.	1.	1.	1.	–
–	–	–	0.5	0.5	0.5	0.5	0.5	0.5	0.5	0.5	–	–	–	–	–	–	–	–	–	–	–

z_{jt}

–	–	0.5	–	–	–	–	–	–	–	–	0.5	–	–	–	–	–	–	–	–	–	–
–	–	–	–	–	–	–	0.5	–	–	0.5	–	–	–	–	–	–	–	–	–	–	–
0.5	–	–	–	–	–	–	–	–	–	–	–	–	0.5	–	–	–	–	–	–	–	–
–	–	–	–	–	–	–	–	–	–	–	–	–	–	–	–	1.	–	–	–	–	–
–	–	–	0.5	–	–	–	0.5	–	–	–	–	–	–	–	–	–	–	–	–	–	–

Riportiamo le variabili duali g_{1t} (non vengono riportate le variabili per gli altri lavori). Oltre all'indice t viene riportato anche il valore della funzione obiettivo f_{1t}. Il lettore può verificare che, per ogni t la somma di g_{1t} e dei successivi 4 valori (il primo lavoro dura 5 unità temporali) è minore o uguale a f_{1t}. In particolare si ha l'uguaglianza per $t = 3, 10, 11, 12, 16, 17, 18, 19, 20$. I valori iniziano da $t = 3$ perché $r_1 = 3$.

t	3	4	5	6	7	8	9	10	11	12	13
g_{1t}	4.2	2.2	2.2	-0.3	-1.3	1.2	-0.3	-1.8	0.2	1.7	-0.3
f_{1t}	7	6	5	4	3	2	1	0	2	4	6
t	14	15	16	17	18	19	20	21	22	23	24
g_{1t}	0.2	0.2	2.2	2.2	2.2	2.2	3.2	4.2	4.2	4.2	4.2
f_{1t}	8	10	12	14	16	18	20	22	24	26	28

Se si risolve il problema di trasporto (20.21) si ottiene la seguente soluzione, anch'essa di valore 29.

x_{jt}

–	–	1	–	–	–	1	–	–	1	1	–	–	–	–	–	–	–	1	–	–	–	–	–
–	–	–	–	1	1	–	–	–	–	–	–	–	1	–	–	–	–	–	–	–	–	–	–
1	–	–	–	–	–	–	–	1	–	–	–	–	–	–	–	–	–	–	1	–	–	–	–
–	–	–	–	–	–	–	1	–	–	–	1	1	–	–	–	1	–	–	–	–	–	–	1
–	–	–	1	–	–	–	–	–	–	–	–	–	–	1	1	–	1	–	–	–	–	–	–

A questo punto, siccome la soluzione al nodo radice non era intera, bisogna suddividere il problema. Ad esempio si può imporre $z_{1,3} = 1$. Tuttavia bisogna tener presente che ora questa scelta va adattata al problema di trasporto. Una prima domanda che ci si pone è se i costi g_{jt} continuano ad essere i costi migliori per avere la migliore limitazione inferiore dal problema di trasporto. La risposta è negativa. Comunque, anche se non danno la migliore limitazione inferiore, ne danno una buona e quindi non si ricalcolano.

20.5 Massimo ritardo: caso generale

L'approccio ai problemi di schedulazione tramite modelli di PL01 a tempo indicizzato presentano il difetto di crescere notevolmente con le dimensioni non appena l'orizzonte temporale sia elevato oppure la discretizzazione temporale sia abbastanza fine. Per alcuni problemi particolari sono stati proposti algoritmi ad hoc, basati sulle proprietà combinatorie del problema in esame, che presentano vantaggi computazionali notevoli. Presentiamo ora un elegante algoritmo per il problema ad una macchina con obiettivo (20.5) e date di rilascio. L'algoritmo si deve a Carlier [38].

Si definisca $\bar{d} = \max_j d_j$ e $q_j := \bar{d} - d_j$. Quindi

$$\max_j \max\{c_j - d_j \, , 0\} + \bar{d} = \max\{\max_j \{c_j - d_j\} \, , 0\} + \bar{d} =$$

$$\max\{\max_j\{c_j - d_j + \bar{d}\} \, , \bar{d}\} = \max\{\max_j\{c_j + q_j\} \, , \bar{d}\}$$

Se in ottimalità avviene che qualche lavoro sia completato oltre la data di consegna, cioè $\max_j c_j - d_j \geq 0$, allora si ha $\max_j \{c_j + q_j\} \geq \bar{d}$ e $\min \max_j \max\{c_j - d_j \, , 0\}$ è equivalente a $\min \max_j c_j + q_j$. Se invece il valore ottimo è nullo perché tutti i lavori sono completati entro le date di consegna, allora minimizzare $\max_j c_j + q_j$ opera un ulteriore miglioramento anticipando il più possibile i lavori rispetto alle date di consegna. L'algoritmo di Carlier considera esplicitamente l'obiettivo $\min \max_j c_j + q_j$.

I valori q_j vengono detti *code* dei lavori, in quanto sono assimilabili ad un intervallo di tempo che deve trascorrere dopo il completamento del lavoro prima di poter dire che il lavoro è del tutto terminato. Più bassa è una data di consegna tanto più alta è la coda. Possiamo vedere la minimizzazione di $\max_j c_j + q_j$ come uno schiacciamento verso il basso di tutti i lavori in modo uniforme fatto sulla fine delle code.

L'algoritmo prende in esame sottoinsiemi di lavori. Sia J un qualsiasi sottoinsieme. Nessun lavoro in J può iniziare prima di $\min_{j \in J} r_j$ e il completamento di tutti i lavori in J non può quindi avvenire prima di $\min_{j \in J} r_j + \sum_{j \in J} p_j$. Allora il costo di una qualsiasi schedulazione non può essere inferiore a $\min_{j \in J} r_j + \sum_{j \in J} p_j + \min_{j \in J} q_j$. Questo porta a definire la funzione

$$h(J) := \min_{j \in J} r_j + \sum_{j \in J} p_j + \min_{j \in J} q_j$$

e usarla come limitazione inferiore. In particolare $\max_J h(J)$ rappresenta la migliore limitazione inferiore.

Come si vede, questo tipo di limitazione inferiore è di tipo completamente diverso da quelle ottenute rilassando il vincolo d'interezza in PL01. È una limitazione di tipo combinatorio ed è sempre conveniente poter analizzare un problema anche in questo modo così da poter avere a disposizione limitazioni alternative ed usare la migliore.

Per fortuna il calcolo di $\max_J h(J)$ è meno difficile di quanto possa sembrare. Si supponga di rilassare la condizione che i lavori non debbano essere interrotti. La situazione è allora assimilabile al caso con date di rilascio tutte uguali. Pensando di simulare nel tempo l'esecuzione dei lavori, ogni volta in cui un nuovo lavoro risulta disponibile, il fatto di poter interrompere quello in esecuzione rende tutti i lavori ugualmente disponibili e quindi conviene schedulare quello a più alta priorità (cioè a più alta coda). Ci sono tempi morti allora solo se avviene che sia stato completato un insieme di lavori e non sia disponibile nessun altro lavoro. In questi casi il problema si decompone in sottoproblemi. Sia J uno di questi sottoinsiemi di lavori. Si vede immediatamente che $\max_{j \in J} C_j + q_j = h(J)$ e quindi $\max_J h(J)$ si ottiene schedulando i lavori con prelazione.

Per ottenere una limitazione superiore, Carlier suggerisce di usare un algoritmo greedy che, da un lato, schedula i lavori secondo la regola di Jackson, cioè in ordine di disponibilità e di priorità, e, dall'altro, fornisce un insieme J che dà una buona limitazione inferiore (senza necessariamente calcolare $\max_J h(J)$). Limitazione inferiore e superiore vengono confrontate per provarne eventualmente l'ottimalità e, fatto molto importante, si ricava un criterio di suddivisione estremamente pratico ed efficiente.

La regola di Jackson, che darebbe la soluzione ottima se le date di rilascio fossero tutte uguali, opera mandando in esecuzione il lavoro a coda più alta fra quelli disponibili. Se, durante l'esecuzione un lavoro a più alta priorità dovesse diventare disponibile, l'esecuzione *non* viene interrotta (a differenza del caso con prelazione appena descritto). Come nel caso con prelazione ci possono essere tempi morti e quindi la schedulazione risulta a blocchi di lavori. Il ragionamento che segue vale per ogni blocco, per cui possiamo per semplicità assumere che la schedulazione secondo la regola di Jackson abbia prodotto un unico blocco. Inoltre, sempre per semplicità espositiva, supponiamo che i lavori siano schedulati nell'ordine di indice.

Sia m tale che $c_m + q_m \geq c_j + q_j$, per ogni lavoro j. È quindi il lavoro m quello che fornisce il valore della schedulazione. Sia I l'insieme dei lavori che precedono m più m stesso. Se avviene che $q_m \leq q_j$, per ogni lavoro $j \in I$, allora la soluzione è ottima. Infatti $c_m = r_1 + \sum_{j \in I} p_j$ e allora il valore di questa schedulazione è dato da $r_1 + \sum_{j \in I} p_j + q_m$. Siccome $r_1 = \min_{j \in I} r_j$ e $q_m = \min_{j \in I} q_j$ (per ipotesi), risulta $c_m + q_m = h(I)$ provando l'ottimalità.

Se invece ciò non avviene sia k l'ultimo lavoro in I tale che $q_k < q_m$. Tale lavoro viene detto *lavoro critico* e l'insieme $J_k := \{k+1, \ldots, m\}$ viene detto *insieme critico*. L'osservazione cruciale è che quando la regola di Jackson schedula il lavoro critico, nessuno dei lavori dell'insieme critico è ancora disponibile, altrimenti, essendo questi a priorità più alta, ne verrebbe schedulato qualcuno. Allora si ha

$$\min_{j \in J_k} r_j > c_k - p_k = \min_{j \in I} r_j + \sum_{j \in I \setminus J_k} p_j - p_k$$

Quindi possiamo valutare

$$h(J_k) = \min_{j \in J_k} r_j + \sum_{j \in J_k} p_j + \min_{j \in J_k} q_j > \min_{j \in I} r_j + \sum_{j \in I \setminus J_k} p_j - p_k + \sum_{j \in J_k} p_j + q_m =$$

$$\min_{j \in I} r_j + \sum_{j \in I} p_j - p_k + q_m = c_m + q_m - p_k$$

Si ha quindi, indicando con $\hat{t}$ il valore ottimo del problema,

$$h(J_k) \leq \hat{t} \leq c_m + q_m < h(J_k) + p_k \leq \hat{t} + p_k$$

da cui si vede che la schedulazione ottenuta con la regola di Jackson trova una soluzione non peggiore rispetto all'ottimo della quantità p_k. Si noti che $h(J_k)$ non fornisce necessariamente il massimo di $h(J)$, però fornisce comunque una limitazione inferiore sufficientemente buona da non rendere pagante l'onere computazionale di schedulare i lavori anche rispetto alla opzione con prelazione.

Ciò che si ricava dall'evidenziare il lavoro critico e l'insieme critico è che in una schedulazione ottima il lavoro critico viene schedulato o prima dei lavori dell'insieme critico oppure dopo, ma mai in mezzo a loro. Quindi la regola di suddivisione si basa sull'imposizione di precedenze. Bisogna fare in modo che, nell'imporre regole di suddivisione, queste permettano poi di affrontare i sottoproblemi nei vari nodi dell'albero di ricerca usando sempre la stessa tecnica del nodo radice. Quindi le precedenze non possono essere imposte esplicitamente, ma vanno attuate implicitamente pensando a come opera la regola di Jackson. Quindi per imporre $k \prec J_k$ si ridefinisce $q_k := \max_{j \in J_k} q_j$ e per imporre $k \succ J_k$ si ridefinisce $r_k := \max_{j \in J_k} r_j$.

Esempio 20.3 (continuazione)

Assegniamo peso zero agli anticipi rispetto alle date di consegna e valutiamo solo i ritardi (per semplicità con peso unitario, anche se il valore dei pesi è irrilevante quando sono tutti uguali). Sappiamo già che la seconda e la terza schedulazione di Fig. 20.1 sono ottime in quanto non esistono schedulazioni con valore inferiore a 18 e quelle di valore 18 si riferiscono ad un ritardo (di 9 unità temporali).

Innanzitutto dobbiamo calcolare le code. Ponendo $\bar{d} = \max_j d_j = 34$ si ha (riportiamo per comodità anche i valori r_j, p_j e d_j)

	1	2	3	4	5	6	7	8	9	10
r	3	5	1	8	4	10	15	20	19	25
p	5	2	6	3	5	2	1	4	6	3
d	15	12	16	15	10	12	17	29	32	34
q	19	22	18	19	24	22	17	5	2	0

La regola di Jackson inizia a schedulare il lavoro 3, unico disponibile all'istante 1. Al suo completamento all'istante 7 sono disponibili i lavori 1, 2 e 5. Di questi è il lavoro 5 a priorità più alta e quindi viene schedulato. Al suo completamento all'istante 12 sono disponibili i lavori 1, 2, 4 e 6. I lavori 2 e 6 hanno la priorità più alta e fra i due si può scegliere arbitrariamente. Ad esempio scegliamo di schedulare il lavoro 6. Al suo completamento all'istante 14 i lavori disponibili sono gli stessi di prima e quindi si schedula il lavoro 2 che termina all'istante 16. Nel frattempo si è reso disponibile il lavoro 7. Fra i lavori disponibili quelli a priorità più alta sono 1 e 4. Scegliamo 4. Al suo completamento sono disponibili i lavori 1, 7 e 9 fra cui scegliamo 7. All'istante 25, completamento di 7, sono disponibili tutti i lavori che vengono quindi eseguiti in ordine di priorità decrescente, cioè 8, 9 e 10. In Fig. 20.2 viene rappresentata la soluzione con indicate anche le code dei lavori, da cui si vede che il lavoro che dà luogo al massimo è il lavoro 1 con valore 43.

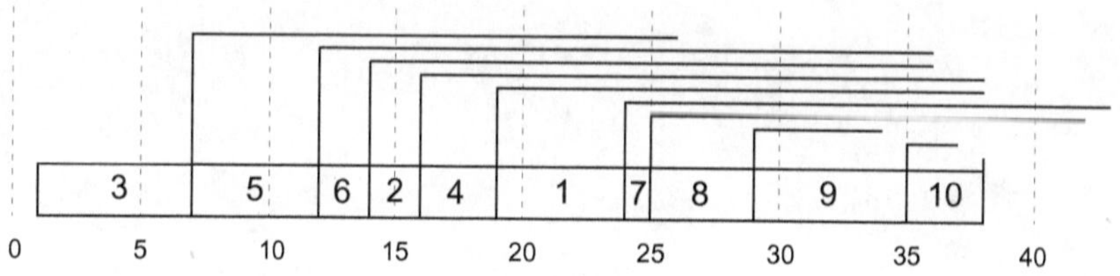

Figura 20.2.

L'insieme I è dato dalla successione di lavori $\{3,5,6,2,4,1\}$ e il lavoro critico è il lavoro 3. Quindi $J_k = \{5,6,2,4,1\}$ e $h(J_k) = 4+17+19 = 40$. Anche se sappiamo trattarsi della soluzione ottima, tuttavia non siamo in grado di provarlo tramite questo algoritmo in quanto c'è uno scarto fra il valore $h(J_k) = 40$ e il valore 43 della soluzione. Per esercizio io lettore può calcolare il valore della schedulazione che si ottiene ammettendo la prelazione e che questa è proprio data dall'insieme I con valore $h(I) = 42$. Tuttavia l'algoritmo di Carlier non esegue questo calcolo e suddivide il problema imponendo che il lavoro 3 sia obbligatoriamente eseguito prima di tutti i lavori di J_k oppure dopo.

Come indicato precedentemente, nel primo caso, si ridefinisce $q_3 := \max_{j \in J_k} q_j = 24$. Schedulando i lavori con la regola di Jackson si riottiene la soluzione precedente, ma ora è diverso il calcolo dell'insieme critico. Infatti, avendo innalzato il valore di q_3, ora non c'è lavoro critico nell'insieme I e questa schedulazione è ottima.

Nell'altro ramo dell'albero di ricerca si pone invece $r_3 := \max_{j \in J_k} r_j = 10$. La regola di Jackson schedula i lavori nell'ordine $5 \to 2 \to 6 \to 1 \to 4 \to 3 \to 7 \to 8 \to 9 \to 10$ con valore 45 causato sia dal lavoro 3 che dal lavoro 7. Anche questa schedulazione è ottima in quanto q_7 è il minimo valore in $I = \{5,2,6,1,4,3,7\}$ (si ottiene lo stesso risultato se si prende $I = \{5,2,6,1,4,3\}$).

Quindi la esplorazione dell'albero di ricerca è terminata con la prova che la schedulazione che fornisce il valore 43 è ottima. ∎

21

Modelli di schedulazione Problemi a più macchine

Il quadro delineato nel capitolo precedente si complica notevolmente quando il processo produttivo prevede molte macchine che interagiscono fra loro. La tipologia di questi problemi è molto vasta perché le situazioni che si presentano sono le più diverse. A grandi linee possiamo considerare i due casi in cui le macchine sono uguali oppure diverse.

Il primo caso si presenta quando lavori dello stesso tipo possono essere svolti da una stessa macchina e per accelerare la produzione sono presenti diverse macchine uguali. Nel secondo caso invece la lavorazione è più complessa e consiste in diverse fasi alle quali sono dedicate macchine diverse. In alcuni casi l'ordine delle diverse lavorazioni è dettato da esigenze tecnologiche, mentre in altri casi può essere indifferente.

Un esempio relativamente semplice di macchine uguali è già stato trattato nella Sez. 17.7. In quell'esempio sono presenti solo macchine uguali ed è questo che rende il problema non troppo difficile. Se invece sono presenti vari insiemi di macchine uguali, il problema diventa molto difficile. In questo capitolo consideriamo il caso di singole macchine diverse.

Si usa dividere la casistica di problemi in tre tipi: Flow Shop, Job Shop e Open Shop. In tutti questi tipi vi sono vari lavori ognuno dei quali consiste in un certo numero di operazioni e ogni operazione deve essere eseguita da una specifica macchina con una durata nota.

Nei problemi Flow Shop e Job Shop l'ordine delle operazioni è fissato ed è un dato del problema, mente nell'Open Shop l'ordine è arbitrario e quindi è una variabile decisionale. La differenza fra Flow Shop e Job Shop riguarda l'ordine con cui le macchine eseguono le operazioni di un lavoro.

Nel Flow Shop ogni lavoro viene eseguito dalla stessa sequenza di macchine e quindi il numero di operazioni è costante per ogni lavoro. Si tratta quindi di situazioni in cui i lavori sono dello stesso tipo ma applicati a oggetti diversi. Nel Job Shop l'ordine delle macchine può esser diverso per i vari lavori. In questo caso si modellano situazioni in cui i lavori sono di tipo diverso.

21.1 Flow Shop

Nel problema del Flow Shop (FS) i dati consistono in un insieme J di lavori, in sequenze K_j di operazioni per ogni lavoro $j \in J$ (le sequenze K_j hanno tutte la stessa cardinalità $|K_j| = m$), in tempi di esecuzione p_{jk} per ogni operazione $k \in K_j$, $j \in J$, in un insieme M di m macchine e in un ordinamento delle macchine. L'operazione k-ma di ogni lavoro j viene eseguita dalla k-ma macchina. Bisogna trovare una schedulazione di tutte le operazioni in modo da minimizzare il massimo tempo di completamento oppure una somma (eventualmente pesata) dei tempi di completamento dei lavori.

La difficoltà del problema consiste nel trovare le sequenze ottime dei lavori per tutte le macchine. Se queste sono note, trovare gli istanti di inizio delle operazioni è un problema facile che si risolve come un cammino massimo sia per l'obiettivo del tempo massimo che per il tempo totale.

Un modo conveniente di rappresentare un problema di FS è dato dal cosiddetto *grafo disgiuntivo*, in cui ogni nodo rappresenta un'operazione ed esiste un arco di precedenza fra due operazioni consecutive dello stesso lavoro ed esiste un arco *disgiuntivo*, di cui bisogna determinare l'orientazione (da cui il termine disgiuntivo) fra due operazioni della stessa macchina. Si aggiungono anche due nodi fittizi, uno iniziale e uno finale per identificare l'inizio e la fine di tutte le attività. Conviene tuttavia limitarsi nella rappresentazione degli archi disgiuntivi alle sole precedenze fra due operazioni consecutive di una stessa macchina (una volta fissata la sequenza). I tempi di esecuzione p_{jk} che sono definiti per le operazioni e cioè per i nodi, diventano nel grafo disgiuntivo lunghezze degli archi uscenti dal nodo. Quindi in un grafo disgiuntivo tutti gli archi in uscita dallo stesso nodo hanno la medesima lunghezza.

Si veda in Fig. 21.1 un esempio di grafo disgiuntivo per 3 lavori e 4 operazioni per lavoro. Gli archi orizzontali (oltre agli archi incidenti nei due nodi aggiunti) rappresentano le precedenze fra le operazioni di uno stesso lavoro e sono quindi fisse. Gli altri archi rappresentano una possibile scelta (molto lontana dall'ottimalità, come si può vedere) di precedenze fra operazioni della stessa macchina.

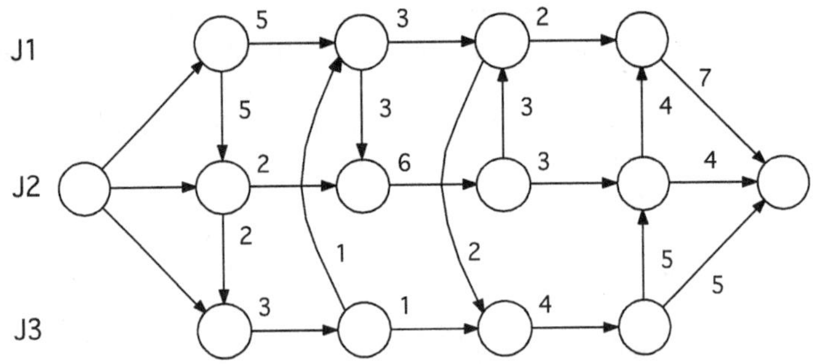

Figura 21.1.

Il fatto che la sequenza delle macchine sia la stessa per ogni lavoro fa pensare che il modo migliore di schedulare i lavori per un Flow Shop (FS) sia di avere la medesima permutazione dei lavori su ogni macchina, cosiddetta *schedulazione a permutazione.* Questa congettura è vera se le macchine sono due o tre e si tratta di minimizzare il tempo massimo, ma non è più vera in generale, dove la variabilità delle durate delle operazioni può rendere più utile poter variare l'ordine dei lavori sulle machine più a valle. Questo risultato discende da un risultato più generale [46], dove si afferma che per ogni problema FS con obiettivo di tempo massimo, esiste una soluzione ottima in cui la permutazione è la medesima sulla prima e sulla seconda macchina ed inoltre è la medesima (ma diversa dalla precedente in generale) sull'ultima e penultima macchina. Quindi con tre macchine le tre permutazioni devono essere identiche. In Appendice si dimostra che una schedulazione a permutazione è ottima per il FS con due macchine. In Fig. 21.2 si vede un controesempio di un FS con due lavori e quattro macchine in cui la schedulazione a permutazione non è ottima.

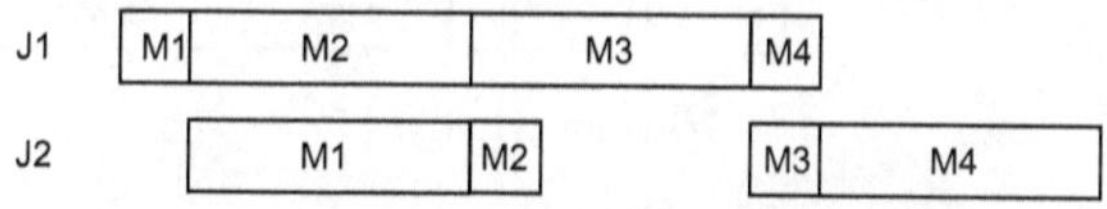

Schedulazione a permutazione

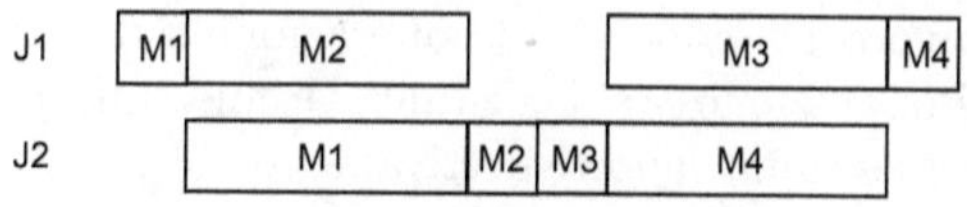

Schedulazione ottima

Figura 21.2.

Il caso di due macchine con obiettivo la minimizzazione del tempo massimo è un raro caso di problema con due macchine risolvibile in tempo polinomiale. L'algoritmo è particolarmente semplice. Sia p_{jk} la durata dell'operazione k (che viene eseguita sulla macchina k) del lavoro j. La permutazione ottima si ottiene ordinando prima i lavori j tali che $p_{j1} \leq p_{j2}$ per durate crescenti p_{j1} e poi ordinando i lavori $p_{j1} > p_{j2}$ per durate decrescenti p_{j2}. In Appendice viene dimostrata la correttezza di questo algoritmo.

Con tre o più macchine il problema di minimizzare il tempo massimo è **NP**-difficile. Se l'obiettivo è la minimizzazione del tempo totale il problema è **NP**-difficile anche con due macchine.

Una variante molto importante del FS è data dal vincolo che le operazioni di uno stesso lavoro debbano svolgersi senza interruzioni (*no-wait*). Questo requisito tecnologico si presenta ad esempio quando le macchine non dispongono di uno spazio dove sistemare i lavori in attesa (se i lavori consistono di oggetti materiali) oppure nell'industria chimica dove per problemi legati soprattutto alla temperatura e alle reazioni chimiche non è possibile far intercorrere del tempo fra la fine di un'operazione e l'inizio della successiva.

Quindi quando inizia la prima operazione di un lavoro, il lavoro viene eseguito ininterrottamente. Se consideriamo due lavori i e j in successione, il tempo che intercorre fra l'inizio del lavoro i e la fine del lavoro j è almeno

$$\max_k \sum_{h \le k} p_{ih} + \sum_{h \ge k} p_{jh}$$

Infatti la prima sommatoria è l'istante di completamento dell'operazione k sulla prima macchina (iniziando la prima operazione all'istante 0) e la seconda sommatoria è la durata delle operazioni dalla k in poi sulla seconda macchina. La fine del secondo lavoro rispetto all'inizio del primo non può essere inferiore a questo valore per qualsiasi k, e quindi anche per il massimo su k.

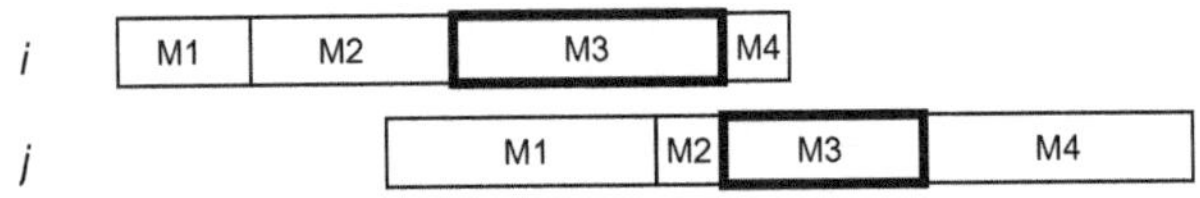

Figura 21.3.

Si veda in Fig. 21.3 il caso in cui il massimo si ottiene per $k = 3$. Schedulando il secondo lavoro in modo che le operazioni k dei due lavori siano consecutive, per ogni operazione $g \le k$ l'istante di fine sulla prima macchina e inizio sulla seconda macchina sono rispettivamente

$$\sum_{h \le g} p_{ih}, \qquad \sum_{h \le k} p_{ih} - \sum_{g \le h < k} p_{jh}$$

Siccome

$$\sum_{h \le k} p_{ih} + \sum_{h \ge k} p_{jh} \ge \sum_{h \le g} p_{ih} + \sum_{h \ge g} p_{jh}$$

si deduce

$$\sum_{h \le k} p_{ih} + \sum_{h \ge k} p_{jh} - \sum_{h \ge g} p_{jh} \ge \sum_{h \le g} p_{ih} \Longrightarrow \sum_{h \le k} p_{ih} - \sum_{g \le h < k} p_{jh} \ge \sum_{h \le g} p_{ih}$$

da cui si vede che l'operazione g del lavoro i precede quella del lavoro j. Un simile ragionamento si può fare per le operazioni $g \ge k$. La fine del lavoro j è posticipata, rispetto alla fine del lavoro i, di

$$d_{ij} := \max_k \big(\sum_{h \le k} p_{ih} + \sum_{h \ge k} p_{jh}\big) - \sum_h p_{ih} = \max_k \big(p_{jk} + \sum_{h > k} (p_{jh} - p_{ih})\big) \quad (21.1)$$

Se consideriamo sequenze di più di due lavori, il ritardo della fine di un lavoro rispetto a quello che lo precede è dato da questa stessa espressione. Ciò che conta sono solo le coppie di lavori nella sequenza. Il tempo finale di completamento di tutti i lavori è allora dato dalla somma dei tempi d_{ij} calcolati sulla sequenza dei lavori più ancora la durata del primo lavoro. A questo punto risulta abbastanza evidente che il problema può essere modellato come un TSP asimmetrico. Si tratta solo di aggiungere un lavoro fittizio con operazioni di durata nulla e la soluzione del TSP fornisce direttamente la sequenza ottima.

È stato dimostrato il notevole risultato che con due sole macchine il TSP ha una struttura così particolare da permettere un algoritmo polinomiale di complessità $O(n \log n)$ [88].

Esempio 21.1.

Siano dati 4 lavori con tre operazioni ciascuno con i seguenti tempi

$$p_{jk} := \begin{pmatrix} 3 & 2 & 4 \\ 2 & 4 & 2 \\ 4 & 1 & 3 \\ 1 & 3 & 2 \end{pmatrix} \tag{21.2}$$

In Fig. 21.4(a) si vede il grafo orientato (il nodo 0 corrisponde al lavoro fittizio) con le distanze calcolate come in (21.1) dai dati (21.2). Il circuito ottimo di valore 15 è $0 \to 4 \to 1 \to 2 \to 3 \to 0$ a cui corrisponde la schedulazione rappresentata in Fig. 21.4(b). ∎

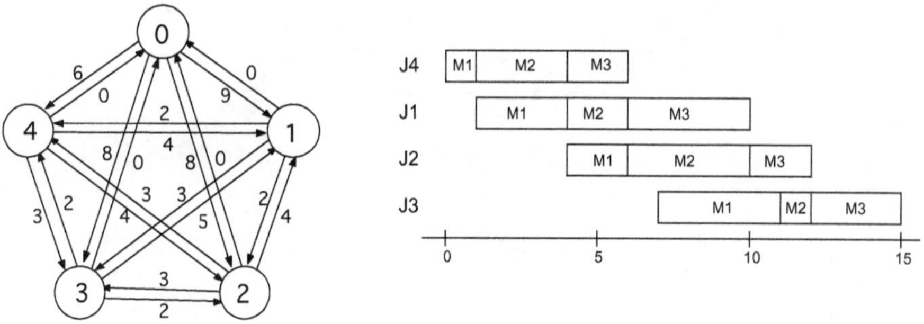

(a) (b)

Figura 21.4.

Siccome il FS è un caso particolare del JS, gli algoritmi per il JS possono essere usati anche per il FS, senza un'eccessiva perdita della possibilità di sfruttare la particolare struttura del FS. Quindi algoritmi generali per il FS verranno esposti nella prossima sezione.

21.2 Job Shop

Nel problema del Job Shop (JS) le operazioni di ogni lavoro sono eseguite da una successione di macchine che può essere diversa da lavoro a lavoro. I dati del problema consistono in un insieme J di lavori, in una sequenza K_j di operazioni per il lavoro $j \in J$ (non necessariamente le sequenze K_j hanno la stessa cardinalità a differenza del FS), in tempi di esecuzione p_{jk} per ogni operazione $k \in K_j$, $j \in J$ e in un insieme M di macchine. Ogni operazione (j,k), $k \in K_j$, $j \in J$, è eseguita da una determinata macchina $m_{jk} \in M$. Come nel FS bisogna trovare una schedulazione di tutte le operazioni in modo da minimizzare il massimo tempo di completamento oppure una somma (eventualmente pesata) dei tempi di completamento dei lavori.

Anche per il JS una rappresentazione conveniente del problema è data da un grafo disgiuntivo, che in questo caso ha una struttura meno 'ordinata' che nel FS. Si veda in Fig. 21.5 un esempio di grafo disgiuntivo per 3 lavori con 4 operazioni per il primo e il terzo lavoro e 3 operazioni per il secondo lavoro. Le assegnazioni delle macchine alle operazioni sono rappresentate con nodi di diverso tipo.

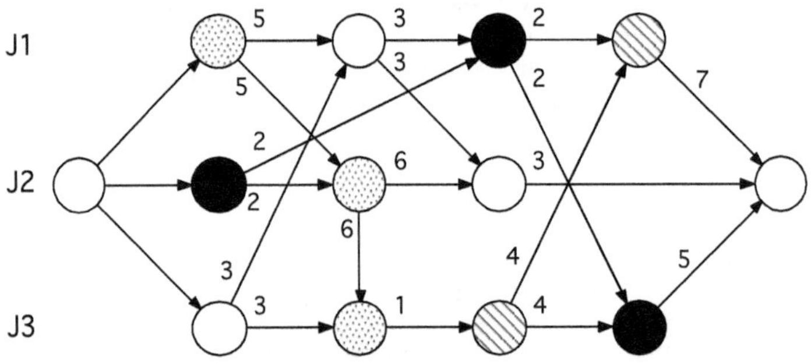

Figura 21.5.

Nal calcolo della minimizzazione del tempo massimo (cosiddetto *makespan*) è essenziale il concetto di cammino critico, cioè il cammino più lungo, una volta fissate le sequenze per ogni macchina. Se il cammino critico non contiene archi disgiuntivi si tratta evidentemente della soluzione ottima. Se invece, come avviene normalmente, ci sono archi disgiuntivi nel cammino critico ed esiste una soluzione migliore, questa può essere ottenuta solo cambiando l'orientazione di almeno un arco disgiuntivo del cammino critico. Infatti se le orientazioni di questi archi non fossero modificate, per qualunque orientazione degli altri archi disgiuntivi, esisterebbe comunque il cammino precedente e quindi il cammino più lungo non può essere inferiore a questo.

In Fig. 21.6(a) si vede il cammino critico, di lunghezza 23, relativo alle scelte degli archi disgiuntivi della Fig. 21.5. Questo cammino contiene tre archi disgiuntivi. Se q è il numero di archi disgiuntivi nel cammino critico, ci

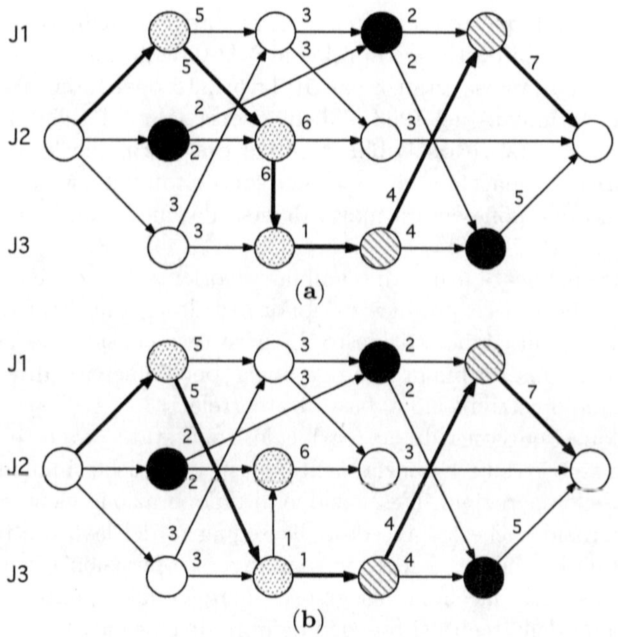

Figura 21.6.

sono $2^q - 1$ scelte di quali archi orientare in modo opposto. Si può dimostrare che sono tutte ammissibili. Infatti, in generale, non tutte le orientazioni degli archi disgiuntivi sono possibili. Alcune potrebbero dare luogo a cicli e quindi si tratterebbe di scelte non ammissibili. Tuttavia cambiare l'orientazione di archi disgiuntivi sul cammino critico non può dare luogo a cicli (facile dimostrazione lasciata come esercizio).

Si può allora definire come intorno di una soluzione l'insieme di tutte le soluzioni che si ottengono cambiando le orientazioni di un sottoinsieme di archi disgiuntivi sul cammino critico. Questo intorno può essere usato utilmente per una ricerca locale di tipo casuale. Se invece si pensa ad una ricerca locale deterministica con valutazione esaustiva di tute le soluzioni dell'intorno, l'intorno può avere una cardinalità troppo elevata. Per questo motivo ci si può limitare ad intorni definiti cambiando l'orientazione di un solo arco o al massimo di due.

Nell'esempio di Fig. 21.6(a) se si cambia l'orientazione dell'arco $((2,2) - (3,2))$ (dove (i,k) indica l'operazione k del lavoro i) in $((3,2)-(2,2))$ si ottiene il grafo disgiuntivo di Fig. 21.6(b). Il nuovo cammino critico ha lunghezza 17 e quindi si tratta di una soluzione migliore. C'è anche un altro cammino di lunghezza 17 che contiene tutte le operazioni del primo lavoro e nessun arco disgiuntivo, e quindi questa soluzione è ottima.

La semplicità di questo esempio non deve trarre in inganno. In realtà il JS è uno dei problemi più ostici fra i problemi **NP**-difficili. Per dare un'idea della sua difficoltà una famosa istanza con 10 lavori, 10 operazioni per lavoro con 10 macchine, formulata nel 1963 [77], fu risolta solo nel 1989 [39]. Tuttavia la dimensione di istanze risolvibili in modo esatto rimane limitata. Istanze con 20 lavori e 20 macchine ancora oggi sono risolubili esattamente in rari casi. La situazione non sembra molto diversa da quella delineata con parole sconfortanti nel 1977 [138].

L'euristica delineata prima di scambiare le orientazioni degli archi disgiuntivi sul cammino critico produce dei buoni risultati, soprattutto rispetto al basso sforzo computazionale richiesto. L'euristica è pensata per l'obiettivo di tempo massimo, ma dà buoni risultati anche per l'obiettivo di tempo totale (del resto i due obiettivi sono abbastanza correlati).

Oltre a quest'euristica di ricerca locale, sono state proposte anche altre euristiche di tipo greedy. Essenzialmente queste euristiche simulano un'esecuzione reale delle operazioni. L'esecuzione di un'operazione viene eseguita non appena l'operazione che la precede nella sequenza del lavoro è terminata, e la macchina è disponibile. Se però vi sono diverse operazioni pronte ad essere eseguite sulla stessa macchina, bisogna scegliere a quale operazione dare priorità. A seconda della scelta si possono definire diverse euristiche. Ad esempio si può dare priorità all'operazione che:

- è diventata disponibile per prima (FCFS - *First Come First Serve*);
- è diventata disponibile per ultima (LCFS - *Last Come First Serve*);
- ha la maggior quantità di tempo-lavoro che deve trascorre dopo il suo completamento, cioè ha la catena di successori più lunga (MWKR - *Most WorK Remaining*);
- ha la durata più corta (SPT - *Shortest Processing Time*);
- ha la durata più lunga (LPT - *Longest Processing Time*);
- ha il più alto numero di successori (MIS - *Most Immediate Successors*).

Queste regole di priorità non sono le uniche presenti in letteratura. Sono però le più usate. A queste regole di selezione bisogna aggiungere una regola casuale, in cui la casualità non riguarda tanto l'operazione da scegliere quanto il criterio da adottare. E quest'ultima regola si dimostra normalmente la più efficace.

Si noti che non è detto che fra tutte le soluzioni che si possono ottenere in base a tutte le possibili scelte, sia necessariamente presente l'ottimo. L'ottimo potrebbe contemplare l'ulteriore scelta di *non* mettere in esecuzione nessuna operazione disponibile in un dato istante, perché potrebbe essere più conveniente aspettare, magari di poco, la disponibilità di un'operazione importante. Il metodo greedy invece mette sempre in esecuzione una macchina se questa è disponibile e ci sono operazioni da farle fare.

I metodi greedy sono i più veloci ma anche producono soluzioni di bassa qualità. Questo inconveniente può essere in parte ridotto producendo molte soluzioni, cosa possibile data la velocità di calcolo, e adottando la migliore. Tuttavia la ricerca locale produce soluzioni migliori. Un metodo di ricerca locale a grande scala, che rappresenta un ottimo compromesso fra tempi di calcolo e qualità della soluzione, è stato proposto in [3]. Si tratta dell'euristica detta *shifting bottleneck*. L'algoritmo si basa sulla risoluzione esatta di molti problemi ad una macchina con l'algoritmo descritto in Sez. 20.5. Data una soluzione l'intorno che si usa è quello fornito da tutte le possibili rischedulazioni di una singola macchina. Anche se il numero di soluzioni nell'intorno è molto elevato si può sceglierne la migliore risolvendo un problema ad una macchina. I dati del problema ad una macchina vengono definiti in base al seguente ragionamento: rimossi tutti gli archi disgiuntivi della macchina, il cammino più lungo dal nodo sorgente ad un'operazione della macchina è un tempo che deve trascorrere prima che l'operazione possa essere eseguita e quindi può essere assimilabile ad una data di rilascio. Analogamente il cammino più lungo da un'operazione al nodo destinazione è un tempo che deve comunque trascorre dall'inizio dell'operazione prima del completamento di tutte le operazioni e quindi è assimilabile ad una coda.

Con questi dati la macchina viene rischedulata usando l'algoritmo di Carlier, che per questo tipo di istanze risolve abbastanza velocemente il problema, nonostante il problema sia **NP**-difficile. Il motivo di questo fatto risiede nella correlazione negativa fra date di rilascio e code. Infatti è abbastanza plausibile che se il cammino dalla sorgente ad un'operazione è corto, sia invece lungo il cammino dall'operazione al nodo destinazione, e viceversa. Naturalmente non è detto che le date di rilascio sia ordinate in modo esattamente opposto alle code. Se avvenisse questo la soluzione ottima è data direttamente dalla regola di Jackson (pag. 379). Tuttavia anche se ciò non avviene, rimane la correlazione negativa per cui l'ottimo non è molto distante da quanto si ottiene usando la regola di Jackson e allora l'esplorazione dell'albero branch-and-bound non genera molti nodi.

Esempio 21.2.

Si consideri la soluzione in Fig. 21.5 e si prenda in esame la macchina con due sole operazioni (quella che esegue le operazioni $(1,4)$ e $(3,3)$). I cammini più lunghi dalla sorgente alle due operazioni valgono 10 per $(1,4)$ e 12 per $(3,3)$. I cammini più lunghi dalle medesime operazioni verso la destinazione valgono 7 per $(1,4)$ e 9 per $(3,3)$. Da questi valori si ricavano le code sottraendo il tempo di esecuzione dell'operazione. Allora i dati del problema ad una macchina sono (e si noti che non si presenta la correlazione negativa prima descritta)

$$r_{1,4} = 10 \qquad p_{1,4} = 7 \qquad q_{1,4} = 0$$
$$r_{3,3} = 12 \qquad p_{3,3} = 4 \qquad q_{3,3} = 5$$

Delle due permutazioni possibili quella che schedula prima $(1,4)$ e poi $(3,3)$ ha valore 26, mentre l'altra ha valore 23. Quindi nella ricerca locale la scelta corrente dell'arco disgiuntivo non viene modificata. Si consideri invece la machina che esegue le operazioni $(1,1)$, $(2,2)$ e $(3,2)$. I dati sono

$$r_{1,1} = 0 \qquad p_{1,1} = 5 \qquad q_{1,1} = 12$$

$$r_{2,2} = 2 \qquad p_{2,2} = 6 \qquad q_{2,2} = 3$$

$$r_{3,2} = 3 \qquad p_{3,2} = 1 \qquad q_{3,2} = 11$$

La risoluzione del problema ad una macchina fornisce la schedulazione ottima $(1,1) \to (3,2) \to (2,2)$ di valore 17. ∎

L'euristica shifting bottleneck opera anche una scelta di quale macchina rischedulare di volta in volta. L'algoritmo prevede una fase iniziale in cui nessuna macchina è schedulata e quindi il grafo si riduce alle precedenze dei lavori. Si calcolano le schedulazioni di tutte le macchine e si fissano gli archi disgiuntivi della macchina con il più alto valore di makespan, che viene considerata collo di bottiglia (bottleneck) e quindi va schedulata con priorità rispetto alle altre. A questo punto si itera ricalcolando ogni volta le schedulazioni delle macchine non ancora schedulate e fissando gli archi disgiuntivi di quella macchina che presenta il valore più alto. Quando tutte le macchine sono schedulate si continuano a rischedulare le macchine per un certo numero fissato di iterazioni. Con quest'euristica l'istanza di 10 lavori e 10 macchine precedentemente citata si riesce a risolvere con un valore molto vicino all'ottimo (931 invece di 930) in pochi secondi.

Per quel che riguarda un approccio esatto ci limitiamo a fornire un possibile modello basato sulle reti di flusso e sulla discretizzazione del tempo. Si costruiscano n grafi orientati G_j, uno per ogni lavoro j. Per ogni grafo G_j si indichino i nodi come (k,t), con $k = 0, \ldots, |K_j|$, $t = 0, \ldots, T$, dove T è l'orizzonte temporale entro il quale supponiamo tutte le operazioni saranno terminate. Inoltre sono definiti due tipi di archi: archi di tipo 0, etichettati come (k,t), da ogni nodo $(k, t-1)$ a (k,t), per $k = 0, \ldots, |K_j|$ e $t = 1, \ldots, T - \sum_{h>k} p_{jk}$, e archi di tipo 1, etichettati come (k,t), da ogni nodo $(k-1, t-p_{j(k+1)})$ a (k,t), per $k = 1, \ldots, |K_j|$ e $t = \sum_{h>k} p_{jk}, \ldots, T$. Quindi tutti gli archi e i loro flussi sono identificati dal nodo in cui arrivano e possono essere solo di tipo 0 o di tipo 1. Per ogni grafo G_j il nodo $(0,0)$ è sorgente di un flusso unitario e il nodo $(|K_j|, T)$ è il pozzo.

Si vedano in Fig. 21.7(a) i grafi G_1 e G_2 per un'istanza di due lavori con due operazioni ciascuno, di durate $p_{11} = 2$, $p_{12} = 3$ per il primo lavoro e $p_{21} = 4$, $p_{22} = 1$ per il secondo lavoro. Tutti gli archi sono orientati da sinistra verso destra e dall'alto verso il basso.

L'idea è che quando un flusso unitario attraversa l'arco (k,t) di tipo 1, questo equivale a schedulare l'operazione k con completamento al tempo t. Invece l'attraversamento dell'arco (k,t) di tipo 0 corrisponde ad un intervallo di inattività da $t-1$ a t per il lavoro, fra l'esecuzione dell'operazione $(k-1)$ e la k. Ad ogni arco può essere assegnato un costo per modellare una qualsiasi funzione obiettivo dei tempi di completamento. Nel caso più semplice in cui il costo si riferisce solo ai lavori, cioè all'ultima operazione di ogni lavoro, è sufficiente assegnare un costo diverso da 0 agli archi di tipo 1 dell'ultima operazione.

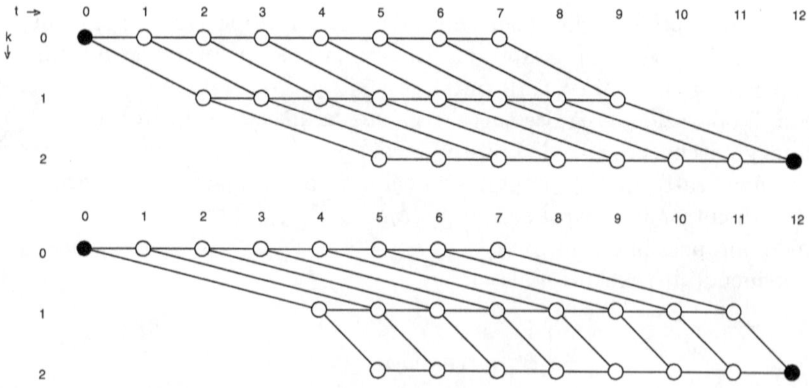

(**a**) Grafi G_1 e G_2

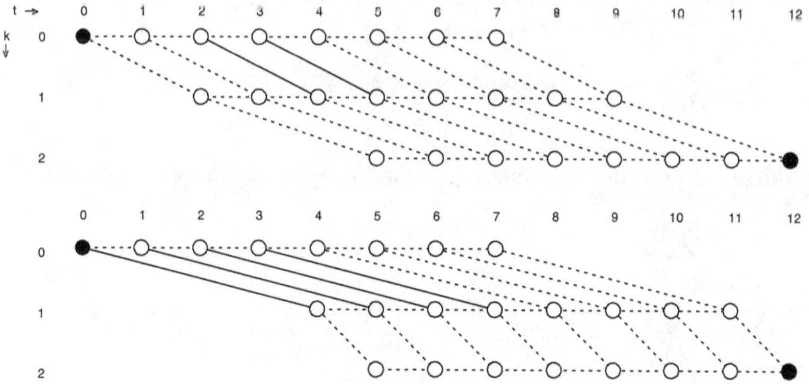

(**b**) Vincolo di macchina

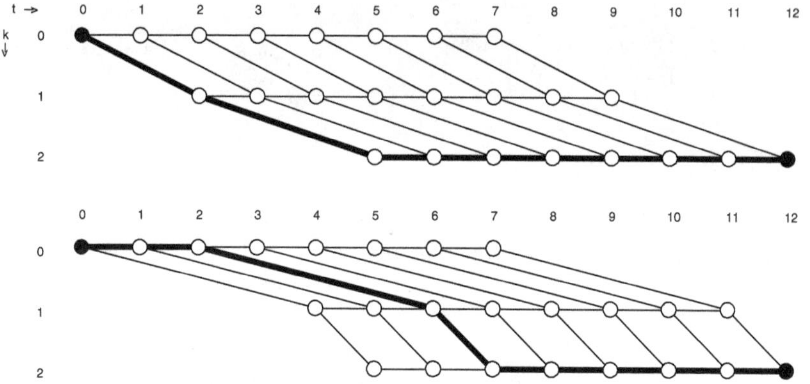

(**c**) Soluzione

Figura 21.7.

Naturalmente bisogna tener conto dei vincoli di macchina. Per ogni macchina $m \in M$ e per ogni istante τ, i flussi non possono attraversare più di un arco per tutti gli archi (k,t) di tipo 1 se $\tau \le t \le \tau - 1 + p_{jk}$ e $m_{jk} = m$, cioè si tratta di operazioni eseguite tutte dalla stessa macchina m. In Fig. 21.7(b) si vedono gli archi coinvolti da questo vincolo per $\tau = 3$ e per la prima macchina (archi non tratteggiati), supponendo che una macchina esegua le prime operazioni di entrambi i lavori e la seconda macchina gli altri due. In Fig. 21.7(c) si vede una possibile soluzione.

Definendo le seguenti matrici:

$$a_{j,k,t,\tau,m} := \begin{cases} 1 & \text{se } \tau \le t \le \tau - 1 + p_{jk} \text{ e } m = m_{jk} \\ 0 & \text{altrimenti} \end{cases}$$

che tiene conto dei vincoli di macchina e

$$b^0_{j,k,t} := \begin{cases} 1 & \text{se } 1 \le t \le T - \sum_{h>k} p_{jk} \text{ e } 0 \le k \le |K_j| \\ 0 & \text{altrimenti} \end{cases}$$

$$b^1_{j,k,t} := \begin{cases} 1 & \text{se } \sum_{h>k} p_{jk} \le t \le T \text{ e } 1 \le k \le |K_j| \\ 0 & \text{altrimenti} \end{cases}$$

che tengono conto dell'esistenza degli archi nei nodi, il modello di PL01 è

$$\begin{aligned}
&\min \sum_{(j,k,t)} f_{j,k}(t)\, \xi^1_{j,k,t} \\
&\sum_{(j,k,t)} a_{j,k,t,\tau,m}\, \xi^1_{j,k,t} \le 1 \qquad\qquad m \in M, \tau = 1,\ldots,T \\
&b^1_{j,k+1,t+p_{j(k+1)}}\, \xi^1_{j,k+1,t+p_{j(k+1)}} + \\
&b^0_{j,k,t+1}\, \xi^0_{j,k,t+1} - b^0_{j,k,t}\, \xi^0_{j,k,t} - b^1_{j,k,t}\, \xi^1_{j,k,t} = \\
&\quad = \begin{cases} 1 & \text{se } k = 0,\ t = 0 \\ -1 & \text{se } k = |K_j|,\ t = T \\ 0 & \text{altrimenti} \end{cases} \qquad j \in J,\ k = 0,\ldots,|K_j|,\ t = 0,\ldots,T \\
&\xi^0_{j,k,t}, \xi^1_{j,k,t} \in \{0,1\}
\end{aligned} \tag{21.3}$$

Il rilassamento del modello (21.3) produce delle limitazioni inferiori che sono abbastanza buone. Per piccole istanze (fino a 6 lavori e 6 macchine), l'ottimo viene raggiunto in pochi secondi. Tuttavia l'elevato numero di variabili e di vincoli rende lento il modello per istanze più grandi.

Per ottenere una soluzione che minimizzi il tempo massimo conviene procedere variando l'orizzonte con ricerca binaria finché non si trova il minimo valore che produce soluzioni ammissibili.

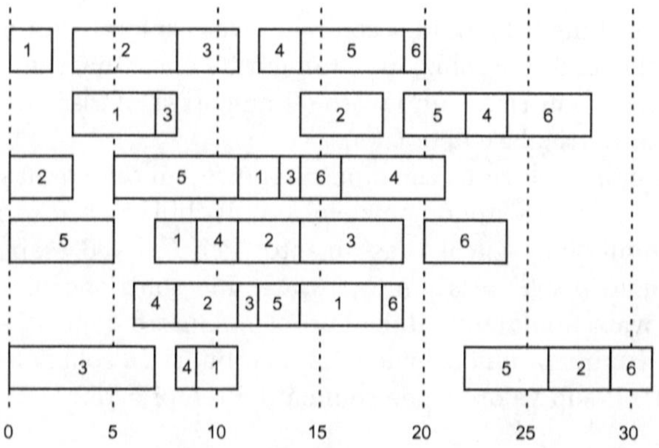

(**a**) Soluzione ottima per tempo totale

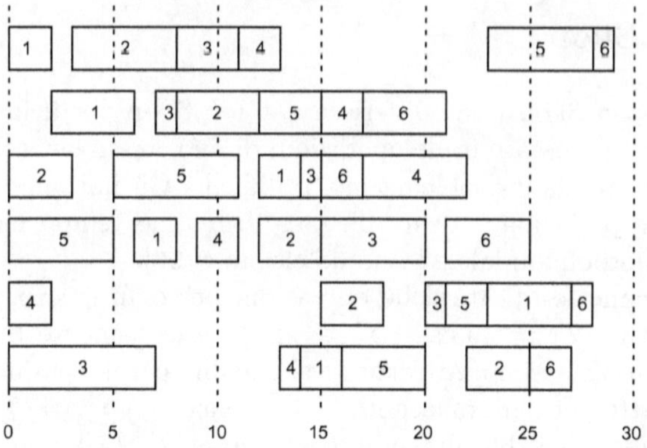

(**b**) Soluzione ottima per tempo massimo

Figura 21.8.

Esempio 21.3.

Si consideri un'istanza di 6 lavori con 6 operazioni ciascuno e 6 macchine. Le durate delle operazioni e le assegnazioni delle macchine sono le seguenti:

$$p_{jk} = \begin{pmatrix} 2 & 5 & 3 & 2 & 5 & 1 \\ 4 & 1 & 4 & 3 & 2 & 4 \\ 3 & 6 & 2 & 1 & 2 & 5 \\ 5 & 2 & 2 & 3 & 5 & 4 \\ 2 & 3 & 1 & 2 & 4 & 1 \\ 7 & 1 & 2 & 4 & 3 & 2 \end{pmatrix} \qquad m_{jk} = \begin{pmatrix} 1 & 2 & 3 & 4 & 5 & 6 \\ 1 & 3 & 2 & 5 & 4 & 6 \\ 2 & 5 & 1 & 3 & 6 & 4 \\ 5 & 1 & 4 & 2 & 3 & 6 \\ 4 & 2 & 3 & 5 & 1 & 6 \\ 3 & 4 & 1 & 5 & 2 & 6 \end{pmatrix}$$

Sulla base di questi dati stimiamo un orizzonte $T = 35$. Il rilassamento di (21.3) ha un valore ottimo di 135,96 e quindi la limitazione inferiore prodotta dal rilassamento vale 136. La soluzione intera vale 143, con orizzonte 31, e viene trovata da Lingo dopo 40 secondi ed aver esplorato un albero branch-and-bound di 298 nodi. La soluzione è raffigurata come diagramma di Gantt in Fig. 21.8(a), dove ogni riga è un lavoro e i numeri si riferiscono alle macchine che eseguono la particolare operazione.

Per ottenere una soluzione che minimizzi invece il tempo massimo si riduce l'orizzonte fino a che esistono soluzioni ammissibili. Si è posto $T = 25$ e si è trovato inammissibile già il rilassamento. Per $T = 30$ (sappiamo già che esistono soluzioni per $T = 31$) si è trovata una soluzione in 4 secondi. Per $T = 28$ si è trovato non ammissibile il problema intero dopo 17 secondi. Infine per $T = 29$ si è trovata una soluzione in 4 secondi. La soluzione è raffigurata in Fig. 21.8(b). Il suo valore come somma dei tempi è 152. ∎

21.3 Open Shop

Il problema Open Shop (OS) differisce dal Job Shop per il fatto che non ci sono precedenze prefissate fra le operazioni di uno stesso lavoro. Questa maggiore flessibilità rende il problema molto difficile. Ci limitiamo a considerare la versione con prelazione e con obiettivo il minimo tempo massimo, che si risolve in tempo polinomiale e in modo elegante [96].

Se si sommano le durate delle operazioni per ogni lavoro, la più grande di queste somme ($T_j := \max_{j \in J} \sum_{m \in M} p^h_{jm}$) è certamente una limitazione inferiore al tempo massimo. Altrettanto si può dire per il massimo delle somme delle durate fatte per ogni macchina ($T_m := \max_{m \in M} \sum_{j \in J} p^h_{jm}$).

Il più grande fra i due massimi $T^* := \max\{T_j, T_m\}$ non è solo una limitazione inferiore ma è anche il tempo entro il quale si possono schedulare tutti i lavori, se la prelazione è ammessa. Questo fatto viene provato proprio costruendo una soluzione che richiede questo tempo, suddividendo la schedulazione per unità temporali. In ogni unità temporale i lavori vengono assegnati alle macchine. Essendo ammessa la prelazione non è necessario che un lavoro venga assegnato alla stessa macchina in unità temporali adiacenti.

La costruzione della soluzione si effettua nel seguente modo. Si denoti $p^1_{jm} := p_{jm}$ e poi per $h = 1, \ldots, T^*$ si iteri nel seguente modo. Sia

$$T^h := \max \left\{ \max_{m \in M} \sum_{j \in J} p^h_{jm} \ ; \ \max_{j \in J} \sum_{m \in M} p^h_{jm} \right\}$$

(quindi $T^1 = T^*$) I lavori j tali $T^h = \sum_{m \in M} p^h_{jm}$ e le macchine m tali che $T^h = \sum_{j \in J} p^h_{jm}$ vengono detti critici. Siano J^* i lavori critici e M^* le macchine critiche.

Si tratta ora di trovare un assegnamento di lavori a macchine, non necessariamente perfetto, tale che tutti i lavori critici e tutte le macchine critiche siano assegnati e che un lavoro j venga assegnato a una macchina m solo se

$p^h_{jm} > 0$. Il problema d'assegnamento si può formulare come una soluzione ammissibile per i vincoli:

$$\begin{array}{llll} \sum_{j \in J} x_{jm} = 1 & m \in M^*, & \sum_{j \in J} x_{jm} \leq 1 & m \notin M^*, \\ \sum_{m \in M} x_{jm} = 1 & j \in J^*, & \sum_{m \in M} x_{jm} \leq 1 & j \notin J^*, \\ x_{jm} = 0 \ \text{ se } \ p_{jm} = 0, & & x_{jm} \in \{0,1\} & \end{array} \tag{21.4}$$

Un tale assegnamento esiste sempre. Si definisca $x_{jm} := p_{jm}/T^h$ e si verifica immediatamente che si tratta di una soluzione frazionaria del rilassamento di (21.4) e quindi il poliedro delle soluzioni ammissibili del rilassamento non è vuoto. Siccome tale poliedro ha vertici interi in base al Teorema 10.1, si deduce che esiste sempre una soluzione intera.

Siano $J^h \supset J^*$ e $M^h \supset M^*$ i lavori e le macchine che vengono assegnati. Ovviamente $|J^h| = |M^h|$. A questo punto si ridefiniscono i tempi come

$$p^{h+1}_{jm} := \begin{cases} p^h_{jm} - 1 & \text{se } j \in J^h \text{ e } m \in M^h \\ p^h_{jm} & \text{altrimenti} \end{cases}$$

e si procede ricorsivamente. Ad ogni iterazione si ha $T^h = T^{h-1} - 1$ e quindi dopo T^* iterazioni la procedura termina. Si noti ancora che quando un lavoro o una macchina diventano critiche, rimangono tali fino alla fine della procedura.

Esempio 21.4.

Sia ad esempio

$$p_{jm} = p^1_{jm} = \begin{pmatrix} 2 & 3 & 0 & 1 \\ 1 & 2 & 1 & 0 \\ 0 & 1 & 3 & 2 \end{pmatrix}$$

Quindi $K^1 = 6$, $J^* = \{1,3\}$ e $M^* = \{2\}$. Il primo assegnamento potrebbe essere dato da (1-1), (2-2), (3-3), da cui

$$p^2_{jm} = \begin{pmatrix} 1 & 3 & 0 & 1 \\ 1 & 1 & 1 & 0 \\ 0 & 1 & 2 & 2 \end{pmatrix}$$

Quindi $K^2 = 5$, $J^* = \{1,3\}$ e $M^* = \{2\}$. Il secondo assegnamento potrebbe ancora essere ancora dato da (1-1), (2-2), (3-3), da cui

$$p^3_{jm} = \begin{pmatrix} 0 & 3 & 0 & 1 \\ 1 & 0 & 1 & 0 \\ 0 & 1 & 1 & 2 \end{pmatrix}$$

$K^3 = 4$, $J^* = \{1,3\}$ e $M^* = \{2\}$. Il terzo assegnamento non può più essere uguale al primo perché due durate sono diventate uguali a 0. Ad esempio potrebbe essere (1-2), (2-1) e (3-3). Quindi

$$p_{jm}^4 = \begin{pmatrix} 0 & 2 & 0 & 1 \\ 0 & 0 & 1 & 0 \\ 0 & 1 & 0 & 2 \end{pmatrix}$$

$K^4 = 3$, $J^* = \{1,3\}$ e $M^* = \{2,4\}$. Il quarto assegnamento potrebbe essere (1-2), (2-3), (3-4). Quindi

$$p_{jm}^5 = \begin{pmatrix} 0 & 1 & 0 & 1 \\ 0 & 0 & 0 & 0 \\ 0 & 1 & 0 & 1 \end{pmatrix}$$

Nelle due ultime iterazioni gli assegnamenti sono (1-4), (3-2) e (1-2), (3-4). Quindi la schedulazione finale, ottenuta assemblando tutti gli assegnamenti, è (le colonne corrispondono ai tempi di esecuzione, le righe sono i lavori e i numeri rappresentano la macchina):

1	1	2	2	4	2
2	2	1	3	–	–
3	3	3	4	2	4

Da ogni soluzione si può ottenere un'altra semplicemente permutando le colonne. In questo caso particolare si può migliorare la soluzione data evitando di interrompere alcune lavorazioni invertendo le ultime due colonne. ∎

Se le durate di esecuzione sono unitarie allora non c'è differenza fra il problema con prelazione e quello senza. Il caso di durate unitarie si presenta ad esempio quando si modellano delle interviste fra persone di un gruppo (lavori) con persone di un altro gruppo (macchine) e si assume che tutte le interviste abbiano la stessa durata. Il problema di assegnare i tempi alle interviste in modo da ridurre il tempo massimo, è esattamente un Open Shop con durate unitarie. Problemi di questo genere sono stati studiati ad esempio in [17, 190].

21.4 Appendice

Dimostrazione dell'ottimalità di una schedulazione a permutazione per Flow Shop con due macchine

Se la sequenza dei lavori su ogni macchina è fissata, il calcolo del minimo tempo massimo si riduce al calcolo del cammino più lungo su un grafo orientato e aciclico, come per il PERT. Si veda in Fig. 21.9(a) il grafo con le precedenze fra le operazioni di una stessa macchina, indotte dalle sequenze fissate, e quelle fra le operazioni di uno stesso lavoro. Le etichette nei nodi si riferiscono ai lavori. Sono stati inoltre aggiunti il nodo di inizio lavori (0) e il nodo di fine lavori ($*$).

Si denoti con $P(i)$ il cammino che va da 0 alla prima operazione (nell'ordine della sequenza) sulla macchina 1, percorre in sequenza un certo numero di operazioni della prima macchina fino all'operazione ($i1$) (con i etichetta del lavoro), poi passa sull'operazione dello stesso lavoro sulla seconda macchina, cioè ($i2$) e prosegue fino all'ultima operazione (nell'ordine della sequenza) per finire nel nodo $*$ (in Fig. 21.9(a) è indicato il cammino $P(4)$). Il cammino più lungo è necessariamente uno dei cammini $P(i)$.

Si supponga che le sequenze di operazioni sulle due macchine siano diverse. Allora esistono due lavori i e j tali che l'operazione ($i1$) precede ($j1$) e le due operazioni sono consecutive, mentre ($j2$) precede ($i2$), non necessariamente in modo consecutivo (in figura $i = 3$ e $j = 4$). Il cammino $P(j)$ è più lungo di $P(i)$. Se si scambiano le operazioni ($i1$) e ($j1$) (Fig. 21.9(b)), tutti i cammini tranne $P(i)$ e $P(j)$ non hanno cambiato lunghezza. Inoltre i nuovi cammini $P(i)$ e $P(j)$ (indicati in Fig. 21.9(b)) sono più corti del precedente $P(j)$ (o quanto meno non più lunghi se si ammette che qualche durata possa essere nulla). Quindi la nuova soluzione è non peggiore della precedente. Operando in questo modo finché le due sequenze sono uguali si perviene ad una soluzione non peggiore di quella iniziale.

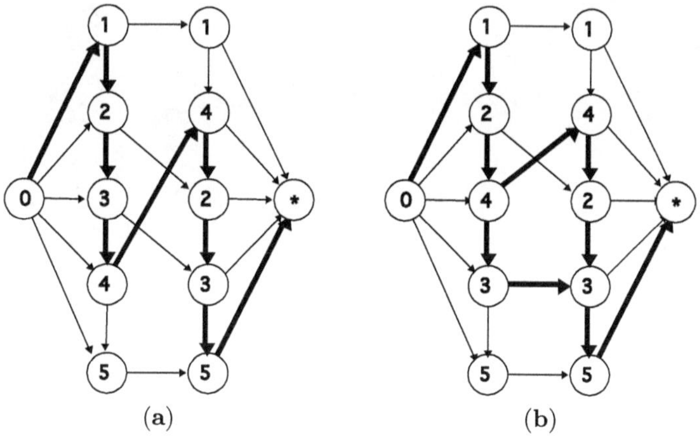

Figura 21.9.

Dimostrazione dell'esattezza dell'algoritmo per Flow Shop con due macchine

In base al risultato per il quale basta considerare schedulazioni a permutazione, per ogni permutazione il cammino massimo ha il medesimo numero di archi. Quindi se alle durate si aumenta o diminuisce la stessa quantità, la soluzione ottima rimane ottima anche con le durate variate. Si diminuisca allora ogni durata di $\min_i \min\{p_{i1}, p_{i2}\}$. Operando in questo modo almeno un'operazione diventa di durata nulla. Supponiamo si tratti di un'operazione del lavoro k sulla prima macchina. Se quest'operazione viene posta al primo posto della sequenza otteniamo una schedulazione non peggiore. Se viceversa è un'operazione della seconda macchina l'operazione può essere posta all'ultimo posto della sequenza ottenendo una schedulazione non peggiore. Se il cammino più lungo della soluzione ottima è $P(k)$, l'ordine delle altre operazioni è irrilevante e quindi l'algoritmo fornisce una soluzione ottima. Se invece il cammino più lungo della soluzione ottima non è $P(k)$ si diminuiscono le durate delle operazioni degli altri lavori della quantità $\min_{i \neq k} \min\{p_{i1}, p_{i2}\}$. Continuando ricorsivamente questo equivale a collocare ai primi posti della prima macchina le operazioni secondo l'ordine dato dalle durate crescenti p_{i1} per i tale che $p_{i1} \leq p_{i2}$ e agli ultimi posti della seconda macchina le operazioni secondo l'ordine p_{i2} per i tale che $p_{i1} > p_{i2}$.

22

Modelli di schedulazione Problemi periodici

Spesso si vuole che la temporizzazione degli eventi da schedulare sia periodica. Il caso più comune è dato dai trasporti pubblici. Probabilmente non esiste orario di treni che non sia periodico, su base almeno settimanale. Inoltre per tutti i giorni feriali l'orario è quasi sempre il medesimo e quindi per questi giorni la periodicità è di tipo giornaliero. Gli orari aerei hanno una periodicità settimanale, ma per la maggior parte dei voli è giornaliera.

Nella maggior parte dei paesi europei si cerca di rendere l'orario dei treni periodico sulla base dell'ora, escluse alcune ore della notte. Quindi è sufficiente in questi casi fornire un orario limitato ad un'unica ora. Dal punto di vista dell'utenza si tratta di una semplificazione grandissima. In Olanda il periodo dell'orario è addiritura di mezz'ora. Questo significa che se, ad esempio, un treno parte ai minuti 10, partirà ai minuti 10 e 40 di ogni ora.

Si tende anche a rendere periodici gli orari degli autobus e delle metropolitane. Per poter garantire ai passeggeri coincidenze con minimi tempi di attesa, è più conveniente adottare un orario periodico, per il quale il vincolo da imporre per una coincidenza deve essere espresso solo una volta, anziché per tutte le occorrenze della coincidenza se l'orario non fosse periodico.

Vi sono anche altri casi in cui, anche se la periodicità non si impone in modo naturale come nel caso dei trasporti, è tuttavia il modo migliore di regolare delle attività. Ad esempio la commutazione semaforica avviene su base periodica. In questo caso il periodo diventa una variabile decisionale.

22.1 Il problema di schedulare eventi periodici

Il primo modello di schedulazione di eventi periodici fu presentato in [204]. In questo modello, chiamato PESP (Periodic Event Scheduling Problem) sono dati: un periodo T, un insieme N di eventi e un insieme E di vincoli per alcune (eventualmente anche tutte o nessuna) coppie di eventi. Ogni vincolo $e \in E$ definisce una limitazione inferiore a_e ed una superiore b_e per la coppia ordinata di eventi $e = (i, j)$. Le due limitazioni definiscono il seguente insieme

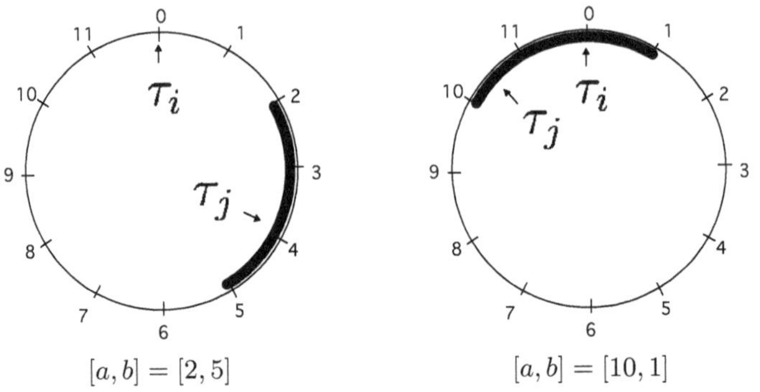

Figura 22.1.

$$\{\tau \in [0, T) : (\tau - a_e) \bmod T \leq (b_e - a_e) \bmod T\}$$

che, con abuso di terminologia, possiamo denotare come 'intervallo' $[a_e, b_e]_T$. Se rappresentiamo il tempo in modo circolare (a causa della periodicità) con direzione oraria, l'intervallo $[a_e, b_e]_T$ è dato dagli istanti di tempo da $a_e \bmod T$ in senso orario fino a $b_e \bmod T$. Si noti che b_e può essere minore di a_e.

Una soluzione di un'istanza di PESP è un'assegnazione $\tau : N \to [0, T)$ tale che

$$(\tau_j - \tau_i) \bmod T \in [a_e, b_e]_T \qquad e = (i, j) \in E \tag{22.1}$$

Il valore τ_i è la schedulazione dell'evento periodico i. Le occorrenze dell'evento i sono gli infiniti valori $\{\tau_i + kT : k \in \mathbb{Z}\}$. Se T e gli intervalli sono definiti da numeri interi anche la schedulazione assume valori interi, senza perdita di generalità.

Nella Fig. 22.1 si esemplifica il vincolo (22.1) per due diverse limitazioni. La differenza $\tau_j - \tau_i$ deve cadere all'interno degli intervalli indicati. Si noti che (22.1) è equivalente a $(\tau_i - \tau_j) \bmod T \in [-b_e, -a_e]_T = [T - b_e, T - a_e]_T$.

È naturale rappresentare un'istanza di PESP come un grafo orientato in cui i nodi sono gli eventi e i vincoli sono gli archi. PESP può essere visto come l'estensione al caso periodico dei vincoli di precedenza tipici del PERT. Tuttavia la periodicità, per la quale non esiste un 'prima' e un 'dopo', introduce una tale flessibilità da rendere il problema **NP**-difficile.

Si supponga infatti di dover colorare i nodi di un grafo con T colori (ad esempio il grafo di 7 nodi in Fig 22.2 usando $T = 4$ colori). Gli archi del grafo vengono orientati arbitrariamente, si fissa il periodo uguale a T (numero di colori) e ad ogni arco si assegna l'intervallo $[1, T - 1]$ (si veda l'intervallo in figura).

Esiste una schedulazione se e solo se esiste una colorazione con T colori. Infatti due nodi adiacenti non possono avere la stessa schedulazione a causa del vincolo. Quindi i valori della schedulazione (necessariamente interi) corrispondono ai T colori. Siccome il problema della colorazione è **NP**-completo

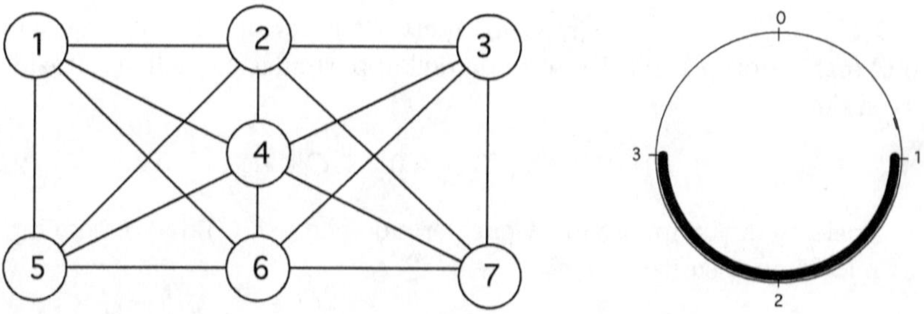

Figura 22.2.

anche per tre colori, si vede che PESP è **NP**-difficile anche per $T = 3$. Nell'esempio esiste una schedulazione ammissibile ed è: $\tau_4 = 0$, $\tau_1 = \tau_3 = 1$, $\tau_2 = \tau_6 = 2$, $\tau_5 = \tau_7 = 3$.

Il vincolo (22.1) può essere riformulato con variabili intere z_e come

$$a_e - z_e T \le t_j - t_i \le b_e - z_e T \qquad e = (i,j) \in E \tag{22.2}$$

Con questa formulazione bisogna eventualmente ridefinire le limitazioni in modo che $a_e \le b_e$ e $b_e - a_e < T$ (altrimenti le due variabili intere in (22.2) non potrebbero essere uguali). Se esistono valori ammissibili per (22.2) basta porre $\tau_i = t_i \bmod T$. Se si fissano le variabili intere z_e, (22.2) è un problema di tensione ammissibile che si risolve facilmente come descritto a pag. 171. Naturalmente la difficoltà del problema consiste nel trovare le variabili intere z_e che rendono ammissibile il problema oppure nel far vedere che tali variabili non esistono.

L'ammissibilità di (22.2) può essere verificata ricorrendo alla PLI, ma conviene sfruttare la particolare struttura del problema e progettare un algoritmo ad hoc. Ci limitiamo qui a descrivere l'algoritmo proposto in [204]. Sono stati successivamente elaborati algoritmi più veloci ([165, 198]).

Alla base di questi algoritmi c'è la proprietà che una soluzione ammissibile per (22.2) esiste se e solo se non ci sono circuiti negativi nel grafo. Più esattamente si aggiunga ad ogni arco (i,j) la sua copia antiparallela (j,i) e si definiscano distanze

$$d_{ij} := b_e - z_e T, \qquad d_{ji} := -a_e + z_e T, \qquad (i,j) \in E$$

Per ogni circuito $C \subset E$ sia C^+ l'insieme di archi di C in E orientati come il circuito e C^- l'insieme di archi orientati in senso opposto. La lunghezza del circuito C è allora

$$\sum_{e \in C^+} (b_e - z_e T) - \sum_{e \in C^-} (a_e - z_e T) = D(C) - z \cdot e(C)\, T$$

dove $D(C) := \sum_{e\in C^+} b_e - \sum_{e\in C^-} a_e$, e $e(C)$ è il vettore d'incidenza del circuito C (con valori -1, 0 o 1 a seconda dell'appartenenza e dell'orientazione). Allora si deve avere

$$D(C) - z \cdot e(C)T \geq 0 \qquad C \in \mathcal{C} \tag{22.3}$$

con $\mathcal{C}$ l'insieme di tutti i circuiti. Considerando che $z \cdot e(C)$ deve essere intero, (22.3) può essere riscritto come

$$z \cdot e(C) \leq \left\lfloor \frac{D(C)}{T} \right\rfloor =: \delta(C) \qquad C \in \mathcal{C} \tag{22.4}$$

Non è difficile vedere, con semplici argomenti di algebra lineare, che si possono fissare liberamente i valori di z_e sugli archi di un albero di supporto, ad esempio $z_e := 0$, e limitarsi a calcolare i valori di z_e per le corde dell'albero.

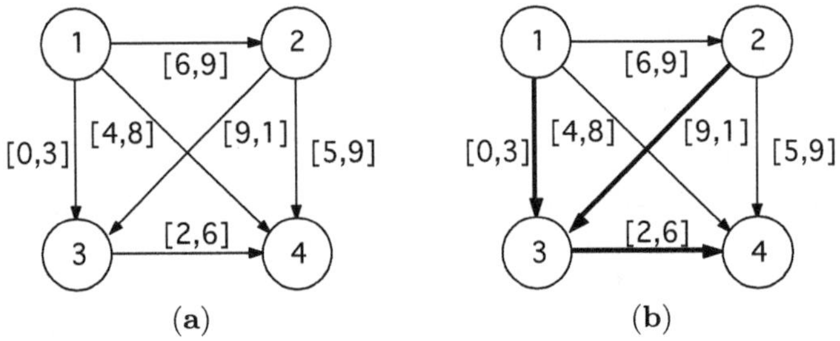

Figura 22.3.

Esempio 22.1.

Si consideri l'istanza in Fig. 22.3(a) con $T = 10$. Si fissi $z_e = 0$ per gli archi dell'albero di supporto indicato in Fig. 22.3(b). Quindi si devono calcolare z_{14}, z_{12} e z_{24}.

Consideriamo il circuito $C_1 = 1 \to 4 \to 3 \to 1$. Per questo circuito si ha $D(C_1) = 8 - 2 - 0 = 6$ e quindi da (22.4) si ottiene $z_{14} \leq \lfloor 6/10 \rfloor = 0$. Per il circuito inverso $C_2 = 1 \to 3 \to 4 \to 1$ si ha $D(C_2) = 3 + 6 - 4 = 5$ e quindi $-z_{14} \leq \lfloor 5/10 \rfloor = 0$. Allora $z_{14} = 0$.

Per i circuiti $C_3 = 1 \to 2 \to 3 \to 1$ e $C_4 = 1 \to 3 \to 2 \to 1$ si ha (si noti che l'intervallo $[9, 1]$ va riformulato come $[9, 11]$ oppure $[-1, 1]$, scegliamo questa seconda opzione) $D(C_3) = 9 + 1 - 0 = 10$ e quindi $z_{12} \leq 1$, e $D(C_4) = 3 + 1 - 6 = -2$ da cui $-z_{12} \leq -1$ e quindi $z_{12} = 1$.

Per i circuiti $C_5 = 2 \to 4 \to 3 \to 2$ e $C_6 = 2 \to 3 \to 4 \to 2$ si ha $D(C_5) = 9 - 2 + 1 = 8$ da cui $z_{24} \leq 0$ e $D(C_6) = 1 + 6 - 5 = 2$ da cui $-z_{24} \leq 0$ e quindi $z_{24} = 0$.

Il fatto che si siano calcolati i valori di tutte le variabili z non significa ancora che il problema sia ammissibile. Questi valori potrebbero non essere ammissibili per altri circuiti. Ad esempio possiamo effettuare la verifica per il circuito $1 \to 2 \to 4 \to 1$ per il quale si ha $D(C) = 14$ e allora si deve avere

$$z_{12} + z_{24} - z_{14} \leq \frac{14}{10} = 1$$

e si vede che i valori calcolati sono ammissibili. Comunque, una volta noti i valori di z si può risolvere il problema di tensione ammissibile con gli intervalli indicati in figura, ma con l'intervallo dell'arco $(1,2)$ modificato in $[6-10, 9-10] = [-4,-1]$ e quello dell'arco $(2,3)$ in $[-1,1]$. Una soluzione è data da $t_1 = 0$, $t_2 = -1$, $t_3 = 1$, $t_4 = 5$, cioè $\tau_1 = 0$, $\tau_2 = 9$, $\tau_3 = 1$, $\tau_4 = 5$. ∎

Come si vede anche dall'esempio, non è pensabile risolvere direttamente (22.4) dato il numero esponenziale di circuiti. L'algoritmo proposto in [204] si basa su un albero di ricerca in cui si cerca di rendere ammissibile una corda alla volta, risolvendo un problema di camino minimo, e fissandone il valore di z se si riesce a rendere ammissibile, altrimenti risalendo nell'albero di ricerca e cambiando precedenti scelte di z. Per i dettagli si veda [204]. L'algoritmo è abbastanza veloce per grafi di qualche centinaio di nodi, ma presenta problemi se il numero di nodi supera il migliaio.

22.2 Controllo dei semafori

La commutazione semaforica avviene normalmente in modo periodico, all'interno di un intervallo temporale molto più grande del periodo, durante il quale i flussi del traffico sono abbastanza costanti. Se gli incroci stradali sono complessi l'approccio consueto di dividere il periodo in varie fasi (da due a quattro normalmente), in cui si dà via libera di volta in volta a flussi non in conflitto fra loro, non è applicabile. Il modello presentato in [205] cerca di calcolare gli istanti di commutazione dei vari semafori tenendo conto dei vincoli di conflitto fra flussi di traffico che si incrociano e dei vincoli di coordinamento fra semafori posti sulla stessa linea di flusso, oltre che ovviamente garantire una durata del verde compatibile con il volume del traffico che deve attraversare l'intersezione.

Comunque esiste anche la possibilità di coordinare un insieme di semafori che non condividono tutti lo stesso periodo. Ad esempio periodi di 60, 90 e 120 secondi possono coesistere. Per modellare questi casi è meglio far uso direttamente della PLI. Si veda [131]. Qui non ci occupiamo di questi casi.

Il periodo T viene considerato come assegnato. La scelta del periodo va fatta non solo a priori ma anche sulla base dei risultati del modello stesso al variare di T. A grandi linee si può dire che un basso valore del periodo impedisce l'accumularsi di grandi code grazie al rapido alternarsi di rosso e verde. Tuttavia l'incidenza dei tempi morti, che sono costanti all'interno del periodo, ha un maggiore effetto negativo sulla capacità di smaltire il traffico con periodi brevi. Quindi, se il traffico è elevato, conviene aumentare il periodo per aumentare la capacità. La scelta del periodo deve allora tenere conto di queste esigenze contrapposte.

Presentiamo qui un modello leggermente semplificato rispetto a [205]. In [205] la durata del verde è variabile ed è limitata inferiormente da un valore minimo che permette di smaltire tutto il traffico che arriva durante il periodo. Ora invece fissiamo la durata del verde esattamente al valore minimo e teniamo conto solo dei vincoli di conflitto e di coordinamento.

Il calcolo delle durate dei verdi si effettua tenendo conto del numero C di corsie presenti alla linea semaforica e del traffico stimato F che attraversa la linea semaforica. Si valuta in 1800 veicoli all'ora per corsia la capacità di smaltimento, per cui il numero di veicoli all'ora che riescono a transitare oltre la linea semaforica, se V è la durata del verde, è $1800\,C\,V$. Questo numero deve essere superiore al numero di veicoli che arrivano alla linea semaforica durante il periodo, dato da $F\,T$. Quindi si ricava

$$V \geq \gamma \, \frac{F\,T}{1800\,C} \tag{22.5}$$

con $\gamma > 1$ parametro decisionale da fissare in modo da dare maggior capacità all'incrocio (F ovviamente valutato in veicoli/ora). Qui calcoliamo V uguale alla limitazione inferiore (22.5).

Le variabili da calcolare sono gli istanti di inizio del verde. Noti questi, gli istanti di fine verde sono definiti a causa della durata fissa del verde. In questi modelli non si tiene conto del periodo di segnale arancio. La fine del verde corrisponde esattamente all'inizio del rosso. Quanto tempo dedicare all'arancio viene valutato successivamente.

I vincoli di conflitto e di coordinamento riguardano coppie di semafori. Il vincolo di conflitto è esemplificato in Fig. 22.4(a) dove la durata del verde è raffigurata con la barra nera. Per ogni coppia di semafori in conflitto vengono definiti i due tempi di sgombero (*clearance times*) c_{ij} e c_{ji} dove c_{ij} è il minimo tempo che deve trascorrere fra la fine del verde del semaforo i e l'inizio del verde del semaforo j. Analogamente c_{ji} è il minimo tempo che deve trascorrere fra la fine del verde del semaforo j e l'inizio del verde del semaforo i.

Quindi l'istante τ_j non può avvenire prima di $\tau_i + V_i + c_{ij}$ e analogamente l'istante τ_i non può avvenire prima di $\tau_j + V_j + c_{ji}$. Quindi deve valere il vincolo

$$\tau_j - \tau_i \in [V_i + c_{ij}, T - V_j - c_{ji}]_T \tag{22.6}$$

Per quel che riguarda il coordinamento fra il semaforo i (a monte) e il semaforo j (a valle) vengono definiti due tempi, il ritardo di coda (*tail offset*) r_{ij}, cioè il minimo tempo che deve trascorrere fra la fine del verde del semaforo i e la fine del verde del semaforo j, e il ritardo di testa (*head offset*) f_{ij}, cioè il massimo tempo che deve trascorrere fra l'inizio del verde del semaforo i e l'inizio del verde del semaforo j.

Anche se all'automobilista può sembrare più importante il ritardo di testa, che permette un'onda verde senza rallentamenti, dal punto di vista del

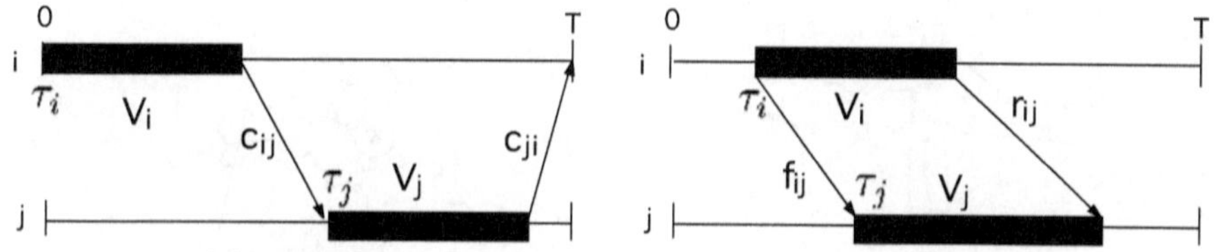

(**a**) Conflitto (**b**) Coordinamento

Figura 22.4.

progettista, è più importante il ritardo di coda. Se il ritardo di coda non è sufficiente, i veicoli rimangono 'intrappolati' fra i due semafori e possono ostacolare altri flussi di traffico che devono usare lo stesso spazio. Ecco perché il ritardo di coda viene assegnato come un tempo minimo. Viceversa il ritardo di testa viene assegnato come un tempo massimo. Qualche volta il ritardo di testa viene assegnato più elevato del tempo necessario a percorrere la distanza fra i semafori per permettere al traffico di ricompattarsi, dando luogo alla cosiddetta *platoon compression*. Un traffico compattato si controlla meglio, nel senso che ha un'evoluzione meno casuale.

Facendo riferimento alla Fig. 22.4(b) si vede che l'istante τ_j non può avvenire prima di $\tau_i + V_i + r_{ij} - V_j$, per ciò che riguarda il ritardo di coda, ma neppure dopo $\tau_i + f_{ij}$, per ciò che riguarda il ritardo di testa. Con un modello a durate di verde fissate i due vincoli potrebbero essere inconsistenti, se cioè si avesse $V_i + r_{ij} - V_j > f_{ij}$. Conviene allora definire il seguente vincolo

$$\tau_j - \tau_i \in [V_i + r_{ij} - V_j, \max\{f_{ij}, V_i + r_{ij} - V_j\}] \tag{22.7}$$

A questo punto si è definito un modello PESP in cui i nodi sono i semafori e gli archi i vincoli (22.6) e (22.7). Tuttavia sorge un problema se da uno stesso semaforo passano diversi flussi di traffico e i coordinamenti riguardano solo questi flussi di traffico, che si riferiscono quindi solo ad una parte del verde totale di un semaforo. I vincoli (22.7) possono diventare inconsistenti.

Si può ovviare a questo fatto introducendo dei semafori virtuali. Ogni semaforo reale viene rappresentato da tanti semafori virtuali ognuno dedicato ad un particolare flusso di traffico. I semafori virtuali non devono avere verdi che si sovrappongono e quindi vengono posti in conflitto uno con l'altro con tempi di sgombero nulli.

Una volta trovata la soluzione, le durate di verde vengono fuse assieme. Questa fusione è normalmente possibile. Diventa impossibile se i vari verdi sono staccati fra loro e sono interpolati da verdi di altri semafori in conflitto. In questo caso si potrebbe pensare ad una commutazione di verde multipla all'interno dello stesso periodo. Teoricamente si tratta di una cosa possibile anche se in pratica non viene fatta.

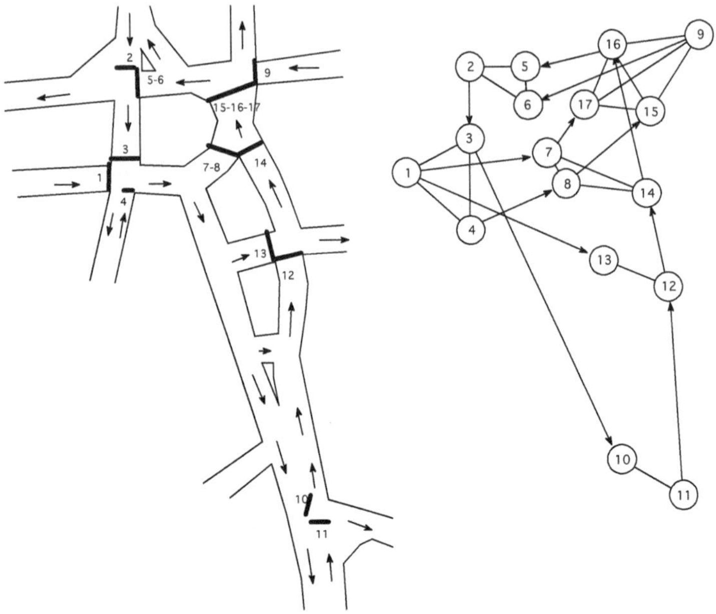

(**a**) Piazzale Osoppo e grafo dei vincoli

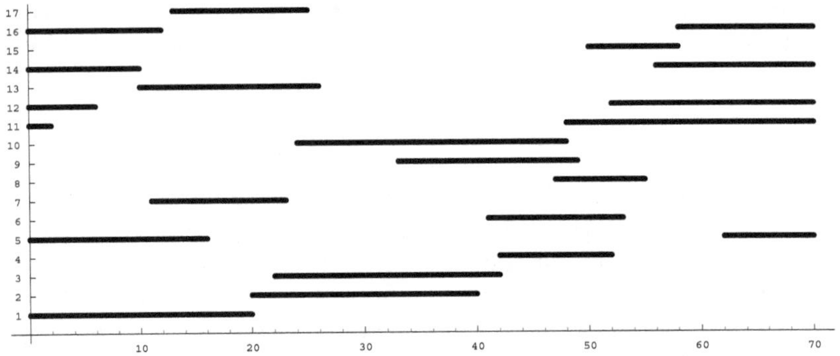

(**b**) Soluzione

Figura 22.5.

Esempio 22.2.

In questo esempio applichiamo le tecniche precedentemente illustrate al caso del Piazzale Osoppo di Udine, che presenta una serie di incroci di media complessità. In [205] si applica la teoria al caso di Piazzale Loreto a Milano di complessià superiore con 24 semafori da controllare.

In Fig. 22.5(a) è rappresentata l'intersezione con l'indicazione delle strade e delle linee semaforiche. Per alcune linee vi sono più semafori. Si tratta di semafori virtuali per controllare flussi diversi. I semafori 5 e 6 si riferiscono allo stesso semaforo reale. Altrettanto vale per la coppia di semafori 7 e 8 e per la terna 15, 16 e 17. In totale si tratta di 13 semafori reali, che diventano 17 tenendo conto dei virtuali. Rispetto alla situazione reale sono stati aggiunti i semafori 10, 11, 12 e 13, e si è modificato il senso di marcia del tratto di strada del semaforo 13 in modo da raggiungere via Uccellis più agevolmente di quanto sia possibile ora.

I vincoli sono rappresentati dal grafo in Fig. 22.5(a). I vincoli di conflitto sono indicati con archi non orientati, mentre i vincoli di coordinamento con archi orientati. Dal grafo si evince quali flussi si cercano di coordinare. Non riportiamo i dati numerici relativi ai vincoli. Del resto questi si deducono dalla soluzione in Fig. 22.5(b) dove le linee orizzontali rappresentano le durate del verde. Il periodo è stato scelto uguale a 72 secondi.

Esaminando la soluzione si vede che i semafori virtuali 15, 16 e 17 hanno verdi contigui e possono essere fusi, dall'inizio di 15 alla fine di 17, in un'unica durata di verde. I semafori 5 e 6 non sono contigui, tuttavia, dalla fine di 6 all'inizio di 5 non c'è conflitto con il semaforo 2 e quindi si può effettuare la fusione dall'inizio di 6 alla fine di 5. Analogamente i semafori 7 e 8 possono essere fusi in un'unica durata dall'inizio di 7 alla fine di 8. ∎

22.3 Orari ferroviari

Un'applicazione in cui il modello PESP dà buoni risultati riguarda il progetto di un orario ferroviario [146, 144]. Per un rassegna di problemi nel settore dei trasporti ferroviari risolvibili con la Ricerca Operativa si veda [116].

Prima di illustrare gli aspetti di dettaglio della costruzione di un orario periodico, può essere utile fornire una panoramica dei vari livelli decisionali. Le decisioni strategiche a lungo termine, con un orizzonte di diverse decine d'anni, riguardano la topologia della rete ferroviaria e gli investimenti nel materiale ferroviario. La costruzione di una linea ferroviaria e anche l'ordine di nuovo materiale sono processi che possono durare anni con un impatto sul tipo di servizio offerto che si esplica per periodi di tempo estremamente lunghi.

Successivamente, a livello tattico, vi sono le decisioni su quali linee attivare in base alla previsione di domanda futura di trasporto. Poi, a livello tattico-operativo vi è la costruzione dell'orario per le linee scelte. Infine a livello operativo bisogna stabilire la circolazione del materiale ferroviario e la schedulazione degli equipaggi.

Per quel che riguarda la costruzione di un orario periodico si valutano soprattutto la possibilità di avere coincidenze fra diverse linee e anche i tempi necessari ad un passeggero per poter sfruttare al meglio la coincidenza. Inoltre, per ragioni di sicurezza, bisogna evitare arrivi troppo ravvicinati di treni nella stessa stazione.

Per modellare il problema si costruisce un grafo i cui nodi sono gli arrivi e le partenze di ogni treno in ogni sua stazione di fermata. Nel gergo ferroviario si intende per 'treno' il concetto astratto di servizio di trasporto con partenza in una determinata località in un determinato istante della giornata, con tutte le fermate intermedie (luoghi e tempi) fissate. Nel momento in cui dobbiamo costruire l'orario e quindi gli istanti di tempo non sono disponibili, intendiamo con la parola 'treno' solo le località servite. Siccome imponiamo un periodo di un'ora, c'è la garanzia che tutte le località saranno servite una volta in ogni ora, senza avere particolari preferenze per l'istante all'interno dell'ora. Se però c'è l'esigenza di fissare degli intervalli in cui la partenza deve effettuarsi, questo esigenza si modella facilmente all'interno dei vincoli PESP.

Inoltre se si volesse avere $k > 1$ treni sulla stessa linea all'interno di ogni ora, si tratta di fissare il tempo minimo s che deve intercorrere fra due partenze successive, e poi tutti i nodi corrispondenti dei k treni vengono collegati in una cricca i cui archi hanno tutti il medesimo intervallo $[s\ ,\ 60 - s]$.

Se si volesse un servizio esattamente bilanciato (cioè con partenze equidistanti) allora $s = 60/k$. Si potrebbe forse essere indotti a credere che lo stesso tipo di vincolo possa essere realizzato semplicemente dagli intervalli $[s\ ,\ 60 - (k-1)\,s]$ fra ogni nodo del treno h e il corrispondente del treno $(h \bmod k) + 1$. Dal punto di vista computazionale è una notevole semplificazione in quanto, per $k > 3$, il numero di vincoli si è ridotto da $k\,(k-1)/2$ a k, ma soprattutto, per $k > 2$, le lunghezze degli intervalli si sono ridotte da $60 - 2\,s$ a $60 - k\,s$ con un forte impatto di accelerazione sugli algoritmi risolutivi. Tuttavia imporre il secondo tipo di vincoli già presuppone l'ordine con cui gli eventi si susseguono all'interno del ciclo, mentre quest'ordine deve risultare dalla soluzione. Solo se gli eventi sono esattamente uguali, cioè hanno tutti lo stesso vincolo con altri nodi, presupporre l'ordine non influisce sulla soluzione finale.

Oltre a questi tipi di vincoli, ne abbiamo altri che modellano le varie esigenze di un trasporto pubblico. Quattro di questi vincoli sono evidenziati in Fig. 22.6, che si riferisce ad un incrocio di treni nella stazione di Köln-Deutz, in particolare la linea ad alta velocità fra Francoforte e Düsseldorf e quella fra Wuppertal a la stazione principale di Colonia (Köln HBH). L'esempio è tratto da [144].

La durata di uno spostamento fra due stazioni dipende ovviamente dalla velocità e può essere resa variabile ammettendo che le velocità sia compresa fra un minimo ed un massimo. Anche se è desiderabile che la durata sia la minima possibile, tuttavia può essere conveniente ammettere che la durata sia compresa in un intervallo per andare incontro ad altri tipi di vincoli. Il vincolo quindi si esprime con degli *archi di spostamento* fra il nodo di partenza da una stazione al nodo di arrivo nella stazione successiva. Se $\hat{d}_{ij}$ è la minima durata dello spostamento e $\tilde{d}_{ij}$ è il massimo aumento tollerabile per lo spostamento fra le due stazioni, l'intervallo di vincolo è $[\hat{d}_{ij}\ ,\ \hat{d}_{ij} + \tilde{d}_{ij}]$.

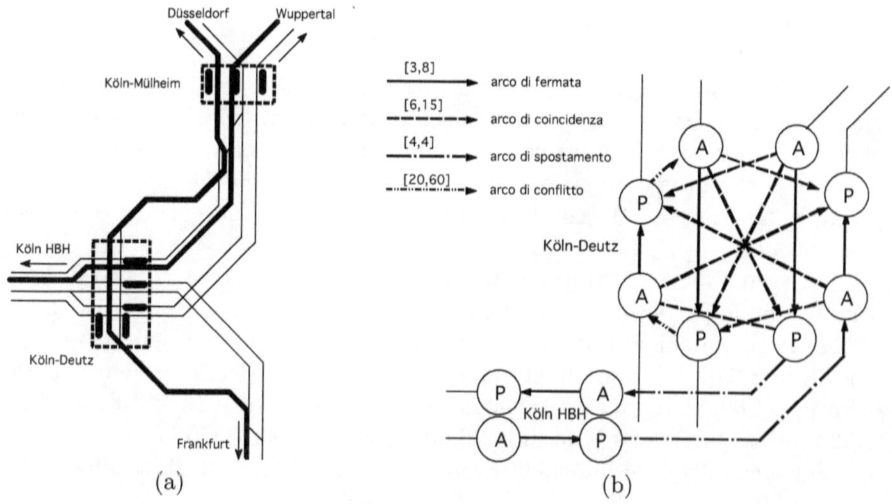

Figura 22.6.

Una delle caratteristiche di un buon servizio è la possibilità per i passeggeri di poter trovare facilmente coincidenze nelle stazioni di incrocio di diverse linee ed anche di non dover aspettare troppo tempo, avendo anche tempo sufficiente per raggiungere comodamente il nuovo treno. In un modello PESP di sola ammissibilità un tale vincolo si rende con un *arco di coincidenza* fra il nodo arrivo di un treno con il nodo partenza dell'altro treno (come suggerito in [198]). Se c_{ij} è il minimo tempo di coincidenza e C_{ij} è il massimo tempo ammissibile di attesa, l'intervallo di vincolo è $[c_{ij}\ ,\ C_{ij}]$.

Se invece si introducono degli obiettivi l'intervallo diventa $[c_{ij}\ ,\ c_{ij}-1]$, che ammette tempi di attesa fino a 59 minuti con una funzione di penalizzazione che cresce da c_{ij} fino a $c_{ij}+59$.

Le fermate nelle stazioni, si rendono con *archi di fermata* fra il nodo di arrivo e quello di partenza della stessa stazione il cui intervallo è compreso fra un minimo tempo s_{ij} ed un massimo S_{ij}, ovvero $[s_{ij}\ ,\ S_{ij}]$.

Sono frequenti i casi di singoli binari che devono essere usati da treni in opposte direzioni. Ad esempio si vede in Fig. 22.6 che la linea ad alta velocità fra Düsseldorf e Francoforte usa un singolo binario per entrare nella stazione di Köln-Deutz (in entrambe le direzioni). Quindi dal momento in cui parte un treno, nessun treno deve arrivare dall'opposta direzione per un tempo che è il doppio del tempo necessario a percorrere il tratto a binario unico. Se f è questo tempo, il vincolo si modella con un *arco di conflitto* dalla partenza all'arrivo dello stesso treno ed intervallo $[2\,f, 60]$.

Vi sono altri aspetti che possono essere modellati nello stesso modo. Per un'analisi più dettagliata si rimanda a [144].

22.4 Risorse in un ambiente periodico

Come nell'esempio dei treni, gli eventi periodici sono spesso istanti di inizio e fine di qualche attività che richiede l'uso di una risorsa specifica, ad esempio delle locomotive e delle carrozze per gli archi di spostamento nel caso dei treni, oppure gli aerei se gli eventi sono le partenze e gli arrivi dei voli. Nel caso dei semafori la risorsa è lo spazio fisico dell'intersezione che deve essere condiviso fra più flussi.

Per esemplificare la trattazione consideriamo il caso di un orario di voli. I nodi sono le partenze e gli arrivi di tutti i voli. Pensiamo che il periodo sia di 24 ore e supponiamo che l'orario sia fissato. Ad esempio ci sono i seguenti voli: Roma 8.00 - Londra 10.30; Londra 12.00 - Madrid 15.00; Madrid 19.00 - Parigi 21.00; Parigi 8.00 - Francoforte 9.00; Francoforte 13.15 - Stoccolma 16.00; Stoccolma 18.00 - Helsinki 19.00; Helsinki 21.00 - Copenhagen 22.30; Copenhagen 7.00 - Berlino 8.00; Berlino - Londra 13.30; 15.30; Londra 18.00 - Roma 20.30.

Supponiamo inoltre che sia uno stesso velivolo ad effettuare questi voli e che, finito l'ultimo volo, riprenda con il primo della serie in un ciclo infinito. In realtà così non può essere perché ogni tanto il velivolo deve essere sottoposto a manutenzione. Però prima che ciò avvenga il numero di cicli è sufficientemente elevato da poter impostare il problema come se i cicli fossero infiniti. Naturalmente vogliamo sapere quanti sono i velivoli necessari ad effettuare i voli. Il velivolo in partenza da Roma conclude la prima giornata a Parigi. Quando, al mattino riparte da Parigi, un altro velivolo deve effettuare il volo Roma-Londra, primo della serie. Infatti l'orario ha un periodo di 24 ore e ogni 24 ore ogni volo deve essere ripetuto. All'inizio del terzo giorno il primo aereo parte da Copenhagen e il secondo da Parigi e un terzo deve effettuare il primo volo Roma-Londra. Dopo tre giorni il primo velivolo può ricominciare il ciclo.

Quindi tre velivoli sono necessari e sufficienti ad effettuare i voli elencati. In altre parole se si sommano le durate delle attività (incluso anche i periodi di sosta a terra) lungo un ciclo orientato, e queste attività si riferiscono alla stessa risorsa, necessariamente tale somma è uguale ad un multiplo intero, $m T$, del periodo, e il numero di risorse necessarie è esattamente m.

A questo punto, dato l'orario, siamo interessati ad una decomposizione dei voli in cicli in modo che il numero di velivoli sia minimo. Esemplifichiamo il problema con i seguenti ipotetici dati che si riferiscono a 5 aeroporti A, B, C, D e E con i voli diretti indicati in Tabella 22.1 (in questi problemi gli orari non sono riferiti all'ora locale ma a quella di un fuso orario fissato).

Quando un velivolo percorre un ciclo, alterna archi di volo (da una partenza ad un arrivo dello stesso volo) ad archi di sosta (da un arrivo ad una partenza nello stesso aeroporto). Stabiliamo che la durata di un arco di sosta sia uguale alla differenza temporale fra i due eventi se questa è di almeno tre ore, altrimenti la durata è aumentata di 24 ore. Nel valutare la lunghezza di un ciclo, dato che sappiamo già trattarsi di un multiplo del periodo, possiamo semplificare il calcolo nel seguente modo: tutti gli archi che non contengo-

A-B: 15-22	B-A: 01-08	C-A: 11-15	D-A: 19-22	E-A: 10-19
A-C: 08-12	B-C: 16-21	C-B: 08-13	D-B: 07-14	E-B: 10-13
A-D: 07-10	B-D: 10-17	C-D: 14-20	D-C: 08-14	E-C: 07-15
A-E: 21-06	B-E: 18-21	C-E: 21-05	D-E: 18-20	E-D: 16-18

Tabella 22.1.

no la mezzanotte hanno peso 0, tutti quelli che la contengono hanno peso 1 (possiamo convenzionalmente stabilire che se la mezzanotte coincide con una partenza od un arrivo, viene considerata contenuta se si tratta di partenza e non contenuta se si tratta di arrivo). Siccome tutti gli archi di volo devono essere presi in considerazione, l'unica possibilità di ridurre il numero di aerei consiste nell'assegnare in modo opportuno gli arrivi con le partenze in ogni aeroporto, cioè decidere quali siano effettivamente gli archi di sosta. Il problema allora si modella, per ogni aeroporto, come un assegnamento di costo minimo con archi di costo 0 o 1, fra i voli in arrivo e quelli in partenza. I costi per l'aeroporto A sono i seguenti:

	AB	AC	AD	AE
BA	0	1	1	0
CA	1	1	1	0
DA	1	1	1	1
EA	1	1	1	1

Un assegnamento ottimo nell'aeroporto A, di costo 2, consiste nell'assegnare il volo A-B al velivolo che ha effettuato il volo B-A, e poi A-E a C-A, A-D a E-A, A-E a D-A. Il lettore può per esercizio effettuare il calcolo per gli altri aeroporti. Il numero di velivoli è dato dalla somma degli assegnamenti ottimi per gli aeroporti più la somma degli archi di volo che contengono la mezzanotte.

Un approccio alternativo al problema fu sviluppato in anni lontani all'Aeroflot [147]. L'approccio era basato sulla costruzione di *funzioni di deficit* una per aeroporto. Una funzione di deficit è definita sulle 24 ore e il suo valore all'istante t è data dal numero di velivoli che alla mezzanotte sono in volo verso l'aeroporto o stanno atterrando (con orario proprio le ore 0.00) più il numero di velivoli partiti nell'intervallo $[0, t)$ meno il numero di velivoli atterrati nell'intervallo $[0, t]$ (quindi nell'istante dell'atterraggio il velivolo si conta e non si conta invece nel momento della partenza).

Siccome in realtà i velivoli non sono immediatamente disponibili al volo successivo appena atterrati e abbiamo valutato in 3 ore il tempo minimo di sosta in aeroporto, dobbiamo considerare degli arrivi e delle partenze fittizie che tengano conto dell'effettiva disponibilità. Un modo per farlo è ad esempio di posticipare ogni arrivo di un'ora e di anticipare ogni partenza di due ore. In questo modo la funzione di deficit per l'aeroporto E è quella raffigurata in

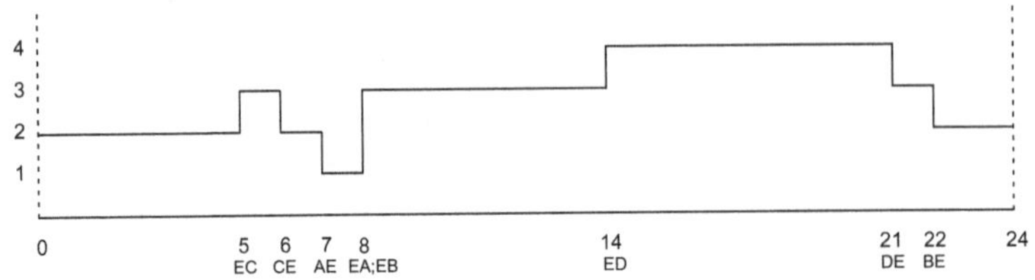

Figura 22.7.

Fig. 22.7. Il massimo di questa funzione è 4. Si può dimostrare che la somma dei massimi delle funzioni di deficit calcolate nei vari aeroporti è uguale al minimo numero di velivoli necessari. Un abbinamento ottimo consiste nell'assegnare gli arrivi alle partenze all'interno di un avvallamento fra due massimi locali, ad esempio DE→EC, BE→EA, CE→EB, AE→ED. Il lettore può per esercizio costruire le funzioni di deficit negli altri aeroporti e controllare se il minimo numero di velivoli calcolato in questo modo è uguale a quello calcolato precedentemente.

Siccome il minimo numero di velivoli è dato dalla somma dei massimi, se il massimo è un picco stretto della funzione (non come in Fig. 22.7) potrebbe essere interessante valutare l'idea di anticipare l'arrivo e posticipare la partenza fino a trasformare il picco in un avvallamento. Se questo fosse possibile il numero di velivoli sarebbe abbassato di uno. Ma anticipare l'arrivo in un aeroporto significa anche anticipare la partenza in un altro aeroporto, con conseguenze forse negative e altrettanto si potrebbe dire per il ritardo della partenza. Si possono tuttavia modellare questi vincoli in modo abbastanza semplice come spiegato in [85] a cui si rimanda. In generale, per una trattazione più completa sulle risorse in un ambiente periodico si veda [204].

23

Modelli di trattamento dei dati

Alcuni aspetti di trattamento dei dati possono essere modellati efficacemente tramite la programmazione matematica e in particolare la programmazione lineare. In questo capitolo vengono illustrati due campi in cui la PL ha un ruolo significativo sia per ottenere delle soluzioni ma anche per capire aspetti strutturali dei problemi. Il primo di questi campi riguarda la valutazione, in particolare il metodo noto con l'acronimo DEA (Data Envelopment Analysis) che cerca di superare le difficoltà intrinseche di introdurre preferenze soggettive del valutatore. Il secondo argomento riguarda la classificazione di dati. Questo è uno degli aspetti di una disciplina recente, nota come *Data mining* che cerca di estrarre informazione utile da grandi masse di dati. Le tecniche di Data mining sono molteplici e pertinenti a diverse aree della ricerca, come ad esempio la statistica e l'informatica. Fra gli strumenti utili al trattamento dei dati rientrano anche modelli di PL.

23.1 Valutazione

Un aspetto fondamentale della gestione riguarda la valutazione delle attività. Non occorre sottolineare quanto sia necessario essere in grado di valutare correttamente attività sulle quali bisogna prendere decisioni critiche riguardo agli obiettivi che si intendono perseguire.

Particolarmente rilevante diventa la valutazione quando questa coinvolge le attività di unità che operano con una relativa autonomia all'interno di obiettivi condivisi. Questo è il caso di molti settori pubblici, quali scuole, ospedali, ma anche di settori privati quali ad esempio agenzie di una medesima banca o fornitori di un particolare prodotto.

Il punto di partenza di ogni valutazione consiste nello stabilire i criteri che stanno alla base della valutazione stessa. I criteri sono sempre molteplici dato che ogni attività complessa si esplica su molti piani. La difficoltà di un processo valutativo, che risulti corretto ed equo per le unità valutate, risiede proprio nella composizione dei criteri in un unico indice che catturi la qualità delle attività e permetta il confronto fra le unità.

La situazione è la stessa di quella vista nel Cap. 3 per i problemi di ottimizzazione in presenza di molti obiettivi. In questo caso si aggiunge una maggior criticità dovuta al fatto che la valutazione riguarda non tanto decisioni alternative di un unico soggetto, quanto scelte fatte da soggetti diversi, e quindi l'aspetto di equità riveste un ruolo fondamentale.

L'approccio più frequente al problema consiste nello stabilire dei pesi fra i criteri, nell'assegnare un valore numerico alla valutazione di un'unità rispetto ad ogni criterio, e nel combinare linearmente, previa normalizzazione ed usando i pesi assegnati, i vari valori. Si produce così un valore numerico per ogni unità e da questo valore consegue un giudizio ed un ordinamento fra le unità.

Questo approccio viene generalmente accettato come 'oggettivo' e pertanto ha una sua forza di convinzione nell'opinione pubblica molto forte. Chi scrive pensa invece che si tratti di un approccio metodologicamente errato, perché aggregare diversi criteri in un unico indice è un'operazione necessariamente 'soggettiva', che andrebbe a sua volta valutata e spiegata con grande cautela, prima di costituire la base di decisioni impegnative.

23.2 DEA - Data Envelopment Analysis

Per superare le difficoltà intrinseche di determinare i pesi con cui comporre i criteri, atto che necessariamente richiede di esplicitare un criterio a più alto livello, è stato proposto in [40] un metodo che permette ad ogni unità di scegliere i pesi più appropriati per la propria valutazione. Un aspetto importante del metodo riguarda il fatto che le attività produttive di ogni unità non sono valutate in modo assoluto, ma si tiene conto di quanto l'unità è stata in grado di produrre date le sue condizioni di partenza. Quindi i criteri su cui si basa la valutazione consistono, da un lato, nelle quantità di prodotti (*output*) che l'unità è in grado di fornire, ma anche, dall'altro lato, nelle quantità di risorse (*input*) che l'unità ha dovuto impiegare. È il rapporto fra l'output e l'input a denotare il livello di efficienza di un'unità.

Naturalmente nel momento in cui un'unità valuta se stessa scegliendo i pesi a lei più appropriati, l'unità viene anche confrontata con tutte le altre unità usando gli stessi pesi. Potrebbe avvenire che, nonostante la scelta favorevole, vi sia un'altra unità che, con gli stessi pesi, abbia un rapporto output/input migliore. In questo caso si avrebbe una inequivocabile ed oggettiva valutazione di inefficienza.

Il metodo è stato chiamato *Data Envelopment Analysis* (DEA) per il fatto che si cerca di valutare e dare importanza soprattutto all'inviluppo dei dati, come risulterà più chiaro in seguito.

Formalmente, siano $U^1, U^2, \ldots, U^n$ le unità da valutare. Si suppone che le unità siano simili fra loro, nel senso che producono beni, servizi dello stesso tipo in base a risorse, anch'esse dello stesso tipo. Tutto ciò che viene usato dalle unità per produrre costituisce l'insieme I degli input, mentre tutto ciò che viene prodotto, costituisce l'insieme J degli output. Gli insiemi I e J sono comuni a tutte le unità. Le unità però si diversificano per le quantità di input e output. Siano X_i^k e Y_j^k le quantità di input i e output j, rispettivamente, relative all'unità U^k.

Siano $v_i \geq 0$ e $w_j \geq 0$ opportuni pesi assegnati agli input ed output. Assegnati i pesi, l'efficienza (rispetto ai pesi) dell'unità U^k può essere misurata come

$$\frac{\sum_{j\in J} w_j\, Y_j^k}{\sum_{i\in I} v_i\, X_i^k} \tag{23.1}$$

Si supponga di valutare un'unità in particolare, che indicheremo con U^0 per maggior semplicità denotazionale (U^0 può essere una qualsiasi delle unità $U^1, U^2, \ldots, U^n$). Come anticipato, la metodologia DEA permette a U^0 di scegliere i pesi più favorevoli per la propria valutazione. Siccome la valutazione è anche comparativa con le altre unità, si cerca di massimizzare (23.1) imponendo contemporaneamente una limitazione superiore a tutte le unità (inclusa U^0), ad esempio uguale ad 1. Quindi si tratta di risolvere, nelle variabili v_i e w_j,

$$\begin{array}{lll} \max & \dfrac{\sum_{j\in J} w_j\, Y_j^0}{\sum_{i\in I} v_i\, X_i^0} & \\ & \dfrac{\sum_{j\in J} w_j\, Y_j^k}{\sum_{i\in I} v_i\, X_i^k} \leq 1 & k \in [n] \\ & v_i, w_j \geq 0 & j \in J, i \in I \end{array} \tag{23.2}$$

Se il massimo in (23.2) è uguale a 1, allora U^0 viene dichiarata efficiente, in quanto realizza il massimo rapporto output/input, fra le unità prese in esame. Se invece il massimo è inferiore a 1, significa che, pur nella migliore scelta dei pesi per U^0, c'è qualche unità che riesce a realizzare un migliore rapporto output/input.

Il problema (23.2) non è di PL, tuttavia lo si rende facilmente tale. Si noti ad esempio che le soluzioni sono determinate a meno di una costante moltiplicativa positiva e quindi si possono normalizzare. Il modo più conveniente di normalizzare è di imporre

$$\sum_{i\in I} v_i\, X_i^0 = 1$$

così l'obiettivo in (23.2) diventa lineare. I vincoli diventano banalmente lineari riscrivendoli come

$$\sum_{j\in J} w_j\, Y_j^k \leq \sum_{i\in I} v_i\, X_i^k$$

e quindi il problema di PL da risolvere è

$$
\begin{aligned}
\max \quad & \sum_{j \in J} w_j \, Y_j^0 & & \\
& \sum_{j \in J} w_j \, Y_j^k \leq \sum_{i \in I} v_i \, X_i^k & & k \in [n] \\
& \sum_{i \in I} v_i \, X_i^0 = 1 & & \\
& v_i, w_j \geq 0 & & j \in J, i \in I
\end{aligned}
\tag{23.3}
$$

Il duale di (23.3) è

$$
\begin{aligned}
\min \quad & \theta & & \\
& \sum_{k=1}^{n} \lambda^k \, Y_j^k \geq Y_j^0 & & j \in J \\
& \sum_{k=1}^{n} \lambda^k \, X_i^k \leq \theta \, X_i^0 & & i \in I \\
& \lambda^k \geq 0 & & k \in [n]
\end{aligned}
\tag{23.4}
$$

Il problema duale (23.4) si può interpretare in questo modo: l'unità U^k è contraddistinta dalla coppia di vettori (X^k, Y^k). Possiamo pensare di creare un'unità virtuale, riscalando dello stesso fattore λ^k tutti gli input e tutti gli output. Quindi l'unità $(\lambda^k \, X^k, \lambda^k \, Y^k)$ è del tutto simile all'unità (X^k, Y^k) e ne differisce solo per un fattore di scala. Ovviamente le due unità hanno la stessa efficienza per qualsiasi scelta dei pesi. Possiamo anche pensare di creare un'unità virtuale in un modo più complicato, ad esempio mettendo assieme due unità virtuali $(\lambda^k \, X^k, \lambda^k \, Y^k)$ e $(\lambda^h \, X^h, \lambda^h \, Y^h)$, ottenendo una nuova unità i cui input e output sono dati da

$$
(\lambda^k \, X^k + \lambda^h \, X^h \, , \, \lambda^k \, Y^k + \lambda^h \, Y^h)
$$

L'efficienza di questa unità virtuale è

$$
\frac{\sum_{j \in J} w_j \, (\lambda^k \, Y_j^k + \lambda^h \, Y_j^h)}{\sum_{i \in I} v_i \, (\lambda^k \, X_i^k + \lambda^h \, X_i^h)} =
$$

$$
\frac{\sum_{i \in I} v_i \, \lambda^k \, X_i^k}{\sum_{i \in I} v_i \, (\lambda^k \, X_i^k + \lambda^h \, X_i^h)} \frac{\sum_{j \in J} w_j \, Y_j^k}{\sum_{i \in I} v_i \, X_i^k} + \frac{\sum_{i \in I} v_i \, \lambda^h \, X_i^h}{\sum_{i \in I} v_i \, (\lambda^k \, X_i^k + \lambda^h \, X_i^h)} \frac{\sum_{j \in J} w_j \, Y_j^h}{\sum_{i \in I} v_i \, X_i^h}
$$

Come si vede l'efficienza dell'unità virtuale è una combinazione convessa delle efficienze delle unità U^k e U^h. Se U^k e U^h hanno la stessa efficienza, in particolare il valore massimo 1, anche l'unità virtuale ha la stessa efficienza,

Se assumiamo che le attività delle unità siano caratterizzate da ritorni di scala costanti, una tale unità virtuale potrebbe essere realizzata a partire dalle modalità operative correnti delle varie unità. L'assunto di fondo della DEA è che le unità non sono paragonate ad un modello astratto di unità avulso dalle condizioni reali, ma sono invece paragonate a delle unità, per quanto virtuali, ma comunque ottenibili a partire dalle condizioni esistenti.

Come si vede, nel problema duale sono presenti gli input e gli output di un'unità virtuale ottenuta con opportuni valori $\lambda^k > 0$. In base alla complementarità l'unità virtuale viene creata solo da unità ad efficienza 1. I vincoli in (23.4) cercano di ottenere un'unità virtuale i cui output siano tutti non minori degli output di U^0 e i cui input siano tutti non maggiori di una frazione degli input di U^0.

Si noti che la frazione, data dal valore θ, è necessariamente minore o uguale a 1, dato che al valore $\theta = 1$ corrisponde la soluzione ammissibile $\lambda^0 = 1$ e $\lambda^k = 0$ per $k \neq 0$. Inoltre, come argomento alternativo, siccome l'ottimo primale non può essere più di 1, il valore $\theta = 1$ deve essere ammissibile. Se esistono soluzioni con $\theta < 1$, significa che esiste un'unità virtuale (ottenuta comunque a partire dai processi produttivi esistenti) che produce non meno output di U^0 con minor input, ovvero U^0 è dominata dall'unità virtuale e non può essere considerata efficiente.

Graficamente si può rappresentare la situazione per il caso estremo di un solo output e di un solo input. Si vedano in Fig. 23.1(a) i valori di input e output di quattro unità, rispettivamente $U^1 = (6, 6)$, $U^2 = (6, 8)$, $U^3 = (2, 3)$, $U^4 = (3, 7)$. In Fig. 23.1(b) le unità virtuali ottenibili in tutti i modi possibili con coefficienti $\lambda^k \geq 0$ corrispondono al cono che si estende all'infinito fra le due semirette. In Fig. 23.1(c) si vede se esistono unità virtuali che dominano ogni singola unità. Se esistono unità virtuali all'interno dell'ortante appeso ad ogni punto, l'unità non può essere efficiente. L'unica unità efficiente è U^4.

Per ogni unità si immagini di spostare il punto orizzontalmente verso sinistra fino ad intersecare la frontiera dell'insieme ammissibile. Questo corrisponde a minimizzare il valore di θ del problema duale fino ad individuare l'unità virtuale di riferimento per l'unità in esame. Il valore di questa ascissa diviso per il valore dell'ascissa originaria del punto corrisponde al valore ottimo di θ del problema duale. Quindi le unità possono essere ordinate in base all'efficienza come $U^4 \to 1$, $U^3 \to 9/14$, $U^2 \to 4/7$ e $U^1 \to 3/7$. Ad esempio l'unità U^1 ha come riferimento l'unità virtuale $6/7 \cdot (X^4, Y^4) = (18/7, 6)$ (si lascia come facile esercizio il calcolo delle unità virtuali di riferimento per U^2 e U^3).

Si può obiettare che non è sempre possibile realizzare unità che abbiano valori di input e output diversi solo per un fattore di scala. Variare la scala di un processo produttivo spesso implica delle economie o delle diseconomie, per cui può non risultare corretto valutare insieme unità piccole e grandi. Possiamo quindi adottare diverse ipotesi.

Possiamo ad esempio supporre che ad un aumento di scala corrispondano delle diseconomie, per cui non possiamo creare unità virtuali con $\lambda^k > 1$. Quindi, non solo imponiamo il vincolo $\lambda^k \leq 1$, ma anche il vincolo più restrittivo $\sum_k \lambda^k \leq 1$, in modo da impedire che un'unità virtuale più grande sia ottenuta combinando assieme più unità ridotte.

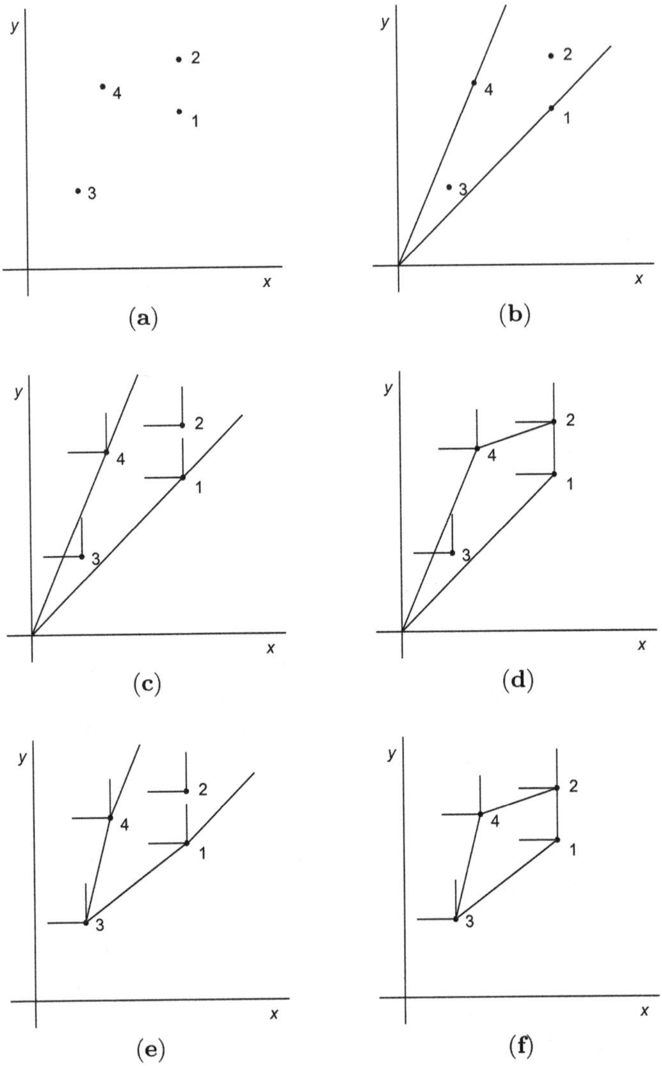

Figura 23.1.

Le unità virtuali ottenibili con il vincolo $\sum_k \lambda^k \leq 1$ sono indicate in Fig. 23.1(d). Si vede che l'unità U^2 è diventata efficiente. Si tratta di un'unità grande e quindi la sua minore capacità di realizzare un elevato rapporto output/input viene imputata alla sua grandezza. Non essendoci altre unità delle stesse dimensioni con cui confrontarla, l'unità viene dichiarata efficiente.

Alternativamente possiamo supporre che intervengano delle diseconomie ad una diminuzione di scala, per cui non possiamo creare unità virtuali più piccole di quelle reali e quindi imponiamo il vincolo $\sum_k \lambda^k \geq 1$.

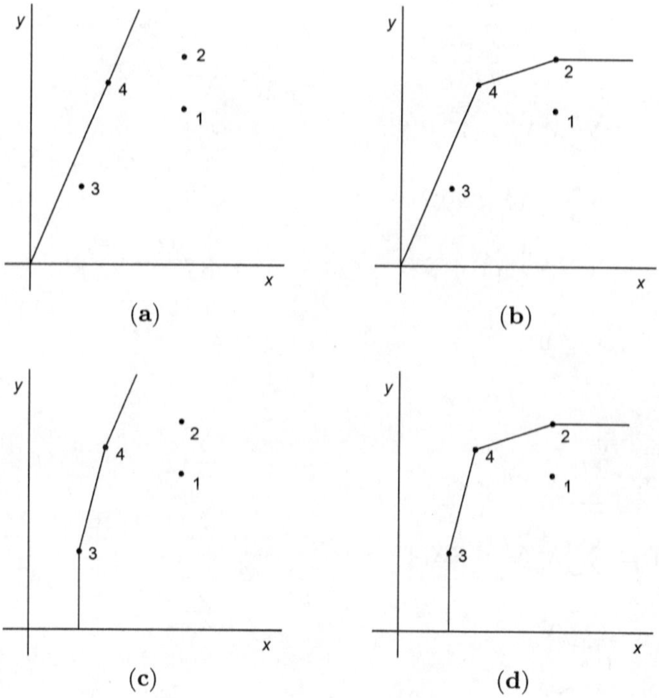

Figura 23.2.

Le unità virtuali ottenibili con il vincolo $\sum_k \lambda^k \geq 1$ sono indicate in Fig. 23.1(e). Si vede che l'unità U^3 diventa efficiente mentre U^2 non lo è più (l'unità U^4, che è efficiente rispetto all'ipotesi di cambiamenti di scala ammissibili in generale, rimane efficiente in ogni caso ovviamente). Si tratta appunto di un'unità piccola e non essendoci altre unità delle stesse dimensioni con cui confrontarla, l'unità viene dichiarata efficiente.

Infine possiamo assumere che solo unità di dimensioni simili possano essere confrontate e si pone pertanto il vincolo $\sum_k \lambda^k = 1$, quindi determininando l'unità virtuale solo con combinazioni convesse di unità reali. In questo caso l'unica unità non efficiente è U^1 (Fig. 23.1(f)). L'unità virtuale di riferimento per $U^1 = (6, 6)$ è

$$\frac{1}{4} \cdot \begin{pmatrix} X^3 \\ Y^3 \end{pmatrix} + \frac{3}{4} \cdot \begin{pmatrix} X^4 \\ Y^4 \end{pmatrix} = \frac{1}{4} \cdot \begin{pmatrix} 2 \\ 3 \end{pmatrix} + \frac{3}{4} \cdot \begin{pmatrix} 3 \\ 7 \end{pmatrix} = \begin{pmatrix} 11/4 \\ 6 \end{pmatrix}$$

Per raggiungere l'efficienza l'unità U^1 dovrebbe ridurre l'input da 6 a 11/4, mantenendo invariato l'output.

Si noti che, a seconda delle ipotesi che si fanno sui fattori di scala, i valori di input e output delle unità efficienti determinano la curva efficiente di

$$\begin{array}{ll}
\min & \theta \\
& \sum_k \lambda^k Y_j^k \geq Y_j^0 \\
& \sum_k \lambda^k X_i^k \leq \theta X_i^0 \\
& \sum_k \lambda^k \leq 1 \\
& \lambda^k \geq 0
\end{array}
\qquad
\begin{array}{ll}
\max & \sum_{j\in J} w_j Y_j^0 + u \\
& \sum_{j\in J} w_j Y_j^k + u \leq \sum_{i\in I} v_i X_i^k \\
& \sum_{i\in I} v_i X_i^0 = 1 \\
& v_i, w_j \geq 0, \quad u \leq 0
\end{array}$$

$$\begin{array}{ll}
\min & \theta \\
& \sum_k \lambda^k Y_j^k \geq Y_j^0 \\
& \sum_k \lambda^k X_i^k \leq \theta X_i^0 \\
& \sum_k \lambda^k \geq 1 \\
& \lambda^k \geq 0
\end{array}
\qquad
\begin{array}{ll}
\max & \sum_{j\in J} w_j Y_j^0 + u \\
& \sum_{j\in J} w_j Y_j^k + u \leq \sum_{i\in I} v_i X_i^k \\
& \sum_{i\in I} v_i X_i^0 = 1 \\
& v_i, w_j \geq 0, \quad u \geq 0
\end{array}$$

$$\begin{array}{ll}
\min & \theta \\
& \sum_k \lambda^k Y_j^k \geq Y_j^0 \\
& \sum_k \lambda^k X_i^k \leq \theta X_i^0 \\
& \sum_k \lambda^k = 1 \\
& \lambda^k \geq 0
\end{array}
\qquad
\begin{array}{ll}
\max & \sum_{j\in J} w_j Y_j^0 + u \\
& \sum_{j\in J} w_j Y_j^k + u \leq \sum_{i\in I} v_i X_i^k \\
& \sum_{i\in I} v_i X_i^0 = 1 \\
& v_i, w_j \geq 0
\end{array}$$

Tabella 23.1.

produzione. Aggiungendo alle unità virtuali tutte le coppie (X, Y) dominate da unità virtuali (cioè tutti i punti (X, Y) tali che $X \geq \hat{X}$ e $Y \leq \hat{Y}$ con $(\hat{X}, \hat{Y})$ una qualsiasi unità virtuale) si ottiene un insieme la cui frontiera costituisce il grafico della funzione di produzione. Nelle quattro ipotesi di ritorni costanti ($\lambda^k \geq 0$), decrescenti ($\sum_k \lambda^k \leq 1$), crescenti ($\sum_k \lambda^k \geq 1$), variabili ($\sum_k \lambda^k = 1$) si hanno le funzioni di produzione in Fig. 23.2.

Questa rappresentazione grafica può anche essere usata per un problema con diversi input ed output prendendo in esame una coppia qualsiasi input-output. Se un'unità è efficiente rispetto ad una coppia, è efficiente in generale (ma non viceversa), dato che il vincolo duale deve valere per tutti gli input e tutti gli output.

L'introduzione dei tre tipi di vincoli su λ^k porta alle coppie di problemi primale-duale riportate in Tabella 23.1

Se la soluzione dell'ultimo problema presenta un valore $u = 0$ e un ottimo di valore 1, significa che l'unità U^0 è efficiente comunque, indipendentemente da considerazioni di scala. Se invece l'ottimo è $u > 0$ allora significa che l'efficienza è dovuta all'ipotesi di ritorni di scala crescenti. Viceversa se $u < 0$.

Si noti ancora come l'introduzione del vincolo $\sum_k \lambda^k \geq 1$ ha l'effetto di introdurre un output artificiale uguale per tutte le unità. Questo aumenta maggiormente l'efficienza delle unità piccole. Analogamente l'introduzione del vincolo $\sum_k \lambda^k \leq 1$ ha l'effetto di togliere un output artificiale uguale per tutte le unità. Questo sfavorisce maggiormente l'efficienza delle unità piccole.

I valori $\sum_k \lambda^k Y^k$ e $\sum_k \lambda^k X^k$ individuano quale obiettivo raggiungere (*target*) per l'unità inefficiente in modo da farla diventare efficiente. Siccome l'unità virtuale che si crea per determinare il target viene determinata riducendo il più posibile l'input dell'unità da valutare, l'approccio delineato viene detto *orientato verso l'input* (*input oriented*). In molti casi avviene che gli input siano esogeni e non controllabili dall'unità. Quindi il raggiungimento del target non è possibile. Si può allora riformulare l'intero approccio orientandolo verso l'output. A questo scopo al posto di (23.3) si risolve il problema

$$\begin{aligned} \min \quad & \sum_{i \in I} v_i X_i^0 \\ & \sum_{j \in J} w_j Y_j^k \leq \sum_{i \in I} v_i X_i^k \qquad k \in [n] \\ & \sum_{j \in J} w_j Y_j^0 = 1 \\ & v_i, w_j \geq 0 \end{aligned} \tag{23.5}$$

il cui duale è (al posto di (23.4))

$$\begin{aligned} \max \quad & \varphi \\ & \sum_k \lambda^k Y_j^k \geq \varphi Y_j^0 \qquad j \in J \\ & \sum_k \lambda^k X_i^k \leq X_i^0 \qquad i \in I \\ & \lambda^k \geq 0 \qquad k \in [n] \end{aligned} \tag{23.6}$$

Si lascia come facile esercizio la dimostrazione che i valori ottimi di (23.4) e (23.6) soddisfano $\theta^* = 1/\varphi^*$, ed un'analoga relazione di proporzionalità vale per gli ottimi duali λ_k^* nei rispettivi problemi. Anche in (23.5) (o (23.6)) l'efficienza corrisponde ad un valore ottimo unitario. Invece la non efficienza corrisponde ad un valore ottimo maggiore di uno.

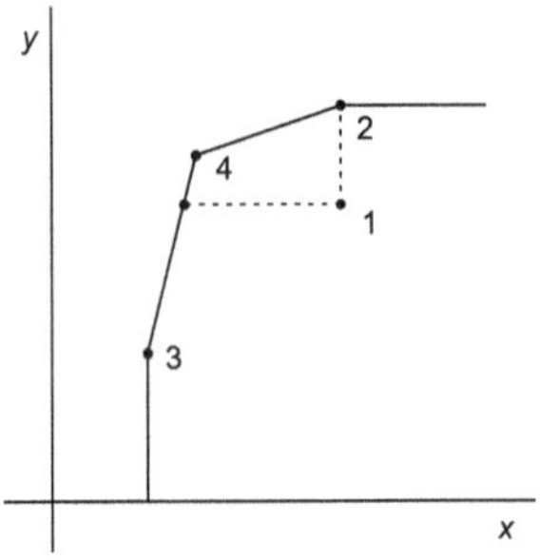

Figura 23.3.

Se si introducono le varie ipotesi di ritorni di scala, si ottengono risultati diversi se si segue un approccio orientato verso l'input o verso l'output. Per capire quale differenza sia stata introdotta assumendo ritorni di scala variabili, si riconsideri l'esempio precedente con riferimento alla Fig. 23.3 (si riveda la Fig. 23.2(d)):

Nell'approccio orientato all'input il punto dell'unità U^1 deve essere riposizionato orizzontalmente verso sinistra fino ad incontrare la frontiera dell'insieme di produzione. Questo riposizionamento corrisponde ad un valore $\theta^* = 0.45833 = 55/120$ e il punto della frontiera corrisponde ad un'unità virtuale formata da U^3 e U^4 con moltiplicatori rispettivamente $\lambda_3 = 0.25$ e $\lambda_4 = 0.75$.

Viceversa, nell'approccio orientato verso l'output, si chiede all'unità U^1 di riposizionare l'output aumentandolo fino a raggiungere la frontiera dell'insieme di produzione. Si verifica immediatamente che $\varphi^* = 4/3$ e che l'unità di riferimento (in questo caso reale e non virtuale) è l'unità U^2. Essendo diverse le unità di riferimento per i valori di target, sono necessariamente diversi (in generale) i valori di efficienza. Infatti in questo esempio $\theta^* \neq 1/\varphi^*$

Ancora a scopo illustrativo si consideri il caso di un solo input e due output. Inoltre il valore di input sia il medesimo per tutte le unità, ovvero $X_i^k = X$ per ogni k ($i = 1$). Seguiamo l'approccio orientato verso l'output con ritorni di scala costanti (modelli (23.5) e (23.6)). Essendo gli input tutti uguali, il vincolo $\sum_k \lambda_k X_i^k \leq X_i^0$ diventa $\sum_k \lambda_k \leq 1$, per cui (23.6) si semplifica in

$$\begin{aligned} \max \quad & \varphi \\ & \sum_k \lambda^k Y_j^k \geq \varphi Y_j^0 \qquad j \in J \\ & \sum_k \lambda^k \leq 1 \\ & \lambda^k \geq 0 \end{aligned} \tag{23.7}$$

Ovvero si cerca all'interno dell'insieme dato dalla combinazione convessa degli output ($\sum_k \lambda^k Y_j^k$) più tutti i punti ottenibili da questi diminuendo arbitrariamente le coordinate di un fattore costante, un'unità virtuale situata sul raggio φY_j^0. Se tale unità esiste con valore $\varphi > 1$, l'unità 0 è non efficiente.

Esempio 23.1.

Si consideri un esempio con un unico input A, due output B e C e cinque unità.

unità	1	2	3	4	5
inputs					
A	6	6	6	6	6
outputs					
B	30	9	24	18	8
C	12	18	12	6	8

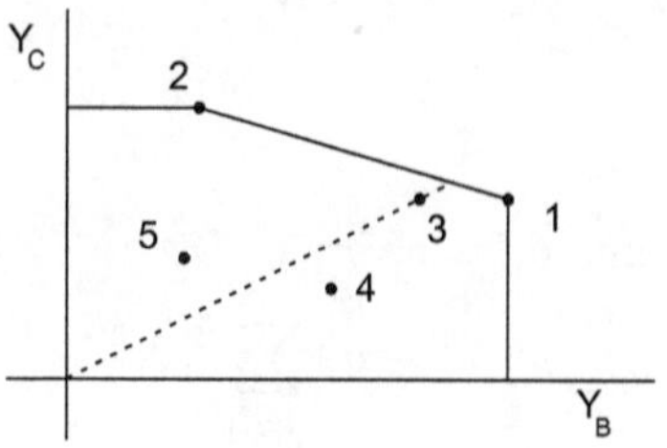

Figura 23.4.

Le unità efficienti sono U^1 e U^2. Ad sempio l'unità U^3 è dominata dalla combinazione convessa che si ottiene considerando l'intersezione del segmento congiungente (Y_B^1, Y_C^1) con (Y_B^2, Y_C^2) con la semiretta uscente dall'origine e passante per il punto (Y_B^3, Y_C^3). ∎

Un ulteriore vincolo che spesso si reputa necessario introdurre riguarda possibili limitazioni sui pesi. Infatti si può ritenere non ammissibile non prendere in considerazione tutti gli output e tutti gli input. Se nella soluzione di (23.3) sono presenti pesi di valore nullo, ciò evidentemente significa che per U^0 è più opportuno non prendere in considerazioni tali input e output e quindi input molto elevati e output particolarmente bassi potrebbero non entrare nella valutazione. In tal modo una situazione critica potrebbe non essere messa in luce.

Si noti ancora che, ammettendo pesi nulli, basta che un'unità abbia un particolare output e un particolare input con rapporto migliore di tutte le altre unità per essere efficiente, come già sottolineato. Si è quindi proposto di definire *debolmente efficiente* un'unità che sia efficiente con qualche peso nullo. Tuttavia possono essere presenti molte soluzioni ottime, alcune delle quali con pesi nulli e altre no. In questi casi bisogna essere in grado di individuare, se presenti, quelle soluzioni con pesi non nulli.

Se in (23.3) togliamo il vincolo di normalizzazione $\sum_{i \in I} v_i X_i^0 = 1$, per ogni soluzione ne esistono infinite equivalenti moltiplicando i pesi per un'arbitraria costante positiva. Quindi è lecito porre un valore arbitrario come limitazione inferiore ai pesi, ad esempio il valore 1. Avendo in mente di togliere il vincolo di normalizzazione, bisogna essere in grado di trasformare l'obiettivo

$$\max \quad \frac{\sum_{j \in J} w_j Y_j^0}{\sum_{i \in I} v_i X_i^0} \tag{23.8}$$

in un'espressione lineare. Siccome il valore θ^* ottimo in (23.4) (quindi senza limitazioni sui pesi) è già noto, sappiamo che

$$\frac{\sum_{j \in J} w_j Y_j^0}{\sum_{i \in I} v_i X_i^0} \leq \theta^*$$

e quindi l'obiettivo (23.8) è equivalente a

$$\max \quad \sum_{j \in J} w_j Y_j^0 - \theta^* \sum_{i \in I} v_i X_i^0$$

A questo punto il problema da risolvere è

$$\begin{aligned} \max \quad & \sum_{j \in J} w_j Y_j^0 - \theta^* \sum_{i \in I} v_i X_i^0 \\ & \sum_{j \in J} w_j Y_j^k \leq \sum_{i \in I} v_i X_i^k \qquad k \in [n] \\ & v_i \geq 1, w_j \geq 1 \end{aligned} \tag{23.9}$$

Alternativamente si può pensare di sfruttare le relazioni di complementarità. Se nel problema duale (23.4) i vincoli sono soddisfatti strettamente, i rispettivi pesi sono nulli. Affinché i vincoli siano sempre attivi si può forzare la soluzione ottima del problema duale ad avere vincoli non attivi e verificare se questo sia possibile. Questo si realizza ad esempio risolvendo il seguente problema:

$$\begin{aligned} \max \quad & \sum_{j \in J} s_j^+ + \sum_{i \in I} s_i^- \\ & \sum_k \lambda^k Y_j^k - s_j^+ = Y_j^0 \qquad j \in J \\ & \sum_k \lambda^k X_i^k + s_i^- = \theta^* X_i^0 \qquad i \in I \\ & \lambda^k, s_j^+, s_i^- \geq 0 \end{aligned} \tag{23.10}$$

Non è difficile vedere che i problemi (23.9) e (23.10) sono uno il duale dell'altro (cambiando il segno dell'obiettivo in (23.10)). Quindi, se il valore ottimo di (23.9) e (23.10) è zero e $\theta^* = 1$, l'unità viene detta semplicemente *efficiente*.

Operando in modo più stringente, introducendo degli elementi soggettivi di confronto fra gli input e gli output, si possono aggiungere a (23.4) (mantenendo quindi il vincolo di normalizzazione) delle limitazioni inferiori sui pesi

$$v_i \geq \hat{v}_i, \qquad w_j \geq \hat{w}_j$$

I valori $\hat{v}_i$ e $\hat{w}_j$ vanno accuratamente scelti tenendo conto delle unità di misura dei rispettivi input e output. Ad esempio si può notare come moltiplicare tutti i valori di un particolare input (o output) per un fattore ha l'effetto di dividere per lo stesso fattore il corrispondente peso. Quindi, per rendere le limitazioni sui pesi omogenee fra loro si potrebbe pensare a dei valori di soglia del seguente tipo:

$$\hat{v}_i = \frac{\alpha_i}{X_i^0}, \qquad \hat{w}_j = \frac{\beta_j}{Y_j^0}$$

con α_i e β_j valori adimensionali (si noti che a causa del vincolo $\sum_{i \in I} v_i X_i^0 = 1$, deve essere $\sum_{i \in I} \alpha_i \leq 1$ e che inoltre $\sum_{j \in J} \beta_j = \sum_{j \in J} \hat{w}_j Y_j^0 \leq \sum_{j \in J} w_j Y_j^0 \leq 1$) ed eventualmente porre tutti i valori α_i e β_j uguali fra loro. L'introduzione delle limitazioni sui pesi diminuisce ovviamente la possibilità di essere efficienti, anche per le unità non debolmente efficienti. Se nell'esempio si pone $\alpha_i = \beta_j = 0.1$, l'unità U^5 non è più efficiente, mentre se si assegna il massimo valore possibile $\alpha_i = \beta_j = 0.5$, solo l'unità U_3 è efficiente.

Introducendo i vincoli sui pesi abbiamo la seguente coppia primale-duale:

$$\begin{array}{ll}
\max & \sum_{j \in J} w_j Y_j^0 \\
& \sum_{j \in J} w_j Y_j^k \leq \sum_{i \in I} v_i X_i^k \\
& \sum_{i \in I} v_i X_i^0 = 1 \\
& v_i \geq \hat{v}_i \\
& w_j \geq \hat{w}_j
\end{array}
\qquad
\begin{array}{ll}
\min & \theta - \sum_{i \in I} \varepsilon_i \hat{v}_i - \sum_{j \in J} \delta_j \hat{w}_j \\
& \sum_k \lambda^k Y_j^k - \delta_j = Y_j^0 \\
& \sum_k \lambda^k X_i^k + \varepsilon_i = \theta X_i^0 \\
& \lambda^k \geq 0, \; \varepsilon_i \geq 0, \; \delta_j \geq 0
\end{array}$$

Le variabili duali ε_i e δ_j sono variabili di scarto (*slack*) per i vincoli $\sum_k \lambda^k X_i^k \leq \theta X_i^0$ e $\sum_k \lambda^k Y_j^k \geq Y_j^0$ rispettivamente. Lo scarto viene pesato dalla funzione obiettivo. Quindi per essere efficienti non basta che il minimo valore di θ sia 1. Bisogna anche che tutti i vincoli $\sum_k \lambda^k X_i^k \leq \theta X_i^0$ e $\sum_k \lambda^k Y_j^k \geq Y_j^0$ siano soddisfatti in ottimalità con scarto nullo (in modo non molto diverso da quanto succede in (23.10)).

Il modello DEA è stato applicato in molte situazioni quali: sanità (sia ospedali che personale), istruzione (scuole e università), banche, produzione manifatturiera, gestione, ristorazione, distribuzione.

Ad esempio per valutare diverse facoltà di un'università si possono prendere in considerazione le seguenti quantità di input: livello degli studenti all'ingresso (misurato ad esempio sul voto finale delle scuole superiori), numero di docenti, spesa in termini di stipendi dei docenti (correlato al precedente ma diverso), spese ulteriori (contratti, supplenze). Come quantità in output si possono considerare: numero di studenti iscritti, numero di studenti laureati, livello degli studenti all'uscita, numero di insegnamenti attivati.

Nel settore della distribuzione l'efficienza dei depositi, dai quali viene prelevata la merce per i supermercati, può essere valutata usando come input grandezze che descrivono l'entità del deposito quali il valore delle merci immagazzinate e l'ammontare globale dei salari. Come output si possono considerare grandezze legate all'attività del magazzino quali il numero di consegne, il numero di richieste al fornitore, il numero di fatture emesse.

Nel settore sanitario si possono valutare ospedali diversi prendendo in esame in input le seguenti grandezze: numero di laboratori per esami specialistici, ore di laboratorio, numero di letti, spesa per farmaci, spese per manutenzione, numero di dottori, numero di infermieri, numero di tecnici, numero di amministrativi, spesa per salari. In output possiamo considerare: numero analisi effettuate, numero di ricoveri, ore di ricovero.

23.3 Support Vector Machines

Si indicano con il nome di *Support Vector Machines* (SVM) dei modelli di programmazione matematica volti a identificare a quale di due insiemi appartengano oggetti, rappresentati come vettori in un opportuno spazio n-dimensionale. Gli 'oggetti' sottoposti a classificazione possono essere i più vari.

Come esempio di un problema in cui queste tecniche hanno dato risultati molto interessanti illustriamo il caso delle analisi microscopiche di cellule tumorali. Ogni cellula viene misurata in base a molti parametri diversi producendo un vettore di n numeri. È fondamentale capire se il tumore sia benigno o maligno. A questo scopo le analisi bioptiche danno una risposta certa e definitiva. Tuttavia è importante capire preventivamente il tipo di cellula da un esame microscopico, che risulta più rapido e anche di immediata esecuzione. Se la risposta dell'esame microscopico esclude con quasi certezza trattarsi di cellule maligne non è necessario l'ulteriore esame bioptico.

Quindi la domanda che ci si pone è: dato un vettore $x \in \mathbb{R}^n$, appartiene all'insieme $\mathcal{A}$ oppure all'insieme $\mathcal{B}$? Per rispondere a questa domanda ovviamente è richiesta una preventiva definizione dei due insiemi. Questa viene fatta sulla base dei dati stessi. Un campione di dati di nota appartenenza (cosiddetto *training set*) viene usato inizialmente per definire un problema di programmazione matematica la cui soluzione viene successivamente usata per classificare un qualsiasi vettore x.

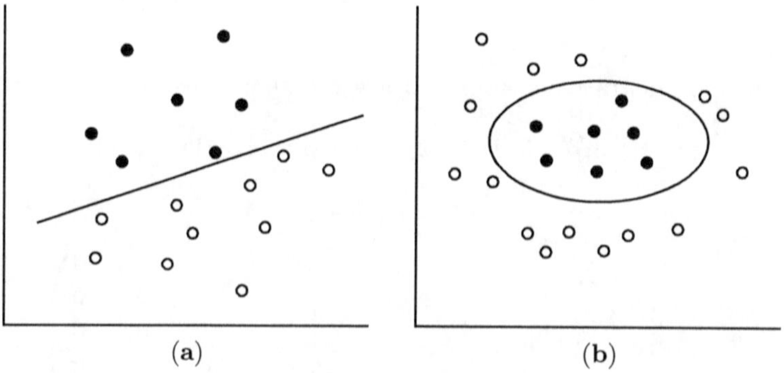

Figura 23.5.

Il presupposto di questo approccio è che punti appartenenti allo stesso insieme sono contigui in $\mathbb{R}^n$. Si vedano in Fig. 23.5 due esempi di insiemi separabili, il primo da una funzione lineare e il secondo da una funzione non lineare. La formulazione generale di una funzione di separazione è basata sulle cosiddette *funzioni di nucleo* (*kernel functions*)

$$K(x, A) : \mathbb{R}^n \times \mathbb{R}^{nm} \to \mathbb{R}^m$$

che mappano un vettore $x \in \mathbb{R}^n$ e una matrice $A \in \mathbb{R}^{nm}$ in un vettore di dimensione m. La matrice A contiene il campione di dati formato da m vettori di dimensione n. Il vettore x è di volta in volta il dato da sottoporre a classificazione. Si definisce anche una matrice diagonale $D \in \mathbb{R}^{mm}$, con $D_{ii} = 1$ se il dato i-mo del campione appartiene all'insieme $\mathcal{A}$ e $D_{ii} = -1$ se invece appartiene a $\mathcal{B}$. Vengono infine definiti un vettore $u \in \mathbb{R}^m$ e uno scalare γ. Il dato x viene classificato a seconda del segno di

$$K(x, A)\, D\, u - \gamma \tag{23.11}$$

Se (23.11) è positivo x viene classificato come appartenente a $\mathcal{A}$, altrimenti come appartenente a $\mathcal{B}$. Naturalmente la funzione di nucleo deve classificare correttamente i dati del campione. A questo fine si determinano u e γ in modo opportuno. Ci limitiamo a fornire le linee essenziali per le funzioni di nucleo di tipo lineare, ovvero $K(x, A) = x^\top A$, per cui (23.11) si particolarizza in

$$x^\top A\, D\, u - \gamma = x^\top w - \gamma \tag{23.12}$$

dove $w := A\, D\, u$ è un vettore di coefficienti che, insieme con γ determinano un piano separatore $x^\top w - \gamma = 0$ in $\mathbb{R}^n$. Se $\mathcal{A}$ e $\mathcal{B}$ sono linearmente separabili, l'insieme $\mathcal{A}$ sta da una parte del piano separatore ($x^\top w - \gamma > 0$) e l'insieme $\mathcal{B}$ sta dall'altra ($x^\top w - \gamma < 0$) . In base a (23.12) si deve avere, per una corretta classificazione dei dati del campione:

$$D\,(A^\top A\, D\, u - \gamma\, \mathbf{1}) > 0 \tag{23.13}$$

Esempio 23.2.

Come esempio illustrativo si consideri il seguente campione di dati in $\mathbb{R}^2$:

$$\mathcal{A} := \{(3,3),(3,4),(2,2)\}, \qquad \mathcal{B} := \{(3,1),(4,3)\}$$

da cui

$$A = \begin{pmatrix} 3 & 3 & 2 & 3 & 4 \\ 3 & 4 & 2 & 1 & 3 \end{pmatrix}, \qquad D = \begin{pmatrix} 1 & 0 & 0 & 0 & 0 \\ 0 & 1 & 0 & 0 & 0 \\ 0 & 0 & 1 & 0 & 0 \\ 0 & 0 & 0 & -1 & 0 \\ 0 & 0 & 0 & 0 & -1 \end{pmatrix}$$

$$A^\top A\, D = \begin{pmatrix} 18 & 21 & 12 & -12 & -21 \\ 21 & 25 & 14 & -13 & -24 \\ 12 & 14 & 8 & -8 & -14 \\ 15 & 19 & 10 & -10 & -15 \\ 24 & 29 & 16 & -15 & -25 \end{pmatrix}$$

e quindi (23.13) diventa

$$\begin{aligned} 18\,u_1 + 21\,u_2 + 12\,u_3 - 12\,u_4 - 21\,u_5 &> \gamma \\ 21\,u_1 + 25\,u_2 + 14\,u_3 - 13\,u_4 - 24\,u_5 &> \gamma \\ 12\,u_1 + 14\,u_2 + 8\,u_3 - 8\,u_4 - 14\,u_5 &> \gamma \\ 15\,u_1 + 19\,u_2 + 10\,u_3 - 10\,u_4 - 15\,u_5 &< \gamma \\ 24\,u_1 + 29\,u_2 + 16\,u_3 - 15\,u_4 - 25\,u_5 &< \gamma \end{aligned}$$

∎

A priori non si sa se esistono valori ammissibili di u che soddisfano (23.13). Allora dobbiamo aggiungere delle variabili artificiali che permettono la violazione dei vincoli. Innanzitutto conviene riscrivere (23.13) in modo più adeguato, ovvero eliminare i vincoli stretti. Siccome (23.13) è un sistema omogeneo si può sempre supporre che > 0 sia equivalente a ≥ 1. A questo punto si introducono le variabili artificiali y che servono anche a 'misurare' l'errore di classificazione (se appunto il vincolo non può essere soddisfatto). Quindi (23.13) diventa

$$D\,(A^\top A\,D\,u - \gamma\,\mathbf{1}) + y \geq \mathbf{1}, \qquad y \geq 0 \tag{23.14}$$

Il sistema (23.14) è certamente ammissibile (basta porre $u = 0$ e $\gamma = 0$). Fra tutti i valori ammissibili conviene andare a cercare quelli che minimizzano l'errore di classificazione, ovvero $\min \sum_i y_i$, ma si vuole contemporaneamente massimizzare la distanza fra i piani che delimitano i due insiemi. Questo si realizza minimizzando una funzione convessa del vettore u, ad esempio una norma oppure una forma quadratica positiva definita. In questo secondo caso, dati una matrice positiva definita Q e un coefficiente α che bilancia i due obiettivi, il problema che si vuole risolvere è pertanto

$$\begin{aligned} \min \ & \alpha \sum_i y_i + \frac{1}{2} u^\top Q\, u \\ & D\,(A^\top A\, D\, u - \gamma\, \mathbf{1}) + y \geq \mathbf{1} \\ & y \geq 0 \end{aligned} \tag{23.15}$$

Si tratta di un problema con obiettivo quadratico e vincoli lineari. Le tecniche per risolverlo verranno illustrate nel Cap. 26. In particolare questo stesso esempio numerico verrà risolto nell'Esempio 26.9. Se invece si adotta la norma $\|u\|_1$ il problema da risolvere è lineare e cioè:

$$\begin{aligned} \min \ & \alpha \sum_i y_i + \sum_k s_k \\ & D\,(A^\top A\, D\, u - \gamma\, \mathbf{1}) + y \geq \mathbf{1} \\ & -s_k \leq u_k \leq s_k \\ & y \geq 0 \end{aligned} \tag{23.16}$$

La risoluzione di (23.16) per i dati dell'esempio con coefficiente $\alpha = 1$ dà come soluzione

$$u = (0, \frac{5}{9}, 0, \frac{11}{9}, 0), \quad \gamma = -4, \quad w = (-2, 1), \quad y = (0, 0, 0, 0, 0)$$

Il fatto che $y = 0$ indica che i due insiemi sono separabili da un piano. L'equazione del piano separatore, come espresso in (23.12), è, per i dati dell'esempio

$$-2\, x_1 + x_2 + 4 = 0 \tag{23.17}$$

I punti dell'insieme $\mathcal{A}$ soddisfano tutti la disequazione $-2\, x_1 + x_2 + 4 \geq 1$ e quelli dell'insieme $\mathcal{B}$ la disequazione $-2\, x_1 + x_2 + 4 \leq -1$. Per alcuni punti le disequazioni sono attive. Questi punti sono di supporto per i rispettivi piani. Il termine 'supporto' nella dizione 'Support Vector Machines' si riferisce a questo fatto. In Fig. 23.6(a) si vedono i punti dei due insiemi ($\mathcal{A}$ punti bianchi e $\mathcal{B}$ punti neri) con la retta separatrice (23.17) (tratto continuo) e le due rette di supporto ai due insiemi (tratteggiate).

Il metodo ammette soluzione anche con dati non linearmente separabili. In questo caso avviene che

$$\alpha := \min_{x \in \mathcal{A}} x^\top w - \gamma < \max_{x \in \mathcal{B}} x^\top w - \gamma =: \beta$$

e quindi per classificare un nuovo dato x si può incorrere in errore a limitarsi a valutare se $x^\top w - \gamma > 0$ oppure il contrario. Siccome solo punti in $\mathcal{A}$ soddisfano $x^\top w - \gamma \geq \beta$ e solo punti in $\mathcal{B}$ soddisfano $x^\top w - \gamma \leq \alpha$, la classificazione deve basarsi sul criterio più stringente

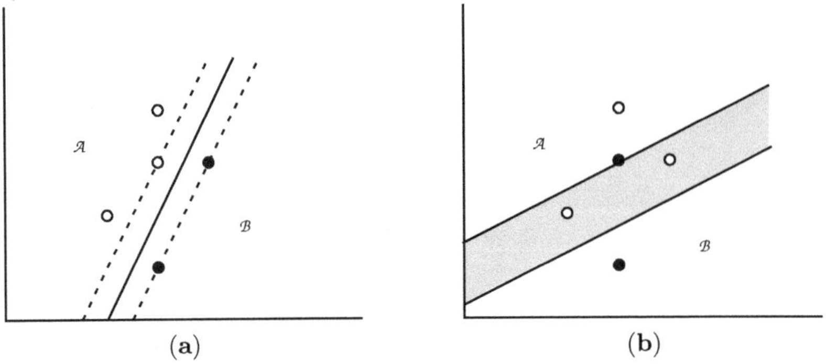

Figura 23.6.

$$x \in \begin{cases} \mathcal{A} & \text{se } x^\top w - \gamma \geq \max\{\beta, 0\} \\ \mathcal{B} & \text{se } x^\top w - \gamma \leq \min\{\alpha, 0\} \\ ? & \text{altrimenti} \end{cases}$$

Nel terzo caso ovviamente sono richiesti ulteriori dati per la classificazione dell'oggetto. In Fig. 23.6(b) si vede il caso di insiemi inseparabili linearmente. In questo caso la risoluzione di (23.16) fornisce

$$u = (0, \frac{14}{27}, 0, \frac{20}{27}, 0), \quad \gamma = \frac{1}{3}, \quad w = (-\frac{2}{3}, \frac{4}{3}), \quad y = (0, \frac{8}{3}, 0, 0, 0)$$

Inoltre $\alpha = 1$ e $\beta = 5/3$. Tutto ciò che è compreso fra le rette $x^\top w - \gamma = 0$ e $x^\top w - \gamma = 5/3$ è di classificazione incerta (zona grigia in Fig. 23.6(b)).

L'approccio tramite le funzioni di nucleo richiede di eseguire calcoli in spazi a grande dimensione quando i dati da esaminare sono molti. L'approccio diretto di trovare direttamente i coefficienti w del piano separatore nel caso di insiemi linearmente separabili era già stato proposto in [153, 206]. L'estensione al caso di insiemi non separabili è invece più recente. La formulazione più robusta si deve a [20]. Il problema da risolvere è simile a (23.16). Mancano il vettore u e i vincoli relativi. Importante è la forma della funzione obiettivo che misura una media pesata dei punti classificati male per $\mathcal{A}$ e per $\mathcal{B}$. Sia m_a il numero di dati in $\mathcal{A}$ e m_b il numero di dati in $\mathcal{B}$. Allora il problema da risolvere è

$$\begin{aligned} \min \; & \frac{1}{m_a} \sum_{i \in \mathcal{A}} y_i + \frac{1}{m_b} \sum_{i \in \mathcal{B}} y_i \\ & D(A^\top w - \gamma \mathbf{1}) + y \geq \mathbf{1} \\ & y \geq 0 \end{aligned} \tag{23.18}$$

Se gli insiemi sono linearmente separabili il problema (23.18) si limita a fornire un qualsiasi piano separatore senza discriminare fra piani che separano 'bene' da piani che separano 'male'. Ricordando che $|\bar{x}^\top w - \gamma|$ è la distanza euclidea del punto $\bar{x}$ dal piano $x^\top w = \gamma$, se $\|w\|_2 = 1$, si può cercare quel piano che, fra i piani separatori, è alla massima distanza dai due insiemi, quindi

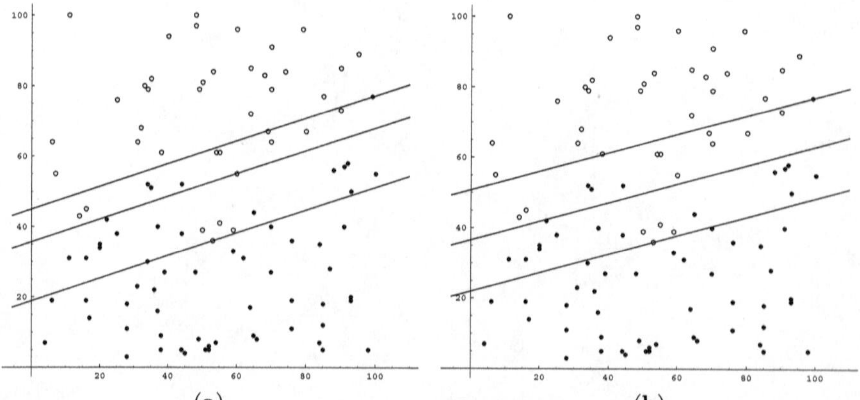

Figura 23.7.

$$\begin{aligned} \max\ & \gamma \\ & D\,(A^\top w - \gamma\,\mathbf{1}) \geq 0 \\ & \|w\|_2 \leq 1 \end{aligned}$$

equivalente al problema non lineare (quadratico)

$$\begin{aligned} \min\ & \|w\|_2 \\ & D\,(A^\top w - \gamma\,\mathbf{1}) \geq 0 \\ & \gamma \geq 1 \end{aligned}$$

Però, usando la norma $\|w\|_1$ o la norma $\|w\|_\infty$, si tratta di un problema di PL, facilmente risolvibile (però bisogna tenere presente che la distanza viene misurata in un modo non euclideo e quindi bisogna valutare se si tratta di un modello coerente con gli scopi per cui viene usato).

Per confrontare (23.18) con (23.16) si confrontino le Fig. 23.7(a) e (b), la prima relativa a (23.16) e la seconda a (23.18). Con dati bidimensionali non si notano a dire il vero grandi differenze. Però i dati sperimentali riportati in [20] indicano una superiorità di (23.18) rispetto ad altri nel classificare correttamente il maggior numero di dati.

Concludiamo citando un recente approccio [169] in cui si minimizza il numero di punti classificati erroneamente. Anche se il modello risultante è di PLI, tuttavia i risultati computazionali sono buoni e soprattutto la classificazione si dimostra particolarmente robusta.

24

Modelli di pianificazione Programmazione lineare stocastica

Dover prendere decisioni in condizioni di incertezza è forse più frequente che non decidere in condizioni di certezza. Siccome non c'è una relazione univoca fra la decisione presa e l'esito che ne consegue, a causa di eventi futuri più o meno imprevedibili, è anche difficile formulare un chiaro obiettivo che guidi il processo decisionale. Se gli eventi su cui si vuole agire sono molti e l'azione è ripetuta nel tempo allora un approccio probabilistico che valuti i valori attesi è forse il modo migliore per affrontare il problema. Ci sono però eventi che avvengono una sola volta e non è chiaro cosa significhi 'probabilità' per questo tipo di eventi. Indubbiamente entra in gioco anche la maggiore o minore attitudine al rischio del decisore.

È notevole che si sia riusciti a modellare tutti questi aspetti in modo, non solo matematicamente soddisfacente, ma anche praticamente attuabile. In questo capitolo verranno esposte le tecniche per prendere decisioni in condizioni di incertezza in caso di eventi singoli. Nel prossimo capitolo invece si vedranno le tecniche quando la decisione e gli eventi che si vuole controllare sono ripetuti nel tempo.

24.1 Decisioni in condizioni di rischio

Si consideri la seguente situazione paradigmatica: si deve prendere una decisione fra due scelte alternative A e B in vista di eventi futuri, di cui però si sa solo stimare la probabilità. Se si prende la decisione A allora si possono prevedere gli eventi E_{A1} ed E_{A2} con probabilità rispettivamente p e $1-p$. Se invece si prende la decisione B allora si possono prevedere gli eventi E_{B1} e E_{B2} con probabilità rispettivamente q e $1-q$.

Spesso questo schema si presenta nella forma più semplice in cui E_{A1} coincide con E_{B1}, E_{A2} coincide con E_{B2} e $p = q$. Questo succede se la decisione non influisce sugli eventi futuri, come normalmente avviene. In questo caso possiamo anche parlare di scenario E_1 e scenario E_2.

Inoltre ad ogni possibile esito (decisione-evento) viene associato un guadagno (eventualmente negativo), normalmente espresso in termini quantitativi, ma non necessariamente. Come si vedrà in seguito, gli esiti possono anche essere descritti qualitativamente. Per il momento supponiamo che gli esiti corrispondano a valori monetari M_{A1}, M_{A2}, M_{B1} e M_{B2}.

Questa situazione viene normalmente rappresentata con un albero. I nodi dell'albero si distinguono in nodi dove la decisione spetta al decisore e nodi dove la 'decisione' spetta alla natura, che sceglie secondo un meccanismo di probabilità. Per distinguere i due tipi diversi di nodi, si indicano con un quadrato i nodi corrispondenti ad una decisione del decisore e con un cerchio i nodi corrispondenti ad una decisione della natura. La situazione descritta viene quindi rappresentata con l'albero binario a due livelli di Fig. 24.1.

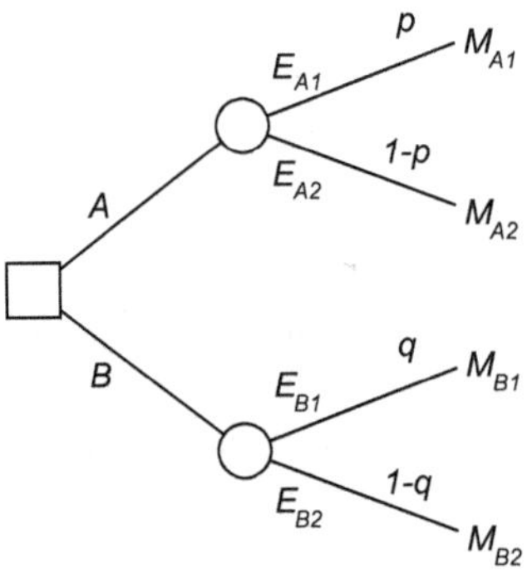

Figura 24.1. Albero di decisione

Il problema che si pone è quello di individuare una strategia di scelta fra le decisioni A e B. Si noti che in alcuni casi è 'razionale' scegliere la decisione migliore. Ad esempio se avviene $M_{A1} = M_{B1}$ e $M_{A2} = M_{B2}$, la scelta fra le decisioni A e B comporta solo una scelta fra probabilità diverse e non fra guadagni diversi. Quindi è razionale scegliere A se $p > q$ e B se $p < q$ (se $p = q$ è ovviamente indifferente scegliere A o B). Questa osservazione è cruciale e verrà in seguito sfruttata per identificare una strategia di scelta 'razionale' che consideri esplicitamente l'attitudine o meno al rischio del decisore. Un altro caso di scelta razionale è costituito dal caso $p = q$, $M_{A1} \geq M_{B1}$ e $M_{A2} \geq M_{B2}$. Come si vede, è sempre meglio scegliere A, indipendentemente dalla scelta della natura.

Normalmente tuttavia le probabilità e i guadagni sono tali per cui non risulta ovvio, cioè razionale, quale decisione prendere. La situazione più frequente è che una decisione presenta, rispetto all'altra, guadagni maggiori se gli eventi futuri sono favorevoli, ma anche guadagni minori in caso contrario. Ad esempio si può avere $M_{A1} > M_{B1}$ e $M_{A2} < M_{B2}$, ovvero, se la natura sceglie 1, la decisione migliore è A, ma se la natura sceglie 2, la decisione migliore è B. Non sapendo in anticipo cosa sceglierà la natura, la decisione diventa problematica.

In assenza di valutazioni probabilistiche sugli eventi futuri, un atteggiamento di massima prudenza considera le varie decisioni e per ognuna valuta la peggiore scelta di natura. A questo punto si prende la decisione che massimizza la peggiore scelta della natura, ovvero si calcola

$$M := \max \{\min \{M_{A1}, M_{A2}\}, \min \{M_{B1}, M_{B2}\}\}$$

Comunque vada, non si guadagna meno di M, che rappresenta quindi un guadagno garantito. Sono state proposte molte altre strategie di scelta, di cui qui però non ci occupiamo.

Se invece ci sono valutazioni probabilistiche sulle quali basare le nostre decisioni, un primo modo di affrontare il problema della scelta di una decisione consiste nel valutare i i guadagni attesi. Se si prende la decisione A, il guadagno atteso è $p\, M_{A1} + (1-p)\, M_{A2}$. Se invece si prende la decisione B, il guadagno atteso è $q\, M_{B1} + (1-q)\, M_{B2}$. Allora si sceglie la decisione a cui corrisponde il maggiore guadagno atteso. Quindi il guadagno atteso sarà

$$M^* := \max \{p\, M_{A1} + (1-p)\, M_{A2}\,,\, q\, M_{B1} + (1-q)\, M_{B2}\} \tag{24.1}$$

Esempio 24.1.

Si consideri a titolo di semplice esempio illustrativo il caso di un produttore che deve decidere se costruire un nuovo stabilimento in modo da poter far fronte ad un eventuale aumento della domanda (A) oppure continuare a produrre senza nuovi investimenti (B). Il costo dello stabilimento è stato stimato in 6 M€. Se la domanda sarà elevata, sarà possibile soddisfarla tutta con un ricavo di 18 M€, se lo stabilimento sarà stato costruito, altrimenti il guadagno sarà soltanto di 9 M€. Se invece la domanda sarà bassa il ricavo delle vendite sarà in ogni caso di 5 M€. Si valuta inoltre in 0.7 la probabilità di domanda elevata. Tenendo conto della spesa d'investimento l'albero si presenta come in Fig. 24.2.

Con la decisione A il guadagno atteso è $0.7 \cdot 12 + 0.3 \cdot (-1) = 8.1$, mentre con la decisione B il guadagno atteso è $0.7 \cdot 9 + 0.3 \cdot 5 = 7.8$. Quindi $M^* = 8.1$ e si decide di costruire il nuovo stabilimento. ∎

Supponiamo che la probabilità sia invariante rispetto alle decisioni, cioè $p = q$. Possiamo chiedere qual è il valore di probabilità $\bar{p}$ per cui è indifferente scegliere A o B. Dobbiamo calcolare

$$p\, M_{A1} + (1-p)\, M_{A2} = p\, M_{B1} + (1-p)\, M_{B2}$$

da cui

$$\bar{p} = \frac{M_{A2} - M_{B2}}{M_{B1} - M_{A1} + M_{A2} - M_{B2}}$$

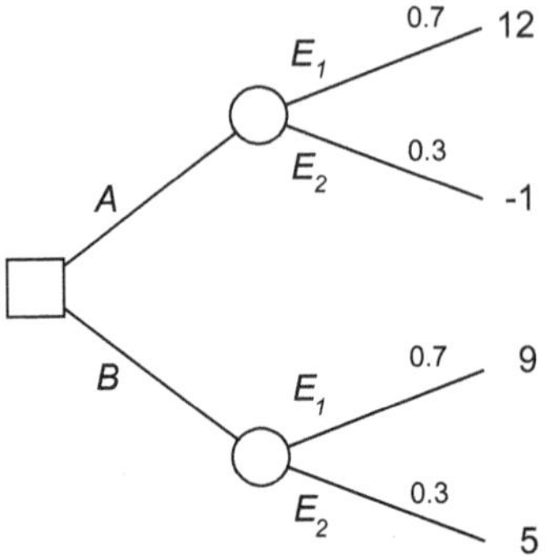

Figura 24.2.

Se $\bar{p} \leq 0$ oppure $\bar{p} \geq 1$, significa che si è in uno di quei casi di scelta razionale della decisione, citati precedentemente. Se invece $0 < \bar{p} < 1$, allora per $p < \bar{p}$ si prende una decisione, mentre per $p > \bar{p}$ si prende l'altra.

Ovviamente il quadro descritto è molto semplificato. Solo due decisioni sono possibili. O si prende una o si prende l'altra (ma sono molti i casi reali in cui vi sono poche alternative) e il rischio di prendere la decisione 'sbagliata' è ben presente. L'analisi che si fa è volta proprio a 'guidare' il decisore verso una decisione consapevole.

Notiamo che il valore di probabilità $\bar{p}$ è critico, in quanto piccoli scostamenti da questo valore portano a decisioni diverse con esiti anche molto diversi. Quindi se la stima p della probabilità cade in un intorno di $\bar{p}$, bisogna esser molto cauti nel trarre conclusioni, dato che la stima potrebbe essere affetta da un errore maggiore del valore $|p - \bar{p}|$.

Si immagini ora che, invocando un oracolo, sia possibile conoscere il futuro. Se l'oracolo predice lo scenario E_1, allora conviene prendere la decisione in base a $\hat{M}_1 := \max\{M_{A1}, M_{B1}\}$, mentre se l'oracolo predice lo scenario E_2 conviene prendere la decisione in base a $\hat{M}_2 := \max\{M_{A2}, M_{B2}\}$. Ora ci chiediamo quale sia il guadagno atteso, *prima* di interrogare l'oracolo.

In base alla conoscenza attuale degli eventi futuri, necessariamente la probabilità di un evento è uguale alla probabilità che l'oracolo preveda un tale evento. Quindi il guadagno atteso, se si invoca l'oracolo, è

$$\hat{M} := p\,\hat{M}_1 + (1-p)\,\hat{M}_2 \tag{24.2}$$

Ovviamente tale valore è maggiore del guadagno atteso in condizioni normali M^*. La differenza $\hat{M} - M^*$ prende il nome di *valore atteso dell'informazione perfetta*. Se si dovesse pagare l'oracolo, sarebbe conveniente pagarlo solo se il costo non supera $\hat{M} - M^*$. Il valore atteso dell'informazione perfetta dipende da p e il massimo cade proprio per $p = \bar{p}$. Infatti $\hat{M}$ è funzione affine di p come risulta da (24.2), mentre M^*, massimo di due funzioni affini in p, è una funzione convessa. Necessariamente la massima differenza si ha nel punto di rottura della funzione convessa, cioè in $\bar{p}$. Questo fatto è coerente con la

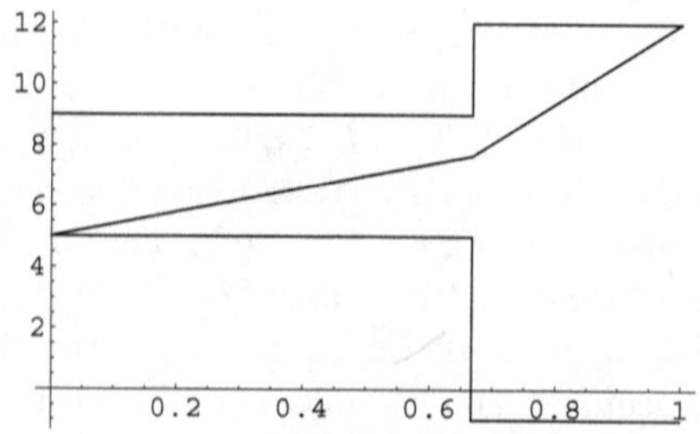

Figura 24.3.

criticità di $\bar{p}$. Si tratta del valore per cui la conoscenza del futuro merita la maggiore spesa.

Esempio 24.1 (continuazione)
Il calcolo del valore critico di probabilità porta a

$$12\,p - (1 - p) = 9\,p + 5\,(1 - p) \quad \Longrightarrow \quad \bar{p} = \frac{2}{3}$$

È utile valutare l'andamento del guadagno atteso in funzione della probabilità. Nel diagramma di Fig. 24.3 sono riportati anche i valori dei guadagni effettivi per entrambi gli scenari nel caso si prenda la decisione A (per probabilità maggiori di 2/3) oppure la decisione B (probabilità minori di 2/3). Si può notare come una stima di p, di poco superiore a 2/3, porta alla decisione di costruire lo stabilimento, mentre una stima di poco inferiore porta alla decisione di non costruire.

Per calcolare il valore atteso dell'informazione perfetta, si ha

$$\hat{M}_1 = \max\{12, 9\} = 12, \qquad \hat{M}2 = \max\{-1, 5\} = 5,$$

da cui

$$\hat{M} = p\,\hat{M}_1 + (1 - p)\,\hat{M}_2 = 0.7 \cdot 12 + 0.3 \cdot 5 = 9.9$$

Allora $M^* - \hat{M} = 1.8$ è il valore atteso dell'informazione perfetta. ∎

In realtà è impossibile conoscere il futuro, però si può stimare con più esattezza la probabilità di un evento, ad esempio con delle opportune indagini di mercato. Per capire come raffinare la probabilità si immagini che esistano degli indicatori economici fortemente correlati con l'andamento futuro dell'economia. La correlazione non è perfetta, per cui può accadere che la previsione fornita dagli indicatori economici non sia corretta. Dalle analisi storiche si può calcolare che lo scenario 1 viene previsto correttamente con probabilità q_1 (ovvero, di tutte volte in cui si è verificato lo scenario 1, per la frazione q_1 di volte l'evento era stato effettivamente previsto, mentre per la frazione

$(1 - q_1)$ di volte era stato invece previsto l'evento E_2), mentre lo scenario 2 viene previsto correttamente con probabilità q_2.

Indichiamo i due scenari con E_1 e E_2, e la previsione di scenario 1 o 2 da parte degli indicatori con C_1 o C_2 rispettivamente. Ciò che dobbiamo calcolare ora è come variare la probabilità a priori p dello scenario 1, in una probabilità a posteriori che tenga conto della previsione degli indicatori economici. A questo fine ci si serve della formula di Bayes che permette di calcolare $p(E_i|C_j)$, la probabilità che lo scenario sia E_i dato che si è verificato C_j, cioè gli indicatori hanno previsto E_j (da calcolare per tutte le quattro combinazioni di i e j). Per applicare la formula abbiamo bisogno delle seguenti quantità: $p(C_1, |E_1) = q_1$, la probabilità che gli indicatori prevedano correttamente lo scenario E_1; $p(C_2, |E_1) = 1 - q_1$, la probabilità che gli indicatori prevedano E_2 mentre invece si verifica E_1; $p(C_2, |E_2) = q_2$, la probabilità che gli indicatori prevedano correttamente lo scenario E_2; $p(C_1, |E_2) = 1 - q_2$, la probabilità che gli indicatori prevedano E_1 mentre invece si verifica E_2. Le probabilità $p(E_1)$ e $p(E_2)$ sono le probabilità a priori dei due scenari. La formula di Bayes da applicare in questo caso è:

$$p(E_i|C_j) = \frac{p(C_j|E_i)\,p(E_i)}{p(C_j|E_1)\,p(E_1) + p(C_j|E_2)\,p(E_2)} \qquad (24.3)$$

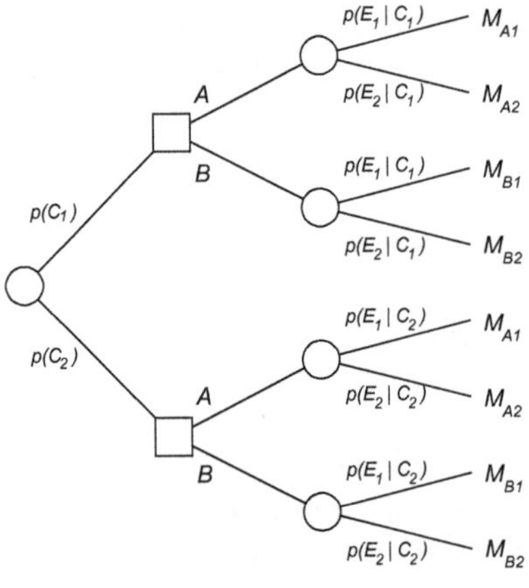

Figura 24.4.

L'albero di decisione va modificato perché bisogna anche tenere conto dell'evento 'previsione degli indicatori' (Fig. 24.4). Si tratta di un nodo di natura che è nodo radice dell'albero. Le probabilità associate ai due eventi sono le probabilità $p(C_j) = p(C_j|E_1)\,p(E_1) + p(C_j|E_2)\,p(E_2)$. Poi, una volta nota la previsione, si impostano due problemi indipendenti di decisione, con le probabilità calcolate in base a (24.3) a seconda della previsione. Il guadagno atteso, che viene chiamato in questo caso *valore atteso dell'informazione campionaria*, è allora dato da questa espressione

$$\tilde{M} = p(C_1) \max \begin{cases} p(E_1|C_1)\, M_{A1} + p(E_2|C_1)\, M_{A2} \\ p(E_1|C_1)\, M_{B1} + p(E_2|C_1)\, M_{B2} \end{cases} + \\ p(C_2) \max \begin{cases} p(E_1|C_2)\, M_{A1} + p(E_2|C_2)\, M_{A2} \\ p(E_1|C_2)\, M_{B1} + p(E_2|C_2)\, M_{B2} \end{cases} \tag{24.4}$$

L'espressione può essere riscritta come

$$\max \begin{cases} p(C_1|E_1)\, p(E_1)\, M_{A1} + p(C_1|E_2)\, p(E_2)\, M_{A2} \\ p(C_1|E_1)\, p(E_1)\, M_{B1} + p(C_1|E_2)\, p(E_2)\, M_{B2} \end{cases} + \\ \max \begin{cases} p(C_2|E_1)\, p(E_1)\, M_{A1} + p(C_2|E_2)\, p(E_2)\, M_{A2} \\ p(C_2|E_1)\, p(E_1)\, M_{B1} + p(C_2|E_2)\, p(E_2)\, M_{B2} \end{cases}$$

e deve essere maggior o uguale (a causa della presenza dei max) di

$$p(C_1|E_1)\, p(E_1)\, M_{A1} + p(C_1|E_2)\, p(E_2)\, M_{A2} + \\ p(C_2|E_1)\, p(E_1)\, M_{A1} + p(C_2|E_2)\, p(E_2)\, M_{A2} = \\ (p(C_1|E_1) + p(C_2|E_1))\, p(E_1)\, M_{A1} + (p(C_1|E_2) + p(C_2|E_2))\, p(E_2))\, M_{A2} = \\ p(E_1)\, M_{A1} + p(E_2)\, M_{A2}$$

L'ultima espressione è il guadagno atteso se si prende la decisione A. Analogamente si ottiene che $\tilde{M}$ è non minore di $p(E_1)\, M_{B1} + p(E_2)\, M_{B2}$, guadagno atteso se si prende la decisione B. Allora $\tilde{M}$ è anche non minore del massimo fra i due valori, cioè di M^*. Quindi qualsiasi siano i valori delle probabilità condizionate degli eventi, il valore atteso dell'informazione campionaria non è mai negativo (come del resto ci si aspetta).

Esempio 24.1 (continuazione)

Si immagini che il decisore si affidi ad una società di consulenza che ha elaborato degli indicatori economici per le previsioni. Dall'esame degli eventi passati si vede che tutte le volte in cui la domanda era stata elevata, tale circostanza era stata prevista correttamente dalla società il 90% delle volte, mentre la circostanza di domanda bassa era stata prevista correttamente il 70% delle volte. Allora

$$p(C_1 \mid E_1) = 0.9, \quad p(C_2 \mid E_1) = 0.1, \quad p(C_2 \mid E_2) = 0.7, \quad p(C_1 \mid E_2) = 0.3$$

da cui

$$p(E_1 \mid C_1) = \frac{0.9 \cdot 0.7}{0.9 \cdot 0.7 + 0.3 \cdot 0.3} = \frac{7}{8}, \quad p(E_2 \mid C_1) = 1 - p(E_1 \mid C_1) = \frac{1}{8}$$

$$p(E_2 \mid C_2) = \frac{0.7 \cdot 0.3}{0.7 \cdot 0.3 + 0.1 \cdot 0.7} = \frac{3}{4}, \quad p(E_1 \mid C_2) = 1 - p(E_1 \mid C_2) = \frac{1}{4}$$

Inoltre

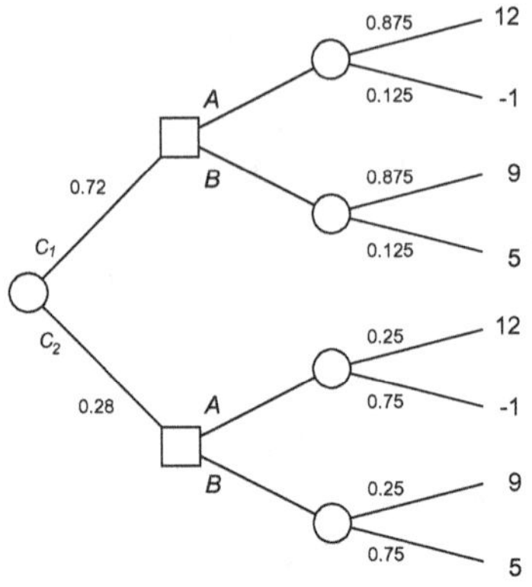

Figura 24.5.

$$p(C_1) = p(C_1 \mid E_1)\, p(E_1) + p(C_1 \mid E_2)\, p(E_2) = 0.9 \cdot 0.7 + 0.3 \cdot 0.3 = 0.72$$

$$p(C_2) = p(C_2 \mid E_1)\, p(E_1) + p(C_2 \mid E_2)\, p(E_2) = 0.7 \cdot 0.3 + 0.1 \cdot 0.7 = 0.28$$

Con questi dati la situazione si presenta secondo l'albero in Fig. 24.5. Con probabilità 0.72 e 0.28 il decisore si aspetta che la risposta del consulente sia di domanda elevata oppure bassa. Dopodiché il decisore deve scegliere fra le decisioni A e B, come nel caso precedente. Tuttavia la risposta del consulente altera le probabilità secondo le formule di Bayes appena calcolate.

Se la risposta del consulente è C_1 allora conviene scegliere A con guadagno atteso $12 \cdot 7/8 - 1/8 = 83/8$. Se invece la risposta del consulente è C_2 allora conviene scegliere B con guadagno atteso 6. Quindi il guadagno atteso è $0.72 \cdot 83/8 + 0.28 \cdot 6 = 9.15$. Si tratta di un valore compreso fra 8.1 (valore senza informazione) e 9.9 (valore con informazione perfetta). La differenza $9.15 - 8.1 = 1.05$ è il valore atteso dell'informazione campionaria, e il costo della consulenza quindi non dovrebbe superare tale valore. ∎

Il semplice albero degli esempi precedenti può essere complicato prevedendo una successione di nodi decisionali e di nodi di natura. La strategia decisionale si calcola comunque nello stesso modo, partendo dai nodi terminali e procedendo verso la radice dell'albero calcolando il valore atteso per i nodi di natura e il massimo per i nodi decisionali.

24.2 Utilità

Un'obiezione forte all'adozione del guadagno atteso come parametro decisionale si basa sul fatto che situazioni di questo genere avvengono solo una volta, mentre l'uso di valori attesi è giustificato in quei casi in cui una stessa situazione è ripetuta molte volte nel tempo. Se l'evento si presenta un'unica volta bisogna necessariamente prendere in considerazione l'attitudine al rischio del decisore.

A questo fine è stato ideato uno 'strumento di misura' che permette di correlare le probabilità con gli esiti delle decisioni. Questo strumento di misura prende la forma dell'albero decisionale in Fig. 24.6

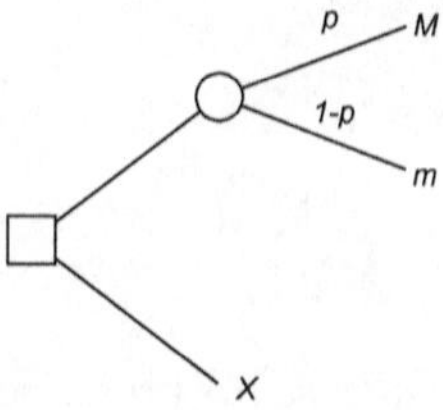

Figura 24.6.

Nell'albero si considerano tre valori di guadagno m, X e M con $m < X < M$ e un valore di probabilità p. I due valori m e M sono fissi mentre p e X sono variabili. Come si vede, l'alternativa è fra il guadagno certo X oppure una lotteria dove, con probabilità nota p, si può guadagnare di più, cioè M, però con probabilità $1 - p$ si può guadagnare di meno, cioè m.

Se $p = 1$ è indubbiamente meglio la lotteria. Se invece $p = 0$ è meglio il guadagno certo X. Quindi c'è un valore $0 \leq \hat{p} \leq 1$ per cui il decisore è indifferente fra il guadagno certo X e la lotteria. Si può allora stabilire una corrispondenza biunivoca fra i valori che può assumere X (compresi fra m e M) e le probabilità $\hat{p}$. La funzione che si definisce in questo modo, necessariamente strettamente monotona e crescente, che ad ogni valore di X assegna una probabilità, prende il nome di *utilità* e viene indicata con $u(X)$. Per definizione $0 \leq u(X) \leq 1$, $u(m) = 0$ e $u(M) = 1$.

La funzione d'utilità varia a seconda del decisore e rivela la sua maggiore o minore attitudine al rischio. Se, ad esempio, si valutasse la situazione ragionando in base al valore atteso il guadagno certo e la lotteria sarebbero equivalenti se $p\,M + (1 - p)\,m = X$ ovvero per un valore

$$\bar{p} = \frac{X - m}{M - m}$$

Un decisore che sia indifferente proprio in corrispondenza di tale valore, ha allora una funzione d'utilità

$$u(X) = \frac{X - m}{M - m}$$

e viene detto razionale oppure *neutrale al rischio*. Si noti che la funzione d'utilità è lineare per tale decisore. Invece un decisore *avverso al rischio* preferisce il guadagno certo se $p = \bar{p}$, quindi per avere l'indifferenza deve essere $u(X) > \bar{p}$.

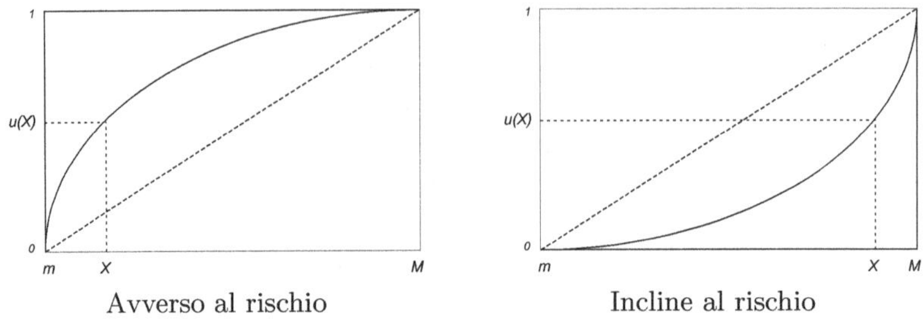

Figura 24.7.

Viceversa un decisore *incline al rischio* preferisce la lotteria se $p = \bar{p}$, quindi per avere l'indifferenza deve essere $u(X) < \bar{p}$.

In Fig. 24.7 sono riportati due grafici di due possibili funzioni di utilità, la prima di un decisore avverso al rischio, e la seconda di un decisore incline al rischio.

Si definisce *lotteria equivalente* di un guadagno certo X la lotteria con probabilità $u(X)$. L'osservazione cruciale, che giustifica l'introduzione della funzione d'utilità, è che si può sostituire qualsiasi guadagno X con la sua lotteria equivalente.

La situazione di alternativa fra una lotteria e un guadagno certo si presenta naturalmente in diverse situazioni. Ad esempio un'assicurazione contro un infortunio è di questo tipo. L'alternativa è fra un guadagno certo $-A$ negativo, cioè la rata da pagare, e una lotteria in cui il guadagno massimo M è nullo (non avviene l'infortunio) e il guadagno minimo $-m$ è l'infortunio. Normalmente il premio di assicurazione A è un po' più elevato del valore atteso di un infortunio, cioè $A > p\,m$ (una compagnia di assicurazioni può basare le proprie decisioni sui valori attesi dovendo trattare un gran numero di casi e naturalmente per avere un margine positivo deve chiedere premi superiori al valore atteso). Quindi se si stipula un'assicurazione si è necessariamente avversi al rischio.

Un altro esempio è fornito da tutti i giochi d'azzardo. In questi casi l'alternativa è fra un guadagno certo nullo (non si gioca) e una lotteria con un guadagno minimo negativo dato da $(-a)$ con a la posta giocata e un guadagno massimo pari a $(k\,a - a)$. Normalmente la probabilità p di vincita è minore di $1/k$ (altrimenti chi organizza il gioco non ci guadagna). Quindi il valore atteso della lotteria è $p\,(k-1)\,a - (1-p)\,a < 0$. Quindi chi gioca d'azzardo è necessariamente incline al rischio.

Applichiamo adesso il concetto di utilità allo schema decisionale iniziale. Si definisca $m = \min M_i$ e $M = \max M_i$ e si sostituisca ad ogni guadagno certo M_i la sua lotteria equivalente.

In questo modo tutti i guadagni vengono ridotti a due soli guadagni e, come si vede nella seconda figura, lo schema è diventato un caso in cui la scelta è razionalmente affidata a quell'alternativa a cui compete la maggiore

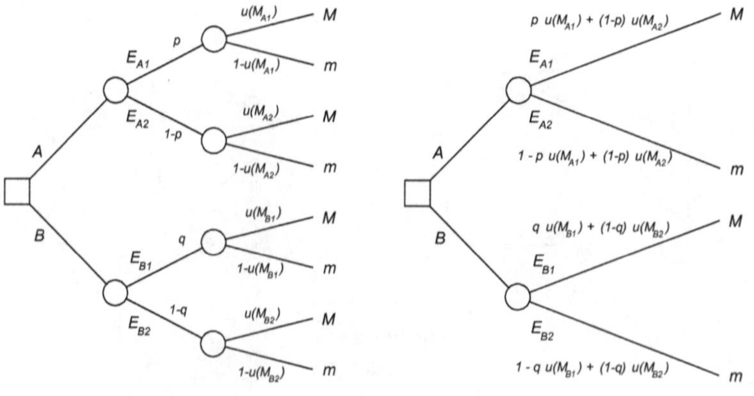

Figura 24.8.

probabilità, ovvero si tratta di scegliere in base a

$$\max \{p\, u(M_{A1}) + (1-p)\, u(M_{A2}) \; ; \; q\, u(M_{B1}) + (1-q)\, u(M_{B2})\}$$

Le due quantità che compaiono nell'espressione sono nient'altro che i valori attesi dell'utilità. Quindi se nelle foglie terminali dell'albero di decisione si sostituiscono agli ammontari monetari le loro utilità e si eseguono i calcoli allo stesso modo, si perviene ad una strategia decisionale che tiene direttamente conto della maggiore o minore attitudine al rischio del decisore.

Inoltre utilizzare le funzioni di utilità presenta un secondo vantaggio: non è necessario che gli esiti delle decisioni siano dei valori numerici. Il meccanismo che porta a definire l'utilità di un valore monetario può essere adattato ad un qualsiasi esito.

Ad esempio, l'albero decisionale potrebbe riguardare la scelta di dove passare le ferie, se al mare, o in montagna, o visitando una città d'arte. Immaginando, per semplicità, che il costo della vacanza sia in ogni caso il medesimo, la scelta si basa solo sulle condizioni del tempo, che possiamo schematicamente dividere in tre casi: bello, incerto, brutto. Dalle statistiche passate sono note le probabilità che durante il periodo delle ferie il tempo sia in uno dei tre stati nelle tre rispettive località. Supponiamo ancora che per il decisore l'esito peggiore sia di stare in montagna con tempo brutto e il migliore sia ancora di stare in montagna con tempo bello. A questo punto il decisore si pone la domanda, per ognuna delle possibili alternative (località-tempo) quale deve essere la probabilità della lotteria con i due esiti montagna-tempo bello e montagna-tempo brutto, per essere indifferente fra la lotteria e l'alternativa in questione. Ad esempio potrebbe stabilire che è indifferente fra mare-tempo incerto e la lotteria solo quando la probabilità della lotteria è 0.8 e quindi assegnando valore 0.8 all'utilità dell'alternativa mare-tempo incerto. Si noti

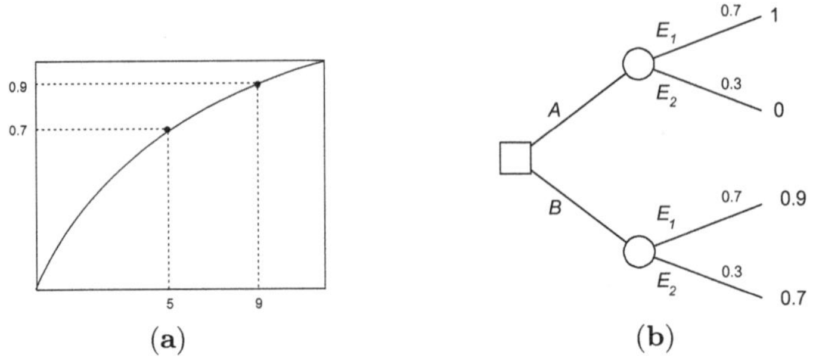

Figura 24.9.

ancora che si sono anche implicitamente valutate le alternative rispetto al loro valore per il decisore.

Esempio 24.1 (continuazione)

Immaginando di risolvere il precedente esempio dell'investimento, i due esiti estremi sono il guadagno di 12 a cui si assegna utilità 1 e la perdita di 1 a cui si assegna utilità 0. Per gli altri due valori 9 e 5, immaginiamo che il decisore ponga $u(9) = 0.9$ e $u(5) = 0.7$.

Dopo avere rilevato questi valori del decisore è utile diagrammarli e vedere se è possibile definire una funzione d'utilità 'ragionevole' che interpoli bene i punti (Fig. 24.9(a)). Se i punti dovessero essere interpolati da funzioni 'strane' questo probabilmente significa che il decisore non ha posto la sufficiente attenzione nel formulare le sue preferenze (certamente se dovesse formulare $u(9) < u(5)$ questo denoterebbe incoerenza e non sarebbe comunque accettabile). Nell'esempio le scelte del decisore sono coerenti e denotano avversione al rischio.

L'albero di decisione diventa allora quello in Fig. 24.9(b) e i valori attesi di utilità diventano 0.7 per la decisione A e $0.7 \cdot 0.9 + 0.3 \cdot 0.7 = 0.84$ per la decisione B. Quindi, tenendo conto dell'avversione al rischio, è preferibile la decisione B. ∎

Come valutare il valore atteso dell'informazione perfetta in termini di utilità? Possiamo affrontare il problema in due modi alternativi. Potremmo dire che se l'oracolo prevedesse l'evento E_1 il decisore sceglierebbe A con utilità 1, mentre se prevedesse E_2 sceglierebbe B con utilità 0.7, il che porterebbe ad un valore atteso di utilità di 0.91. Il valore monetario Δ di questa differenza d'utilità è dato da

$$\Delta = u^{-1}(0.91) - u^{-1}(0.84) \tag{24.5}$$

Alternativamente possiamo chiederci di quale valore Δ' dobbiamo scontare i guadagni in modo da essere indifferenti fra utilizzare o non utilizzare l'informazione perfetta. Quindi, se l'oracolo predice E_1 l'utilità è pari a $u(12 - \Delta')$

mentre se predice E_2 l'utilità è pari a $u(5 - \Delta')$. Pertanto il valore atteso è $0.7 \cdot u(12 - \Delta') + 0.3 \cdot u(5 - \Delta')$. Quindi dobbiamo calcolare Δ' tale che

$$0.7 \cdot u(12 - \Delta') + 0.3 \cdot u(5 - \Delta') = 0.84$$

cioè

$$u^{-1}(0.7 \cdot u(12 - \Delta') + 0.3 \cdot u(5 - \Delta')) = u^{-1}(0.84) \qquad (24.6)$$

Da (24.5) e (24.6) si ha

$$u^{-1}(0.7 \cdot u(12 - \Delta') + 0.3 \cdot u(5 - \Delta')) = u^{-1}(0.7\, u(12) + 0.3\, u(5)) - \Delta$$

I due valori Δ e Δ' non coincidono in generale.

24.3 Programmazione lineare stocastica

Il precedente schema decisionale può essere esteso anche ad un continuo di decisioni, in cui le variabili che identificano le decisioni (e quelle derivate da esse) vengono definite a seconda dei possibili scenari di natura. È come se nell'albero di decisione ci fossero infiniti archi in uscita dal nodo del decisore e, all'estremo di ognuno di questi infiniti archi, ci fosse il nodo di natura con un numero finito di scenari. Supponiamo che le probabilità per ogni scenario siano indipendenti dalle decisioni.

Ovviamente non si può eseguire il calcolo in modo esplicito come si fa quando le decisioni sono in numero finito. Se però si riescono a definire le decisioni tramite variabili e vincoli fra le variabili, il problema si può modellare come un problema di programmazione matematica e in particolare di programmazione lineare se i vincoli sono lineari.

La situazione può essere meglio illustrata da un esempio. Un produttore valuta che nella stagione successiva la domanda di un certo bene potrà essere alta (A) oppure bassa (B) con probabilità rispettivamente p e $1 - p$. Se la domanda sarà alta, sarà impossibile farvi fronte con la produzione del momento, a causa della insufficiente capacità produttiva. Quindi, in previsione di un'elevata domanda, sarebbe meglio cominciare a produrre fin d'ora, in modo da avere una sufficiente quantità di beni da vendere. Tuttavia se la domanda dovesse risultare bassa, si incorre nel rischio di produrre più merce di quella che si riesce a vendere andando incontro a delle perdite sicure.

Il problema viene modellato identificando delle variabili di primo periodo, che corrispondono alle decisioni da prendere ora e delle variabili di secondo periodo che corrispondono alle decisioni da prendere successivamente, una volta noto lo scenario futuro. Le variabili di secondo periodo sono tante quante i diversi scenari.

Si definiscano allora le seguenti quantità:

- K: capacità dell'impianto,
- P_1: produzione di primo periodo,

- P_{2A}, P_{2B}: produzione di secondo periodo per gli scenari A e B,
- d_A, d_B: domanda negli scenari A e B,
- v_A, v_B: quantità venduta negli scenari A e B,
- r_A, r_B: prezzo di vendita della merce negli scenari A e B,
- c_1, c_2: costi di produzione di primo e di secondo periodo,

Oltre ai vincoli di non negatività, valgono i seguenti vincoli:

- vincoli di capacità produttiva:

$$P_1 \leq K; \qquad P_{2A} \leq K, \qquad P_{2B} \leq K \tag{24.7}$$

- vincoli di vendita:

$$v_A \leq d_A, \qquad v_B \leq d_B, \qquad v_A \leq P_1 + P_{2A}, \qquad v_B \leq P_1 + P_{2B} \tag{24.8}$$

Inoltre possiamo esplicitare le seguenti grandezze derivate:

- costi: $C_A := c_1 P_1 + c_2 P_{2A}$ nello scenario A, e $C_B := c_1 P_1 + c_2 P_{2B}$ nello scenario B,
- ricavi: $R_A := r_A v_A$ nello scenario A, e $R_B := r_B v_B$ nello scenario B,
- profitti: $G_A := R_A - C_A$ nello scenario A, e $G_B := R_B - C_B$ nello scenario B.

Come obiettivo possiamo, per il momento, valutare il profitto atteso

$$p G_A + (1-p) G_B \tag{24.9}$$

Considerando i vincoli imposti e l'obiettivo, si tratta di un problema di PL. Si noti che, se il valore P_1 fosse fissato a priori, il problema delineato consisterebbe di due sottoproblemi indipendenti, uno per lo scenario A e l'altro per lo scenario B. I vincoli $v_A \leq P_1 + P_{2A}$ e $v_B \leq P_1 + P_{2B}$ legano assieme i due problemi attraverso la variabile comune P_1.

Data la semplicità di questo esempio è possibile, ed anche istruttivo, risolverlo analiticamente senza far ricorso alla PL. Tuttavia, per ragioni di spazio, lasciamo questa possibilità come esercizio e risolviamo direttamente con la PL.

Assumiamo i valori $K = 50$, $d_A = 80$, $d_B = 20$, $c_1 = 3$, $c_2 = 5$, $r_A = 10$, $r_B = 7$. Allora si hanno le seguenti decisioni ottime:

$$\begin{array}{llllll}
0 \leq p \leq 0.3, & P_1 = 20, & P_{2A} = 50, & P_{2B} = 0, & G_A = 390, & G_B = 80 \\
0.3 \leq p \leq 0.6, & P_1 = 30, & P_{2A} = 50, & P_{2B} = 0, & G_A = 460, & G_B = 50 \\
0.6 \leq p \leq 1, & P_1 = 50, & P_{2A} = 30, & P_{2B} = 0, & G_A = 500, & G_B = -10
\end{array}$$

In Fig. 24.10 sono riportati, in funzione della probabilità, il valore atteso ottimo (funzione continua crescente lineare a tratti) e i valori di guadagno effettivi a seconda degli scenari e della politica adottata.

Si noti che la soluzione ottima del problema di PL non solo fornisce un valore per le decisioni di primo periodo in previsione degli eventi futuri, ma

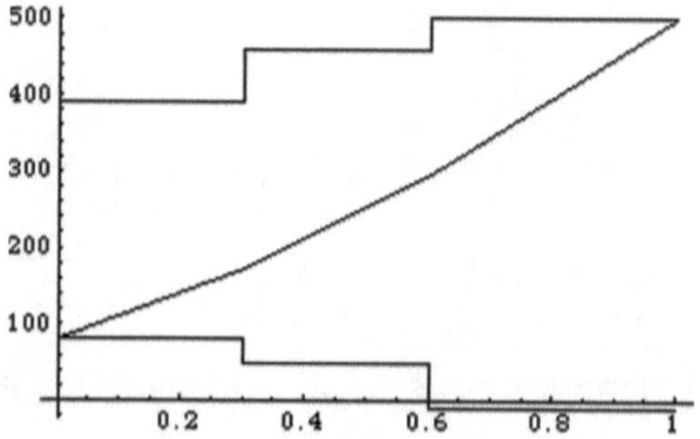

Figura 24.10.

anche fornisce i valori ottimi delle decisioni di secondo periodo per ogni possibile scenario. Il valore P_{2A} che viene calcolato è la produzione ottima di secondo periodo nel caso si verifichi lo scenario A mentre il valore P_{2B} è la produzione ottima di secondo periodo nel caso si verifichi lo scenario B.

Anche in questo esempio vi sono dei valori critici di probabilità in un intorno dei quali l'esito può avere valori molto diversi. Per cautelarsi contro possibili perdite (ad esempio se si decide di produrre $P_1 = K$ e invece la domanda sarà bassa) si potrebbe porre un vincolo al guadagno, ad esempio:

$$G_A \geq T_A, \qquad G_B \geq T_B \tag{24.10}$$

dove T_A e T_B sono valori di soglia minima fissati dal decisore a seconda dei possibli scenari. È chiaro che tali vincoli entrano in gioco quando lo scenario sarà diverso da quello previsto nella decisione di primo periodo. Nell'esempio si potrebbe porre $T_B = T_A = 40$. Questo vincolo ha l'effetto che, qualunque sarà lo scenario futuro, il guadagno non sarà inferiore a 40.

Deve però esser chiaro che questo effetto positivo non avviene senza rinunce. Necessariamente si pregiudicano guadagni superiori se lo scenario sarà positivo. Si ottiene infatti, per valori $0.6 \leq p \leq 1$ (per valori inferiori il vincolo non è attivo), $P_1 = 33.33$, $P_{2A} = 46.67$, $P_{2B} = 0$, $G_A = 466.67$, $G_B = 40$.

Si può allora pensare che ha senso questa cautela per valori di probabilità prossimi al valore critico 0.6, mentre per valori più elevati tanta prudenza potrebbe essere penalizzante. Si immagini allora di poter violare i vincoli (24.10) e di far dipendere la violazione dalla probabilità che si verifichi lo scenario corrispondente: tanto meno probabile lo scenario, tanto più accettabile la violazione del vincolo. Questo si può realizzare con i seguenti vincoli

$$\begin{aligned} &G_A \geq T_A(1 - s_A), \quad G_B \geq T_B(1 - s_B), \\ &p\, s_A + (1 - p)\, s_B \leq S, \quad s_A, s_B \geq 0 \end{aligned} \tag{24.11}$$

Se si pone $S = 0$, allora $s_A = s_B = 0$ e i vincoli (24.10) non possono essere violati. Altrimenti s_A è limitato superiormente da S/p e s_B da $S/(1-p)$. Se uno scenario è certo, cioè ha probabilità 1, S è la massima violazione percentuale del vincolo dello scenario certo (per gli altri scenari, che però non possono

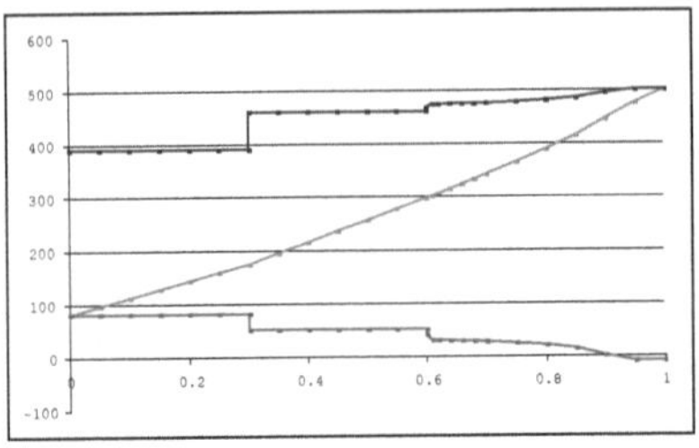

Guadagni effettivi e guadagno atteso

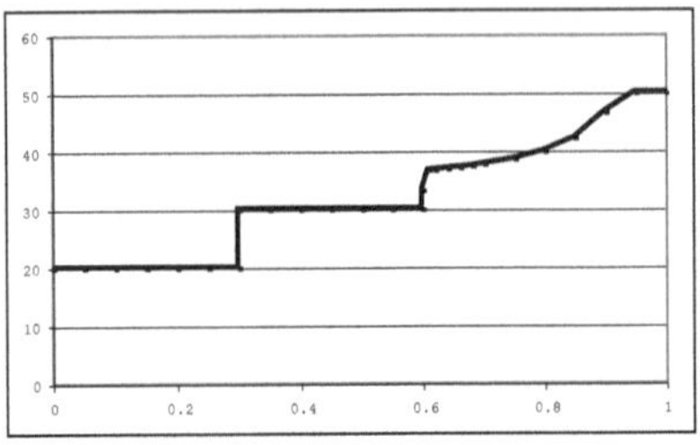

Produzione di primo periodo

Figura 24.11.

avvenire perché hanno probabilità nulla, la violazione può essere infinita). Ponendo $S = 0.1$ (massima violazione del 10%), si ottengono i diagrammi in Fig. 24.11.

Per probabilità inferiori a 0.6 la soluzione è la stessa che si ottiene senza i vincoli (24.11). Però per valori di poco superiori a 0.6, il vincolo impedisce la perdita di 10 e limita il guadagno a valori vicini a 30. Aumentando la probabilità, la violazione del vincolo viene ammessa sempre di più. Per $p = 0.9$ il vincolo diventa inefficace, a causa della bassa probabilità dello scenario B e si ha la stessa soluzione dell'esempio precedente.

Alternativamente si può massimizzare l'utilità attesa. Se il decisore è avverso al rischio si può modellare la funzione di utilità con una funzione concava lineare a tratti e il problema può essere risolto con la PL come spiegato in Sez. 7.5. Definiti i valori di utilità

$$u_i := u(A_i)$$

per opportuni guadagni A_i, $i := 0, 1, \ldots, n$ ($A_0 = m$, $A_n = M$), si definisca

$$u(A) = u_i + w_i\,(A - A_i) \quad \text{con} \quad w_i = \frac{u_{i+1} - u_i}{A_{i+1} - A_i}, \qquad \text{se} \quad A_i \le A \le A_{i+1} \tag{24.12}$$

Per modellare (24.12) con la PL, conviene definire delle variabili $a_1, a_2, \ldots a_n$ (per ogni possible scenario), vincolate come

$$0 \le a_i \le A_i - A_{i-1}, \qquad A = \sum_i a_i$$

e sostituire nella funzione obiettivo da massimizzare l'espressione $\sum_i w_i\, a_i$ al posto del guadagno A. Infatti si ha $u(A) = \sum_i w_i\, a_i$. Questo succede perché i coefficienti w_i sono decrescenti (ipotesi di avversione al rischio) e quindi la funzione obiettivo trova più conveniente soddisfare il vincolo $A = \sum_i a_i$ assegnando valori positivi alle variabili a_i di minor indice. Inizialmente si ha $a_1 > 0$ e $a_i = 0$ per $i > 1$. Poi una volta saturato il valore di a_1 con il massimo valore $a_1 = A_2 - A_1$, la funzione obiettivo passa ad assegnare valore positivo a a_2 e così via fino ad avere $A = \sum_i a_i$.

25

Modelli di pianificazione Tecniche markoviane

Per descrivere un fenomeno dinamico si deve stabilire la relazione di causa-effetto che esiste fra passato e futuro del fenomeno. Anche se non si riesce a stabilire una relazione strettamente deterministica, si può spesso inferire una dipendenza stocastica del futuro dal passato. Il caso più semplice è quello estremo in cui non c'è nessuna dipendenza fra quanto avviene in diversi istanti di tempo. Ad esempio le estrazioni del lotto sono eventi indipendenti e le uscite delle prossime estrazioni non sono influenzate da quelle passate.

Il successivo caso più semplice è quello in cui gli eventi futuri dipendono solo dal valore di alcune grandezze del presente e da nessun'altra grandezza del passato del fenomeno. Fenomeni che obbediscono a questa legge di evoluzione furono studiati da A.A. Markov [154], per cui si chiamano *catene di Markov* quando il tempo è discreto e *processi di Markov* quando il tempo è continuo.

Al fenomeno stocastico si può sovrapporre un meccanismo decisionale che altera l'andamento del fenomeno e causa al decisore dei guadagni o delle perdite. È naturale allora cercare quelle politiche decisionali che comportino il massimo valore atteso del guadagno. A questo fine le proprietà matematiche delle catene di Markov unite all'efficienza computazionale della Programmazione dinamica costituiscono un potente modello risolutivo. Si tratta dei cosiddetti *processi markoviani di decisione*. Il termine 'processi' è un po' improprio dati che il tempo è discreto, ma questo è il termine che è invalso.

Non tratteremo, per motivi di spazio, il caso di tempo continuo, che anche presenta dei risultati di grande interesse e utilità, come ad esempio nella teoria delle code. Chi sia interessato a questo tipo di problemi può consultare il sempre valido [130]. Per un'esposizione più approfondita delle catene o dei processi di Markov si veda [23, 125]. Inoltre per i processi markoviani di decisione si veda [186, 187, 191].

25.1 Catene di Markov

Gli eventi del fenomeno che si vuole descrivere sono modellati da un un insieme finito o numerabile S, i cui elementi vengono detti *stati*. Su S è definita una variabile aleatoria $X_t \in S$ $(t = 0, 1, \ldots)$ che soddisfa la seguente legge di evoluzione

$$\begin{aligned} &\Pr\{X_{t+1} = j \mid X_t = i,\ X_{t-1} = k,\ X_{t-2} = h, \ldots\} = \\ &\Pr\{X_{t+1} = j \mid X_t = i\} =: P_t(i,j) \end{aligned} \tag{25.1}$$

Il significato di (25.1) è che la probabilità del valore che assumerà X_{t+1} dipende solo dal valore assunto da X_t e non dai precedenti. L'insieme di variabili aleatorie $\{X_t\}_{t \geq 0}$ prende il nome di *catena di Markov*. Se $X_t = i$, si usa dire che la catena si trova nello stato i, oppure che visita lo stato i, al tempo t. L'evento $X_t \mapsto X_{t+1}$ viene detto *transizione* e $P_t(i,j)$ viene detta *probabilità di transizione*. Le probabilità di transizione definiscono una matrice (eventualmente infinita) P_t, detta *matrice di transizione*. Per definizione si deve avere $\sum_j P_t(i,j) = 1$ per ogni i, ovvero $\mathbf{1} = P_t\,\mathbf{1}$ con $\mathbf{1}$ vettore colonna di tutti 1. Se $P_t(i,j) =: P(i,j)$ per ogni t la catena viene detta *stazionaria* (oppure invariante o anche omogenea). Nel seguito ci riferiremo solo a catene stazionarie e quindi elimineremo nella notazione la dipendenza da t.

Nel caso particolare in cui la matrice di transizione ha tutte le righe uguali, cioè $P(i,j) = P_j$ per ogni i, la catena viene anche detta *schema di Bernoulli*. In uno schema di Bernoulli lo stato successivo è indipendente anche dallo stato attuale. Quindi uno schema di Bernoulli modella un fenomeno in cui gli eventi non dipendono in alcun modo dal passato e la probabilità con cui si presentano è sempre la stessa.

Di fondamentale importanza è conoscere l'evoluzione della catena a partire da date condizioni iniziali. Se q^0 è un vettore (riga) tale che $q_i^0 := \Pr\{X_0 = i\}$ (distribuzione iniziale di probabilità sugli stati), allora

$$q_j^1 := \Pr\{X_1 = j\} = \sum_{i \in S} \Pr\{X_1 = j \,|\, X_0 = i\} \Pr\{X_0 = i\} = \sum_{i \in S} q_i^0\, P(i,j)$$

ovvero $q^1 = q^0\, P$, da cui ricorsivamente $q^n = q^0\, P^n$ (con $q_i^n := \Pr\{X_n = i\}$ e P^n la matrice P all'n-ma potenza). Allora $P^n(i,j)$ (l'elemento (i,j) di P^n) è la probabilità che la catena sia in j dopo n transizioni se si trova inizialmente in i. Si noti che $q^1\,\mathbf{1} = q^0\, P\,\mathbf{1} = q^0\,\mathbf{1} = 1$ e quindi q^1 è effettivamente una distribuzione discreta di probabilità (se lo è q^0 ovviamente) e ricorsivamente la proprietà vale per ogni q^n.

Una catena di Markov viene normalmente rappresentata con un grafo orientato (ammettendo anche archi da e verso lo stesso nodo) dove i nodi corrispondono agli stati e gli archi alle transizioni con probabilità positiva.

Non tutti gli stati vengono visitati con la stessa frequenza da una catena. Per poterli classificare si definisce la variabile aleatoria

$$\tau(i) := \inf\{t > 0 : X_t = i\}$$

che corrisponde all'istante della prima visita nello stato i, esclusa una eventuale visita al tempo $t = 0$. Se $\Pr\{\tau(i) = \infty \mid X_0 = j\} > 0$, cioè può succedere che lo stato i non venga mai visitato, allora ovviamente $E[\tau(i) \mid X_0 = j] = \infty$. Gli stati vengono allora classificati nel seguente modo:

- $\Pr\{\tau(i) = \infty \mid X_0 = i\} > 0 \rightarrow i$ è uno stato *transiente*;
- $\Pr\{\tau(i) = \infty \mid X_0 = i\} = 0 \rightarrow i$ è uno stato *ricorrente*;

Inoltre gli stati ricorrenti vengono classificati come:

- $E[\tau(i) \mid X_0 = i] = \infty \rightarrow i$ è *ricorrente nullo*;
- $E[\tau(i) \mid X_0 = i] < \infty \rightarrow i$ è *ricorrente positivo*.

Alternativamente si possono classificare gli stati tramite la variabile aleatoria $\nu(i) := |\{t \geq 0 : X_t = i\}|$ che rappresenta il numero (eventualmente infinito) di visite allo stato i. Si può dimostrare che $E[\nu(i) \mid X_0 = i] < \infty \iff \Pr\{\tau(i) = \infty \mid X_0 = i\} > 0$. Quindi uno stato è transiente se e solo se $E[\nu(i) \mid X_0 = i] < \infty$ ed è ricorrente se e solo se $E[\nu(i) \mid X_0 = i] = \infty$.

Gli stati transienti sono allora caratterizzati da un numero atteso di visite finito e conseguentemente da un tempo atteso fra due visite infinito e gli stati ricorrenti positivi sono caratterizzati da un tempo atteso fra due visite finito e quindi da un numero atteso di visite infinito. Gli stati ricorrenti nulli si situano in una posizione limite fra quelli transienti e quelli ricorrenti positivi, in quanto sono caratterizzati da un numero atteso di visite infinito pur essendo infinito il tempo atteso fra due visite.

Gli stati ricorrenti positivi si classificano a loro volta in periodici e aperiodici. Si consideri il massimo comun divisore δ dell'insieme di interi $\{k : P^k(i,i) > 0\}$. Se $\delta \geq 2$ lo stato i si dice *periodico* e δ viene detto periodo dello stato, altrimenti lo stato viene detto *aperiodico* o anche *ergodico*.

Uno stato i tale che $P(i,j) = 0$ per ogni $j \neq i$ (e quindi $P(i,i) = 1$) viene detto *assorbente*. Se la catena entra in uno stato assorbente, non può più uscirne. Un insieme di stati A tale che $P(i,j) = 0$ per ogni $i \in A$ e ogni $j \notin A$ viene detto *insieme assorbente*. Anche in questo caso, se la catena entra in uno degli stati di A rimane confinata in A. Se esistono insiemi assorbenti, tutti gli stati non appartenenti a qualche insieme assorbente sono transienti.

Una catena si dice *irriducibile* se per ogni coppia ordinata di stati i e j esiste un intero n (dipendente dalla coppia) tale che $P^n(i,j) > 0$. Alternativamente la catena è irriducibile se e solo se il grafo associato è fortemente connesso. Ovviamente non vi possono essere stati o insiemi assorbenti in una catena irriducibile. Se gli stati sono finiti la mancanza di insiemi assorbenti implica l'irriducibilità.

Se la catena è irriducibile, valgono le seguenti importanti proprietà. Tutti gli stati appartengono alla stessa classe (transiente, ricorrente nulla, ricorrente positiva periodica oppure ricorrente positiva aperiodica). Se gli stati sono finiti non esistono stati transienti e ricorrenti nulli.

Inoltre tutti gli stati sono ricorrenti positivi se e solo se esiste una distribuzione di probabilità $\bar{q}$ sugli stati, detta probabilità stazionaria, tale che $\bar{q} = \bar{q}\,P$. Il significato di $\bar{q}$ è che, se al tempo t la distribuzione di probabilità degli stati è $\bar{q}$ (ovvero se si osserva la catena al tempo t si può osservare lo stato

i con probabilità $\bar{q}_i$), allora la distribuzione di probabilità rimane la stessa per tutti i t successivi (cioè osservando la catena in un istante successivo, senza beninteso averla osservata al tempo t, perché altrimenti questa osservazione cambia la probabilità $\bar{q}$ nell'evento certo dello stato osservato).

Se la catena è anche aperiodica esiste $P^* := \lim_{n\to\infty} P^n$ con $P^*(i,j) = \bar{q}(j)$, per ogni i, dove $\bar{q}$ viene detta probabilità limite ed è l'unica probabilità stazionaria. Se esiste la probabilità limite, questa è anche stazionaria, ma una probabilità stazionaria non è necessariamente una probabilità limite. Il significato della probabilità limite è che, se non si osserva la catena per un tempo sufficientemente lungo, la probabilità di osservare lo stato i è dato dalla probabilità limite.

Se la catena non è irriducibile valgono i seguenti risultati. Se uno stato j è transiente o ricorrente nullo $\lim_{k\to\infty} P^k(i,j) = 0$ per ogni stato i e quindi esiste ed è nulla la probabilità limite $\bar{q}(j) := \lim_{k\to\infty} \sum_i q^0\, P^k(i,j)$ per qualsiasi distribuzione iniziale q^0. Se gli stati sono finiti non esistono stati ricorrenti nulli ed esiste almeno uno stato ricorrente positivo.

Supponiamo S finito e quindi P è una matrice (finita). Siccome $\sum_j P(i,j) = 1$, $\|P\|_\infty = 1$ e siccome $\rho(P) \le \|P\|$ per ogni norma, si ha $\rho(P) \le 1$ ($\rho(P)$ è il raggio spettrale di P, cioè il più grande modulo dei suoi autovalori). Inoltre $\mathbf{1}$ è autovettore destro con autovalore 1 e quindi $\rho(P) = 1$. In corrispondenza dell'autovalore 1 vi è un autovettore sinistro $\bar{q}$ tale che $\bar{q} = \bar{q}\,P$. Si può dimostrare che, se la catena è irriducibile e aperiodica, P si può scrivere come $P = \mathbf{1}\,\bar{q} + Q$, dove la matrice Q eredita tutti gli autovettori di P ed eredita tutti gli autovalori tranne l'auotovalore 1 che viene invece trasformato in 0. Inoltre si vede che $P^k = \mathbf{1}\,\bar{q} + Q^k$. Essendo $\rho(Q) < 1$, $Q^k \to 0$ e quindi $\lim_{k\to\infty} P^k = \mathbf{1}\,\bar{q}$. In uno schema di Bernoulli $P = \mathbf{1}\,\bar{q}$ (e $Q = 0$) e quindi $P = P^2 = P^3 = \ldots$.

Un'importante proprietà delle catene irriducibili, che rende le catene di Markov un utile modello matematico, è contenuta nel seguente risultato. Se X è una catena di Markov irriducibile, ricorrente positiva e aperiodica su uno spazio di stati finito S con distribuzione limite $\bar{q}$ ed f è una funzione $S \to \mathbb{R}$, allora

$$\lim_{n\to\infty} \frac{1}{n} \sum_{k=1}^{n} f(X_k) = \sum_{i\in S} \bar{q}_i\, f(i)$$

In altre parole la media temporale di una generica funzione sugli stati si ottiene tramite la media pesata sugli stati dei valori della funzione.

La proprietà Markoviana espressa in (25.1) stabilisce che, per ogni t, una volta noto X_t, il passato $X_0, X_1, \ldots, X_{t-1}$ non aggiunge informazione utile per la predizione del futuro $X_{t+1}, X_{t+2}, \ldots$. Analogamente, noto X_t, la conoscenza degli stati futuri non fornisce informazione aggiuntiva sugli stati passati che hanno 'causato' lo stato X_t. Quindi passato e futuro sono condizionalmente indipendenti dato il presente e una catena di Markov presenta un comportamento simmetrico rispetto al tempo nel senso che possiamo anche scrivere

$$\Pr\{X_{t-1} = j \mid X_t = i,\, X_{t+1} = k,\, X_{t+2} = h, \ldots\} =$$
$$\Pr\{X_{t-1} = j \mid X_t = i\} =: \tilde{P}_t(i,j), \tag{25.2}$$

In altre parole il processo temporale inverso è anch'esso una catena di Markov, anche se in generale la catena inversa non è stazionaria (mentre quella originaria lo è). Per avere una catena inversa stazionaria bisogna che l'espressione (probabilità della transizione inversa)

$$\tilde{P}_t(i,j) = \frac{\Pr\{X_{t-1} = j\,,\, X_t = i\}}{\Pr\{X_t = i\}} = \frac{\left(\sum_h q_h^0\, P^{t-1}(h,j)\right)\, P(j,i)}{\sum_h q_h^0\, P^t(h,i)}$$

sia invariante rispetto a t per una assegnata distribuzione iniziale q^0 sugli stati. A questo scopo si assume che la distribuzione iniziale q^0 corrisponda alla probabilità di osservare uno stato se la catena è rimasta in evoluzione per un tempo sufficientemente lungo (e casuale) da una precedente osservazione. Se assumiamo l'irriducibilità e l'esistenza di una probabilità stazionaria $\bar{q}$, possiamo definire la matrice di transizione della catena inversa (e stazionaria) come

$$\tilde{P}(i,j) := \Pr\{X_{t-1} = j \mid X_t = i\} = \frac{\bar{q}_j\, P(j,i)}{\bar{q}_i}$$

Se in particolare la catena inversa presenta la medesima distribuzione di quella originaria (cosicché anche una realizzazione inversa potrebbe essere stata generata dalla stessa catena) si dice che la catena è *invertibile*.

Si noti, ad esempio, che una catena non irriducibile non può essere invertibile. Se la catena è irriducibile con probabilità stazionaria $\bar{q}$ basta porre $\tilde{P}(i,j) = P(i,j)$ ovvero

$$\bar{q}_i\, P(i,j) = \bar{q}_j\, P(j,i) \tag{25.3}$$

Inoltre una catena è invertibile se e solo se P ammette una distribuzione stazionaria unica $\bar{q}$ che soddisfa l'equazione (25.3), che prende il nome di *equazione dettagliata di bilancio*, e, se esiste $\bar{q}$ che la soddisfa, necessariamente tale $\bar{q}$ è una probabilità stazionaria. In generale una catena è invertibile se il grafo associato è un albero (contando come un arco unico le transizioni $i \to j$ e $j \to i$ che devono essere entrambe presenti se la catena è irriducibile).

25.2 Processi markoviani di decisione - definizioni

In un processo markoviano di decisione si considera un insieme finito di stati S ed un insieme finito $\{0, 1, 2, \ldots T\}$ di istanti di tempo (*orizzonte finito*) oppure infinito numerabile $\{0, 1, 2, \ldots\}$ (*orizzonte infinito*). Ad ogni stato $i \in S$ e ad ogni istante di tempo t è associato un insieme $D_t(i)$ di decisioni. Ogni decisione $d \in D_t(i)$ definisce una probabilità di transizione $P_t(i, j, d)$, per ogni stato j, e un guadagno $r_t(i, d)$. Spesso tale valore di guadagno è definito indirettamente da un insieme di guadagni $r_t(i,j,d)$ dipendenti anche dallo stato di arrivo della transizione. In tal caso $r_t(i,d) := \sum_{j \in S} r_t(i,j,d)\, P_t(i,j,d)$.

Una *politica markoviana* π è una scelta di una definita decisione $\bar{d}_\pi(i,t) \in D_t(i)$ per ogni i e ogni t. Una politica markoviana definisce una catena (non stazionaria) di Markov con transizioni $P_t(i,j,\bar{d}_\pi(i,t))$. Sia $P_{t,\pi}$ la matrice di transizione al tempo t dovuta alla politica π e sia $X_t(\pi)$ la variabile aleatoria corrispondente. Sia $r_{t,\pi}$ il vettore $\{r_t(i,\bar{d}_\pi(i,t)) : i \in S\}$. Sia

$$v_\pi(i,t) := E\left[\,\sum_{\tau \geq t} r_\tau(X_\tau(\pi), \bar{d}_\pi(X_\tau(\pi),\tau)) \mid X_t = i\,\right]$$

La quantità $v_\pi(i,t)$ rappresenta il valore atteso dei guadagni dal tempo t in poi se al tempo t la catena si trova nello stato i. Il valore di una politica markoviana π è dato dall'espressione

$$v_\pi(i,0) := E\left[\,\sum_{t \geq 0} r_t(X_t(\pi), \bar{d}_\pi(X_t(\pi),t)) \mid X_0 = i\,\right] \tag{25.4}$$

valutata per ogni valore dello stato iniziale X_0. Se l'orizzonte è infinito l'espressione (25.4) può divergere e in questi casi il valore di una politica richiede una diversa definizione, come si vedrà più avanti. Per ora si assuma la limitatezza di (25.4).

Si indichi con $v_\pi(t)$ il vettore $\{v_\pi(i,t) : i \in S\}$. In base alle proprietà markoviane del processo si ha

$$\begin{aligned} v_\pi(0) &= r_{0,\pi} + P_{0,\pi}\, r_{1,\pi} + P_{0,\pi}\, P_{1,\pi}\, r_{2,\pi} + P_{0,\pi}\, P_{1,\pi}\, P_{2,\pi}\, r_{3,\pi} + \ldots = \\ & r_{0,\pi} + P_{0,\pi}\,(\,r_{1,\pi} + P_{1,\pi}\, r_{2,\pi} + P_{1,\pi}\, P_{2,\pi}\, r_{3,\pi} + \ldots) = r_{0,\pi} + P_{0,\pi}\, v_\pi(1) \end{aligned}$$

e in generale

$$v_\pi(t) = r_{t,\pi} + P_{t,\pi}\, v_\pi(t+1) \tag{25.5}$$

Scopo di un processo markoviano di decisione è la determinazione di una *politica markoviana ottima*, cioè di una politica π^* che massimizza $v_\pi(i,0)$ rispetto a tutte le politiche $\pi \in \Pi$ ammissibili. Si vedrà più avanti che la politica ottima è invariante rispetto allo stato iniziale X_0 e al tempo t, ovvero il valore v^* della politica ottima π^* è tale che

$$v^*(i,t) \geq v_\pi(i,t), \qquad i \in S, \quad t \geq 0, \quad \pi \in \Pi$$

e quindi ha senso scrivere, intendendo il 'sup' effettuato componente per componente,

$$v^*(t) = \sup_{\pi \in \Pi} v_\pi(t)$$

Può avvenire in diverse applicazioni che l'insieme degli stati dipenda da t. Questo fatto non presenta maggiori complicazioni concettuali né computazionali. Si possono definire politiche più generali di quelle markoviane. In una politica markoviana le decisioni vengono fatte dipendere dallo stato corrente e dall'istante corrente, mentre si potrebbero definire decisioni che dipendono dall'intera storia passata del processo. Tuttavia nella maggior parte dei casi una politica ottima è di tipo markoviano per cui ci limiteremo a considerare politiche markoviane.

Un'altra generalizzazione del tipo di politica consiste nel permettere una scelta stocastica della decisione. In tal caso si distingue fra politiche pure e randomizzate. Anche se normalmente una politica ottima è di tipo puro vi sono casi interessanti in cui la politica ottima è randomizzata.

25.3 Orizzonte finito

Consideriamo dapprima il problema di valutare una politica assegnata. Come già detto, assegnata una politica π il sistema evolve come una catena di Markov non stazionaria. L'espressione (25.5) è la base per determinare il valore di una politica. Se assumiamo, senza perdita di generalità, che in T non sia disponibile alcuna decisione (se così non fosse basta aumentare di una unità l'orizzonte) e che quindi $v_\pi(i,T) = 0$, per ogni (i,π), l'espressione (25.5) permette il calcolo ricorsivo all'indietro di tutti i valori $v_\pi(i,t)$. Il valore della politica π è quindi definito dai valori $v_\pi(i,0)$ (in dipendenza dai valori dello stato iniziale).

Esempio 25.1.

Si consideri un albergo che necessiti periodicamente di una manutenzione straordinaria. L'esempio che viene trattato è volutamente piccolo per motivi espositivi. Tuttavia la stessa metodologia si può applicare con successo a casi reali di grandi dimensioni. Ad esempio la manutenzione delle strade dell'Arizona viene pianificata con tecniche markoviane a partire dagli anni '80, realizzando grandi risparmi e migliorando anche la qualità del manto stradale ([93, 135]).

Si discretizzi il livello di qualità dell'albergo in 5 stati, numerati da 1 a 5 dove 1 è lo stato migliore e 5 il peggiore. Il tempo sia discretizzato in intervalli di un anno. Se in un anno non si esegue manutenzione non si hanno spese, però la qualità dell'albergo può peggiorare di uno stato con probabilità 0.2, oppure rimanere inalterata con probabilità 0.8. Si è stimato che i profitti annuali dipendono dalla qualità dell'albergo nel seguente modo: stato 1 $\rightarrow$ profitto 10, stato 2 $\rightarrow$ profitto 8, stato 3 $\rightarrow$ profitto 5, stato 4 $\rightarrow$ profitto 2, stato 5 $\rightarrow$ profitto 1. Se invece si esegue la manutenzione si incorre in un costo che dipende dallo stato corrente, ma che porta in ogni caso l'albergo nello stato 1. Si è stimato che il costo della manutenzione (comprensivo dei mancati profitti dovuti ai lavori) dipenda nel seguente modo dallo stato corrente: stato 2 $\rightarrow$ costo 2, stato 3 $\rightarrow$ costo 4, stato 4 $\rightarrow$ costo 6, stato 5 $\rightarrow$ costo 9. L'orizzonte temporale sia di 10 anni.

Gli stati sono quindi i 5 livelli di qualità dell'albergo e in ogni stato e in ogni istante vi sono due decisioni possibili: eseguire la manutenzione oppure non fare niente. Le probabilità di transizione sono rispettivamente

$$\begin{pmatrix} 1 & 0 & 0 & 0 & 0 \\ 1 & 0 & 0 & 0 & 0 \\ 1 & 0 & 0 & 0 & 0 \\ 1 & 0 & 0 & 0 & 0 \\ 1 & 0 & 0 & 0 & 0 \end{pmatrix} \qquad \begin{pmatrix} 0.8 & 0.2 & 0 & 0 & 0 \\ 0 & 0.8 & 0.2 & 0 & 0 \\ 0 & 0 & 0.8 & 0.2 & 0 \\ 0 & 0 & 0 & 0.8 & 0.2 \\ 0 & 0 & 0 & 0 & 1 \end{pmatrix}$$

e i guadagni sono

$$\begin{pmatrix} 0 & -2 & -3 & -5 & -9 \end{pmatrix} \qquad \begin{pmatrix} 10 & 8 & 5 & 2 & 1 \end{pmatrix}$$

Si definisca una politica π che prevede di eseguire la manutenzione solo quando la qualità dell'albergo sia scesa allo stato 4 o 5. Questa politica induce una catena di Markov con matrice di transizione

$$P_\pi = \begin{pmatrix} 0.8 & 0.2 & 0 & 0 & 0 \\ 0 & 0.8 & 0.2 & 0 & 0 \\ 0 & 0 & 0.8 & 0.2 & 0 \\ 1 & 0 & 0 & 0 & 0 \\ 1 & 0 & 0 & 0 & 0 \end{pmatrix}$$

e con guadagni

$$r_\pi = \begin{pmatrix} 10 & 8 & 5 & -5 & -9 \end{pmatrix}$$

Ponendo $t = T = 10$ il valore della politica $v_\pi(i, T) = v_\pi(i, 10) = 0$ per definizione. Allora

$$v_\pi(T-1) = v_\pi(9) = r_\pi = \begin{pmatrix} 10 & 8 & 5 & -5 & -9 \end{pmatrix}$$

e

$$v_\pi(8) = r_\pi + P_\pi\, v_\pi(9) = \begin{pmatrix} 19.6 & 15.4 & 8. & 5. & 1. \end{pmatrix}$$

Continuando ricorsivamente si ottiene

$$\begin{aligned}
v_\pi(7) &= \{28.7,\ 21.9,\ 12.4,\ 14.6,\ 10.6\} \\
v_\pi(6) &= \{37.3,\ 28.0,\ 17.8,\ 23.7,\ 19.7\} \\
v_\pi(5) &= \{45.5,\ 33.9,\ 24.0,\ 32.3,\ 28.3\} \\
v_\pi(4) &= \{53.2,\ 39.9,\ 30.6,\ 40.5,\ 36.5\} \\
v_\pi(3) &= \{60.5,\ 46.1,\ 37.6,\ 48.2,\ 44.2\} \\
v_\pi(2) &= \{67.6,\ 52.4,\ 44.7,\ 55.5,\ 51.5\} \\
v_\pi(1) &= \{74.6,\ 58.9,\ 51.9,\ 62.6,\ 58.6\} \\
v_\pi(0) &= \{81.4,\ 65.5,\ 59.0,\ 69.6,\ 65.6\}
\end{aligned}$$

Quindi questa politica garantisce un profitto atteso in 10 anni di 81.4 se si inizia dallo stato 1 (ad esempio con un albergo nuovo). Si noti che la

1	1	1	1	1	1	1	2	2	2	2	94
1	1	2	2	2	2	2	2	2	2	2	84
1	1	1	1	1	2	2	2	2	2	3	90
1	1	1	1	1	1	1	1	1	1	1	100
1	2	2	3	4	1	2	2	2	2	2	68
1	1	1	2	2	3	3	3	4	1	1	66
1	1	1	1	1	1	1	1	2	3	3	93
1	1	1	1	1	1	1	1	1	1	1	100
1	1	1	1	1	1	1	1	1	2	3	98
1	1	1	2	2	2	2	2	2	2	2	86
1	1	1	2	3	3	3	3	4	1	2	63
1	1	1	1	1	1	1	1	1	2	2	98
1	1	1	1	2	2	2	2	3	3	3	82
1	1	2	3	3	3	3	3	3	3	3	63
1	1	1	1	1	1	2	2	2	2	2	92
1	1	2	2	2	2	3	3	3	3	3	72
1	1	1	1	1	2	2	3	3	3	4	81
1	1	1	1	1	2	2	2	3	3	3	84
1	2	2	2	2	3	3	4	1	2	2	65
1	1	1	1	2	2	2	2	2	2	2	88

Tabella 25.1.

politica non prevede un particolare istante temporale in cui si debba eseguire la manutenzione. Questo è definito dalla particolare realizzazione del processo. In Tabella 25.1 sono riportate 20 simulazioni del processo con la politica π. In ogni riga è elencata la successione degli stati e il guadagno ottenuto. Il valor medio dei guadagni simulati è 83.35. Si noti che per due volte il processo rimane costantemente nello stato 1 (del resto la probabilità di tale evento è $0.8^{10} = 0.107374$) e che solo 4 volte viene richiesta la manutenzione (lo stato 4 che compare come ultimo stato in una simulazione non induce nessuna decisione perché è lo stato finale). ▮

Per il calcolo della politica ottima si sfrutta la programmazione dinamica nella formulazione all'indietro. Si definisca $v^*(i,t)$ il valore atteso ottimo dei rimanenti istanti di tempo da t in poi (incluso t). Allora, per definizione $v^*(i,T) = 0$ e, per gli altri istanti di tempo, il principio di ottimalità di Bellman fornisce l'equazione ricorsiva

$$v^*(i,t) = \max_{d \in D_t(i)} \quad r_t(i,d) + \sum_{j \in S_{t+1}} P_t(i,j,d)\, v^*(j,t+1) \tag{25.6}$$

con decisioni ottime date da

$$\hat{d}(i,t) := \underset{d \in D_t(i)}{\operatorname{argmax}} \quad r_t(i,d) + \sum_{j \in S_{t+1}} P_t(i,j,d)\, v^*(j,t+1)$$

Esempio 25.1 (continuazione)

Applicando la formula (25.6) si ottiene la seguente politica ottima (le righe sono gli stati e le colonne i tempi da 0 a 9; in 10 non ci sono decisioni). Si

1	1	1	1	1	2	2	2	2	2	2	90
1	1	1	1	2	2	3	1	1	1	1	83
1	1	1	1	1	1	1	1	1	1	1	100
1	1	1	2	1	1	1	1	1	1	1	88
1	2	1	1	1	1	1	1	2	2	2	84
1	1	1	1	2	3	1	1	1	2	2	83
1	1	1	1	1	1	1	1	1	1	1	100
1	2	1	1	2	2	2	2	2	2	2	76
1	2	1	1	2	2	2	2	2	2	3	76
1	1	2	1	1	1	1	1	1	1	1	88
1	1	1	1	1	1	2	2	2	2	2	92
1	2	1	1	2	3	1	1	1	2	3	71
1	1	1	1	1	1	1	1	1	2	2	98
1	1	1	1	1	1	1	2	2	3	3	91
1	1	1	2	1	1	1	1	1	1	1	88
1	2	1	1	1	1	1	2	2	2	2	82
1	2	1	1	2	2	2	3	1	1	1	69
1	1	1	1	1	1	1	1	1	1	1	100
1	2	1	1	1	2	2	3	1	1	2	71
1	1	1	1	1	1	1	2	3	3	3	88

Tabella 25.2.

noti come non valga la pena fare manutenzione all'avvicinarsi della fine dell'orizzonte temporale. Tuttavia negli istanti iniziali conviene fare manutenzione non appena la qualità si abbassa dal valore più alto.

1	1	1	1	1	1	1	1	1	1
2	2	2	2	1	1	1	1	1	1
2	2	2	2	2	2	2	2	1	1
2	2	2	2	2	2	2	2	2	1
2	2	2	2	2	2	2	2	1	1

I valori ottimi al tempo 0 per i vari stati sono

$$V(0) = (\,85.9 \quad 75.9 \quad 74.9 \quad 72.9 \quad 68.9\,)$$

In Tabella 25.2 sono riportate 20 simulazioni della politica ottima. Per 8 volte non è necessaria alcuna manutenzione, per 9 volte si esegue una manutenzione mentre per 3 volte è necessaria una seconda manutenzione. Il valore medio delle simulazioni è 85.9, che sembra uguale al valore ottimo indicato. Ma questo valore è in realtà arrotondato dal vero valore 85.9226. ∎

Esempio 25.2.

Si tratta di una tipica applicazione dei processi markoviani di decisione e cioè la gestione del magazzino di un centro di vendita. Il livello di magazzino viene discretizzato in questo esempio a 11 valori da 0 a 10. Il tempo viene discretizzato in settimane, in modo che le decisioni vanno prese all'inizio di ogni settimana. Il costo settimanale $c(m)$ di mantenere il magazzino al livello m è pari a m (cioè $c(m) = m$).

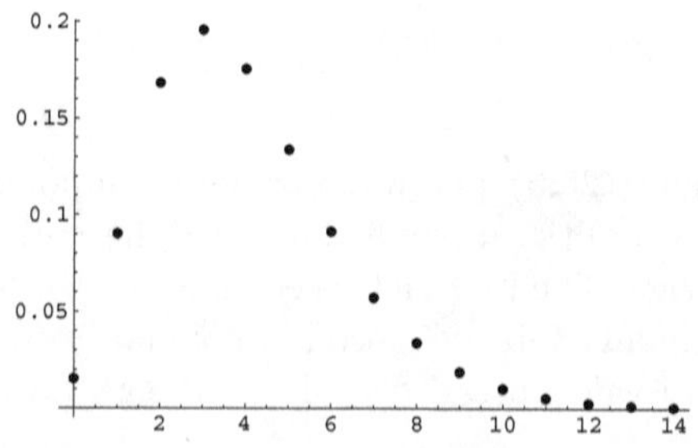

Figura 25.1.

Il magazzino si svuota per effetto delle vendite. Per ogni settimana la domanda d'acquisto a è una variabile stocastica che viene discretizzata agli stessi valori del magazzino più alcuni valori aggiuntivi per tener conto di picchi eccezionali di domanda. Si ipotizza che la probabilità $p(i) = \Pr\{a = i\}$ abbia l'andamento come in Fig. 25.1.

Il ricavo $f(v)$ da una vendita v è $8\,v$. Se la domanda supera la quantità disponibile in magazzino (cioè $a > m$), viene venduta tutta la merce in magazzino ($v = m$) ma i mancati guadagni futuri dovuti alla parziale domanda insoddisfatta ($t = a - m$) vengono modellati come una penalizzazione monetaria $s(t)$ pari a $2\,t$ se $t \geq 0$ e 0 altrimenti.

Il magazzino si riempie per effetto degli ordini d'acquisto. Accanto al costo intrinseco della merce vi è un costo fisso dovuto all'evasione dell'ordine. Il costo $o(d)$ di acquistare una quantità d è pari a $3 + 2\,d$ se $d > 0$, altrimenti è uguale a 0.

La decisione da prendere ogni settimana consiste nell'ordinare o meno una certa quantità d di merce in presenza di una giacenza m in magazzino della settimana precedente. Ovviamente non può essere ordinata merce tale da superare la capacità del magazzino ($d + m \leq 10$ in questo esempio). In questo caso il problema viene modellato pensando che l'ordine venga effettuato all'inizio della settimana e che la merce ordinata sia immediatamente disponibile. Pertanto il costo di magazzino viene imputato sulla quantità $d + m$. Tutta questa merce è disponibile per la vendita. Se viene venduta la quantità v, la giacenza disponibile per la settimana successiva è $d + m - v$.

La modellizzazione del problema come un processo markoviano di decisione consiste nel definire come stato la giacenza m. Le probabilità di transizione (a seconda della decisione d e stazionarie) sono allora definite da

$$P(i,j,d) := \begin{cases} 0 & \text{se } i + d < j \\ p(i + d - j) & \text{se } i + d \geq j \text{ e } j > 0 \\ \sum_{k \geq d} p(i + k) & \text{se } j = 0 \end{cases}$$

Il guadagno dipende da alcuni fattori noti (costo di magazzino e di ordine) e dalle vendite, non note al momento della decisione. Pertanto questa parte del guadagno va calcolata come valore atteso. Quindi

$$r(i,d) := -c(i+d) - o(d) + \sum_{a \le i+d} p(a)\, f(a) + \sum_{a > i+d} p(a)\, (f(i+d) - s(a-i-d))$$

Applicando la formula (25.6) per un orizzonte temporale di 10 settimane, si ottiene la seguente politica ottima dove le righe corrispondono agli stati (livello 0 in prima riga, livello 1 nella seconda ecc.) e le colonne al tempo (prima colonna settimana iniziale, seconda colonna seconda settimana ecc.) con l'ultima colonna i valori attesi ottimi stato per stato.

8	8	8	8	8	8	8	8	7	5	129.929
7	7	7	7	7	7	7	7	6	4	131.929
6	6	6	6	6	6	6	6	5	3	133.929
5	5	5	5	5	5	5	5	4	0	135.929
4	4	4	4	4	4	4	4	3	0	137.929
0	0	0	0	0	0	0	0	0	0	141.517
0	0	0	0	0	0	0	0	0	0	144.445
0	0	0	0	0	0	0	0	0	0	146.843
0	0	0	0	0	0	0	0	0	0	148.929
0	0	0	0	0	0	0	0	0	0	150.775
0	0	0	0	0	0	0	0	0	0	152.384

Aumentando i costi di magazzino ($c(m) = 2\,m$) si ottiene la seguente politica

6	6	6	6	6	6	6	6	6	4	70.715
5	5	5	5	5	5	5	5	5	3	72.715
4	4	4	4	4	4	4	4	4	2	74.715
3	3	3	3	3	3	3	3	3	0	76.715
0	0	0	0	0	0	0	0	0	0	80.524
0	0	0	0	0	0	0	0	0	0	83.545
0	0	0	0	0	0	0	0	0	0	85.715
0	0	0	0	0	0	0	0	0	0	87.290
0	0	0	0	0	0	0	0	0	0	88.366
0	0	0	0	0	0	0	0	0	0	88.957
0	0	0	0	0	0	0	0	0	0	89.056

mentre ripristinando i costi di magazzino ai valori iniziali ($c(m) = m$) e aumentando il fattore di penalità per la domanda insoddisfatta da 2 a 10 si ottiene

9	9	9	9	9	9	9	9	8	6	117.118
8	8	8	8	8	8	8	8	7	5	119.118
7	7	7	7	7	7	7	7	6	4	121.118
6	6	6	6	6	6	6	6	5	3	123.118
5	5	5	5	5	5	5	5	4	2	125.118
4	4	4	4	4	4	4	4	3	0	127.118
0	0	0	0	0	0	0	0	0	0	130.317
0	0	0	0	0	0	0	0	0	0	133.526
0	0	0	0	0	0	0	0	0	0	136.010
0	0	0	0	0	0	0	0	0	0	138.118
0	0	0	0	0	0	0	0	0	0	139.976

Si noti che in ogni caso, a parte le ultime settimane dove si fa sentire l'effetto dovuto alla terminazione del processo, la struttura della politica ottima è molto semplice e si può definire semplicemente con due parametri corrispondenti a due livelli di magazzino s_1 e $s_2 \geq s_1$: se il magazzino scende sotto s_1 lo si porta al livello s_2. Nella prima delle tre politiche ottime si ha $s_1 = 5$ e $s_2 = 8$, nella seconda $s_1 = 4$ e $s_2 = 6$ e nella terza $s_1 = 6$ e $s_2 = 9$.

{0,8,7}	{1,7,2}	{6,0,2}	{4,4,11}	{0,8,3}	{5,0,4}	{1,7,9}	{0,8,2}	{6,0,5}	{1,4,2}	3	153.
{0,8,2}	{6,0,8}	{0,8,5}	{3,5,10}	{0,8,4}	{4,4,3}	{5,0,1}	{4,4,6}	{2,5,5}	{2,3,3}	2	151.
{0,8,5}	{3,5,6}	{2,6,10}	{0,8,6}	{2,6,6}	{2,6,4}	{4,4,5}	{3,5,6}	{2,5,4}	{3,0,10}	0	199.
{0,8,5}	{3,5,4}	{4,4,6}	{2,6,6}	{2,6,4}	{4,4,5}	{3,5,1}	{7,0,7}	{0,7,9}	{0,5,3}	2	178.
{0,8,11}	{0,8,1}	{7,0,2}	{5,0,7}	{0,8,2}	{6,0,2}	{4,4,2}	{6,0,1}	{5,0,3}	{2,3,4}	1	87.
{0,8,4}	{4,4,2}	{6,0,6}	{0,8,4}	{4,4,5}	{3,5,4}	{4,4,9}	{0,8,5}	{3,4,2}	{5,0,8}	0	164.
{0,8,7}	{1,7,7}	{1,7,2}	{6,0,4}	{2,6,8}	{0,8,6}	{2,6,0}	{8,0,5}	{3,4,5}	{2,3,4}	1	188.
{0,8,5}	{3,5,4}	{4,4,3}	{5,0,8}	{0,8,2}	{6,0,3}	{3,5,4}	{4,4,3}	{5,0,4}	{1,4,6}	0	130.
{0,8,4}	{4,4,4}	{4,4,3}	{5,0,7}	{0,8,5}	{3,5,4}	{4,4,1}	{7,0,3}	{4,3,5}	{2,3,6}	0	132.
{0,8,1}	{7,0,4}	{3,5,1}	{7,0,2}	{5,0,3}	{2,6,9}	{0,8,5}	{3,5,3}	{5,0,1}	{4,0,4}	0	107.
{0,8,1}	{7,0,1}	{6,0,4}	{2,6,5}	{3,5,4}	{4,4,4}	{4,4,2}	{6,0,6}	{0,7,6}	{1,4,7}	0	132.
{0,8,1}	{7,0,4}	{3,5,1}	{7,0,1}	{6,0,1}	{5,0,7}	{0,8,1}	{7,0,6}	{1,6,5}	{2,3,7}	0	89.
{0,8,3}	{5,0,4}	{1,7,5}	{3,5,3}	{5,0,2}	{3,5,4}	{4,4,2}	{6,0,5}	{1,6,5}	{2,3,0}	5	99.
{0,8,0}	{8,0,6}	{2,6,8}	{0,8,2}	{6,0,7}	{0,8,3}	{5,0,7}	{0,8,1}	{7,0,6}	{1,4,3}	2	141.
{0,8,6}	{2,6,2}	{6,0,2}	{4,4,4}	{4,4,4}	{4,4,4}	{4,4,3}	{5,0,2}	{3,4,2}	{5,0,1}	4	80.
{0,8,2}	{6,0,3}	{3,5,3}	{5,0,1}	{4,4,2}	{6,0,4}	{2,6,4}	{4,4,8}	{0,7,3}	{4,0,3}	1	110.
{0,8,4}	{4,4,8}	{0,8,4}	{4,4,6}	{2,6,6}	{2,6,5}	{3,5,3}	{5,0,3}	{2,5,3}	{4,0,2}	2	164.
{0,8,7}	{1,7,2}	{6,0,2}	{4,4,1}	{7,0,5}	{2,6,6}	{2,6,5}	{3,5,1}	{7,0,3}	{4,0,2}	2	110.
{0,8,2}	{6,0,1}	{5,0,1}	{4,4,7}	{1,7,4}	{4,4,2}	{6,0,4}	{2,6,1}	{7,0,5}	{2,3,3}	2	89.
{0,8,2}	{6,0,5}	{1,7,3}	{5,0,2}	{3,5,2}	{6,0,3}	{3,5,2}	{6,0,1}	{5,0,4}	{1,4,4}	1	86.

Tabella 25.3.

Simulando il comportamento della prima delle tre politiche ottime partendo dal magazzino vuoto si ottengono le 20 realizzazioni (una per riga) in Tabella 25.3, dove ogni tripla rappresenta lo stato, la decisione e la domanda nella settimana corrispondente alla colonna. All'istante finale si riporta solo lo stato finale. L'ultima colonna fornisce il guadagno della particolare realizzazione. Il valore medio delle 20 realizzazioni è 129.45. ∎

Esercizio 25.3.

In questo esercizio si propone il problema già presentato nel Cap. 1 come Esempio 1.2. Su questo problema si ritornerà con differenti ipotesi negli Esempi 25.4 e 25.5.

Si supponga di dover esaminare m offerte. Le offerte vengono presentate in successione, una alla volta, e, prima di passare all'offerta successiva, bisogna decidere se accettare l'offerta corrente o meno. Se l'offerta viene scartata non può più essere presa in considerazione. Questo problema può essere risolto in vari modi a seconda delle ipotesi che si fanno sulla conoscenza a priori delle offerte e anche a seconda di come si modella l'obiettivo.

Supponiamo che la distribuzione di probabilità delle offerte sia nota. Le offerte sono variabili aleatorie indipendenti $X_1, \ldots, X_m$ con medesima distribuzione $F(x)$ e densità $f(x)$. Supponiamo di voler massimizzare il valore atteso dell'offerta che viene accettata. Con queste ipotesi il problema può essere impostato come un processo markoviano di decisione ad orizzonte finito. Gli stati possono corrispondere ai valori assunti da X_t, che dovrebbero allora essere discretizzati. Tuttavia, data la semplicità del problema, si può operare analiticamente con un insieme di stati continuo. ∎

Esempio 25.4.

Il medesimo problema è forse più noto nell'ipotesi di conoscenza nulla sulle offerte e con l'obiettivo di massimizzare la probabilità di accettare l'offerta più alta. Quindi non siamo in grado di modellare valori attesi e possiamo solo valutare la probabilità di accettare l'offerta più alta sulla base di considerazioni combinatorie. Non si tratta propriamente di un problema pertinente ai processi markoviani di decisione. Tuttavia si ritiene che sia abbastanza interessante matematicamente da meritare di parlarne. In ogni caso il lettore può valutare questo risultato con quello dell'esercizio precedente e confrontare le differenze.

Gli unici elementi disponibili su cui effettuare la decisione sono il tempo corrente t, il valore dell'offerta corrente X_t e il valore della migliore offerta passata $Y_t := \max\{X_1, \ldots, X_{t-1}\}$.

Se $X_t < Y_t$ certamente non bisogna accettare X_t, perché si riduce a zero la probabilità di accettare l'offerta più alta. Supponiamo allora che $X_t \geq Y_t$. La decisione di accettare l'offerta dovrà basarsi su t (non sui valori effettivi di X_t e Y_t perché la distribuzione di probabilità delle offerte è ignota e non possiamo stimare se X_t sia o no un valore 'buono'). Quindi si tratta di valutare per quali valori di t un'offerta $X_t \geq Y_t$ va accettata e per quali invece non va accettata.

Sia $\hat{t}$ un tempo particolare tale che le offerte X_t, $t \leq \hat{t}$ non vengono accettate e di quelle successive viene accettata l'offerta $X_{\bar{t}}$ con $\bar{t} := \min\{t > \hat{t} : X_t \geq Y_t\}$, cioè si accetta la prima offerta dopo $\hat{t}$ non peggiore di Y_t e questa si presenta all'istante $\bar{t}$. Si noti che $Y_{\hat{t}} \geq X_t$ per $1 \leq t < \bar{t}$.

Allora, nell'ipotesi che l'offerta più alta sia in posizione t^* dobbiamo chiederci con quale probabilità avviene $\bar{t} = t^*$ (ovvero viene accettata proprio l'offerta più alta). Dalla relazione precedente è necessario che la migliore offerta da 1 a $t^* - 1$ sia apparsa nell'intervallo da 1 a $\hat{t}$. Questo avviene con probabilità $\hat{t}/(t^* - 1)$. Dobbiamo ora considerare tutti i valori che può assumere t^*. Questi vanno da $\hat{t}+1$ fino a m e ognuno di questi casi ha probabilità $1/m$ (se t^* è nell'intervallo da 1 a $\hat{t}$ l'offerta più alta viene necessariamente persa e quindi la probabilità di accettarla diventa nulla). Quindi la probabilità $q(\hat{t})$ di ottenere l'offerta più alta fissando a $\hat{t}+1$ il momento di poter accettare le offerte (se ovviamente $X_t \geq Y_t$) è

$$q(\hat{t}) = \frac{1}{m} \sum_{t^*=\hat{t}+1}^{m} \frac{\hat{t}}{t^* - 1} = \frac{\hat{t}}{m} \sum_{t^*=\hat{t}}^{m-1} \frac{1}{t^*} =$$

$$\frac{\hat{t}}{m} \Big(\sum_{k=1}^{m-1} \frac{1}{k} - \sum_{k=1}^{\hat{t}-1} \frac{1}{k} \Big) = \frac{\hat{t}}{m} \left(H_{m-1} - H_{\hat{t}-1} \right)$$

dove $H_n := \sum_{k=1}^{n} (1/k)$ sono i numeri armonici. Dalla relazione

$$H_n = \ln n + \frac{1}{2n} + \gamma + o(n^2)$$

con $\gamma = 0.577216\ldots$ costante di Eulero, si può valutare per quale $\hat{t}$ (intero) la funzione $q(\hat{t})$ è massima. Con un po' di calcoli non difficili, in cui si trascurano i termini piccoli, il massimo si ottiene per

$$\hat{t} = \min \left\{ t : t \geq m\, e^{-1-1/m} \right\} = \left\lceil m\, e^{-1-1/m} \right\rceil \asymp m\, e^{-1}$$

con probabilità di trovare il massimo

$$q(\hat{t}) \asymp e^{-1} \left(H_{m-1} - H_{\hat{t}-1} \right) \asymp e^{-1} \ln \frac{m-1}{\hat{t}-1} \asymp e^{-1}$$

Quindi la strategia migliore consiste nel rifiutare una frazione di offerte pari a e^{-1} e delle successive prendere la prima che non sia peggiore (sperando che ci sia) della migliore rifiutata. ∎

25.4 Orizzonte infinito - caso generale

Ad orizzonte infinito si assume che i guadagni r_t e le probabilità di transizione P_t siano stazionari, per cui nella notazione si elimina la dipendenza da t. Una politica generica π definisce per ogni stato i e ogni tempo t una decisione $d_\pi(i,t)$. Una politica stazionaria π definisce per ogni tempo t una medesima decisione $d_\pi(i)$, per ogni stato i. Il valore di una politica è dato da (25.4) che si particolarizza a

$$v_\pi(i,0) := E\,[\, \sum_{t \geq 0} r(X_t(\pi), d_\pi(X_t(\pi))) \mid X_0 = i \,]$$

Data la stazionarietà e l'orizzonte infinito $v_\pi(i,0) = v_\pi(i,t)$ per ogni t, per cui si può eliminare la dipendenza dal tempo nella notazione e definire direttamente

$$v_\pi(i) := E\,[\, \sum_{t \geq 0} r(X_t(\pi), d_\pi(X_t(\pi))) \mid X_0 = i \,] \qquad (25.7)$$

e indicare con v_π il vettore $\{v_\pi(i) : i \in S\}$. Allora si ha

$$\begin{aligned} v_\pi &= r_\pi + P_\pi \, r_\pi + P_\pi^2 \, r_\pi + P_\pi^3 \, r_\pi + \ldots = \\ &\quad r_\pi + P_\pi \,(\, r_\pi + P_\pi \, r_\pi + P_\pi^2 \, r_\pi + \ldots) = r_\pi + P_\pi \, v_\pi \end{aligned} \tag{25.8}$$

Se l'espressione (25.7) è finita allora la relazione (25.8) implica

$$(I - P_\pi)\, v_\pi = r_\pi \tag{25.9}$$

Si noti che $(I - P_\pi)$ è singolare. In ogni caso si deve avere $r_\pi \in \mathcal{R}(I - P_\pi) = \mathcal{N}^\perp(I - P_\pi)^\top$ e cioè $r_\pi \perp \bar{p}_\pi$ con $\bar{p}_\pi$ probabilità stazionaria di P_π (non necessariamente unica). Solo in questo caso l'espressione (25.7) può essere finita. Se la probabilità limite è unica allora si può scrivere

$$v_\pi = \sum_{k \geq 0} P_\pi^k r_\pi = r_\pi + \sum_{k \geq 1} (\mathbf{1}\, \bar{p} + Q_\pi^k)\, r_\pi = \sum_{k \geq 0} Q_\pi^k \, r_\pi = (I - Q_\pi)^{-1} r_\pi$$

e quindi v_π si calcola risolvendo il sistema lineare:

$$(I - Q_\pi)\, v_\pi = r_\pi \tag{25.10}$$

La condizione di ortogonalità $r_\pi \perp \bar{p}_\pi$ è soddisfatta ad esempio se i guadagni sono diversi da 0 solo su stati transienti per la politica π.

Nel caso particolare in cui i guadagni sono tutti non negativi (cosiddetto *caso positivo*) oppure tutti non positivi (cosiddetto *caso negativo*) la condizione $r_\pi \perp \bar{p}_\pi$ è soddisfatta se e solo se i guadagni sono diversi da 0 su stati transienti per la politica π. Quindi il caso positivo ammette ottimo finito se e solo se i guadagni sono positivi su stati transienti rispetto ad ogni politica mentre il caso negativo ammette ottimo se e solo se esiste almeno una politica con guadagni negativi solo su stati transienti.

Un tipico caso in cui le condizioni di convergenza sono verificate è dato da quei problemi nei quali si tratta di decidere quando interrompere una serie di azioni su un orizzonte potenzialmente infinito di azioni e il guadagno (o il costo) si applica solo nel momento in cui si decide di interrompere. In questo caso è come se esistesse uno stato aggiuntivo di terminazione che agisce come stato assorbente per la catena.

Esempio 25.5.

Si supponga di cercare un parcheggio su un lato di una strada sufficientemente lunga. Si vuole parcheggiare il più vicino possibile ad una determinata destinazione sul lato della strada. La strada è a senso unico per cui non è possibile ritornare indietro. Inoltre supponiamo che un eventuale parcheggio vuoto sia visibile soltanto quando si arriva a lato del parcheggio stesso e che il viaggio sia iniziato da una distanza sufficientemente grande. Sia p la probabilità che un parcheggio sia vuoto. Inoltre la probabilità che un parcheggio sia vuoto è indipendente dagli altri parcheggi, classica ipotesi di indipendenza delle variabili aleatorie senza la quale tutto è più difficile. Comunque l'ipotesi è realistica.

Si vuole determinare la strategia ottima che ci porta il più vicino possibile alla destinazione. Dobbiamo però specificare meglio cosa si intende per 'più vicino possibile alla destinazione'. Possiamo decidere che questo obiettivo generico si ottiene minimizzando il valore atteso della distanza fra il parcheggio scelto e la destinazione. Alternativamente potremmo cercare la strategia che massimizza la probabilità di fermarsi nel parcheggio più vicino alla destinazione. Si tratta di un problema complesso, ma matematicamente interessante, per cui vale la pena sviluppare entrambe le risoluzioni e in particolare la prima con due approcci alternativi.

Possiamo preliminarmente analizzare come debba esser fatta una strategia. Di fronte ad un parcheggio vuoto l'automobilista ha due scelte, fermarsi o non fermarsi. Se si ferma non c'è altro da fare. Se non si ferma si ritroverà con una scelta analoga qualche parcheggio più avanti. Se, prima di raggiungere la destinazione, trova non conveniente fermarsi ad un parcheggio vuoto, per coerenza non reputa conveniente nessuno dei parcheggi precedentemente scartati (e quindi non si 'pente' delle precedenti decisioni prese). Anche se decide di fermarsi, questa scelta non entra in conflitto con le precedenti rinunce. Quindi una qualsiasi strategia consiste nel cominciare a considerare i parcheggi da un certo punto in poi e fermarsi al primo libero. Il calcolo della strategia ottima consiste allora nel calcolare questo punto. Vedremo comunque che, anche senza presupporre questo tipo di strategia, risulterà che la strategia ottima ha questa forma.

Minima distanza attesa – approccio 1

Nel primo approccio gli stati sono i parcheggi e le transizioni avvengono da un parcheggio vuoto ad un altro vuoto; in questo caso la catena di Markov è stazionaria (transizioni e guadagni non cambiano con il tempo); nel secondo approccio gli stati sono solo due: parcheggio vuoto e parcheggio occupato; in questo caso la catena non è stazionaria in quanto i guadagni cambiano all'avvicinarsi alla destinazione, però il problema può essere formulato con orizzonte finito dato che la politica ottima è nota dopo aver raggiunto la destinazione.

Indichiamo gli stati con numeri interi, assegnando l'indice 0 alla destinazione e indici positivi ai parcheggi prima di raggiungere la destinazione e negativi dopo la destinazione. Sia $V(k)$ il valore della distanza attesa ottima quando si è accanto al parcheggio k-mo e questo risulta vuoto. Si noti che la probabilità di trovare vuoto il parcheggio successivo (cioè il parcheggio $k-1$) è p, la probabilità di trovare vuoto il parcheggio $k-2$ ed occupato il parcheggio $k-1$ è $p(1-p)$ e in generale la probabilità di trovare vuoto il parcheggio i ed occupati i parcheggi fra k ed i è $p(1-p)^{k-i-1}$. Quindi, considerando transizioni soltanto fra parcheggi vuoti, si ha la seguente equazione di ottimalità:

$$V(k) = \min\Big\{|k|\ ;\ \sum_{i<k} p\,(1-p)^{k-i-1} V(i)\Big\} \tag{25.11}$$

Se $k \le 0$ è ovviamente ottimo fermarsi. Quindi $V(k) = |k|$ se $k \le 0$. Allora possiamo riscrivere (25.11) come

$$V(k) = \min\Big\{|k|\ ;\ \sum_{i=1}^{k-1} p\,(1-p)^{k-i-1} V(i) + \sum_{i=0}^{\infty} p\,(1-p)^{k+i-1}\, i\Big\} =$$

$$\min\Big\{|k|\ ;\ \sum_{i=1}^{k-1} p\,(1-p)^{k-i-1} V(i) + \frac{(1-p)^k}{p}\Big\} \tag{25.12}$$

Quindi si può calcolare $V(1)$:

$$V(1) = \min\Big\{1\ ;\ \frac{1-p}{p}\Big\}$$

Se $p \ge 1/2$ è ottimo non fermarsi. Ma è certamente ottimo non fermarsi se $p \ge 1/2$ per tutti i valori di $k \ge 1$. Quindi possiamo solamente interessarci al caso $p < 1/2$ e calcolare $V(2)$ assumendo $p < 1/2$. Se $p < 1/2$ allora $V(1) = 1$ e quindi

$$V(2) = \min\Big\{2\ ;\ \frac{(1-p)^2}{p} + p\Big\}$$

Dobbiamo quindi calcolare per quale p si ha

$$2 = \frac{(1-p)^2}{p} + p$$

Si ottiene $p = 1 - \sqrt{1/2}$. Allora abbiamo trovato che se $p > 1/2$ bisogna procedere senza fermarsi fino alla destinazione e poi scegliere il primo parcheggio vuoto. Se invece $1 - \sqrt{1/2} < p \le 1/2$ si procede senza fermarsi fino al parcheggio 1 e poi si sceglie il primo parcheggio vuoto. Per il calcolo di $V(3)$ possiamo quindi assumere $1 - \sqrt{1/2} > p$ nel qual caso $V(2) = 2$ e $V(1) = 1$. In generale possiamo calcolare:

$$V(k) = \min\Big\{|k|\ ;\ \sum_{i=1}^{k-1} p\,(1-p)^{k-i-1}\, i + \frac{(1-p)^k}{p}\Big\} \tag{25.13}$$

ottenuta da (25.12) sostituendo $V(i)$ con i (nell'ipotesi che p sia al di sotto di un'opportuna soglia). Applicando la formula

$$\sum_{i=1}^{k} a^i\, i = \frac{a + k\,a^{k+2} - (k+1)\,a^{k+1}}{(1-a)^2}$$

(25.13) diventa

$$V(k) = \min\left\{k\ ;\ 2\frac{(1-p)^k}{p} + k - \frac{1}{p}\right\}$$

da cui, uguagliando i termini si ottiene

$$p = 1 - \sqrt[k]{\frac{1}{2}}$$

come valori di soglia. Quindi la politica ottima è di procedere senza fermarsi sino al parcheggio k per cui si ha

$$1 - \sqrt[k]{\frac{1}{2}} < p \leq 1 - \sqrt[k-1]{\frac{1}{2}} \qquad \text{ovvero} \qquad k = \left\lfloor -\frac{1}{\log_2(1-p)} \right\rfloor \tag{25.14}$$

Ad esempio se mediamente un parcheggio ogni 10 è vuoto ($p = 0.1$) risulta $k = 6$ e per $p = 0.05$ risulta $k = 13$. Inoltre per valori piccoli di p, $\log_2(1-p)$ è approssimabile con $-p \log_2 e$ e quindi (25.14) è uguale a $\lfloor \ln 2/p \rfloor$ tranne che in intorni dei valori critici $p_k := 1 - \sqrt[k]{1/2}$.

Minima distanza attesa – approccio 2

In questo approccio ci sono due stati, lo stato 0 che corrisponde al trovare un parcheggio vuoto e lo stato 1 che corrisponde al trovare un parcheggio occupato. Ad ogni istante si visita un parcheggio (che può essere vuoto oppure occupato) per cui possiamo identificare il tempo con i parcheggi. L'equazione di ottimalità diventa in questo caso:

$$\begin{aligned} V_k(0) &= \min\{k\ ;\ p\, V_{k-1}(0) + (1-p)\, V_{k-1}(1)\} \\ V_k(1) &= p\, V_{k-1}(0) + (1-p)\, V_{k-1}(1) \end{aligned}$$

Si noti che $k \leq h$ implica $V_k(i) \geq V_h(i)$ per come è definito il problema. Sia $\bar{k}$ tale che

$$\bar{k} \leq p\, V_{\bar{k}-1}(0) + (1-p)\, V_{\bar{k}-1}(1)$$

Allora se $k \leq \bar{k}$ abbiamo anche

$$k \leq p\, V_{k-1}(0) + (1-p)\, V_{k-1}(1)$$

e quindi $V_k(0) = k$ da cui

$$V_k(1) = p\,(k-1) + (1-p)\, V_{k-1}(1) \qquad \text{se } k \leq \bar{k} \tag{25.15}$$

Poiché $V_0(1) = 1/p$ (come si calcola facilmente) vogliamo trovare una formula chiusa per la ricorsione (25.15) che riscriviamo come

$$V_{k+1} = k\,p + (1-p)\, V_k, \qquad k \geq 0, \qquad V_0 = \frac{1}{p} \tag{25.16}$$

Risolvendo la ricorsione (25.16) (si veda in Appendice come eseguire il calcolo) si ha

$$V_k(1) = k - \frac{1}{p} + \frac{2\,(1-p)^k}{p}$$

se $k \leq \bar{k}$, dove $\bar{k}$ è il più grande valore di k per cui

$$k \leq p\,V_{k-1}(0) + (1-p)\,V_{k-1}(1) = V_k(1) = k - \frac{1}{p} + \frac{2\,(1-p)^k}{p}$$

ovvero

$$\bar{k} = \left\lfloor -\frac{1}{\log_2(1-p)} \right\rfloor$$

.

Massima probabilità

Consideriamo la strategia di cominciare a considerare i parcheggi a partire da k (incluso). Sia $h \leq k$ il primo parcheggio libero dopo k (o anche k stesso se libero). Con che probabilità h è il parcheggio migliore? Se $h > 0$ bisogna che tutti i posti da $h-1$ a $-(h-1)$ siano occupati. Questo avviene con probabilità $(1-p)^{2h-1}$. Se invece h si trova dopo la destinazione, ma non ancora più distante dalla destinazione di quanto sia k, cioè $-k \leq h \leq 0$ il parcheggio h è il migliore con probabilità 1 (essendo occupati tutti i precedenti). Se h si trova ancora più avanti, cioè $h < -k$, affinché h sia il migliore bisogna che anche i parcheggi da $-h+1$ a $k+1$ siano occupati (cioè quelli precedentemente scartati prima di arrivare a k). Non avendo guardato questi parcheggi (ma anche se lo avessimo fatto non avrebbe influito sugli eventi successivi) questo avviene con probabilità $(1-p)^{-h+1-k-1-1} = (1-p)^{-h-k-1}$.

Il fatto che sia h il primo parcheggio libero ha probabilità $p\,(1-p)^{k-h}$. Quindi la probabilità di trovare il parcheggio migliore è

$$\sum_{0<h\leq k} p\,(1-p)^{k-h}(1-p)^{2h-1} + \sum_{-k\leq h\leq 0} p\,(1-p)^{k-h} + \sum_{h<-k} p\,(1-p)^{k-h}(1-p)^{-h-k-1}$$

Attraverso un po' di calcoli non difficili ma alquanto tediosi, l'espressione sopra scritta è uguale a

$$2\,(1-p)^k - (1-p)^{2k}\left(\frac{3-3\,p+p^2}{2-p}\right)$$

da cui, derivando rispetto a k e uguagliando a zero si ottiene

$$(1-p)^k = \frac{2-p}{3-3\,p+p^2} \quad \Longrightarrow \quad k = \frac{\ln(2-p) - \ln(3-3\,p+p^2)}{\ln(1-p)} \tag{25.17}$$

Confrontando (25.14) con (25.17) si vede che, per massimizzare la probabilità di ottenere il parcheggio più vicino, l'automobilista deve spingersi più avanti che non per minimizzare la distanza attesa. ∎

25.5 Orizzonte infinito - caso scontato

Se l'espressione (25.7) è illimitata, bisogna modificare la definizione di valore di una politica. Un metodo frequentemente impiegato consiste nello scontare di un fattore λ i guadagni futuri. Infatti, considerato che una somma monetaria a, guadagnata al tempo t, ha un valore $a\,(1+\alpha)$ al tempo $t+1$, dove $\alpha > 0$ è il tasso d'interesse monetario, si vede che una somma a, guadagnata al tempo $t+1$, vale $1/(1+\alpha)$ di una somma guadagnata al tempo t. Allora, nel massimizzare i guadagni futuri bisogna tener conto di questo fatto e scontare il guadagno al tempo $t+1$, rispetto a quello al tempo t, di una fattore $\lambda := 1/(1+\alpha) < 1$. Quindi (25.7) viene modificata in

$$v_\pi(i) := E\,\Big[\,\sum_{t\geq 0} \lambda^t\, r(X_t(\pi), d_\pi(X_t(\pi)))\mid X_0 = i\,\Big] \tag{25.18}$$

e (25.8) in

$$\begin{aligned} v_\pi = r_\pi + \lambda\, P_\pi\, r_\pi + \lambda^2\, P_\pi^2\, r_\pi + \lambda^3\, P_\pi^3\, r_\pi + \ldots = \\ r_\pi + \lambda\, P_\pi\,(\,r_\pi + \lambda\, P_\pi\, r_\pi + \lambda^2\, P_\pi^2\, r_\pi + \ldots) = r_\pi + \lambda\, P_\pi\, v_\pi \end{aligned} \tag{25.19}$$

Se si assume che $r(i,d) < K$, per ogni i, d, allora (25.18) risulta limitata da $K/(1-\lambda)$. La relazione (25.19) costituisce un efficace metodo di calcolo del valore di una politica. Infatti il sistema lineare

$$(I - \lambda\, P_\pi)\, v_\pi = r_\pi \tag{25.20}$$

può essere sempre risolto dato che il massimo (in modulo) autovalore di $\lambda\, P_\pi$ è $\lambda < 1$.

Per il calcolo della politica ottima è fondamentale l'operatore

$$T(v) := \sup_\pi r_\pi + \lambda\, P_\pi\, v$$

dove il sup va inteso componente per componente. In Appendice si dimostra che il valore ottimo v^* è il punto fisso dell'operatore T, ovvero $v^* = T(v^*)$.

Il calcolo di π^* può essere effettuato in diversi modi alternativi. Una possibilità consiste nell'applicazione diretta della contrazione. Come è noto la ricorsione $v^{k+1} := T(v^k)$ tende al punto fisso a partire da un arbitrario valore v^0. La convergenza è lineare con tasso λ e quindi non è molto veloce in generale.

Esempio 25.1 (continuazione)

Si riconsideri l'esempio della manutenzione dell'albergo, questa volta con orizzonte infinito e tasso di sconto $\lambda = 0.8$. Applicando l'iterazione a partire dal vettore nullo si ottengono, nelle prime 20 iterazioni, i valori indicati nella matrice di sinistra della Tabella 25.4 e corrispondentemente le politiche date dall'operatore T nella matrice di destra. ∎

$$
\begin{pmatrix}
0 & 0 & 0 & 0 & 0 \\
10.0000 & 8.0000 & 5.0000 & 2.0000 & 1.0000 \\
17.6800 & 13.9200 & 8.5200 & 3.4400 & 1.8000 \\
23.5424 & 18.2720 & 11.1440 & 9.1440 & 5.1440 \\
27.9907 & 21.4771 & 15.8339 & 13.8339 & 9.83392 \\
31.3504 & 24.2788 & 19.3925 & 17.3925 & 13.3925 \\
33.9488 & 26.6412 & 22.0803 & 20.0803 & 16.0803 \\
35.9899 & 28.5832 & 24.1591 & 22.1591 & 18.1591 \\
37.6068 & 30.1587 & 25.7919 & 23.7919 & 19.7919 \\
38.8938 & 31.4283 & 27.0855 & 25.0855 & 21.0855 \\
39.9205 & 32.4478 & 28.1150 & 26.1150 & 22.1150 \\
40.7408 & 33.2650 & 28.9364 & 26.9364 & 22.9364 \\
41.3965 & 33.9194 & 29.5926 & 27.5926 & 23.5926 \\
41.9209 & 34.4432 & 30.1172 & 28.1172 & 24.1172 \\
42.3403 & 34.8624 & 30.5367 & 28.5367 & 24.5367 \\
42.6758 & 35.1978 & 30.8722 & 28.8722 & 24.8722 \\
42.9441 & 35.4662 & 31.1406 & 29.1406 & 25.1406 \\
43.1588 & 35.6808 & 31.3553 & 29.3553 & 25.3553 \\
43.3306 & 35.8526 & 31.5271 & 29.5271 & 25.5271 \\
43.4680 & 35.9900 & 31.6645 & 29.6645 & 25.6645 \\
43.5779 & 36.0999 & 31.7744 & 29.7744 & 25.7744
\end{pmatrix}
\qquad
\begin{pmatrix}
1 & 1 & 1 & 1 & 1 \\
1 & 1 & 1 & 1 & 1 \\
1 & 1 & 2 & 2 & 2 \\
1 & 1 & 2 & 2 & 2 \\
1 & 1 & 2 & 2 & 2 \\
1 & 1 & 2 & 2 & 2 \\
1 & 1 & 2 & 2 & 2 \\
1 & 1 & 2 & 2 & 2 \\
1 & 1 & 2 & 2 & 2 \\
1 & 1 & 2 & 2 & 2 \\
1 & 1 & 2 & 2 & 2 \\
1 & 1 & 2 & 2 & 2 \\
1 & 1 & 2 & 2 & 2 \\
1 & 1 & 2 & 2 & 2 \\
1 & 1 & 2 & 2 & 2 \\
1 & 1 & 2 & 2 & 2 \\
1 & 1 & 2 & 2 & 2 \\
1 & 1 & 2 & 2 & 2 \\
1 & 1 & 2 & 2 & 2 \\
1 & 1 & 2 & 2 & 2
\end{pmatrix}
$$

Tabella 25.4.

Come si può vedere dall'esempio, la convergenza dei valori è molto lenta. Tuttavia già dopo le prime iterazioni la politica data da T è sempre la stessa ed è probabilmente la politica ottima. Per verificare che si tratta della politica ottima basta calcolare il valore di tale politica tramite (25.20) e verificare che è un punto fisso. Questo fatto suggerisce un modo alternativo di calcolo della politica ottima.

Sia $\pi(v)$ la politica calcolata da T, ovvero $r_{\pi(v)} + \lambda\, P_{\pi(v)}\, v = \max_\pi r_\pi + \lambda\, P_\pi\, v$, e sia $v(\pi)$ il valore della politica π calcolato risolvendo il sistema lineare (25.20). A partire da una politica arbitraria iniziale π^0 si iteri nel seguente modo

$$
\begin{aligned}
v^k &:= v(\pi^k) \\
\pi^{k+1} &:= \pi(v^k)
\end{aligned}
$$

finché $\pi^{k+1} = \pi^k$. La convergenza di questo metodo è estremamente rapida e si può infatti dimostrare che è quadratica.

Esempio 25.1 (continuazione)

Nell'esempio precedente, partendo dalla politica iniziale $\pi = (1, 1, 1, 1, 1)$ si determina

$$
P_\pi = \begin{pmatrix}
0.8 & 0.2 & 0 & 0 & 0 \\
0 & 0.8 & 0.2 & 0 & 0 \\
0 & 0 & 0.8 & 0.2 & 0 \\
0 & 0 & 0 & 0.8 & 0.2 \\
0 & 0 & 0 & 0 & 1
\end{pmatrix}
\qquad
r_\pi = \begin{pmatrix} 10 \\ 8 \\ 5 \\ 2 \\ 1 \end{pmatrix}
$$

Risolvendo il sistema lineare (25.20) si ottiene il seguente valore di v, al quale si applica l'operatore T ottenendo i valori indicati:

$$v := \begin{pmatrix} 41.0806 \\ 29.9314 \\ 17.3457 \\ 7.7778 \\ 5.0000 \end{pmatrix} \qquad T(v) = \begin{pmatrix} 41.0806 \\ 30.8645 \\ 29.8645 \\ 27.8645 \\ 23.8645 \end{pmatrix} \qquad \pi := \pi(v) = \begin{pmatrix} 1 \\ 2 \\ 2 \\ 2 \\ 2 \end{pmatrix}$$

da cui

$$P_\pi = \begin{pmatrix} 0.8 & 0.2 & 0 & 0 & 0 \\ 1 & 0 & 0 & 0 & 0 \\ 1 & 0 & 0 & 0 & 0 \\ 1 & 0 & 0 & 0 & 0 \\ 1 & 0 & 0 & 0 & 0 \end{pmatrix} \qquad r_\pi = \begin{pmatrix} 10 \\ -2 \\ -3 \\ -5 \\ -9 \end{pmatrix}$$

Ripetendo le operazioni si ottiene

$$v := \begin{pmatrix} 41.7241 \\ 31.3793 \\ 30.3793 \\ 28.3793 \\ 24.3793 \end{pmatrix} \qquad T(v) = \begin{pmatrix} 41.7241 \\ 32.9434 \\ 30.3793 \\ 28.3793 \\ 24.3793 \end{pmatrix} \qquad \pi := \pi(v) = \begin{pmatrix} 1 \\ 1 \\ 2 \\ 2 \\ 2 \end{pmatrix}$$

$$P_\pi = \begin{pmatrix} 0.8 & 0.2 & 0 & 0 & 0 \\ 0 & 0.8 & 0.2 & 0 & 0 \\ 1 & 0 & 0 & 0 & 0 \\ 1 & 0 & 0 & 0 & 0 \\ 1 & 0 & 0 & 0 & 0 \end{pmatrix} \qquad r_\pi = \begin{pmatrix} 10 \\ 8 \\ -3 \\ -5 \\ -9 \end{pmatrix}$$

e infine

$$v := \begin{pmatrix} 44.0176 \\ 36.5396 \\ 32.2141 \\ 30.2141 \\ 26.2141 \end{pmatrix} \qquad T(v) = \begin{pmatrix} 44.0176 \\ 36.5396 \\ 32.2141 \\ 30.2141 \\ 26.2141 \end{pmatrix} \qquad \pi := \pi(v) = \begin{pmatrix} 1 \\ 1 \\ 2 \\ 2 \\ 2 \end{pmatrix}$$

ottenendo il punto fisso. Come si vede la politica $(1, 1, 2, 2, 2)$ è effettivamente ottima e si vede anche quanto l'iterazione precedente fosse ancora distante dal valore ottimo. ∎

Infine si può affrontare il problema tramite la programmazione lineare. Infatti l'equazione ricorsiva

$$v = \sup_\pi r_\pi + \lambda P_\pi v$$

può essere risolta trovando il minimo del seguente problema:

$$\begin{aligned} \min \quad & \sum_j \alpha(j)\, v(j) \\ & v(i) \geq r(i,d) + \lambda \sum_j P(i,j,d)\, v(j), \qquad d \in D(i),\ i \in S \end{aligned} \tag{25.21}$$

dove i coefficienti $\alpha_j > 0$ sono arbitrari. Il duale di (25.21) è

$$\begin{aligned} \max \quad & \sum_{i,d} r(i,d)\, x(i,d) \\ & \sum_{d} x(j,d) - \lambda \sum_{i,d} P(i,j,d)\, x(i,d) = \alpha(j), \quad j \in S \\ & x(i,d) \geq 0, \qquad d \in D(i),\ i \in S \end{aligned} \tag{25.22}$$

che è più conveniente da calcolare perché il numero di righe di (25.22) è minore di (25.21). Sommando le righe di (25.22) (e sfruttando il fatto che $\sum_j P(i,j,d) = 1$) si ottiene

$$(1-\lambda) \sum_{i,d} x(i,d) = \sum_{j} \alpha(j) \tag{25.23}$$

Risolvendo (25.22) si ottiene il risultato che per ogni stato i solo uno dei valori $x(i,d)$ è diverso da 0 e corrisponde alla decisione ottima da prendere nello stato i.

Se si impone $\sum_j \alpha(j) = 1$, l'obiettivo $\sum_j \alpha(j)\, v(j)$ in (25.21) può essere interpretato come media pesata del guadagno scontato rispetto ad una distribuzione iniziale sugli stati $\alpha(j)$. Si ponga $y(i,d) := (1-\lambda)\, x(i,d)$. Allora, in base a (25.23), le variabili y possono essere interpretate come probabilità. In particolare la variabile $y(i,d)$ rappresenta la probabilità di essere nello stato i e di prendere la decisione d. Infatti l'obiettivo di (25.22) diventa

$$\sum_{i,d} r(i,d)\, x(i,d) = \frac{1}{1-\lambda} \sum_{i,d} r(i,d)\, y(i,d) =$$

$$\sum_{i,d} (1 + \lambda + \lambda^2 + \lambda^3 + \ldots)\, r(i,d)\, y(i,d)$$

Il vincolo

$$\sum_{d} x(j,d) - \lambda \sum_{i,d} P(i,j,d)\, x(i,d) = \alpha(j)$$

diventa

$$\sum_{d} y(j,d) = (1-\lambda)\, \alpha(j) + \sum_{i,d} \lambda\, P(i,j,d)\, y(i,d) \tag{25.24}$$

e può esser interpretato come il bilanciamento delle transizioni di probabilità fra gli stati del processo più uno stato aggiuntivo $*$, nel seguente modo: le probabilità di transizione da i a j sono modificate in $\lambda\, P(i,j,d)$; da ogni stato i vi è una transizione verso $*$ con probabilità $1-\lambda$ (così la somma delle probabilità di transizione dallo stato i rimane 1); dallo stato $*$ allo stato i vi è una transizione con probabilità $\alpha(i)$. In questo modo i valori $y(i,d)$, che sugli stati originari (senza lo stato $*$) rappresentano probabilità, sui nuovi stati rappresentano probabilità condizionate rispetto al fatto di non essere nello stato $*$. Le probabilità non condizionate sui nuovi stati sono allora $z(i,d) := y(i,d)\,(1-p_*)$ dove p_* è la probabilità stazionaria dello stato $*$. A questo punto (25.24) diventa

$$\sum_d z(j,d) = (1-p_*)\,(1-\lambda)\,\alpha(j) + \sum_{i,d} \lambda\, P(i,j,d)\, z(i,d)$$

da cui $p_* = (1-p_*)\,(1-\lambda)$ cioè $p_* = (1-\lambda)/(2-\lambda)$, e il guadagno può essere espresso come

$$\frac{2-\lambda}{1-\lambda} \sum_{i,d} r(i,d)\, z(i,d)$$

Questa espressione corrisponde ad un guadagno medio ($\sum_{i,d} r(i,d)\, z(i,d)$) sui nuovi stati amplificato del fattore $(2-\lambda)/(1-\lambda)$ per tener conto contemporaneamente sia dei mancati guadagni nello stato $*$ sia del fattore di sconto. Inoltre in questa espressione la distribuzione iniziale sugli stati è implicitamente presente nella probabilità stazionaria $z(i,d)$.

Esempio 25.6.

Si consideri il processo con due stati 1 e 2 e matrice di transizione e vettore di guadagni (nell'esempio c'è una sola decisione per ogni stato, come dire che non c'è nulla da decidere, quindi di fatto non si tratterebbe di un processo markoviano di decisione; ma per semplicità espositiva conviene fare così e in ogni caso gli elementi essenziali delle precedenti trasformazioni sono presenti anche in questo semplice esempio):

$$P = \begin{pmatrix} 0.3 & 0.7 \\ 0.6 & 0.4 \end{pmatrix}, \qquad r = \begin{pmatrix} -1 \\ 2 \end{pmatrix}$$

Con $\lambda = 0.8$ il vettore di guadagni (calcolato da $(I - \lambda P)\, v = r$) è $v = (1.77419, 4.19355)$ e, assumendo $\alpha = (0.7, 0.3)$ si ha $\sum_j \alpha(j)\, v(j) = 2.5$. Il processo esteso con il nuovo stato $*$ $(= 3)$ ha matrice di transizione

$$\begin{pmatrix} 0.24 & 0.56 & 0.2 \\ 0.48 & 0.32 & 0.2 \\ 0.7 & 0.3 & 0 \end{pmatrix}$$

la cui probabilità stazionaria è $p = (0.416667, 0.416667, 0.166667)$. Come previsto $p_3 = (1-\lambda)/(2-\lambda)$. Questi valori si riferiscono alle variabili z. Le variabili y si ottengono dividendo per $1 - p_3$ e quindi $y_1 = y_2 = 0.5$. A questo punto $x = y/(1-\lambda)$ e cioè $x = (2.5, 2.5)$ e $\sum_j x_j\, r_j = 2.5$.

Il lettore può per esercizio rifare questi calcoli, assumendo come condizione iniziale ad esempio $\alpha = (1,0)$. Ovviamente v e p_* rimangono inalterati, ma cambiano tutti gli altri valori. Perché il valore ottimo di (25.21) (o (25.22)) risulta inferiore con $\alpha = (1,0)$? E con $\alpha = (0,1)$ sarebbe inferiore o superiore?

∎

25.6 Orizzonte infinito - caso medio

Un altro modo di valutare una politica quando (25.7) è illimitata consiste nel valutare il guadagno medio cioè

$$\lim_{n\to\infty} \frac{1}{n} \sum_{t=0}^{n-1} E\big[r(X_t(\pi), d_\pi(X_t(\pi)))\big] \tag{25.25}$$

Per valutare (25.25) per un'assegnata politica π si indichi

$$v_\pi(i,n) := \sum_{t=0}^{n-1} E\big[r(X_t(\pi), d_\pi(X_t(\pi))) \mid X_0 = i\big]$$

quindi, indicando p_π la probabilità stazionaria della catena indotta dalla politica π con matrice di transizione P_π, $Q := P_\pi - \mathbf{1}\, p_\pi$, $H_\infty := \sum_{t\geq 0} Q^t - \mathbf{1}\, p_\pi = (I-Q)^{-1} - \mathbf{1}\, p_\pi$, e $R_n := \sum_{t\geq n} Q^t$, si ha

$$v_\pi(n) = \sum_{t=0}^{n-1} P_\pi^t\, r_\pi = \sum_{t=0}^{n-1} (\mathbf{1}\, p_\pi + Q_\pi^t)\, r_\pi - \mathbf{1}\, p_\pi\, r_\pi =$$

$$n\,\mathbf{1}\, p_\pi\, r_\pi + (\sum_{t\geq 0} Q^t - \sum_{t\geq n} Q^t)\, r_\pi - \mathbf{1}\, p_\pi\, r_\pi =$$

$$n\,\mathbf{1}\, p_\pi\, r_\pi + (H_\infty - R_n)\, r_\pi = n\, g_\pi\, \mathbf{1} + h_\pi - R_n\, r_\pi \tag{25.26}$$

dove

$$g_\pi := p_\pi r_\pi \qquad \text{e} \qquad h_\pi := H_\infty\, r_\pi \tag{25.27}$$

Quindi il guadagno medio è dato da

$$\lim_{n\to\infty} g_\pi\, \mathbf{1} + \frac{h_\pi - R_n\, r_\pi}{n} = g_\pi\, \mathbf{1}$$

Pertanto, a partire da qualsiasi stato (sotto l'ipotesi di esistenza di una probabilità limite p_π), il guadagno medio ha il medesimo valore $g_\pi = p_\pi r_\pi$. Come si vede da (25.26), $v_\pi(n)$ è formato da tre termini. Il primo cresce linearmente con n e contribuisce al guadagno medio. Il secondo termine rimane costante al crescere di n e rappresenta lo scarto del valore accumulato $v_\pi(n)$ rispetto alla crescita dovuta al valor medio; tale valore riflette la differenza dovuta alle condizioni iniziali. Infine il terzo termine tende a 0 al crescere di n e pertanto diventa trascurabile anche considerando il valore accumulato.

Per calcolare g_π e h_π, anziché usare le espressioni (25.27) che richiederebbero il calcolo di p_π e di H_∞, conviene procedere come segue. Da $v_\pi(n+1) = r_\pi + P_\pi\, v_\pi(n)$ e (25.26) si ha

$$(n+1)\,\mathbf{1}\, g_\pi + h_\pi - R_{n+1}\, r_\pi = r_\pi + P_\pi\,(n\, g_\pi\, \mathbf{1} + h_\pi - R_n\, r_\pi)$$

da cui, tramite le relazioni $P_\pi \mathbf{1} = \mathbf{1}$ e $R_{n+1} = P_\pi R_n$, si ottiene

$$g_\pi \mathbf{1} = r_\pi + P_\pi h_\pi - h_\pi$$

ovvero

$$(I - P_\pi) h_\pi = r_\pi - g_\pi \mathbf{1} \tag{25.28}$$

Siccome $(I - P_\pi)$ è singolare il valore di h_π che si calcola dal sistema lineare (25.28) è determinato a meno di una costante additiva (ovvero se $\bar{h}$ è una soluzione di (25.28) anche $\bar{h} + \alpha \mathbf{1}$ lo è per ogni α). Quindi si può imporre un valore arbitrario ad una qualsiasi componente di h_π, ad esempio $h_\pi(1) := 0$, e risolvere (25.28) nelle variabili g_π, $h_\pi(2), \ldots, h_\pi(n)$. Il fatto che h_π si riesca a calcolare a meno di una costante additiva non pregiudica il calcolo delle politiche ottime, come si vedrà fra poco.

Si indichi con $V(\pi)$ l'operatore che, data una politica π, fornisce i valori (g_π, h_π) soluzione di (25.28) con $h_\pi(1) := 0$.

Per il calcolo della politica ottima si fa uso dell'operatore

$$T(h) := \sup_\pi r_\pi + P_\pi h$$

(è diverso da quello adottato nei processi con sconto in quanto manca il fattore di sconto λ). Si dimostra in Appendice che, se $g \in \mathbb{R}$ e $h \in \mathbb{R}^n$ sono tali che $g \mathbf{1} + h = T(h)$, allora la politica $\hat{\pi} := \operatorname{argmax}_\pi T(h)$ è ottima e g è il valore medio ottimo.

Per calcolare la politica ottima si può ricorrere alla seguente iterazione sulle politiche a partire da una politica arbitraria iniziale π^0

$$\begin{aligned} (g, h)^k &:= V(\pi^k) \\ \pi^{k+1} &:= \operatorname*{argmax}_\pi T(h^k) \end{aligned}$$

finché $\pi^{k+1} = \pi^k$.

Esempio 25.1 (continuazione)

Partendo dalla politica iniziale $\pi = (1, 1, 1, 1, 1)$ si determina

$$P_\pi = \begin{pmatrix} 0.8 & 0.2 & 0 & 0 & 0 \\ 0 & 0.8 & 0.2 & 0 & 0 \\ 0 & 0 & 0.8 & 0.2 & 0 \\ 0 & 0 & 0 & 0.8 & 0.2 \\ 0 & 0 & 0 & 0 & 1 \end{pmatrix}, \qquad r_\pi = \begin{pmatrix} 10 \\ 8 \\ 5 \\ 2 \\ 1 \end{pmatrix}$$

Risolvendo il sistema lineare (25.28) si ottengono i seguenti valori di g_π e h_π, al quale si applica l'operatore T ottenendo i valori indicati:

$$g = 1,\ h = \begin{pmatrix} 0 \\ -45 \\ -80 \\ -100 \\ -105 \end{pmatrix},\ T(h) = \begin{pmatrix} 1 \\ -2 \\ -3 \\ -5 \\ -9 \end{pmatrix},\ \pi := \operatorname*{argmax}_\pi T(h) = \begin{pmatrix} 1 \\ 2 \\ 2 \\ 2 \\ 2 \end{pmatrix}$$

$$\begin{pmatrix} 832 & 760 & 760 & 808 & 820 & 796 & 796 & 832 & 820 & 832 \\ 844 & 784 & 808 & 772 & 796 & 844 & 784 & 784 & 772 & 796 \\ 796 & 880 & 736 & 856 & 784 & 868 & 832 & 844 & 748 & 808 \\ 712 & 736 & 784 & 736 & 808 & 844 & 832 & 808 & 784 & 784 \\ 760 & 724 & 748 & 796 & 820 & 748 & 856 & 772 & 880 & 808 \\ 784 & 832 & 808 & 772 & 712 & 820 & 820 & 832 & 772 & 784 \\ 808 & 784 & 832 & 760 & 760 & 796 & 832 & 844 & 844 & 832 \\ 820 & 784 & 904 & 748 & 772 & 808 & 784 & 784 & 808 & 820 \\ 820 & 760 & 784 & 796 & 844 & 808 & 784 & 772 & 772 & 760 \\ 844 & 820 & 784 & 760 & 820 & 772 & 844 & 844 & 844 & 784 \end{pmatrix}$$

Tabella 25.5.

da cui

$$P_\pi = \begin{pmatrix} 0.8 & 0.2 & 0 & 0 & 0 \\ 1 & 0 & 0 & 0 & 0 \\ 1 & 0 & 0 & 0 & 0 \\ 1 & 0 & 0 & 0 & 0 \\ 1 & 0 & 0 & 0 & 0 \end{pmatrix}, \qquad r_\pi = \begin{pmatrix} 10 \\ -2 \\ -3 \\ -5 \\ -9 \end{pmatrix}$$

Ripetendo le operazioni si ottiene

$$g = 8, \; h = \begin{pmatrix} 0 \\ -10 \\ -11 \\ -13 \\ -17 \end{pmatrix}, \; T(h) = \begin{pmatrix} 8 \\ -2 \\ -3 \\ -5 \\ -9 \end{pmatrix}, \; \pi := \operatorname*{argmax}_\pi T(h) = \begin{pmatrix} 1 \\ 2 \\ 2 \\ 2 \\ 2 \end{pmatrix}$$

ottenendo il punto fisso.

In Tabella 25.5 sono riportati i valori totali di guadagno di 100 simulazioni con 100 transizioni ciascuna, adottando la politica ottima a partire dallo stato 1. Il valor medio delle simulazioni è 800.08 e quindi il guadagno medio è 8.0008, molto vicino all'ottimo teorico.

Calcolando l'ottimo scontato con fattore $\lambda = 0.8$ si era trovata la politica ottima $(1, 1, 2, 2, 2)$. Rifacendo i calcoli con un valore di λ superiore a 0.9 si sarebbe trovata la stessa politica ottima del guadagno medio. Si può in generale dimostrare che al tendere di λ a 1 la politica ottima scontata coincide con quella del guadagno medio. ∎

Esempio 25.7.

Si consideri la seguente variante del gioco del 7 e mezzo: si usa un mazzo di 40 carte, dove ogni carta vale quanto i suoi punti e le figure valgono rispettivamente 8, 9 e 10; si pesca una carta alla volta dal mazzo e se la somma dei punti in mano supera 7 si perde e si ricomincia daccapo (con un mazzo intero e rimescolato), altrimenti si può decidere di non pescare e intascare un valore

$\frac{3}{10}$	$\frac{1}{10}$	$\frac{1}{10}$	0	$\frac{1}{10}$	0	0	$\frac{1}{10}$	0	0	0	0	$\frac{1}{10}$	0	0	0	0	0	$\frac{1}{10}$	0	0	0	0	0	0	0	0	0	$\frac{1}{10}$	0	0	0	0	0	0	0	0	0	0	0	0
$\frac{16}{39}$	0	0	$\frac{1}{13}$	0	$\frac{4}{39}$	0	0	$\frac{4}{39}$	0	0	0	0	$\frac{4}{39}$	0	0	0	0	0	$\frac{4}{39}$	0	0	0	0	0	0	0	0	0	$\frac{4}{39}$	0	0	0	0	0	0	0	0	0	0	0
$\frac{20}{39}$	0	0	0	0	$\frac{4}{39}$	0	0	0	$\frac{1}{13}$	0	0	0	0	$\frac{4}{39}$	0	0	0	0	0	$\frac{4}{39}$	0	0	0	0	0	0	0	0	0	$\frac{4}{39}$	0	0	0	0	0	0	0	0	0	0
$\frac{10}{19}$	0	0	0	0	0	$\frac{1}{19}$	0	0	0	$\frac{2}{19}$	0	0	0	0	$\frac{2}{19}$	0	0	0	0	0	0	0	$\frac{2}{19}$	0	0	0	0	0	0	0	0	0	$\frac{2}{19}$	0	0	0	0	0	0	0
$\frac{8}{13}$	0	0	0	0	0	0	0	$\frac{4}{39}$	0	0	0	0	0	$\frac{4}{39}$	0	0	0	0	0	0	$\frac{1}{13}$	0	0	0	0	0	0	0	0	0	$\frac{4}{39}$	0	0	0	0	0	0	0	0	0
$\frac{12}{19}$	0	0	0	0	0	0	0	0	0	$\frac{3}{38}$	0	0	0	0	0	$\frac{3}{38}$	0	0	0	0	0	$\frac{2}{19}$	0	0	0	0	0	0	0	0	0	$\frac{2}{19}$	0	0	0	0	0	0	0	0
$\frac{24}{37}$	0	0	0	0	0	0	0	0	0	0	$\frac{1}{37}$	0	0	0	0	0	$\frac{4}{37}$	0	0	0	0	0	0	0	$\frac{4}{37}$	0	0	0	0	0	0	0	0	0	0	$\frac{4}{37}$	0	0	0	0
$\frac{9}{13}$	0	0	0	0	0	0	0	0	0	0	0	0	$\frac{4}{39}$	0	0	0	0	0	0	$\frac{4}{39}$	0	0	0	0	0	0	0	0	0	0	$\frac{4}{39}$	0	0	0	0	0	0	0	0	0
$\frac{14}{19}$	0	0	0	0	0	0	0	0	0	0	0	0	0	0	$\frac{3}{38}$	0	0	0	0	0	0	$\frac{2}{19}$	0	0	0	0	0	0	0	0	0	0	0	$\frac{3}{38}$	0	0	0	0	0	0
$\frac{14}{19}$	0	0	0	0	0	0	0	0	0	0	0	0	0	0	0	$\frac{2}{19}$	0	0	0	0	0	0	0	$\frac{1}{19}$	0	0	0	0	0	0	0	0	0	0	$\frac{2}{19}$	0	0	0	0	0
$\frac{28}{37}$	0	0	0	0	0	0	0	0	0	0	0	0	0	0	0	0	$\frac{2}{37}$	0	0	0	0	0	0	0	0	$\frac{3}{37}$	0	0	0	0	0	0	0	0	0	0	$\frac{4}{37}$	0	0	0
$\frac{7}{9}$	0	0	0	0	0	0	0	0	0	0	0	0	0	0	0	0	0	0	0	0	0	0	0	0	0	0	$\frac{1}{9}$	0	0	0	0	0	0	0	0	0	0	0	$\frac{1}{9}$	0
$\frac{31}{39}$	0	0	0	0	0	0	0	0	0	0	0	0	0	0	0	0	0	0	$\frac{4}{39}$	0	0	0	0	0	0	0	0	0	0	$\frac{4}{39}$	0	0	0	0	0	0	0	0	0	0
$\frac{31}{38}$	0	0	0	0	0	0	0	0	0	0	0	0	0	0	0	0	0	0	0	0	0	0	$\frac{3}{38}$	0	0	0	0	0	0	0	0	$\frac{2}{19}$	0	0	0	0	0	0	0	0
$\frac{31}{38}$	0	0	0	0	0	0	0	0	0	0	0	0	0	0	0	0	0	0	0	0	0	$\frac{2}{19}$	0	0	0	0	0	0	0	0	0	0	0	0	$\frac{3}{38}$	0	0	0	0	0
$\frac{31}{37}$	0	0	0	0	0	0	0	0	0	0	0	0	0	0	0	0	0	0	0	0	0	0	0	0	$\frac{2}{37}$	0	0	0	0	0	0	0	0	0	0	0	$\frac{4}{37}$	0	0	0
$\frac{32}{37}$	0	0	0	0	0	0	0	0	0	0	0	0	0	0	0	0	0	0	0	0	0	0	0	0	0	$\frac{3}{37}$	0	0	0	0	0	0	0	0	0	0	0	$\frac{2}{37}$	0	0
$\frac{8}{9}$	0	0	0	0	0	0	0	0	0	0	0	0	0	0	0	0	0	0	0	0	0	0	0	0	0	0	$\frac{1}{36}$	0	0	0	0	0	0	0	0	0	0	0	0	$\frac{1}{12}$
$\frac{35}{39}$	0	0	0	0	0	0	0	0	0	0	0	0	0	0	0	0	0	0	0	0	0	0	0	0	0	0	0	0	$\frac{4}{39}$	0	0	0	0	0	0	0	0	0	0	0
$\frac{35}{38}$	0	0	0	0	0	0	0	0	0	0	0	0	0	0	0	0	0	0	0	0	0	0	0	0	0	0	0	0	0	0	0	0	$\frac{3}{38}$	0	0	0	0	0	0	0
$\frac{17}{19}$	0	0	0	0	0	0	0	0	0	0	0	0	0	0	0	0	0	0	0	0	0	0	0	0	0	0	0	0	0	0	0	$\frac{2}{19}$	0	0	0	0	0	0	0	0
$\frac{17}{19}$	0	0	0	0	0	0	0	0	0	0	0	0	0	0	0	0	0	0	0	0	0	0	0	0	0	0	0	0	0	0	0	0	0	$\frac{2}{19}$	0	0	0	0	0	0
$\frac{34}{37}$	0	0	0	0	0	0	0	0	0	0	0	0	0	0	0	0	0	0	0	0	0	0	0	0	0	0	0	0	0	0	0	0	0	0	0	0	$\frac{3}{37}$	0	0	0
$\frac{35}{37}$	0	0	0	0	0	0	0	0	0	0	0	0	0	0	0	0	0	0	0	0	0	0	0	0	0	0	0	0	0	0	0	0	0	0	0	$\frac{2}{37}$	0	0	0	0
$\frac{33}{37}$	0	0	0	0	0	0	0	0	0	0	0	0	0	0	0	0	0	0	0	0	0	0	0	0	0	0	0	0	0	0	0	0	0	0	0	0	0	$\frac{4}{37}$	0	0
$\frac{35}{36}$	0	0	0	0	0	0	0	0	0	0	0	0	0	0	0	0	0	0	0	0	0	0	0	0	0	0	0	0	0	0	0	0	0	0	0	0	0	0	$\frac{1}{36}$	0
$\frac{17}{18}$	0	0	0	0	0	0	0	0	0	0	0	0	0	0	0	0	0	0	0	0	0	0	0	0	0	0	0	0	0	0	0	0	0	0	0	0	0	0	0	$\frac{1}{18}$
1	0	0	0	0	0	0	0	0	0	0	0	0	0	0	0	0	0	0	0	0	0	0	0	0	0	0	0	0	0	0	0	0	0	0	0	0	0	0	0	0
1	0	0	0	0	0	0	0	0	0	0	0	0	0	0	0	0	0	0	0	0	0	0	0	0	0	0	0	0	0	0	0	0	0	0	0	0	0	0	0	0
1	0	0	0	0	0	0	0	0	0	0	0	0	0	0	0	0	0	0	0	0	0	0	0	0	0	0	0	0	0	0	0	0	0	0	0	0	0	0	0	0
1	0	0	0	0	0	0	0	0	0	0	0	0	0	0	0	0	0	0	0	0	0	0	0	0	0	0	0	0	0	0	0	0	0	0	0	0	0	0	0	0
1	0	0	0	0	0	0	0	0	0	0	0	0	0	0	0	0	0	0	0	0	0	0	0	0	0	0	0	0	0	0	0	0	0	0	0	0	0	0	0	0
1	0	0	0	0	0	0	0	0	0	0	0	0	0	0	0	0	0	0	0	0	0	0	0	0	0	0	0	0	0	0	0	0	0	0	0	0	0	0	0	0
1	0	0	0	0	0	0	0	0	0	0	0	0	0	0	0	0	0	0	0	0	0	0	0	0	0	0	0	0	0	0	0	0	0	0	0	0	0	0	0	0
1	0	0	0	0	0	0	0	0	0	0	0	0	0	0	0	0	0	0	0	0	0	0	0	0	0	0	0	0	0	0	0	0	0	0	0	0	0	0	0	0
1	0	0	0	0	0	0	0	0	0	0	0	0	0	0	0	0	0	0	0	0	0	0	0	0	0	0	0	0	0	0	0	0	0	0	0	0	0	0	0	0
1	0	0	0	0	0	0	0	0	0	0	0	0	0	0	0	0	0	0	0	0	0	0	0	0	0	0	0	0	0	0	0	0	0	0	0	0	0	0	0	0
1	0	0	0	0	0	0	0	0	0	0	0	0	0	0	0	0	0	0	0	0	0	0	0	0	0	0	0	0	0	0	0	0	0	0	0	0	0	0	0	0
1	0	0	0	0	0	0	0	0	0	0	0	0	0	0	0	0	0	0	0	0	0	0	0	0	0	0	0	0	0	0	0	0	0	0	0	0	0	0	0	0
1	0	0	0	0	0	0	0	0	0	0	0	0	0	0	0	0	0	0	0	0	0	0	0	0	0	0	0	0	0	0	0	0	0	0	0	0	0	0	0	0
1	0	0	0	0	0	0	0	0	0	0	0	0	0	0	0	0	0	0	0	0	0	0	0	0	0	0	0	0	0	0	0	0	0	0	0	0	0	0	0	0

Tabella 25.6.

pari ai punti in mano oppure di pescare ancora (senza guadagnare nulla). Se si decide di non pescare si ricomincia il gioco. Si immagini di eseguire il gioco continuamente. Si vuole calcolare la politica che massimizza il guadagno medio atteso (guadagno medio rispetto al numero di carte pescate).

Per modellare il problema come un processo markoviano dobbiamo identificare gli stati. Questi sono dati dalle carte in mano (senza tener conto dell'ordine), incluso lo stato nullo che corrisponde alla situazione di inizio gioco (nessuna carta in mano). Questo è l'elenco dei 41 stati che risultano:

$$\{\}, \{1\}, \{2\}, \{1,1\}, \{3\}, \{1,2\}, \{1,1,1\},$$
$$\{4\}, \{1,3\}, \{2,2\}, \{1,1,2\}, \{1,1,1,1\}$$
$$\{5\}, \{1,4\}, \{2,3\}, \{1,1,3\}, \{1,2,2\}, \{1,1,1,2\},$$
$$\{6\}, \{1,5\}, \{2,4\}, \{3,3\}, \{1,2,3\}\{1,1,4\}, \{2,2,2\},$$
$$\{1,1,1,3\}, \{1,1,2,2\}, \{1,1,1,1,2\},$$
$$\{7\}, \{1,6\}, \{2,5\}, \{3,4\}\{1,2,4\}, \{1,1,5\}, \{1,3,3\}, \{2,2,3\},$$
$$\{1,1,1,4\}, \{1,1,2,3\}, \{1,2,2,2\}, \{1,1,1,1,3\}, \{1,1,1,2,2\}$$

Nella Tabella 25.6 è riportata la matrice delle transizioni se si decide di pescare una carta. Ad esempio per la riga 11 (si hanno in mano due assi e un due, stato $\{1,1,2\}$) ci sono 37 carte da cui pescare; gli assi sono due, quindi la probabilità di andare nello stato $\{1,1,1,2\}$ (stato numero 20) è $p_{11,20} = 2/37$. Ci sono invece nel mazzo 3 due, quindi la probabilità di andare nello stato $\{1,1,2,2\}$ è $p_{11,29} = 3/37$. Poi si ha una probabilità di $4/37$ se si pesca un quattro. Per gli altri valori si supera la somma di 7 e quindi la probabilità di finire nello stato 1 è data dal complemento. Se si decide di intascare e di riprendere il gioco la matrice di transizione ha tutte le righe uguali alla prima riga della precedente matrice. Per il calcolo della politica ottima si parta dalla politica di non pescare mai alcuna carta. Ovviamente il guadagno medio di questa politica g_π è nullo e anche h_π è nullo. Applicando l'operatore T si ottiene la politica di pescare una carta solo nello stato iniziale e altrimenti rinunciare sempre. Il guadagno medio di questa politica è $14/5$. Applicando nuovamente l'operatore si ottiene la medesima politica che quindi risulta ottima. ∎

La programmazione lineare può essere usata efficacemente anche per risolvere il guadagno medio. In questo caso si può partire direttamente dall'interpretazione di $x(i,d)$ come la probabilità di essere nello stato i e di assumere la decisione d. Quindi il guadagno medio è $\sum_{i,d} x(i,d)\, r(i,d)$. Bisogna quindi vincolare x alle probabilità di transizione. Quindi si ha:

$$\begin{aligned}
\max \quad & \sum_i \sum_d r(i,d)\, x(i,d) & & \\
& \sum_i \sum_d x(i,d) = 1 & & \\
& \sum_i \sum_d p(i,j,d)\, x(i,d) = \sum_d x(j,d), & & j \in S \\
& x(i,d) \geq 0 & & d \in D(i),\ i \in S
\end{aligned} \tag{25.29}$$

Il duale di (25.29) è

$$\begin{aligned}
\min \quad & g \\
& g \geq r(i,d) + \sum_j p(i,j,d)\, h(j) - h(i) \qquad d \in D(i),\ i \in S
\end{aligned}$$

che corrisponde esattamente a

$$g + h = \sup_{\pi} r_\pi + P_\pi h$$

Risolvendo (25.29) si ottiene che, per ogni stato i, solo uno fra i valori $x(i,d)$ è maggiore di zero, identificando quindi la decisione ottima per ogni stato. La formulazione (25.29) permette di introdurre vincoli aggiuntivi sugli stati, che la formulazione come programmazione dinamica non permetterebbe. Questa possibilità tuttavia introduce la randomizzazione per una politica ottima.

Esempio 25.2 (continuazione)

Si riconsideri l'esempio del magazzino. Risolvendo (25.29) si ottiene un guadagno medio ottimo pari a 17.538 con probabilità

$$\begin{array}{lll} x(0,6) = 0.35530 & x(1,5) = 0.17554 & x(2,4) = 0.19545 \\ x(3,3) = 0.16810 & x(4,2) = 0.09026 & x(5,1) = 0.01533 \end{array}$$

Le altre variabili hanno valori inferiori a 10^{-6} e quindi gli errori d'arrotondamento impediscono di riconoscere la decisione ottima per gli stati superiori a 5 (evidentemente si tratta di stati in cui il processo non dovrebbe trovarsi 'quasi mai'). Si immagini ora di volere il più possibile evitare di trovarsi in condizione di magazzino vuoto. Modelliamo questa esigenza ponendo bassa la probabilità di essere nello stato di magazzino vuoto. Ad esempio possiamo imporre $\sum_d x(0,d) \leq 0.1$. Con l'aggiunta di questo vincolo (25.29) fornisce $g = 13.425$ con probabilità

$$\begin{array}{lll} x(0,8) = 0.1000 & x(1,7) = 0.0031 & x(1,8) = 0.0702 \\ x(2,7) = 0.1114 & x(3,6) = 0.1536 & x(4,4) = 0.1849 \\ x(5,4) = 0.1824 & x(6,2) = 0.1312 & x(7,1) = 0.0547 \end{array}$$

Nello stato 1 vi sono due possibili decisioni da prendere con probabilità $0.0031/(0.0031 + 0.0702) = 0.043$ e $0.0702/(0.0031 + 0.0702) = 0.957$ e quindi si tratta di una politica randomizzata. Si noti ancora che non si riporta sempre il magazzino al medesimo valore. ∎

25.7 Appendice

Orizzonte infinito - caso scontato

Preliminarmente facciamo vedere che T è una contrazione.

Lemma 25.8. $\|T(u) - T(v)\| \leq \lambda \|u - v\|$.

Dimostrazione: Si supponga che esistano una politica $\pi(v)$ tale che $T(v) = r_{\pi(v)} + \lambda P_{\pi(v)} v$ e una politica $\pi(u)$ tale che $T(u) = r_{\pi(u)} + \lambda P_{\pi(u)} u$. Allora $T(u) \geq r_{\pi(v)} + \lambda P_{\pi(v)} u$ e $T(v) \geq r_{\pi(u)} + \lambda P_{\pi(u)} v$ e quindi

$$r_{\pi(v)} + \lambda P_{\pi(v)} u - r_{\pi(v)} - \lambda P_{\pi(v)} v \leq T(u) - T(v) \leq r_{\pi(u)} + \lambda P_{\pi(u)} u - r_{\pi(u)} - \lambda P_{\pi(u)} v$$

cioè

$$\lambda P_{\pi(v)} (u - v) \leq T(u) - T(v) \leq \lambda P_{\pi(u)} (u - v)$$

da cui

$$-\lambda \|P_{\pi(v)} (u - v)\|_\infty \mathbf{1} \leq T(u) - T(v) \leq \lambda \|P_{\pi(u)} (u - v)\|_\infty \mathbf{1}$$

e quindi, dato che $\|P\|_\infty = 1$,

$$\|T(u) - T(v)\|_\infty \leq \lambda \|u - v\|_\infty$$

∎

Possiamo quindi concludere, in base al lemma e a noti risultati, che

Lemma 25.9. *Il punto fisso $T(v^*) = v^*$ esiste ed è unico.* ∎

Lemma 25.10. *Se $v \geq T(v)$ allora $v \geq v_\pi$ per ogni politica π.*

Dimostrazione: Sia π una politica arbiraria. Quindi

$$v \geq \sup_\pi r_\pi + \lambda P_\pi v \geq r_\pi + \lambda P_\pi v$$

da cui, essendo P_π non negativa,

$$v \geq r_\pi + \lambda P_\pi v \geq r_\pi + \lambda P_\pi (r_\pi + \lambda P_\pi v) \geq r_\pi + \lambda P_\pi r_\pi + \lambda^2 P_\pi^2 (r_\pi + \lambda P_\pi v)$$

e ricorsivamente

$$v \geq r_\pi + \lambda P_\pi r_\pi + \lambda^2 P_\pi^2 r_\pi + \lambda^3 P_\pi^3 r_\pi + \ldots = v_\pi$$

∎

Lemma 25.11. *Se $v \le T(v)$ allora esiste una politica $\hat\pi$ tale che $v \le v_{\hat\pi}$.*

Dimostrazione: Sia $\hat\pi$ tale che $T(v) = r_{\hat\pi} + \lambda\, P_{\hat\pi}\, v$. Allora

$$v \le \sup_\pi r_\pi + \lambda\, P_\pi\, v = r_{\hat\pi} + \lambda\, P_{\hat\pi}\, v$$

da cui, essendo $P_{\hat\pi}$ non negativa,

$$v \le r_{\hat\pi} + \lambda\, P_{\hat\pi}\, v \le r_{\hat\pi} + \lambda\, P_{\hat\pi}\,(r_{\hat\pi} + \lambda\, P_{\hat\pi}\, v) \le r_{\hat\pi} + \lambda\, P_{\hat\pi}\, r_{\hat\pi} + \lambda^2\, P_{\hat\pi}^2\,(r_{\hat\pi} + \lambda\, P_{\hat\pi}\, v)$$

e ricorsivamente

$$v \le r_{\hat\pi} + \lambda\, P_{\hat\pi}\, r_{\hat\pi} + \lambda^2\, P_{\hat\pi}^2\, r_{\hat\pi} + \lambda^3\, P_{\hat\pi}^3\, r_{\hat\pi} + \ldots = v_{\hat\pi}$$

∎

Teorema 25.12. *Sia $v^* = T(v^*)$. Allora esiste una politica π^* il cui valore è v^* ed è tale che $v^* \ge v_\pi$ per ogni politica π e quindi ottima.* ∎

Orizzonte infinito - caso medio

Lemma 25.13. *Siano $g \in \mathbb{R}$ e $h \in \mathbb{R}^n$ tali che $g\,\mathbf{1} + h \ge T(h)$. Allora $g \ge g_\pi$ per ogni politica π.*

Dimostrazione: Sia π una politica arbitraria. Allora per ipotesi $g\,\mathbf{1}+h \ge r_\pi + P_\pi\, h$, cioè

$$h \ge r_\pi + P_\pi\, h - g\,\mathbf{1} \qquad \Longrightarrow \qquad h \ge r_\pi + P_\pi\,(r_\pi + P_\pi\, h - g\,\mathbf{1}) - g\,\mathbf{1}$$
$$= r_\pi + P_\pi\, r_\pi + P_\pi^2\, h - 2\,g\,\mathbf{1} \ge r_\pi + P_\pi\, r_\pi + P_\pi^2\,(r_\pi + P_\pi\, h - g\,\mathbf{1}) - 2\,g\,\mathbf{1}$$

da cui

$$h \ge v_\pi(n) + P_\pi^n\, h - n\,g\,\mathbf{1}$$

cioè

$$g\,\mathbf{1} \ge \frac{v_\pi(n)}{n} + \frac{P_\pi^n\, h - h}{n}$$

da cui, per $n \to \infty$, $g\,\mathbf{1} \ge g_\pi\,\mathbf{1}$, cioè $g \ge g_\pi$. ∎

Lemma 25.14. *Siano $g \in \mathbb{R}$ e $h \in \mathbb{R}^n$ tali che $g\,\mathbf{1} + h \le T(h)$. Allora esiste una politica $\hat\pi$ tale che $g \le g_{\hat\pi}$.*

Dimostrazione: Sia $\hat\pi$ tale che $T(h) = r_{\hat\pi} + P_{\hat\pi}\, h$. Allora per ipotesi $g\,\mathbf{1} + h \le r_{\hat\pi} + P_{\hat\pi}\, h$, cioè

$$h \le r_{\hat\pi} + P_{\hat\pi}\, h - g\,\mathbf{1} \qquad \Longrightarrow \qquad h \le r_{\hat\pi} + P_{\hat\pi}\,(r_{\hat\pi} + P_{\hat\pi}\, h - g\,\mathbf{1}) - g\,\mathbf{1}$$

da cui, procedendo come nel Lemma precedente si ottiene $g \le g_{\hat\pi}$. ∎

Combinando i due lemmi si ottiene

Teorema 25.15. *Siano $g \in \mathbb{R}$ e $h \in \mathbb{R}^n$ tali che $g\,\mathbf{1} + h = T(h)$. Allora la politica $\hat\pi := \operatorname{argmax}_\pi T(h)$ è ottima e g è il valore medio ottimo.* ∎

Calcolo della ricorsione (25.15)

$$V_{k+1} = k\,p + (1-p)\,V_k, \qquad k \geq 0, \qquad V_0 = \frac{1}{p}$$

Moltiplicando ogni per termine per z^k e sommando si ha

$$\sum_{k\geq 0} z^k\,V_{k+1} = \sum_{k\geq 0} k\,z^k\,p + (1-p)\sum_{k\geq 0} z^k\,V_k$$

Si indichi $\varphi(z) := \sum_{k\geq 0} z^k\,V_k$. Allora

$$\sum_{k\geq 0} z^k\,V_{k+1} = \frac{1}{z}\sum_{k\geq 0} z^{k+1}\,V_{k+1} = \frac{1}{z}\,(\varphi(z) - V_0)$$

e quindi

$$\frac{1}{z}\,(\varphi(z) - V_0) = p\,\frac{z}{(1-z)^2} + (1-p)\,\varphi(z)$$

da cui si ottiene sostituendo $V_0 = 1/p$:

$$\varphi(z) = \frac{(p^2+1)\,z^2 - 2\,z + 1}{p\,(1-z)^2\,(1-z(1-p))} =$$

$$\begin{aligned}\varphi(z) &= \frac{1}{p}\left(\frac{(1+p)\,z - 1}{(1-z)^2} + \frac{2}{(1-z(1-p))}\right)\\ &= \frac{1}{p}\sum_{k\geq 0}\left(-(k+1) + (1+p)\,k + 2\,(1-p)^k\right)\,z^k =\\ &= \frac{1}{p}\sum_{k\geq 0}\left(-1 + k\,p + 2\,(1-p)^k\right)\,z^k\end{aligned}$$

e quindi

$$V_k = k - \frac{1}{p} + \frac{2\,(1-p)^k}{p}$$

∎

26

Altre tecniche di programmazione

26.1 Tecniche Lagrangiane

Calcolare i massimi o i minimi di una funzione con variabili vincolate è un problema studiato gia in tempi molto lontani. L'idea fondamentale per affrontare questi problemi si deve a Lagrange [139] che pensò di svincolare il problema di ottimizzazione portando i vincoli all'interno della funzione obiettivo, moltiplicati per un'opportuna variabile, il cosiddetto moltiplicatore di Lagrange. Il metodo ideato da Lagrange era concepito per dei vincoli di eguaglianza. L'estensione ai vincoli di diseguaglianza è relativamente recente e si deve al lavoro pioneristico di Kuhn e Tucker [134], preceduto tuttavia dalla tesi di Karush [126] rimasta ignota per diversi anni.

Si supponga di dover risolvere il seguente problema

$$\begin{aligned} v = \min\ & f(x) \\ & g_i(x) \le 0 \qquad i \in [m] \\ & h_k(x) = 0 \qquad k \in [q] \\ & x \in X \subset \mathbb{R}^n \end{aligned} \tag{26.1}$$

dove conviene distinguere i vincoli in *espliciti*, quelli definiti dalle funzioni g_i e h_k, ed *impliciti*, quelli definiti da $x \in X$. Si definisce allora *funzione Lagrangiana* la seguente espressione

$$L(x, \lambda, \mu) := f(x) + \sum_{i=1}^{m} \lambda_i\, g_i(x) + \sum_{k=1}^{q} \mu_k\, h_k(x) = f(x) + \lambda\, g(x) + \mu\, h(x)$$

dove i vincoli espliciti sono stati aggiunti tramite i moltiplicatori λ_i e μ_k alla funzione obiettivo. La funzione Lagrangiana viene poi minimizzata rispetto ai soli vincoli impliciti. In questo modo si definisce una nuova funzione di λ e μ

$$L(\lambda, \mu) := \min_{x \in X} f(x) + \lambda\, g(x) + \mu\, h(x) \tag{26.2}$$

che viene detta *funzione duale* e le variabili λ e μ vengono dette anche *variabili duali*. Infine si definisce il seguente problema che viene detto *problema duale*

$$\begin{aligned} d = \max\ & L(\lambda, \mu) \\ & \lambda_i \geq 0 \qquad i \in [m] \end{aligned} \tag{26.3}$$

La funzione duale è concava, essendo definita come il minimo di una famiglia (indicizzata da $x \in X$) di funzioni affini in λ e μ, e la massimizzazione di una funzione concava è un problema non difficile in generale. Se l'insieme X è finito, la funzione duale è lineare a tratti.

Le denominazioni di dualità sono coerenti con la definizione di problema duale della PL. Infatti se $f(x) = \sum_j c_j\, x_j$, $g_i(x) = b_i - \sum_j a_{ij}\, x_j$, $h_k(x) = b'_k - \sum_j a'_{kj}\, x_j$, $X = \{x : x_j \geq 0\}$, si ha

$$L(\lambda, \mu) = \sum_i b_i\, \lambda_i + \sum_k b'_k\, \mu_k + \min_{x \in X} \sum_j (c_j - \sum_i a_{ij}\, \lambda_i - \sum_k a'_{kj}\, \mu_k)\, x_j =$$

$$\sum_i b_i\, \lambda_i + \sum_k b'_k\, \mu_k + \sum_j \min_{x_j \geq 0} (c_j - \sum_i a_{ij}\, \lambda_i - \sum_k a'_{kj}\, \mu_k)\, x_j$$

Se almeno uno dei coefficienti delle variabili x_j è negativo, il minimo va a $-\infty$ e siccome si vuole massimizzare $L(\lambda)$ possiamo trascurare i valori di λ e μ che rendono negativo almeno un coefficiente. Quindi deve essere

$$\sum_i a_{ij}\, \lambda_i + \sum_k a'_{kj}\, \mu_k \leq c_j, \qquad j \in [n]$$

Se questi vincoli sono soddisfatti il minimo va a zero, per cui il problema duale diventa

$$\begin{aligned} \max\ & \sum_i b_i\, \lambda_i + \sum_k b'_k\, \mu_k \\ & \sum_i a_{ij}\, \lambda_i + \sum_k a'_{kj}\, \mu_k \leq c_j \qquad j \in [n] \\ & \lambda_i \geq 0 \qquad i \in [m] \end{aligned}$$

che è esattamente il problema duale nel senso della PL. Si tratta di capire quale sia in generale la relazione fra il problema (26.1), che possiamo chiamare primale, e quello duale (26.3).

Non è difficile dimostrare che $d \leq v$. Tuttavia, a differenza del caso particolare della PL, può accadere che si abbia $d < v$, nel qual caso si parla di *scarto di dualità positivo* o più semplicemente di *scarto di dualità*.

Si può dimostrare (in modo del tutto simile alla dualità della PL per la quale si invoca il teorema di separazione, si veda [199]) che, se le funzioni f e g_i sono convesse, le funzioni h_i sono affini e X è un insieme convesso allora vale $d = v$. Se queste ipotesi non sono soddisfatte si può avere sia $d = v$ che $d < v$. Quando avviene $d = v$ l'informazione che proviene dal problema duale permette di risolvere anche il problema primale. Un ruolo chiave è svolto dalle seguenti condizioni, dette di *ottimalità globale*.

Teorema 26.1. *Se* $(\hat{x}, \hat{\lambda}, \hat{\mu})$ *sono tali che:*
— $L(\hat{\lambda}, \hat{\mu}) = L(\hat{x}, \hat{\lambda}, \hat{\mu})$, *ovvero* $\hat{x}$ *minimizza in (26.2) la funzione Lagrangiana,*
— $\hat{\lambda}_i \, g_i(\hat{x}) = 0$ *per ogni* i, *ovvero vale una relazione di complementarità fra variabili duali e vincoli primali;*
— $g(\hat{x}) \leq 0$ *e* $h(\hat{x}) = 0$, *ovvero* $\hat{x}$ *è ammissibile,*
allora $\hat{x}$ *è ottimo primale,* $(\hat{\lambda}, \hat{\mu})$ *è ottimo duale e* $v = f(\hat{x}) = d = L(\hat{\lambda}, \hat{\mu})$.

∎

Può sembrare strano affrontare un problema calcolando prima la funzione duale (26.2), che è basata sul calcolo di minimi, poi massimizzare la funzione duale e infine ricavare l'ottimo primale dall'ottimo duale, se fortunatamente avviene che non ci sia scarto di dualità. Si tratta di una complessa procedura di calcolo, apparentemente non conveniente rispetto ad una risoluzione diretta di (26.1). In realtà può avvenire che una parte dei vincoli di un problema renda difficile la sua risoluzione, mentre il resto dei vincoli rientra in una tipologia per cui sono noti dei metodi veloci, e quindi è pagante spostare nella funzione obiettivo i vincoli 'complicati'.

Tuttavia il motivo più importante per cui si ricorre alle tecniche Lagrangiane è dovuto al fatto che l'ottimo duale, anche quando non permette di calcolare l'ottimo primale tramite il Teorema 26.1 a causa di uno scarto di dualità positivo, fornisce in ogni caso una limitazione inferiore al problema che si deve risolvere. Se questa risulta migliore della limitazione che si ottiene dal consueto rilassamento d'interezza, adottare un tecnica Lagrangiana può essere molto conveniente.

Si noti ancora che si ottiene un limitazione inferiore non solo dall'ottimo duale ma anche da ogni valore della funzione duale, non necessariamente ottimo. Ovviamente si tratta di una limitazione inferiore più scadente rispetto a quella fornita dall'ottimo. Però bisogna valutare se sia più conveniente dedicare lo sforzo computazionale a migliorare la limitazione inferiore risolvendo in ottimalità il problema duale, oppure in una più lunga ricerca dell'ottimo nella tecnica branch-and-bound.

Risolvere il problema duale può non essere elementare. Anche se la funzione duale è concava, il fatto che sia lineare a tratti nella maggior parte delle applicazioni a problemi discreti, e quindi non differenziabile, crea dei problemi. Per questo motivo è stato sviluppato un metodo abbastanza semplice, che però fornisce solo soluzioni vicine all'ottimo. Dato che l'interesse ricade più sulla possibilità di ottenere limitazioni inferiori piuttosto che calcolare l'ottimo, questo metodo è ampiamente utilizzato. Ci limitiamo a descrivere il metodo, detto *metodo del subgradiente*, senza giustificarlo (si veda ad esempio [199]).

Sia $\hat{x}$ il valore che minimizza il Lagrangiano per delle variabili duali fissate $\lambda_i \geq 0$ e μ_k e sia $\tilde{d}$ una stima del valore ottimo duale. Si calcolano i vettori

$$u_i := \begin{cases} 0 & \text{se } \lambda_i = 0 \text{ e } g_i(\hat{x}) < 0 \\ g_i(\hat{x}) & \text{altrimenti} \end{cases} \qquad v_k := h_k(\hat{x}) \tag{26.4}$$

e i coefficienti

$$\bar{\alpha} := \frac{\tilde{d} - L(\lambda, \mu)}{\sum_i u_i^2 + \sum_k v_k^2} \tag{26.5}$$

e

$$\alpha := \min \{\bar{\alpha}\ ;\ \min \{\beta : \lambda_i + \beta\, u_i \geq 0,\ i \in [m]\}\} \tag{26.6}$$

e poi si aggiornano λ e μ come

$$\lambda_i := \max \{\lambda_i + \alpha\, u_i, 0\}\,, \quad \mu_k := \mu_k + \alpha\, v_k \tag{26.7}$$

Si può dimostrare che l'iterazione (26.4)–(26.7) converge verso l'ottimo duale se $\tilde{d}$ è proprio il valore ottimo duale. Naturalmente tale valore è ignoto quasi sempre (in certi problemi può capitare di conoscere il valore ottimo senza però conoscere gli ottimi). Se la stima è per difetto ($\tilde{d} < d$) allora l'iterazione converge verso valori per cui la funzione duale vale $\tilde{d}$. Se invece la stima è per eccesso ($\tilde{d} > d$) allora l'iterazione ha alla fine un andamento erratico. È importante quindi poter disporre di una buona stima.

26.2 Esempi di tecniche Lagrangiane

Esempio 26.2.

Il *problema dell'assegnamento generalizzato* viene definito come:

$$\begin{aligned} v := \min \quad & \sum_{j \in J} \sum_{i \in I} c_{ij}\, x_{ij} \\ & \sum_{j \in J} a_{ij}\, x_{ij} \leq b_i \qquad i \in I \\ & \sum_{i \in I} x_{ij} = 1 \qquad j \in J \\ & x_{ij} \in \{0, 1\} \qquad i \in I, \quad j \in J \end{aligned} \tag{26.8}$$

Questo problema modella una situazione in cui si devono assegnare dei lavori $j \in J$ a delle macchine $i \in I$, ciascuna delle quali è disponibile per un tempo totale b_i. Il lavoro j, se eseguito sulla macchina i, costa c_{ij} ed ha una durata a_{ij}. Si tratta di trovare un assegnamento ammissibile di costo minimo. Il problema assomiglia alla schedulazione multiprocessore (Sez. 17.7) con la differenza che le macchine non sono necessariamente uguali e quindi i tempi di esecuzione a_{ij} dipendono anche dalla macchina, ma soprattutto l'obiettivo non consiste nella minimizzazione del tempo massimo di completamento (che in questo caso sarebbe $\max_i b_i$) ma di un costo (non presente nell'altro problema).

Il problema dell'assegnamento generalizzato può essere affrontato con tecniche Lagrangiane in vari modi alternativi, a seconda di come si dividono i vincoli in impliciti ed espliciti. Ad esempio si può decidere che i vincoli espliciti siano:
a) i vincoli di capacità $\sum_{j\in J} a_{ij}\, x_{ij} \le b_i$;
b) i vincoli d'assegnamento $\sum_{i\in I} x_{ij} = 1$;
Definiamo allora, per ognuno dei due casi, le funzioni Lagrangiane:

$$L_a(\lambda) := \min_{\substack{\sum_i x_{ij}=1 \\ x_{ij}\in\{0,1\}}} \sum_{ij} c_{ij}\, x_{ij} + \sum_i \lambda_i \big(\sum_j a_{ij}\, x_{ij} - b_i\big)$$

$$L_b(\mu) := \min_{\substack{\sum_j a_{ij}\, x_{ij}\le b_i \\ x_{ij}\in\{0,1\}}} \sum_{ij} c_{ij}\, x_{ij} + \sum_j \mu_j \big(1 - \sum_i x_{ij}\big)$$

Spesso avviene che le operazioni di minimo si possano eseguire analiticamente. Ad esempio si ottiene

$$L_a(\lambda) = -\sum_i \lambda_i\, b_i + \sum_j \min_i \{c_{ij} + \lambda_i\, a_{ij}\}$$

Infatti il termine $-\sum_i \lambda_i\, b_i$ è costante e può essere portato fuori dall'operatore di min. Poi si può notare che il minimo si spezza in tanti minimi, uno per lavoro. A questo punto il minimo per un lavoro j è immediato, perché si alloca la massima quantità, cioè 1, al lavoro che costa di meno, dove il costo è modificato dalla presenza della variabile duale ed è $c_{ij} + \lambda_i\, a_{ij}$. Allora per ogni valore di λ, il calcolo di $L_a(\lambda)$ è immediato. Per $L_b(\mu)$ si ottiene

$$L_b(\mu) = \sum_j \mu_j + \sum_i \min_{\substack{\sum_j a_{ij}\, x_{ij}\le b_i \\ x_{ij}\in\{0,1\}}} \sum_j (c_{ij} - \mu_j)\, x_{ij} =$$

$$\sum_j \mu_j - \sum_i \max_{\substack{\sum_j a_{ij}\, x_{ij}\le b_i \\ x_{ij}\in\{0,1\}}} \sum_j (\mu_j - c_{ij})\, x_{ij}$$

Anche in questo caso c'è una parte costante ($\sum_j \mu_j$) che può essere portata fuori dall'operatore min e il minimo si spezza in tanti minimi, uno per ogni macchina. Tuttavia il calcolo del minimo per ogni macchina non è immediato come nel caso precedente, in quanto si tratta di risolvere un problema dello zaino per ogni macchina. Se indichiamo con $K_i(c)$ il valore ottimo del PZ01 i-mo, esplicitando nella notazione la dipendenza dai costi c, allora possiamo sinteticamente scrivere

$$L_b(\mu) = \sum_j \mu_j - \sum_i K_i(\mu - c)$$

Abbiamo allora i seguenti due problemi duali:

$$d_a := \sup_{\lambda \geq 0} L_a(\lambda) \qquad\qquad d_b := \sup_{\mu} L_b(\mu)$$

Siamo interessati a stabilire una relazione d'ordine per i valori ottimi duali. A questo fine è utile considerare anche il problema rilassato del problema primale sostituendo in (26.8) il vincolo $x_{ij} \in \{0,1\}$ con $0 \leq x_{ij} \leq 1$. Indichiamo con $\bar{v}$ l'ottimo di questo problema rilassato. Ovviamente $\bar{v} \leq v$.

Si noti ora un fatto che risulta molto importante per valutare l'utilità di un approccio Lagrangiano. La funzione $L_a(\lambda)$ è anche la funzione duale del problema primale rilassato (con la scelta (a) del vincolo esplicito), dato che nell'operazione di minimo che definisce L_a è irrilevante l'interezza di x_{ij}. Allora $d_a = \bar{v}$.

La proprietà che un problema e il suo rilassamento producano lo stesso ottimo duale prende il nome di *proprietà d'interezza* (*integrality property*). Valendo questa proprietà, si ottiene lo stesso risultato risolvendo il problema originale rilassato oppure adottando una tecnica Lagrangiana. Quindi la scelta fra le due tecniche si basa solo su considerazioni computazionali. Spesso è più semplice risolvere un problema di PL che un duale Lagrangiano, ma questo non è vero sempre. Ad esempio con matrici molto grandi può essere più rapido usare una tecnica Lagrangiana, come si vedrà nella prossima sezione. In ogni caso è sempre opportuno valutare se vale la proprietà d'interezza.

Sia ora $\bar{L}_b(\mu)$ il duale del problema rilassato con la scelta (b) del vincolo esplicito. In questo caso l'operazione di minimo prevede il calcolo di problemi dello zaino, per i quali invece fa differenza se le variabili sono intere o meno. Quindi in generale $\bar{L}_b(\mu) \leq L_b(\mu)$, da cui $\bar{v} \leq d_b$, essendo, per l'osservazione precedente, $\bar{v} = \max_\mu \bar{L}_b(\mu)$. Abbiamo quindi stabilito che

$$\bar{v} = d_a \leq d_b \leq v$$

Ad esempio sia data un'istanza con 4 attività e 2 macchine, costi e durate definiti da

$$c = \begin{pmatrix} 4 & 3 & 5 & 5 \\ 5 & 4 & 8 & 6 \end{pmatrix} \qquad a = \begin{pmatrix} 4 & 2 & 6 & 3 \\ 6 & 3 & 7 & 4 \end{pmatrix}$$

e disponibilità delle macchine $b = (10, 12)$.

L'istanza è così piccola che un assegnamento ottimo si può calcolare a mano in modo esaustivo. Si può notare che vi sono diversi ottimi e che il costo ottimo è $v = 19$. La soluzione ottima del problema rilassato (risolto con la PL) è $\bar{x}_1 = (1, 1, 1, 2/3)$ e $\bar{x}_2 = (0, 0, 0, 1/3)$, con costo ottimo $\bar{v} = 18 + 1/3$.

La funzione duale $L_a(\lambda)$ è

$$L_a(\lambda) = -10\,\lambda_1 - 12\,\lambda_2 + \min\{4 + 4\,\lambda_1; 5 + 6\,\lambda_2\} + \min\{3 + 2\,\lambda_1; 4 + 3\,\lambda_2\} +$$
$$\min\{5 + 6\,\lambda_1; 8 + 7\,\lambda_2\} + \min\{5 + 3\,\lambda_1; 6 + 4\,\lambda_2\} \tag{26.9}$$

Per questo esempio tralasciamo di illustrare come massimizzare la funzione duale usando l'iterazione (26.4)–(26.7). Ci limitiamo a mostrare in Fig. 26.1 le linee di livello di $L_a(\lambda)$ nel piano (λ_1, λ_2). Ricordando che le variabili λ_i

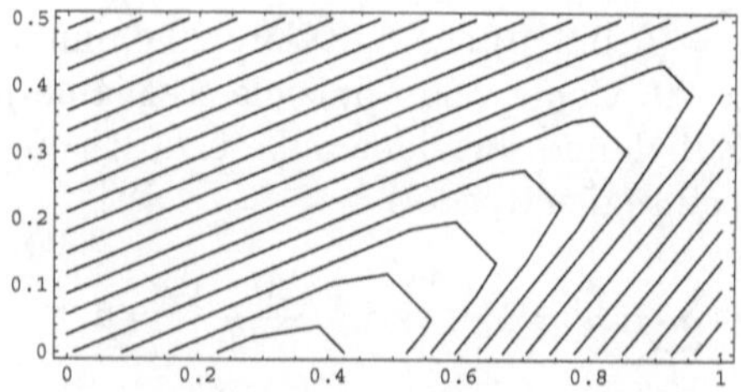

Figura 26.1.

devono essere non negative, dalla figura si può vedere che l'ottimo duale vale $\hat{\lambda}_1 = 1/3$, $\hat{\lambda}_2 = 0$.
Si può verificare che

$$L_a(\hat{\lambda}) = -\frac{10}{3} + 5 + \frac{11}{3} + 7 + 6 = 18 + \frac{1}{3}$$

e quindi si trova l'eguaglianza fra il valore ottimo rilassato di (26.8) e il valore ottimo duale di $L_a(\lambda)$. Si tratta di un caso di scarto di dualità nullo. Quindi possiamo ottenere dal duale l'informazione necessaria per calcolare le variabili primali ottime. A questo fine bisogna considerare il Teorema 26.1. La prima delle tre condizioni dice che l'ottimo primale va cercato fra quelle soluzioni che minimizzano la funzione Lagrangiana per il valore $\hat{\lambda}$. Queste sono

$$\hat{x}_{11} = 0,\ \hat{x}_{12} = 1,\ \hat{x}_{21} = 1,\ \hat{x}_{22} = 0,\ \hat{x}_{31} = 1,\ \hat{x}_{32} = 0,\ \hat{x}_{41} = \alpha,\ \hat{x}_{42} = 1 - \alpha$$

per un qualsiasi $0 \leq \alpha \leq 1$. La molteplicità di valori per il lavoro numero 4 è dovuta al fatto che il quarto dei minimi di (26.9) ha entrambi i termini uguali e quindi qualsiasi soluzione tale che $x_{41} + x_{42} = 1$ minimizza il Lagrangiano. La seconda condizione del Teorema 26.1 impone che il primo vincolo di capacità sia soddisfatto in eguaglianza, cioè

$$4\,\hat{x}_{11} + 2\,\hat{x}_{21} + 6\,\hat{x}_{31} + 3\,\hat{x}_{41} = 2 + 6 + 3\,\alpha = 10$$

da cui $\alpha = 2/3$ e allora $\hat{x}_{41} = 2/3$, $\hat{x}_{42} = 1/3$. Questa è effettivamente la soluzione che si ottiene risolvendo il rilassamento di (26.8).

Valutiamo ora $L_b(\mu)$. Si tratta di calcolare

$$L_b(\mu) = \mu_1 + \mu_2 + \mu_3 + \mu_4 - K_1(\mu_1 - 4, \mu_2 - 3, \mu_3 - 5, \mu_4 - 5) -$$

$$K_2(\mu_1 - 5, \mu_2 - 4, \mu_3 - 8, \mu_4 - 6)$$

Fissati dei valori μ_i bisogna calcolare due PZ01. Per trovare l'ottimo duale ci limitiamo a illustrare brevemente come applicare la procedura (26.4)–(26.7) descritta precedentemente. Inizialmente dobbiamo stabilire la stima $\tilde{d}$. Ad esempio possiamo calcolare la stima basandoci sul valore di una soluzione nota trovata in modo euristico. Ad esempio possiamo scegliere la soluzione

$x_1 = (1,1,0,1)$ e $x_2 = (0,0,1,0)$ che ha valore 20 e quindi come prima stima usiamo il valore $\tilde{d} = 20$. Come valore iniziale scegliamo $\mu_i = 0$. Con questo valore di μ i due PZ01 danno soluzione nulla e $L(0) = 0$, per cui l'iterazione (26.4)–(26.7) fornisce i seguenti valori:

$$v_k = 1 - \sum_j x_{jk} = 1, \qquad \alpha = \frac{20-0}{4} = 5, \qquad \mu_k = 5$$

Con il nuovo valore di μ il primo PZ01 dà soluzione $(1,1,0,0)$ e il secondo $(0,1,0,0)$ con $L(\mu) = 16$, quindi si ottiene

$$v = (0,-1,1,1), \qquad \alpha = \frac{20-16}{3} = \frac{4}{3}, \qquad \mu = (5, \frac{11}{3}, \frac{19}{3}, \frac{19}{3})$$

Ripetendo l'iterazione si trovano come soluzioni dei PZ01 $(1,1,0,1)$ e $(0,0,0,1)$ con $L(\mu) = 18$, da cui

$$v = (0,0,1,-1), \qquad \alpha = \frac{20-18}{2} = 1, \qquad \mu = (5, \frac{11}{3}, \frac{12}{3}, \frac{16}{3})$$

Nelle successive iterazioni si trovano valori di μ alternanti fra due valori e si ottiene anche $L(\mu) = 18 + 1/3$. Il fatto che l'iterazione sia oscillante induce a pensare che la stima sia errata per eccesso. Quindi possiamo cambiare la stima in $\tilde{d} = 19$ (avendo trovato che $d \geq 18 + 1/3$ e sapendo che d deve essere intero, non abbiamo altra scelta). Con questa nuova stima si ottengono in poche iterazioni dei valori $L(\hat{\mu}) \approx 19$ e

$$\hat{\mu}_1 \approx 5, \quad \hat{\mu}_2 \approx 4, \quad \hat{\mu}_3 \approx 7, \quad \hat{\mu}_4 \approx 6$$

Per provare che i valori arrotondati sono proprio l'ottimo possiamo applicare il Teorema 26.1 e vedere se le condizioni possono essere soddisfatte (se lo sono si tratta dell'ottimo, ma se non lo sono non si può trarre nessuna conclusione, in quanto le condizioni sono solo sufficienti). Con questo valore di $\hat{\mu}$ i due PZ01 sono

$$\begin{aligned} \max \quad & x_{11} + x_{21} + 2\,x_{31} + x_{41} \\ & 4\,x_{11} + 2\,x_{21} + 6\,x_{31} + 3\,x_{41} \leq 10 \end{aligned}$$

e

$$\begin{aligned} \max \quad & - x_{32} \\ & 6\,x_{12} + 3\,x_{22} + 7\,x_{32} + 4\,x_{42} \leq 12 \end{aligned}$$

Il valore ottimo del primo PZ01 vale 3 con quattro ottimi alternativi, cioè

$$(1,1,0,1), \quad (1,0,1,0), \quad (0,1,1,0), \quad (0,0,1,1) \tag{26.10}$$

Il secondo PZ01 impone solo $x_{32} = 0$, le altre variabili sono libere purché ammissibili e quindi si hanno i seguenti sette ottimi alternativi

$$(0,0,0,0),\ (0,0,0,1),\ (0,1,0,0),\ (0,1,0,1),\ (1,0,0,0),\ (1,0,0,1),\ (1,1,0,0) \tag{26.11}$$

In totale si hanno allora $4 \cdot 7 = 28$ ottimi alternativi. Di questi, i seguenti tre sono ammissibili per il vincolo esplicito di assegnamento.

$$\begin{pmatrix} 1 & 0 & 1 & 0 \\ 0 & 1 & 0 & 1 \end{pmatrix}, \quad \begin{pmatrix} 0 & 1 & 1 & 0 \\ 1 & 0 & 0 & 1 \end{pmatrix}, \quad \begin{pmatrix} 0 & 0 & 1 & 1 \\ 1 & 1 & 0 & 0 \end{pmatrix}$$

e in base al Teorema 26.1 sono ottimi.

Il fatto di avere trovato gli ottimi primali tramite il problema duale non deve però trarre in inganno. Si tratta di una circostanza fortunata dovuta alla dimensione ridotta dell'istanza. Normalmente c'è scarto di dualità fra primale e duale e quindi fra le soluzioni primali che soddisfano la relazione $L(x, \hat{\lambda}) = L(\hat{\lambda})$ non si trova nessuna soluzione ammissibile per il vincolo esplicito. Tuttavia, come già sottolineato, il motivo per cui è utile affrontare il problema dell'assegnamento generalizzato tramite la funzione duale L_b, è perché si ottengono limitazioni inferiori migliori di quelle ottenute tramite il rilassamento d'interezza.

Esempio 26.3.

Era stato detto in Sez. 17.8 che la risoluzione dei problemi di copertura d'insiemi tramite il rilassamento d'interezza, se a grandi dimensioni, può essere problematica, in quanto la grandezza della matrice dei vincoli può rallentare in modo proibitivo il calcolo, se non addirittura rendere impossibile il calcolo per mancanza di memoria. Ripetiamo la formulazione del problema di copertura d'insiemi pesati

$$\begin{aligned} \min\; & c\,x \\ & A\,x \geq \mathbf{1} \\ & x \in \{0,1\}^n \end{aligned}$$

Per costruire la funzione Lagrangiana consideriamo vincolo implicito il vincolo $x \in \{0,1\}^n$, per cui si ha

$$L(\lambda) = \min_{x \in \{0,1\}^n} \sum_j c_j\, x_j + \sum_i \lambda_i\, (1 - \sum_j a_{ij}\, x_j) =$$

$$\sum_i \lambda_i + \min_{x \in \{0,1\}^n} \sum_j (c_j - \sum_i \lambda_i\, a_{ij})\, x_j = \sum_i \lambda_i + \sum_j \min_{x_j \in \{0,1\}} (c_j - \sum_i \lambda_i\, a_{ij})\, x_j =$$

Il calcolo della funzione duale è immediato. Infatti se $c_j - \sum_i \lambda_i\, a_{ij} > 0$ allora $\hat{x}_j = 0$, se $c_j - \sum_i \lambda_i\, a_{ij} < 0$ allora $\hat{x}_j = 1$, mentre se $c_j - \sum_i \lambda_i\, a_{ij} = 0$, $\hat{x}_j \in \{0,1\}$. Allora

$$L(\lambda) = \sum_i \lambda_i + \sum_j \min \left\{ c_j - \sum_i \lambda_i\, a_{ij}\, ;\, 0 \right\}$$

Si noti che la funzione duale avrebbe avuto lo stesso valore se applicata al rilassamento del problema. Quindi vale la proprietà d'interezza. In questo caso il calcolo della limitazione inferiore è più rapido tramite il duale Lagrangiano che non risolvendo il rilassamento LP.

Si consideri la seguente istanza, dove la prima riga è la numerazione delle colonne, la seconda sono i costi e tutto il resto è la matrice del problema. Ovviamente non si tratta di un'istanza a grandi dimensioni. Per esigenze di esposizione si è dovuto usare un'istanza molto piccola, tanto che la risoluzione come LP è molto rapida e il rilassamento già produce una soluzione intera. Ma operiamo come se tutto questo non si sapesse.

1	2	3	4	5	6	7	8	9	10	11	12	13	14	15	16	17	18	19	20	21	22	23	24	25	26	27	28	29	30
60	42	22	1	63	44	81	19	91	62	95	45	24	15	90	77	35	41	58	10	27	44	55	51	77	41	26	94	92	61
0	0	0	1	0	0	0	0	1	0	0	0	0	1	0	0	0	1	0	0	0	0	0	0	0	0	0	1	0	0
1	1	0	0	0	0	0	1	0	0	0	0	0	0	0	0	1	0	0	0	0	0	0	0	1	0	1	1	0	0
0	1	0	1	0	1	0	0	0	0	0	0	0	0	0	0	1	0	0	0	1	0	0	1	0	0	0	1	0	0
1	0	1	1	0	1	0	0	0	0	0	0	0	0	0	0	0	0	0	0	0	0	0	0	0	1	1	0	0	0
0	0	0	0	0	1	1	0	0	1	0	1	0	0	1	1	1	0	0	1	0	0	1	1	0	0	0	0	0	0
0	0	0	0	0	0	0	0	0	1	1	0	0	1	1	0	0	0	0	1	0	0	0	0	1	0	0	0	0	1
0	1	0	1	0	0	1	1	0	0	0	1	0	0	0	0	0	0	1	1	0	1	0	0	1	1	0	0	0	0
1	0	0	1	0	0	0	0	0	0	0	0	0	0	0	0	0	0	0	0	0	0	0	0	0	0	0	1	0	0
0	0	0	0	1	0	0	0	0	0	0	0	0	0	1	0	1	0	0	0	0	0	0	1	0	1	1	0	1	0
0	1	0	0	0	1	0	0	0	0	0	0	0	0	0	0	0	0	0	0	1	0	0	1	1	0	1	0	0	0
1	1	0	0	0	0	0	0	0	1	0	0	0	0	0	0	0	0	0	0	1	0	0	0	1	0	0	0	0	1
0	1	0	1	1	0	0	0	0	0	0	0	0	0	0	0	0	0	0	0	1	0	0	0	0	0	0	0	0	0
0	0	1	0	0	0	0	0	0	0	1	0	0	1	0	0	0	0	0	1	0	0	0	1	0	0	0	0	0	0
0	1	1	0	0	0	0	0	1	0	0	0	0	0	0	1	0	0	0	0	1	0	0	1	0	0	0	0	0	0
1	0	0	0	0	0	0	0	0	0	0	1	0	0	0	0	0	1	0	0	0	0	1	0	0	0	0	0	0	0

Per massimizzare la funzione duale si usa l'iterazione (26.4)-(26.7). Siccome l'iterazione ha bisogno di un valore che sia una stima dell'ottimo, usiamo una limitazione superiore dell'ottimo data un'euristica. Come euristica adottiamo la stessa euristica vista in Sez. 7.3 per il problema della copertura nodi. Per ogni sottoinsieme si consideri il rapporto fra la cardinalità del sottoinsieme e il suo costo. Più elevato è questo rapporto, tanto migliore è la copertura che il sottoinsieme può fornire all'insieme di base. Allora l'euristica inserisce nella soluzione il sottoinsieme cha ha il massimo rapporto. A questo punto si rimuovono dalla matrice le righe coperte dal sottoinsieme e si procede ricorsivamente finché tutte le righe sono coperte. Con questo algoritmo si ottengono in successione i seguenti sottoinsiemi (fra parentesi è indicato il rapporto cardinalità /costo)

$$4\,(6),\quad 20\,(\frac{3}{10}),\quad 2\,(\frac{2}{21}),\quad 13\,(\frac{1}{24}),\quad 27\,(\frac{1}{26})$$

Il costo di questa copertura è 103. Inserendo il valore $\tilde{d} = 103$ in (26.5) si ottiene la seguente successione di valori per $L(\lambda)$ (inziando con $\lambda = 0$):

0, 33.67, 59.07, 44.91, 74.87, 86.83, 86.12, 92.30, 83.79, 92.00,

94.37, 95.89, 96.67, 97.05, 90.85, 93.54, 99.99, 99.90, 100.94, 98.76,

100.47, 101.36, 100.67, 101.60, 101.39, 100.52, 101.88, 102.21

Arrivati al valore 102.21 l'iterazione può interrompersi. Sapendo che esiste una soluzione di valore 103 e che la limitazione inferiore vale $\lceil 102.21 \rceil = 103$, possiamo concludere che la soluzione prodotta dall'euristica è proprio l'ottimo.

Per problemi più grandi la situazione non è però così favorevole. Per rendere più efficiente il calcolo è stato proposto in [35] un algoritmo che, oltre a risolvere il problema con una tecnica Lagrangiana, sfrutta l'informazione che proviene dal Lagrangiano per trovare soluzioni. In particolare il costo $c_j - \sum_i \lambda_i \, a_{ij}$ viene usato come peso per generare soluzioni in modo euristico. Si noti che il termine $\sum_i \lambda_i \, a_{ij}$ calcola una cardinalità 'pesata' del sottoinsieme j tramite le variabili duali, e, in modo non molto diverso dall'euristica precedente, si privilegia la massima differenza fra $\sum_i \lambda_i \, a_{ij}$ e c_j (mentre prima si privilegiava il massimo rapporto con cardinalità non pesata).

È stato notato in [35] che non c'è molta correlazione fra il valore $L(\lambda)$ e il valore della soluzione euristica prodotta da λ anche se si tratta di valori duali prossimi all'ottimo. Tuttavia, producendo molte soluzioni duali vicine all'ottimo e quindi producendo molte soluzioni, fra queste ce ne sono anche di elevata qualità.

Infine tutta questa informazione serve a fissare alcuni sottoinsiemi come facenti parte della copertura con alta probabilità. Fissati alcuni sottoinsiemi il problema viene automaticamente ridotto di dimensione e quindi si può risolvere ciò che rimane con le normali tecniche di PL01. ∎

Esempio 26.4.

Una delle motivazioni più forti per adottare delle tecniche Lagrangiane si ha in tutti quei casi in cui il problema consiste in molti sottoproblemi indipendenti, legati fra loro da qualche vincolo. Eliminando questi vincoli i problemi diventerebbero del tutto indipendenti e quindi potrebbero essere risolti separatamente. È quindi naturale considerare come vincolo esplicito il vincolo comune a tutti i sottoproblemi. Il problema viene allora decomposto e il ruolo dei moltiplicatori del vincolo comune ha il ruolo del prezzo migliore da assegnare al vincolo comune in modo che ogni sottoproblema usi il vincolo in modo globalmente ammissibile. Questa tecnica prende il nome anche di decomposizione di Dantzig-Wolfe [51].

Per esemplificare la situazione si riconsideri un problema multiflusso (si riveda la Sez. 11.4), dove il vincolo comune è dato dal vincolo di capacità che deve essere condivisa da tutti i flussi. La funzione Lagrangiana diventa allora

$$\sum_k \sum_e d_e \, |f_e^k| + \sum_e \lambda_e \, (\sum_k |f_e^k| - c_e)$$

e la funzione duale è definita da

$$L(\lambda) = -\sum_e \lambda_e\, c_e + \sum_k \min_{f^k}(d_e + \lambda_e)\, |f_e^k| \tag{26.12}$$

dove ogni flusso f^k deve obbedire ai vincoli di conservazione del flusso nei nodi di passaggio e ai vincoli nei nodi sorgente e destinazione. Essendo sparito il vincolo di capacità i minimi che compaiono in (26.12) sono dei cammini minimi con costi degli archi $(d_e + \lambda_e)$. Si può notare la profonda analogia fra questo metodo e il metodo a generazione di colonne esposto in Sez. 11.4. In entrambi i casi si itera calcolando cammini minimi sulla base di costi modificati tramite le variabili duali. Ciò che è diverso è il modo con cui viene calcolata ad ogni iterazione la variabile duale.

26.3 Lagrangiani e generazione di colonne

Esaminiamo più a fondo la relazione fra tecniche Lagrangiane e tecniche di generazione di colonne accennata nel precedente esempio. Si supponga che il problema da risolvere sia

$$\begin{aligned} \min\ & c\,x \\ & A\,x \geq b \\ & x \in X \end{aligned} \tag{26.13}$$

dove X è un insieme finito, ma di cardinalità esponenziale nei dati del problema. Affrontando (26.13) con una tecnica Lagrangiana si ha

$$L(\lambda) = \min_{x \in X} c\,x + \lambda\,(b - A\,x) = \lambda\,b + \min_{x \in X}(c - \lambda\,A)\,x = \lambda\,b + \min_{x \in X}(c_x - \lambda\,A_x)$$

dove si è posto $c_x := c\,x$ e $A_x := A\,x$. Supponiamo che il calcolo del minimo del Lagrangiano si possa effettuare in modo algoritmico, senza ovviamente valutare il Lagrangiano esplicitamente per tutti i valori $x \in X$. Il problema duale $\max_{\lambda \geq 0} L(\lambda)$ può anche essere scritto come

$$\begin{aligned} \max\ & \lambda\,b + L \\ & L \leq c_x - \lambda\,A_x \qquad x \in X \\ & \lambda \geq 0 \end{aligned} \tag{26.14}$$

Le variabili in (26.14) sono L (singola variabile) e λ (vettore). I vincoli in (26.14) sono tanti quanti i valori in X (oltre alla non negatività di λ).

Ora riscriviamo (26.13) pensando di rappresentare ogni soluzione $\bar{x} \in X$ come $\bar{x} = \sum_{x \in X} \alpha_x\, x$, $\sum_{x \in X} \alpha_x = 1$, $\alpha_x \in \{0,1\}$. Si vede da queste espressioni che, di tutti gli α_x, solo uno può essere uguale a 1, mentre gli altri sono tutti nulli e quindi nella sommatoria si ha banalmente che $\bar{x}$ è proprio uguale a quel x che ha coefficiente $\alpha_x = 1$. Allora (26.13) diventa

$$\begin{aligned}
\min \quad & \sum_{x \in X} c_x \, \alpha_x \\
& \sum_{x \in X} A_x \, \alpha_x \geq b \\
& \sum_{x \in X} \alpha_x \quad = 1 \\
& \alpha_x \in \{0, 1\}
\end{aligned} \tag{26.15}$$

Il problema (26.15) rilassato (semplicemente con $\alpha \geq 0$) può essere risolto tramite generazione di colonne. Indicando con λ e L le variabili duali di (26.15) i vincoli duali sono

$$\lambda \, A_x + L \leq c_x \qquad x \in X$$

per cui la violazione dei vincoli duali per assegnate variabili L e λ si effettua risolvendo il problema

$$\min_{x \in X} c_x - \lambda \, A_x \tag{26.16}$$

cioè lo stesso problema che si deve risolvere per calcolare $L(\lambda)$. Inoltre si verifica immediatamente che (26.14) e (26.15) rilassato sono una coppia di problemi primale-duale, da cui si vede che i due valori ottimi devono coincidere.

Entrambi i metodi calcolano una soluzione $x \in X$ a partire da valori noti L e λ risolvendo (26.16). Diverso è l'uso che si fa di questa soluzione.

Nella generazione di colonne la soluzione viene usata per generare una nuova colonna da aggiungere al master problem e da questo ottenere nuovi valori di L e λ.

Nelle tecniche Lagrangiane, essendo $L(\lambda)$ concava, si cerca di modificare λ in modo da aumentare $L(\lambda)$. L'informazione utile su come modificare λ proviene dai vettori $b - A_x$ calcolati per tutti gli x che minimizzano (26.16). Questo non è semplice in generale, in quanto normalmente si conosce solo uno degli eventuali diversi minimi di (26.16). Tuttavia si può usare il metodo del subgradiente (iterazioni (26.4)–(26.7)) che permette di trovare delle soluzioni vicine all'ottimo, senza però garanzia di raggiungerlo.

Per scegliere un metodo si tratta di valutare quale comporti un minore sforzo computazionale, al di là della risoluzione di (26.16) che entrambi devono eseguire. Nella generazione di colonne è richiesta la risoluzione di un problema di PL ad ogni passo. Normalmente sono richieste poche iterazioni del metodo del simplesso perché, una volta aggiunta una colonna, non si risolve da zero, ma partendo dalla soluzione precedente. Però se il numero di righe di A è molto elevato il calcolo potrebbe essere notevolmente rallentato.

Nelle tecniche Lagrangiane la dimensione di A ha un ruolo minore ma ciò che potrebbe rallentare il calcolo è la convergenza non veloce dei valori λ verso l'ottimo. In generale si tratta di valutare caso per caso.

Esempio 26.5.

Il problema dell'impaccamento in contenitori è un esempio significativo per illustrare la relazione fra le due tecniche. In Sez.17.3 si era modellato il problema come un problema di PLI e si era anche fatto notare come il modello fosse molto poco efficiente. Il modello, che qui ripetiamo, è

$$\begin{aligned} \min \ & \sum_j y_j \\ & \sum_j x_{ij} = b_i \qquad i \in [m] \\ & \sum_i w_i\, x_{ij} \le K\, y_j \qquad j \in [n] \\ & y_j \in \{0,1\} \quad x_{ij} \ge 0 \text{ intero} \end{aligned} \tag{26.17}$$

L'analisi che stiamo per fare non è molto diversa dall'esempio dell'assegnamento generalizzato, quindi alcune questioni probabilmente sembreranno ripetute. Si ponga $\sum_j x_{ij} = b_i$, per ogni i, come vincolo esplicito. Allora il vincolo implicito è dato da tutti i valori $x_{ij} \ge 0$ e interi e $y_j \in \{0,1\}$ tali che $\sum_i w_i\, x_{ij} \le K\, y_j$. Nell'espressione del vincolo non c'è dipendenza nei dati dall'indice j, per cui si tratta in realtà dello stesso vincolo ripetuto n volte. Quindi possiamo semplificare la notazione togliendo l'indice j. Inoltre, siccome $y \in \{0,1\}$, possiamo valutare i due casi separatamente. Se $y = 0$, necessariamente $x_i = 0$ per ogni i. Se invece $y = 1$ allora i valori x_i ammissibili sono tutte le soluzioni ammissibili di un PZI con pesi w_i e capacità K. Indichiamo con X questo insieme. Quindi l'insieme di coppie (x, y) ammissibili è $(0,0) \cup \{(x,1) : x \in X\}$. Allora:

$$L(\lambda) = \sum_i b_i\, \lambda_i + \min \Big\{ \sum_j (y - \sum_i \lambda_i x_i) : (x,y) \in (0,0) \cup \{(x,1) : x \in X\} \Big\} =$$

$$= \sum_i b_i\, \lambda_i - n \max \Big\{ (\sum_i \lambda_i x_i - y) : (x,y) \in (0,0) \cup \{(x,1) : x \in X\}) \Big\} =$$

$$\sum_i b_i\, \lambda_i - n \max \Big\{ 0 \,,\, \max_{x \in X} \sum_i \lambda_i\, x_i - 1 \Big\}$$

Se il valore ottimo del PZI è maggiore di 1 allora il minimo è dato dalla scelta $y = 1$ e x_i soluzione del PZI. Questo corrisponde a generare uno schema di riempimento, esattamente come nel caso di generazione di colonne. Il successivo valore di λ per poter effettuare un'altra valutazione di $L(\lambda)$ viene calcolato con una tecnica diversa che non l'iterazione del simplesso per la generazione di colonne.

Quindi la tecnica Lagrangiana produce la stessa limitazione inferiore della generazione di colonne. Questo risultato può sorprendere perché per la costruzione del Lagrangiano siamo partiti dal modello (26.17), inefficiente rispetto alla generazione di colonne. Il fatto è che il modello (26.17) è inefficiente a causa del suo rilassamento d'interezza che produce una cattiva limitazione inferiore. Quando invece si costruisce il Lagrangiano è come se si rilassassero parzialmente le variabili. Quelle presenti nel vincolo implicito non vengono rilassate, ed è questo il motivo per cui l'applicazione della tecnica Lagrangiana aumenta l'efficienza del modello, mentre quelle che compaiono nel vincolo esplicito vengono rilassate. Infatti, se non esistono soluzioni che soddisfino il Teorema 26.1, esistono però loro combinazioni convesse che lo soddisfano. Anche questa combinazione convessa è una forma di rilassamento, ma meno ampia di quanto sia rilassare le singole variabili. ∎

Esempio 26.6.

Le tecniche Lagrangiane sono anche molto affini alle tecniche di generazione di righe. Si riconsideri il modello di TSP visto nella Sez. 16.2, che qui riscriviamo con le diseguaglianze di sottocircuito nell'altra forma equivalente (si veda la discussione in Sez. 16.10)

$$
\begin{aligned}
\min \quad & \sum_{e \in E} c_e x_e \\
& \sum_{e \in \delta(i)} x_e = 2 && i \in N \\
& \sum_{e \in E()S} x_e \leq |S| - 1 && S \subset N,\ 3 \leq |S| < |N| \\
& x_e \in \{0,1\}
\end{aligned}
\tag{26.18}
$$

Possiamo aggiungere a (26.18) il vincolo $\sum_{e \in E} x_e = n$, che è ridondante in quanto implicato dal vincolo di grado 2 in ogni nodo. Tuttavia, nel momento in cui si separano i vincoli in impliciti ed espliciti e quelli espliciti entrano nella funzione obiettivo, si perde l'implicazione e quindi il vincolo non è più ridondante, ma può invece utilmente restringere l'insieme ammissibile.

Inoltre separiamo i vincoli di grado. Il vincolo sul nodo 1 viene considerato implicito e i vincoli su tutti gli altri nodi sono espliciti. Infine notiamo che possiamo togliere dall'elenco degli insiemi S tutti quelli che contengono il nodo 1 senza per questo aggiungere soluzioni inammissibili. Infatti, dato un qualsiasi insieme di sottocircuiti, uno di questi non contiene il nodo 1 e quindi l'insieme S indotto da questo sottocircuito rende inammissibile una soluzione corrispondente ad un insieme di sottocircuiti. Quindi

$$
X = \Big\{ x \in \{0,1\}^{|E|} : \sum_{e \in E(S)} x_e \leq |S| - 1, S \subset N, 3 \leq |S| < |N|, 1 \notin S; \\
\sum_{e \in E} x_e = n; \sum_{e \in \delta(1)} x_e = 2 \Big\}
$$

Associamo al vincolo di grado per il nodo i la variabile duale λ_i. Per comodità notazionale definiamo anche una variabile duale λ_1, che in realtà non dovrebbe esistere perché non abbiamo inserito il vincolo esplicito per il nodo 1, e che fissiamo al valore 0. La funzione duale è allora:

$$L(\lambda) = 2 \sum_i \lambda_i + \min_{x \in X} \sum_{(ij) \in E} (c_{ij} - \lambda_i - \lambda_j)\, x_{ij}$$

Il problema di minimo per il calcolo della funzione duale non è difficile. L'insieme X contiene insiemi di archi che sono alberi di supporto sui nodi da 2 a n, più due archi incidenti nel nodo 1, e quindi si tratta essenzialmente di risolvere un problema di MST. Siccome i vertici del poliedro X sono interi, si ottiene la stessa funzione duale sia con variabili x intere che rilassate. Questo significa che il massimo di $L(\lambda)$ coincide con il massimo di (26.18) rilassato.

Come già detto, l'approccio di risolvere un TSP tramite questa tecnica Lagrangiana fu il primo metodo che permettesse di risolvere problemi con qualche centinaio di nodi [106, 107]. Tale metodo divenne obsoleto con lo sviluppo delle tecniche branch-and-cut. Infatti l'ottimo del problema rilassato si raggiunge più facilmente aggiungendo tagli di sottocircuito piuttosto che non massimizzando la funzione duale. Inoltre esistono anche altre tipi di disegua- glianze da aggiungere a quelle di sottocircuito che rendono superiori i metodi branch-and-cut. ∎

26.4 Programmazione non lineare

Si esamini il problema

$$\begin{aligned} \min \quad & \frac{1}{2} x^\top Q\, x - c^\top x \\ & A\, x = b \end{aligned} \tag{26.19}$$

dove Q è una matrice positiva definita. Le tecniche Lagrangiane sono lo strumento migliore per affrontare questo tipo di problemi. Allora si ha

$$L(\mu) = \min_x \frac{1}{2}\, x^\top Q\, x - c^\top x + \mu^\top (A\, x - b)$$

La minimizzazione viene effettuata per delle variabili svincolate. Quindi si può derivare e porre uguale a zero ogni derivata. Si ottiene

$$Q\, x + A^\top \mu = c$$

Aggiungendo il vincolo si ottiene il sistema lineare

$$\begin{pmatrix} Q & A^\top \\ A & \mathbf{0} \end{pmatrix} \begin{pmatrix} x \\ \mu \end{pmatrix} = \begin{pmatrix} c \\ b \end{pmatrix} \tag{26.20}$$

che fornisce sia la soluzione primale che quella duale. Come semplice esempio si considerino i seguenti dati:

$$Q = \begin{pmatrix} 2 & -1 \\ -1 & 3 \end{pmatrix}, \qquad c = (2 \quad 1), \qquad A = (1 \quad 1), \qquad b = 1$$

Allora (26.20) è

$$\begin{aligned} 2\,x_1 - x_2 + \mu &= 2 \\ -\,x_1 + 3\,x_2 + \mu &= 1 \\ x_1 + x_2 &= 1 \end{aligned}$$

la cui soluzione è $x_1 = 5/7$, $x_2 = 2/7$, $\mu = 6/7$. In Fig. 26.2 si vedono le linee di livello della funzione obiettivo (ellissi) e il segmento che corrisponde all'insieme ammissibile (o meglio a quella parte visibile in figura). L'ottimo è il punto in cui c'è tangenza fra la retta e una delle ellissi.

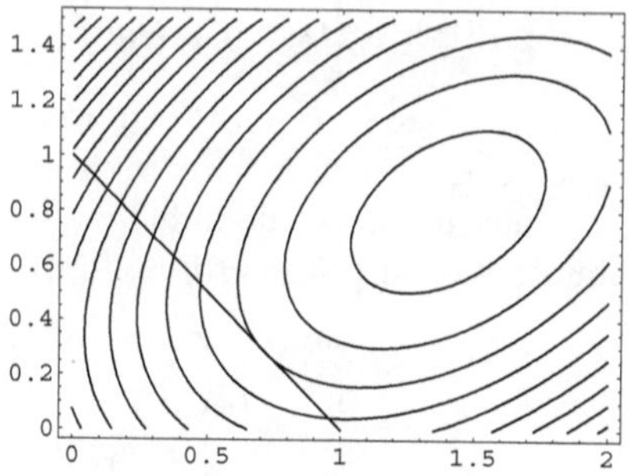

Figura 26.2.

Il modello (26.19) si può applicare anche a funzioni obiettivo che non siano quadratiche e a vincoli che non siano lineari, purché si conoscano delle soluzioni, non necessariamente ammissibili, abbastanza vicine all'ottimo. Infatti ogni funzione sufficientemente differenziabile può essere approssimata con le derivate di primo e secondo ordine. Si supponga allora che il problema da risolvere sia

$$\begin{aligned} \min \quad & f(x) \\ & g(x) = 0 \end{aligned} \tag{26.21}$$

con $f : \mathbb{R}^n \to \mathbb{R}$ e $g : \mathbb{R}^n \to \mathbb{R}^m$. Sia x^0 un punto noto. Allora f è approssimabile in un intorno di x^0 da

$$f(x) \approx f(x^0) + Df(x^0)\,(x - x^0) + \frac{1}{2}\,(x - x^0)^\top D^2 f(x^0)\,(x - x^0)$$

e g da

$$g(x) \approx g(x^0) + Dg(x^0)\,(x - x^0) + \frac{1}{2}\,(x - x^0)^\top D^2 g(x^0)\,(x - x^0)$$

dove $Df(x^0)$, $D^2f(x^0)$ e $Dg(x^0)$ sono rispettivamente il gradiente di f, l'Hessiano di f, lo Jacobiano di g, tutti calcolati nel punto x^0. Inoltre con $D^2g(x^0)$ si indica in modo sintetico il 'vettore' degli Hessiani delle funzioni g_i calcolati nel punto x^0. Quindi anziché risolvere (26.21) possiamo risolvere il seguente problema approssimato

$$\begin{aligned} \min \quad & \frac{1}{2}\, h^\top D^2 f(x^0)\, h + Df(x^0)\, h \\ & Dg(x^0)\, h + \frac{1}{2}\, h^\top D^2 g(x^0)\, h = -g(x^0) \end{aligned} \tag{26.22}$$

dove $h = x - x^0$. La funzione duale di (26.22) è

$$L(\mu) = \min_h \frac{1}{2}\, h^\top D^2 f(x^0)\, h + Df(x^0)\, h + \mu^\top Dg(x^0)\, h + \frac{1}{2}\, h^\top \mu\, D^2 g(x^0)\, h$$

da cui derivando e uguagliando a zero si ottiene:

$$(D^2 f(x^0) + \mu\, D^2 g(x^0))\, h + Df(x^0) + Dg(x^0)^\top \mu = 0 \tag{26.23}$$

L'espressione (26.23) non è lineare in h e μ. Per poter affrontare il problema risolvendo un sistema lineare come nel caso precedente decidiamo di usare nell'espressione $\mu\, D^2 g(x^0)$ una stima di μ, che indichiamo con μ^0. Allora (26.23) più il vincolo, approssimato solo al primo ordine, forniscono il sistema:

$$\begin{pmatrix} (D^2 f(x^0) + \mu^0\, D^2 g(x^0)) & Dg(x^0)^\top \\ Dg(x^0) & \mathbf{0} \end{pmatrix} \begin{pmatrix} h \\ \mu \end{pmatrix} = - \begin{pmatrix} Df(x^0) \\ g(x^0) \end{pmatrix} \tag{26.24}$$

Poi si pone $x^1 = x^0 + h$ e $\mu^1 = \mu$. Se f fosse una funzione quadratica e g fosse lineare, x^1 e μ^1 sarebbero la soluzione di (26.21), come è immediato verificare. Se però f e g non soddisfano entrambe a questi requisiti, la soluzione x^1 e μ^1 sono soltanto un'approssimazione dell'ottimo, sperabilmente migliore di x^0 e μ^0, per cui possiamo ricalcolare (26.24) sostituendo x^1 ad x^0 e μ^1 a μ^0. Iterando in questo modo si ottiene una successione di punti $x^0, x^1, \ldots, x^k$ e $\mu^0, \mu^1, \ldots, \mu^k$.

Due sono le domande che ci si pone: le successioni convergono ai rispettivi ottimi? e, se sì, con che velocità? La risposta alla prima domanda è positiva solo se il punto iniziale è abbastanza vicino all'ottimo. In questo caso la velocita di convergenza è quadratica, cioè estremamente elevata. Naturalmente è indispensabile avere dei metodi che convergano agli ottimi. A questo fine bisogna modificare la lunghezza del passo d'iterazione. La cosa non è semplice e richiede di affrontare il problema con delle tecniche raffinate, la cui esposizione non può trovar luogo in questo testo. Si rinvia alla letteratura relativa [12, 18, 53, 75, 166].

Ci limitiamo ad un suggerimento molto semplice, che consiste nel ridurre la lunghezza del passo h di un fattore fissato. Quindi le variabili primali vengono modificate come $x^{k+1} := x^k + \alpha\, h$. Si guadagna in convergenza globale ma si perde in velocità di convergenza.

Esempio 26.7.

Si considerino le seguenti funzioni:

$$f(x_1, x_2) = x_1^2 x_2 - x_1 x_2^2, \qquad g(x_1, x_2) = (x_1 - 1)^3 + x_2^2 - 10$$

per le quali si ha

$$Df(x) = \begin{pmatrix} 2\,x_1\,x_2 - x_2^2 \\ x_1^2 - 2\,x_1\,x_2 \end{pmatrix}, \qquad D^2 f(x) = \begin{pmatrix} 2\,x_2 & 2\,(x_1 - x_2) \\ 2\,(x_1 - x_2) & -2\,x_1 \end{pmatrix}$$

$$Dg(x) = \begin{pmatrix} 3\,(x_1 - 1)^2 \\ 2\,x_2 \end{pmatrix}, \qquad D^2 g(x) = \begin{pmatrix} 6\,(x_1 - 1) & 0 \\ 0 & 2 \end{pmatrix}$$

In Fig. 26.3(a) si vedono le linee di livello di f (le tonalità di grigio si riferiscono ai valori di f, più scuro significa valori minori) e la curva determinata dal vincolo. In Fig. 26.3(b) si vede il grafico di $f(x_1(x_2), x_2)$, ovvero f valutata sull'insieme ammissibile, parametrizzato da x_2 (con $-5 \le x_2 \le 5$), dove $x_1(x_2)$ è la funzione implicita tale che $g(x_1(x_2), x_2) = 0$. Si vede che sull'insieme ammissibile f ha due minimi locali (di cui uno globale) e un massimo locale.

In Fig. 26.3(c) si vede l'iterazione con valori iniziali $x_1^0 = x_2^0 = 1$, $\mu^0 = 0$, e scelta del passo $\alpha = 1$. Le prime due iterazioni sono casuali, evidentemente i punti non si trovano all'interno della zona di convergenza. Per fortuna alla terza iterazione il punto entra nella zona di convergenza e successivamente le iterate si dirigono verso il minimo locale $\hat{x}_1 = 1.46023$, $\hat{x}_2 = 3.14684$ che viene raggiunto (già con 5 cifre significative corrette) all'ottava iterazione. In Fig. 26.3(d) si vede l'iterazione con valori iniziali $x_1^0 = x_2^0 = 0$, $\mu^0 = 0$, e scelta del passo $\alpha = 1$. L'iterazione converge, ma verso il massimo locale $\hat{x}_1 = 3.02593$, $\hat{x}_2 = 1.298$, anziché il minimo. Questo fatto non è in contrasto con la teoria, in quanto le condizioni che sono state ricavate si basano sulle derivate e quindi sono valide per punti stazionari, inclusi i massimi.

Nelle Fig. 26.3(e-f) si vede l'effetto di ridurre il passo. Sempre partendo da $x_1^0 = x_2^0 = 0$, $\mu^0 = 0$, ma con scelta del passo $\alpha = 0.1$ l'iterazione converge, più lentamente ma senza deviazioni, verso il minimo locale $\hat{x}_1 = 1.46023$, $\hat{x}_2 = 3.14684$. Partendo invece da $x_1^0 = 1$, $x_2^0 = -1$, $\mu^0 = 0$ e passo $\alpha = 0.1$ si raggiunge (con qualche 'esitazione' nelle iterazioni iniziali) l'altro minimo locale $\hat{x}_1 = 2.39543$, $\hat{x}_2 = -2.69839$. ∎

Esaminiamo ora la presenza di vincoli di diseguaglianza. Il problema quadratico è allora

$$\begin{aligned} \min \quad & \frac{1}{2}\,x^\top Q\,x - c^\top x \\ & A\,x \le b \end{aligned} \tag{26.25}$$

con Q positiva definita. Applicando il Teorema 26.1 si ha

$$L(\lambda) = \min_x \frac{1}{2}\,x^\top Q\,x - c^\top x + \lambda^\top (A\,x - b)$$

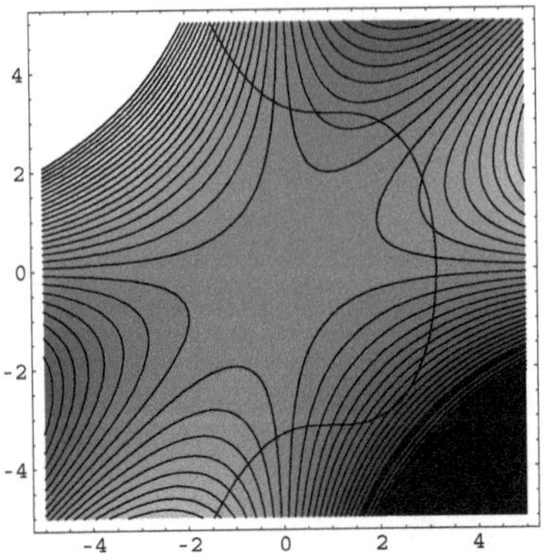

(**a**) linee di livello di $f(x)$ e $g(x) = 0$

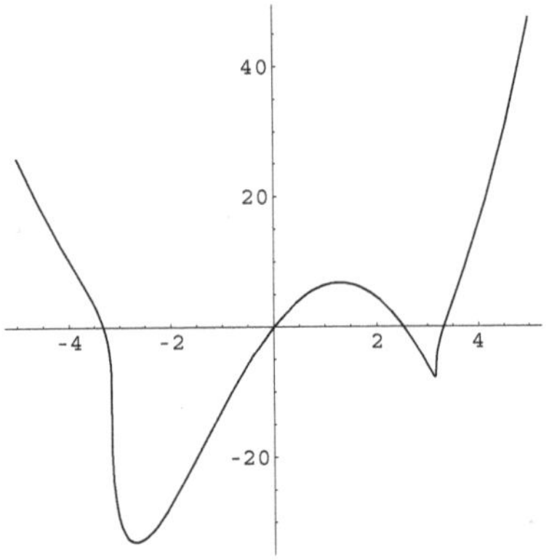

(**b**) grafico di $f(x_1(x_2), x_2)$

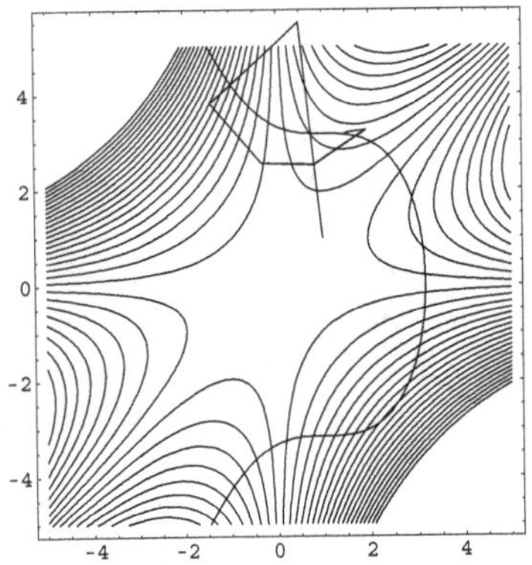

(**c**) $x_1^0 = x_2^0 = 1$, $\mu^0 = 0$, $\alpha = 1$

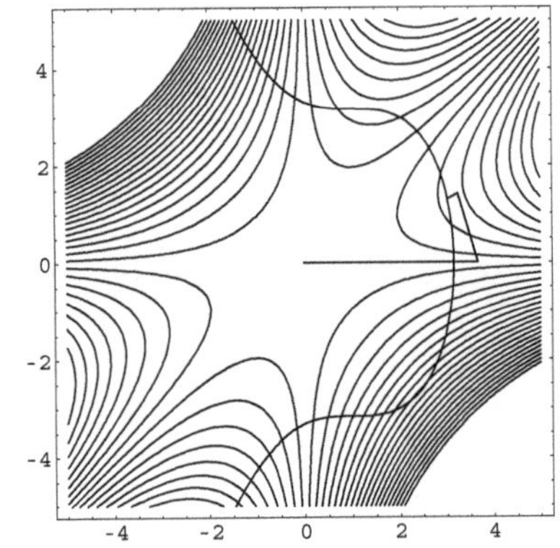

(**d**) $x_1^0 = x_2^0 = 0$, $\mu^0 = 0$, $\alpha = 1$

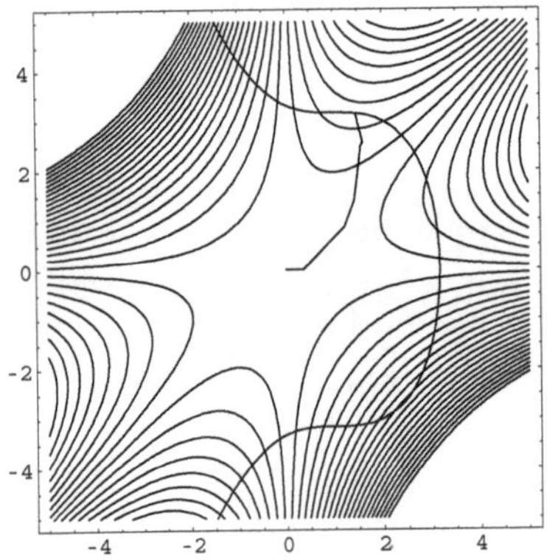

(**e**) $x_1^0 = x_2^0 = 0$, $\mu^0 = 0$, $\alpha = 0.1$

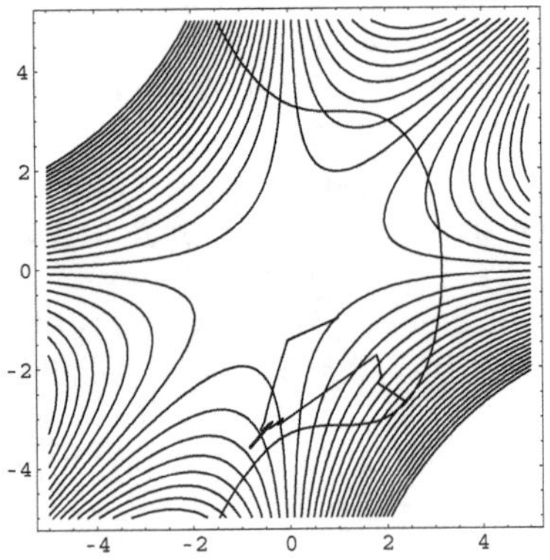

(**f**) $x_1^0 = 1$, $x_2^0 = -1$, $\mu^0 = 0$, $\alpha = 0.1$

Figura 26.3.

da cui

$$Q\,x + A^\top \lambda = c$$

come nel caso di vincoli di eguaglianza. Conviene a questo punto riscrivere $A\,x \leq b$ come $A\,x + s = b$, $s \geq 0$. Per cui si ha

$$\begin{pmatrix} Q & A^\top & 0 \\ A & \mathbf{0} & I \end{pmatrix} \begin{pmatrix} x \\ \lambda \\ s \end{pmatrix} = \begin{pmatrix} c \\ b \end{pmatrix}, \quad s \geq 0, \quad \lambda \geq 0, \quad s_i\,\lambda_i = 0, \quad i \in [m] \tag{26.26}$$

Si tratta di un sistema non lineare di $n+2\,m$ variabili in $n+2\,m$ equazioni, oltre al vincolo di non negatività per le variabili λ e s. I metodi ai punti interni [225] trovano una soluzione a questi vincoli in modo efficiente.

Si noti che quanto viene ora presentato è applicabile anche a problemi di PL, basta porre $Q = 0$. Questa tecnica di risoluzione detta *primale-duale*, alternativa al metodo del simplesso per risolvere problemi di PL, ha avuto negli anni '90 un grande sviluppo, tanto da essere competitiva con il metodo del simplesso e trovare anche applicazione in alcuni pacchetti commerciali.

I metodi ai punti interni risolvono le equazioni tramite il metodo di Newton. Tuttavia, siccome bisogna anche tenere conto del vincolo di non negatività, bisogna modificare le equazioni. In particolare le equazioni $s_i\,\lambda_i = 0$ vengono modificate in $s_i\,\lambda_i = \tau$, con $\tau > 0$ parametro da modificare durante l'iterazione. Lo Jacobiano delle equazioni è

$$\begin{pmatrix} Q & A^\top & \mathbf{0} \\ A & \mathbf{0} & I \\ \mathbf{0} & S & \Lambda \end{pmatrix}$$

dove $S = \operatorname{diag}\{s_i\}$ e $\Lambda = \operatorname{diag}\{\lambda_i\}$. Quindi l'incremento delle variabili ad ogni passo d'iterazione si effettua risolvendo il sistema lineare

$$\begin{pmatrix} Q & A^\top & \mathbf{0} \\ A & \mathbf{0} & I \\ 0 & S & \Lambda \end{pmatrix} \begin{pmatrix} \Delta x \\ \Delta \lambda \\ \Delta s \end{pmatrix} = \begin{pmatrix} c - Q\,x - A^\top \lambda \\ b - A\,x - s \\ \tau\,\mathbf{1} - S\,\Lambda\,\mathbf{1} \end{pmatrix} \tag{26.27}$$

La parte lineare dei vincoli viene soddisfatta già dopo un passo d'iterazione. Pochi altri passi servono a soddisfare la parte non lineare. Risolto il sistema per il valore corrente di τ, si riduce τ (ad esempio dimezzandolo) e si riprende l'iterazione.

Operando in questo modo c'è una buona garanzia che le variabili non negative si mantengano non negative durante tutta l'iterazione, per cui alla fine, quando τ è pressoché nullo le variabili soddisfano (26.26) e sono ottime.

τ	x_1	x_2	s	λ
*	0	0	1.	1.
2^5	-9.99999	-7.74999	18.75000	14.24999
2^4	-4.80749	-3.85562	9.66311	7.75936
2^3	-2.19699	-1.89774	5.09473	4.49624
2^2	-0.86894	-0.90171	2.77065	2.83618
2^1	-0.17376	-0.38032	1.55408	1.96720
2^0	0.20824	-0.09381	0.88556	1.48969
2^{-1}	0.42882	0.07162	0.49954	1.21396
2^{-2}	0.55849	0.16887	0.27263	1.05188
2^{-3}	0.63265	0.22448	0.14286	0.95918
2^{-4}	0.67278	0.25458	0.07263	0.90902
2^{-5}	0.69346	0.27009	0.03644	0.88317
2^{-6}	0.70386	0.27790	0.01822	0.87016
2^{-7}	0.70907	0.28180	0.00911	0.86365
2^{-8}	0.71168	0.28376	0.00455	0.86039
2^{-9}	0.71298	0.28473	0.00227	0.85877
2^{-10}	0.71363	0.28522	0.00113	0.85795
2^{-11}	0.71396	0.28547	0.00056	0.85754
2^{-12}	0.71412	0.28559	0.00028	0.85734
2^{-13}	0.71420	0.28565	0.00014	0.85724
2^{-14}	0.71424	0.28568	0.00007	0.85719
2^{-15}	0.71426	0.28569	0.00003	0.85716
2^{-16}	0.71427	0.28570	0.00001	0.85715
2^{-17}	0.71428	0.28571	0.00000	0.85714
2^{-18}	0.71428	0.28571	0.00000	0.85714

Tabella 26.1.

Esempio 26.8.

Si riconsideri il precedente piccolo esempio con

$$Q = \begin{pmatrix} 2 & -1 \\ -1 & 3 \end{pmatrix}, \qquad c = (2 \quad 1), \qquad A = (1 \quad 1), \qquad b = 1$$

Questa volta pero il vincolo è $Ax \leq 1$. Allora (26.27) è

$$\begin{aligned} 2\,\Delta x_1 - \Delta x_2 + \Delta\lambda \qquad &= 2 - 2\,x_1 + x_2 - \lambda \\ -\Delta x_1 + 3\,\Delta x_2 + \Delta\lambda \qquad &= 1 + x_1 - 3\,x_2 - \lambda \\ \Delta x_1 + \Delta x_2 \qquad + \Delta s &= 1 - x_1 - x_2 - s \\ \Delta\lambda + \Delta s &= \tau \end{aligned}$$

L'iterazione è riassunta nella Tabella 26.1. ∎

Esempio 26.9.

Applichiamo questa tecnica al problema di trovare un piano separatore per la SVM definita a pag. 431. Per comodità riscriviamo il problema

$$\begin{aligned} \min\ & \alpha \sum_i y_i + \frac{1}{2} u^\top Q\, u \\ & D\,(A^\top A\, D\, u - \gamma\, \mathbf{1}) + y \geq \mathbf{1} \\ & y \geq 0 \end{aligned} \tag{26.28}$$

che è della stessa forma di (26.25). Applicando il metodo descritto prima (con $\alpha = 1$ e Q matrice identica) si ottiene, dopo 26 iterazioni

$$u = (\ 0.11588,\ 0.660943,\ 0.0772531,\ 0.974247,\ 0.390557\ ), \qquad \gamma = -3.99998$$

e per y dei valori inferiori a 0.00001. Inoltre le variabili duali della prima parte dei vincoli sono

$$\lambda = (\ 0.77896,\ 1.9 \cdot 10^{-6},\ 1.9 \cdot 10^{-6},\ 0.27253,\ 0.50643\ )$$

da cui si vede quali sono i punti di supporto. Da $w := A\, D\, u$ si ottiene $w = (-1.99999, 0.999999)$, da cui si riconosce che l'equazione del piano separatore è $-2\,x_1 + x_2 + 4 = 0$, uguale a quella ottenuta con il metodo lineare. Risolvendo (26.28) per l'esempio in Fig. 23.7 si ottiene, a meno della quarta cifra decimale, lo stesso risultato della Fig.23.7(a). ∎

Come per i vincoli di uguaglianza, si può applicare (26.25) anche a funzioni obiettivo non quadratiche e a vincoli non lineari. Se il problema da risolvere è

$$\begin{aligned} \min\quad & f(x) \\ & g(x) \leq 0 \end{aligned} \tag{26.29}$$

con $f : \mathbb{R}^n \to \mathbb{R}$ e $g : \mathbb{R}^n \to \mathbb{R}^m$, si riscrive il vincolo aggiungendo le variabili di scarto

$$g(x) + s = 0$$

La differenza rispetto al caso con vincoli di uguaglianza è che ci sono i vincoli di non negatività per s e per λ. Le tecniche per risolvere (26.29) in generale sono alquanto complesse e anche in questo caso si rimanda alla letteratura citata.

26.5 Problema del portafoglio - risoluzione

Applichiamo ora le tecniche Lagrangiane alla risoluzione del problema del portafoglio introdotto in Sez. 2.14, a cui si rimanda per la notazione. Il problema da risolvere è

$$\begin{aligned} \min \quad & x^\top Q\, x \\ & t^\top x \geq K \\ & \mathbf{1}^\top x = 1 \\ & x \geq 0 \end{aligned} \tag{26.30}$$

per tutti i valori ammissibili di K. Sia X^* l'insieme degli ottimi di Pareto. Se la matrice di covarianza è strettamente positiva definita (come normalmente accade) l'ottimo di (26.30) è unico e questo significa che X^* può essere parametrizzato da K ed è quindi un insieme monodimensionale. Uno degli estremi di X^* è il punto che massimizza il rendimento e l'altro è quello che minimizza la varianza (senza vincoli di rendimento). A differenza di quanto esposto in Sez. 2.14 il capitale da investire è stato normalizzato ad 1 e deve essere investito tutto e quindi il punto che minimizza la varianza non può essere il punto nullo. Si può far vedere che questo non comporta perdita di generalità.

Come è noto il problema viene risolto dall'*algoritmo della linea critica* sviluppato da Markovitz [155, 156] e che ha valso all'autore il premio Nobel. Sono state recentemente portate alla luce delle lungimiranti intuizioni di de Finetti [76] in cui un analogo problema nel campo delle assicurazioni, consistente nel valutare le quote da riassicurare, veniva risolto tramite una particolare funzione che catturava l'informazione essenziale del problema e permetteva di esprimere le condizioni matematiche in modo anche significativo dal punto di vista delle assicurazioni.

La riscoperta delle idee di de Finetti, effettuata da Rubinstein [192] e riconosciuta anche da Markovitz [157], è stata oggetto di approfondita indagine in [182] in cui l'algoritmo della linea critica viene 'rivisitato' alla luce della funzione di de Finetti (chiamata qui *funzione chiave*). In modo del tutto simile si può rivisitare lo stesso algoritmo per il caso della selezione del portafoglio ottenendo delle condizioni che sono anche immediatamente espressive sotto il profilo finanziario. Quanto segue è basato su [183].

La funzione Lagrangiana per risolvere (26.30) è

$$L(x, \lambda, \mu, v) = \frac{1}{2}\, x^\top Q\, x + \lambda\,(K - t^\top x) + \mu\,(1 - \mathbf{1}^\top x) - \nu^\top x$$

e, applicando i metodi già visti, si deve avere

$$Q\, x - \lambda\, t - \mu\, \mathbf{1} - \nu = 0 \tag{26.31}$$

ovvero, esprimendo (26.31), componente per componente (sia σ_{ij} l'elemento (i, j) della matrice di covarianza Q):

$$\sum_j \sigma_{hj}\, x_j - \lambda\, t_h - \mu - \nu_h = 0 \qquad h \in [n] \tag{26.32}$$

Dalla condizione (26.32) si può ricavare la dipendenza delle variabili ottime x da λ. Si risolva prima (26.31) rispetto a μ. Assumiamo che gli indici siano ordinati come $t_1 > t_2 > \ldots > t_n$. Sia k un qualsiasi indice tale che $x_k > 0$.

Chiamiamo questa variabile e il suo indice come *variabile e indice di riferimento*. In base alla complementarità si ha $\nu_k = 0$ e la condizione (26.32) per $h = k$ è

$$\sum_j \sigma_{kj}\, x_j - \lambda\, t_k - \mu = 0 \tag{26.33}$$

Se ora si sottrae (26.32) da (26.33) si ha

$$\sum_j (\sigma_{kj} - \sigma_{hj})\, x_j - \lambda\, (t_k - t_h) + \nu_h = 0 \qquad h \in [n] \setminus k$$

ovvero

$$\frac{\sum_j (\sigma_{kj} - \sigma_{hj})\, x_j}{t_k - t_h} + \frac{\nu_h}{t_k - t_h} = \lambda \qquad h \in [n] \setminus k \tag{26.34}$$

A questo punto, seguendo de Finetti, si definiscono le seguenti *funzione chiave*

$$F_{kh}(x) = \frac{\sum_j (\sigma_{kj} - \sigma_{hj})\, x_j}{t_k - t_h}, \qquad h \in [n] \setminus k$$

tramite le quali si può riscrivere (26.34) come

$$F_{kh}(x) + \frac{\nu_h}{t_k - t_h} = \lambda \qquad h \in [n] \setminus k \tag{26.35}$$

Ciò che più conta dei valori $\nu_h/(t_k - t_h)$ è il loro segno. A questo scopo, tenendo conto che i valori t_i sono stati preventivamente ordinati, si ripartisca l'insieme $[n] \setminus k$ negli insiemi

$$I_k^* := \{h \neq k : x_h > 0\}\,, \; I_0^k := \{h < k : x_h = 0\}\,, \; I_k^0 := \{h > k : x_h = 0\}$$

e si ponga inoltre $I^* := I_k^* \cup \{k\}$ e $I^0 := I_0^k \cup I_k^0$. Allora, siccome $\nu_h \geq 0$ per ogni h, $t_k > t_h$ se $h \in I_k^0$, e $t_k < t_h$ se $h \in I_0^k$, la condizione di complementarità può essere riscritta come

Teorema 26.10. *Sia k tale che $x_k > 0$. Allora $x \geq 0$ è ottimo se e solo se $\mathbf{1}^\top x = 1$ ed esiste $\lambda \geq 0$ tale che*

$$F_{kh}(x) \geq \lambda,\; h \in I_0^k, \quad F_{kh}(x) = \lambda,\; h \in I_k^*, \quad F_{kh}(x) \leq \lambda,\; h \in I_k^0 \tag{26.36}$$

∎

L'insieme I_k^* può essere vuoto solo nei casi estremi $x_k = 1$ e $x_h = 0$, $h \neq k$. In questo caso (26.36) diventa

$$F_{kh}(x) = \frac{\sigma_{kk} - \sigma_{hk}}{t_k - t_h} \geq \lambda, \quad h < k, \qquad F_{kh}(x) = \frac{\sigma_{kk} - \sigma_{hk}}{t_k - t_h} \leq \lambda, \quad h > k,$$

Quindi se

$$\max\left\{\max_{h>k}\frac{\sigma_{kk}-\sigma_{hk}}{t_k-t_h}\;;\;0\right\}\le\min_{h<k}\frac{\sigma_{kk}-\sigma_{hk}}{t_k-t_h} \tag{26.37}$$

il punto $x_k = 1$ e $x_h = 0$, $h \neq k$, è ottimo con λ che assume un valore qualsiasi nell'intervallo definito da (26.37). Ovviamente il punto $(1,0,\dots,0)$, estremo di X^*, è sempre ottimo (il termine di destra sparisce e (26.37) è sempre verificata). Poniamo $x^1 := (1,0,\dots,0)$. Come vedremo subito X^* è formato da una linea spezzata e può essere rappresentato dall'elenco dei suoi punti angolari x^r. Il primo di questi è appunto x^1 al quale corrisponde la variabile duale ottima

$$\lambda^1 := \max\left\{\max_{h>1}\frac{\sigma_{11}-\sigma_{h1}}{t_1-t_h}\;;\;0\right\}$$

Se $\lambda^1 = 0$, X^* consiste in realtà solo del punto $(1,0,0,\dots,0)$ e non c'è altro da calcolare. Questo corrisponde al caso (improbabile) che il titolo a massimo rendimento sia anche a basso rischio e positivamente fortemente correlato con gli altri titoli.

Se invece $\lambda^1 > 0$ possiamo pensare di calcolare i punti di X^* diminuendo λ e applicando le condizioni di ottimalità per i vari valori di λ. Per eseguire i calcoli ci si basa sui seguenti ragionamenti. Se I_k^* non è vuoto la condizione d'ottimalità $F_{kh}(x) = \lambda$, $h \in I_k^*$, è un sistema lineare nelle variabili in I^*:

$$\sum_{j\in I^*}\frac{\sigma_{kj}-\sigma_{hj}}{t_k-t_h}\,x_j = \lambda, \qquad h\in I_k^* \tag{26.38}$$

Aggiungendo la condizione $\sum_{j\in I^*} x_j = 1$ il sistema diventa quadrato e la sua soluzione è una funzione affine di λ

$$x_h := w_h + \lambda\, z_h, \qquad h\in I^* \tag{26.39}$$

dove w è la soluzione del sistema lineare con parte destra $(0,0,\dots,0,1)$ e z la soluzione con parte destra $(1,1,\dots,1,0)$ e ovviamente $x_h = 0$, $h \in I^0$.

L'espressione (26.39) permette quindi di parametrizzare X^* direttamente tramite λ invece di K. La dipendenza di x da λ è di tipo affine e quindi dà luogo ad un segmento. Tuttavia (26.39) non può essere vera per qualsiasi valore di λ perché valori di λ che violino i vincoli di non negatività di x e le condizioni di ottimalità non sono ammissibili. Quindi bisogna valutare l'intervallo di valori ammissibili per λ. Siccome, pensiamo di calcolare x diminuendo λ, siamo interessati al valore inferiore dell'intervallo.

In base al Teorema 26.10, si deve avere per le variabili in I_k^0

$$\sum_{j\in I^*}\frac{\sigma_{kj}-\sigma_{hj}}{t_k-t_h}\,x_j \le \lambda, \qquad h\in I_k^0$$

cioè

$$\sum_{j\in I^*}\frac{\sigma_{kj}-\sigma_{hj}}{t_k-t_h}\,(w_j+\lambda\, z_j) \le \lambda, \qquad h\in I_k^0$$

$$\sum_{j\in I^*} \frac{\sigma_{kj}-\sigma_{hj}}{t_k-t_h}\, w_j \le \lambda\,(1-\sum_{j\in I^*} \frac{\sigma_{kj}-\sigma_{hj}}{t_k-t_h}\, z_j), \qquad h\in I_k^0$$

Ponendo

$$\beta_h := \sum_{j\in I^*} \frac{\sigma_{kj}-\sigma_{hj}}{t_k-t_h}\, w_j, \qquad \gamma_h := (1-\sum_{j\in I^*} \frac{\sigma_{kj}-\sigma_{hj}}{t_k-t_h}\, z_j)$$

si ha

$$\lambda_1 := \max_{h\in I_k^0:\gamma_h>0} \frac{\beta_h}{\gamma_h} \le \lambda \le \min_{h\in I_k^0:\gamma_h<0} \frac{\beta_h}{\gamma_h} \tag{26.40}$$

Analogamente per le variabili in I_0^k si deve avere

$$\sum_{j\in I^*} \frac{\sigma_{kj}-\sigma_{hj}}{t_k-t_h}\, x_j \ge \lambda, \qquad h\in I_0^k$$

cioè

$$\lambda_2 := \max_{h\in I_0^k:\gamma_h<0} \frac{\beta_h}{\gamma_h} \le \lambda \le \min_{h\in I_0^k:\gamma_h>0} \frac{\beta_h}{\gamma_h} \tag{26.41}$$

Inoltre deve valere

$$x_h = w_h + \lambda\, z_h \ge 0, \qquad h\in I^* \quad \Longrightarrow$$

$$\lambda_3 := \max_{h\in I^*:z_h>0} -\frac{w_h}{z_h} \le \lambda \le \min_{h\in I^*:z_h<0} -\frac{w_h}{z_h} \tag{26.42}$$

Quindi il valore minimo che λ può assumere in (26.39) è $\max\{\lambda_1\ ;\ \lambda_2\ ;\ \lambda_3\ ;\ 0\}$. In corrispondenza di tale valore gli insiemi I_k^*, I_0^k e I_k^0 devono essere aggiornati nel seguente modo:

– se il massimo è λ_1, allora l'indice che dà luogo al massimo si sposta da I_0^k a I_k^*;

– se è λ_2, allora l'indice che dà luogo al massimo si sposta da I_k^0 a I_k^*. In entrambi i casi l'indice di riferimento non cambia.

– se è λ_3 significa che una variabile ha raggiunto la frontiera. Bisogna allora distinguere i due casi: i) la variabile che raggiunge la frontiera è la variabile di riferimento e quindi bisogna aggiornare la variabile di riferimento; ii) la variabile che raggiunge la frontiera non è la variabile di riferimento e questo implica semplicemente uno spostamento dell'indice corrispondente da I_k^* a I_0^k oppure I_k^0 (secondo l'indice). Inoltre, se la variabile di riferimento vale 1 (e quindi le altre valgono tutte 0), allora λ ha un salto di discontinuità fra gli estremi dell'intervallo specificato da (26.37)

$$\underline{\lambda}^r := \max\left\{\max_{h>k} \frac{\sigma_{kk}-\sigma_{hk}}{t_k-t_h}\ ;\ 0\right\}, \qquad \overline{\lambda}^r := \min_{h<k} \frac{\sigma_{kk}-\sigma_{hk}}{t_k-t_h} = \lambda^r$$

– infine se il massimo è 0 (oppure $\underline{\lambda}^r = 0$) il calcolo termina. Altrimenti r è incrementato di 1 e si itera il calcolo.

Quindi il calcolo viene eseguito iterativamente a partire da $\lambda = \lambda^1$ finché $\lambda = 0$. Si inizializzi un indice $r = 1$. Noto λ^r si calcolano w e z come indicato precedentemente e si calcolano λ_1, λ_2 e λ_3. Si pone

$$\lambda^{r+1} := \max\{\lambda_1 \; ; \; \lambda_2 \; ; \; \lambda_3 \; ; \; 0\}$$

associato al punto (come da (26.39))

$$\hat{x}_h^{r+1} := w_h + \lambda^{r+1} z_h, \qquad h \in I^*, \qquad \hat{x}_h^{r+1} := 0, \qquad h \in I^0$$

Esempio 26.11.

Sia

$$n = 3, \qquad t = (6 \quad 5 \quad 1), \qquad Q = \begin{pmatrix} 30 & 6 & -1 \\ 6 & 5 & 2 \\ -1 & 2 & 2 \end{pmatrix}$$

Le funzioni chiave sono:

$$F_{12}(x) = 24\,x_1 + x_2 - 3\,x_3, \qquad F_{13} = \frac{31}{5}\,x_1 + \frac{4}{5}\,x_2 - \frac{3}{5}\,x_3, \qquad F_{23} = \frac{7}{4}\,x_1 + \frac{3}{4}\,x_2$$

Inziando con $x^1 = (1,0,0)$ e $k = 1$ si ha

$$F_{12}(1,0,0) = 24, \qquad F_{13}(1,0,0) = \frac{31}{5}$$

e quindi gli insiemi iniziali sono $I^* = \{1,2\}$, $I_k^0 = \{3\}$, $I_0^k = \emptyset$, $\lambda^1 = 24$. Da $F_{12}(x_1, x_2) = \lambda$, $x_1 + x_2 = 1$,

$$\begin{aligned} 24\,x_1 + x_2 &= \lambda \\ x_1 + x_2 &= 1 \end{aligned}$$

si ottiene

$$x_1 = \frac{\lambda - 1}{23}, \qquad x_2 = \frac{24 - \lambda}{23}$$

Con questi valori la condizione $F_{13}(x) \leq \lambda$ implica $\lambda \geq 65/88$,

$$\frac{31}{5}\,\frac{\lambda - 1}{23} + \frac{4}{5}\,\frac{24 - \lambda}{23} \leq \lambda \quad \Longrightarrow \quad \lambda \geq \frac{65}{88}$$

e la non negatività delle variabili implica $\lambda \geq 1$. Quindi il prossimo punto angolare è $\lambda_+^2 = 1$ dove abbiamo $x^2 = (0,1,0)$. Si tratta di un vertice e si deve aggiornare l'indicc di riferimento a $k = 2$. Ora λ può diminuire, senza cambiamento per x, fino a $F_{23}(0,1,0) = 3/4 =: \lambda_-^2$, dove si ha $I^* = \{2,3\}$, $I_k^0 = \emptyset$, $I_0^k = \{1\}$. Da $F_{23}(x_2, x_3) = \lambda$ e $x_2 + x_3 = 1$

$$\begin{aligned} \frac{3}{4}\,x_2 \qquad &= \lambda \\ x_2 + x_3 &= 1 \end{aligned}$$

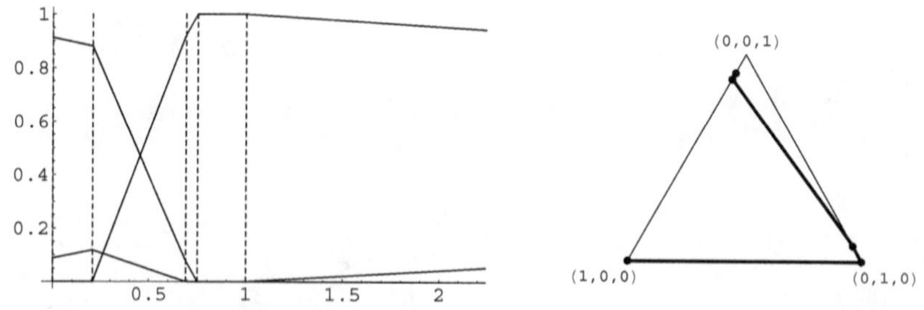

x_i funzione di λ $\qquad$ X^*

Figura 26.4.

si ottiene

$$x_2 = \frac{4\,\lambda}{3}, \qquad x_3 = \frac{3 - 4\,\lambda}{3}$$

Con questi valori la condizione $F_{21}(x) \geq \lambda$ implica $\lambda \geq 9/13$

$$\frac{4\,\lambda}{3} - 3\,\frac{3 - 4\,\lambda}{3} \geq \lambda \quad \Longrightarrow \quad \lambda \geq \frac{9}{13}$$

e la non negatività delle variabili implica $\lambda \geq 0$. Quindi il prossimo punto angolare si ha per $\lambda^3 = 9/13$ con ottimo $x^3 = (0, 12/13, 1/13)$. A questo punto la variabile x_1 si aggiunge all'insieme I^* e si deve risolvere $F_{21}(x) = F_{23}(x) = \lambda$ e $x_1 + x_2 + x_3 = 1$,

$$\begin{aligned} 24\,x_1 + \quad x_2 - x_3 &= \lambda \\ \frac{7}{4}\,x_1 + \frac{3}{4}\,x_2 \qquad &= \lambda \\ x_1 + \quad x_2 + x_3 &= 1 \end{aligned}$$

da cui si ottiene

$$x_1 = \frac{9 - 13\,\lambda}{53}, \qquad x_2 = \frac{101\,\lambda - 21}{53}, \qquad x_3 = \frac{65 - 88\,\lambda}{53}$$

Per i valori $\lambda^4 = 21/101$ e ottimo $x^4 = (12/101, 0, 89/101)$ la variabile x_2 diventa nulla e bisogna aggiornare l'indice di riferimento a $k = 1$. ora si risolve $F_{13}(x) = \lambda$, $x_1 + x_3 = 1$,

$$\begin{aligned} \frac{31}{5}\,x_1 - \frac{3}{5}\,x_3 &= \lambda \\ x_1 + \quad x_3 &= 1 \end{aligned}$$

da cui

$$x_1 = \frac{3 + 5\,\lambda}{34}, \qquad x_3 = \frac{31 - 5\,\lambda}{34}$$

Infine λ può essere diminuito fino a 0 cosicché l'ultimo punto ottimo è

$$x^5 = \left\{ \frac{3}{34}\ ;\ 0\ ;\ \frac{31}{34} \right\}$$

Le iterazioni sono raffigurate in Fig. 26.4. ∎

Riferimenti bibliografici

1. Aarts E., J. Korst: *Simulated annealing and Boltzmann machines.* John Wiley & Sons, Chichester, UK (1989).
2. Aarts E., J.K. Lenstra: *Local search in combinatorial optimization.* Princeton University Press (2003).
3. Adams J., E. Balas, D. Zawack: The shifting bottleneck procedure for job shop scheduling, *Management Science*, **34**, 391-401 (1988).
4. Ahuja R.K., Ö. Ergun, J.B. Orlin, A.P. Punnen: A survey of very large-scale neighborhood search techniques, *Discrete Applied Mathematics*, **123**, 75-102 (2002).
5. Ahuja R.K., T.L. Magnanti, J.B. Orlin: *Network flows: theory, algorithms, and applications.* Prentice-Hall, Englewood Cliffs, NJ, USA (1993).
6. Aiken L.H., S.P. Clarke, D.M. Sloane: Hospital staffing, organization, and quality of care: cross-national findings, *International Journal for Quality in Health Care*, **14**, 5-13 (2002).
7. van den Akker J.M., C.P.M. van Hoesel, M.W.P. Savelsbergh: A polyhedral approach to single-machine scheduling problems, *Mathematical Programming*, **85**, 541-572 (1999).
8. van den Akker J.M., C.A.J. Hurkens, M.W.P. Savelsbergh: Time indexed formulations for machine scheduling problems: column generation, *INFORMS Journal of Computing*, **12**, 111-124 (2000).
9. Altinkemer K., B. Gavish: Parallel savings based heuristic for the delivery problem, *Operations Research*, **12**, 300-304 (1991).
10. Anderson I.: *Combinatorial design and tournaments.* Oxford University Press (1997).
11. Appel K., W. Haken, J. Koch: Every planar map is four colorable, *Illinois Journal of Mathematics*, **21**, 439-567 (1977).
12. Avriel M.: *Nonlinear programming: analysis and methods.* Courier Dover Publications (2003).
13. Balinski M.L., G. Demange: Algorithms for proportional matrices in reals and integers, *Mathematical Programming*, **45**, 193-210 (1989).
14. Balinski M.L., G. Demange: An axiomatic approach to proportionality between matrices, *Mathematics of Operations Research*, **14**, 700-719 (1989).
15. Balinski M.L., Young H.P.: *Fair representation: meeting the ideal of one man one vote.* New Haven: Yale University Press (1982).

16. Barnhart C., A. Cohn, E. Johnson, D. Klabjan, G. Nemhauser, P. Vance: Airline crew scheduling. in *Handbook of Transportation Science*, Kluwers International Series (2003).
17. Bartholdi J.J, K.L. McCroan: Scheduling interviews for a job fair, *Operations Research*, **38**, 951-960 (1990).
18. Bazaraa S., S. Bazaraa: *Nonlinear programming: theory and applications.* Wiley (1994).
19. Bellman R.: *Dynamic programming.* Princeton University Press, Princeton, NJ, USA (1958).
20. Bennett K.P., O.L. Mangasarian: Robust linear programming discrimination of two linearly inseparable sets, *Optimization Methods and Software*, **1**, 23-34 (1992).
21. Berge C.: Two theorems in graph theory, *Proceedings of the National Academy of Sciences*, **43**, 842-844 (1957).
22. Berge C.: *Theory of graphs and its applications.* John Wiley & Sons, New York, NY, USA (1958).
23. Berman A., R.J. Plemmons: *Nonnegative Matrices in the Mathematical Sciences.* SIAM, Philadelphia (1994).
24. Bertsekas D.P.: *Nonlinear programming.* second edition. Athena Scientific (1999).
25. Bienstock D.: On complexity of testing for odd holes and induced odd paths, *Discrete Mathematics*, **90**, 85-92 (1991).
26. Billson C.: A history of the London Tube maps, visitato il: 19/8/2008, `http://homepage.ntlworld.com/clivebillson/tube/tube.html`.
27. Birkhoff G.: House Monotone Apportionment Schemes, *Proceedings of the National Academy of Sciences, U.S.A.*, **73**, 684-686 (1976).
28. Bondy J.A., U.S.R. Murty: *Graph theory with applications.* North Holland, New York, NY, USA (1976).
29. Boyer J.M., W. J. Myrvold: Simplified Planarity, *Journal of Graph Algorithms and Applications*, **8**, 241-273 (2004).
30. Bradley P.S., U.M. Fayyad, O.L. Mangasarian: Mathematical programming for data mining: formulations and challenges, *INFORMS Journal of Computing*, **11**, 217-238 (1999).
31. Bradley P.S., O.L. Mangasarian: Massive data discrimination via linear support vector machines, *Optimization Methods and Software*, **13**, 1-10 (2000).
32. Bruck J., J.W. Goodman: On the power of neural networks for solving hard problems, *Journal of Complexity*, **6**, 129-135 (1990).
33. Buchheim C., M. Jünger: Detecting symmetries by branch-and-cut, *Mathematical Programming, B*, **98**, 369-384 (2003).
34. Burke E.K., P. De Causmaecker, G. Vanden Berghe, H. Van Landeghem: The state of the art of nurse rostering, *Journal of scheduling*, **7**, 441-499 (2004).
35. Caprara A., M. Fischetti, P. Toth: A heuristic method for the set covering problem, *Operations Research*, **47**, 730-743 (1999).
36. Caprara A., M. Fischetti, P. Toth, D. Vigo, P.L. Guida: Algorithms for railway crew management, *Mathematical Programming*, **79**, 125-141 (1997).
37. Caprara A., M. Monaci, P. Toth: Models and algorithms for a staff scheduling problem, *Mathematical Programming*, **B 98**, 445-476 (2003).
38. Carlier J.: The one-machine sequencing problem, *European Journal of Operational Research*, **11**, 42-47 (1982).

39. Carlier J., E. Pinson: An algorithm for solving the job shop problem, *Management Science*, **35**, 164-176 (1989).
40. Charnes A., W.W. Cooper, E. Rhodes: Measuring the efficiency of decision-making units, *European Journal of Operational Research*, **2**, 429-444 (1978).
41. Chen B., C.N. Potts, G.J. Woeginger: A review of machine scheduling: complexity algorithms and approximability, in: D.Z. Du, P.M. Pardalos (eds), *Handbook of combinatorial optimization*, Kluwer Academics (1998).
42. Chudnovsky M., G. Cornuéjols, X. Liu, P. Seymour, K. Vušković: Recognizing Berge graphs, *Combinatorica*, **25**, 143-186 (2005).
43. Chudnovsky M., N. Robertson, P. Seymour, R. Thomas: The strong perfect graph theorem, *Annals of Mathematics*, **164**, 51-229 (2006).
44. Clark G., J.V. Wright: Scheduling of vehicles from a central depot to a number of delivery points, *Operations Research*, **12**, 568-581 (1964).
45. Coffmann jr E.G, M.R. Garey, D.S. Johnson: Approximation algorithms for bin packing: a survey, in: D. Hochbaum (ed), *Approximation algorithms for NP-hard problems*, PWS Publishing, Boston (1996).
46. Conway R.W., W.L. Maxwell, L.W. Miller: *Theory of scheduling*. Addison-Wesley, Reading (1967).
47. Conway J.H., N.J.H. Sloane: *Sphere packings, lattices and groups*. Springer (1998).
48. Cook W.: Traveling Salesman Problem, visitato il: 29/09/2008, `http://www.tsp.gatech.edu//index.html` (2008).
49. Dantzig G.B.: Maximization of a linear function of variables subject to linear inequalities, in: T.C. Koopmans (ed), *Activity analysis of production and allocation*, John Wiley & Sons, New York, NY, USA, 339-347 (1951).
50. Dantzig G.B.: *Linear programming and extensions*. Princeton University Press, Princeton, NJ, USA (1963).
51. Dantzig G.B., P. Wolfe: Decomposition principle for linear programs, *Operations Research*, **8**, 101-111 (1960).
52. Dell'Amico M., P. Toth: Algorithms and codes for dense assignment problems: the state of the art, *Discrete and Applied Mathematics*, **100**, 17-48 (2000).
53. Dennis J.E., R.B. Schnabel: *Numerical methods for unconstrained optimization and nonlinear equations*. Prentice Hall, Englewood Cliffs, NJ, USA (1983).
54. Deo N.: *Graph theory with applications to engineering and computer science*. Prentice Hall, Englewood Cliffs, NJ, USA (1974).
55. Di Battista G., P. Eades, R. Tamassia, I.G. Tollis: *Graph drawing: algorithms for the visualization of graphs*. Prentice Hall (1999).
56. Diestel R.: *Graph Theory*. Springer, Berlin, Germania (1997).
57. Dijkstra E.W.: A note on two problems in connexion with graphs, *Numerische Mathematik*, **1**, 269-271 (1959).
58. Dorigo M.: Optimization, learning and natural algorithms. Tesi di dottorato, Politecnico di Milano (1992).
59. Dorigo M., V. Maniezzo, A. Colorni: Ant system: optimization by a colony of cooperating agents, *IEEE Transactions on Systems, Man, and Cybernetics-Part B*, **26**, 29-41 (1996).
60. Dowsland K.A., S. Vaid, W.B. Dowsland: An algorithm for polygon placement using a bottom-left strategy, *European Journal of Operational Research*, **141**, 371-381 (2002).

61. Dyer M.E., L.A. Wolsey: Formulating the single machine sequencing problem with release dates as a mixed integer program, *Discrete Applied Mathematics*, **26**, 255-270 (1990).
62. Easton K., G.L. Nemhauser, M.A. Trick: Solving the travelling tournament problem: a combined integer programming and constraint programming approach, in: E.K. Burke, P. De Causmaecker (eds), *Practice and Theory of Automated Timetabling IV*, 100-112, Springer LNCS 2740 (2002).
63. Edmonds J.: Maximum matching and a polyhedron with 0,1-vertices, *Journal of Research of the National Bureau of Standards*, **69B**, 125-130 (1965).
64. Edmonds J., E. L. Johnson: Matching, Euler tours, and the chinese postman, *Mathematical Programming*, **5**, 88-124 (1973).
65. M. Elf, M. Jünger, G. Rinaldi: Minimizing breaks by maximizing cuts, *Operations Research Letters*, **31**, 343-349 (2003).
66. Eppen G.D., F.J. Gould, C.P. Schmidt, J.H. Moore, L.R. Weatherford: *Introductory Management Science*. 5th edition, Prentice Hall, Upper Saddle River, NJ, USA (1998).
67. Ernst A.T., H. Jiang, M. Krishnamoorthy, B. Owens, D. Sier: An annotated bibliography of personnel scheduling and rostering, *Annals of Operations Research*, **127**, 21-144 (2004).
68. Euler L.: Solutio problematis ad geometriam situs pertinentis, *Commentarii Academiae Scientiarum Imperialis Petropolitanae*, **8**, 128-140 (1736).
69. Euler L.: Solution d'une question curieuse qui ne paraît soumise à aucune analyse, *Mémoire de l'Académie des Sciences de Berlin*, **15**, 310-337 (1759).
70. Farkas G.: Über die Anwendungen des mechanischen Prinzips von Fourier, *Mathematische und naturwissenschaftliche Berichte aus Ungarn*, **12**, 263-281 (1895).
71. Fáry I.: On straight-line representation of planar graphs, *Acta Scientifica Mathematica (Szeged)*, **11**, 229-233 (1948).
72. Fekete S.P., J. Schepers: On more-dimensional packing I: modeling. Technical paper ZPR97-288, Mathematisches Institut, Universität zu Köln (1997).
73. Fekete S.P., J. Schepers: On more-dimensional packing II: bounds. Technical paper ZPR97-289, Mathematisches Institut, Universität zu Köln (1997).
74. Fekete S.P., J. Schepers: On more-dimensional packing III: exact algorithms. Technical paper ZPR97-290, Mathematisches Institut, Universität zu Köln (1997).
75. Fiacco A.V., G.P. McCormick: *Nonlinear programming: sequential unconstrained optimization techniques*. SIAM (1990).
76. de Finetti B.: Il problema dei pieni, *Giornale Istituto Italiano Attuari*, **9**, 1-88; tradotto in inglese da L. Barone con il titolo"The problem of Full-risk insurances", Capitolo 1 'The problem in a single accounting period', *Journal of Investment Management*, **4**, 19-43, 2006 (1940).
77. Fisher H., G.L. Thompson: Probabilistic learning combinations of local job-shop scheduling rules, in: J.F. Muth, G.L. Thompson (eds), *Industrial Scheduling*, Prentice-Hall, Englewood Cliffs, NJ, USA (1963).
78. Floyd R.W.: Algorithm 97: Shortest path, *Communications of ACM*, **5**, 345 (1962).
79. Ford L.R., D.R. Fulkerson: Maximal flow through a network. Research Memorandum RM-1400, The RAND Corporation, Santa Monica, Ca, USA; pubblicato anche in *Canadian Journal of Mathematics*, **9**, (1957) 210-218; (1954).

80. Ford L.R., D.R. Fulkerson: *Flows in networks.* Princeton University Press, Princeton, NJ, USA (1962).
81. Fourer R., Lionheart Publishing Inc.: Linear programming software survey, visitato il: 8/11/2008, `http://lionhrtpub.com/orms/surveys/LP/LP-survey.html` (2007).
82. de Fraysseix H., P. O. de Mendez, P. Rosenstiehl: Trémaux trees and planarity, *International Journal of Foundation of Computer Science*, **17**, 1017-1030 (2006).
83. Garey M.R., D.S. Johnson: *Computers and intractability: a guide to the theory of NP-completeness.* W.H. Freeman and Company, San Francisco, CA, USA (1979).
84. Gale D., L.S. Shapley: College admissions and the stability of marriage, *American Mathematical Monthly*, **69**, 9-15 (1962).
85. Gertsbakh I., P. Serafini: Periodic transportation schedules with flexible departure times: an interactive approach based on the periodic event scheduling problem and the deficit function approach, *European Journal of Operational Research*, **50**, 298-309 (1991).
86. Gilmore P.C., R.E. Gomory: A linear programming approach to the cutting stock problem, *Operations Research*, **9**, 849-859 (1961).
87. Gilmore P.C., R.E. Gomory: A linear programming approach to the cutting stock problem - II, *Operations Research*, **11**, 863-888 (1963).
88. Gilmore P.C., R.E. Gomory: Sequencing a one state-variable machine: a solvable case of the traveling salesman problem, *Operations Research*, **12**, 655-679 (1964).
89. Glover F.: Tabu search, Part I, *ORSA Journal on Computing*, **1**, 190-206 (1989).
90. Glover F.: Tabu search, Part II, *ORSA Journal on Computing*, **2**, 4-32 (1990).
91. Glover F.: Tabu search: a tutorial, *Interfaces*, **20**, 74-94 (1990).
92. Glover F., M. Laguna: *Tabu search.* Kluwer, Norwell (1997).
93. Golabi K., R.B. Kulkarni, G.B. Way: A statewide pavement management system, *Interfaces*, **12**, 5-21 (1982).
94. Golden B., S. Raghavan, E. Wasil: *The vehicle routing problem: latest advances and new challenges.* Springer (2008).
95. Gondran M., M. Minoux: *Graphs and algorithms.* Wiley-Interscience New York, NY, USA (1984).
96. Gonzalez T., S. Sahni: Open shop scheduling to minimize finish time, *Journal of the ACM*, **23**, 665-679 (1976).
97. Grilli di Cortona P., C. Manzi, A. Pennisi, F. Ricca, B. Simeone: *Evaluation and optimization of electoral systems.* SIAM Monographs on Discrete Mathematics and Applications. Philadelphia, SIAM (1999).
98. Gross J.L., J. Yellen: *Graph theory and its applications.* CRC Press (2006).
99. Grötschel M., O. Holland: Solution of large-scale symmetric traveling salesman problems, *Mathematical Programming*, **51**, 141-202 (1991).
100. Grötschel, M., L. Lovász, A. Schrijver: *Geometric algorithms and combinatorial optimization.* Springer, Berlin, Germania (1988).
101. Gusfield D., R.W. Irving: *The stable marriage problem, structure and algorithms.* MIT Press (1989).
102. Gutin G., A.P. Punnen: *The traveling salesman problem and its variations.* Springer US (2004).

103. Harary F.: *Graph theory.* Addison-Wesley, Reading, MA, USA (1969).
104. Harris T.E., F.S. Ross: Fundamentals of a method for evaluating rail net capacity. Research Memorandum RM-1573, The RAND Corporation, Santa Monica, Ca, USA (1955).
105. Hartsfield N., G. Ringel: *Pearls in graph theory: a comprehensive introduction - revised and augmented.* Academic Press, San Diego, CA, USA (1994).
106. Held M., R.M. Karp: The traveling salesman problem and minimum spanning trees, *Operations Research*, **18**, 1138-1162 (1970).
107. Held M., R.M. Karp: The traveling salesman problem and minimal spanning trees: part II, *Mathematical Programming*, **1**, 6-25 (1971).
108. Helsgaun K.: An effective implementation of the Lin-Kernighan traveling salesman heuristic, *European Journal of Operational Research*, **126**, 106-130 (2000).
109. Hierholzer C.: Über die Möglichkeit, einen Linienzug ohne Wiederholung und ohne Unterbrechung zu umfahren, *Mathematische Annalen*, **6**, 30-32 (1873).
110. Hillier F.S., G.J. Lieberman: *Ricerca operativa.* ottava edizione, McGraw-Hill, Milano (2006).
111. Hitchcock F.L.: The distribution of a product from several sources to numerous facilities, *Journal of Mathematical Physics*, **20**, 224-230 (1941).
112. Hochbaum D.: *Approximation algorithms for NP-hard problems.* PWS Publishing, Boston (1996).
113. Holland J.H.: *Adaptation in natural and artificial systems.* MIT Press, second edition 1992 (1975).
114. Holland J.H.: Genetic algorithms, *Scientific American*, **267**, July 1992, 66-72 (1992).
115. Hooker J.: *Integrated methods for optimization.* Springer (2007).
116. Huisman D., L.G. Kroon, R.M. Lentink, M.J.C.M. Vromans: Operations research in passenger railway transportation, *Statistica Neerlandica*, **59**, 467-497 (2005).
117. Ibaraki T., N. Katoh: *Resource allocation problems: algorithmic approaches.* MIT Press Series, Cambridge, Ma, USA (1988).
118. Institute for Operations Research and the Management Sciences (INFORMS): Operations Research: The Science of Better, visitato il: 15/12/2008, `http://www.scienceofbetter.org/` (2007).
119. Irving R.W.: Matching medical students to pairs of hospitals: a new variation on a well-known theme, in: Gianfranco Bilardi et al. (eds), *Proceedings of ESA'98: the Sixth Annual European Symposium on Algorithms*, vol. 1461 of Lecture Notes in Computer Science, pp. 381-392 (1998).
120. Jungnickel D.: *Graphs, networks and algorithms.* Springer, Berlin (1999).
121. Kaibel V., M. Pfetsch: Packing and partitioning orbitopes, *Mathematical Programming*, **114**, 1-36 (2008).
122. Kantorovich L.V.: On the translocation of masses, *Management Science*, **5**, 1-4; ristampa della traduzione dell'articolo originale in russo su *Doklady Akademii Nauk SSSR*, **37**, 7-8, 1942; (1958).
123. Karger D.R., C. Stein: A new approach to the minimum cut problem, *Journal of the ACM*, **43**, 601-640 (1996).
124. Karmarkar N.: A new polynomial-time algorithm for linear programming, *Combinatorica*, **4**, 373-395 (1984).

125. Karr A.: Markov processes, in: D.P. Heyman e M.J Sobel (eds), *Handbooks in Operations Research and Management Science, Vol II: Stochastic Models*, North Holland (1990).
126. Karush W.: *Minima of functions of several variables with inequalities as side constraints.* M.Sc. dissertation, Department of Mathematics, University of Chicago, Chicago, IL, USA (1939).
127. Khachiyan L.G.: A polynomial algorithm for linear programming, *Soviet Mathematics Doklady*, **20**, 191-194 (traduzione inglese) (1979).
128. Kirkman T.P.: Given the graph of a polyhedron, can one always find a circuit which passes through each vertex one and only once?, *Philosophical Transactions of the Royal Society*, **146**, 413-418 (1856).
129. Kirkpatrick S., C.D. Gelatt jr., M.P. Vecchi: Optimization by simulated annealing, *Science*, **220**, 671-680 (1983).
130. Kleinrock L.: *Queueing systems, Vol I.* J. Wiley (1975).
131. Köhler E., R. H. Möhring, K. Nökel, G. Wünsch: Optimization of signalized traffic networks, in: W. Jäger e H.J. Krebs (eds), *Mathematics - Key technology for the future. Joint projects between universities and industry 2004-2007*, Springer, pp. 179-188 (2008).
132. Kruskal J.B.: On the shortest spanning subtree of a graph and the traveling salesman problem, *Proceedings of the American Mathematical Society*, **7**, 48-50 (1956).
133. Kuhn H.W.: The Hungarian method for the assignment problem, *Naval Research Logistics Quarterly*, **2**, 83-97 (1955).
134. Kuhn H.W., A.W. Tucker: Nonlinear programming, in: J. Neyman (ed), *Proceedings of the Second Berkeley Symposium on Mathematical Statistics and Probability*, University of California Press, Berkeley, CA, USA (1951).
135. Kulkarni R.B.: Dynamic decision model for a pavement management system, *Transportation Research Record*, **997**, 1-18 (1984).
136. Kuratowski K.: Sur le problème des courbes gauches en topologie, *Fundamenta Mathematica*, **15**, 271-283 (1930).
137. Kwan R.: Bus and train driver scheduling, in: Leung J. (ed), *Handbook of Scheduling: Algorithms, Models, and Performance Analysis*, CRC Press (2004).
138. Lageweg B.J., J.K. Lenstra, A.H.G. Rinnooy Kan: Job-shop scheduling by implicit enumeration, *Management Science*, **34**, 441-450 (1977).
139. Lagrange, J.L.: *Mécanique analytique.* La Veuve Desaint, Paris, anche in, *Oeuvres de Lagrange, Vol. XI (Première partie: la statique) e XII (Second partie: la dynamique)*, J.-A. Serret, G. Darboux ed., Gauthier-Villars, Paris, 1888 e 1889 (1787).
140. Lancia G., R. Carr, B. Walenz, S. Istrail: 101 optimal PDB structure alignments: A branch-and-cut algorithm for the maximum contact map overlap problem, in: *Proceedings of the Annual International Conference on Computational Biology (RECOMB)*, pages 193-202, ACM Press, New York, NY (2001).
141. Lankshear A.J., T.A. Sheldon, A. Maynard: Nurse staffing and healthcare outcomes: a systematic review of the international research evidence, *Advances in Nursing Science*, **28**, 163-174 (2005).
142. Lawler E.L.: *Combinatorial optimization: networks and matroids.* Holt, Rinehart and Winston, New York, NY, USA (1976).
143. Lawler E.L., J.K Lenstra, A.H.G. Rinnooy Kan, D.B. Shmoys, eds.: *The traveling salesman problem.* John Wiley & Sons, Chichester, UK (1985).

144. Liebchen C., R. H. Möhring: The modeling power of the periodic event scheduling problem: Railway timetables - and beyond, in: F. Geraets, L. Kroon, A. Schbel, D. Wagner, and C. D. Zaroliagis (eds), *Algorithmic methods for railway optimization*, vol. 4359 of Lecture Notes in Computer Science, Springer, Berlin/Heidelberg, pp. 3-40 (2007).
145. Lin S., B.W. Kernighan: An effective heuristic for the travelling salesman problem, *Operations Research*, **21**, 498-516 (1973).
146. Lindner T.: Train schedule optimization in public rail transport. Tesi di dottorato, Fachbereich für Mathematik und Informatik der Technischen Universität Braunschweig (2000).
147. Linis V., M. Maksim: On the problem of constructing routes, in: *Proceedings of The Institute of Civil Aviation Engineering*, 102, in russo (1967).
148. Lodi A., S. Martello, M. Monaci: Two-dimensional packing problems: a survey, *European Journal of Operational Research*, **141**, 241-252 (2002).
149. Lovász L.: Normal hypergraphs and the perfect graph conjecture, *Discrete Mathematics*, **2**, 253-267 (1972).
150. Lübbecke M.E., J. Desrosiers: Selected topics in column generation, *Operations Research*, **53**, 1007-1023 (2005).
151. Luce R.D., H. Raiffa: *Games and Decisions.* J. Wiley & Sons; ristampato in Dover, 1989 (1957).
152. Maffioli F.: *Elementi di programmazione matematica.* 2a edizione, Casa Editrice Ambrosiana, Milano, Italia (2000).
153. Mangasarian O.: Linear and nonlinear separation of patterns by linear programming, *Operations Research*, **13**, 444-452 (1965).
154. Markov A.A.: Rasprostranenie zakona bol'shih chisel na velichiny, zavisyaschie drug ot druga, *Izvestiya Fiziko-matematicheskogo obschestva pri Kazanskom universitete*, **15**, 135-156 (1906).
155. Markowitz H.: Portfolio selection, *Journal of Finance*, **6**, 77-91 (1952).
156. Markowitz H.: The optimization of quadratic functions subject to linear constraints, *Naval Research Logistics Quarterly*, **3**, 111-133 (1956).
157. Markowitz H.: de Finetti scoops Markowitz, *Journal of Investment Management*, **4**, 5-18 (2006).
158. Martello S., P. Toth: *Knapsack problems: algorithms and computer implementations.* John Wiley & Sons, West Sussex, Gran Bretagna (1990).
159. Mei-Ko K.: Graphic programming using odd or even points, *Chinese Mathematics*, **1**, 273-277 (1962).
160. Mitchell M.: *An introduction to genetic algorithms.* MIT Press (1998).
161. Naddef D.: Polyhedral theory and branch-and-cut algorithms for the symmetric TSP, in: G. Gutin and A.P. Punnen (eds), *The traveling salesman problem and its variations*, Springer US, pp. 29-116 (2002).
162. Naddef D., S. Thienel: Efficient separation routines for the symmetric traveling salesman problem I: general tools and comb separation, *Mathematical Programming*, **92**, 237-255 (2002).
163. Naddef D., S. Thienel: Efficient separation routines for the symmetric traveling salesman problem II: separating multi handle inequalities, *Mathematical Programming*, **92**, 257-283 (2002).
164. Needleman J., P. Buerhaus, S. Mattke, M. Stewart, K. Zelevinsky: Nurse-staffing levels and the quality of care in hospitals, *New England Journal of Medicine*, **346**, 1715-1722 (2002).

165. Odijk M.A.: A constraint generation algorithm for the construction of periodic railway time-tables, *Transportation Research B*, **30**, (1996).
166. Optimization Technology Center: Optimization Technology Center at Argonne National Laboratory and Northwestern University, visitato il: 3/11/2008, `http://www-fp.mcs.anl.gov/otc/Guide/` (2003).
167. Ore O.: *I grafi e le loro applicazioni.* Zanichelli, Bologna (1979).
168. Orlin J.B: A faster strongly polynomial minimum cost flow algorithm, *Operations Research*, **41**, 338-350 (1993).
169. Orsenigo C., C. Vercellis: Multivariate classification trees based on minimum features discrete support vector machines, *IMA Journal of Management Mathematics*, **14**, 221-234 (2003).
170. Padberg M.W., M.R. Rao: Odd minimum cut-sets and b-matchings, *Mathematics of Operations Resarch*, **7**, 67-80 (1982).
171. Pan Y., L. Shi: On the equivalence of the max-min transportation lower bound and the time-indexed lower bound for single-machine scheduling problems, *Mathematical Programming, Series A*, **110**, 543-559 (2007).
172. Papadimitriou C.H., K. Steiglitz: *Combinatorial optimization: algorithms and complexity.* Prentice Hall, Englewood Cliffs, NJ, USA (1982).
173. Pareto V.: *Cours d'économie politique.* Lausanne (1896).
174. Pareto V.: *Corso di economia politica.* Utet, Torino (1971).
175. Pennisi A.: The Italian bug: a flawed procedure for bi-proportional seat allocation, in: B. Simeone, F. Pukelsheim (eds), *Mathematics and democracy: Recent advances in voting systems and collective choice*, pp. 151-166, Berlin, Springer (2006).
176. Pennisi A., F. Ricca, P. Serafini, B. Simeone: Amending and enhancing electoral laws through mixed integer programming: the case of Italy, in: E. G. Yashin (ed), *Proceedings of the VIII International Academic Conference "Economic Modernization and Social Development"*, Moscow, April 3-5 (2007).
177. Pennisi A., F. Ricca, B. Simeone: Malfunzionamenti dell'allocazione biproporzionale di seggi nella riforma elettorale italiana. Dipartimento di Statistica, Probabilità e Statistiche Applicate, Università La Sapienza, Roma, Serie A - Ricerche, n. 21 (2005).
178. Pennisi A., F. Ricca, B. Simeone: Legge elettorale con paradosso. La Voce, 11 Novembre (2005).
179. Pennisi A., F. Ricca, B. Simeone: Bachi e buchi della legge elettorale italiana nell'allocazione biproporzionale di seggi, *Sociologia e Ricerca Sociale*, **79**, 55-76 (2006).
180. Pinedo M.L.: *Planning and scheduling in manufacturing and services.* Springer, New York, USA (2005).
181. Poljak S., Z. Tuza: On the expected relative error of the polyhedral approximation of the max-cut, *Operations Research Letters*, **16**, 191-198 (1994).
182. Pressacco F., P. Serafini: The origins of the mean-variance approach in finance: revisiting de Finetti 65 years later, *Journal of Decisions in Economics and Finance*, **30**, 19-49 (2007).
183. Pressacco F., P. Serafini: New insights on the mean-variance portfolio selection from de Finetti's suggestions. in preparazione (2008).
184. Prim R.C.: Shortest connection networks and some generalizations, *Bell System Technical Journal*, **36**, 1389-1401 (1957).
185. Pukelsheim, F.: BAZI - A Java program for proportional representation. Oberwolfach Reports, 1, 735-737 (`www.uni-augsburg.de/bazi`) (2004).

186. Puterman M.L.: Markov decision processes, in: D.P. Heyman e M.J Sobel (eds), *Handbooks in Operations Research and Management Science, Vol II: Stochastic Models*, North Holland (1990).
187. Puterman M.L.: *Markov decision processes.* J. Wiley & Sons (1991).
188. Qualizza A., P. Serafini: A column generation scheme for faculty timetabling, in: E.K. Burke, M. Trick (eds), *Practice and Theory of Automated Timetabling V, Lecture Notes in Computer Science 3616*, 161-173, Springer Berlin (2005).
189. Raiffa H.: *Decision Analysis.* Addison Wesley (1970).
190. Rinaldi F., P. Serafini: Scheduling school meetings, in: E.K. Burke, H. Rudová (eds), *Practice and Theory of Automated Timetabling VI, Lecture Notes in Computer Science 3867*, 280-293, Springer Berlin (2007).
191. Ross S.M.: *Introduction to stochastic dynamic programming.* Academic Press (1983).
192. Rubinstein M.: Bruno de Finetti and mean-variance portfolio selection, *Journal of Investment Management*, **4**, 3-4 (2006).
193. Russell K.G.: Balancing carry-over effects in round robin tournements, *Biometrika*, **67**, 127-131 (1980).
194. Sassano A.: *Modelli e algoritmi della ricerca operativa.* Franco Angeli, Milano (2004).
195. Schoen F.: *Modelli di ottimizzazione per le decisioni.* Società editrice Esculapio, Bologna (2006).
196. Schrijver A.: *Combinatorial optimization: polyhedra and efficiency.* Springer Berlin Heidelberg (2003).
197. Schrijver A.: On the history of combinatorial optimization (till 1960), in: K. Aardal, G.L. Nemhauser, R. Weismantel (eds), *Handbook of Discrete Optimization*, 1–68, Elsevier, Amsterdam (2005).
198. Schrijver A., A. Steenbeek: Dienstregelingontwikkeling voor Railned (Timetable construction for Railned). Technical Report, Centrum voor Wiskunde en Informatica, Amsterdam (1994).
199. Serafini P.: *Ottimizzazione.* Zanichelli, Bologna, Italia (2000).
200. Serafini P.: Linear programming with variable matrix entries, *Operations Research Letters*, **33**, 165-170, DOI: 10.1016/j.orl.2004.04.011 (2005).
201. Serafini P.: Dynamic programming and minimum risk paths, *European Journal of Operational Research*, **175**, 224-237, DOI:10.1016/j.ejor.2005.03.042 (2006).
202. Serafini P.: Esempi di PL in Lingo, visitato il: 20/10/2008, `http://users.dimi.uniud.it/~paolo.serafini/ROLingoFiles.html` (2008).
203. Serafini P., B. Simeone: Network flow methods for best approximation of exact quotas in biproportional apportionment. in preparazione (2008).
204. Serafini P., W. Ukovich: A mathematical model for periodic scheduling problems, *SIAM Journal on Discrete Mathematics*, **2**, 550-581 (1989).
205. Serafini P., W. Ukovich: A mathematical model for the fixed-time traffic control problem, *European Journal of Operational Research*, **42**, 152-165 (1989).
206. Smith F.W.: Pattern classifier design by linear programming, *IEEE Transactions on Computers*, **C-17**, 367-372 (1968).
207. Sousa J.P., L.A. Wolsey: A time indexed formulation of non-preemptive single machine scheduling problems, *Mathematical Programming*, **54**, 353-367 (1992).
208. Stoer M., F. Wagner: A simple mincut algorithm, in: *Proceedings of ESA 94, Lecture Notes in Computer Science 855*, 141-147, Springer, Berlin (1994).
209. Taha H.A.: *Operations research: an introduction.* eigth ed., Pearson Prentice Hall (2007).

210. Tarjan R.E.: *Data structures and network algorithms.* SIAM, Philadelphia PA, USA (1983).
211. Tolstoj A.N.: Metody nakhozhdeniya naimen'shego summovogo kilometrazha pri planirovani perevozok v prostranstsve [in russo: Metodi per trovare il chilometraggio totale minimo nella pianificazione spaziale del trasporto merci]. Planirovanie Perevozok, Sbornik pervij, [in russo: Pianificazione del Trasporto, Vol. I, Transpechat' NKPS [TransPress del Commissariato Nazionale del Trasporto, 23-55 (1930).
212. Tolstoj A.N.: Metody ustraneniya neratsional'nykh perevozok pri planirovanii [in russo: Metodi per rimuovere trasporti irrazionali nella pianificazione], *Sotsialisticheskij Transport*, **9**, 28-51 (1939).
213. Toth P., D. Vigo: *The vehicle routing problem.* SIAM Monographs on Discrete Mathematics and Applications. Philadelphia, SIAM (2002).
214. Trick M.: Challenge Traveling Tournament Problem, visitato il: 30/08/2008, `http://mat.gsia.cmu.edu/TOURN/` (2008).
215. Tufte E.R.: *The visual display of quantitative information.* Graphics Press, Cheshire, CT, USA (1983).
216. Tufte E.R.: *Envisioning information.* Graphics Press, Cheshire, CT, USA (1990).
217. University of Florida: Visualizing large graphs: graph drawing of matrices in the University of Florida Collection, visitato il: 5/9/2008, `http://research.att.com/~yifanhu/GALLERY/GRAPHS/`.
218. Vercellis C.: *Business intelligence.* McGraw-Hill, Milano (2006).
219. Vercellis C.: *Modelli e decisioni.* McGraw-Hill, Milano (2006).
220. Vercellis C.: *Ottimizzazione - teoria, metodi, applicazioni.* McGraw-Hill, Milano (2008).
221. Wark P., J. Holt: A repeated matching heuristic for the vehicle routing problem, *Journal of Operational Research Society*, **45**, 1156-1167 (1995).
222. Warshall S.: A theorem on boolean matrices, *Journal of ACM*, **9**, 11-12 (1962).
223. West D.: *Introduction to graph theory.* Prentice Hall, Englewood Cliffs, NJ, USA (1995).
224. Whitney H.: Congruent graphs and the connectivity of graphs, *American Journal of Mathematics*, **54**, 160-168 (1932).
225. Wright S.J.: *Primal-dual interior-point methods.* Philadelphia, SIAM (1997).
226. Yu P.L.: Multiple criteria decision making: five basic concepts, in: G.L. Nemhauser, A.H.G. Rinnooy Kan, M.J. Todd (eds), *Handbooks in Operations Research and Management Science, Vol I: Optimization*, North Holland (1989).

Indice analitico

Finito di stampare nel mese di marzo 2009

SPRINGER NATURE

GPSR Compliance

The European Union's (EU) General Product Safety Regulation (GPSR) is a set of rules that requires consumer products to be safe and our obligations to ensure this.

If you have any concerns about our products, you can contact us on ProductSafety@springernature.com

In case Publisher is established outside the EU, the EU authorized representative is:

Springer Nature Customer Service Center GmbH
Europaplatz 3
69115 Heidelberg, Germany

FSC
www.fsc.org
MIX
Papier | Fördert gute Waldnutzung
FSC® C083411

Kolibri 360 GmbH
Ferdinand-Jühlke-Straße 7
99095 Erfurt, Deutschland
produktsicherheit@kolibri360.de